科学出版社“十三五”普通高等教育本科规划教材
普通高等教育“十一五”国家级规划教材

环境工程微生物学
——污染生物控制原理
（第二版）

王国惠　主编

科 学 出 版 社
北 京

内 容 简 介

本书打破环境工程微生物学的传统模式，在内容与结构上进行了较大调整。特别是，通过“污染”这一重要概念的引入以及对污染性质的生动阐释，明确了污染生物控制原理的内涵。

本书分为三部分内容。第一篇为基础篇。简要介绍了与污染控制相关的微生物类群与形态特征，同时较为详细地讨论了相关微生物的细胞结构及其功能；第二篇深入阐述了微生物的净化作用与原理。其内容包括微生物将污染物作为营养及其生理类群、微生物对污染物的生化代谢机理（好氧机理与厌氧机理）、微生物的繁殖与群体生长及微生物生态学机制等；第三篇为微生物的净化原理在污染生物控制中的应用。主要围绕有机废水的好氧生物处理与厌氧生物处理、废水生物脱氮及废水生物除磷展开讨论。本篇结合大量新内容与新观点，详尽阐述了上述不同处理工程中各相应微生物的作用机制，可使读者深入透彻地理解并掌握污染控制工程的微生物学原理。

本书可作为环境工程、环境科学、给水排水、环境监测等专业的本科教学用书以及研究生教学用书，也可供从事环境保护工作的科学技术人员参考。

图书在版编目（CIP）数据

环境工程微生物学：污染生物控制原理 / 王国惠主编. —2 版. —北京：科学出版社，2020.6

科学出版社“十三五”普通高等教育本科规划教材　普通高等教育“十一五”国家级规划教材

ISBN 978-7-03-065179-2

Ⅰ. ①环…　Ⅱ. ①王…　Ⅲ. ①环境微生物学－高等学校－教材　Ⅳ. ①X172

中国版本图书馆 CIP 数据核字（2020）第 085585 号

责任编辑：刘　畅 / 责任校对：严　娜
责任印制：赵　博 / 封面设计：铭轩堂

科学出版社 出版

北京东黄城根北街 16 号
邮政编码：100717
http://www.sciencep.com

北京富资园科技发展有限公司印刷

科学出版社发行　各地新华书店经销

*

2011 年 1 月第　一　版　开本：787×1092　1/16
2020 年 6 月第　二　版　印张：22
2025 年 2 月第七次印刷　字数：563 000

定价：88.00 元

（如有印装质量问题，我社负责调换）

前　言

本书是普通高等教育“十一五”国家级规划教材《环境工程微生物学》的第二版。根据二十大报告中“我们坚持绿水青山就是金山银山的理念，坚持山水林田湖草沙一体化保护和系统治理，全方位、全地域、全过程加强生态环境保护，生态文明制度体系更加健全，污染防治攻坚向纵深推进，绿色、循环、低碳发展迈出坚实步伐，生态环境保护发生历史性、转折性、全局性变化，我们的祖国天更蓝、山更绿、水更清。”的要求，综合生产实际、教学及科研进展情况，对原教材内容进行了全面修改与调整，并补充了大量最新相关研究成果。

本书主要讨论微生物的净化原理及其在污染控制中的应用。围绕其核心内容，理顺了微生物净化原理的脉络，阐明了污染生物控制的性质。结合不同污染生物控制类型，深入探讨了微生物的净化机制。

全书分为三篇，共十一章。第一篇为微生物类群与细胞结构，第二篇为微生物净化原理，第三篇为微生物净化作用与原理在污染控制中的应用。

第一章绪论。除简单介绍我国当前的污染现状外，重点阐述了污染生物控制技术原理与优势。明确了污染与污染物的概念，进而阐明了污染生物控制属于一种人工强化技术这一性质。此外，还对微生物及其特点等进行了介绍。

第一篇包括两章。即第二章和第三章。第二章主要讨论与污染控制相关的微生物类群、形态等基本特征，强调了各类微生物在污染控制中的地位与作用；第三章主要讨论微生物的细胞结构及其功能。特别强调了与污染控制关联密切的部分。如原核微生物的细胞膜和真核微生物的线粒体在污染物氧化分解中的作用、荚膜对活性污泥形成的重要意义、鞭毛对微生物趋避作用的意义以及聚β-羟基丁酸与异染颗粒在废水除磷中的作用等。

第二篇分为五章。即第四章至第八章。本篇主要讨论微生物的净化作用与原理。污染生物控制借助于微生物将污染物作为营养物加以分解利用这一功能或特性来达到净化目的。“分解”即生物氧化，“利用”即生物合成。这就是微生物的新陈代谢。微生物通过氧化分解，将污染物降解。同时，通过合成，形成新的菌体（活性污泥或生物膜），以使处理系统保持连续运行。无论分解过程还是合成过程，都需要酶的参与。在污染控制过程中，需要多种且大量微生物参与，通过彼此协作与配合，共同完成“净化任务”。

由此，从第四章至第八章依次安排的内容是微生物的营养、参与物质代谢的酶、微生物的代谢、微生物的繁殖与群体生长及微生物生态。

在“微生物的营养”一章中，特别引入了“微生物生理群”的概念。在“微生物的代谢”一章中，不仅透彻地阐述了与有机废水好氧生物处理有关的代谢机理，而且也阐明了与厌氧生物处理有关的发酵类型及无氧呼吸原理，并介绍了无氧呼吸最新研究进展。此外，还讨论了污泥减量化机理。其它章节请参见其具体相关内容。

第三篇包括三章。即第九章至第十一章。为了更好地说明问题，主要选择废水处理中有代表意义的四项处理技术进行讨论。第九章为有机废水好氧生物处理，第十章为厌氧消化，第十一章为废水生物脱氮及生物除磷。

第九章主要讨论了有机废水好氧生物处理的生物学基本过程以及废水中有机污染物好氧分解生化机理及有机废水好氧生物处理工艺。重点讨论了有机污染物经过酵解、三羧酸（TCA）循环及氧化磷酸化等过程的好氧处理原理。

第十章阐述了厌氧消化工艺原理及厌氧消化工艺。详细讨论了厌氧消化的基本过程。从有机物到甲烷的过程是一个特殊的厌氧氧化过程。其“特殊”性体现在：该厌氧氧化过程是通过功能菌群间的“互营”实现的。功能菌群间的互营是有机物厌氧氧化为甲烷的关键。

本章通过有机物厌氧氧化产甲烷关键功能菌群的互营与电子传递，深入讨论了厌氧消化机理。

第十一章讨论了废水生物脱氮工艺原理与脱氮工艺、废水生物除磷工艺原理与除磷工艺。参与脱氮的微生物种类很多，按其功能包括异养型的蛋白质水解菌、氨化菌、反硝化细菌和自养型的硝化菌等。本章依据参与脱氮过程各类微生物的生理特性及彼此之间的关系详细阐述了生物脱氮的工艺原理。

对于生物除磷，重点讨论强化生物除磷的概念及聚磷菌厌氧释磷与好氧过量吸磷的除磷生化机制。

本书具有主线清晰、重点突出、取材新颖、语言流畅、图文并茂、富有启发性、可读性和实用性等特点。

在全书编写过程中，参阅了国内外大量文献，在此，谨向参考文献作者表示感谢！李冠宇、苏燕珠、王同研、叶景清、王伟、王辉、李兰、王晓丽、王国同等在文稿录入、校对、绘图等方面做了大量工作，在此一并表示诚挚的感谢！

由于编者水平有限，不妥或错漏之处在所难免，敬请广大同仁、读者批评指正。

王国惠

2024 年 1 月于中山大学

目　　录

第二篇 微生物净化原理

1

第一章　绪　　论

➢ **内容提要：**

我国环境污染严重，需要加大控制和治理力度。治理污染的方法很多，其中，生物法因具有成本低、无二次污染、管理方便及安全可靠等优点而备受青睐。本章重点介绍了污染生物控制技术的性质与原理、微生物的概念与特点。同时，简要介绍了微生物的地位、分类与命名。明确了环境工程微生物学的性质与任务。

第一节　我国环境污染现状

尽管我国政府高度重视污染防治与绿色生态的建设，污染治理虽已取得一定成效，但我国污染形势依然严峻。根据国家2018年公布的2017年《中国生态环境状况公报》，现将我国目前主要环境污染状况总结如下。

1. 空气污染与酸雨

全国338个城市中，只有99个城市环境空气质量达标，仅占全部城市数的29.3%；239个城市环境空气质量超标，占比达70.7%。在474个城市（区、县）开展的降水监测中，酸雨城市比例为19.8%，酸雨类型总体仍为硫酸型。

2. 地面水污染

全国地表水1940个水质断面中，Ⅳ类、Ⅴ类水质断面（点位）462个，占23.8%；劣Ⅴ类161个，占8.3%。与2016年相比，劣Ⅴ类仅仅下降0.3个百分点，基本未得到明显改善。

2017年在流域污染中，海河流域属重度污染，主要污染指标为化学需氧量、五日生化需氧量和氨氮。在161个国家地表水考核断面中，Ⅰ类最少，仅占1.9%；Ⅲ类占16.1%；Ⅳ类占13.0%；Ⅴ类占8.7%；劣Ⅴ类占比最高，达41.0%。

湖泊存在一定程度的污染，特别是滇池湖体污染严重，为重度污染。在10个水质点位中，Ⅴ类水质点位4个，占40.0%；劣Ⅴ类6个，占比高达60.0%；无Ⅰ类、Ⅱ类、Ⅲ类和Ⅳ类。与2016年相比，滇池湖体Ⅴ类水质点位比例下降60.0个百分点，劣Ⅴ类上升60.0个百分点。

与2016年相比，内陆渔业水域高锰酸盐指数、石油类和挥发性酚超标面积均有不同程度增加。

3. 地下水污染

国土资源部（于2018年3月被撤销）对全国31个省（自治区、直辖市）223个地市级行政区的5100个监测点（其中国家级监测点1000个）开展了地下水水质监测。评价结果显示，水质为优良级、良好级、较好级、较差级和极差级的监测点分别占 8.8%、23.1%、1.5%、51.8%和 14.8%。其中，较差级占比最大。个别监测点存在砷、六价铬、铅、汞等重（类）金属超标现象。2145 个测站地下水质量综合评价结果显示，水质优良的测站比例仅为 0.9%，良好的测站比例为 23.5%，无较好测站，较差的测站比例高达 60.9%，极差的测站比例达 14.7%。“三氮”污染情况较重，部分地区存在一定程度的重金属和有毒有机物污染。

4. 海洋污染

全国近岸海域水质四类为 6.5%，比 2016 年上升 3.4 个百分点；劣四类为 15.6%，比 2016 年上升 2.4 个百分点。东海近岸海域水质差，四类海水比例为 9.7%，比 2016 年上升 6.2 个百分点；劣四类海水比例达 31.0%。

2017 年直排海污水排放总量约为 636 042 万 t，化学需氧量为 172 414t，石油类为 906.3t，氨氮为 10 759t，总氮为 56 625t，总磷为 2169t，部分直排海污染源排放汞、六价铬、铅和镉等污染物。

我国环境污染形势依然严峻，雾霾天气多发、城市河道水体黑臭、“垃圾围城”、土壤污染、危废处置以及农村环境污染等问题突出。

环境污染不仅对自然生态系统产生影响，也会对人类健康造成危害。为了保护环境，减少污染，必须采取措施对其进行有效控制。

污染控制方法很多，包括物理法、化学法和生物法等。物理法主要有沉淀、吸附、过滤及气浮等；化学法主要包括混凝、中和与氧化还原等；生物法主要是指利用微生物对污染物的降解作用达到治理目的的方法。生物法因具有成本低、无二次污染、管理方便及安全可靠等优点而备受青睐。

第二节　污染生物控制技术的性质、原理与优势

（一）污染生物控制技术的性质

污染生物控制技术主要依据环境自净原理，通过人工手段，对微生物净化作用实施强化，以达到降低或消除污染、提高环境质量的目的。污染生物控制技术属于一种人工强化技术。

（二）污染生物控制技术的原理

污染生物控制技术所强调的是对环境自净过程中微生物作用的强化。那么，什么是环境自净呢？

1. 环境自净

（1）环境自净的概念

环境自净是指进入自然环境中的物质在物理、化学和生物的作用下，使环境恢复到原有状态的过程。环境通过自净作用恢复到原有状态的能力称为环境自净能力。环境自净是自然界存在的一种自我净化机制。

（2）环境自净的作用

环境自净过程中的物理作用、化学作用和生物作用分别称为物理净化作用、化学净化作用与生物净化作用。物理净化作用包括稀释、扩散、淋洗、挥发及沉降等，如大气中烟尘的

扩散、降水淋洗、重力沉降等及水体中污染物的沉淀和稀释等；化学净化作用包括化合、分解、吸附、凝聚、交换、氧化、还原及络合等，如水体中铜、铅、锌、镉及汞等重金属离子与硫离子化合生成难溶硫化物沉淀等；生物净化作用主要指的是微生物的分解与利用等作用。

在上述三种净化作用中，物理作用只能使物质发生移位，未使其发生实质性的改变；而化学作用可使物质发生性质的改变，但也有可能生成新的物质。只有生物作用，能将进入环境的物质分解、转化与利用，使环境得到真正的净化。

（3）微生物在环境自净中的作用

微生物可将进入环境的物质作为营养物加以分解、转化和利用，如在好氧条件下，微生物可将有机物彻底降解，形成二氧化碳和水。

因此，在环境自净过程中，相对于物理作用和化学作用，生物作用中的微生物作用是主要的也是最重要的净化作用。

污染生物控制工程为何能通过强化微生物的净化作用达到降低或消除污染、提高环境质量的目的呢？

欲回答上述问题，首先需要了解什么是环境污染。

2. 环境污染

（1）环境污染的概念

环境污染（environmental pollution）是指进到自然生态环境中的物质的量（或浓度）超过了环境的自净能力，打破了自然环境的生态平衡，致使环境的性质和状态发生了改变，给人类生产、生活及健康带来危害的现象。

正常情况下，生物与生物之间、生物与环境之间总是保持一种平衡状态，即生态平衡。生态平衡的维持是通过食物链建立正常生物循环实现的。以水体为例，水体正常生物循环见图 1-1。

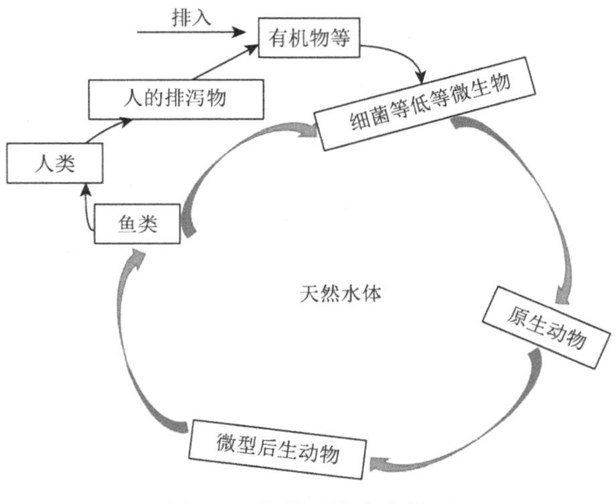

图 1-1　水体正常生物循环

由图 1-1 可知，如果进入水体的物质（如有机物等）的量不超过正常生物循环中生物的消纳能力，生物之间及生物与环境之间总是保持一种通畅的循环状态。但如果进入水体的某种（或某些）物质的量超过了正常生物循环中生物的承受能力，该循环就会受阻，正常循环无法继续，平衡即被打乱。

大家熟知的水体富营养化即进入水体的氮磷过量所致。过量的氮磷引起藻类过度繁殖，使水体中原有的正常生物循环与生态平衡出现紊乱，水体原有特性及组成等均发生改变，水质恶化，影响水的使用价值，甚至危害人类健康。

（2）污染物的概念

当进入某自然环境中的物质的“量”超出该环境的自净能力时，其生态平衡遭到破坏，该环境即被污染。此时的环境被称为污染环境。

“污染”一词与物质的“量”有关。污染所表达的内涵即“过量”。在正常情况下，进入自然生态环境的物质叫营养物。但当某种物质的“量”超过了环境的自净（消纳）能力时，原有的生态平衡被打破。此时，该物质即为“污染物”（pollutant）。

环境污染可被理解为，当进入自然生态环境的物质太多，其量超出环境的“消纳”（自净）能力，环境“吃不消”，营养过剩，致使环境“生病”了，即自然环境因“营养过剩”而“患病”的现象称为污染。

因此，一旦提到污染物，即指超过环境的自净能力，环境消纳不了而多出来的那部分物质。

怎样才能防止环境污染呢？对多出来的物质（污染物）该怎么办呢？怎样将其降到安全水平再使之排放呢？或如何预防环境因营养过剩而遭受污染，以避免其“患病”呢？

3. 污染问题的解决

对污染问题的解决思路与方法是，除加强监管、提高环保意识、优化产业结构、发展循环经济及推广清洁生产外，对污染物要针对污染类型、性质与程度等，依据自净原理，模拟自然生态环境的净化方式，实施人工帮助，借助于人工强化手段，“对症下药”，将污染物浓度降低至允许排放的安全水平。

污染控制技术包括物理控制技术、化学控制技术与生物控制技术。其中，污染生物控制技术主要模拟自然净化中微生物的净化作用，通过人工手段，创造适宜条件，加速有效微生物的生长与繁殖，提高微生物的数量与活性，强化微生物的处理能力，将污染物浓度降低至允许排放的安全水平。

（三）污染生物控制技术的优势

污染生物控制技术是指利用微生物可将污染物作为营养物进行快速生长与繁殖等特点所开发的污染治理技术。与物理方法和化学方法相比，污染生物控制技术具有速度快、成本低、效率高、反应条件温和及无二次污染等优势。因此，污染生物控制技术备受青睐。该技术已成为当今环境污染治理领域的一项重要技术。

污染生物控制技术之所以具有自身明显的优势是与微生物的特点分不开的。

第三节　微生物的概念与特点

（一）微生物的概念

微生物（microbe，microorganism）指形体微小、结构简单、肉眼不可见、必须借助于显微镜才能看到的微小生物的总称。

（二）微生物的特点

1. 形体微小，比表面积大

微生物个体微小，必须借助于显微镜放大几倍，甚至几万倍才能看到。例如，大肠杆菌（*Escherichia coli*）平均长 2μm，宽 0.5μm。将 1500 个大肠杆菌首尾相连，才有 3mm 长，相当于一粒芝麻的长度。

微生物的比表面积比其他任何生物都大。将大肠杆菌与人体相比，前者的比表面积约为后者的 30 万倍。如此巨大的比表面积与环境接触时，必将成为一个巨大的营养物质吸收面、代谢废物排泄面和环境信息接受面，故而赋予微生物以惊人的代谢活性。

在污染控制工程中，微生物形体微小、比表面积大有利于其对污染物的快速吸收、降解与转化。形体微小、比表面积大是保证微生物快速净化环境、消除污染的一大重要特性。

2. 分布广，数量大

在地球上，微生物的分布可谓无处不至，无孔不入，无远不达。除了火山中心区域外，从生物圈、土圈、水圈直至大气圈、岩石圈、深海海底、几千米深的地层以及南北两极等都有微生物的存在。

微生物是一个极为庞杂的生物类群。但迄今为止，我们所知道的微生物数量有限。有人估计，现在已知的微生物种类可能只占地球上实际存在的微生物总数的 20%，而对已发现的微生物的开发利用率仅约 1%。目前，微生物种类仍以每年几百至上千个新种的速度在增加。微生物的广泛分布和巨大数量为污染控制工程提供了丰足的微生物种源。

3. 转化快，代谢率高

微生物个体微小、比表面积极大，使微生物能快速与环境进行物质交换，快速吸收营养和排泄废物。在所有生物中，微生物的代谢速率最大。从单位质量来看，微生物的代谢强度比高等生物大几千倍到几万倍。例如，大肠杆菌在适宜环境条件下，每小时分解利用的糖类相当于其自身质量的 2000 倍，而人要达到同样水平则需要 40 年之久。

微生物极高的代谢速率为其快速生长繁殖奠定了物质基础，从而使微生物能够更好地发挥“活的处理厂”的作用，可出色地完成其废物处理与净化环境的使命。

4. 生长旺，繁殖快

微生物繁殖速度极高也是其他生物无法与之相比的。例如，大肠杆菌在理想条件下，每 20min 繁殖一代，每小时繁殖 3 代，由 1 个细胞变成 8 个细胞。24h 繁殖 72 代，1 个细胞变成 4 722 366 500 万亿个细胞，重约 4722t。经 48h，则可产生 2.2×10^{43} 个后代。其质量约等于 4000 个地球之重。

微生物快速繁殖这一特性可使人们在短时间内获得大量菌体。这不仅有利于提高污染物的降解与转化效率，缩短系统的处理周期，而且可大大降低处理成本。因此，微生物的快速繁殖在污染控制工程中具有重要意义。

5. 适应性强，易变异

与其他生物相比，微生物对各种不断变化的环境具有很强的适应能力。微生物极强的适应能力与其自身的特性有关。

一方面，某些微生物细胞可产生具有自我保护作用的结构，如荚膜及芽孢或孢子等。荚膜既可作为细菌的营养储备，又可抵御吞噬细胞对细菌的吞噬，逃避天敌的捕杀。细菌的芽孢、放线菌和霉菌的孢子等对外界的抵抗力比其营养体大得多，可帮助微生物细胞度过不良环境。极端微生物体内都有相关的特殊结构物质，如酶、蛋白质与脂类等，使之能适应恶劣的极端环境。

另一方面，微生物易变异。由于微生物比表面积大，与外界环境的接触面大，因而受环境影响也大，使微生物对生存条件的变化极为敏感。当外界环境发生变化时，微生物可通过变异，在短时间内产生大量的变异后代，以适应变化的环境。例如，微生物对进入环境的“陌生”污染物（如杀虫剂、除草剂、洗涤剂、增塑剂及塑料等人工合成的有机化合物）最初很难降解，但微生物通过变异，改变其吸收与代谢方式，最终可将污染物降解。利用微生物易变异的特性，在污染控制工程中通过驯化与诱导等方法，可获得高活性降解菌，以提高系统的处理能力。

6. 多样性

微生物的多样性包括物种多样性、生理类群多样性、生态类型多样性和生态关系多样性等。

（1）物种多样性

微生物有 50 万～600 万种，已有记载的约 20 万种。科学工作者利用分子手段和非培养方法对环境中微生物进行了调查。根据 8000 个有代表性的细菌种群的 16S rRNA 序列推测，仅真细菌就由约 36 个或 40 个进化分支组成。每个分支相当于分类阶元的“门”，各“门”之间的 16S rRNA 序列差异可达 25%。其中，约 1/3“门”的细菌尚未被培养和描述。微生物的物种多样性为处理各种各样的污染物带来了方便。

（2）生理类群多样性

微生物具有多种多样的生理功能，并以不同的生活方式彼此相互作用，由此构成功能强大、极富活力的生态体系。

1）营养类型多样性　　微生物利用的营养物质种类繁多。凡是动植物能利用的营养物，微生物都能利用；而很多动植物不能利用的物质，如有毒有害物质，甚至剧毒物质，微生物同样能够利用。从无机小分子 CO_2 到大分子有机酸、醇类、糖类、脂类、蛋白类、芳香烃类以及各种聚合物，如果胶质、半纤维素、木质素、难降解的卤素苯环化合物，甚至人工合成的高分子聚合物等都可被微生物利用。

然而，不同微生物所利用的营养物质是不同的，即微生物营养类型具有多样性。有的以 CO_2 为碳源（自养型），有的以有机物为碳源（异养型）；有的以光能为能源（光能营养型），有的以化学能为能源（化能营养型）。有的只能利用无机物生活，有的只能利用有机物生活。微生物营养类型的多样性是任何动植物都无法比拟的。

2）代谢类型多样性　　微生物的代谢方式多样。例如，利用有机物生活的微生物在氧化分解有机物时，有的以氧化分解不彻底的中间产物作为电子受体，有的以 O_2 为电子受体，有的只能以非分子氧的一些含氧化合物如 CO_2、NO_3^- 及 SO_4^{2-} 等作为电子受体。微生物对物质的分解和利用（代谢）都是在酶的催化下完成的。不同的微生物，其体内的代谢酶系统不同，其代谢过程、途径与代谢产物就不同。因此，微生物的代谢类型具有多样性。

3）生活方式多样性　　有的微生物可在有氧条件下生活（好氧微生物），有的只能在完全无氧环境中生活（厌氧微生物），有的既可在有氧条件下生活也可在无氧条件下生活（兼性厌氧或兼性好氧微生物，简称兼氧微生物）。能在有氧条件下生活的微生物可将物质彻底分解为 CO_2 和 H_2O。能在无氧条件下生活的微生物不能将物质彻底分解，但可得到还原性产物。

在所有生物中，只有微生物能在无氧环境中生活。厌氧生活是某些微生物（主要是细菌）的特有功能。正是微生物的这种特有功能，才能使某些物质如硝酸盐、硫酸盐及 CO_2 等得到还原。

需要指出的是，微生物生活方式的多样性与微生物的代谢类型的多样性紧密关联，特别是与微生物分解代谢所利用的电子受体关联密切。其有关内容将在后续相关章节中详细讨论。

微生物生理类群的多样性是污染控制工程设计的重要理论依据。对相关内容的深入学习、理解与掌握，将有助于环境工程等专业课程的学习，并对实际工作中有关污染生物控制方法的选择、污染生物控制方案的制定等具有重要意义。

（3）生态类型多样性

微生物不仅能在一般环境中生活，有的种类还能在极端环境中生活。例如，有的能够耐受高温、酸、碱、高盐及营养极限等极端环境，如热网菌属（*Pyrodictium*）和热球菌属（*Pyrococcus*）的最适生长温度可达 105℃，嗜碱菌如盐碱红菌属（*Natronorubrum*）的最适 pH 达 11。微生物生态类型的多样性对于维持自然生态系统的平衡及建立人工污染控制生态系统具有重要意义。

（4）生态关系多样性

微生物彼此间具有各种各样的关系。微生物通过代谢活动或为其他生物提供营养，或对其他生物产生抑制甚至致死。微生物与微生物以及微生物与其他生物存在互生、互营、共生及寄生等多种关系。其中，互生与互营关系在推动地球物质循环中具有更加重要的作用。微生物正是通过这些关系，相互配合、相互协作，推动着自然界的物质不断循环，维持着生态系统的平衡。

（5）微生物具有多种降解酶

1）赋予微生物巨大的降解能力　　微生物能灵活地改变其代谢与调控途径，合成各种降解酶，以适应不同的环境，将环境中的各种污染物降解转化。微生物降解有机物的能力是惊人的。凡自然界存在的有机物，几乎都能被微生物降解。人工合成的难降解大分子化合物也能被微生物降解。

2）共代谢与生物降解性　　共代谢（co-metabolism）又称协同代谢。一些难降解有机物通过微生物的作用改变了其化学结构，但并不能被用作碳源和能源加以利用。微生物必须从其他底物获取碳源和能源，这种代谢称为共代谢。微生物的共代谢作用至少存在三种情况：①靠降解其他有机物获取能源或碳源；②与其他微生物协同作用；③由其他物质的诱导产生相应的酶系。共代谢作用的存在，大大提高了某些难降解物质被生物降解的可能性。

第四节　微生物在生物界的地位

确立微生物在生物界的地位经历了一个较长的历史发展过程。

1. 两界到六界系统

早在 18 世纪中叶，人们将所有生物分成两界，即动物界（Animalia）和植物界（Plantae）。后来发现，将形体微小、结构简单的低等生物归入动物界和植物界不妥。生物学家 E. N. Haeckel 于 1866 年建议，在动物界和植物界之外应增加一个由低等生物组成的第三界——原生生物界（Protista）。原生生物界主要由一些单细胞生物及无核细胞生物组成。其中包括细菌（bacteria）、真菌（fungi）、藻类（algae）和原生动物（protozoa）。

20 世纪 50 年代，随着电子显微镜的应用及细胞超微结构分析技术的发展，建立了原核与真核的概念。1956 年，Copeland 提出四界分类系统，即原核生物界（Procaryotae）（包括细菌和蓝藻等）、原生生物界（包括藻类和原生动物等）、动物界和植物界。

1969 年，R. H. Whitakker 提出把真菌单独列为一界，即将生物分为原核生物界、真核原生生物界（Protistae）、真菌界（Fungi）、动物界和植物界。即形成了生物五界分类系统。

随着对病毒研究的深入，我国学者王大耜等于 1977 年在 Whitakker 五界系统的基础上，提出将病毒列为一界，即增加一个病毒界（Vira）。由此，原来的五界系统即变成了六界系统。至此可见，在生物六界分类系统中，微生物占据了四界。

2. 三界（域）系统

1977 年，Woese 等根据不同生物类群细胞中小亚单位 rRNA（small subunit rRNA，SSU rRNA）的序列同源性提出了生物的三域学说。Woese 用寡核苷酸序列编目分析法对 60 多株细菌的 16S rRNA 序列进行比较后惊奇地发现，产甲烷细菌完全没有作为细菌特征的那些序列，于是提出了生命的第三种形式——古细菌（Archaebacteria）。随后 Woese 又对包括某些真核生物在内的大量菌株进行了 16S rRNA（18S rRNA）序列分析，进一步发现，极端嗜盐菌、极端嗜酸及极端嗜热菌也和产甲烷细菌一样，具有既不同于其他细菌也不同于真核生物的序列特征，而这些微生物彼此之间却具有很多共同的序列特征。他认为，在生物进化的早期，生物存在共同的祖先。因此，Woese 提出，将细胞生物分成为三界（域）（kingdom），包括真细菌（eubacteria）、古细菌（archaea）与真核生物（eukaryote），同时构建了三域生物系统树（图 1-2）。从图 1-2 中可以看到细胞微生物的系统发育及在生物界的地位，微生物分属于生物系统的三个域，即微生物占据了整个生物系统。

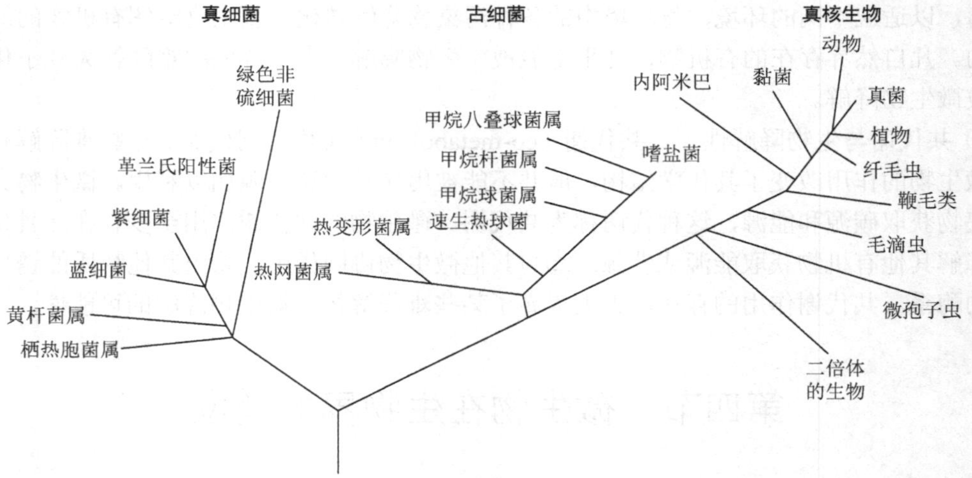

图 1-2　三域生物系统树

根据微生物在生物界的地位，可以清楚地了解到，“微生物”一词不是一个分类学名称。微生物不是生物分类系统中的某一类，而指的是生物界中形体微小、结构简单、肉眼不可见的所有生物。

第五节 微生物的分类与命名

1. 微生物的分类

微生物的分类（classification）是指根据微生物的相似性和亲缘关系，将微生物归入不同类群。微生物分类的目的是将各种微生物按照其亲缘关系分群归类，排成系统，以便于人们对微生物进行鉴定和交流。

国际公认的分类单元为界（kingdom）、门（phylum）、纲（class）、目（order）、科（family）、属（genus）及种（species）7 个阶元。每一分类单元后可有若干辅助单元，如亚门、亚纲、亚目及亚科等。一个或多个种构成一个属，一个或多个属构成一个科等。种是最基本的分类单位。种是表型特征高度相似、亲缘关系极其接近的一群菌株的总称。

菌株（strain）是表示任何由一个独立分离的单细胞繁殖而成的纯种群体及其一切后代。因此，一种微生物来源不同的纯培养物均称为该菌种的一个菌株。菌株强调的是遗传型纯的谱系。例如，*Escherichia coli*（大肠杆菌）B 和 K12 分别表示大肠杆菌 B 菌株和 K12 菌株；*Bacillus subtilis*（枯草杆菌）ASl.398 表示高产蛋白酶的枯草杆菌菌株；*Bacillus subtilis* BF7658 表示产 α 淀粉酶高的枯草杆菌；*Corynebacterium pekinense*（北京棒状杆菌）ASl.299 表示产谷氨酸高的北京棒状杆菌菌株。

种是分类学上的基本单位，菌株是实际应用中的基本单位。同一菌种的不同菌株在代谢能力上会有很大的不同。

2. 微生物的命名

微生物的命名（nomenclature）是根据《国际命名法规》给每一微生物类群及种类以科学的名称。

微生物的名字有俗名（common name）和学名（scientific name）两种。俗名是通俗的名字，如结核分枝杆菌俗称结核杆菌；铜绿假单胞菌俗称绿脓杆菌；粗糙脉孢霉的俗名为红色面包霉；等等。俗名简洁易懂，记忆方便，但其含义往往不够确切。因此，每一微生物都需要有一个名副其实的、国际公认并通用的名字，即学名。学名是微生物的科学名称。

学名是按照《国际命名法规》进行命名并受到国际学术界公认的通用名称。学名由拉丁词或拉丁化的外来词组成。学名的命名主要采用双名法（由林奈所创立）。

双名法的规则是微生物的学名依属和种而命名。微生物的学名由两个拉丁字或希腊字或拉丁化了的其他文字组成。属名在前，种名在后。属名第一个字母大写，其余字母小写。种名全部字母都要小写。属名和种名都要用斜体。属名为名词，代表微生物的主要特征，如微生物细胞构造及菌体形态等；种名为形容词，表示微生物的次要特征，如微生物产生的色素或来源等。例如，*Escherichia coli*（大肠杆菌）、*Bacillus subtilis*（枯草杆菌）、*Staphylococcus aureus*（金黄色葡萄球菌）、*Saccharomyces cerevisiae*（酿酒酵母）及 *Streptomyces griseus*（灰色链霉菌）。

有的学名后还要附上首位命名者的名字和命名年份，且都用正体，如金黄色葡萄球菌 *Staphylococcus aureus* Rosenbach 1884、大肠杆菌 *Escherichia coli*（Migula）Castellani et Chalmers 1919。通常，后面的正体字部分可以省略。

随着分类学的不断深入，常会发生种转属的情况。例如，Weldin 在 1927 年把原来的猪霍乱杆菌（*Bacillus choleraesuis* Smith 1894）这个种由杆菌属转入沙门氏菌属，定名为猪霍乱沙门氏菌（*Salmonella choleeraesuis*）。这时就要将原命名人的名字置于括号内，放在学名之后，并在括号后再附以现命名者的名字和命名年份，这样就成了 *Salmonella choleeraesuis*（Smith）Weldin 1927。

对于新种，按《国际命名法规》进行命名，应在其学名后附上“sp. nov”符号（其中 sp. 为物种 species 的缩写；nov.为 novel 的缩写，是“新”的意思）。例如，*Methanobrevibacterium espanolae* sp. nov.（埃斯帕诺拉甲烷杆菌，新种）。

当泛指某一属微生物而不特指该属中某一具体种时，或者还未确定种名时，可在属名后加 sp.（species 单数形式的缩写）或 ssp.（species 复数形式的缩写），sp.和 ssp.采用正体。例如，*Methanobrevibacter* sp.表示一个尚未确定其种名的甲烷短杆菌物种，意为“某种甲烷短杆菌”；*Methanobrevibacter* spp.表示若干未定种名的甲烷短杆菌物种。又如，*Saccharomyces* sp. 表示酿酒酵母属中的某个种。*Saccharomyces* spp. 表示酿酒酵母属中的某些种。

菌株名称——在种名后面自行加上数字、地名或符号等，如 *Clostridium acetobutylicum* ATCC824（丙酮丁醇梭菌），ATCC 是 American Type Culture Collection（美国模式菌种保藏中心）的缩写。又如，*Escherichia coli* B（大肠杆菌 B 株）。

第六节　微生物在污染控制中的应用

基于微生物的显著特点和优势，利用微生物开展污染控制的相关研究备受关注，世界各国投入大量人力、物力进行技术研发，已取得显著成果。

（一）微生物在有机固体废弃物处理中的应用

固体废弃物污染已成为环境的一大公害。据统计，我国每年由固体废弃物造成的经济损失高达 80 亿元人民币。目前，国内外固体废弃物处理方法主要有填埋、焚烧及生物处理等。填埋占地面积大，且产生的垃圾渗滤液易造成地下水污染。焚烧建设投资和运行费用都很高，且易造成空气污染。利用微生物技术将有机固体废弃物经过发酵处理可生产生物有机肥，使之变废为宝，以实现有机垃圾无害化、减量化与资源化的目标。

（二）微生物在废气处理中的应用

微生物用于废水及有机固体废物的处理历史悠久，但其应用于废气处理的历史相对较短。自 20 世纪 80 年代末开始，废气微生物处理技术才逐渐成为研究热点。目前废气生物处理所采用的方法主要有生物过滤、生物洗涤和生物吸附法等。

废气生物处理法与传统处理方法相比，具有成本低、效率高、安全可靠且无二次污染等优点。废气生物处理法在美国、德国和荷兰等地已被广泛应用。

我国工业废气排放量大，空气污染严重，对人们健康影响较大。目前，治理废气污染所采用的如活性炭吸附、催化燃烧等方法成本高、运行费用高及具有安全风险等，因此，废气生物处理技术因其自身优势而备受关注。目前，废气生物处理法已成为最受欢迎的方法之一。

（三）微生物在废水（污水）处理中的应用

天然水体中的微生物将水中的物质分解与转化，从而使水体恢复到初始状态，水体完成自净。废水生物处理根据天然水体的微生物自净原理，通过人工强化手段使废水得到净化。

废水生物处理依据微生物与氧的关系，分为好氧生物处理与厌氧生物处理两大类。在有氧条件下，微生物将废水中的污染物氧化分解成无机盐、CO_2和H_2O等氧化产物，使废水得到净化的方法称为废水好氧生物处理法；在无氧条件下，微生物将污染物分解转化为还原产物，如H_2、H_2S、NH_3、N_2和CH_4等，使废水得到净化的方法称为废水厌氧生物处理法。

废水生物处理法根据微生物的存在形式，又分为活性污泥法和生物膜法。

1. 废水好氧生物处理法

（1）废水好氧活性污泥法

活性污泥法是以悬浮生长的活性污泥为主体的废水生物处理方法。自 1914 年在英国建立第一座活性污泥污水处理厂以来，活性污泥法已有 100 多年的历史。随着活性污泥法的广泛应用，对其生物净化机制及运行方式等进行了深入研究，其工艺流程经过不断改进与创新，取得了重大进展，开发了很多新技术与新工艺。例如，在普通活性污泥法的基础上，相继开发了阶段曝气法、渐减式曝气法、延时曝气法、吸附再生活性污泥法、完全混合式活性污泥法、批式活性污泥法（sequencing batch reactor，SBR）、生物吸附氧化法（AB 法）及氧化沟法等。活性污泥法已成为处理有机废水的主要方法。

（2）废水好氧生物膜法

生物膜法是以固体填料形成的生物膜为主体的废水生物处理方法。生物膜法是与活性污泥法并列的一种废水生物处理技术。生物膜工艺经历了从传统的生物滤池、生物转盘和生物接触氧化到新型的生物流化床、移动床生物膜反应器及复合式生物膜反应器的发展历程。生物膜法不仅用于工业废水的处理，目前还被用于处理水产养殖废水和微污染水等。

目前，对生物膜法的研究集中于探讨微生物在载体表面的固定机制、生物膜微生物的增长、污染物去除动力学及生物膜微生物的能量代谢等。通过研究，以期使生物膜反应器朝着节能与自动化控制方向发展。

2. 废水厌氧生物处理法（厌氧消化）

迄今为止，废水厌氧生物处理技术的发展已有 100 多年的历史。大致经历了三个阶段。

1）第一阶段　1896 年英国出现了第一座用于处理生活污水的厌氧消化池。随后的几十年中，厌氧处理技术迅速发展并得到广泛应用。1914 年美国 14 座城市建立了厌氧消化池。20 世纪 40 年代澳大利亚出现了连续搅拌厌氧消化池，20 世纪 50 年代开发了厌氧接触反应器。

第一阶段的反应器主要用于污泥、粪肥及生活污水的处理，其主要特点是以厌氧消化池为代表，废水与厌氧污泥完全混合，属低负荷系统。

2）第二阶段　随着人们对厌氧生物处理技术的深入研究，以提高厌氧微生物浓度和停留时间、强化传质作用及缩短污水停留时间为目的的一系列高速厌氧反应器（high rate anaerobic reactor）相继出现，主要包括厌氧滤器（anaerobic filter，AF）、厌氧流化床（anaerobic fluidized bed，AFB）反应器、升流式厌氧污泥床（up-flow anaerobic sludge bed，UASB）反应器等。

第二阶段的反应器可将固体停留时间和水力停留时间分离，能保持大量活性污泥和足够长的污泥龄，并注重培养颗粒污泥，属高负荷系统。

3）第三阶段　虽然第二阶段的厌氧生物反应器在应用中取得了很大的成功，但在UASB等反应器运行过程中仍存在短流、死角和堵塞等问题。为了解决这些问题，人们进一步研发了新的反应器，如厌氧颗粒污泥膨胀床（expanded granular sludge bed，EGSB）、厌氧内循环反应器（inside cycling，IC）、厌氧折板式反应器（anaerobic baffled reactor，ABR）、厌氧序列式反应器（anaerobic sequencing batch reactor，ASBR）及厌氧膜生物系统（anaerobic membrane biosystem，AMBS）等。

第三阶段的反应器可使固体停留时间和水力停留时间相分离，并使固、液两相充分接触，从而既能保持大量污泥又能使废水和活性污泥之间充分接触，大大提高了处理效率。

随着厌氧生物技术的发展，其处理效率不断提高，适用范围也由原来的污泥及粪肥消化扩展到对生活污水和工业废水的处理。

此外，微生物在废水脱氮除磷中也发挥了重要作用，其相关内容将在应用部分详细介绍。

第七节　环境工程微生物学的性质与任务

1. 环境工程微生物学的性质

环境工程微生物学是研究污染生物控制工程中有关微生物及其作用原理的科学。环境工程微生物学是微生物学和污染控制等学科相互结合与渗透的应用性边缘学科。环境工程微生物学是环境工程专业一门非常重要的必修课。

2. 环境工程微生物学的主要任务

环境工程微生物学主要研究微生物的净化作用与原理及其在污染控制中的应用。具体内容包括微生物学基础、微生物净化作用与原理及其在污染控制中的应用三大部分。微生物学基础主要讨论微生物的形态及细胞结构与功能；微生物净化作用与原理涉及内容较多，包括微生物的营养、微生物对物质的代谢、微生物的繁殖与群体生长及微生物生态等；微生物净化作用与原理在污染控制中的应用主要结合废水处理展开讨论。

思　考　题

1. 污染生物控制技术的性质是什么？
2. 请解释环境自净的概念，并解释微生物在环境自净中的作用。
3. 什么是环境污染？什么是污染物？
4. 解决污染问题的思路与方法分别有哪些？
5. 污染生物控制技术有哪些优势？
6. 请解释微生物的概念，并说明微生物有哪些特点。
7. 为什么说“微生物”一词不是一个分类学名称？
8. 微生物是如何命名的？
9. 环境工程微生物学的性质与任务分别是什么？

第一篇　微生物类群与细胞结构

✧本篇内容提要：

本篇主要讨论微生物的类群与微生物的细胞结构。在微生物类群中，主要讨论原核微生物与真核微生物。在微生物细胞结构中，主要讨论原核微生物和真核微生物的细胞结构与功能。

2

第二章　微生物类群及其基本特征

➢ **内容提要：**

本章主要讨论原核微生物和真核微生物的种类，以及微生物的形态、大小等基本特征。强调了各类微生物在污染控制中的作用。

微生物是形体微小、结构简单、肉眼不可见、必须借助于显微镜才能看到的微小生物。微生物种类繁多，类型多样，结构组成差异很大。

根据有无细胞结构，将微生物分为细胞型微生物（cellular microorganisms）和非细胞型微生物（acellular microorganisms）两大类。细胞型微生物又根据细胞内有无细胞核分为原核微生物（prokaryotic microorganisms）和真核微生物（eukaryotic microorganisms）。原核微生物包括真细菌（细菌、放线菌与蓝细菌等）和古生菌（archaea，简称古菌）；真核微生物包括真菌（霉菌和酵母）、原生动物和单细胞藻类。非细胞型微生物即病毒和亚病毒。微生物类群见图 2-1。

- 微生物
  - 细胞型微生物
    - 原核微生物
      - 真细菌：细菌、放线菌和蓝细菌
      - 古菌
    - 真核微生物：真菌（酵母、霉菌）、原生动物和单细胞藻类
  - 非细胞型微生物：病毒、亚病毒（类病毒、拟病毒、朊病毒）

图 2-1　微生物类群

病毒是一种无细胞结构的生命有机体。病毒缺乏自身独立的酶系统，营专性寄生生活，在活细胞外呈现一般化学大分子特性，只有进入宿主细胞后才具有生命特征。因此，病毒在污染控制工程中不具有净化作用。相反，病毒却常作为一种污染因子出现在污水、污泥及固体垃圾中，需要采取一定措施将其杀灭去除。

鉴于病毒的上述特性，对其不再赘述，本书只就在污染控制中发挥作用的细胞型微生物进行讨论。

第一节　原核微生物

一、真细菌

原核微生物是指细胞内有一个核区，但无核膜包裹，也无核仁，核区只有一个 DNA 分子，细胞质中无细胞器的单细胞生物。原核微生物的细胞结构见图 2-2。

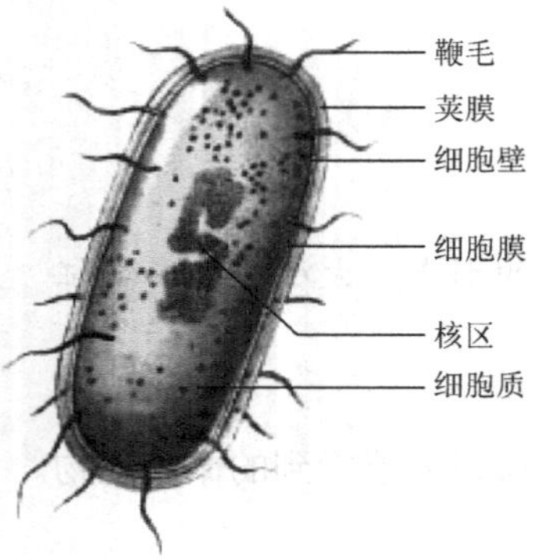

图 2-2　原核微生物的细胞结构

（一）细菌

细菌（bacteria）是自然界分布最广、数量最大、与人类关系最为密切的一类微生物。细菌是微生物学及环境工程微生物学的主要研究对象。细菌是环境自净中的主力军，也是污染生物控制中最重要的类群。

细菌是单细胞微生物，以典型的裂殖（一分为二）方式繁殖。细菌有不同形状与大小。

1. 细菌的形态

（1）细菌的基本形态

尽管细菌种类繁多，但就单个细菌细胞而言，其基本形态有球状、杆状与螺旋状（图 2-3），分别称为球菌、杆菌和螺旋菌。

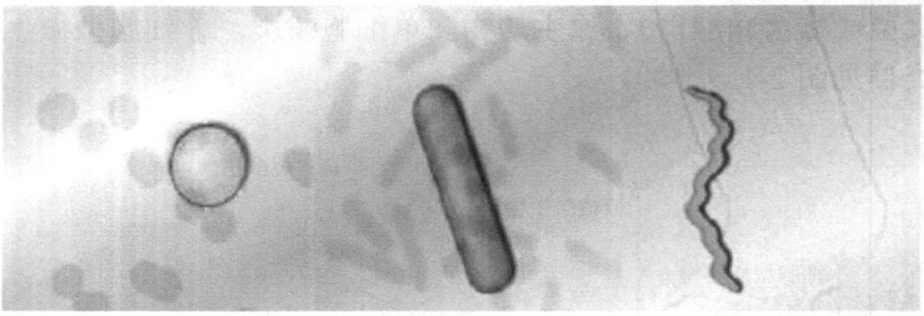

图 2-3　细菌的基本形态

从左到右依次为球菌、杆菌、螺旋菌

细胞形状均有一定生理意义。球菌呈圆形，干燥时不易变形。因此，球菌与杆菌和螺旋菌相比，更能耐受干燥，易存活。杆菌与球菌相比，杆菌单位体积有较大的比表面积。因此，杆菌比球菌更易从周围环境中摄取营养。螺旋菌呈螺旋式运动，因而比运动的杆菌受到的阻力要小。

1）球菌　　球菌细胞通常呈球状或椭圆状。球菌中的很多细菌分裂后产生的新细胞在空间上常呈不同的排列方式。按其排列方式，球菌又可分为单球菌、双球菌、四联球菌、八叠球菌、葡萄球菌和链球菌（图 2-4）。这些排列方式在细菌的分类鉴定上有重要意义。

A. 单球菌。细胞沿一个平面进行分裂，子细胞分散独立存在的球菌为单球菌，如尿素微球菌（图 2-5）。

B. 双球菌。细胞沿一个平面分裂，新细胞成双排列的球菌称为双球菌（图 2-6）。

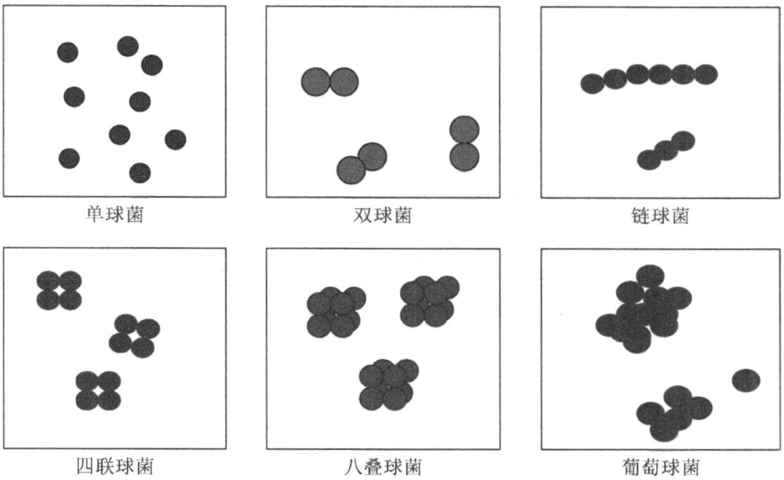

图 2-4 球菌的排列方式

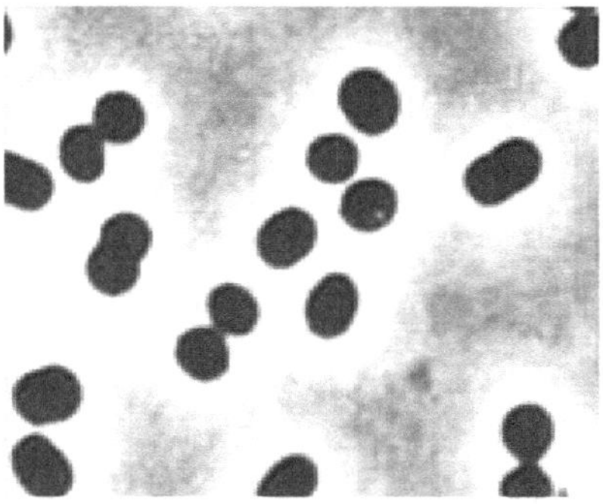

图 2-5 尿素微球菌

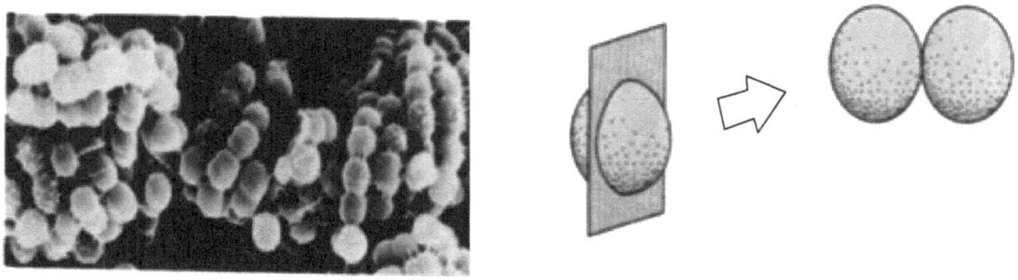

图 2-6 双球菌及其形成

C. 链球菌。细胞沿一个平面分裂，新细胞连接成链状的细菌称为链球菌。链的长短不同。有的每 2 个或 3 个细胞形成一串，有的则形成长链（如乳链球菌，图 2-7）。

D. 四联球菌。细胞沿两个互相垂直的平面进行分裂，分裂后产生的 4 个新细胞连在一起（图 2-8），呈“田”字形的细菌称为四联球菌，如四联微球菌（图 2-9）。

E. 八叠球菌。八叠球菌细胞按三个互相垂直的平面分裂，子细胞呈立方体排列(图 2-10)，如尿素八叠球菌（图 2-11）和藤黄八叠球菌（*Sarcina ureae*）（图 2-12）。

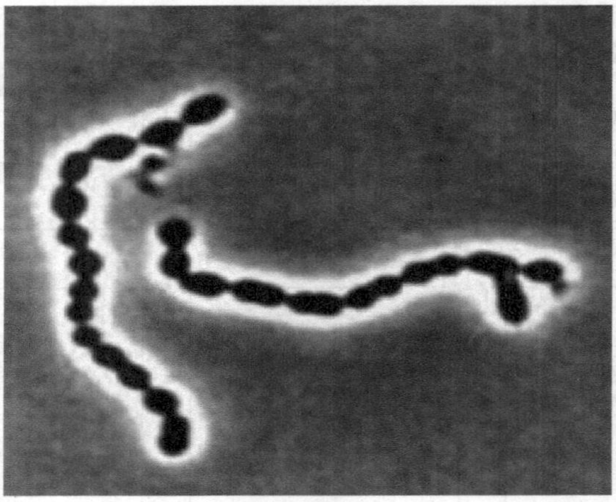

图 2-7　乳链球菌

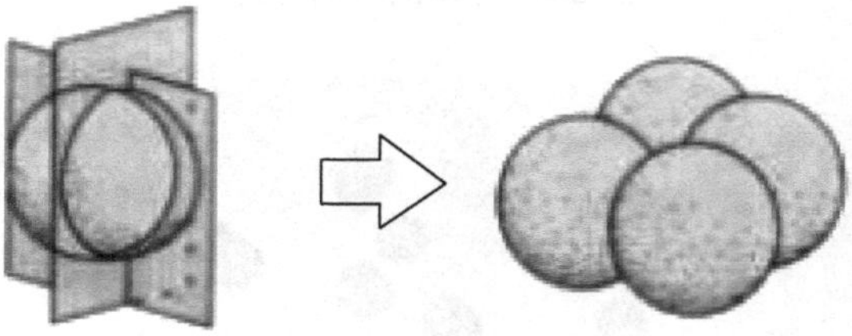

图 2-8　四联球菌的形成

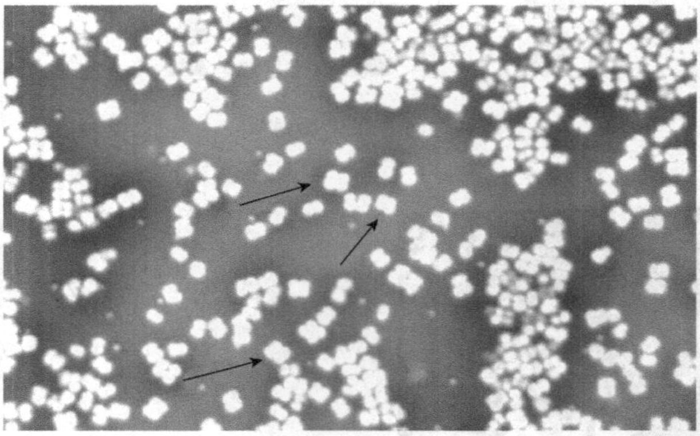

图 2-9　显微镜下的四联微球菌（箭头所指）

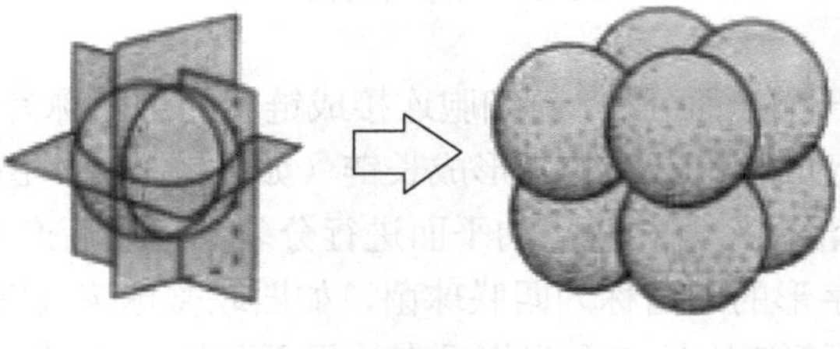

图 2-10　八叠球菌的形成

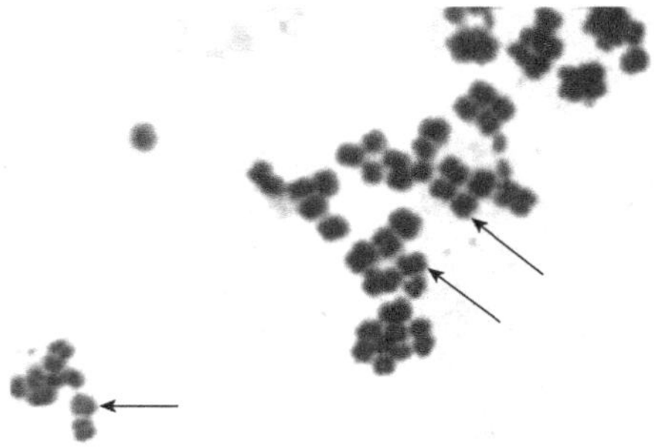

图 2-11 尿素八叠球菌（箭头所指）

图 2-12 藤黄八叠球菌

F. 葡萄球菌。葡萄球菌细胞无定向分裂，多个新细胞形成一个不规则的群集（图 2-13），犹如一串葡萄，如金黄色葡萄球菌（*Staphylococcus aureus*）与白色葡萄球菌（*Staphylococcus albus*）（图 2-14 和图 2-15）。

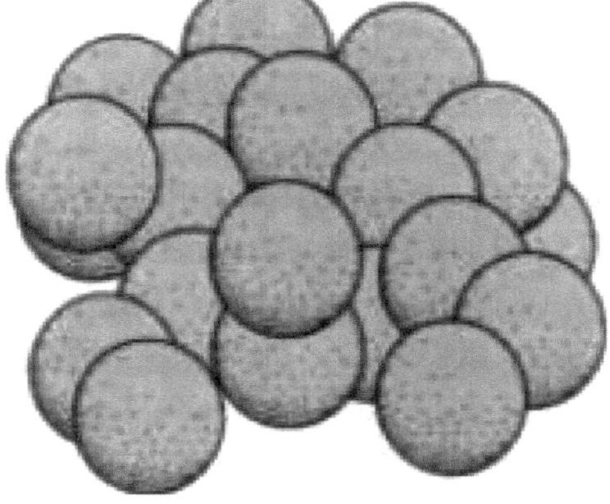

图 2-13 不规则分裂后形成的葡萄球菌模型

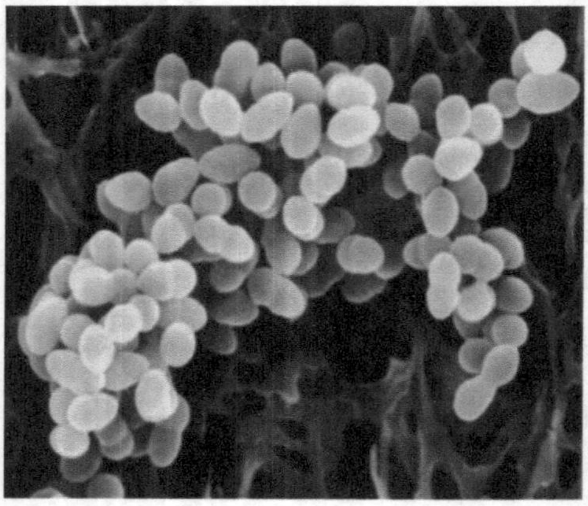

图 2-14　金黄色葡萄球菌

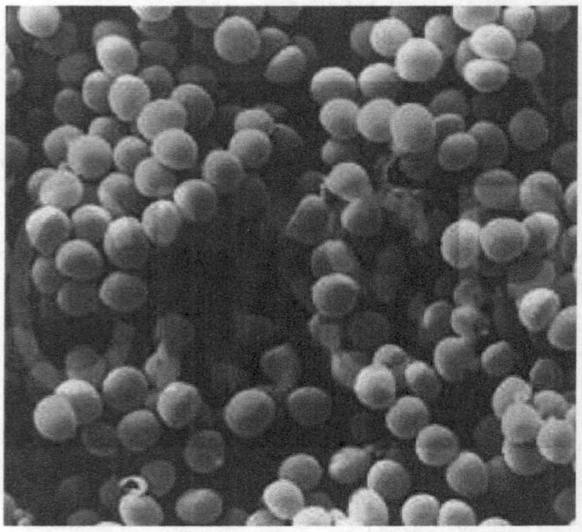

图 2-15　白色葡萄球菌

2）杆菌　　在细菌中，杆状菌种类最多。杆菌与污染控制工程关系密切。杆菌细胞呈杆状或圆柱形。杆菌细胞常沿一个平面（横截面）分裂。大多杆菌单个分散存在，但有的杆菌呈长短不同的链状（图 2-16）。

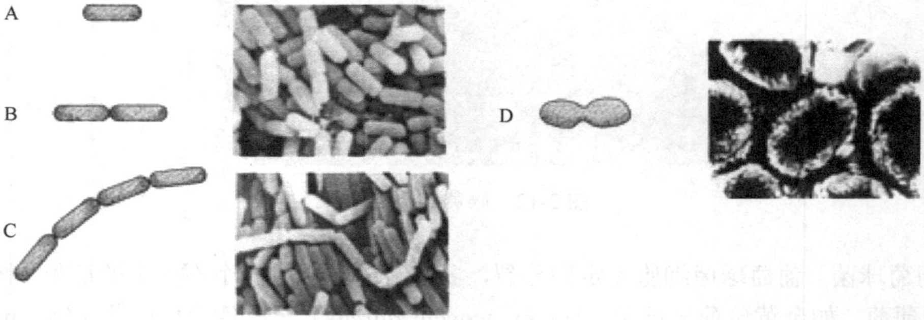

图 2-16　杆菌

A. 单杆菌；B. 双杆菌；C. 链杆菌；D. 球状杆菌

杆菌的排列方式并非形态学特征，而是细菌生长阶段的表现或由培养条件等原因造成的。因此，对大多数杆菌来说，其细胞的排列方式不作为分类鉴定的依据。

各种杆菌的长度与其直径的比例差异很大。有的短粗，即短杆菌（图 2-17）；有的细长，即长杆菌（图 2-18）；有的像梭子（如梭状芽孢杆菌，图 2-19）。短杆菌有的近似球状，长杆菌有的近丝状。有的杆菌很直，有的稍弯曲。有的两端截平（如炭疽芽孢杆菌），有的略尖（如鼠疫巴斯德氏菌），有的呈半圆形等。

一般来说，同一种杆菌的粗细比较稳定，而长度则经常因培养时间及培养条件不同有较大变化。污染控制工程中常见的 4 种重要杆菌见图 2-20。

3）螺旋菌　　细胞呈弯曲杆状的细菌统称螺旋菌（spirillum）。螺旋形细菌细胞壁坚韧，菌体较硬，单细胞分散存在。不同种细胞个体的长度、螺旋数目和螺距等有显著区别。据此，可进一步将螺旋菌分为弧菌与螺旋菌两种状态。螺旋不足一圈的称为弧菌；螺旋为 2～6 圈的称为螺旋菌。

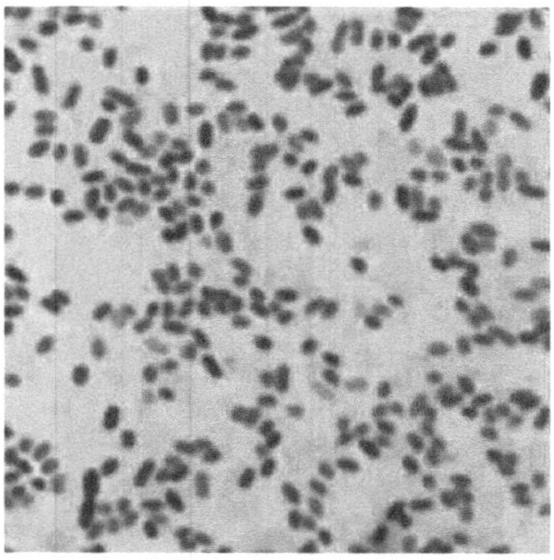

图 2-17　短杆菌

图 2-18　长杆菌

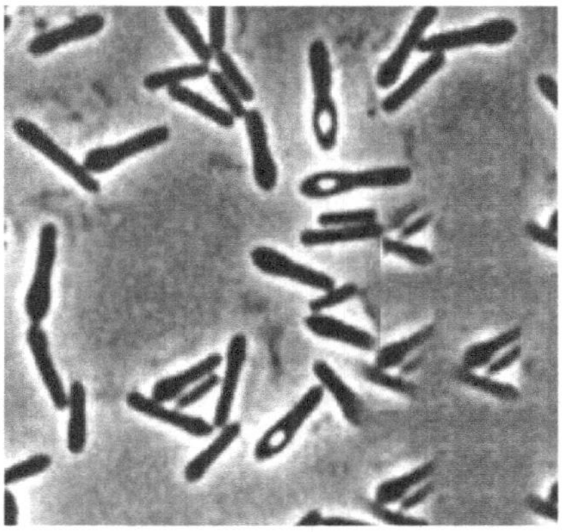

图 2-19　梭状芽孢杆菌

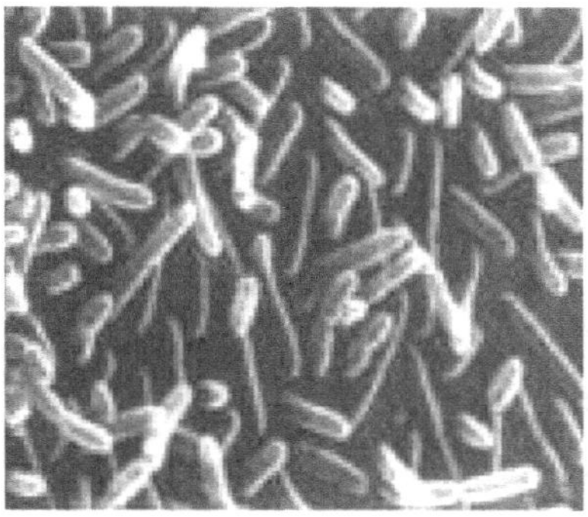

硝化杆菌

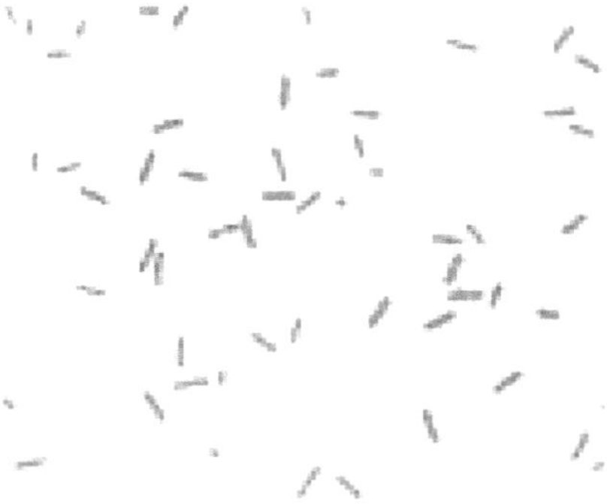

大肠杆菌

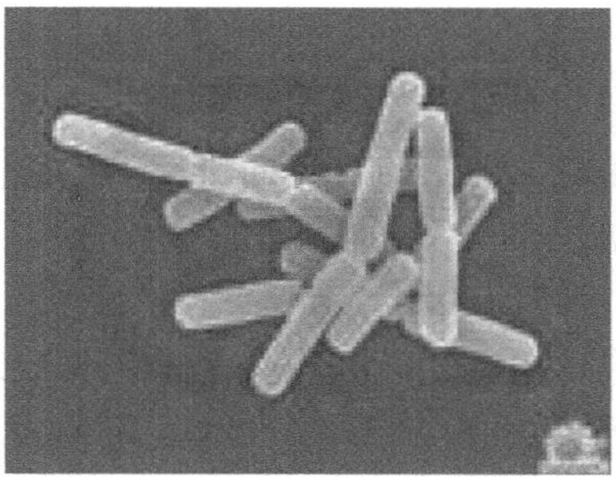

棒状杆菌

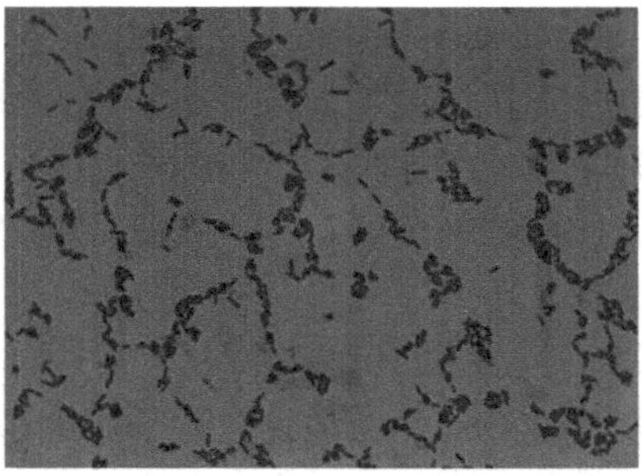

枯草芽孢杆菌

图 2-20　污染控制工程中常见的 4 种杆菌

A. 弧菌。弧菌（vibrio）菌体只有一个弯曲，犹如“C”字或似逗号，如霍乱弧菌（图 2-21）。弧菌往往与一些略弯曲的杆菌很难区分。

B. 螺旋菌。菌体回转如螺旋状的为真正的螺旋菌（图 2-22）。螺旋数目和螺距大小因种而异。有的菌体较短，螺旋紧密；有的很长，并呈现较多的螺旋和弯曲，如减少螺菌等。在观察螺旋菌形态时，应特别注意其细胞形态、旋转或波纹的数目及细胞的长度。

弧菌偏端单生鞭毛或丛生鞭毛为其显著特征，而螺旋菌的显著特征是其两端都有鞭毛。

（2）细菌的特殊形态

细菌除球状、杆状和螺旋状三种基本形态外，有些细菌还具有其他特殊形态（图 2-23）。

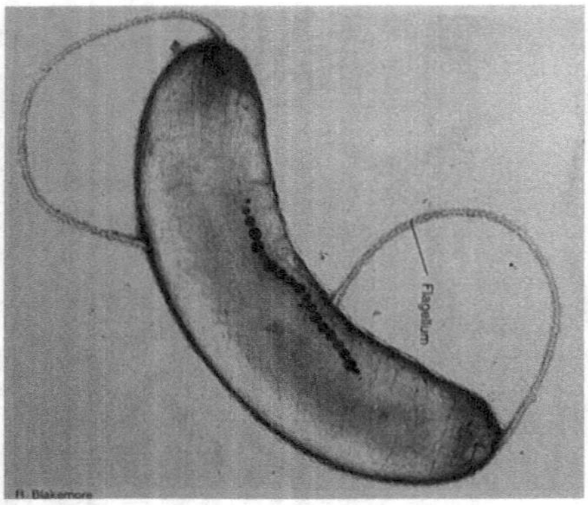

图 2-21　霍乱弧菌

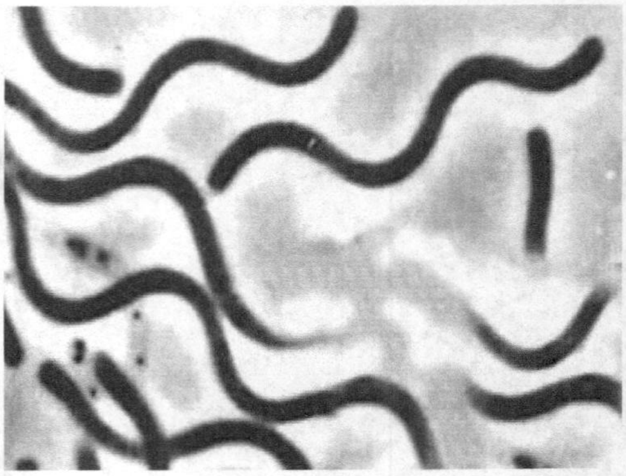

图 2-22　螺旋菌

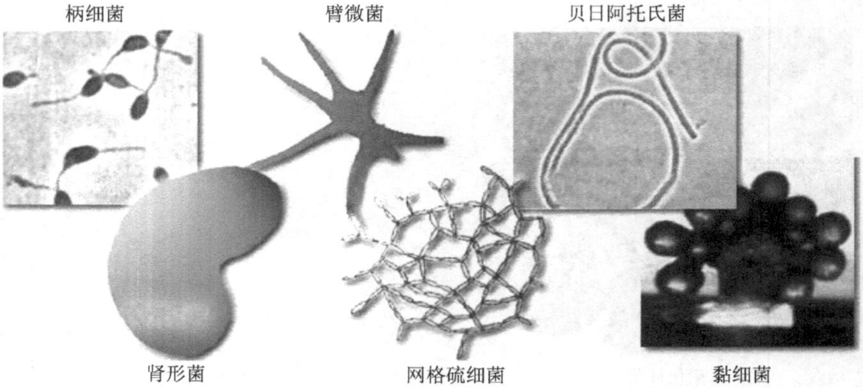

图 2-23　特殊形态的细菌

根据细菌生理机能的不同，可将其异常形态区分为畸形和衰颓形两种。

1）畸形　　由于物理或化学因子的刺激，阻碍了细胞的发育而引起的形态异常，即畸形。例如，巴氏醋酸杆菌通常为短杆状，但培养温度的改变，可使之变为丝状、纺锤状或链锁状等（图 2-24）。

2）衰颓形　　衰颓形细胞的出现往往由培养时间过长，细胞衰老，营养缺乏，或由自身代谢产物积累过多等而造成。这种异常细胞繁殖能力丧失，形体膨大，着色力弱。有时菌体尚存，但实已死亡。例如，乳酪芽孢杆菌，其正常形态为长杆状，而衰老时则成为分枝状的衰颓形（图 2-25）。

上述原因导致的形态异常往往是暂时的，在一定条件下可恢复正常形状。因此，在观察比较细菌形态时，必须注意由培养条件的变化而引起的形态变化。

（3）丝状细菌（鞘细菌）

丝状细菌是一类比较特殊的细菌。丝状细菌以丝状体生长，但其丝状体并非真正的菌丝，只是多个细胞（一般是杆菌）呈线状排列，外面被一个鞘（衣鞘）所包裹。因此，丝状细菌又称为鞘细菌。

丝状细菌的菌丝直径种间差别很大，从一微米至几十微米，其长度大多在数十至数百微米甚至更长，一般在低倍镜下即可看到。衣鞘的主要成分是蛋白质、多糖及类脂等，其具有保护作用，可防止原生动物或食菌蛭弧菌等的侵袭。丝状细菌大多为好氧或微好氧菌，以化能异养为主，但有少数为化能自养型及兼性化能自养型。污染控制工程中比较重要的丝状细菌主要包括铁细菌、硫细菌及球衣细菌。

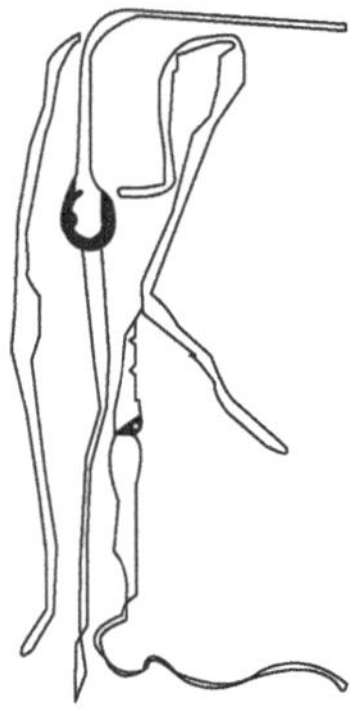

图 2-24　巴氏醋酸杆菌的异常形态

图 2-25　乳酪芽孢杆菌的异常形态

1）铁细菌　　能将亚铁离子氧化成高价铁的细菌统称为铁细菌。铁细菌丝状体多不分枝，外鞘或原生质体含铁粒或铁离子。铁细菌主要生活在含氧量低与铁质较多的水环境中，在将亚铁氧化为高铁时获取能量。

$$4FeCO_3 + O_2 + 6H_2O \longrightarrow 4Fe(OH)_3 + 4CO_2 + 167.5kJ$$

常见的铁细菌有多孢泉发菌、赭色纤发菌及含铁嘉氏菌等。多孢泉发菌菌体细长不分枝，一端固定，另一端游离，鞘无色透明，含铁化物（图 2-26A）。赭色纤发菌菌体不分枝，鞘随水解物沉淀增多而加厚，呈黄褐色或褐色（图 2-26B）。含铁嘉氏菌菌体呈圆柱状，犹如柄丝状菌，一端常交织着双绞绳状的对生分枝，单细胞肾形或圆形（图 2-26C）。

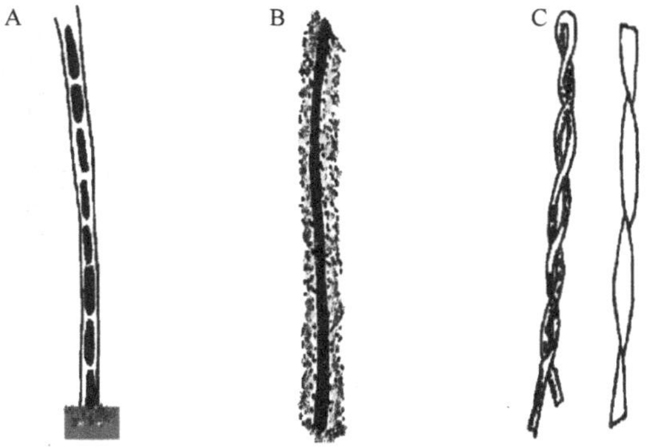

图 2-26　铁细菌

A. 多孢泉发菌；B. 赭色纤发菌；C. 含铁嘉氏菌

铁细菌会对所存在环境造成危害，如铁细菌会大量吸收水中的亚铁离子，促使铁管的铁单质解离，造成铁质水管腐蚀（图 2-27），降低其使用寿命；铁氢氧化物沉积导致管道堵塞，输水能力下降；铁氢氧化物的沉积使水变浑浊并出现铁锈色，影响供水水质。

球衣细菌和纤发细菌可将硫酸亚铁氧化成高价铁，高价铁常以 $Fe(OH)_3$ 的形式沉积在衣鞘上。其反应式如下：

$$4FeSO_4 + O_2 + 2H_2SO_4 \longrightarrow 2Fe_2(SO_4)_3 + 2H_2O$$

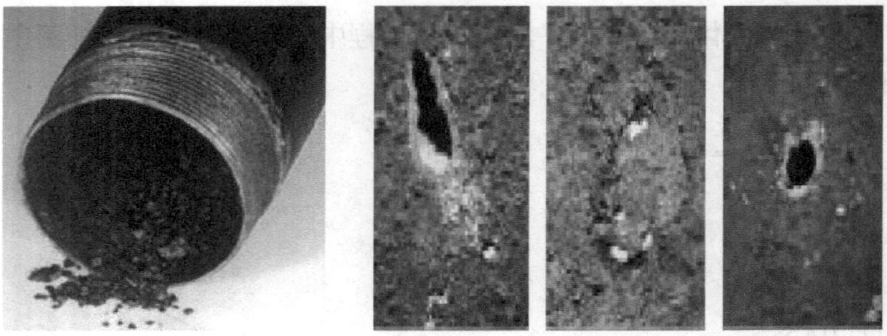

图 2-27　铁细菌对铁质管道造成的腐蚀

在含有亚铁的工业废水中，亚铁被氧化形成不溶性的高价铁，废水虽得到净化，但水中铁的沉积物大量积累与不断增生的丝状细菌黏合在一起，会造成管道堵塞，使管内过水能力明显下降。

2）硫细菌

A. 贝日阿托氏菌。贝日阿托氏菌丝状体中的一串细胞相互连接，其外面被衣鞘包裹（图 2-28）。贝日阿托氏菌菌丝不分枝，不固着于载体上，常漂浮在池沼水面上，行匍匐运动。贝日阿托氏菌细胞含有大量硫黄颗粒。硫黄颗粒可作为贝日阿托氏菌的能源储备物质。

B. 发硫细菌。发硫细菌菌丝不分枝（图 2-29）。该类细菌常固着于某种载体上。发硫细菌细胞内含有大量硫黄颗粒。

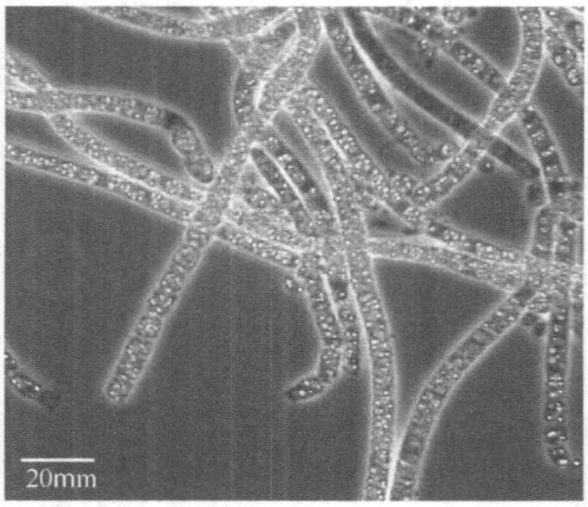

图 2-28　贝日阿托氏菌

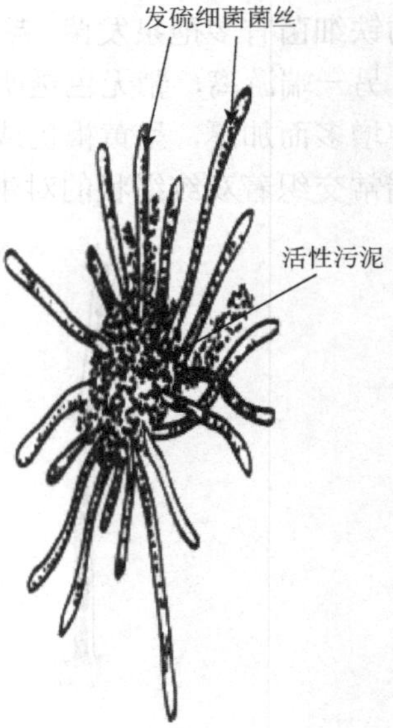

图2-29　发硫细菌（从活性污泥菌胶团中伸出的菌丝）

3）球衣细菌　　球衣菌属是研究较早的丝状菌。球衣细菌细胞直径为 1～2μm，长为 3～8μm，革兰氏染色阴性。球衣细菌是好氧异养菌。此类细菌在溶解氧（DO）＜0.1mg/L 的微氧环境生长良好，具有较强的有机物分解能力。球衣细菌菌体在其外鞘内呈链状排列（图 2-30），大多在鞘边附着一个或数个细胞，形成“分枝状”，但属假分枝（图 2-31）。

球衣细菌是活性污泥和生物膜的重要成员，在有机废水处理中具有重要作用。但球衣细菌在活性污泥中大量繁殖时，容易引起污泥膨胀，使污泥结构变得松散，絮体漂浮于水面，相对密度减轻，随水流流出，影响处理效果。球衣细菌引起污泥膨胀实验见图 2-32。

4）丝状菌引起活性污泥膨胀机制　　根据 Seagin 等关于絮体结构学说，丝状菌是形成污泥絮体的骨架，丝状菌对保证污泥絮体的强度具有重要作用。若缺少丝状菌，污泥絮体强度降低，抗剪切力变差，使出水浑浊。

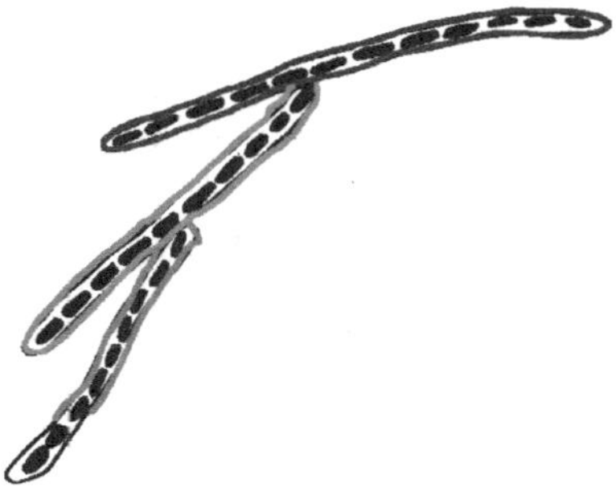

图 2-30　球衣细菌菌体在鞘内呈链状排列

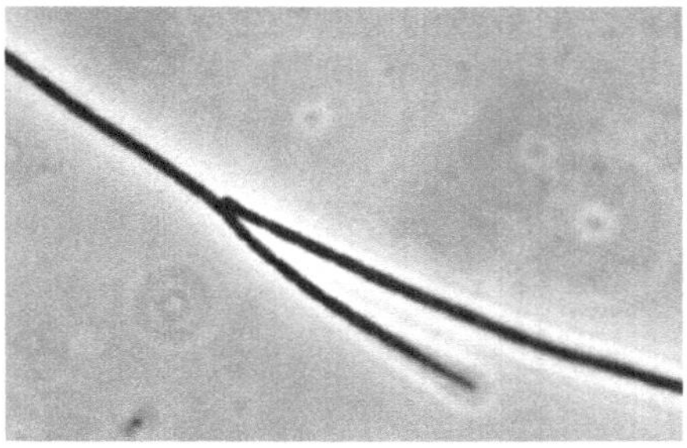

图 2-31　假分枝球衣细菌

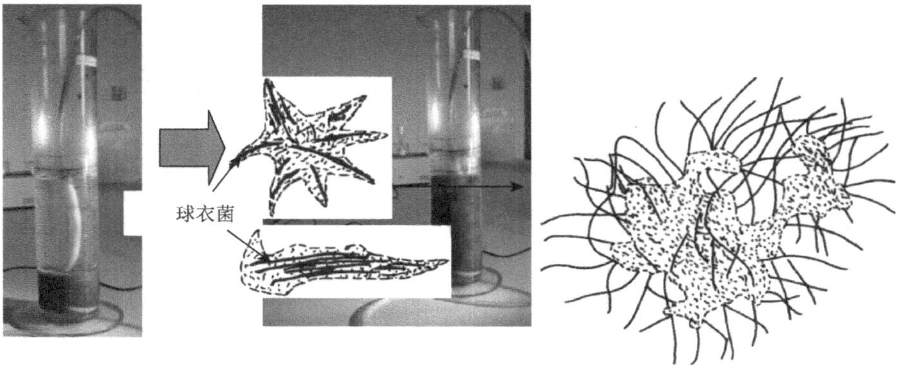

图 2-32　球衣细菌引起污泥膨胀实验

当活性污泥中的菌胶团细菌（见第三章细菌特殊结构荚膜）和丝状菌处于平衡状态时，丝状菌作为污泥絮体的骨架，菌胶团细菌附着其上，形成结构紧密、沉降性能良好的污泥絮体。随着絮体的增大，到某一临界值后，絮体内部条件开始变化，变得不利于菌胶团细菌的繁殖，而有利于丝状菌生长，丝状菌自污泥颗粒伸展出来（图 2-29 和图 2-32），使污泥颗粒沉降性能开始降低，污泥絮体开始解体，以至于出现破碎。

破碎后的小污泥利于菌胶团细菌的生长。菌胶团细菌又直接从溶液中吸取营养生长繁殖，并与丝状菌重新建立平衡。

当丝状菌大量繁殖时，菌丝从活性污泥絮体中伸出，将各个絮体连接（或搭桥），形成丝状菌的絮体网。活性污泥结构开始变得松散，沉降性能变差，污泥上浮。若其中的诺卡氏菌属微生物超量生长，则在池面上形成一种棕色泡沫或一层浮渣，最终导致出水指标升高，系统运行失败。

（4）影响细菌形态的因素

影响细菌形态的因素有温度、pH、培养时间、营养成分及其浓度与菌龄等。当温度、培养时间、养分及其浓度等发生改变时，均可引起细菌形态的改变。一般处于幼龄阶段且生长条件适宜时，细菌整齐，形态正常。但在较老的培养物中或偏离正常条件时，细菌常出现非正常形态，如杆菌，有的细胞开始膨大，有的呈现梨形，有的产生分枝，有的菌体显著伸长以致呈丝状等。这些不规则的形态统称为异常形态。将呈异常形态的细菌转移到新鲜培养液中或适宜的培养条件时又可恢复原来的形态。

2. 细菌的大小

细菌的大小随种类不同差别很大。有的很小，高倍镜下勉强可见；有的较大，低倍镜下清晰可辨。但多数细菌居于二者之间。细菌的大小见图 2-33。

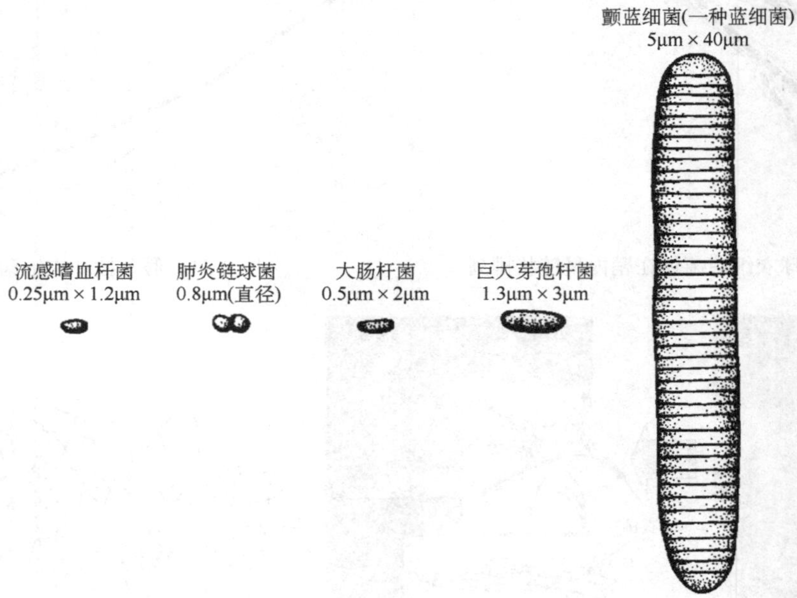

图 2-33 细菌大小的比较

细菌细胞的大小通常利用显微镜测微尺进行测量，也可通过投影法或照相制成图片，再按图片放大倍数计算。球菌大小以其直径表示；杆菌和螺旋菌以其长度与宽度表示。螺旋菌的长度是菌体两端点间的距离，而不是真正的长度。螺旋菌的真正长度应按其螺旋的直径和圈数来计算。

微米（μm）是测量细菌大小的常用单位。最小的细菌长约 0.2μm，最大的可长达 80μm。球菌直径多为 0.5～1μm；杆菌宽度与球菌直径相似。杆菌长度约为其宽度的一倍或几倍。杆菌还可细分为小型杆菌［（0.2～0.4）μm×（0.7～5）μm］、中型杆菌［（0.5～1）μm×（2～3）μm］和大型杆菌［（1～1.25）μm×（3～8）μm］。螺旋菌大小通常为（0.3～1）μm×（1～50）μm。细菌大小的测量见图 2-34。常见细菌的大小见表 2-1。

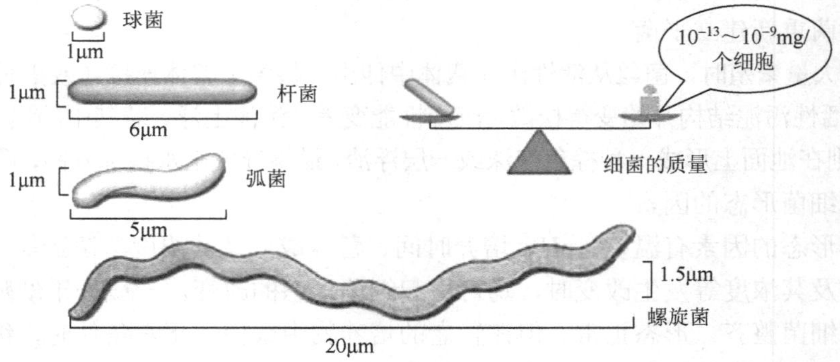

图 2-34 细菌大小的测量

表 2-1　常见细菌的大小

球菌	直径/μm	
亮白微球菌（*Micrococcus candidus*）	0.5～0.7	
金色微球菌（*M. aureus*）	0.8～1.0	
乳酸链球菌（*Streptococcus lactis*）	0.5～1.0	
藤黄八叠球菌（*Sarcina lutea*）	1.0～1.5	
最大八叠球菌（*S. maxima*）	4.0～4.5	
金黄色葡萄球菌（*Staphylococcus aureus*）	0.8～1.3	
杆菌	长/μm	宽/μm
大肠杆菌（*Escherichia coli*）	1.0～3.0	0.4～0.7
普通变形杆菌（*Proteus vulgaris*）	1.0～3.0	0.5～1.0
铜绿色假单胞菌（*Pseudomonas aeruginosa*）	1.5～3.0	0.5～0.6
枯草芽孢杆菌（*Bacillus subtilis*）	1.6～4.0	0.5～0.8
巨大芽孢杆菌（*B. megaterium*）	2.4～5.0	0.9～1.7
德氏乳酸杆菌（*Lactobacterium delbrllckii*）	2.8～7.0	0.4～0.7

球菌的大小在污染控制中具有一定的实际意义。小球菌与大球菌相比，前者的比表面积比后者大，能更有效地与环境进行物质交换，污染物可被快速降解。

观察细菌大小时一般经过固定与染色等处理。因此，在显微镜下观察到的细菌大小与处理方法有关。经干燥固定的菌体通常比活菌体减小 1/4～1/3。若用衬托菌体的负染色法，在显微镜下观察到的菌体往往比用普通染色法染色后的菌体大，甚至比实际活菌体还要大。

（二）放线菌

1. 放线菌的概念

放线菌是介于细菌与丝状真菌之间而又接近于细菌的一类丝状原核生物（有人认为放线菌属于细菌中的一类）。放线菌因其菌落呈放射状而得名。所谓菌落是指微生物细胞在适宜的固体培养基表面经过繁殖后形成的一个肉眼可见的集合。

放线菌的细胞结构与细菌基本相同。其细胞壁含有胞壁酸，不含几丁质或纤维素。多数放线菌为革兰氏染色阳性，极少为阴性。放线菌主要通过形成无性孢子的方式进行繁殖，也可借菌体断裂繁殖。

2. 放线菌的形态

放线菌菌体为单细胞，大多由分枝发达的菌丝组成。菌丝直径与杆状细菌近似，大约为 1μm。

根据放线菌菌丝的形态与功能，可将其分为营养菌丝、气生丝和孢子丝三种。放线菌的形态与结构见图 2-35。

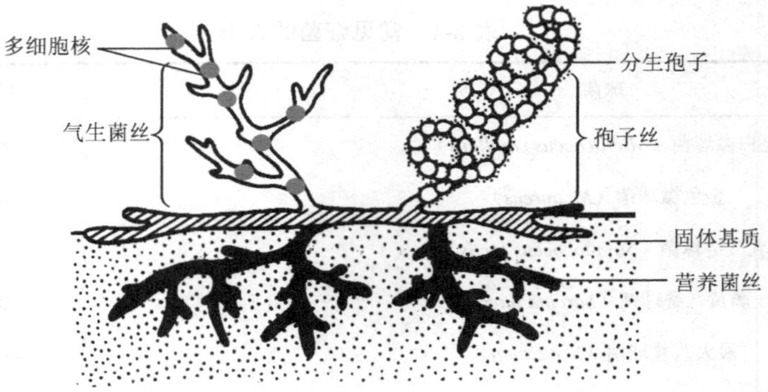

图 2-35　放线菌的形态与结构

（1）营养菌丝

营养菌丝又称初级菌丝或一级菌丝。营养菌丝生长于培养基内，故又称基内菌丝。其主要功能是吸收营养。

营养菌丝一般无隔膜。即使有隔膜，隔膜也极少。营养菌丝直径一般为 0.2～0.8μm。其长度差别很大。短的不足 100μm，长的可达 600μm 以上。

很多放线菌能够产生色素，有红、橙、黄、绿、蓝、紫、褐及黑色等色素。有的色素是水溶性的，可渗入培养基内，将培养基染上相应的颜色；有的色素是非水溶性（或脂溶性）的，可使菌落呈现相应的颜色。因此，色素是放线菌菌种的鉴定依据。

（2）气生菌丝

营养菌丝发育到一定时期，长出培养基外并伸向空中的菌丝称为气生菌丝。气生菌丝又称二级菌丝。气生菌丝生于营养菌丝上，以致可覆盖整个培养基表面。气生菌丝直径比营养菌丝粗，为 1～1.4μm，其长度相差悬殊。气生菌丝有直形并分枝的，也有弯曲且分枝的。有的气生菌丝也产色素。

（3）孢子丝

当气生菌丝发育到一定程度时，其上分化出可形成孢子的菌丝，即孢子丝。孢子丝又名产孢丝或繁殖菌丝。

孢子丝的形状有直形、波曲形和螺旋形之分。孢子丝有不同的排列方式。有的呈交替着生，有的为丛生或轮生。孢子丝的形状与排列（图 2-36）均可作为种的鉴定依据。

孢子丝生长到一定阶段可形成孢子（spore）。孢子有球形及椭圆形等（图 2-37）。

放线菌孢子的表面有的光滑，有的带小疣，有的生刺或生毛发状物（图 2-38）。

孢子含有不同色素，其孢子堆表现出相应的颜色，且在一定条件下比较稳定，故色素也是菌种鉴定的依据之一。

放线菌广泛存在于自然界中，但以土壤中居多。在厩肥和堆肥中存在的放线菌大多属于高温放线菌。与土壤相比，水体中放线菌数量相对较少。大气中存在大量的放线菌菌丝和孢子，这些菌丝和孢子借助风力随尘埃与水滴进入大气。

绝大多数放线菌为好氧异养菌，只有少数是微好氧菌和厌氧菌。放线菌的最适生长温度为 23～37℃。高温放线菌的生长温度为 50～65℃。某些放线菌在低于 20℃时生长良好。放线菌能分解多种有机物，如蛋白质、淀粉、有机酸、纤维素及半纤维素等，有些放线菌还可分解几丁质、碳氢化合物、丹宁及橡胶等。在污染控制工程中放线菌的代表属是诺卡氏菌属（图 2-39）。

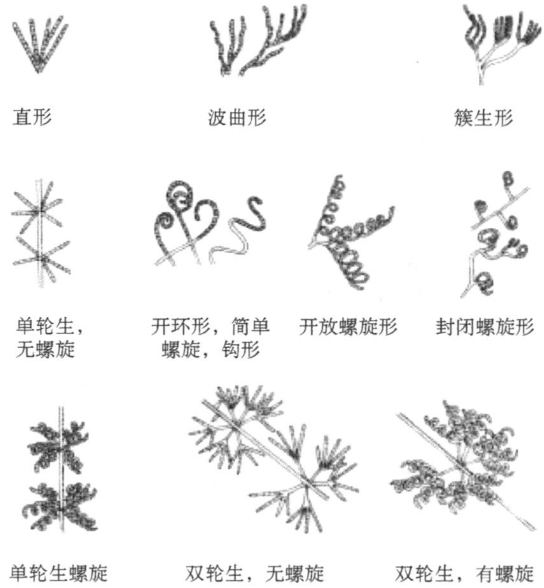

图 2-36　放线菌孢子丝的形状与排列

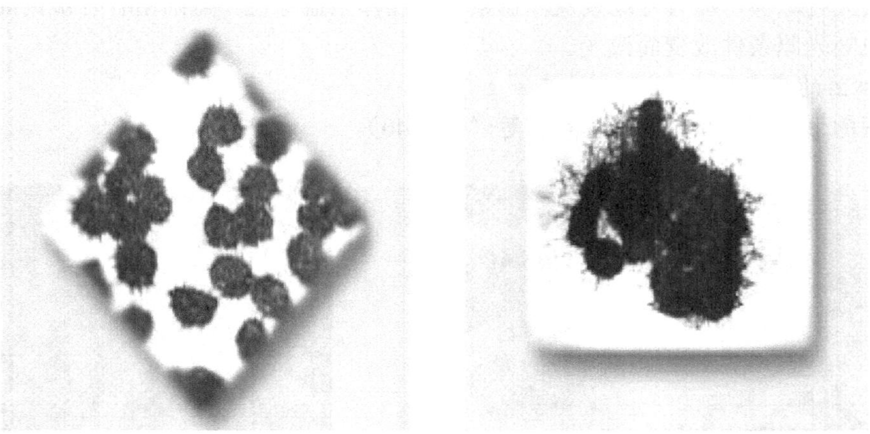

图 2-37　放线菌孢子的形状

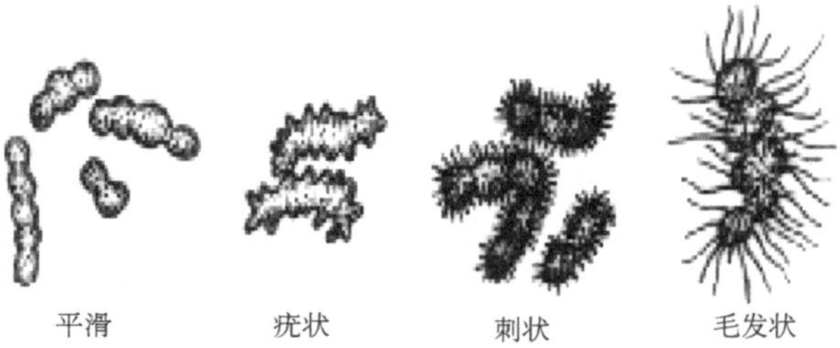

图 2-38　放线菌孢子的表面情况

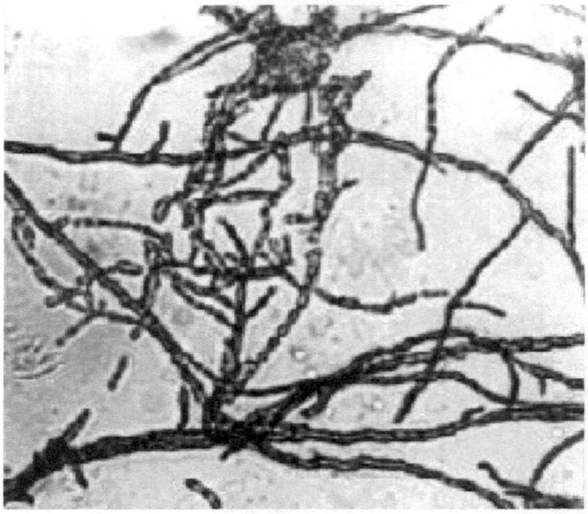

图 2-39　诺卡氏菌属

（三）蓝细菌

蓝细菌又称蓝藻或蓝绿藻。蓝细菌的最大特点是含有光合色素，能进行光合作用，释放氧气，自养。

蓝细菌无叶绿体，但有叶绿素及藻蓝素，故藻体呈蓝绿色。蓝细菌有时带黄褐色甚至红色，其颜色随光照条件改变而改变。

1. 蓝细菌的基本形态

蓝细菌的形态有杆状、球状与丝状等（图 2-40）。

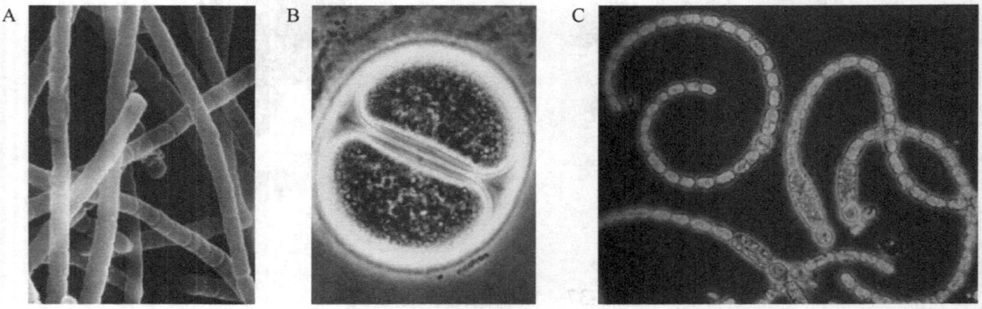

图 2-40　蓝细菌的形态

A. 杆状；B. 球状；C. 丝状聚合体

2. 蓝细菌的主要类群

蓝细菌包括单细胞蓝细菌和多细胞蓝细菌两大类。根据蓝细菌的形态可将其分成以下 5 群。

1 群：细胞呈杆菌和球菌，细胞二分裂或出芽繁殖。细胞为单个或由荚膜胶质物使其成为积聚状态。此群代表属为聚球蓝细菌属、黏球蓝细菌属和黏杆蓝细菌属等。

2 群：细胞行多次分裂。分裂中的母细胞内出现许多微小细胞。此群代表属包括宽球蓝细菌、黏八叠球蓝细菌属和果皮蓝细菌属等。

3 群：此群蓝细菌无异形细胞。其菌丝体仅由营养细胞构成。此群代表属包括颤蓝细菌属、螺旋蓝细菌属和席蓝细菌属等。

4 群：此群在某些情况下可出现静息孢子（厚壁的休止细胞）。该群包括鱼腥蓝细菌属、念珠蓝细菌属和眉蓝细菌属。

5 群：此群蓝细菌细胞分裂在多个平面上进行。已知的属是费氏蓝细菌属。

蓝细菌分布极广，从热带到两极，从海洋到高山，到处都有它们的存在。许多生长在池塘和湖泊中的蓝细菌形成菌团浮于水面。蓝藻大量繁殖引起水华和赤潮。污水中常见的蓝藻见图 2-41。

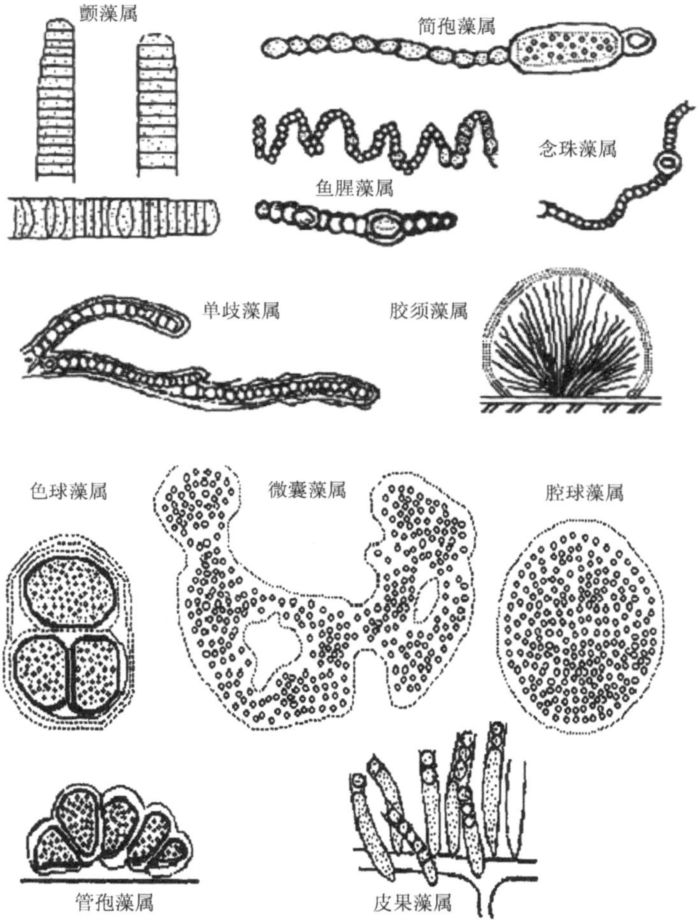

图 2-41　污水中常见的蓝藻

二、古菌

古菌是一类特殊细菌。古菌主要存在于高温、高盐、强酸或强碱等极端环境中。古菌无真正细胞核，故将其归于原核生物。但实际上，古菌与真细菌相差很大（相关内容见第三章），特别是二者的细胞结构及组成存在明显差异。

1. 古菌的基本形态

古菌形态多样，有球形、杆状、叶片状、块状、三角形、方形或不规则形状等（图 2-42）。

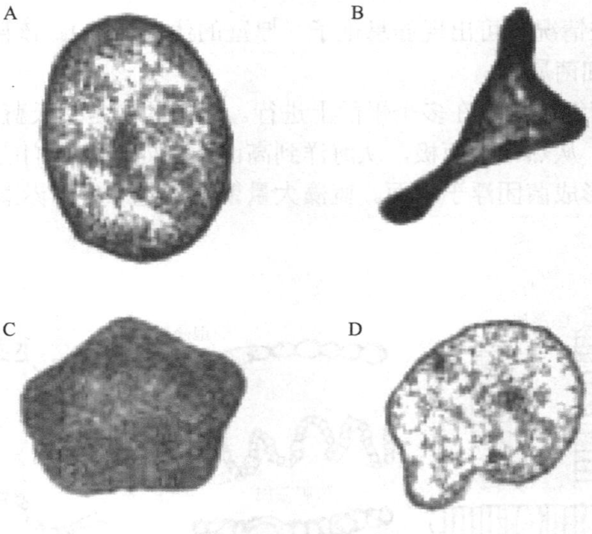

图 2-42　古菌形态

A. 椭圆形；B. 近三角形；C. 五角形；D. 不规则形

2. 古菌的主要类群

古菌的主要类群有产甲烷菌（methanogenus）、极端嗜热菌（themophiles）、极端嗜冷菌、极端嗜酸菌及极端嗜盐菌等。

（1）产甲烷菌

产甲烷菌简称甲烷菌，革兰氏染色阳性或阴性，形态多样，有球形、短杆状、长杆状、丝状和盘状等（图 2-43）。产甲烷八叠球菌常聚集在一起形成直径达几百微米的球体。产甲烷丝状菌能形成较长的丝状体。

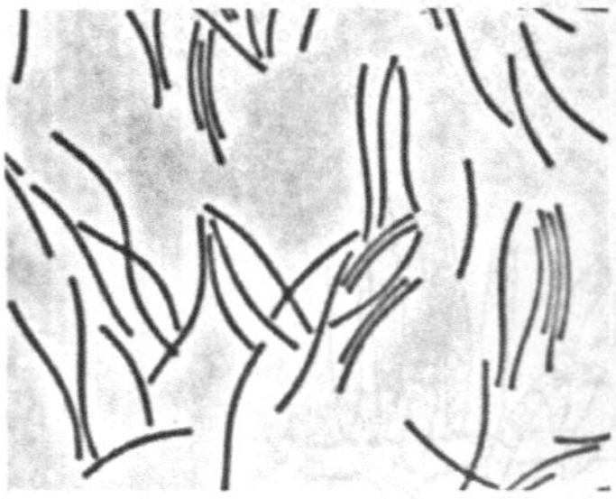

产甲烷螺菌

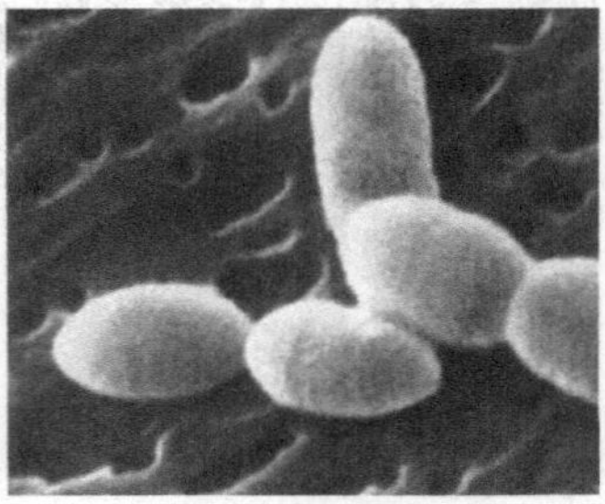

产甲烷短杆菌

产甲烷八叠球菌

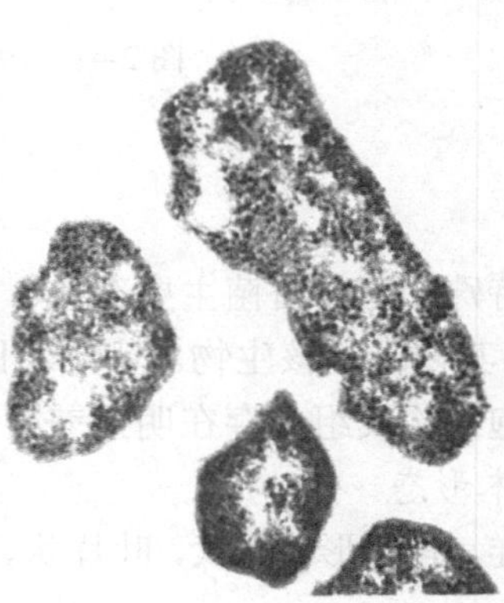

袋状产甲烷菌

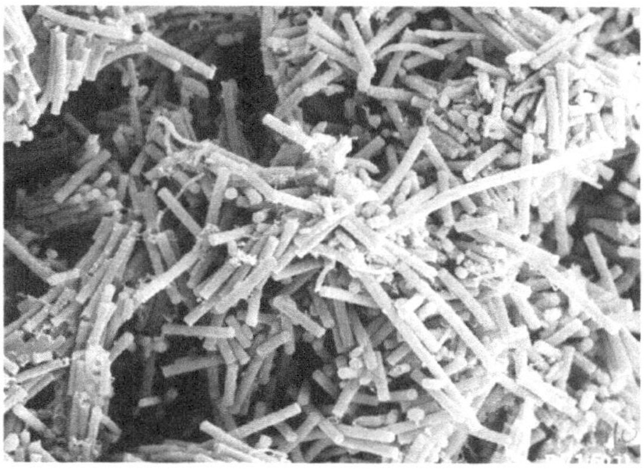

产甲烷杆菌

图 2-43 几种常见的产甲烷菌

产甲烷菌能利用乙酸、CO_2及H_2等生产甲烷，同时释放能量。产甲烷菌的主要类群及其生理特性见表 2-2。

表 2-2 产甲烷菌的主要类群及其生理特性

分类单元（目）	典型属	主要代谢底物	典型栖息地
甲烷杆菌目	*Methanobacterium*，*Methanobrevibacter*，*Methanosphaera*，*Methanothermobacter*，*Methanothermus*	氢气和二氧化碳、甲酸盐、甲醇	厌氧消化反应器、瘤胃、水稻土壤、腐败木质、厌氧活性污泥等
甲烷球菌目	*Methanococcus*，*Methanothermococcus*，*Methanocaldococcus*，*Methanotorris*	氢气和二氧化碳、甲酸盐	海底沉积物、温泉等
甲烷微菌目	*Methanomicrobium*，*Methanoculleus*，*Methanofollis*，*Methanogenium*，*Methanolalinta*，*Methanoplanus*，*Methanospirillum*，*Methanocorpusculum*，*Methanocalculus*	氢气和二氧化碳、2-丙醇、2-丁醇、乙酸盐、2-丁酮	厌氧消化反应器、土壤、海底沉积物、温泉、腐败木质、厌氧活性污泥等
甲烷八叠球菌目	*Methanosarcina*，*Methanococcoides*，*Methanohalobium*，*Methanohalophilus*，*Methanolobus*，*Methanomethylovorans*，*Methanimicrococcus*，*Methanosalsum*，*Methanosaeta*	氢气和二氧化碳、甲酸盐、乙酸盐、甲胺	高盐海底沉积物、厌氧消化反应器、动物胃肠道等
甲烷火菌目	*Methanopyrus*	氢气和二氧化碳	海底沉积物

产甲烷菌在自然界中分布极广，在与氧气隔绝的环境中几乎都有产甲烷菌的存在，如稻田、河湖淤泥、海底沉积物及动物的消化道等。但在不同生境中，产甲烷菌群落组成差异较大。

氧对产甲烷菌有毒害作用，故其严格厌氧。所有产甲烷菌都能以NH_4^+作为氮源，少数产甲烷菌具有固氮能力。与其他古细菌不同，所有产甲烷菌都需要金属镍作为产甲烷辅酶F_{430}的成分（镍四吡咯）。除镍以外，铁和钴也是产甲烷菌所需要的重要微量元素。某些氨基酸、酵母膏和酪蛋白水解物等可作为产甲烷菌的生长因子。

产甲烷菌主要以乙酸、H_2、CO_2、甲基化合物为原料合成甲烷。乙酸能够刺激其生长，通过乙酸盐呼吸获取生命活动所需要的能量。由于产甲烷菌独特的代谢机制，能使有机废弃物经由其他微生物分解后产生的乙酸、甲酸、H_2和CO_2等转换为甲烷。甲烷既可作为清洁能源，又可实现污染物的资源化。因此，产甲烷菌及其相关厌氧生物处理工艺技术在有机固体垃圾及有机废水等处理中具有重要作用。

（2）极端嗜热菌

极端嗜热菌是能够在90℃以上高温环境中生长的古细菌。德国的K. Stetter等在意大利海底发现的一族古菌，能生活在110℃以上高温环境中，降至84℃即停止生长。美国的J. A. Baross从火山口中分离出的细菌可生活在250℃的环境中。

极端嗜热菌体内的酶对热都很稳定，即使从细胞中提取出来，大多数酶仍能保持其稳定性。极端嗜热菌酶不仅耐热，而且对其他化学变性剂也表现极高的耐受性。

极端嗜热菌生物活性很高，代谢速度快，因此，在环境工程中具有重要意义。Rozivh等利用极端嗜热菌处理高浓度垃圾浸出液[化学需氧量（COD）达80 000～200 000mg/L]，COD的去除率大于95%。

（3）极端嗜冷菌

极端嗜冷菌可生长在不超过20℃环境下，甚至0℃以下环境中。极端嗜冷菌对高原或高纬度寒冷地区受污染的河流、湖泊及土壤修复具有重要意义。Jarvinen从地下水中分离到的耐冷高效氯酚降解菌，通过流化床工艺处理氯酚。结果表明，在5～7℃环境下，氯酚负荷为740mg/(L·d)时，氯酚去除率达99.9%。

（4）极端嗜酸菌

极端嗜酸菌能在pH 1以下的环境中生活。极端嗜酸菌往往也是嗜高温菌，生活在火山地区的酸性热水中，能将硫氧化为硫酸，硫酸以代谢产物的形式排出体外。

煤炭是我国的主要能源，但大多数煤中都含有很高的无机或有机硫成分，其含量为0.25%～7%，煤燃烧产生的SO_2直接进入大气中，导致酸雨的形成，因此，对煤的直接利用已引起严重的环境污染。利用极端嗜酸菌进行脱硫，具有一定的应用前景。

（5）极端嗜盐菌

极端嗜盐菌生活在高盐度环境中，盐度可达25%，如死海和盐湖中。以石油为原料制造的塑料在自然环境条件下不易被生物降解，燃烧时又产生大量的有害气体，造成的白色污染问题日益严重。人们一直致力于可生物降解塑料的研究与开发。以微生物发酵产生的PHA（聚β-羟基烷酸）为原料制造的新型塑料，可被多种微生物完全降解，开发应用前景广阔。极端嗜盐菌细胞内聚β-羟基戊酸含量较高，可解决目前以PHB（聚β-羟基丁酸）为原料制备的塑料韧性不够的问题。因此，极端嗜盐菌对解决白色污染有积极意义。

第二节　真核微生物

真核微生物是指有真正细胞核，能进行有丝分裂，细胞质内有细胞器（如线粒体、叶绿体等）及复杂的内膜系统的微生物。真核微生物的细胞结构见图2-44。

一、真菌

真菌（fungi）是指不能进行光合作用，靠寄生或腐生方式生活的单细胞（包括无隔多核细胞）及多细胞真核微生物。

真菌在自然界中分布极广，大气、水、土壤及动植物体内外都有真菌的存在。真菌属于异养菌，可分解有机物，在自然界物质循环及污染控制工程中扮演着重要角色。真菌包括酵母菌和霉菌两大类。

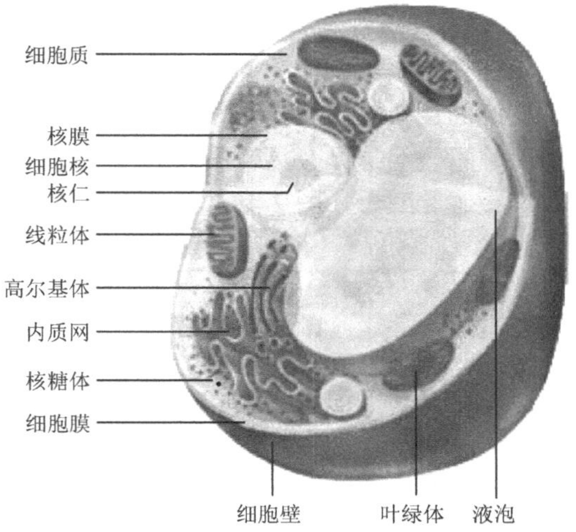

图 2-44　真核微生物的细胞结构

（一）酵母菌

酵母菌（yeast）是一群单细胞真核微生物。酵母菌以无性繁殖——芽殖为主，极少数可通过子囊孢子进行有性繁殖。酵母菌多为腐生型，少数为寄生型。其生长温度为 4～30℃，最适温度为 25～30℃。

酵母菌在自然界分布较广，但主要分布在含糖质较高的偏酸环境。在果园、油田和炼油厂周围的土壤，以及蜜饯和盐腌食品等渗透压较高的环境中都有大量酵母菌的存在。酵母菌经过长期自然选择，对高糖环境、高碳环境（如石油等）及高渗透压环境等具有较强的适应能力。因此，酵母菌对高浓度有机废水，特别是食品加工废水、制糖废水、水产加工废水、酿造废水、造纸废水及石油相关行业废水等的处理具有重要意义。

1. 酵母菌的细胞形态与大小

酵母菌大多为单细胞。酵母细胞形态多样，因种而异。一般呈卵圆形、球形、椭圆形或柠檬形等。酵母菌的菌体比细菌大几倍至几十倍。其大小为（1～5）μm×（5～30）μm，最长可达 100μm。酵母菌的形态见图 2-45。酵母菌的繁殖方式有无性繁殖和有性繁殖。无性繁殖以芽殖为主。

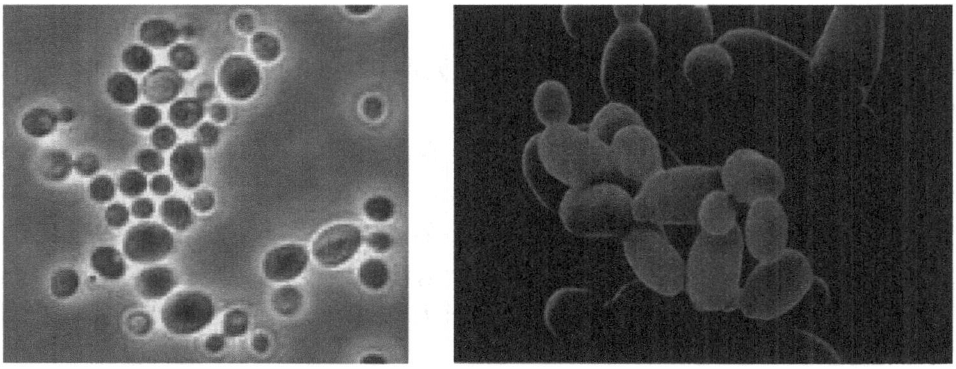

图 2-45　酵母菌的形态

2. 酵母菌在污染控制工程中的应用

利用酵母菌处理有机废水在使废水得到净化的同时又可生产酵母单细胞蛋白。单细胞蛋白富含蛋白质和氨基酸，是良好的饲料。该技术已在制糖工业废水、味精废水及啤酒废水的处理中广泛应用。例如，利用解脂假丝酵母及热带假丝酵母（图 2-46）处理石油废水的同时获得单细胞蛋白饲料；利用产朊假丝酵母（图 2-47）处理造纸废液、木材加工水解液及糖蜜废液等。

图 2-46 热带假丝酵母

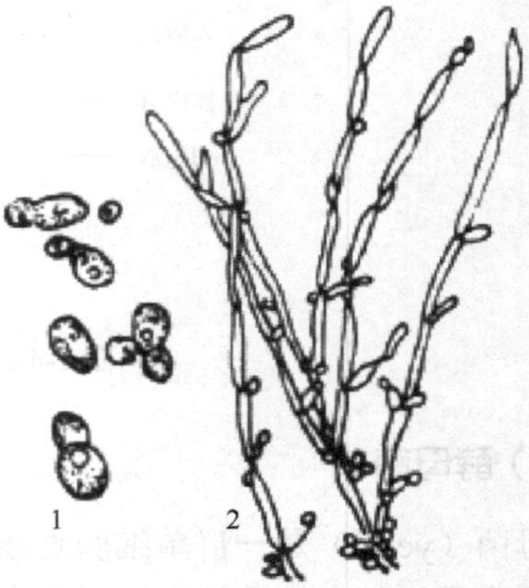

图 2-47 产朊假丝酵母

1. 细胞；2. 假菌丝

利用酵母菌处理含酚废水、淀粉废水、柠檬酸残糖废水及油脂废水，既可解决废水污染问题又可得到酵母菌体蛋白。这不仅可产生环境效益，还可产生明显的经济效益。

（二）霉菌

1. 霉菌的概念

霉菌（mold）是“丝状真菌”的统称。霉菌的繁殖能力很强，主要通过形成无性孢子和（或）有性孢子繁殖。

2. 霉菌菌丝的形态

霉菌菌体由分枝或不分枝的菌丝（hypha）构成。霉菌菌丝呈管状，其直径为 2～10μm，比放线菌菌丝大几倍到几十倍，光学显微镜易辨。许多霉菌菌丝相互交织形成一种称为菌丝体（mycelium）的结构。

依据霉菌菌丝结构，可将其分为单细胞多核无隔菌丝（图 2-48）、多细胞单核有隔菌丝（图 2-49）和多细胞多核有隔菌丝（图 2-50）。

无隔菌丝无隔膜，整个菌丝就是一个细胞，菌丝内有许多细胞核，故又称多核系统，其生长过程为菌丝的延长和细胞核的增多，例如，藻状菌纲中的毛霉、犁头霉和根霉等的菌丝属于此类菌丝。有隔菌丝中有隔膜，被隔膜隔开的一段菌丝就是一个细胞，菌丝由多个细胞组成，每个细胞内有一至多个核，隔膜上有单孔或多孔，细胞质和细胞核可自由流通，且每个细胞的功能相同。绝大多数霉菌菌丝为有隔菌丝，如青霉、曲霉和白地霉等的菌丝均属此类。

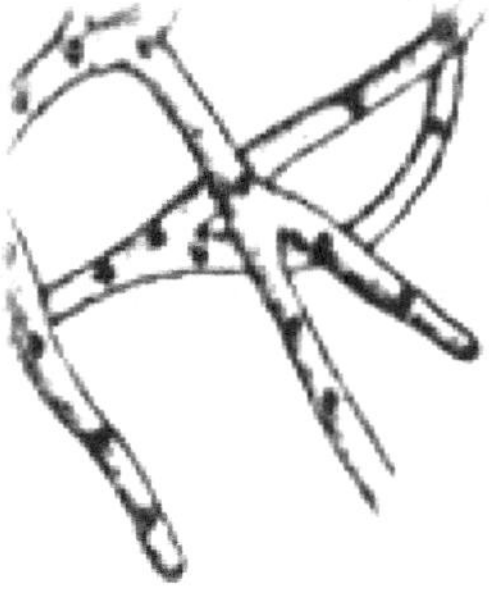

图 2-48 霉菌单细胞多核无隔菌丝

图 2-49 霉菌多细胞单核有隔菌丝

图 2-50 霉菌多细胞多核有隔菌丝

3. 霉菌菌体的结构

霉菌菌体与放线菌相似，分为基内菌丝、气生菌丝和孢子丝。霉菌菌体的结构见图 2-51。霉菌基内菌丝、气生菌丝和孢子丝的作用与放线菌的一样，其基内菌丝负责吸收营养，气生菌丝伸向空中生长，孢子丝负责形成孢子。

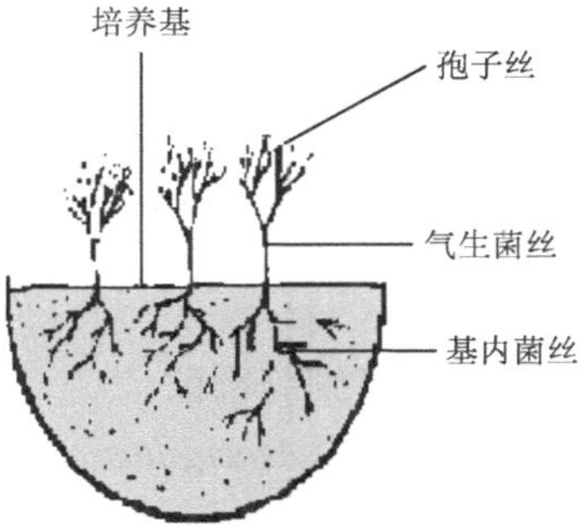

图 2-51 霉菌菌体

霉菌在自然界分布极广，土壤、水域、空气及动植物体内外均存在。霉菌同人类的生产和生活关系密切。在发酵工业上，霉菌被广泛用来生产乙醇、抗生素、有机酸及酶制剂等。霉菌是重要的有机物污染物降解菌，不仅能够分解小分子有机物，也能分解大分子有机物，特别是一些人工合成的难降解的有机化合物。因此，霉菌在污染控制工程中具有重要作用。

4. 常见的霉菌

（1）单细胞霉菌

1）毛霉 毛霉（*Mucor* spp.）是一类较低等的真菌，多为腐生，极少寄生。毛霉生长迅速，可产生发达的菌丝。菌丝一般白色，不具隔膜，不产生假根，是单细胞真菌。以孢囊孢子进行无性繁殖，孢子囊黑色或褐色，表面光滑。毛霉具有降解蛋白质及淀粉的能力，并可降解转化甾类化合物。毛霉菌体形态见图 2-52。

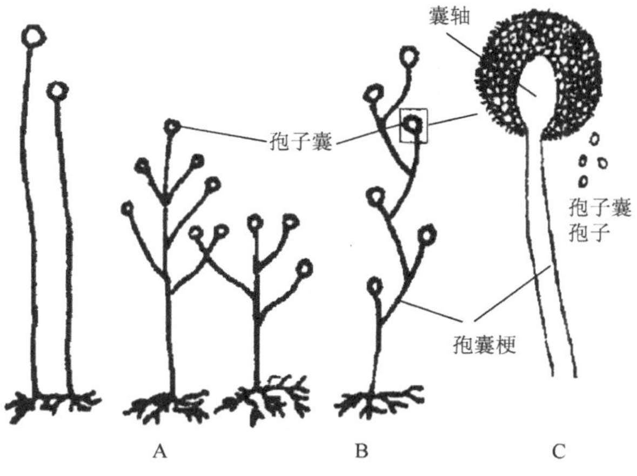

图 2-52 毛霉菌体形态

A. 单轴式孢囊梗；B. 假轴式孢囊梗；C. 孢子囊结构

2）根霉　根霉（*Rhizopus* spp.）在自然界中分布很广，空气、土壤及餐厨垃圾等有机生活垃圾中都存在根霉。根霉在有机垃圾好氧堆肥中具有一定的作用。

根霉有假根和匍匐菌丝。假根是伸入培养基内犹如树根的分枝状菌丝；在培养基表面呈弧形水平生长的菌丝称为匍匐菌丝。假根和匍匐菌丝是根霉的重要特征。根霉的菌体特征见图2-53。

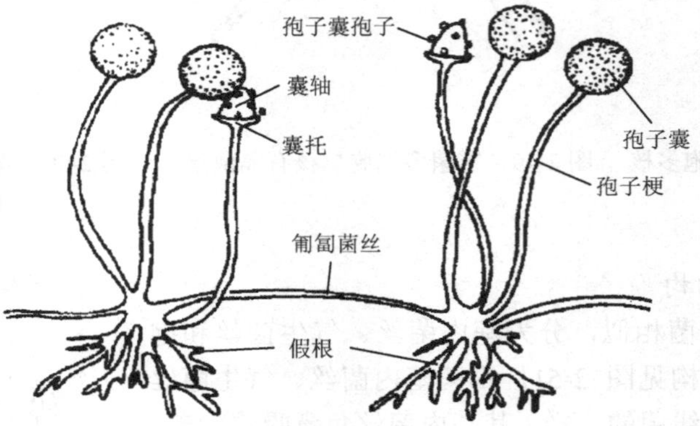

图2-53　根霉菌体形态

（2）多细胞霉菌

1）曲霉（*Aspergillus* spp.）　曲霉菌丝有隔膜，为多细胞霉菌。生长旺盛时，菌体产生大量的分生孢子梗。分生孢子梗顶端膨大成为顶囊，一般呈球形。顶囊表面长满一层或两层辐射状小梗（初生小梗与次生小梗）。最上层小梗呈瓶状，顶端着生成串的球形分生孢子。分生孢子梗、顶囊、辐射状小梗合称为“孢子穗”。孢子呈绿、黄、橙、褐、黑等颜色。分生孢子梗生于足细胞上，并通过足细胞与营养菌丝相连。曲霉孢子穗的形态，包括分生孢子梗的长度、顶囊的形状、小梗着生是单轮还是双轮，分生孢子的形状、大小、表面结构及颜色等都是菌种鉴定的依据。曲霉属中大多行无性繁殖，极少数为有性生殖。曲霉的菌体形态见图2-54。曲霉的光学显微镜照片见图2-55。

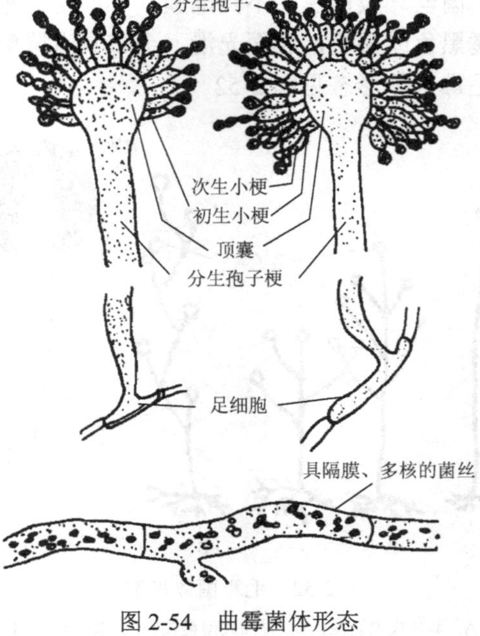

图2-54　曲霉菌体形态

图 2-55　曲霉的光学显微镜照片

2）青霉　　青霉（*Penicillium* spp.）广泛分布于空气、土壤及物体表面，腐烂的橘皮上常见的青绿色的霉菌即青霉。青霉分生孢子梗顶端不膨大，无顶囊，经多次分枝，产生几轮对称或不对称小梗，小梗顶端产生成串的青色分生孢子，孢子穗形如扫帚。青霉菌体见图 2-56 及图 2-57。

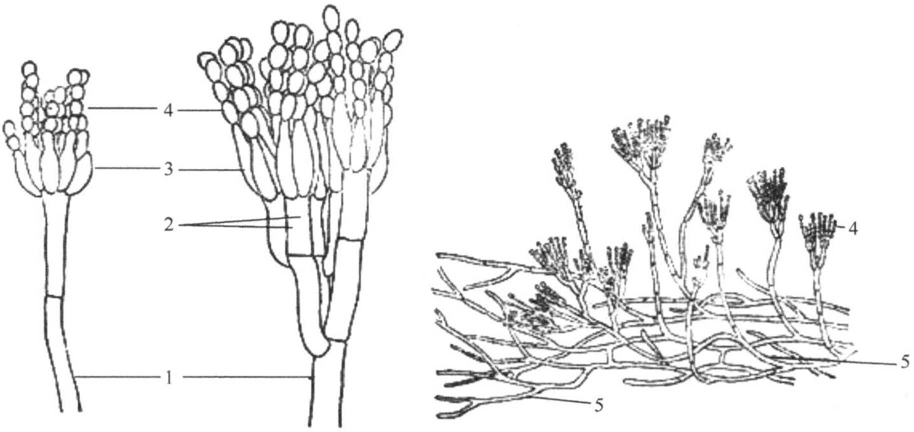

图 2-56　青霉菌体形态

1. 分生孢子筏；2. 梗茄；3. 小梗；4. 分生孢子；5. 营养菌丝

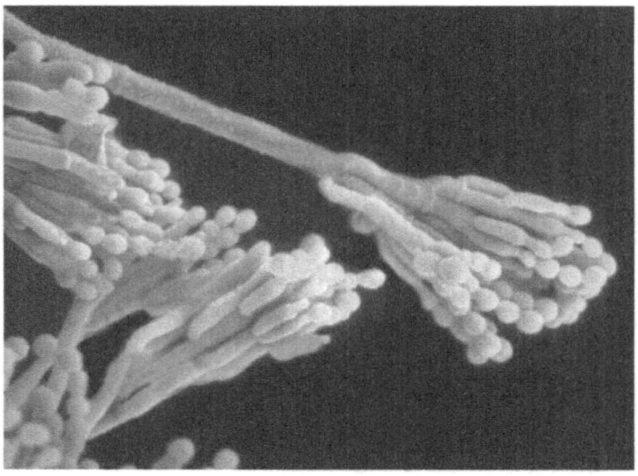

图 2-57　青霉菌的光学显微镜照片

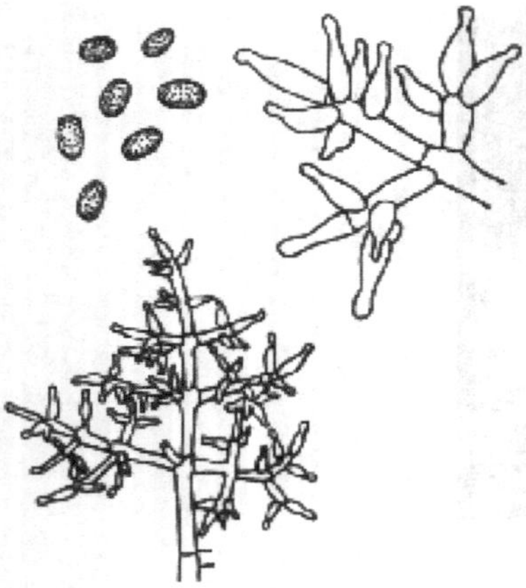

图 2-58　交链孢霉

3）交链孢霉　　交链孢霉（*Alternaria* spp.）是土壤、空气与工业材料上常见的腐生菌。菌丝暗黑色，有隔膜，以分生孢子进行无性繁殖。分生孢子梗较短，单生或丛生，大多数不分枝，与营养菌丝几乎无区别。分生孢子呈纺锤状，顶端喙状，多细胞，有壁砖状分隔（图 2-58），分生孢子常数个成链，一般为褐色。交链孢霉尚未发现有性过程。交链孢霉某些种可用于甾族化合物的转化。

污染控制工程中常见霉菌还有镰刀霉属（*Fusarium*）、木霉属（*Trichoderma*）和地霉属（*Geotrichum*）等。

在活性污泥和生物膜系统中，除细菌外，真菌也是主要成员。科学工作者从活性污泥中分离出酵母菌和类酵母菌 166 种，其中占优势的有热带假丝酵母（*Candida tropicalis*）、胶红酵母（*Rhodotorula mucilaginosa*）、皮状丝孢酵母（*Trichosporum cutaneum*）、粘红酵母（*Rhodotorula glutinis*）、近平滑假丝酵母（*Candida parapsilosis*）等；丝状真菌主要有毛霉属（*Mucor*）、曲霉属（*Aspergillus*）、根霉属（*Rhizopus*）、青霉属（*Penicillium*）、镰刀霉属（*Fusarium*）、漆斑菌属（*Myrothecium*）、粘帚霉属（*Gliocladium*）、瓶霉属（*Phialophora*）、芽枝霉属（*Cladosporium*）、短梗霉属（*Aureobasidium*）、木霉属（*Trichoderma*）和头孢霉属（*Cephalosporium*）等。研究表明，生物滤池的生物膜中 30%的微生物是真菌，优势种群主要有镰刀霉属、地霉属、瘤孢霉属（*Sepedonium*）、青霉属、竹丝霉属（*Dictyuchus*）、腐霉属（*Pythium*）等。

废水水质是影响真菌在废水生物处理系统中数量和种类的重要因素。有机污染物浓度较高、pH 较低、溶氧含量高的工业废水生物处理系统中真菌数量较多。另外，活性污泥膨胀、生物膜更新缓慢等都与丝状真菌的异常增殖有关。如何采取有效措施发挥真菌在废水生物处理中的有利作用，同时减少其不利影响是环境工程中的一个重要研究课题。

二、原生动物（原虫）

（一）原生动物及其基本特征

原生动物（protozoa）是最原始、最低等、结构最简单的单细胞动物。原生动物无细胞壁，有细胞膜（cell membrane）、细胞质（cytoplasm）、细胞器及细胞核（nucleus）。较高级的原生动物有两个细胞核。

一个原生动物细胞就是一个完整的生命体。一个原生动物细胞具有各种生理机能，如摄食、营养、呼吸、排泄、生长、繁殖、运动及对刺激的反应等。原生动物的生理机能是由细胞特化的细胞器（organelle）完成的。例如，胞口、胞咽、食物泡及吸管等是负责摄食、消化与营养的细胞器；收集管、伸缩泡（contractile vacuole）及胞肛等是司排泄的细胞器；眼点是感觉“器官”。鞭毛、纤毛、刚毛及伪足是既具有运动功能又具有捕食作用的细胞器。原生动物的细胞器相当于多细胞动物体内的器官。

（二）原生动物的形态与大小

不同种类的原生动物，其形态差别很大。某些原生动物因体表只有一层薄而柔软的原生质膜（plasmalemma），其体形随细胞原生质的流动而不断改变，因此没有固定的形态，如变形虫（amoeba）。多数原生动物具有固定的外形，如眼虫（euglena），其体表较厚，形成了皮膜（pellicle），使身体保持了一定的形状。皮膜具有一定的弹性，还可使身体能够适当地改变形状。衣滴虫（*Chlamydomonas eugametos*）的细胞外表由纤维素与果胶组成，因而形成了与植物一样的细胞壁，因此，其形态相对固定。

原生动物的形态受生活方式的影响。营漂浮生活的原生动物胞体多呈球形，并伸出细长的伪足，以增加其表面积，如辐射虫（*Actinosphaerium* spp.）及某些有孔虫；营游泳生活的原生动物多呈棱形，如草履虫（*Paramoecium* spp.）；适合于底栖爬行的原生动物胞体多呈扁形，腹面纤毛联合形成棘毛用以爬行，如棘尾虫（*Stylonychia* spp.）；营固着生活的原生动物多呈球形及锥形且有柄（柄内有肌丝纤维，可使虫体收缩运动），如钟虫（*Vorticella* spp.）及足吸管虫（*Podophrya* spp.）等。

原生动物形体微小。不同种类的原生动物的大小相差较大，如有孔虫类（foraminifera）的体长可达 7cm；旋口虫（*Spirostomum* spp.）的体长约 3mm；草履虫的体长为 150～300μm。最小的体长只有 2～3μm，如利什曼原虫。

（三）原生动物细胞的特化

原生动物的细胞质分为两部分。外面部分较透明且均匀，无内含物，称为外质（ectoplasm）；内面部分不透明，含有多种内含物，称为内质（endoplasm）。

外质还可分化出一些特殊结构，如腰鞭毛虫类可分化出刺丝囊（nematocyst）；丝孢子虫类可分化出极囊（polar capsule）；纤毛虫类可分化出刺丝泡（trichocyst）及毒泡（toxicyst）等。这些结构在受到刺激时，可放出长丝以麻醉或刺杀敌人。一些纤毛虫类外质还可分化成肌丝（myoneme）。

内质中包含由细胞质特化并执行一定功能的细胞器，如线粒体、高尔基体、食物泡（food vacuole）、伸缩泡、色素体（chromatophore）及眼点（stigma）等。原生动物的细胞核位于内质中，大多只有一种类型的核，但纤毛虫具有两种类型的核：一个大核（macronucleus）与一个小核（micronucleus）。

（四）原生动物的生理特性

1. 原生动物的运动

负责原生动物运动的细胞器有两种类型：一种是鞭毛（flagellum）与纤毛（cilium）；另一种是伪足（pseudopodium）。

电子显微镜观察证明，鞭毛与纤毛结构相同，只是纤毛较短，为 3～20μm，数目较多；鞭毛更长，为 5～200μm，数目较少（多鞭毛虫类除外），大多鞭毛虫有 1 根或 2 根鞭毛。鞭毛与纤毛的直径通常是固定不变的，一般为 0.1～0.3μm。鞭毛的摆动呈对称性，有几个左右摆动的运动波；纤毛的运动是不对称的，仅有一个运动波。鞭毛与纤毛除了具有运动功能外，它们的摆动可引起水的流动，这利于取食。另外，鞭毛与纤毛还具有感觉功能。

伪足是一种运动细胞器。伪足的形状有叶状、针状及网状等。肉足虫通过伪足可在物体表面爬行。

2. 原生动物的营养

原生动物的营养方式包含了生物界的全部营养类型。

（1）动物性营养（holozoic nutrition）

绝大多数原生动物像高等动物一样通过摄食获得营养。例如，变形虫类通过伪足的包裹作用（engulfment）吞噬食物；纤毛虫类通过胞口与胞咽等细胞器摄取食物。

（2）植物性营养（holophytic nutrition）

原生动物中的植鞭毛虫类内质中含有色素体，色素体中含有叶绿素（chlorophyll）与叶黄素（xanthophyll）等。与植物的色素体一样，植鞭毛虫利用光能将二氧化碳和水合成碳水化合物，即通过光合作用制造食物。

（3）腐生性营养（saprophytic nutrition）

原生动物中的孢子虫类及一些自由生活的种类，能通过体表的渗透作用从周围环境中摄取溶于水中的现成的有机物质来获得营养。

3. 原生动物的呼吸

大多原生动物从周围环境中获得氧气，对有机物氧化分解获取能量。少数腐生或寄生的种类生活在低氧或厌氧环境中，利用有机物发酵所产生的少量能量进行代谢活动。

4. 原生动物水分的调节及排泄

原生动物细胞质内过多的水分聚集时，便形成小泡，小泡由小变大，最后形成一个被膜包围的伸缩泡。伸缩泡的数目、位置及结构在不同的原生动物中是不同的。

生活在水环境中的原生动物及寄生种类，随着摄食及细胞膜的渗透作用，相当多的水分也随之进入体内，因此，需要将过多的水分排出体外，否则，原生动物将会膨胀致死。过多的水分排出由伸缩泡完成。当伸缩泡充满水分后，便自行收缩将水分通过体表排出体外。细胞代谢过程中所产生的废物，也溶于水中并进入伸缩泡，随之排出体外。伸缩泡在维持原生动物体内水的平衡及废物的排泄等方面发挥着重要作用。

5. 原生动物对刺激的感应

原生动物对物体、食物、重力、光和化学物质等刺激都有感应，这种感应称为原生质的普遍感应性。许多纤毛虫都有专门的感应器，如纤毛目种类。有的纤毛不能运动，但有感觉机能，称感觉刚毛（感觉胞器）。草履虫的表膜下有许多刺丝泡，当受挤压或各种化学物质刺激时，刺丝泡便从体表的微孔发射出一种物质，这种物质与水接触后，瞬间形成一条僵硬的针状黏丝。刺丝泡大概具有抛锚固着、捕捉食物、防御和逃避敌害等功能。

（五）原生动物类群

一般将原生动物分为 4 个纲，包括肉足纲（Sarcodina）、鞭毛纲（Mastigophora）、纤毛纲（Ciliata）和孢子纲（Sporozoa）。

鞭毛纲、肉足纲、纤毛纲三纲在废水生物处理中具有重要作用。孢子纲中的孢子虫营寄生生活，寄生在人体和动物体内，可随粪便排到污水中，需要消灭。

1. 肉足纲

肉足纲代表性原生动物见图 2-59。

（1）根足亚纲（Rhizopoda）

1）变形虫　根足亚纲虫体可改变形态，如变形虫，或称根足变形虫。常见的变形虫有大变形虫（图 2-60）、辐射变形虫（图 2-61）及蜗足变形虫（图 2-62）等。

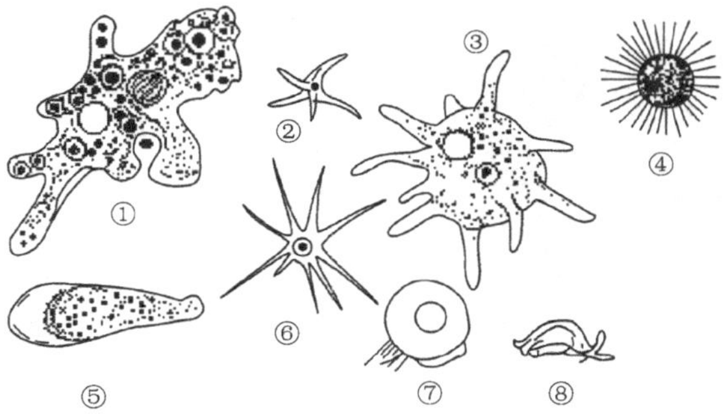

图 2-59 肉足纲原生动物

①变形虫；②珊瑚变形虫；③单核变形虫；④多核太阳虫；⑤蜗足变形虫；⑥辐射变形虫；⑦、⑧表壳虫

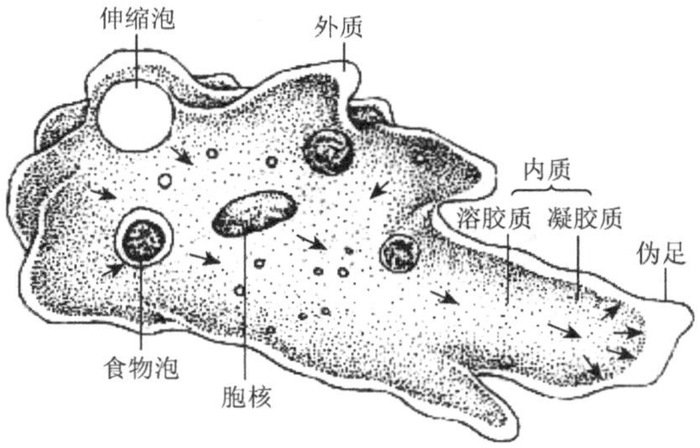

图 2-60 大变形虫及其细胞结构

箭头表示其细胞内容物流动方向

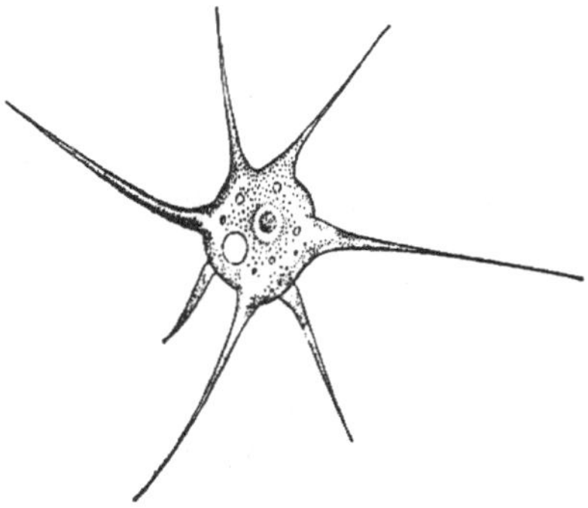

图 2-61 辐射变形虫

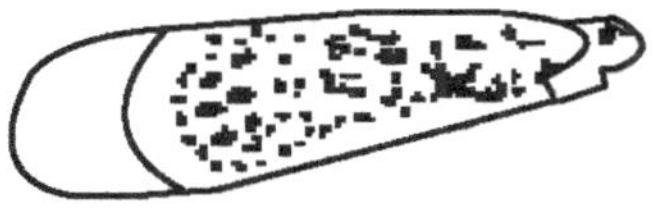

图 2-62 蜗足变形虫

变形虫食性广，可吞食单细胞藻类、细菌、小原生动物、真菌与有机碎片等（图 2-63 和图 2-64）。变形虫生命力很强，在不利条件下，可以形成一个包囊（休眠体）渡过难关。

变形虫常出现在自然水体的α-中污带、β-中污带等。在污水生物处理系统中，变形虫在活性污泥培养初期出现。其大量出现时预示出水水质较差。

2）壳虫　壳虫的典型代表是沙壳虫和表壳虫（图 2-65），它们都属于肉足虫纲根足亚纲有壳目。沙壳虫的壳由外来沙粒被胶质黏合而成，壳内虫体结构与变形虫相似。表壳虫的壳呈半圆形，褐色，虫体伸出原生质丝以固着在壳内。表壳虫主要分布在淡水、海水及潮湿土壤表面。

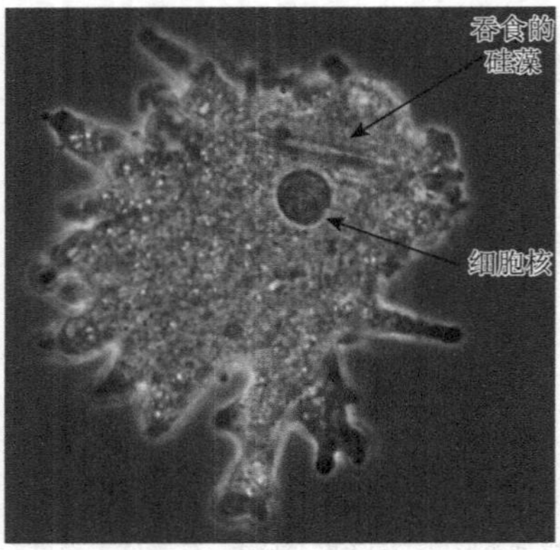

图 2-63　变形虫吞食硅藻

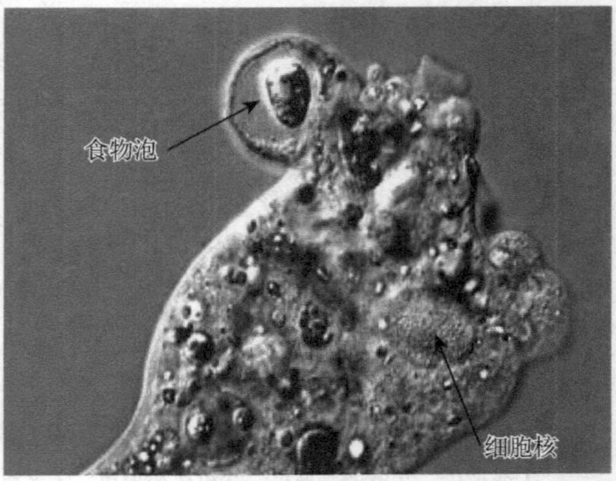

图 2-64　变形虫食物泡

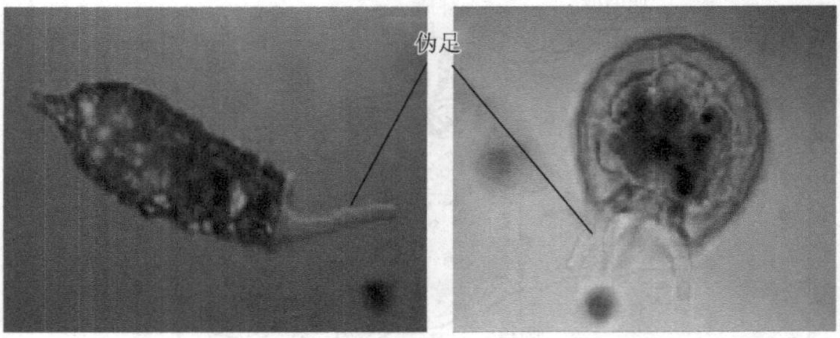

沙壳虫　　表壳虫

图 2-65　壳虫

（2）辐足亚纲（Actinopoda）

辐足亚纲虫体不变，固定形状为球形，其伪足呈针状，主要有太阳虫和辐球虫。太阳虫虫体、伪足、捕食及食物泡见图 2-66～图 2-69。

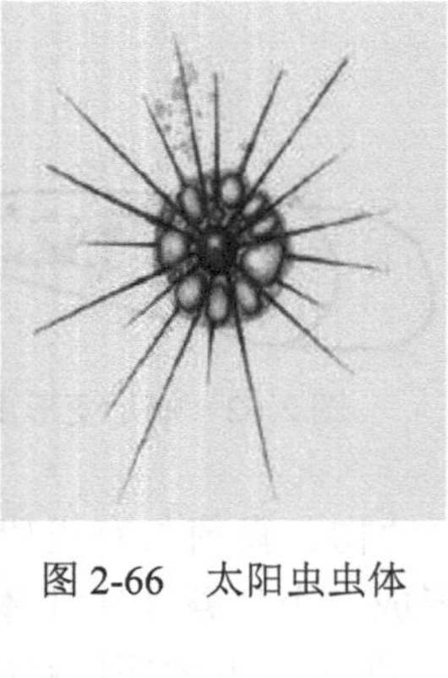

图 2-66　太阳虫虫体

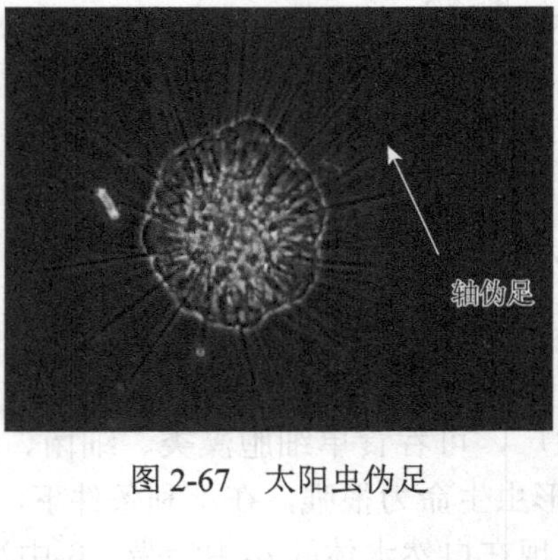

图 2-67　太阳虫伪足

2. 鞭毛纲（Mastigophora）

鞭毛虫一般以鞭毛为运动胞器。鞭毛通常有 1～4 根，少数种类鞭毛较多。鞭毛虫营植物性营养、腐生性营养及动物性营养。内管虫（*Entosiphon*）和梨波多虫行全动物性营养，具色素的绿眼虫行植物性营养，部分不具色素体的鞭毛虫专营腐生性营养。鞭毛纲代表性原生动物见图 2-70。

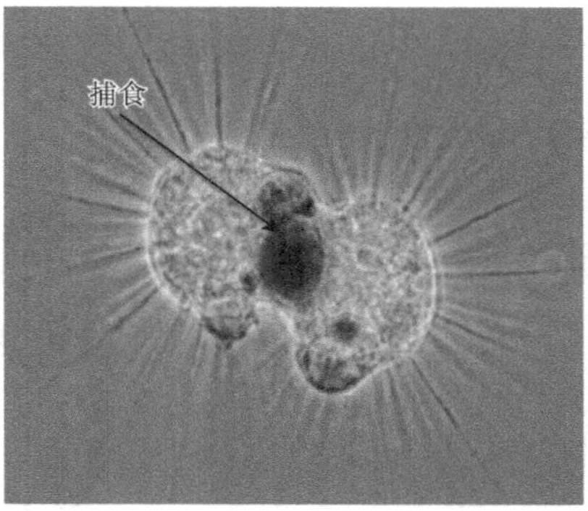

图 2-68　太阳虫捕食

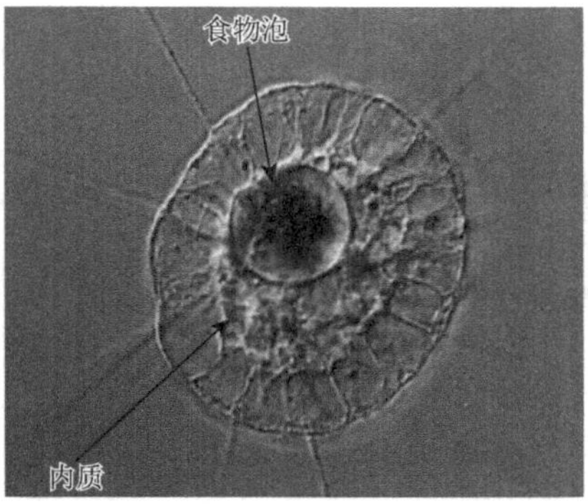

图 2-69　太阳虫食物泡

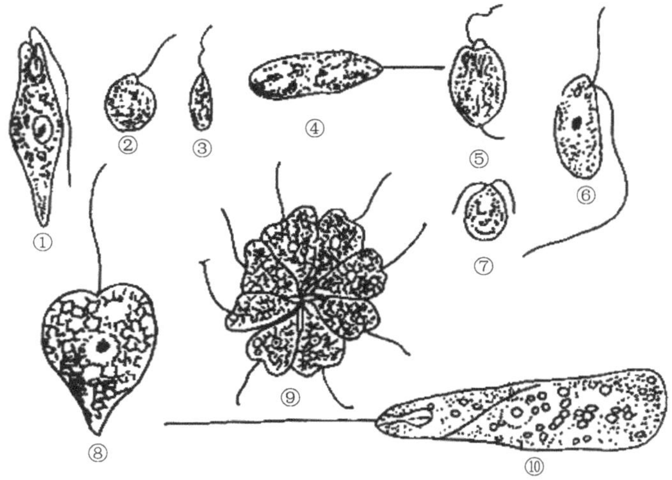

图 2-70　鞭毛纲原生动物

①眼虫；②油滴虫；③绿眼虫；④杆囊虫；⑤内管虫；⑥梨波多虫；⑦衣滴虫；⑧屋滴虫（个体）；⑨屋滴虫（群体）；⑩粗袋鞭虫

（1）眼虫

眼虫呈纺锤形，前端钝圆，后端尖。虫体前端有胞咽，胞咽末端膨大成储蓄泡。有红色眼点，其中含有血红素能感受光线，是原始的感光细胞器。在储蓄泡一侧的伸缩泡有排泄、调节渗透压的机能。绿眼虫体内充满放射状排列的绿色色素体。不含色素的眼虫营腐生性营养。

（2）动物性鞭毛虫

动物性鞭毛虫是原生动物中最小的鞭毛虫，长 11～22μm，宽 5～10μm。动物性鞭毛虫主要生活在有机物浓度较高的腐败水体中。常见的有波豆虫（图 2-71）和滴虫（图 2-72）等。

动物性鞭毛虫后端比较宽阔，呈截断状或钝圆，自后向前变细。具两根鞭毛。一根粗壮，运动时笔直指向前方，尖端部分呈波浪式颤动带动虫体向前运动；另一根鞭毛细而短，向前端伸出后即向后弯转而附着在身体表面，不易看出。

（3）粗袋鞭虫

粗袋鞭虫营全动物性营养，也有营腐生性营养类型。粗袋鞭虫主要生活在自然水体中。鞭毛虫喜在多污带和 α-中污带中生活。

在污水生物处理系统中，活性污泥培养初期出现植鞭虫，中期出现动鞭虫。污水处理效果有偏差时有鞭毛虫大量出现，故鞭毛虫可作污水处理效果不佳的指示生物。

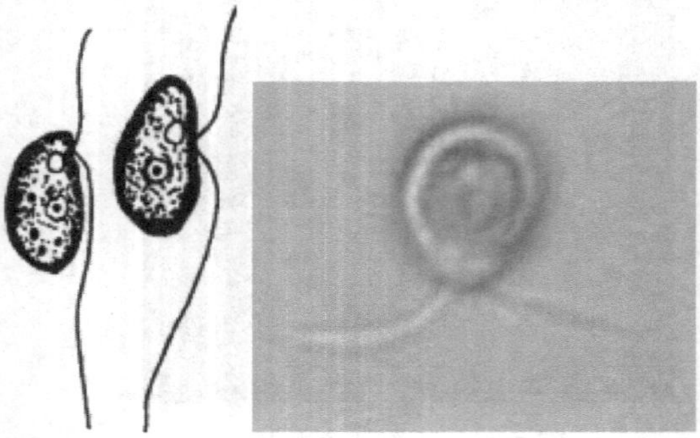

图 2-71　波豆虫

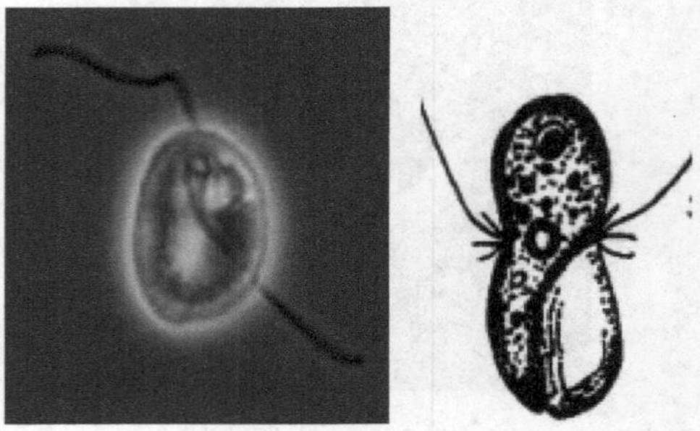

图 2-72　滴虫

3. 纤毛纲

纤毛纲（Ciliata）有游泳型纤毛虫和固着型纤毛虫两种类型。纤毛虫以纤毛作为运动和摄食的细胞器。纤毛虫是原生动物中最高级的一类，它们有独特的、结构细致的摄食细胞器。纤毛虫的营养为全动物性营养。

（1）游泳型纤毛虫

游泳型纤毛虫属全毛目（Holotricha）。周身表面或部分表面具有纤毛。常见的游泳型纤毛虫见图 2-73。草履虫（图 2-74）和漫游虫（图 2-75）是游泳型纤毛虫的典型代表。

游泳型纤毛虫中的匍匐型纤毛虫经常出现在污染控制工程中，这些纤毛虫会在污泥絮体上爬行或游动。常见的匍匐型纤毛虫有楯纤虫、尖毛虫、棘尾虫与游仆虫（图 2-76）等。

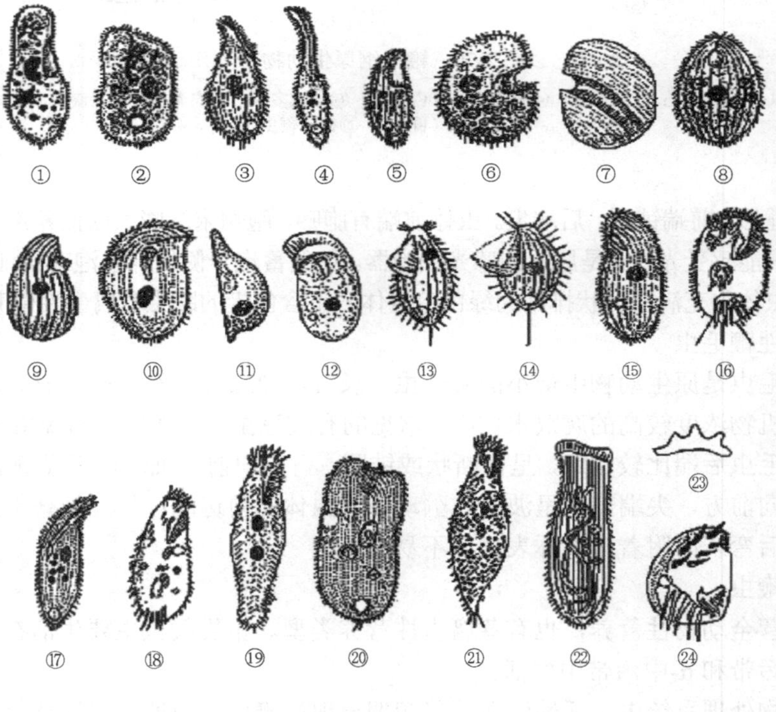

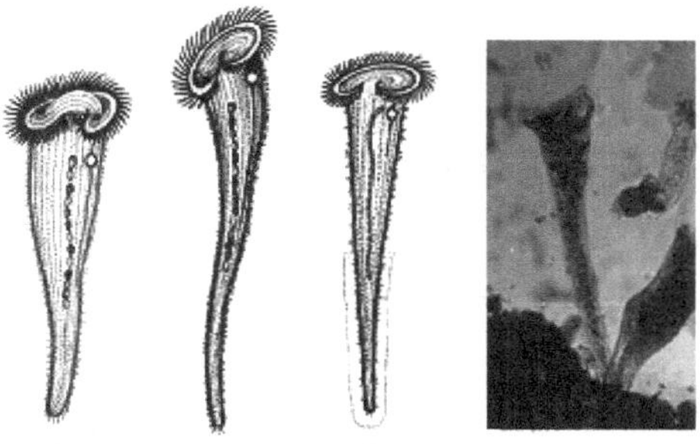

图 2-73　纤毛纲中的游泳型纤毛虫

①尾草履虫；②绿草履虫；③敏捷半眉虫；④漫游虫；⑤裂口虫；⑥、⑦ 僧帽肾形虫；⑧、⑨梨形四膜虫；⑩～⑫钩刺斜管虫；⑬长圆膜袋虫；⑭银灰膜袋虫；⑮弯豆形虫；⑯棘尾虫；⑰细长扭状虫；⑱伪尖毛虫；⑲纺锤全列虫；⑳柱前管虫；㉑粗圆纤虫；㉒刀刀口虫；㉓、㉔有肋楯纤虫；㉕天蓝喇叭虫；㉖多态喇叭虫；㉗带核喇叭虫；㉘在微污染水库预处理系统中的喇叭虫

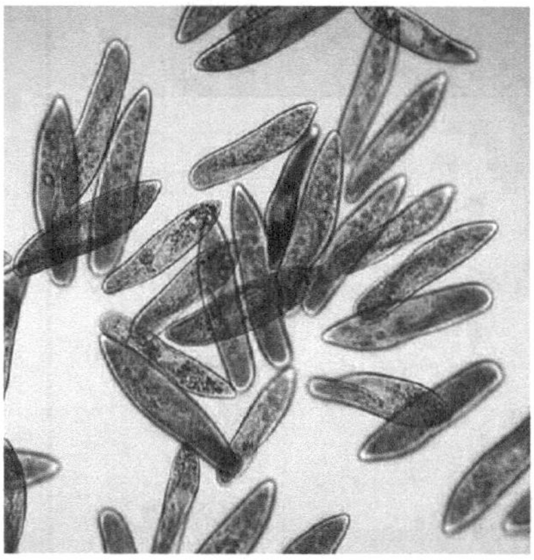

图 2-74　草履虫显微镜照片

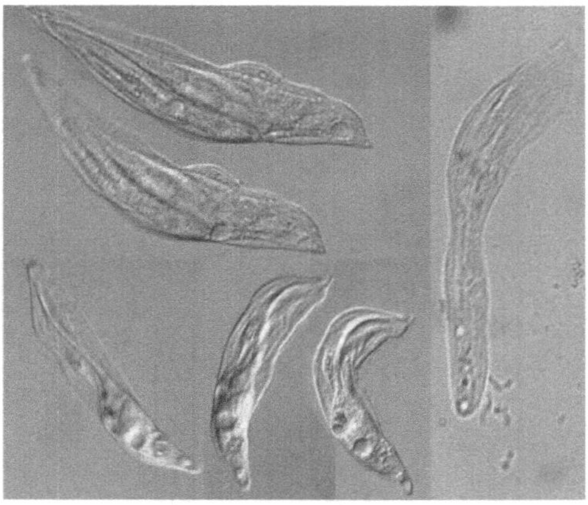

图 2-75　漫游虫显微镜照片

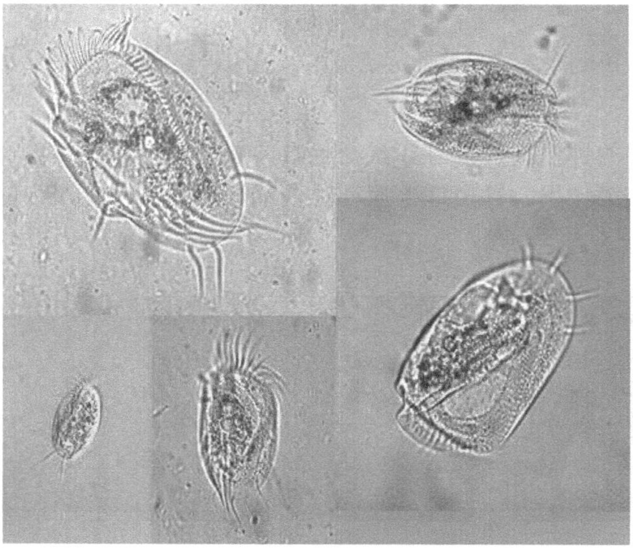

图 2-76　游仆虫显微镜照片

（2）固着型纤毛虫

固着型纤毛虫以个体或群体形式存在，通常固着在活性污泥或其他物体上。

1）个体型　　个体固着型纤毛虫主要有喇叭虫（图2-77）和钟虫（图2-78和图2-79）。钟虫更常见。其中以小口钟虫在各类废水处理中出现频率最高，数量也最多。小口钟虫的体长为32～70μm，宽22～48μm，口围12～25μm。

图2-77　喇叭虫

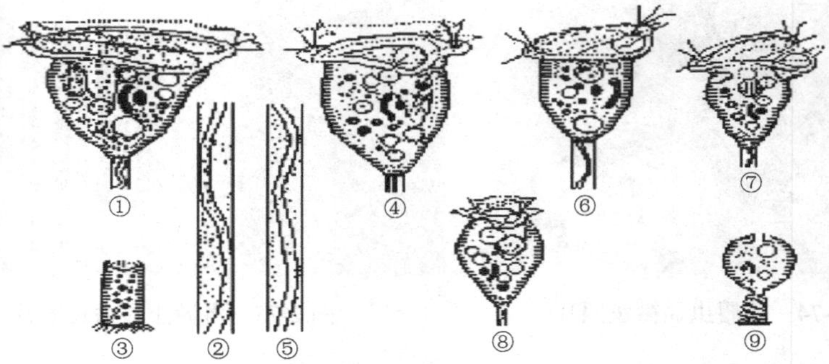

图2-78　几种常见钟虫

①、③大口钟虫；②大口钟虫尾柄；④沟钟虫（*Vorticella convallaria*）；⑤沟钟虫尾柄；⑥念珠钟虫（*V. moniata*）；⑦绘饰钟虫（*V. picta*）；⑧小口钟虫（*V. microstoma*）；⑨绘饰钟虫（收缩态）

钟虫像一个倒置的钟，其前端有环状纤毛带，属于缘毛目。多数钟虫在柄内有肌原纤维组成的基丝，有收缩作用。钟虫纤毛摆动时使水形成旋涡，将水中的细菌、有机颗粒引进胞口。

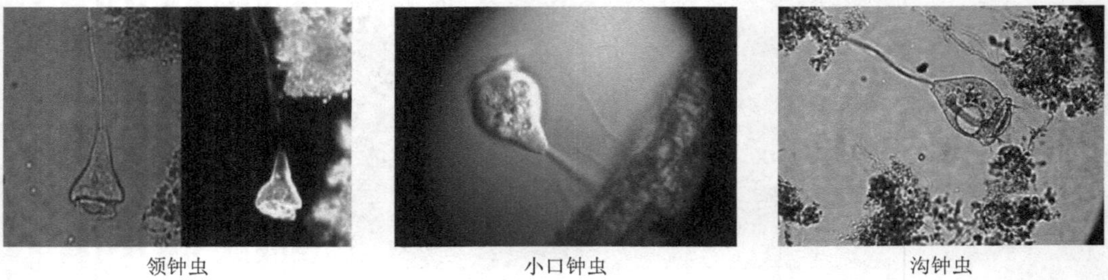

图2-79　领钟虫、小口钟虫和沟钟虫显微镜照片

2）群体型　　纤毛纲中常见的群体生活的固着型纤毛虫见图 2-80。

图 2-80　纤毛纲中常见的群体生活的固着型纤毛虫

①螅状独缩虫；②树状聚缩虫；③～⑤ 湖累枝虫；⑥节盖纤虫；⑦圆筒盖纤虫；⑧小盖纤虫；⑨长盖纤虫；⑩、⑪彩盖纤虫

在污染控制工程中，固着型纤毛虫中的群体型主要有缩虫（图 2-81 和图 2-82）、盖纤虫（图 2-83 和图 2-84）与累枝虫（图 2-85）三种。

图 2-81　缩虫

（柄可收缩）

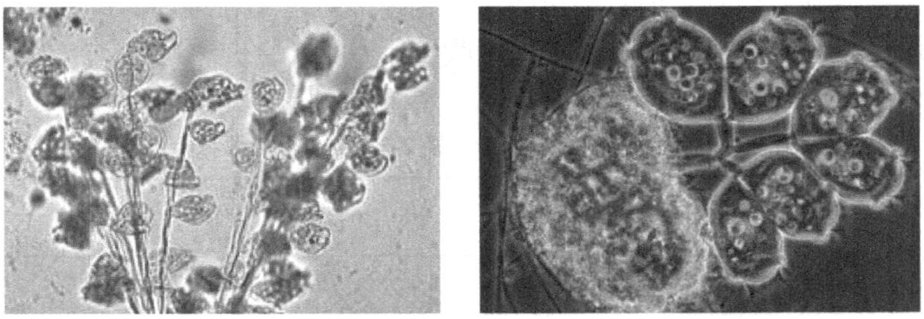

图 2-82　缩虫显微镜照片

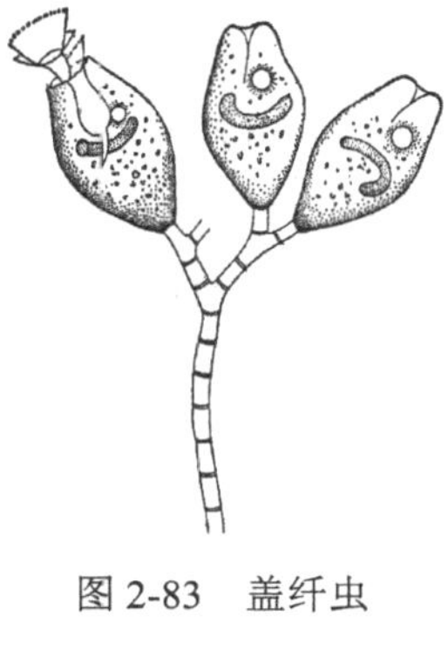

图 2-83　盖纤虫

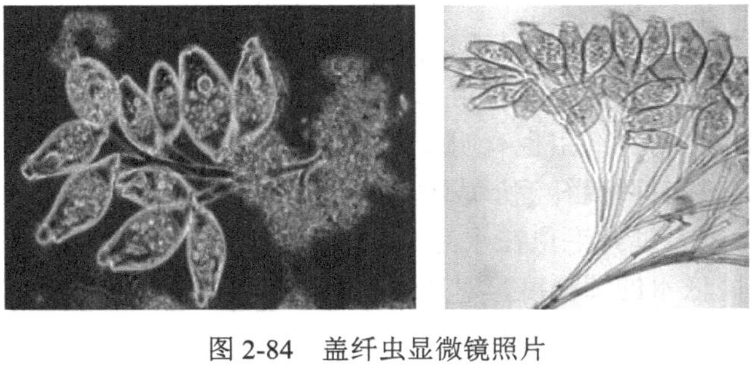

图 2-84　盖纤虫显微镜照片

A. 缩虫。缩虫包括独缩虫和聚缩虫。独缩虫和聚缩虫的虫体相似，每个虫体的尾柄内都有肌丝。但独缩虫的尾柄相连，肌丝不相连，其尾柄单独收缩，故名“独缩虫”。聚缩虫尾柄相连，肌丝也相连。因此，其尾柄一起收缩，故名“聚缩虫”。

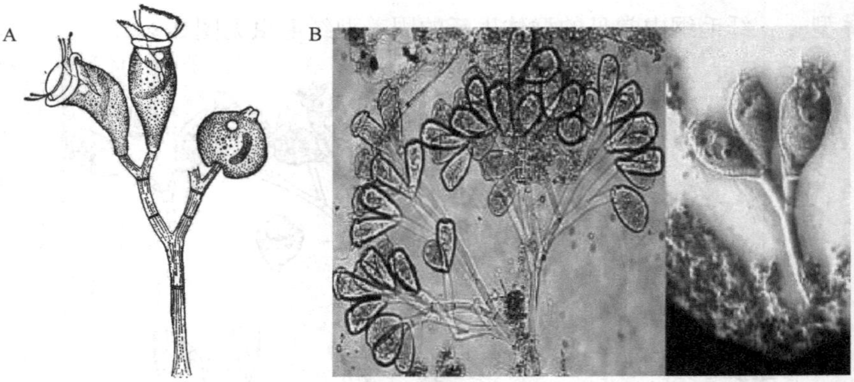

图 2-85　累枝虫（柄不收缩）结构图（A）及显微镜照片（B）

B. 盖纤虫（无唇边）。盖纤虫的口缘有两圈纤毛形成的盖形物，或有小柄托住盖形物，盖形物能运动，因盖而得名“盖纤虫”。

C. 累枝虫。累枝虫尾柄都有分枝，但尾柄内没有肌丝，故不能收缩。在虫体的基部有肌原纤维，当虫体受到刺激时，其基部收缩，前端胞口闭锁。累枝虫的虫体口缘有两圈纤毛环形成的似波动膜。

D. 群体固着型纤毛虫的归纳比较（表 2-3）。独缩虫和聚缩虫的虫体相似，每个虫体的尾柄内都有肌丝。但独缩虫的尾柄相连，肌丝不相连，其尾柄单独收缩。聚缩虫尾柄相连，肌丝也相连。因此，其尾柄一起收缩。

表 2-3　群体固着型纤毛虫的比较

群体固着型纤毛虫	相同点	区别点	水处理中的典型代表及大小（长×宽×柄）/μm
缩虫	柄分枝，形成群体，个体外形相似	分枝结构与钟虫相同，各分枝可以收缩	螅状独缩虫 （80～125）×（38～60）×（280～1500）
累枝虫		分枝结构与钟虫相同；多层分枝；各分枝不能收缩	节累枝虫 （75～100）×（20～30）×（200～750）
盖纤虫		没有唇边	微盘盖虫 （65～85）×（27～37）×（120～264）

累枝虫与盖纤虫有相同之处。其尾柄都有分枝，但尾柄内没有肌丝，故不能收缩。在虫体的基部有肌原纤维，当虫体受到刺激时，其基部收缩，前端胞口闭锁。

累枝虫与盖纤虫也有明显区别。累枝虫的虫体口缘有两圈纤毛环形成的似波动膜，而盖纤虫的口缘有两圈纤毛形成的盖形物，或有小柄托住盖形物，盖形物能运动。

3）固着型纤毛虫在水污染控制工程中的作用　固着型纤毛虫可降低水中游离细菌的数量，降低水的浑浊度，对废水生物处理起良好的促进作用。固着型纤毛虫大量出现预示出水水质良好，污泥活性高。

（3）纤毛虫在水体自净和污水处理中的指示作用

游泳型纤毛虫多数生活在 α-中污带和 β-中污带，少数生活在寡污带中。在污水生物处理过程中，游泳型纤毛虫主要出现在活性污泥培养中期及处理效果较差时期。扭头虫、草履虫耐污力极强，经常出现在缺氧或厌氧环境。漫游虫喜在较清洁水中生活。钟虫喜在寡污带中生活，累枝虫在β-中污带生活，可作为水体自净程度高、污水生物处理良好的指示生物。

4. 吸管虫

吸管虫幼虫有纤毛，成虫纤毛消失，长出长短不一的吸管，末端长有一根柄，通过这根柄营固着生活，以其他原生动物为食。吸管虫虫体呈球形、倒圆锥形或三角形等（图 2-86 和图 2-87）。

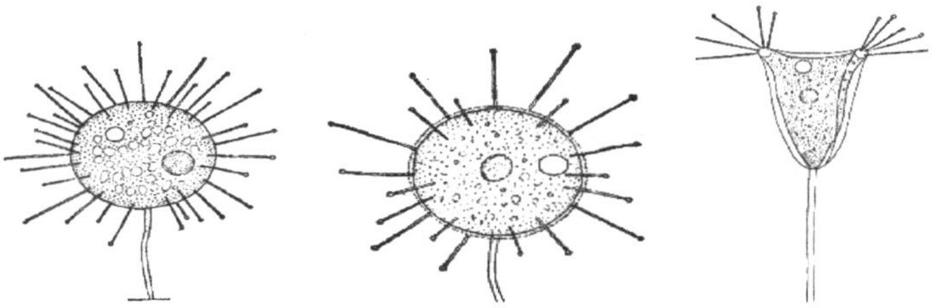

图 2-86　吸管虫

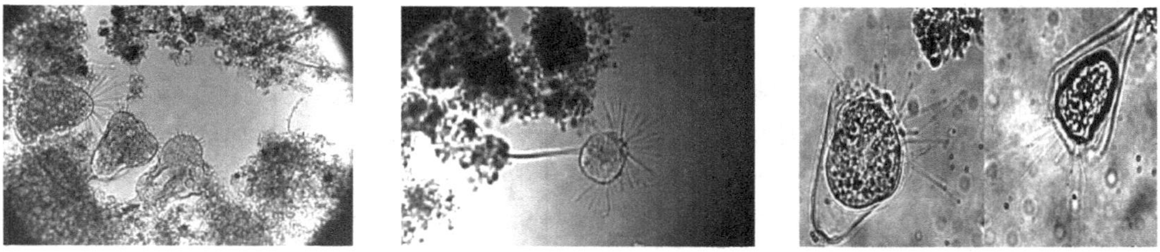

图 2-87　吸管虫显微镜照片

吸管虫靠一根柄固着生活，以吸管为捕食细胞器，营全动物性营养。微小动物一旦碰上吸管虫的吸管立即被黏住，被吸管虫分泌的毒素麻醉，接着细胞膜被溶化，体液被吮干而死亡。

吸管虫多出现在β-中污带、α-中污带、多污带。污水生物处理效果一般时常出现吸管虫。

5. 原生动物的包囊及其作用

在不良环境条件下，原生动物虫体变圆，纤毛、鞭毛、伪足等缩入体内，排出水分，形成原生动物包囊（图 2-88）。包囊是原生动物的休眠体，具有抵抗不良环境的作用。包囊也具有指示作用，指示污水处理发生异常。

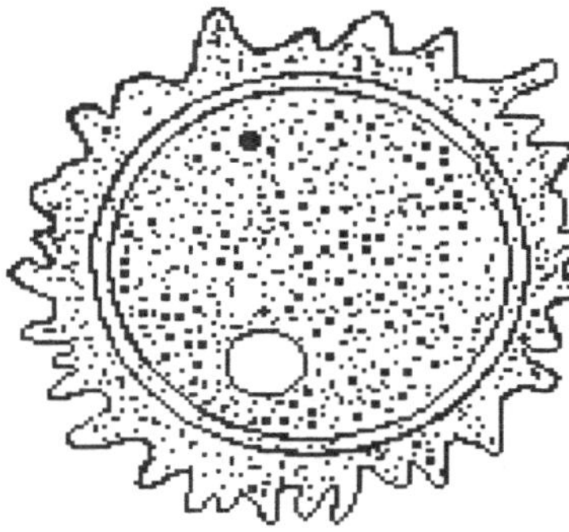

图 2-88　原生动物包囊

（六）原生动物在废水生物处理中的作用

1. 净化作用

原生动物在废水处理中具有以下作用。

（1）降解作用

某些原生动物，如变形虫、纤毛虫等以有机污染物作为营养物加以降解和利用，使污水得到净化。

（2）促进絮凝作用

在活性污泥中，除细菌的絮凝作用外，原生动物对污泥颗粒的絮聚也有贡献。研究证明，纤毛虫能分泌两种物质：一种是多糖，另一种是黏蛋白。多糖可改变悬浮颗粒的表面电荷，使悬浮颗粒集结起来，形成絮状物；黏蛋白能把絮状物再联结起来形成更大的絮状物，其直径达 3mm。科学工作者认为，纤毛虫比细菌担负了更多的絮凝作用。在絮凝时，原生动物分泌的黏液对悬浮颗粒和细菌均有吸附作用，这不仅强化了絮凝效果，同时也提高了活性污泥的沉降性能。

（3）吞噬作用

原生动物中对细菌具有吞噬作用的主要是纤毛虫。纤毛虫除吞噬细菌外，有的纤毛虫还能消灭其他更小的原虫，如卑怯管虫及吸管虫等。还有的纤毛虫，如僧帽斜管虫，能够掠食比其体长还长的细菌和丝状藻类。

（4）促进细菌生长、加速有机物的分解

原生动物在活性污泥处理系统中对细菌的捕食，不仅不会影响细菌的生长，相反还能使细菌维持在对数生长期，防止种群衰老。此外，原生动物在活动中产生的代谢产物也可被细菌作为营养加以利用，有利于细菌的生长。其总的结果是提高微生物对污染物的降解速度和效率。

2. 指示作用

在污泥发生变化或污泥培养物初期可看到大量鞭毛虫及变形虫。在系统正常运行时，固着型纤毛虫占优势。研究发现，出水水质与原生动物的种类间存在一定的相关性，特别是活性污泥中纤毛虫越多，出水水质越好；反之，非纤毛虫，如鞭毛虫及肉足虫等越多，出水水质就越差。原生动物对毒物的反应很敏感，如当水处理系统有毒时，群体缘毛类纤毛虫会缩成一团。好氧活性污泥系统缺氧时，钟虫的前端吐出大泡泡，身体渐渐地收缩并从柄上脱落，甚至死亡。因此，可根据污泥中原生动物的种类判断系统运行状况。在水质突变或污泥中毒时，可根据生物相的变化，及时发现问题，采取必要措施。

三、微型后生动物

原生动物以外的多细胞动物称为后生动物。后生动物中形体微小，需借助光学显微镜方可看清的后生动物称为微型后生动物，如轮虫、线虫、寡毛虫（颗体虫、颤蚓、水丝蚓等）、浮游甲壳动物、苔藓动物及拟水螅等。微型动物在天然水体、潮湿土壤、水体底泥和污水生物处理构筑物中均存在。

（一）轮虫

轮虫（rotifer）属于担轮动物门（Trochelminthes）轮虫纲。轮虫因有初生体腔，故新的分类系统将其归入原腔动物门（Aschelminthes）。

轮虫种类很多，已观察到的种有 252 种，分别隶属于 15 科 79 属。污水生物处理系统中常见的轮虫有旋轮属（*Philodina*）、猪吻轮属（*Dicranophorus*）、腔轮属（*Lecane*）、水轮属（*Epiphanes*）、金鱼藻沼轮虫（*Limnias ceratophylli*）、长柄巨冠轮虫（*Sinantherina procera*）等，见图 2-89～图 2-91。

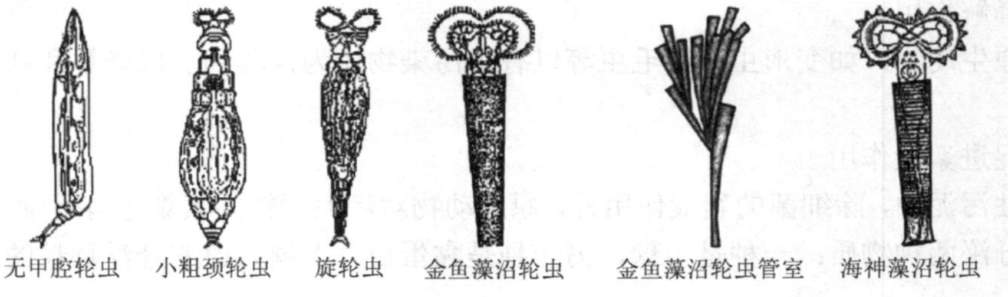

猪吻轮虫 长柄巨冠轮虫

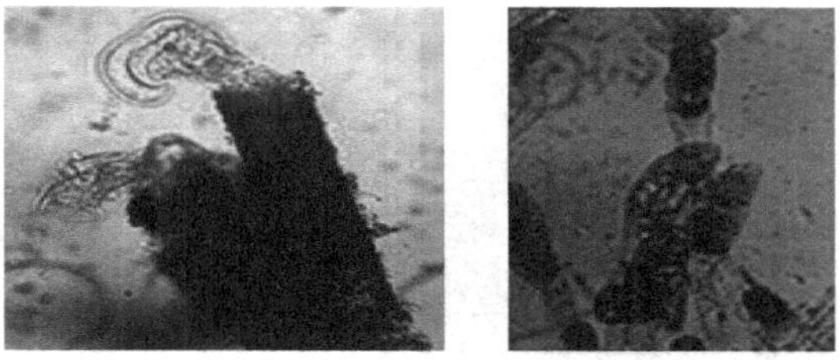

有管轮虫 群栖巨冠轮虫

图 2-89 水处理系统中常见的轮虫

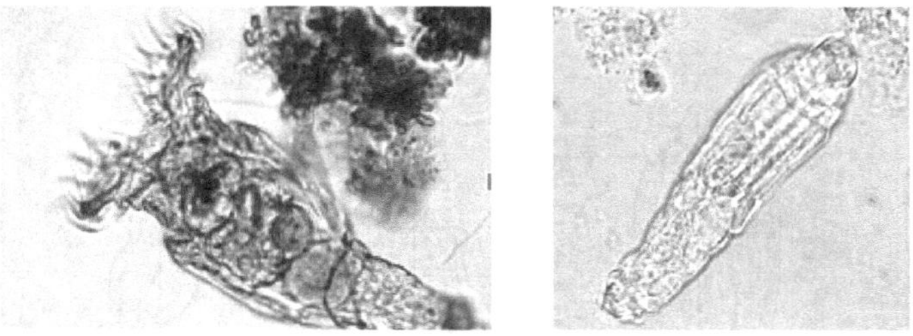

图 2-90 显微镜下的轮虫

1. 轮虫形态与结构

轮虫头冠上有一列或多列如旋转的轮盘样的结构。轮虫是多细胞动物中比较简单的一种微型后生动物。大多轮虫体长在 500μm 左右，需在显微镜下观察。虫体分头部、躯干和尾部三部分。头部有 1 圈或 2 圈纤毛组成的左右两个纤毛环称为头冠（图 2-91）。头冠纤毛的摆动犹如旋转的车轮，故名轮虫。纤毛环既是轮虫的摄食工具又是轮虫的行动工具。纤毛环摆动时，将细菌和有机颗粒等引入口部。

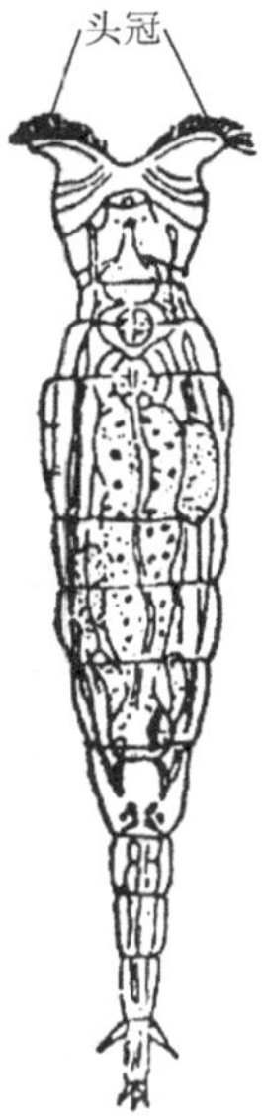

图 2-91 轮虫形态与结构

轮虫咽内有一个几丁质的咀嚼器。躯干呈圆筒形，背腹扁宽，具刺或棘，外面有透明的角质甲膜，尾部末端有分叉的趾，内有腺体分泌的黏液，借以固着在其他物体上。

2. 轮虫习性

轮虫以细菌、霉菌、藻类、原生动物及有机颗粒为食，属杂食性生物。轮虫适宜 pH 范围很广，中性环境、偏碱性环境和偏酸性环境均有轮虫的存在，但以 pH 6.8 左右生活的种类偏多。轮虫喜氧，要求环境有较高的溶解氧含量。

轮虫在自然环境中分布很广，但底栖的种类较多。轮虫主要栖息在沼泽、池塘、浅水湖泊和深水湖沿岸带等。

3. 轮虫在废水生物处理中的作用

1）净化作用　　轮虫以细菌及小型原生动物和有机颗粒为食物，对水起到净化作用。

2）指示作用　活性污泥中出现轮虫，往往表明处理效果良好，但数量过多会破坏污泥的结构，使污泥松散而上浮。活性污泥中常见的轮虫有玫瑰旋轮虫、转轮虫（*Rotaria rotatoria*）、红眼旋轮虫（*Philodina erythrophthalma*）等（图 2-92）。

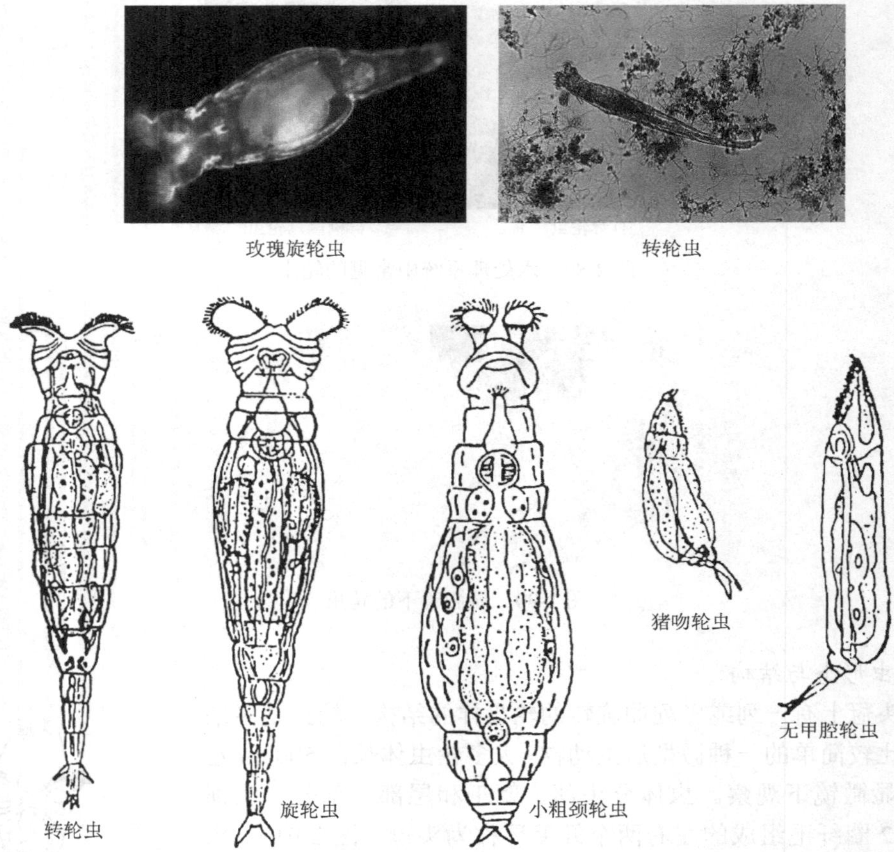

图 2-92　活性污泥中常见的轮虫

4. 猪吻轮虫在污水生物处理中的不利影响与解决方法

猪吻轮虫大量繁殖时，会对活性污泥造成破坏，甚至蚕食活性污泥，造成污水处理失败。通过镜检，发现猪吻轮虫有大量繁殖的趋势时，可暂时停止曝气，制造厌氧环境，以抑制猪吻轮虫生长，可避免此类问题的发生。

（二）线虫

线虫属于线虫纲（Nematoda），体形偏长，形体微小，多在 1mm 以下。线虫有三种营养类型：①腐食性，以动植物的残体及细菌等为食；②植食性，以绿藻和蓝细菌为食；③肉食性，以轮虫和其他线虫为食。

线虫有的营寄生生活，有的为自由生活。污水处理中出现的线虫大多是自由生活的。线虫有好氧线虫和兼性厌氧线虫。兼性厌氧线虫在缺氧条件下大量繁殖。线虫的大量出现标志着水体净化程度较差，因此，线虫也是常用的水体净化指示生物。污水处理中常见的线虫如图 2-93 所示。

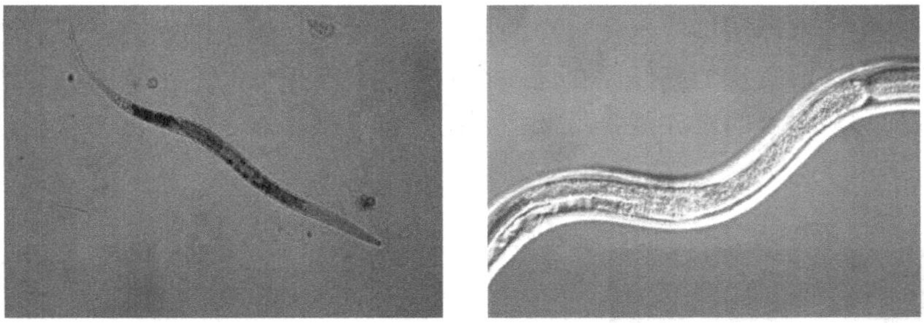

图 2-93　污水处理中常见的线虫

（三）寡毛类动物

1. 寡毛类动物的一般特征

寡毛类动物如颗体虫、颤蚓及水丝蚓属环节动物门（Annelida）的寡毛钢。其身体细长分节，每节两侧长有刚毛，靠刚毛爬行运动。

在污水生物处理中出现的寡毛类动物多为红斑颗体虫（图 2-94A）。红斑颗体虫前叶腹面有纤毛。纤毛是捕食器官，主要捕食污泥中有机碎片和细菌。红斑颗体虫适宜生长温度为20℃，6℃以下活动力降低，并形成包囊。

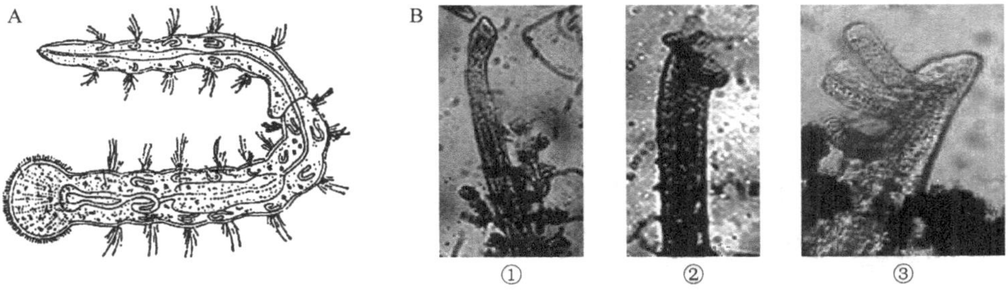

图 2-94　污水处理中寡毛纲微型动物

A. 红斑颗体虫；B. 未知名寡毛虫（①触手收缩；②触手伸出一部分；③触手全张开）

在颤蚓和水丝蚓中，有的喜厌氧生活，以土壤、底泥为食。颤蚓和水丝蚓是河流、湖泊底泥污染的指示生物。

2. 污水处理中未知寡毛类与红斑颗体虫的不利影响与解决方法

在深圳东江水体中发现了未知名的寡毛类动物（图 2-94B）。身体细长分节，每节两侧长有刚毛，其前端有 5 个触手，触手上长满纤毛，伸缩自如，可伸出体外捕食水中细菌、藻类、微小动物和有机碎片。当受到刺激时，触手迅速缩入体内。

在生活污水生物处理脱氮工艺中，在温度 20℃左右，供氧充分的条件下，红斑颗体虫大量繁殖，可将活性污泥蚕食一光。在此情况下，必须停止曝气，连续进污水，使系统处于厌氧状态，可有效抑制红斑颗体虫的生长。

（四）浮游甲壳动物

浮游甲壳动物主要包括剑水蚤和水蚤（图 2-95 和图 2-96）。剑水蚤和水蚤属节肢动物门（Arthropoda）的甲壳纲。其主要特点是具有坚硬的甲壳。浮游甲壳动物广泛分布于河流、湖泊和水塘等淡水水体及海洋中，淡水中居多。

浮游甲壳动物为水体污染或水体自净的良好指示生物。水蚤的血液含有血红素，血红素的含量常随环境中溶解氧量的高低而变化。水体中含氧量偏低时，水蚤的血红素含量高；水体中含氧量偏高时，水蚤的血红素含量低。因此，可以根据水蚤红颜色的深浅，判断水体的清洁程度。

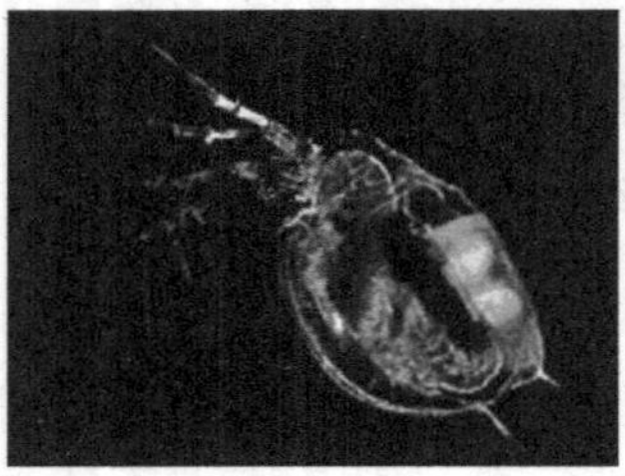

图 2-95 水蚤显微镜照片

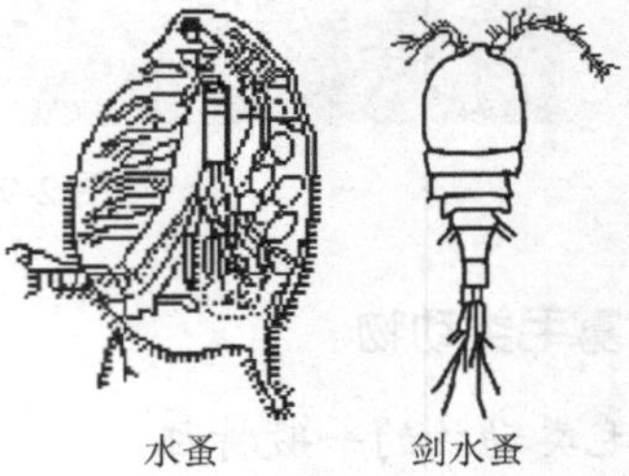

图 2-96 浮游甲壳动物

（五）苔藓虫和拟水螅

（1）苔藓虫

苔藓虫属苔藓动物门，在淡水中的苔藓虫较少，主要有羽苔虫（图 2-97）和胶苔虫。

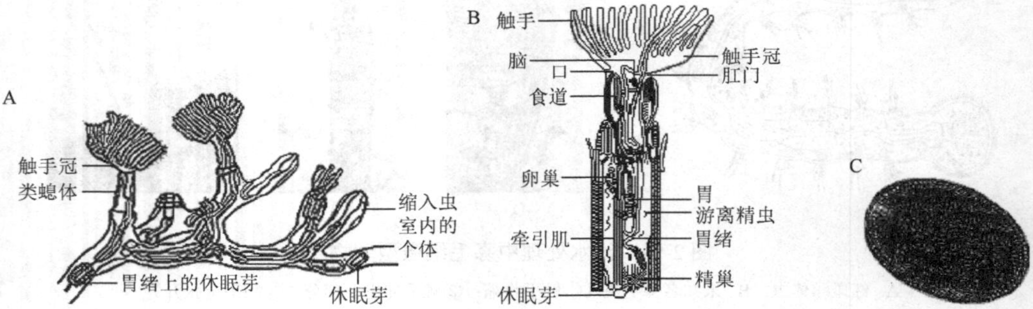

图 2-97 羽苔虫

A. 羽苔虫群体；B. 羽苔虫的一部分个体；C. 羽苔虫的休眠芽

苔藓虫喜欢在较清洁、富含藻类、溶解氧充足的水体中生活。在微污染源水生物预处理过程中如有大量苔藓虫出现，会被填料拦截，具有一定的生物吸附作用，并吞食水中微型生物和有机杂质，对水起到一定的净化作用。但当苔藓虫大量繁殖时，会降低水流速度，给工程运行带来不利影响。

（2）拟水螅

拟水螅（图 2-98）虫体柔软，可缓慢伸长和缩短，头部呈三角形，口位于前端，周围长有 5 条触手，可缓慢伸缩、摇摆。拟水螅利用触手捕食藻类、小的原生动物及细菌等微小生物。

拟水螅与钟虫、轮虫、苔藓虫同时存在于较清洁的水体中。拟水螅也可作为水体的指示生物。

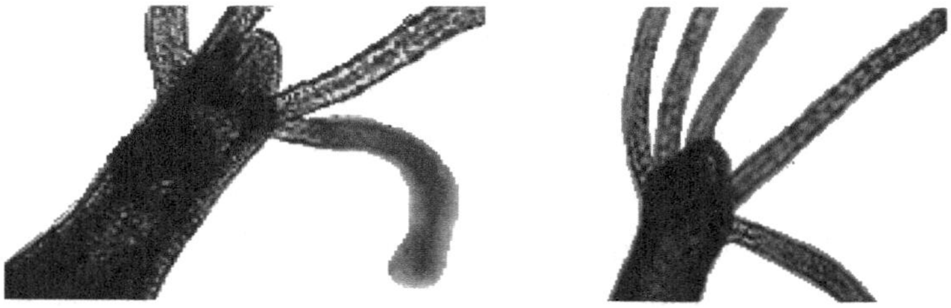

图 2-98 拟水螅

根据原生动物和微型后生动物的演替及其活动规律可判断水质和污（废）水处理程度（图 2-99）。同时，还可判断活性污泥培养情况。原生动物和微型后生动物在活性污泥培养过程中的指示作用见表 2-4。

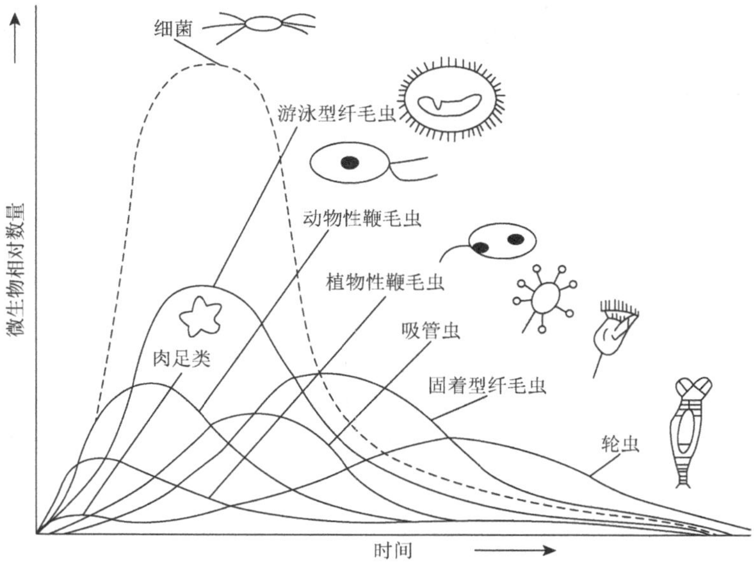

图 2-99 水体自净和有机废水净化过程中微生物的演变

肉足类曲线与轮虫曲线重合

表 2-4 原生动物和微型后生动物在活性污泥培养过程中的指示作用

活性污泥培养初期	活性污泥培养中期	活性污泥培养成熟期
鞭毛虫（植物性）、变形虫	游泳型纤毛虫、鞭毛虫（动物性）	钟虫等固着型纤毛虫、楯纤虫、轮虫

四、藻类

藻类是一类能进行光合作用的低等真核生物。大多个体微小，结构简单，无根、茎、叶的分化。藻类的最适 pH 为 6～8。藻类属光能自养型微生物，其细胞内含有叶绿素及其他辅助色素。有光照时，能利用二氧化碳合成细胞物质，同时放出氧气；夜间无阳光时，则通过呼吸作用取得能量，吸收氧气同时放出二氧化碳。在藻类数量较大的池塘中，白天水体中溶解氧往往很高，甚至过饱和，但夜间溶解氧会急剧下降。

藻类的繁殖有三种方式：营养繁殖、无性生殖和有性生殖。单细胞藻类和丝状藻类的营养繁殖不同。单细胞藻类的营养繁殖是通过细胞分裂进行的；而丝状藻类的营养繁殖则是母体营养体上的一部分分离出来后再长成一个新个体。无性繁殖是通过产生不同类型的孢子（spore）进行的。产生孢子的母细胞叫孢子囊（sporangium）。孢囊孢子为单细胞，一个孢子发育成一个新个体。有性繁殖的生殖细胞叫配子（gamete）。通常情况下，配子必须两两结合成为合子（zygote），由合子直接萌发成新个体。合子还可产生孢子，再由孢子长成新个体。

藻类主要生活在水中，单细胞藻类浮游于水中，故名浮游植物。当水体含过量的氮（N）、磷（P）时，常产生"水华"或"赤潮"。在污染生物监测中，藻类常作为水体污染的指示生物。

藻类与环境工程关系密切。在水污染控制工程中，藻类的典型应用是氧化塘处理系统，氧化塘利用菌藻互生原理进行废水处理。

藻类的分类根据光合色素种类、个体形态、细胞结构、生殖方式和生活史等进行，将藻类分为蓝藻门（现已归为原核微生物中的蓝细菌）、裸藻门（Euglenophyta）、绿藻门（Chlorophyta）、轮藻门（Charophyta）、金藻门（Chrysophyta）、黄藻门（Xanthophyta）、硅藻门（Bacillariophyta）、甲藻门（Pyrrophyta）、褐藻门（Phaeophyta）及红藻门（Rodophyta）等。

（一）藻类各门特征简介

1. 蓝藻门

见原核生物部分。

2. 裸藻门

裸藻不具细胞壁，藻体有鞭毛，大多具1～3根鞭毛。裸藻有叶绿体，内含叶绿素a、叶绿素b、β-胡萝卜素及叶黄素。叶绿体呈现鲜绿色，易被误认为绿藻。在叶绿体内有较大的蛋白质颗粒（造粉核），与裸藻淀粉的聚集有关，其贮存物为裸藻淀粉。裸藻还含油类。

柄裸藻属（*Colacium*）以胶柄相连成群体，其他裸藻均为游动型单细胞个体，含光合色素的裸藻行光合作用，即植物性营养，失去色素的裸藻营腐生性营养或全动物性营养。

裸藻代表属主要有囊裸藻属（颈胞藻属，*Trachelomonas*）、扁裸藻属（*Phacus*）、柄裸藻属及裸藻属（眼虫藻属，*Euglena*），见图2-100。

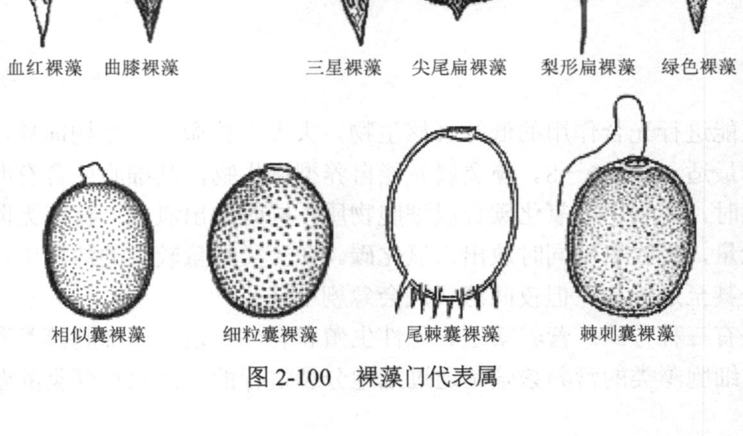

图2-100　裸藻门代表属

裸藻的繁殖为纵裂，当条件不适宜时，裸藻失去鞭毛形成包囊。裸藻主要生长在有机物丰富的静止水体或缓慢的流水中，对温度适应范围较广，最适温度为25℃，裸藻大量繁殖时形成绿色、红色或褐色水华。裸藻是水体富营养化（图2-101）的指示生物。

图2-101　水体富营养化

3. 绿藻门

绿藻形体多样，有单细胞个体、群体和丝状体。单细胞个体绿藻具 2～4 根顶生、等长鞭毛。绿藻含有较多的叶绿素a、叶绿素b、叶黄素、泥黄素，β-胡萝卜素也较多。绿藻的繁殖为无性生殖和有性生殖。

绿藻的代表属（图2-102）包括衣藻属（*Chlamydomonas*）、小球藻属（*Chlorella*）、盘藻属（*Gonium*）、实球藻属（*Pandorina*）、空球藻属（*Eudorina*）、团藻属（*Volvox*）、栅藻属（*Scenedesmus*）、盘星藻属（*Pediastrum*）、新月藻属（*Closterium*）、鼓藻属（*Cosmarium*）、

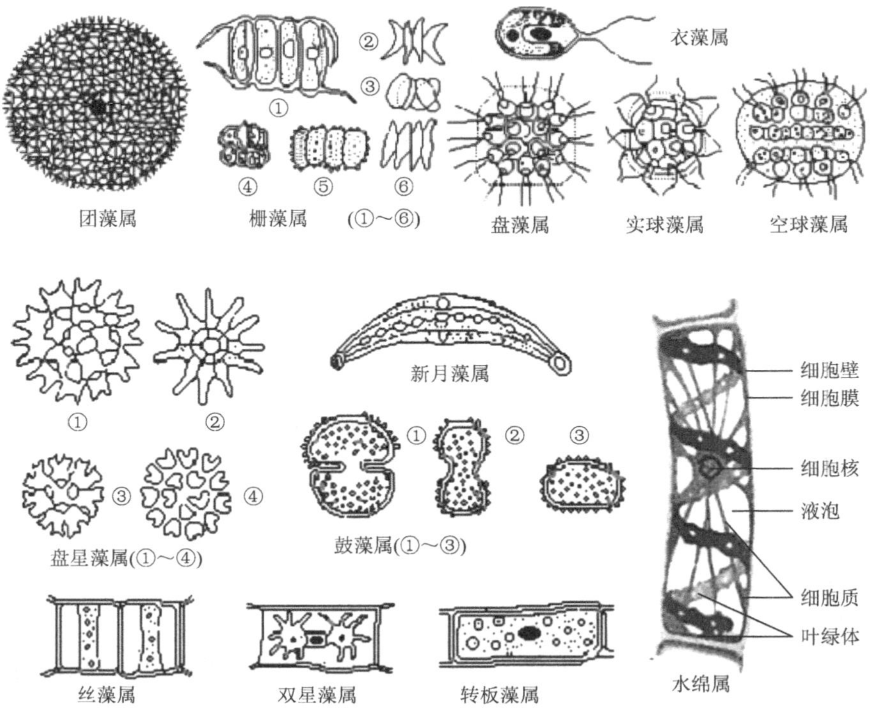

图2-102　绿藻门代表属

转板藻属（*Mougeotia*）、丝藻属（*Ulothrix*）、双星藻属（*Zygnema*）、水绵属（*Spirogyra*）、绿球藻属（*Chlorococcus*）及绿梭藻属（*Chlorogonium*）等。

（1）小球藻

小球藻为单细胞藻类，细胞圆球形或卵圆形，具淀粉核、杯形叶绿体，不能自由游泳。以似亲孢子（分裂 1～4 次形成）进行无性繁殖（图 2-103）。

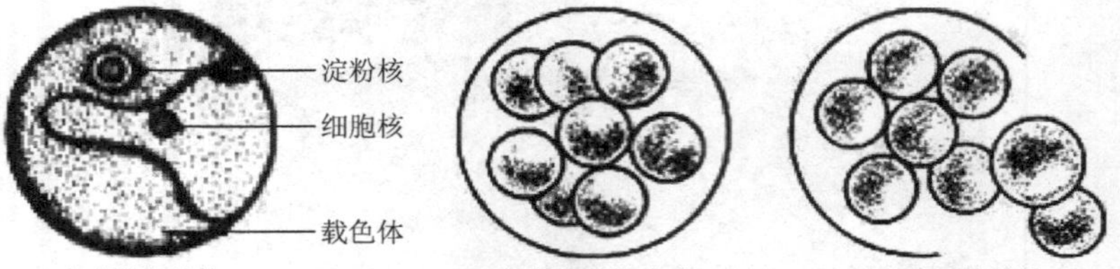

图 2-103　小球藻及其无性繁殖

小球藻分布很广，在小河、沟渠及池塘中生活。小球藻富含蛋白质，可被食用和作动物饲料。

（2）丝藻

丝藻（图 2-104）由一串短圆筒状细胞构成，外有胶质鞘套。载色体是大型环带状。淀粉核较多。每个营养细胞均可产生 2～32 个游动孢子。丝藻生活于流水中，常丛生于石头或木桩上呈绿色毛毯状。

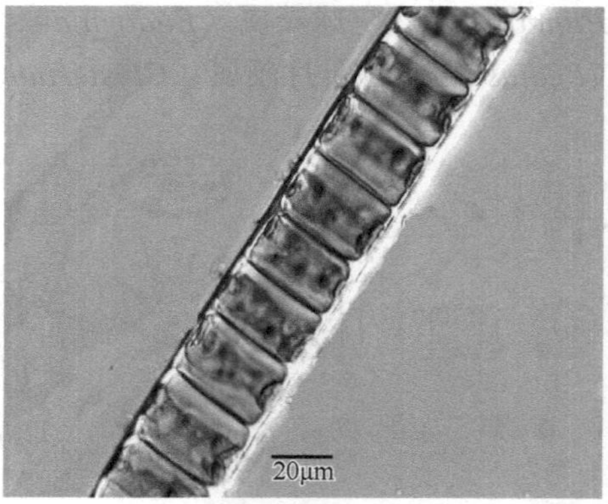

图 2-104　丝藻

（3）衣藻

衣藻（图 2-105）为游动型单细胞体，春、秋季在水体中大量繁殖，常形成大片群落，使水体变为绿色。

（4）栅藻

栅藻（图 2-106）一般为 4 个或 8 个细胞的定形群体，沿长轴平行排列。有时在群体四角生出刺状突起。

（5）团藻

团藻（图 2-107）为几百个到几千个衣藻型细胞构成的游动型群体，组成群体的细胞鞭毛均朝外排列于表层，靠胶质或胞间连丝连接形成一个空心球体。团藻常见于池沼和短期积水内。

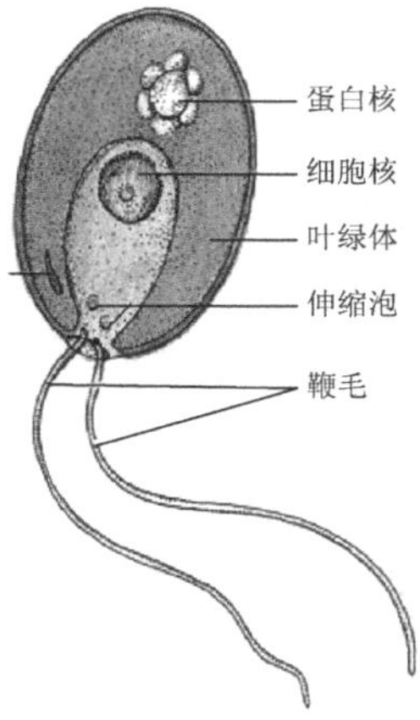

图 2-105　单细胞衣藻

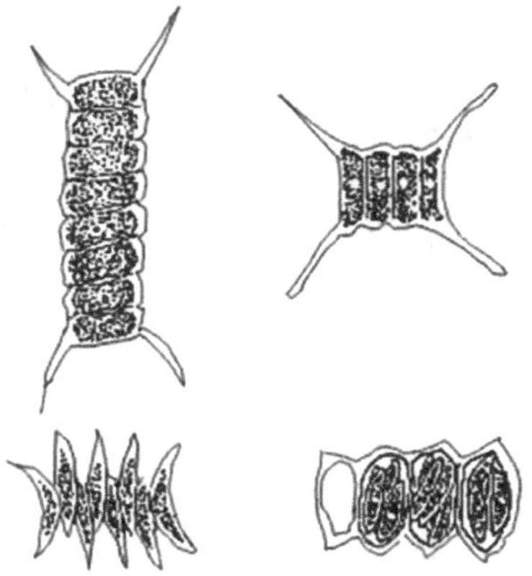

图 2-106　栅藻

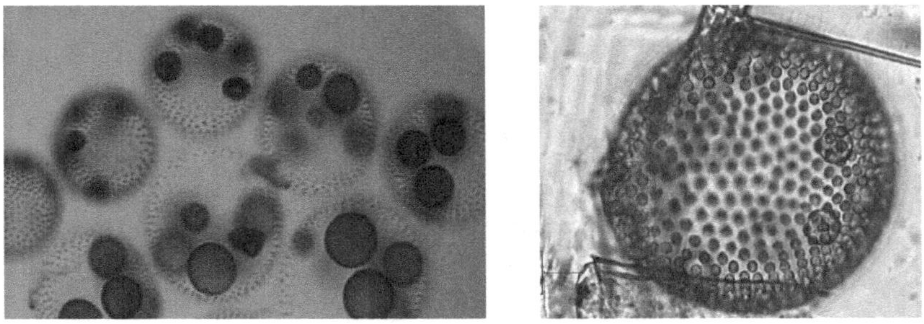

图 2-107　团藻

（6）水绵

水绵（*Spirogyra* spp.）丝状体不分枝，细胞圆柱形，表面滑腻，载色体带状，1 至数条，螺旋状排列。接合生殖。水绵是常见的淡水藻，在小河、池塘或水田、沟渠中均可见到。

绿藻是藻类生理生化研究的常用材料，也是宇宙航行的供氧体。绿藻在水体自净中具有净化作用和指示作用。

4. 轮藻门

轮藻（图 2-108）细胞结构、光合色素和贮存物与绿藻大致相同，有节和节间，节上有轮生分枝。为卵配生殖。在淡水和半咸水中生长。轮藻可熏烟驱蚊，有轮藻生长的水体中没有孑孓生长。

5. 金藻门

金藻形体多样，有个体和群体，大多具 1 根或 2 根鞭毛，少数有 3 根鞭毛。细胞内主要含叶黄素和 β-胡萝卜素，藻体呈黄绿色和金棕色。有的金藻含硅质鳞片。多数金藻产内生孢子。

金藻多数生活于淡水中，在寒冷季节大量繁殖。金藻是重要的浮游藻类。

金藻代表属（图 2-109）有鱼鳞藻属（*Mallomonas*）、合尾藻属（*Synura*）和钟罩藻属（*Dinobryon*）。

6. 黄藻门

黄藻细胞壁大多数由 2 个半片套合组成，体内含叶绿素 a、叶绿素 c、β-胡萝卜素和叶黄素，借不动孢子和游动孢子（具有不等长的两根鞭毛）进行无性生殖，少数为有性生殖。黄藻代表属（图 2-110）有黄丝藻属（*Tribonema*）、黄群藻属（*Synura*）和拟黄群藻属（*Synuropsis*）。

图 2-108　轮藻门代表属

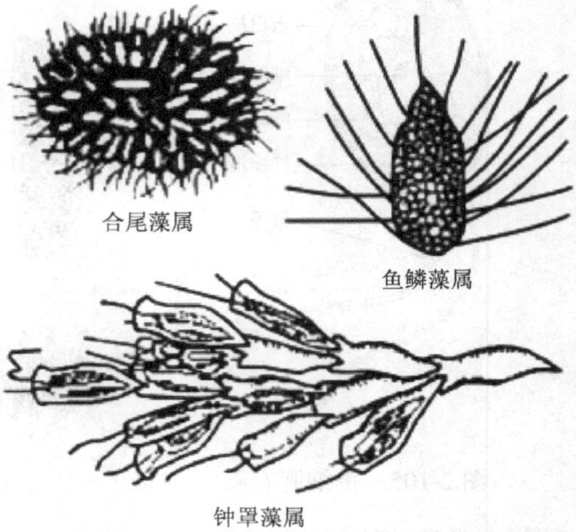

图 2-109　金藻门代表属

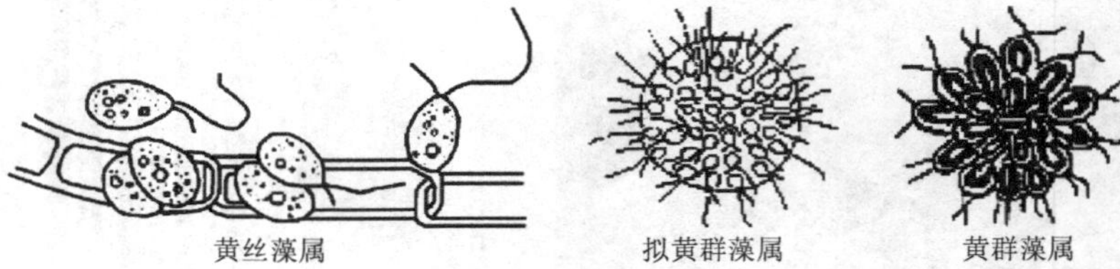

图 2-110　黄藻门代表属

7. 硅藻门

硅藻为单细胞，形体像小盒，由上壳和下壳组成，上壳面（壳面）和下壳面（瓣面）上花纹的排列方式是分类的依据。硅藻细胞壁由硅质和果胶质组成，硅质在外层。硅藻含叶绿素、藻黄素和β-胡萝卜素，硅藻呈黄绿色和黄褐色，贮存物为淀粉粒（用碘处理呈棕色）和油。硅藻繁殖方式有无性繁殖（纵分裂）和有性生殖。硅藻死亡后，藻壳遗留于海中，大量堆积的硅藻壳形成硅藻土，可用作过滤剂、绝缘剂等。硅藻门代表属见图 2-111。

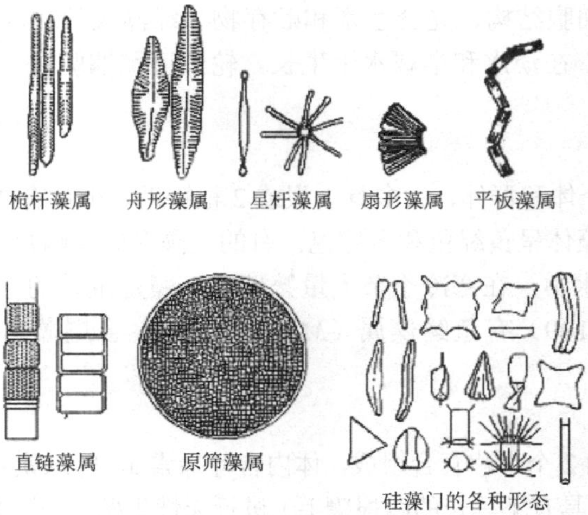

图 2-111　硅藻门代表属

有些硅藻可作土壤和水体盐度、腐殖质含量和酸碱度的指示生物。硅藻是水体动物良好食料。

8. 甲藻门

甲藻多为单细胞的个体，呈三角形、球形、针形，前后或左右略扁，前、后端常有突出的角。甲藻含叶绿素 a、叶绿素 c、β-胡萝卜素、硅甲黄素、甲藻黄素、新甲藻黄素及环甲藻黄素，藻体呈棕黄色或黄绿色，偶尔为红色。多数甲藻有 2 条不等长、排列不对称的鞭毛。甲藻中的纵裂甲藻由左右两个对称的板片组成，无横沟和纵沟。横裂甲藻（图 2-112）由多个板片组成，多具 1 横沟（腰带）和 1 纵沟。

甲藻繁殖以裂殖为主，但也有以产游动孢子或不动孢子方式繁殖的。甲藻生活在淡水、半咸水与海水中。多数甲藻对光照强度和水温范围要求严格，在适宜条件下，甲藻在短期内大量繁殖。甲藻是重要的浮游藻类之一。甲藻代表属有多甲藻属（*Peridinium*）、角甲藻属（*Ceratium*）和裸甲藻属（*Gymnodinium*），见图 2-113。

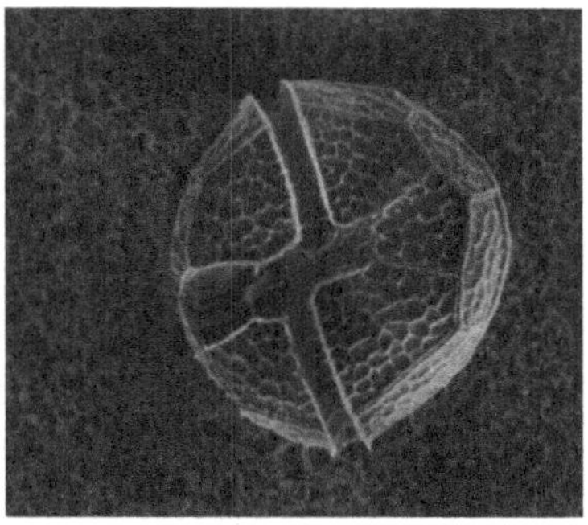

图 2-112　横裂甲藻

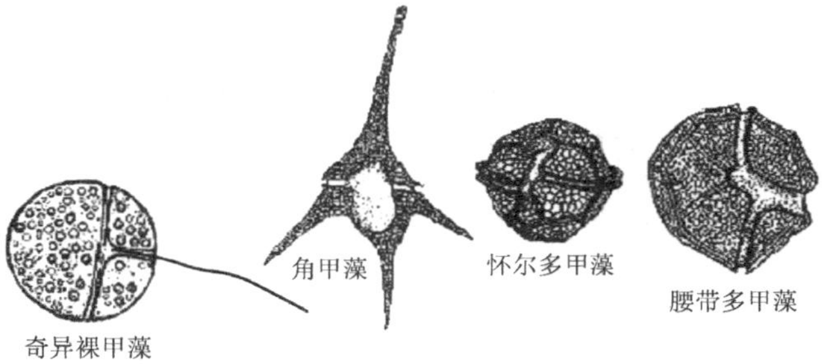

图 2-113　甲藻门代表属

适宜光照、温度 20～30℃、pH 中性、氮和磷浓度较高时，甲藻大量繁殖，造成海洋“赤潮”（图 2-114）。

图 2-114　海洋“赤潮”

9. 褐藻门

褐藻是比较高级的藻类。其色素体含有叶绿素 a、叶绿素 c、β-胡萝卜素、叶黄素，且β-胡萝卜素和叶黄素的含量比叶绿素 a、叶绿素 c 高。藻体呈橄榄色和深褐色，有的含碘量比较高，如海带（*Laminaria* spp.）、裙带菜（*Undaria suringar*）等，可供食用。

10. 红藻门

红藻所含色素为藻红素和藻蓝素。红藻代表属有紫菜属（*Porphyra*）、江蓠属（*Gracilaria*）、石花菜属（*Gelidium*）及麒麟属（*Eucheuma*）。后三属的红藻均可提取琼脂，供食用、医药用及制取生化试剂等。

（二）藻类在水处理中的作用

藻类是水体生态系统的初级生产者。藻类通过光合作用制造有机物，同时产生氧气。藻类所产氧气是大气中氧的重要来源。藻类（如甲藻、硅藻等）是浮游动物或其他小型水生动物、鱼、虾、贝类、鲸鱼的天然饵料。

藻类在污水处理中的作用越来越受到重视。藻类污水深度处理工艺成本低，出水水质好，可作为中水回用、农田灌溉的水源，既很好地实现了污水的良性生态循环，又可将藻类作为动物饲料，体现了环境效益、经济效益与社会效益的协调统一。

通过藻类和细菌建立的共生关系，使污水得到净化。藻菌共生净化污水的原理见图 2-115。

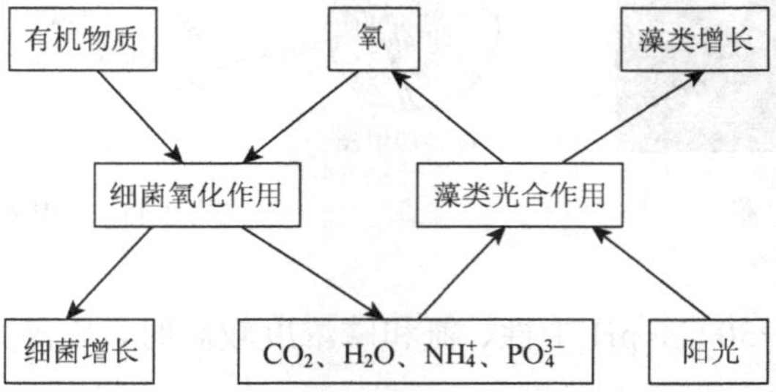

图 2-115　藻菌共生净化污水的原理

好氧菌将含碳有机物降解为二氧化碳和水，对含氮有机物通过氨化作用转化成氨氮，继而通过硝化再将氨氮转化为亚硝酸盐和硝酸盐。细菌将含磷有机物最后转化为正磷酸盐。细菌降解有机质产生的 CO_2 是藻类的主要碳源，促进了藻类的光合作用。藻类将细菌代谢中产生的氮磷无机物吸收转化为藻类的细胞物质。藻类光合作用释放出的氧，促进了好氧菌对有机物的分解。

思 考 题

1. 原核微生物与真核微生物有哪些区别？
2. 原核微生物包括哪些种类？
3. 真细菌包括哪些原核微生物？

4. 细菌有哪些基本形态？
5. 什么是丝状细菌？包括哪些种类？丝状细菌有哪些危害？
6. 什么是放线菌？请描述放线菌的菌体。
7. 请解释真菌的概念，真菌包括哪些种类？
8. 请解释霉菌的概念，霉菌包括哪些种类？
9. 简述霉菌菌丝的形态与特点。
10. 原生动物有哪些特点？
11. 简述原生动物类群及其在废水处理中的作用。
12. 微型动物包括哪些种类？微型动物在废水处理中有哪些作用？
13. 简述藻类各门的特点。
14. 简述藻类在水处理中的作用。

3 第三章 微生物细胞结构

➢ **内容提要：**

本章主要讨论原核微生物和真核微生物的细胞结构与组成。重点强调微生物细胞组成结构、功能及与污染控制的关系，如原核微生物的细胞膜及真核微生物的线粒体对污染物降解的重要作用，荚膜对活性污泥形成的影响，鞭毛对污染物的趋化作用，异染颗粒和聚β-羟基丁酸对废水除磷工艺的意义等。通过本章的学习，不仅能全面认识原核微生物与真核微生物的区别，而且可深入了解微生物生命活动（如微生物的营养与代谢等）的细胞结构基础。

细胞型微生物包括原核微生物和真核微生物。原核微生物细胞没有真正的细胞核，核物质分散于原生质中；真核微生物细胞核物质外有核膜包围，有真正的细胞核。真核微生物细胞除具有细胞核外，还有细胞器，如线粒体、高尔基体及内质网等。原核微生物与真核微生物的比较见表3-1。

表3-1　原核微生物与真核微生物的比较

项目	原核微生物细胞	真核微生物细胞
大小	1～10μm	10～100μm
细胞壁	肽聚糖、脂多糖、磷壁酸	几丁质、多聚糖等
细胞膜	无甾醇	有甾醇
呼吸链	定位于细胞膜，类型多样	线粒体膜，2条
细胞器	无	有
鞭毛	无“9+2”结构	有“9+2”结构
核膜	无	有
核结构	类核或拟核	完整的核结构
染色体数	1条	1条以上
核仁	无	有

第一节　原核微生物的细胞结构

原核微生物以细菌作为代表。其细胞结构分为基本结构和特殊结构。基本结构主要包括细胞壁、细胞膜、细胞质及其内含物与原核；特殊结构主要包括荚膜、鞭毛和芽孢。原核微生物是单细胞生物，一个细胞就是一个独立的生命体。原核微生物的细胞结构见图3-1。

一、基本结构

（一）细胞壁

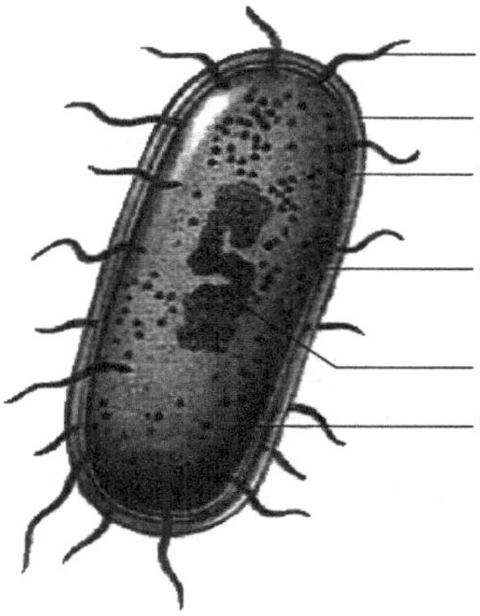

图 3-1　原核微生物的细胞结构

细胞壁是位于细胞表面，内侧紧贴细胞膜的一层较为坚韧并略具弹性的细胞结构。

在细胞型微生物中，除原生动物、螺旋体、支原体（病原菌）外，其他微生物细胞都有细胞壁。

1. 细菌细胞壁

细胞壁可通过电子显微镜观察，并可测其厚度。用机械方法使细菌细胞破裂后，先将细胞内含物除去，然后通过差异离心，可分离得到纯的细胞壁。

（1）细菌细胞壁的主要作用

1）固定细胞外形　细胞壁具有固定菌体外形的作用，失去细胞壁的细菌都呈球形。

2）屏障与保护作用　细胞壁是多孔性的，可允许水及某些物质通过，但会阻止有害大分子物质进入细胞。故细胞壁具有屏障与保护作用。

3）鞭毛生长和运动的支点　细胞壁是鞭毛生长和运动所必需的。细胞壁的存在为鞭毛运动提供了力学支点。有鞭毛的细菌失去细胞壁后，鞭毛虽然存在，但却不能运动。

4）吸附作用　细菌细胞壁含有羰基、磷酰基等多种阴离子基团，对重金属离子有吸附作用。

（2）细菌细胞壁的组成与结构

细菌细胞壁通常由两类物质组成：一类是形成细胞壁的坚实骨架；另一类是细胞壁间质。除去间质，不会导致细胞变形。但除去骨架，细胞则变为球形。在适宜条件下，失去细胞壁的细胞仍能存活，并能再生细胞壁。不同种类微生物的细胞壁的厚度、结构与化学组成各异。

细菌细胞壁的生物化学研究已取得重大进展。人们不仅阐明了细菌细胞壁的结构，而且对其化学组成与特性也有了深入了解。

细菌细胞壁的组成成分复杂，且其化学组成与其他真核微生物的化学组成有显著区别。细菌细胞壁的厚度为 10～80nm，占细胞干重的 10%～25%。

不同细菌细胞壁的化学组成和结构不同，通过革兰氏染色法可将几乎所有细菌分为革兰氏阳性菌（G^+）和革兰氏阴性菌（G^-）。革兰氏染色法是细菌分类鉴定的一种重要方法。

1）革兰氏染色与细胞壁　革兰氏染色（Gram staining）法是丹麦医生 Gram（革兰）于 1884 年创立的一种鉴别细菌的染色方法。

A. 革兰氏染色主要染色步骤与过程见图 3-2。

第一步：初染。结晶紫染色（结晶紫的颜色为紫色）。

第二步：媒染。碘液染色。

第三步：脱色。95%的乙醇脱色。

第四步：复染。番红（沙黄）复染色（番红的颜色为红色）。

B. 革兰氏染色结果及其意义。细菌经过革兰氏染色后，可出现两种结果（图 3-2）：有的菌体最终被染成紫色，有的菌体最终被染成红色。菌体最终被染成紫色的称为革兰氏阳性

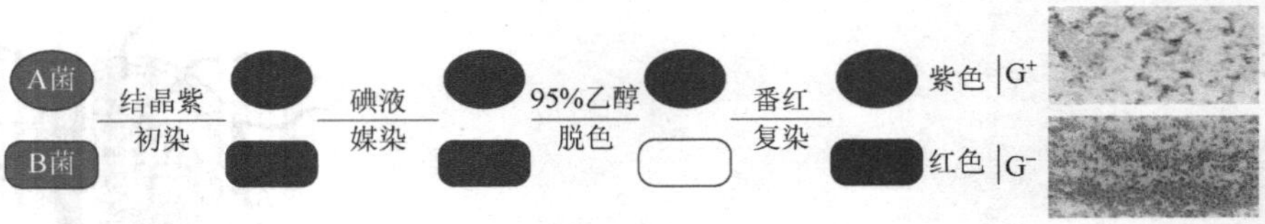

图 3-2　革兰氏染色主要步骤

菌（G^+）；菌体最终被染成红色的称为革兰氏阴性菌（G^-）。如图 3-2 中的 A 菌最终呈紫色，故 A 菌为革兰氏阳性菌（G^+）；而 B 菌最终呈红色，故 B 菌为革兰氏阴性菌（G^-）。

为什么通过革兰氏染色这个相同的过程却会出现完全不同的染色结果呢？即为什么有的细菌菌体最终是红色，而有的细菌菌体最终是紫色呢？

C. 革兰氏染色机制。细菌经过初染和媒染，细胞内形成一种不溶于水的结晶紫与碘的复合物。当用 95%的乙醇脱色时，若被染色的是 G^+细菌，这种复合物不被乙醇从其细胞内抽提出来，而是保留在细胞内。但若被染色的是 G^-细菌，这种复合物就被乙醇从其细胞内抽提了出来。结晶紫与碘的复合物能否被乙醇抽提出来与细菌细胞壁的结构及成分有关。

G^+细菌细胞壁较厚，肽聚糖含量高且其交联紧密，G^+细菌细胞壁基本上不含类脂。因此，G^+细菌经乙醇处理后容易引起脱水，肽聚糖孔径收缩变小，通透性降低，结晶紫与碘的复合物不能被乙醇抽提出来，牢牢地留在了细胞内。虽然经过番红复染会留下番红的颜色（红色），但红色与紫色相比，其颜色较浅，自然被紫色覆盖。故 G^+细菌呈现的是结晶紫的颜色——紫色。

G^-细菌的细胞壁薄，肽聚糖含量低且交联不紧密，遇乙醇后，肽聚糖层网孔不易收缩。同时，G^-细菌细胞壁类脂含量高，用乙醇处理时，脂质被溶解，通透性增加。所以，G^-细菌细胞内结晶紫与碘的复合物就被抽提了出来，紫色随之消失，此时细胞变为无色细胞，再用番红复染时，细胞呈现的是番红的颜色——红色。

G^+细菌与 G^-细菌细胞壁的结构及组成见图 3-3。G^+细菌与 G^-细菌细胞壁的主要区别见表 3-2。

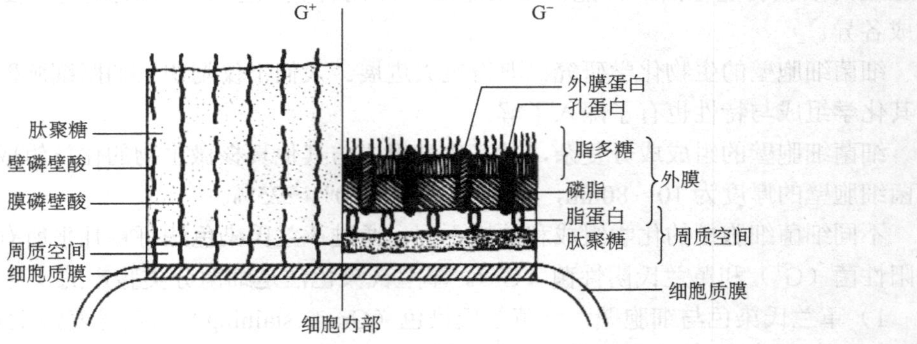

图 3-3　G^+细菌与 G^-细菌细胞壁的结构

表 3-2　G^+细菌与 G^-细菌细胞壁的主要区别

比较内容		革兰氏阳性菌	革兰氏阴性菌	
结构层次		单层	内壁层	外壁层
厚度/nm		20～80	1～3	8～10
肽聚糖	含量	40%～90%	5%～10%	—
	层数	多，15～50	少，1～3	

续表

比较内容	革兰氏阳性菌	革兰氏阴性菌	
磷壁酸	有	无	无
脂多糖	无	无	有
脂蛋白	无	无	有
对机械力抗性	抗性强	抗性弱	
对干燥抗性	抗性强	抗性弱	

2）G^+细菌的细胞壁　革兰氏阳性菌（G^+）的细胞壁见图 3-4。G^+细菌的细胞壁只有一层，厚 20～80nm。其化学组成以肽聚糖（peptidoglycan）（图 3-5）为主。肽聚糖占细胞壁物质总量的 40%～90%。另外，细胞壁还结合有磷壁酸（teichoic acid）。磷壁酸是G^+细菌细胞壁特有的成分。

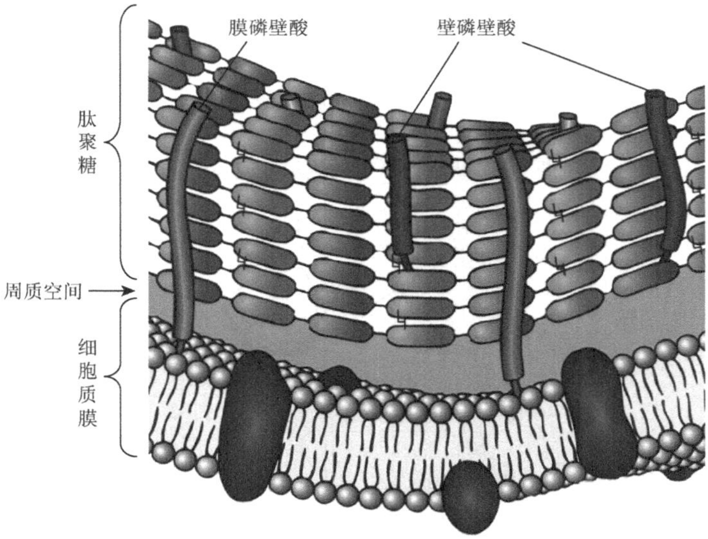

图 3-4　G^+细菌细胞壁

A. 肽聚糖。G^+细菌细胞壁肽聚糖层厚 20～80nm。肽聚糖是由若干个肽聚糖单体聚合而成的大分子网状结构。肽聚糖可被溶菌酶水解。

a. 肽聚糖单体的化学组成与结构。每个肽聚糖单体均由 *N*-乙酰葡萄糖胺（*N*-acetyl glucoseamine，NAG 或 G）、*N*-乙酰胞壁酸（*N*-acetylmuramic acid，NAM 或 M）和四肽链（四肽尾）构成。肽聚糖单体的化学组成与结构见图 3-6。

肽聚糖单体中的 1 个 *N*-乙酰葡萄糖胺（G 或 NAG）和 1 个 *N*-乙酰胞壁酸（M 或 NAM）以 β-1, 4-糖苷键相连。*N*-乙酰葡萄糖胺与 *N*-乙酰胞壁酸通过 β-1, 4-糖苷键交替连接成一条肽聚糖主链，即“聚糖骨架”（图 3-5）。

四肽尾指的是由 4 个氨基酸组成的短肽链。该短肽链连接在每个肽聚糖单体中的 *N*-乙酰胞壁酸分子上。连接后，*N*-乙酰胞壁酸上犹如长了一条尾巴，故而被称为四肽尾（图 3-7）。

M—G—M—G—M—G—M—G

图 3-5　肽聚糖主链分子（聚糖骨架）

M 代表 *N*-乙酰胞壁酸；G 代表 *N*-乙酰葡萄糖胺

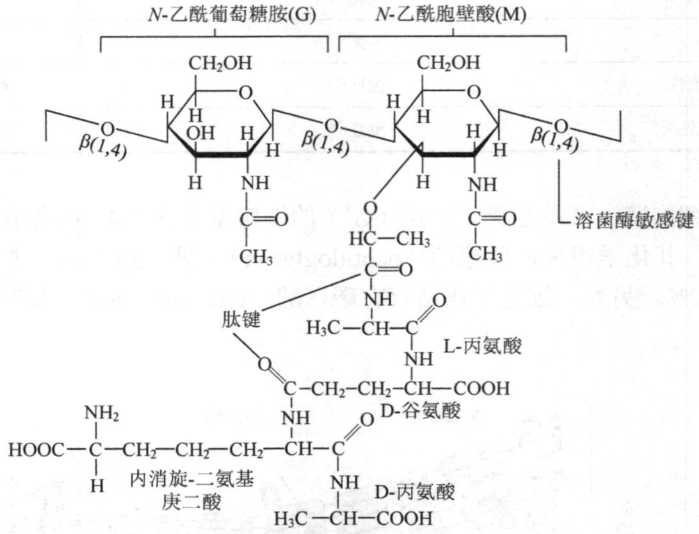

图 3-6　肽聚糖单体的化学组成与结构

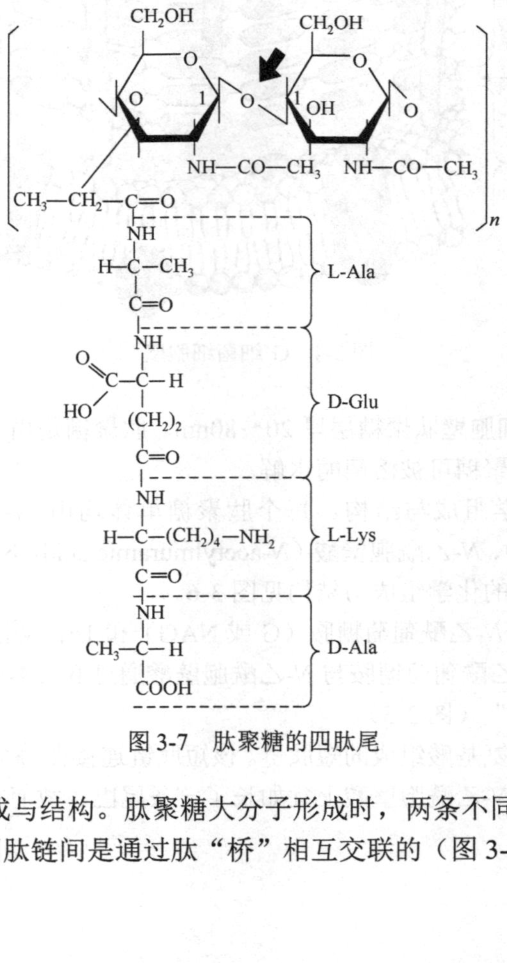

图 3-7　肽聚糖的四肽尾

b. 肽聚糖分子的形成与结构。肽聚糖大分子形成时，两条不同聚糖链骨架上与 *N*-乙酰胞壁酸相连的 2 条相邻四肽链间是通过肽“桥”相互交联的（图 3-8～图 3-10）。

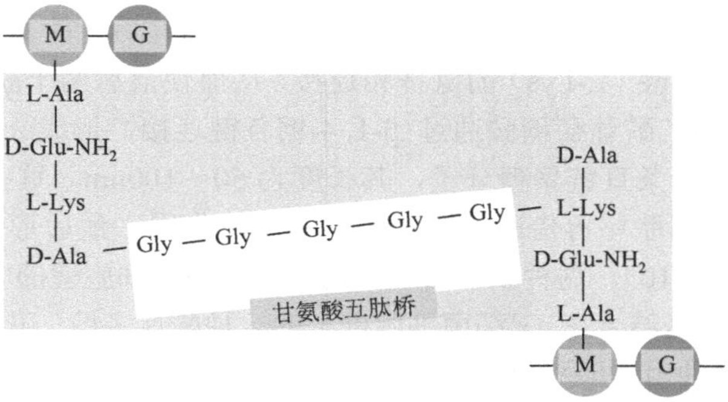

图 3-8 金黄色葡萄球菌肽聚糖分子中肽“桥”及其与前后两个四肽尾分子的连接

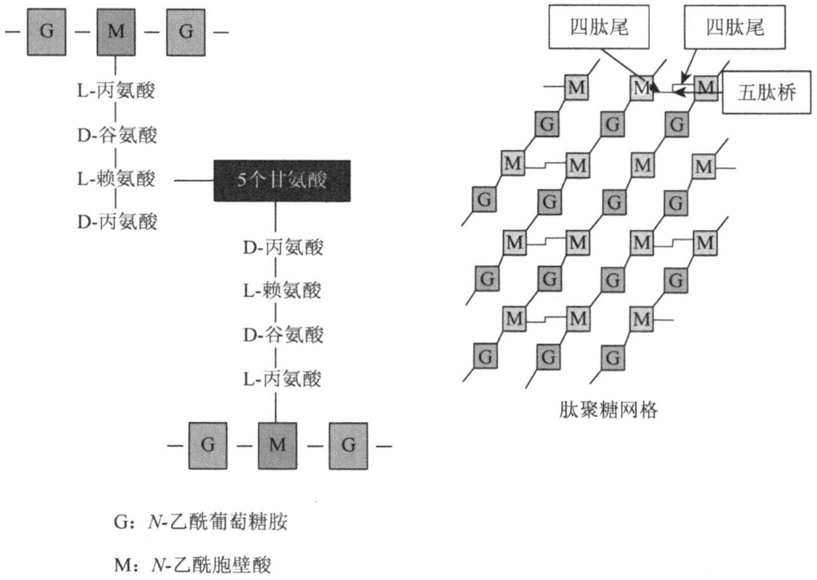

图 3-9 金黄色葡萄球菌细胞壁肽聚糖大分子的形成与结构

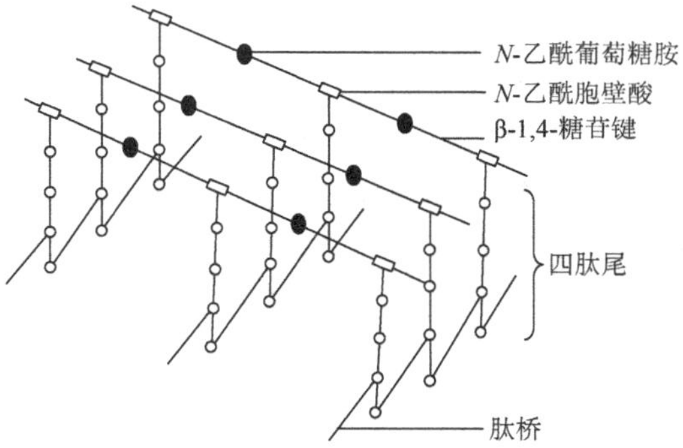

图 3-10 肽聚糖立体网状结构（片段）

肽“桥”是连接前后两个四肽尾分子的桥梁。组成肽“桥”的氨基酸种类和排列顺序因种而异。金黄色葡萄球菌（G^+）的肽“桥”为甘氨酸（Gly）5 肽（图 3-8 和图 3-9）。

图 3-8 中甘氨酸五肽桥的氨基端与前一肽聚糖单体肽“尾”中的第四个氨基酸——D-

丙氨酸（D-Ala）的羧基相连接，甘氨酸五肽桥的羧基端则与后一肽聚糖单体肽“尾”中的第三个氨基酸——L-赖氨酸（L-Lys）的氨基相连接，从而使前后两个肽聚糖单体交联起来。

N-乙酰胞壁酸和 *N*-乙酰葡萄糖胺通过 β-1, 4-糖苷键连接，形成一个二糖单位。20～60个二糖单位彼此连接成一条直链聚糖分子，其长度为50～100nm。这些聚糖链通过*N*-乙酰胞壁酸与四肽尾结合，四肽尾再借助于肽“桥”的连接作用，最后形成肽聚糖的三维立体网状结构（图3-9与图3-10）。这种立体网状结构大大增强了细胞壁的强度。

B. 磷壁酸。磷壁酸是结合在 G⁺细菌细胞壁上的一种酸性多糖，其主要成分为甘油磷壁酸或核糖醇磷壁酸。甘油磷壁酸和核糖醇磷壁酸的结构见图3-11。

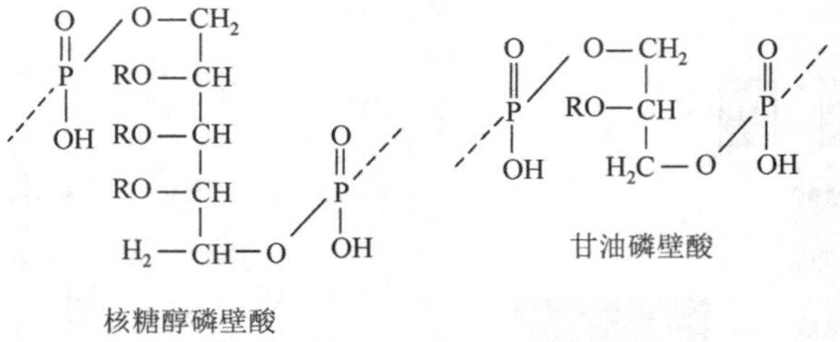

图3-11　组成磷壁酸的成分

磷壁酸按其结合部位分为壁磷壁酸和膜磷壁酸。壁磷壁酸与细胞壁中的肽聚糖分子共价结合；膜磷壁酸跨越肽聚糖层与细胞膜相交联。膜磷壁酸是 G⁺细菌细胞壁特有的成分。磷壁酸的主要生理功能：①磷壁酸带负电荷，可与环境中的Mg^{2+}等阳离子结合，以提高这些离子在细胞表面的浓度，从而保证细胞膜上一些合成酶维持高活性的需要；②保证 G⁺致病菌与其宿主间的粘连（主要为膜磷壁酸）；③赋予 G⁺细菌以特异的表面抗原；④提供某些噬菌体以特异的吸附受体。

3）G⁻细菌的细胞壁　　G⁻细菌细胞壁的组成和结构比 G⁺细菌细胞壁复杂，但比 G⁺细菌细胞壁薄。G⁻细菌细胞壁分为内壁层和外壁层两部分。

内壁层位于细胞膜和外壁层之间。内壁层由肽聚糖组成，即肽聚糖层。肽聚糖层呈单层结构，厚1～3nm，占细胞壁干重的5%～10%。肽聚糖层很薄，骨架力量比较弱，故 G⁻细菌细胞壁机械强度比 G⁺细菌低。

外壁层位于内壁层（肽聚糖层）的外侧。外壁层厚8～10nm，占细胞壁干重的80%，主要由脂多糖（lipopolysaccharide，LPS）、磷脂和外膜蛋白（out membrane protein）组成。

电镜超薄切片显示，外壁层类似于细胞膜，为非对称性磷脂双层结构。因此，外壁层又被称作外膜（outer membrane）。G⁻细菌细胞壁见图3-12。

A. 肽聚糖。G⁻细菌细胞壁机械强度低，除与肽聚糖含量少、肽聚糖层薄等有关外，还与其肽聚糖的化学组成和结构有关。G⁻细菌细胞壁肽聚糖与 G⁺细菌细胞壁的肽聚糖不同。G⁻细菌细胞壁肽聚糖四肽尾不含赖氨酸，而是含有内消旋二氨基庚二酸（m-DAP），且 G⁻细菌细胞壁肽聚糖没有肽“桥”，两个肽聚糖单体之间只是通过一个肽聚糖单体四肽尾的第四个氨基酸（D-Ala）的羧基与另一个肽聚糖单体四肽尾的第三个氨基酸（m-DAP）的氨基直接连接（图3-13）。因此，所形成的肽聚糖网状结构稀疏，不紧密，机械强度低。

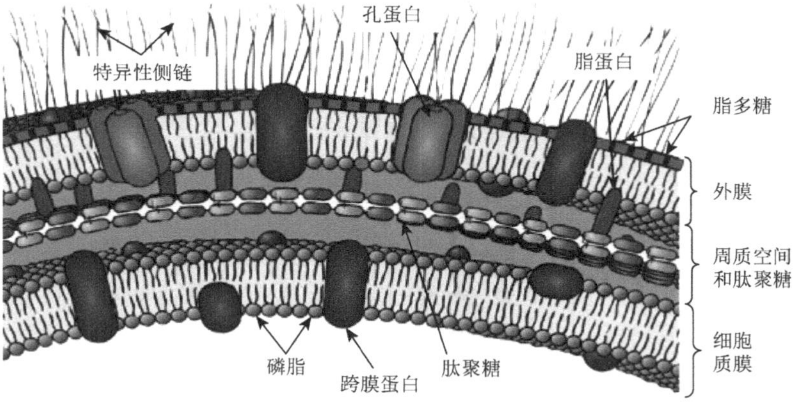

图 3-12　G^-细菌细胞壁

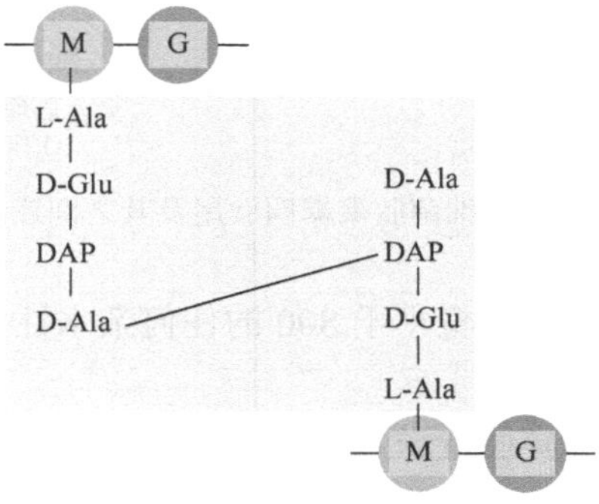

图 3-13　两个肽聚糖单体四肽尾之间氨基酸的直接连接

革兰氏阳性菌（G^+）和革兰氏阴性菌（G^-）肽聚糖四肽尾及其之间连接方式的比较见图 3-14。

B. 脂多糖。脂多糖是外膜的主要成分，位于 G^-细菌细胞壁最外层，是一种类脂多糖类复合物。脂多糖可用温热的酚水溶液或冷的三氯乙酸溶液从细菌细胞或细胞壁制剂中提取出来。脂多糖由类脂 A、一个核心区（多糖核心）和 *O*-特异性侧链三部分组成。其主要功能有：①与磷壁酸相似，也有吸附 Mg^{2+}和 Ca^{2+}等阳离子以提高这些离子在细胞表面浓度的作用；②具有控制某些物质进出细胞的选择性屏障作用。

脂多糖要维持其结构的稳定性需要足量 Ca^{2+}的存在。如果用螯合剂去除 Ca^{2+}，脂多糖便解体。这时，G^-细菌的内壁层肽聚糖就暴露出来，因而即可被溶菌酶水解。

C. 外膜（壁）蛋白。外膜蛋白指嵌合在脂多糖和磷脂层外膜上的蛋白质。外膜蛋白有 20 多种，但多数功能尚不清楚。

目前，对外膜蛋白中的脂蛋白和孔蛋白已有研究。脂蛋白（lipoprotein）是一种通过共价键使外膜层牢固地连接在肽聚糖内壁层上的蛋白，其相对分子质量约为 7200。孔蛋白（porin）是一种跨膜蛋白。孔蛋白是由三个相同相对分子质量（36 000）蛋白亚基组成的一种三聚体，其中间有一直径约 1nm 的孔道，通过孔的开、闭，对进入外膜层的物质进行选择性控制，即孔蛋白具有通道的作用，有控制物质进入细胞的作用。孔蛋白分为非特异性孔蛋白和特异性孔蛋白两种。

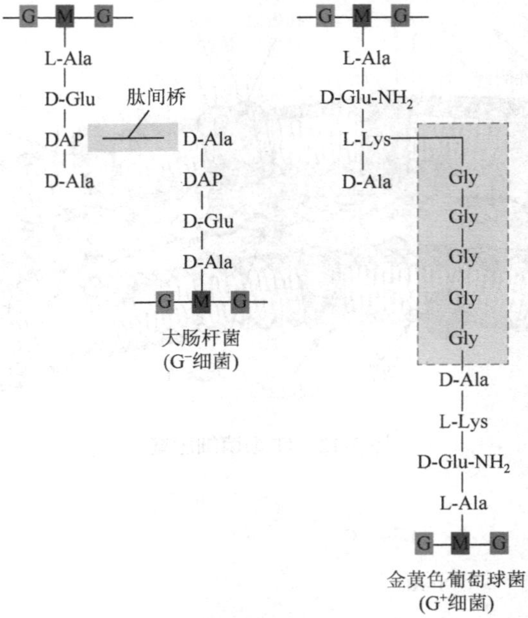

图 3-14 G^+细菌和 G^-细菌肽聚糖四肽尾及其之间连接方式的比较

非特异性孔蛋白允许相对分子质量小于 800 的任何亲水性分子通过，而特异性孔蛋白只容许一种或少数几种相关物质通过。

此外，有的外壁蛋白属于特异性运送蛋白（载体），可将较大的分子如维生素 B_{12}、核糖降解物、麦芽寡糖、铁色素等输送入细胞内。

D. 周质空间。周质空间（periplasmic space，periplasm）又称壁膜间隙。在 G^-细菌中，周质空间一般指其外膜与细胞膜之间的狭窄空间，其宽 12～15nm，呈胶状。周质空间是进出细胞物质的重要中转站和反应场所。周质空间中存在着多种周质蛋白（periplasmic protein），包括水解酶类、合成酶类和运输蛋白等。因此，周质空间有 G^-细菌特殊“细胞器”之称。

2. 古菌的细胞壁

古菌是一类特殊细菌。根据其化学组成，可将古菌的细胞壁分为两大类：一类是由假肽聚糖或酸性杂多糖组成的细胞壁；另一类是由六角形规则排列的蛋白质或糖蛋白亚单位组成的细胞壁。

古菌除了热原体属没有细胞壁外，其余古菌都具有与真细菌功能类似的细胞壁。但它们的细胞壁中没有构成真细菌肽聚糖的胞壁酸和 D-氨基酸，即没有真正的肽聚糖，其细胞壁由多糖（假肽聚糖）、糖蛋白或蛋白质构成。

（1）假肽聚糖

假肽聚糖（pseudopeptidoglycan）由 *N*-乙酰葡萄糖胺（G 或 NAG）、*N*-乙酰塔罗糖胺糖醛酸（*N*-acetyltalosaminuronic acid）通过 β-1, 3-糖苷键连接。β-1, 3-糖苷键不被溶菌酶水解。多个 *N*-乙酰葡萄糖胺与多个 *N*-乙酰塔罗糖胺糖醛酸交替连接形成一条长链，连接在 *N*-乙酰葡萄糖胺氨基糖上的肽尾，由 L-Glu（L-谷氨酸）、L-Ala（L-丙氨酸）和 L-Lys（L-赖氨酸）三个 L 型氨基酸组成。肽“桥”则仅由一个 L-Glu（L-谷氨酸）组成。甲烷杆菌属的假肽聚糖见图 3-15。

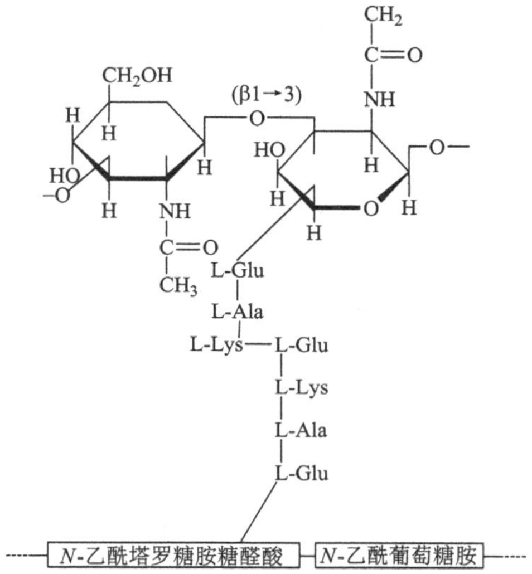

图 3-15 甲烷杆菌细胞壁中假肽聚糖的单体结构

（2）独特多糖

甲烷八叠球菌（*Methanosarcina* spp.）的细胞壁是由多糖组成的。多糖含有半乳糖胺、葡糖醛酸、葡萄糖和乙酸。极端嗜盐球菌属（*Halococcus*）的细胞壁多糖由葡萄糖、甘露糖、半乳糖、氨基糖、糖醛酸和乙酸组成。

（3）糖蛋白

极端嗜盐杆菌属（*Halobacterium*）的细胞壁由糖蛋白（glycoprotein）构成。糖蛋白中含葡萄糖、葡糖胺、甘露糖、核糖、阿拉伯糖和带负电荷的酸性氨基酸组成的蛋白质。这种带负电荷的细胞壁可以平衡环境中高浓度的 Na^+，从而使其能很好地生活在高盐溶液中。

（4）蛋白质

少数产甲烷菌的细胞壁是由蛋白质组成的。但有的是由不同蛋白质组成，如甲烷球菌属（*Methanococcus*）和甲烷微菌属（*Methanomicrobium*）；而另一些则由同种蛋白质的许多亚基组成，如甲烷螺菌属（*Methanospirillum*）。

（二）细胞膜

细胞膜又称原生质膜或简称质膜（plasmalemma）。细胞膜是位于原生质体外、紧贴细胞壁的一层柔软富有弹性的半透明薄膜。在电子显微镜下观察，细胞膜可分为 3 层结构，即内、外两层的亲水层与中间的疏水层。一般把这 3 层结构称为“单位膜”。组成细胞膜的物质是主要脂类和蛋白质，还有少量的糖类等。细胞膜厚 7.0～8.0nm，约占细胞干重的 10%。细胞膜是所有生物细胞极为重要的结构，如遭破坏，细胞将会死亡。

1. 细菌的细胞膜

（1）细胞膜的生理功能

细胞膜的生理功能有：①选择性控制细胞内外的物质运送与交换，这是所有生物细胞膜均具有的功能。②维持细胞内正常渗透压的屏障作用。③合成细胞壁各种组分（如脂多糖、肽聚糖、磷壁酸及荚膜等大分子物质）的场所。④是许多酶和电子传递链组分的所在地，是原核微生物进行氧化磷酸化或光合磷酸化的产能基地。微生物将有机污染物等氧化分解释放的能量，通过磷酸化转化为自身所需要的能量（ATP），这个过程是在细胞膜上进行的。⑤为鞭毛的着生位点，并为其提供运动所需的能量。

（2）细胞膜对物质的选择透性

一般来说，气体分子（如 O_2、CO_2、N_2）、小的不带电的极性分子（如尿素、乙醇）、脂溶性的分子等易扩散进入细胞；离子及大的不带电的极性分子和各种带电的极性分子都不易扩散进入细胞；非脂溶性物质如葡萄糖在膜蛋白的帮助下，可以透过；离子或小分子物质在能量和膜上载体的作用下，可跨膜转运。图 3-16 显示了人工磷脂双分子膜对不同分子的通透性。

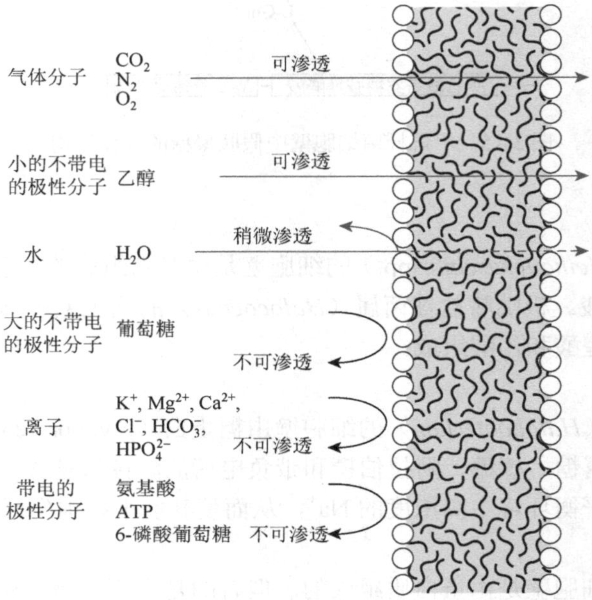

图 3-16　人工磷脂双分子膜对不同分子的通透性

细胞膜的性质对污染物的吸收有一定影响。受膜上孔道直径的限制，小分子污染物相对于大分子污染物更易以自由扩散的方式穿膜。例如，苯的分子较小，其相对分子质量只有 78.11，且苯是非极性分子，所以苯的主要穿膜方式是自由扩散。由于膜脂分子具有流动性，其头部极性链短，尾部的非极性链较长，因此，非极性污染物分子比极性分子更容易以自由扩散的方式穿膜。膜的主要成分是脂类，故脂溶性污染物如烯烃、环烃类及石蜡等污染物比水溶性污染物更易自由扩散穿膜。

细胞膜中既有脂相又有水相，物质在穿膜过程中既要透过脂相也要透过水相，因此能通过这两相者更易进行自由扩散，如乙醇既溶于脂又溶于水，因而易于自由穿膜。

污染物的穿膜行为与其解离状态有关。非解离态的污染物的脂溶性高于解离态的污染物的脂溶性，故非离子型的污染物易透过细胞膜的脂质区。污染物的解离与 pH 有关。pH 降低，弱酸性污染物的解离度也降低；pH 升高，弱碱性污染物的解离度也升高。环境 pH 将影响不同电离状态的污染物的穿膜。所以，许多弱酸、弱碱或其盐类以非离子型和离子型同时存在于细胞内液和细胞外液时，离子部分不易借助自由扩散通过，非离子部分则容易。例如，在 pH = 1 的介质中，苯甲酸完全不电离，最易透过细胞膜；pH = 4 时，则有 50%的苯甲酸离解，即有 50%的透过；在 pH = 7 的介质中完全电离，不能透过细胞膜。

细胞膜上的转运蛋白或载体蛋白的数量是有限的，使结构和性质相似的污染物彼此产生竞争。如果某污染物与一种生理需要的物质相似，其竞争的结果可能是细胞吸收该污染物的量增多，而吸收生理需要的物质的量减少。

（3）细菌细胞膜的结构与组成

1）流动镶嵌模型　有关细胞膜的结构，人们提出了数十种假说，其中被普遍接受的是 J. S. Singer 和 G. L. Nicolson 于 1972 年提出的流动镶嵌模型（fluid mosaic model）（图 3-17 和图 3-18）。流动镶嵌模型的内容：磷脂类双分子层构成膜的基本骨架，蛋白质分子以不同的方式镶嵌于磷脂类双分子层中。脂双层具有流动性，其脂类分子可自由移动，蛋白质分子也可在脂双层中横向移动。

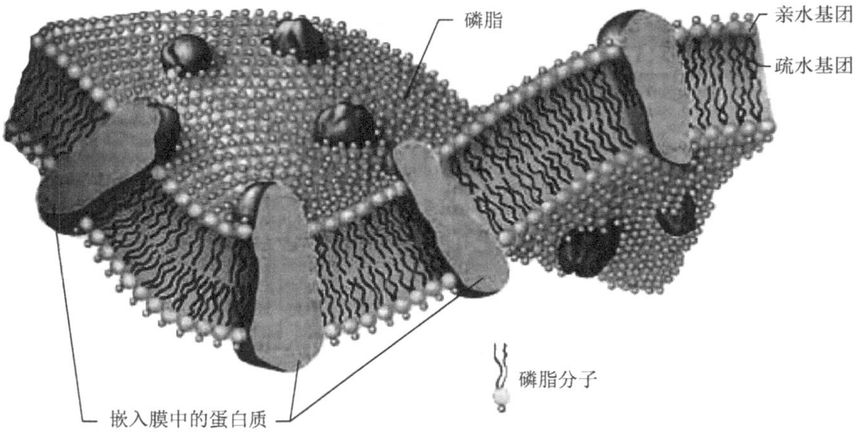

图 3-17　细胞膜流动镶嵌模型

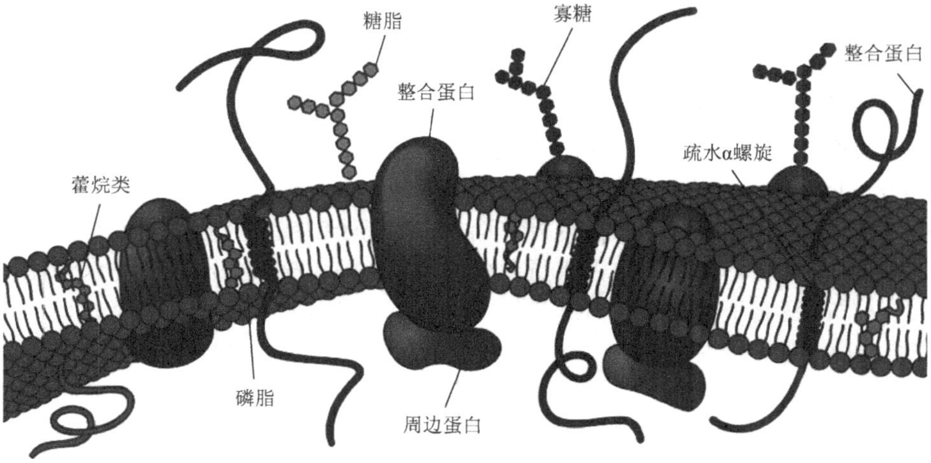

图 3-18　细胞膜结构与组成

2）细胞膜的结构成分（图 3-17 和图 3-18） 细胞膜的结构成分主要为脂类（20%～30%）与蛋白质（60%～70%）。

A. 膜脂。细胞膜的脂类有磷脂、糖脂和鞘脂等极性脂类。此外，还含有非极性的脂醌等。细菌细胞膜中含有藿烷类化合物（hopanoid）（图 3-18），该物质在真核微生物细胞膜中罕见或不存在。

磷脂是细胞膜的主要成分。磷脂是 3-磷酸甘油的衍生物。最普通的磷脂为磷脂酰乙醇胺和磷脂酰甘油等。

每个磷脂分子都由一个亲水的极性头和一个疏水的非极性尾组成（图 3-19）。磷脂分子相互平行定向排列，形成双分子层（图 3-20）。亲水的极性头分别朝向双分子层的内外表面；疏水的非极性尾朝内，彼此相对，形成膜内部的疏水区。磷脂中的脂肪酸有饱和脂肪酸与不饱和脂肪酸两种。膜的流动性取决于脂肪酸的饱和程度与脂肪酸链的长度。饱和程度高的脂肪酸链紧密有序地排列，因而流动性小；而不饱和脂肪酸链由于不饱和键的存在，使分子间排列疏松而无序，相变温度降低，从而增强了膜的流动性。脂肪酸链的长度对细胞膜磷脂分子的流动性也有影响。脂肪酸链越长，链尾相互作用的机会越多，越易于凝集，相变温度增高，流动性下降。

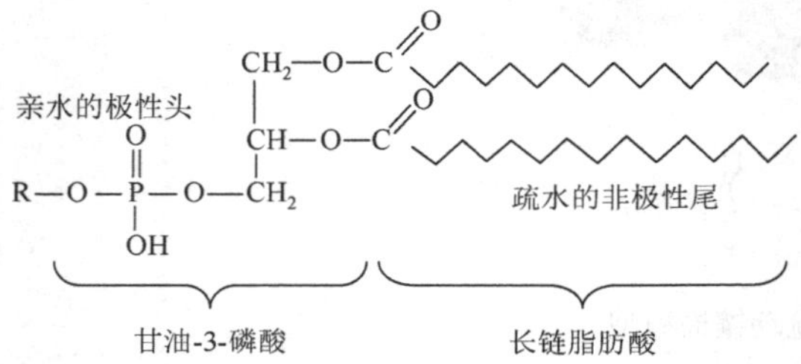

图 3-19　磷脂分子

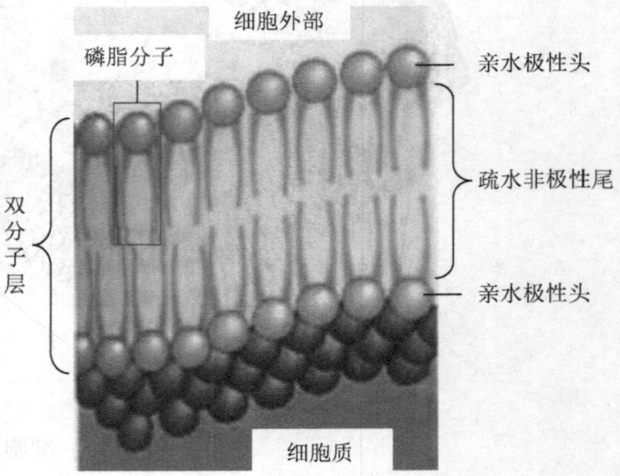

图 3-20　磷脂双分子层

B. 膜蛋白。膜蛋白是组成微生物原生质膜的另一重要成分。细胞膜的大部分功能是通过膜蛋白实现的。根据膜蛋白在膜中的位置分为外周蛋白（extrinsic protein）与整合蛋白（integral protein）。外周蛋白又称为外在膜蛋白（peripheral protein）。整合蛋白又称为内在膜蛋白或内嵌蛋白（intrinsic protein）或跨膜蛋白（transmembrane protein）。

a. 外周蛋白。外周蛋白位于膜的内外表面，通过离子键或极性基团附着在脂类分子头部极性区，间接与膜结合。外周蛋白占膜蛋白总量的 20%～30%。外周蛋白是水溶性蛋白，用较温和的方法如改变离子强度或酸碱度等处理，即可使其与膜分离。

b. 整合蛋白。整合蛋白是部分或全部镶嵌在细胞膜中或内外两侧，以非极性基团与脂双分子层的非极性疏水区相互作用结合在质膜上的蛋白。外周蛋白占膜蛋白总量的 70%～80%。整合蛋白是非水溶性蛋白，与膜结合紧密，较难分离，通常用较剧烈的方法才能使其与膜分开。

整合蛋白是生物膜的基本结构成分。整合蛋白具有许多重要的生理功能，如可作为酶类催化物质分解与合成，具物质运输的载体功能与通道作用及对受体起作用等。

许多整合蛋白分子中具有一个或多个富含疏水性氨基酸的疏水区，多呈 α 螺旋（图 3-18）。

其在膜上的存在方式有：①单次穿膜，疏水区贯穿脂双层，两末端分布于膜内外两侧；②多次穿膜，多肽链数次返折，数个疏水区返折数次穿越脂双层；③多个单次穿膜的亚基组成一个跨膜通道；④脂化或糖脂化膜蛋白借其共价结合的脂肪酸链插入膜内；⑤膜蛋白多肽链一端穿膜，另一端借糖脂化的脂肪酸插入膜内，两端均固定于膜上。分离整合蛋白必须用去垢剂、有机溶剂等破坏脂双层后才能提取出来。

（4）内膜系统

原核生物的内膜系统是由细胞膜内陷、折叠而形成的层状、管状或囊状等特殊的内膜结构。内膜结构包括间体、类囊体、载色体、羧酶体和气泡等。一般来说，原核生物细胞的内膜系统远不如真核细胞的内膜系统发达，未形成真正的细胞器。

1）间体　　间体（mesosome）（图3-21）是由细胞膜内陷而形成的囊状结构。每个细胞中可有一至几个间体。

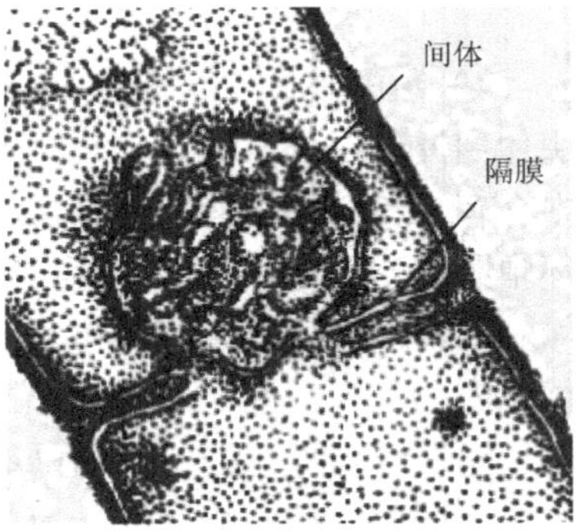

图3-21　间体

间体是细菌细胞质中主要的、典型的内膜结构。间体在革兰氏阳性菌细胞中发育良好，清晰可见，但在革兰氏阴性菌中不明显。对间体的生理功能还不完全清楚，据推测，间体可能是电子传递系统的中心，相当于高等生物的线粒体，因间体上具有细胞色素氧化酶、琥珀酸脱氢等呼吸酶系；间体可能还具有合成细胞壁，特别是横隔壁所需的酶，因细胞分裂时，常见间体位于新形成的横隔壁处；在电子显微镜下，可以看到DNA复制点和细胞膜与间体相结合的现象，因此，间体也许与核分裂有关；另外，间体的一边与细胞膜连接，另一边则与核物质紧密接触，似乎与真核生物的内质网一样，起着向核运送物质和能量的作用；芽孢的形成，可能也与间体有关。

2）类囊体　　类囊体（thylakoid）是由细胞膜内陷形成的片层结构，内含叶绿素、胡萝卜素和藻胆色素等光合色素及光合作用酶系。类囊体是蓝细菌进行光合作用的场所。原绿菌属（*Prochloron*）蓝细菌的类囊体见图3-22。

3）载色体　　载色体（chromatophore）也称色素体，是光合细菌进行光合作用的场所。载色体相当于绿色植物的叶绿体。载色体直径一般大于100nm，其主要化学组成是蛋白质和脂类。载色体含有菌绿素、胡萝卜素等色素，以及光合磷酸化所需要的酶系和电子传递体。光合细菌的载色体见图3-23与图3-24。

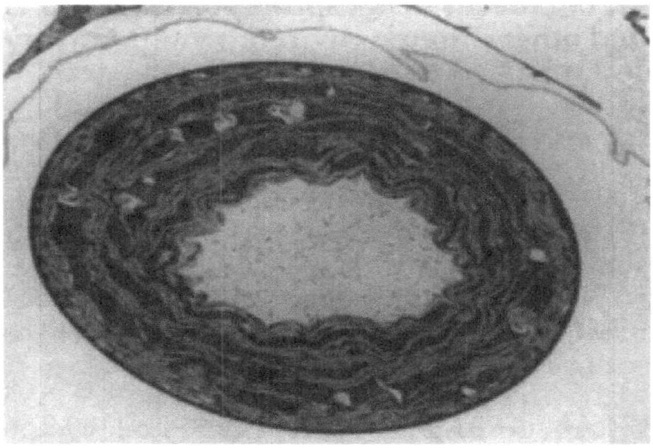

图3-22　原绿菌属蓝细菌的类囊体

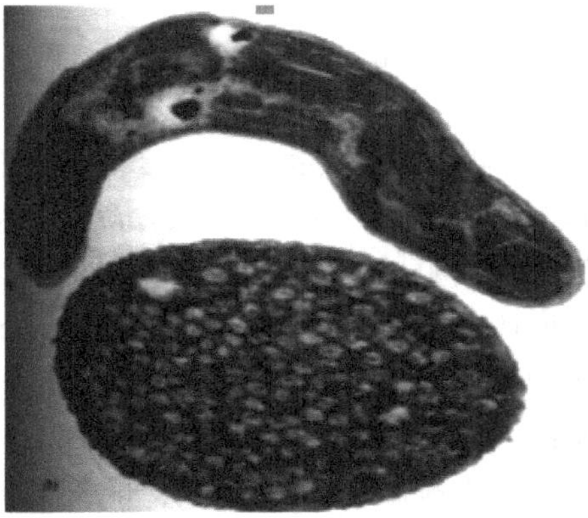

图3-23　紫硫光合细菌的载色体

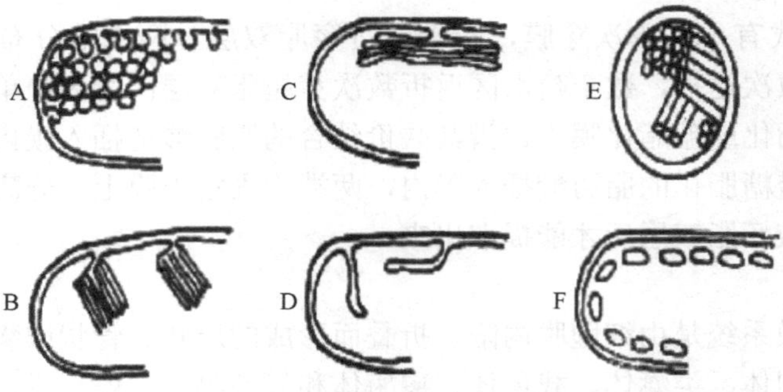

图 3-24　6 种光合细菌的载色体

A. 红螺菌；B. 红假单胞菌；C. 红微菌；D. 红囊菌；E. 荚硫菌；F. 绿硫菌

4）羧酶体　　羧酶体（carboxysome）又称多角体，是自养细菌所特有的内膜结构。羧酶体由厚约 3.5nm 的蛋白质单层膜所包围，长 50～500nm，是细菌固定 CO_2 的场所。羧酶体中含有自养菌所特有的 5-磷酸核酮糖激酶和 1, 5-二磷酸核酮糖羧化酶。这两种酶是卡尔文循环中固定 CO_2 的关键性酶类，通过卡尔文循环，使自养菌产生磷酸己糖。一些化能自养菌，如硝化杆菌及蓝细菌细胞中均具羧酶体。那不勒斯硫杆菌（*Thiobacillus neapolitanus*）的羧酶体见图 3-25。

5）气泡　　形成气泡（gas vesicle）的膜只含蛋白质而无磷脂。蛋白质相互交联，形成一个坚硬的结构，可耐受一定的压力。膜的外表面亲水，而内侧绝对疏水，故气泡只能透气而不能透过水和溶质。

在某些光合细菌和水生细菌的细胞质中，含有几个乃至几十个甚至上百个充满气体的圆柱形或纺锤形气泡（图 3-26）。

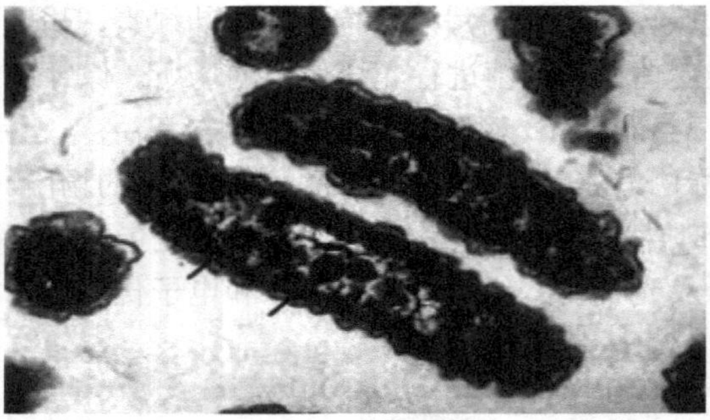

图 3-25　那不勒斯硫杆菌的羧酶体

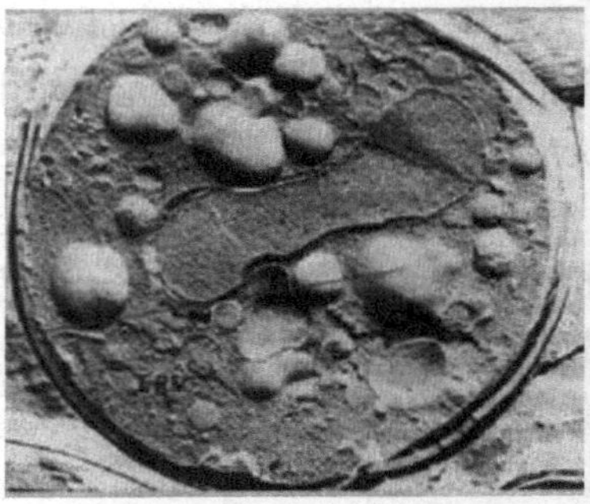

图 3-26　细菌气泡

气泡可调节细胞的相对密度，以使细胞漂浮在最适水层获取光能、O_2 和营养物质。例如，专性好氧盐杆菌属（*Halobacterium*）的细菌生活在含氧极少的饱和盐水中，此类细菌借助于细胞中的气泡，浮于盐水表面，以保证细胞更接近空气。有些厌氧性光合细菌利用气泡集中在水下 10～30m 深处，这样既能吸收适宜的光线和营养进行光合作用，又可以避免直接与氧接触。蓝细菌生长时依靠细胞内的气泡而漂浮于湖水表面，并随风聚集成块，常使湖内出现“水华”。

许多光合营养型、无鞭毛的水生细菌中有充满气体的泡囊状结构，其大小为（0.2～1.0）μm×75nm，内由数排柱形小空泡组成，外由 2nm 厚的蛋白质膜包裹。该结构的作用是调节细胞的相对密度，以使其漂浮在合适水层；通过气泡吸收空气中的氧气，以满足代谢的需要。

6）其他内膜结构　在硝化细菌和甲烷氧化菌中有很明显的内膜结构。其有两种排列方式：一种方式是盘状泡囊成束平行排列于细胞中央（图 3-27）；另一种方式是双层膜沿细胞的边缘平行排列。这些内膜结构似乎与氧化气体取得能量有关。

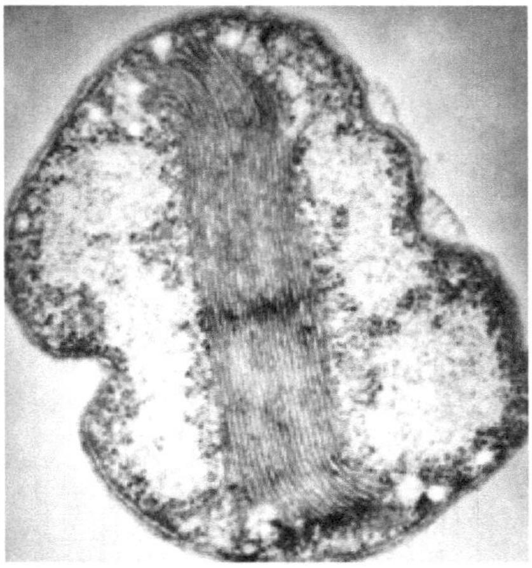

图 3-27　硝化囊菌

2. 古菌的细胞膜

古菌的细胞膜也是主要由磷脂组成，且含有糖脂。但与真细菌或真核生物细胞膜不同，比较特殊，如嗜盐古菌的主要磷脂是磷脂甘油磷酸的结构类似物，称为二醚磷脂酰甘油磷酸；糖脂是二醚糖脂，它们都是极性脂类（图 3-28）。

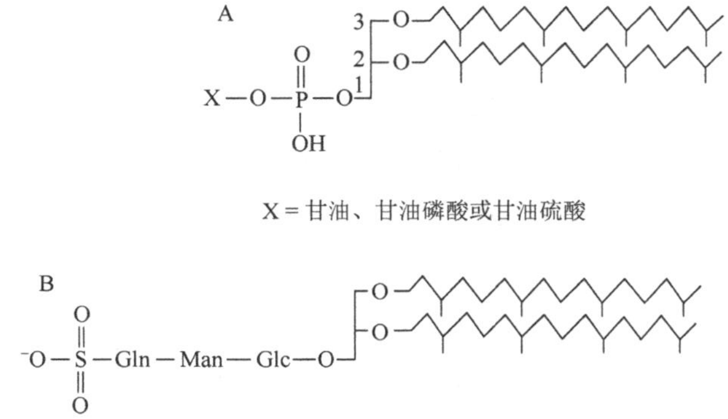

图 3-28　嗜盐古菌的主要磷脂（A）和硫酸化糖脂（B）的结构

除极性脂类外，古菌中还含有非极性或中性脂类。在非极性脂类中，聚异戊二烯和氢化的聚戊二烯碳氢化合物占 95%以上。古菌的细胞膜中也含有脂醌类化合物，这些化合物是传递质子和电子的载体。

古菌细胞膜中的磷脂极性头（甘油）与疏水尾（烃链）间不是通过酯键而是通过醚键连接的。真细菌和真核生物的疏水尾是脂肪酸，而古菌疏水尾是异戊二烯的重复单位。古菌细胞膜的结构见图 3-29。

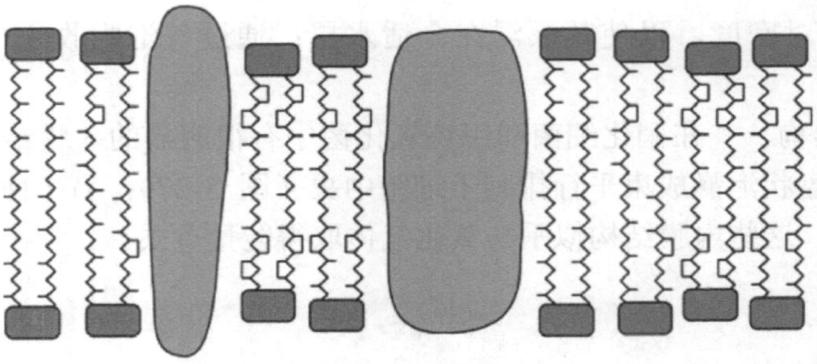

图 3-29　古菌细胞膜的结构示意图

真细菌或真核生物的细胞膜都是双分子层，而古菌的细胞膜比较独特，有的是双分子层，有的是单分子层，还有的是单双分子混合层。古菌双分子层、单分子层及单双分子混合层细胞膜见图 3-30。

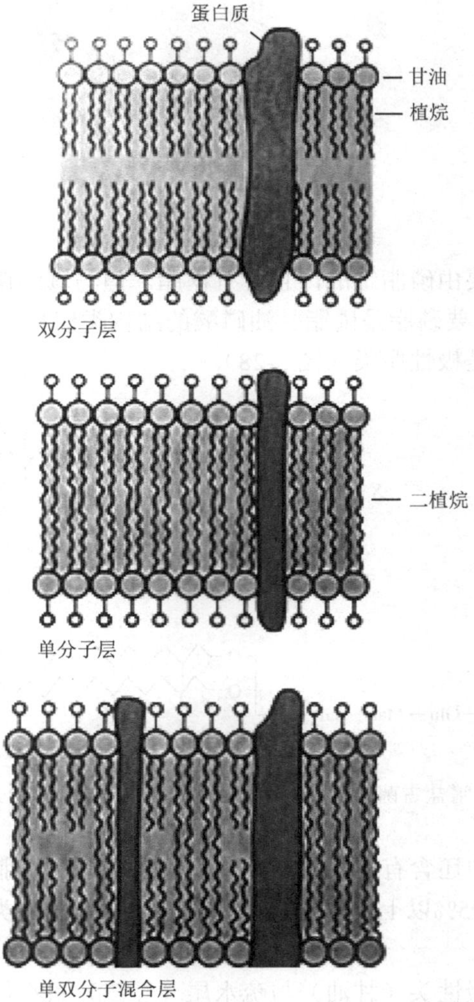

图 3-30　古菌双分子层、单分子层及单双分子混合层细胞膜

（三）细胞质及其内含物

这里主要讨论原核微生物的细胞质。细胞膜内除核质体外的一切半透明、胶状、颗粒状物质统称为细胞质，其主要成分包括核糖体、贮藏物、各种酶类、中间代谢物及质粒等。

1. 核糖体

核糖体是蛋白质合成场所，其数量多少与蛋白质合成直接相关，往往随微生物生长速率而变化。微生物快速繁殖时，核糖体数目增多，每个菌体可达（1～7）×10^4 个；繁殖缓慢时，其数量可减至 2000 个左右。原核生物细胞中平均约含 15 000 个核糖体，而真核细胞平均含 10^6～10^7 个核糖体。

核糖体（ribosome）是细胞中的一种核糖核蛋白质的颗粒状结构，由 65%的核苷酸和 35%的蛋白质组成。原核生物的核糖体常以游离状态或多聚核糖体状态分布于细胞质中。真核细胞的核糖体既可以游离状态存在于细胞质中，也可结合于内质网上。线粒体、叶绿体、细胞核内也有各自在结构上特殊的核糖体。

原核生物核糖体沉降系数均为 70S；真核微生物细胞质中的却为 80S。70S 核糖体由 30S 和 50S 两个大小不同的亚基所组成，如图 3-31 所示。沉降系数因分子质量及分子形状而定，分子质量大或分子形状密集的沉降系数大。反之，沉降系数小。由于两个亚基结合后的形态与分散时的形态略有改变，故 30S 与 50S 结合后的沉降系数是 70S 而不是 80S。

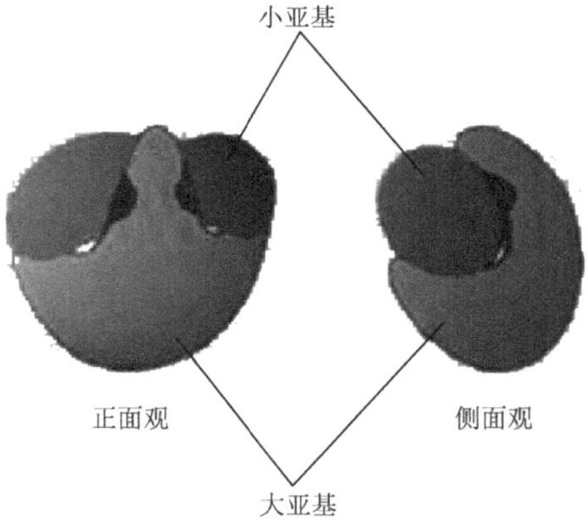

图 3-31 细菌核糖体

30S 亚基上有一凹陷的颈部，将其分为头部与躯干两部分；50S 亚基的外形具三个角，中间凹下，并有一个很大的空穴。当二者结合成 70S 时，30S 的亚基水平地与 50S 亚基结合，腹面与 50S 亚基结合面上有相当大的空隙，蛋白质生物合成过程可能就在其中进行。

在前文中我们提到，细菌有一个非常重要的特点就是繁殖速度快，可在短时间内得到大量的菌体，这一特点与细菌核糖体的存在方式有关。采用温和条件，小心地从细胞中分离核糖体时，可以得到几个乃至几百个成串的核糖体，称为多聚核糖体。多聚核糖体由一条长 mRNA 分子与一定数目的核糖体结合而成。多聚核糖体的外观呈念珠状。每个核糖体能独立完成一条肽链的合成，多聚核糖体在一条 mRNA 链上可同时合成几条肽链，使翻译效率大为提高，因此，细菌能够在很短时间内大量生长繁殖。

核糖体是细胞合成蛋白质的场所。例如，用蛋白质合成旺盛的细胞制成超薄切片，在其电镜照片上可见到有规则的核糖体链，穿在 mRNA 链上像珠子——多核糖体（图 3-32）。

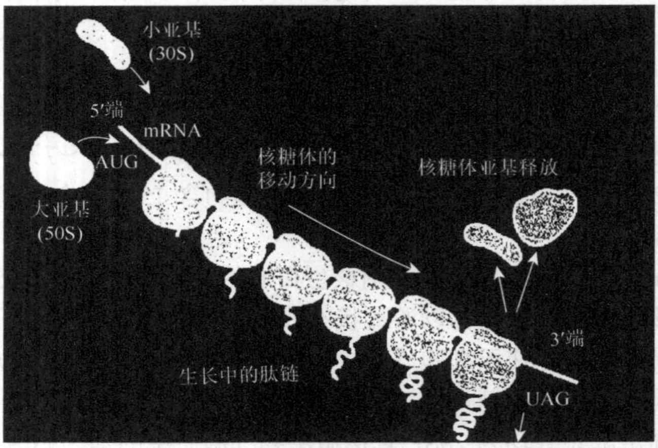

图 3-32　蛋白质合成时的核糖体链

2. 颗粒状内含物

在许多细菌细胞中，常含有各种较大的颗粒，大多为细胞贮藏物，如异染颗粒、聚β-羟基丁酸、肝糖及硫滴等。这些内含物常因菌种而异，即使同一种菌，颗粒的多少也随菌龄和培养条件不同而有很大变化。往往在某些营养物质过剩时，细菌便将其聚合成各种贮藏颗粒；当营养缺乏时，贮藏颗粒又被当作营养物分解利用。

（1）异染颗粒（又名捩转菌素）

异染颗粒（volutin）（图 3-33）因嗜碱性较强，用蓝色染料如甲苯胺蓝或亚甲蓝染色后不呈蓝色而呈紫红色，故而得名。

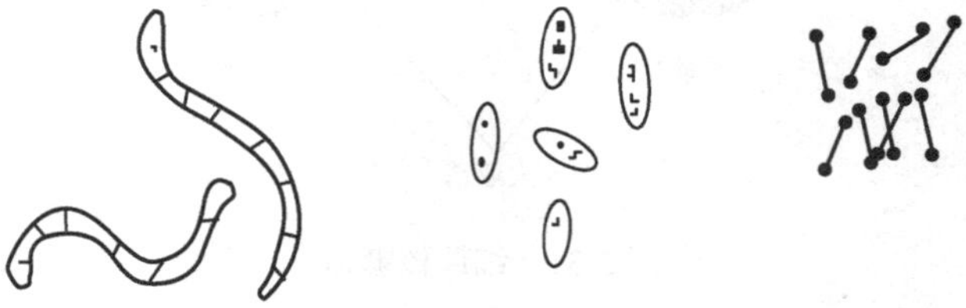

图 3-33　异染颗粒

异染颗粒是微生物的磷源和能源性贮藏物。颗粒随菌龄增长而变大，在细菌大量同化营养物的后期数量尤多。异染颗粒的主要成分是多聚偏磷酸盐，可能还含有 RNA、蛋白质、脂类与 Mg^{2+}。

（2）聚 β-羟基丁酸颗粒

聚 β-羟基丁酸（poly-β-hydroxybutyrate，PHB）（图 3-34 与图 3-35）为细菌所特有，是一种碳源和能源性贮藏物。聚 β-羟基丁酸是 D-3-羟基丁酸的直链聚合物。这些颗粒易被脂溶性染料苏丹黑着色，在光学显微镜下可见，假单胞菌、根瘤菌、固氮菌及肠杆菌等细胞内均存在；而巨大芽孢杆菌的聚-β-羟基丁酸颗粒较大，直径 0.2～0.7μm，每个颗粒含有几千分子的聚-β-羟基丁酸。羟基丁酸分子呈酸性，当其聚合为聚-β-羟基丁酸时就成为中性脂肪酸了，这有利于维持细胞内碱性环境，避免菌体内酸性升高。

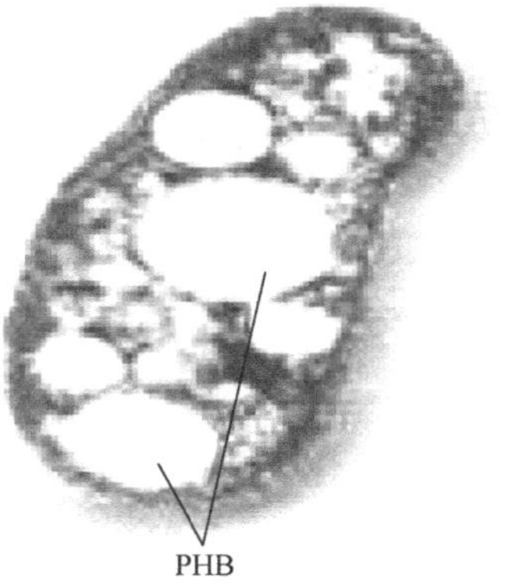

图 3-34　PHB 颗粒

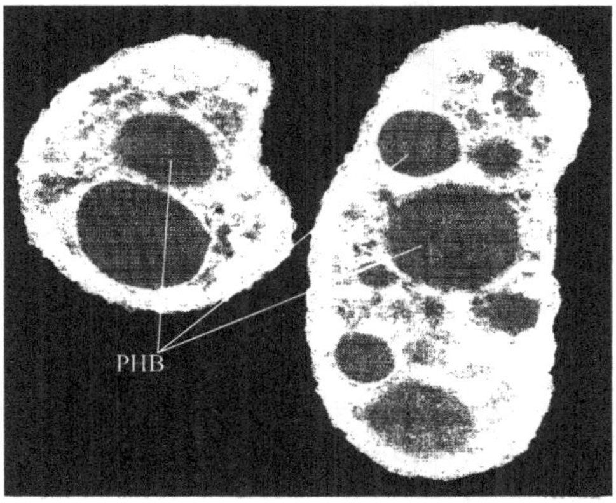

图 3-35　红螺菌细胞内 PHB 电子显微镜图片

法国巴斯德研究所的 Lemoigne 于 1925 年首次从巨大芽孢杆菌（*Bacillus megatherium*）细胞中发现并分离提取了 PHB。PHB 是一种可降解性塑料，因具有多种优良特性，尤其具有良好的降解性能而备受重视。

PHB 具有化学合成材料所不具有的特性，如密度大、透氧性低、抗紫外线辐射、良好的生物组织相容性及抗凝血性等优点。某些细菌如产碱杆菌属、假单胞菌属与固氮菌属等可产生大量的 PHB，通过破壁、分离、提取与提纯等处理后能得到一定分子质量的 PHB。

PHB 在生物医药中已得到应用，特别是在组织工程学中的应用更为广泛。PHB 可用作外科手术缝合线及部分需要延缓药效的药物进入机体的载体。一些人用 PHB 与其他物质共聚研制出了 PHB 微胶囊。

PHB 在农用材料如多用膜、农药的包覆材料、移植用苗钵、荒地绿化等保湿基材等，以及食用包装用膜和袋及饮料包装内衬等方面具广泛的应用前景。PHB 这类可降解性塑料的使用可避免白色污染。

异染颗粒和聚 β-羟基丁酸颗粒与废水生物除磷关联密切。其相关内容将在后面有关章节中讨论。

（3）肝糖粒和淀粉粒

肝糖粒较小，只能在电子显微镜下观察，如用稀碘液染成红褐色，可在光学显微镜下看到。有的细菌积累淀粉粒，用碘液可染成深蓝色。细菌的肝糖粒见图 3-36。

（4）硫粒

硫粒是硫细菌［丝状，化能自养菌，如贝氏硫细菌属（*Beggiatoa*）和发硫细菌属（*Thiothrix*）等］的硫源和能源物质。硫细菌能在氧化 H_2S 的过程中获得能量，并在细胞内以固态硫粒的形式贮存元素硫。当环境中缺少 H_2S 时，这些硫细菌将元素硫氧化为硫酸进一步获取能量。硫细菌细胞中的硫粒见图 3-37。

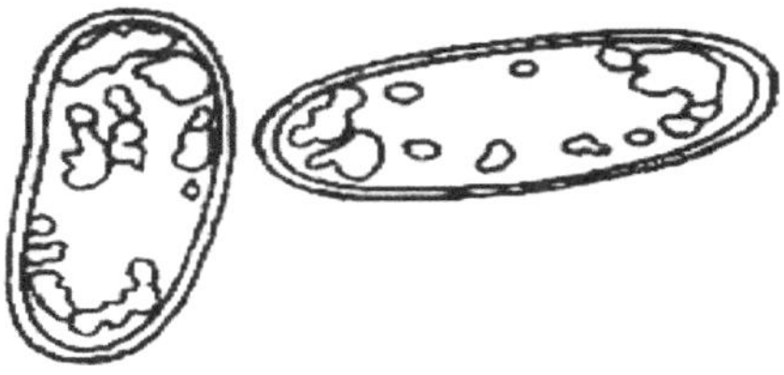

图 3-36　细菌的肝糖粒

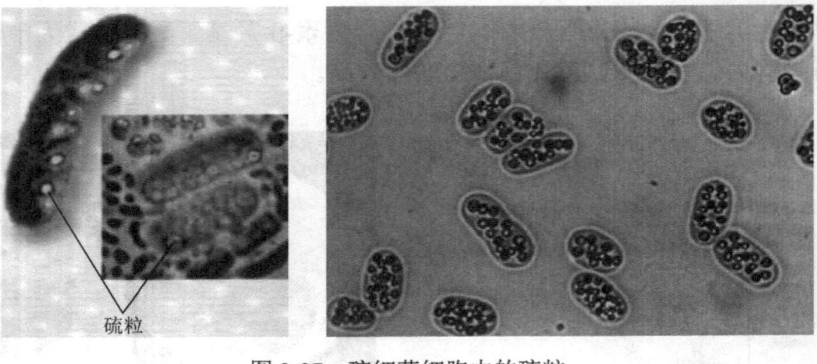

图 3-37　硫细菌细胞中的硫粒

在废水生物处理中，因发酵会产生硫化氢，硫化氢的产生造成硫细菌的大量生长，易引发活性污泥丝状膨胀。

（5）质粒

在细菌细胞质中，除原核 DNA 外，还存在一种能自我复制的小环状 DNA 分子，称质粒（plasmid）。质粒分子质量较细菌染色体小，为$(2\sim100)\times10^6$Da。每个菌体内可有一至数个质粒。不同质粒的基因之间可发生重组，质粒基因与染色体基因也可重组。质粒对细菌的生存并不是必需的，它可在菌体内自行消失，也可经一定处理后从细菌中除去，但不影响细菌的生存。有的质粒含有重金属抗性基因，使微生物对某些重金属如碲（Te^{6+}）、砷（As^{3+}）、汞（Hg^{2+}）、镍（Ni^{2+}）、钴（Co^{2+}）、银（Ag^{+}）及镉（Cd^{2+}）等具有抗性。还有的质粒含有降解基因，如在假单胞菌科中发现了一类极为罕见的分解性质粒，可分解樟脑、二甲苯等。降解性质粒在微生物对污染物质的降解中起重要作用。细菌的质粒见图 3-38。

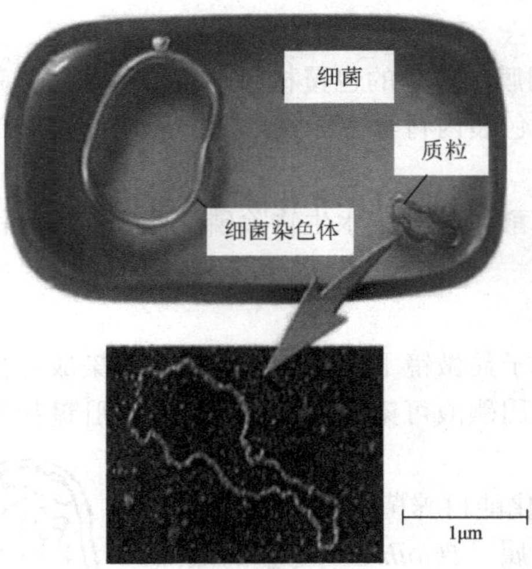

图 3-38　质粒

质粒可以独立于染色体之外而转移，通过接合、转化或转导等方式可从一个菌体转入另一菌体。因此，在遗传工程中可以将细菌质粒作为基因的运载工具，构建新菌株。在环境工程中，很多基因工程菌都是通过质粒载体构建的。

（四）细胞核

细胞核是细胞的控制中心，在细胞的代谢、生长、分化中起着重要作用，是遗传物质存在部位。原核细胞与真核细胞的主要区别在于有无完整的细胞核。

原核生物细胞的核位于细胞质内，无核膜、无核仁，没有固定形态，结构简单，比较原始，故被称为原始形态的核，简称原核（prokaryon）、拟核（nucleoid）或核质体（nuclear body）（图 3-39）。

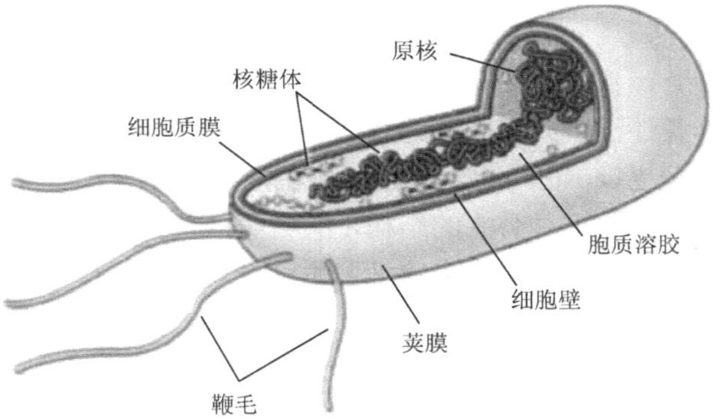

图 3-39　原核细胞的细胞核（原核）

原核细胞的核区有一个高度折叠的环状 DNA 大分子，与高等生物细胞核中染色体一样，该 DNA 大分子是遗传信息的载体，被称为染色质体或原核细胞染色体。原核中除 DNA 外，还有少量 RNA 和蛋白质，但没有真核生物细胞核所含的组蛋白。

通常情况下，一个细菌只有一个核区。但细菌活跃生长时，一个菌体内往往有 2～4 个核区（图 3-40）。这是因为 DNA 的复制先于细胞分裂。细菌生长缓慢时，则可见 1 个或 2 个核区（图 3-41）。

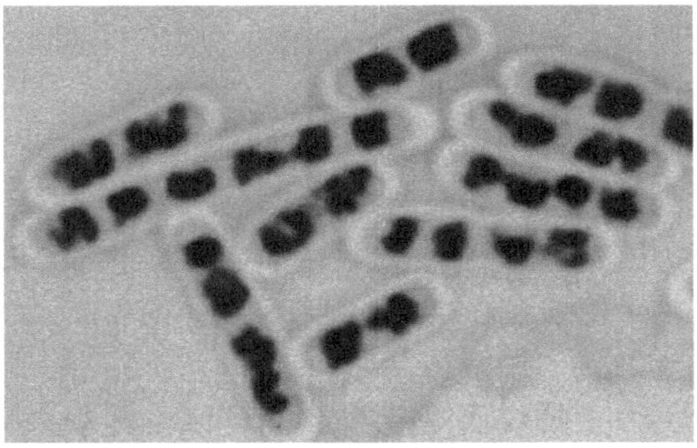

图 3-40　生长中的芽孢杆菌细胞的原核

盐酸-吉姆萨染色示细菌细胞的拟核

古菌的染色体和细菌的染色体类似，也是一个环状 DNA 分子，故将古菌归于原核类群。

二、细菌细胞特殊结构

微生物细胞除基本结构外，还具有一定的特殊结构。在原核微生物中，研究比较多的是细菌的特殊结构。细菌的特殊结构包括荚膜、鞭毛及芽孢等。

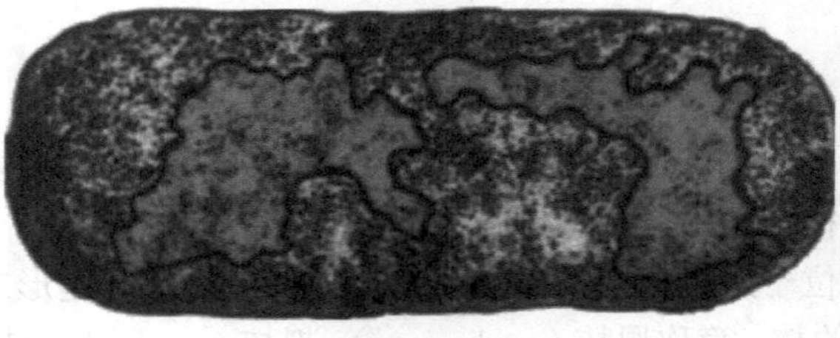

图 3-41　生长中的细菌的原核

（一）荚膜

1. 荚膜的定义

细菌在一定的营养条件下，向细胞壁的表面分泌出一层透明的、黏液状或胶质状的物质所形成的一层膜称为荚膜（capsule）。荚膜用负染色法在光学显微镜下清晰可见。荚膜的产生受遗传控制。荚膜并非细胞绝对必要的结构，失去荚膜的变异株同样能够正常生长，即使用特异性水解荚膜物质的酶处理，也不会将细菌杀死。

荚膜的主要成分因菌种而异，大多为多糖、多肽或蛋白质，也含有一些其他成分。产荚膜的细菌菌落通常光滑透明，称光滑型（S 型）菌落；不产荚膜细菌菌落表面粗糙，称粗糙型（R 型）菌落。

2. 荚膜的主要功能

荚膜的主要功能有：①作为细胞外碳源和能源性贮藏物质；②保护细胞免受干燥的影响；③能增强某些病原菌的致病能力，抵抗宿主的吞噬。

3. 荚膜的类型

根据荚膜在细胞表面存在的状况，可将其分为以下 4 种类型。

1）微荚膜　　厚度在 200nm 以下，与细胞表面结合较紧密，用光学显微镜无法看到的透明、黏液状或胶质状物称为微荚膜。微荚膜可用血清学方法证明其存在。

2）荚膜或大荚膜　　相对稳定地附着于细胞壁外，具一定的外形，厚约 200nm 的透明、黏液状或胶质状物称为荚膜或大荚膜（macrocapsule）。荚膜与细胞结合力较差，通过液体振荡培养或离心便可得到荚膜物质。

3）黏液层　　没有明显边缘，比荚膜疏松，且向周围环境扩散，并能增加培养基黏度，这种类型的黏性物质层称为黏液层（slime layer）。

4）黏接物　　某些微生物的附着性黏液物并非在其整个细胞表面产生，而是局限于一定区域（通常是在细胞一端，使细胞特异性地附着于物体的表面）。这种局限化了的黏液层，称为“黏接物”。

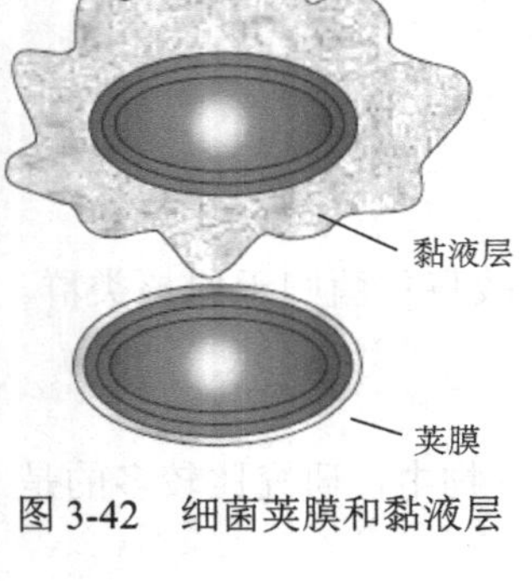

图 3-42　细菌荚膜和黏液层

通过液体振荡培养或离心，可将荚膜从细胞表面除去。荚膜很难着色，用负染色法可在光学显微镜下观察到，即背景和细胞着色，荚膜不着色。细菌荚膜见图 3-42。

4. 菌胶团

（1）菌胶团的概念

通常情况下，每个菌体外面包围一层荚膜。但有的细菌，多个菌体外面的荚膜物质互相融合在一起，成为一团胶状物，这种胶状物称为菌胶团（zoogloea）。

菌胶团有多种形状，包括分枝状、垂丝状、球形、椭圆形、蘑菇形、片状及各种不规则形状。菌胶团及其形状见图 3-43。

菌胶团是活性污泥的重要组成部分。菌胶团具有很强的吸附和氧化有机物的能力，在废水生物处理中发挥重要作用。活性污泥性能的好坏主要可根据所含菌胶团多少、大小及结构的紧密程度来判断。

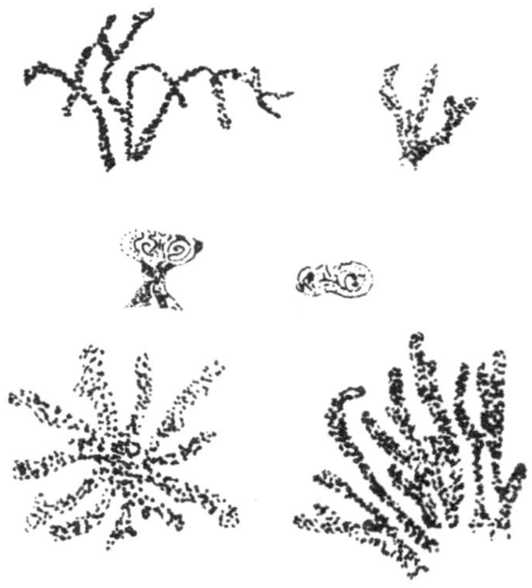
图 3-43 菌胶团及其形状

并非所有细菌都能形成菌胶团。形成菌胶团的细菌包括动胶菌属（优势菌）、丛毛单胞菌属、产碱杆菌属（较多）、棒状杆菌属、芽孢菌属、产气杆菌属、短杆菌属、假单胞菌属等。其中，动胶菌属和丛毛单胞菌属为优势菌属。产碱杆菌属和棒状杆菌属为次优势菌属。

（2）菌胶团在污染控制中的作用

1）有利于活性污泥生态系统的建立　菌胶团是活性污泥的核心。菌胶团吸附的大分子有机物首先被表层细菌水解吸收，代谢后的产物可作为其他细菌的食物。此外。随着菌胶团的形成，菌胶团由表及里氧的浓度逐渐减少，对氧浓度有不同要求的细菌都可在菌胶团中找到各自适宜的位置。因此，菌胶团的形成有利于活性污泥絮体生态系统的建立。

2）保护细菌免遭侵害　在层层细菌的屏蔽作用下，菌胶团内部微环境比外部环境稳定，内部细菌得到了保护，可免遭不利因素的影响。

3）免遭微型动物捕食　菌胶团颗粒较大，原生动物只能蚕食其表层很少一部分细菌，菌胶团表层以内的大多数细菌可免遭原生动物的捕食。

4）菌胶团为细菌储备了碳源和能源　菌胶团中的多糖不仅是菌胶团的骨架物质，而且是细菌的储备碳源和能源。当环境中营养物匮乏时，这些多糖被细菌作为碳源和能源使用。这在一定程度上延缓了菌胶团细菌的衰亡。

细菌在适宜环境条件下形成一定形态、结构的菌胶团。但当环境不适宜时，菌胶团就会变得松散，甚至细菌呈游离状态，影响废水处理效果。因此，为了使废水处理达到较好的效果，要求活性污泥中要有大量的菌胶团絮体，且要求菌胶团的结构紧密，并具有良好的吸附性能及沉降性能。在活性污泥的培养和运行中必须满足不同菌胶团细菌对营养及环境条件的要求。

（二）鞭毛

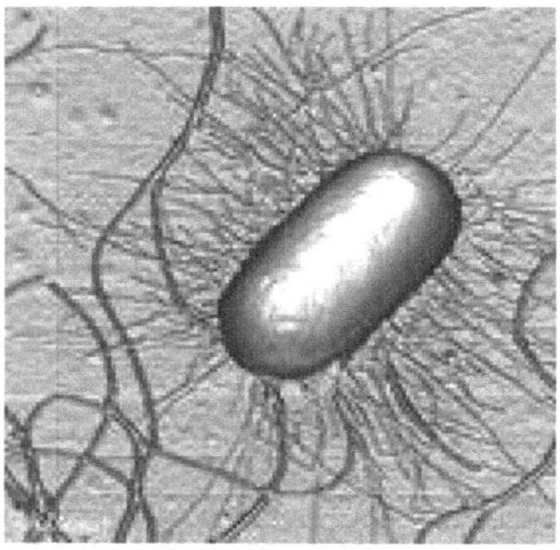
图 3-44 细菌的鞭毛

运动性微生物细胞的表面着生有一根或数根由细胞内伸出的细长、波曲、毛发状的丝状结构，即鞭毛（flagellum）。鞭毛是细菌的“运动器官”。细菌的鞭毛见图 3-44。

1. 鞭毛的类型

鞭毛约占菌体干重的 1%，最长可达 70μm，但直径很小，一般为 10～20nm。因此，只有用电子显微镜才能真正观察到细菌的鞭毛。通过特殊的鞭毛染色法，在光学显微镜下也能看到。

螺旋菌和弧菌一般都具鞭毛；杆菌中有的具鞭毛，有的不具鞭毛；除尿素八叠球菌外，大多数球菌不具鞭毛。

鞭毛着生的位置和数目是种的特征，具有分类鉴定的意义。根据鞭毛的数目和着生情况（图 3-45），可将具鞭毛的细菌分为 4 种类型，包括偏端单生鞭毛菌、两端单生鞭毛菌、偏端丛生鞭毛菌及周生鞭毛菌。

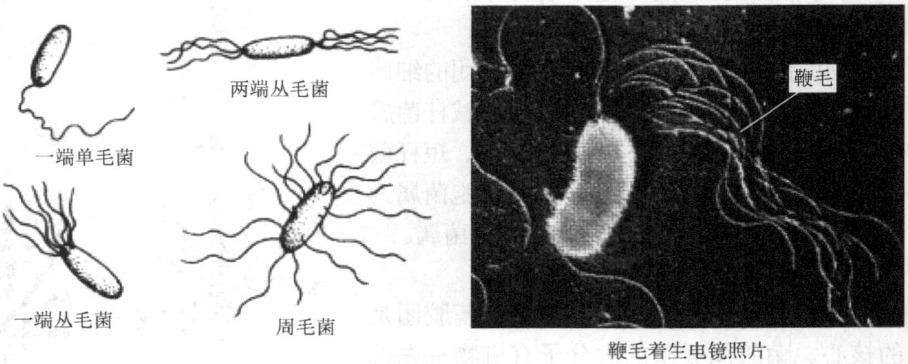

鞭毛着生电镜照片

图 3-45 鞭毛的着生方式

偏端单生鞭毛菌菌体的一端只生一根鞭毛，如霍乱弧菌与荧光假单胞菌等；两端单生鞭毛菌菌体两端各具一根鞭毛，如鼠咬热螺旋体等；偏端丛生鞭毛菌菌体一端生一束鞭毛，如铜绿假单胞菌与产碱杆菌等；周生鞭毛菌周身都生有鞭毛，如大肠杆菌与枯草杆菌等。

鞭毛是细菌的“运动器官”，但并非生命活动所必需。鞭毛极易脱落。有的细菌一般在幼龄时具鞭毛，老龄时脱落。若除去鞭毛，并不影响细菌的生存。

有鞭毛的细菌并不一定总是运动的，甚至有时还会丧失运动性。运动性的丧失可由环境变化或突变所引起。细菌的运动性可采用悬滴法和暗视野映光法来观察。此外，还可以采用半固体穿刺培养，从细菌的扩散情况来初步判断细菌是否具有运动能力。

2. 细菌鞭毛结构与微生物的运动

在电镜下可观察到，鞭毛起始于细胞内侧的基体（basal body），穿过细胞壁后成为钩状体（hook），由此伸出丝状鞭毛。革兰氏阴性菌鞭毛的基体上有两对环。一对为扣着细胞壁的外壁层的 L 环和 P 环；另一对为扣着细胞膜的 S 环和 M 环（图 3-46）。革兰氏阳性菌鞭毛

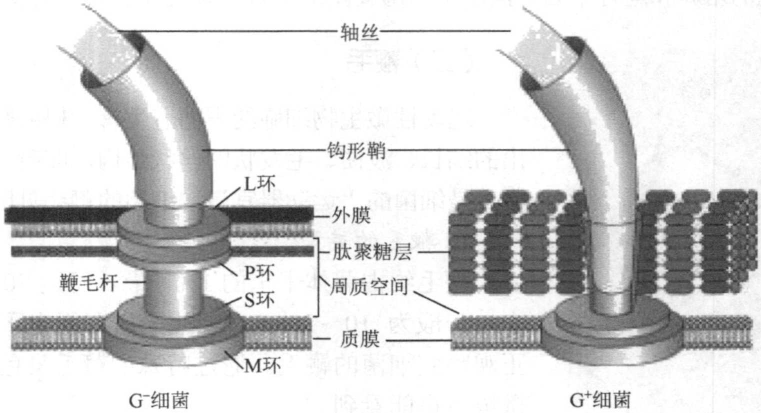

图 3-46 细菌鞭毛的超微结构示意图

的基体上只有 S 环和 M 环。细菌鞭毛的运动可能是由于轴丝（鞭毛丝）与基部环状体的收缩，或鞭毛钩相对于细胞壁的转动，推动菌体前进。

某些真核微生物细胞表面长有或长或短的毛发状、具有运动功能的细胞器，其中形态较长（150～200μm）、数量较少者称鞭毛，而形态较短（5～10μm）、数量较多者则称纤毛。真核微生物鞭毛与纤毛均由鞭杆、基体及把这两者相连的过渡区三部分组成。

鞭毛是微生物的运动器官。鞭毛的运动引起菌体运动（图 3-47）。不过，端生鞭毛菌与周生鞭毛菌的运动方式不同。周生鞭毛菌一般按直线慢而稳重地运动和旋转；端生鞭毛菌则运动较快，主要靠旋转从一地到另一地。

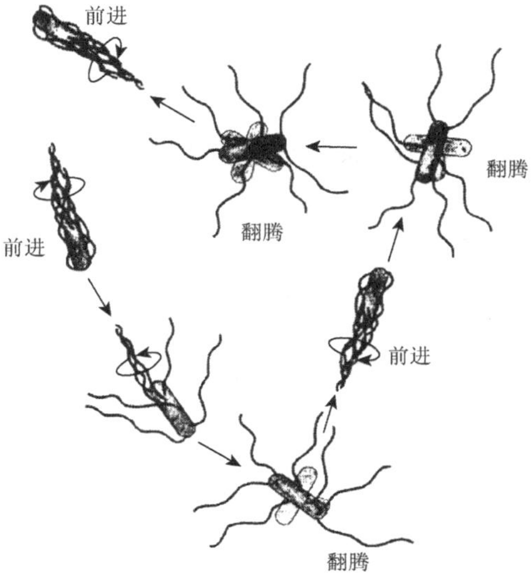

图 3-47 鞭毛运动引起的菌体运动

目前认为，细菌鞭毛的运动是由鞭毛基部的一个鞭毛“发动器”引发的。当 S 环和 M 环彼此向相反方向旋转时，“发动器”启动，导致中心杆转动，使鞭毛丝急速旋转，推动菌体前进。

细菌的运动速度很快，如逗号弧菌，端生鞭毛，菌体大小为（0.3～0.5）μm×（1～5）μm，而其运动速度可达 200μm/s，相当于自身长度的 40 倍。又如，蔓延螺菌，其前进速度为 50μm/s，鞭毛的旋转速度达每秒 40 转，带动菌体以每秒 14 转的速度旋转。这种惊人的运动速度和旋转速度是世界上最优秀的芭蕾舞演员和短跑冠军都望尘莫及的。

3. 鞭毛与微生物的趋避运动

生物体对其环境中的不同物理、化学或生物因子做有方向性的应答运动称为趋性。鞭毛的生理功能是运动，鞭毛的运动引起菌体的运动，以实现其趋性。

各种环境因子往往都以浓度差的形式存在。若生物向着高浓度方向运动，就称正趋性，反之则称负趋性。

细菌或以推进方式做直向运动，或以翻腾形式做短的转向运动。能运动的细菌对环境刺激很敏感，而且可立即改变其运动状态。当受到外界刺激时，通过这两种运动方式进行趋避运动，以求更好的生存。所谓的趋避运动指因环境刺激使原来的运动方式发生改变，这种改变所表现出的新的运动方式。根据影响因子的不同，趋避运动可分为化学趋避运动和光趋避运动。

化学趋避运动是许多细菌对不同化学物质所产生的反应。例如，大肠杆菌细胞表面有多种蛋白质，能接受化学因子的刺激。当这些表面蛋白质与不同的化学物质结合后，就减少了菌体的翻腾运动，从而加强了直向推进运动，细菌趋向吸引物，使其聚于高浓度区，或者避离排斥物，菌体聚集在低浓度区。

光趋避运动是光合细菌对光反应所产生的运动。在行光趋避运动时，细菌并不改变它的翻腾运动频率，而是以爆发活动的方式留在光圈内。更有趣的是，某些芽孢杆菌，如环状芽孢杆菌能借助鞭毛的定向排列和协调运动，使整个菌体在固体培养基表面成团移动。

细菌对有机污染物的降解是生物修复系统设计的基础。趋化性（chemotaxis）是细菌对外界化学变化所做出的行为反应，是寻找碳源和能源时所表现出的一种能力。细菌的趋化性可提高其在自然环境中降解污染物的效果。细菌的趋化性与降解性之间的关系已成为环境治理领域一个研究热点。

细菌的趋化性具有方向性。顺着浓度梯度迁移，即正趋化；逆着浓度梯度迁移，即负趋化。在大多数情况下，趋化物（chemoattractant）能作为细菌的碳源和能源，而负趋化物（chemo repellent）则对细菌有毒害作用。

4. 微生物对环境污染物的趋化性

地球生命刚起源时，地球上的生命形式很少，碳源和能源充足，简单细胞几乎没有行为反应。随着生命的进化，生命形式的大量出现导致了细胞对碳源和能源的竞争，细胞随之进化了趋氧、趋光、趋化等一系列行为反应。细菌对许多化合物都具有趋化性，这可能是细菌为寻找碳源和能源而进化出的一种选择优势。

当环境中大量污染物存在时，细菌细胞便进化了伴随着趋化性而产生的对污染物的降解性。近年来，科研工作者关于细菌对环境污染物的趋化性的研究产生了极大兴趣，分离并鉴定了大量对污染物具有趋化性的微生物，其中包括 *Pseudomonas*、*Azospirillum*、*Ralstonia*、*Agrobacterium* 和 *Bradyrhizobium* 等属。Sanmata 等研究了 *Ralstonia* sp. SJ98 对对硝基酚、4-硝基邻苯二酚、*O*-硝基苯甲酸和对硝基苯甲酸的降解及趋化性。研究结果表明，该菌株只对能降解的硝基芳香族化合物（nitroaromatic compound，NAC）有趋化性，而对不能降解的 NAC 则无趋化性。越来越多的证据显示，能游动的微生物对其可降解的环境污染物几乎都具有趋化性。细菌的趋化性与降解性之间的紧密联系暗示了趋化性很可能是降解性的重要属性之一。

5. 趋化性在生物修复中的作用

（1）趋化性可提高污染物的降解性

生物修复的第一步是细菌和污染物之间的接触，趋化性可使细菌有效地感应并游向污染物。另外，环境中的一些污染物水溶性极低，常常吸附于固体颗粒表面或溶于非水相液体（nonaqueous phase liquid，NAPL）中，而只有当目标污染物存在于水相时，生物降解反应才易发生。生物降解反应速率往往受限于污染物从非水相向水相转移的速率。因此，要想针对此类难修复污染物取得理想的生物修复效果，细菌必须具有直接黏附于 NAPL 界面的能力。而趋化性细菌通过趋化作用能够有效地感应到污染物，可增加污染物周围的细菌浓度，因而可提高污染物的生物降解性。

（2）趋化性可提高降解菌的竞争优势

在有限的碳源和能源环境中，降解菌与土著菌之间存在营养竞争关系，细菌的趋化性可以增加降解菌寻找合适碳源、氮源和能源的机会，使其在污染物浓度低的环境中具有竞争优势，能利用存在于环境中的低浓度污染物作为碳源和能源生长，这对于低浓度污染物区域的生物修复尤为重要。

（3）趋化性可促进自主转移性代谢质粒的转移

在污染环境中，趋化性使细菌在污染物周围聚集，各种降解菌互相接触，使降解基因向土著微生物或其他降解菌中转移，形成新的代谢途径，使细菌群落能更快地适应污染环境，从而增强生物修复效果。

负趋化在生物修复中的作用虽然研究较少，但负趋化反应可为细菌寻找一个中性环境。负趋化反应在生物降解中的主要作用表现在：①使降解性微生物避免高浓度污染物带来的毒害，寻找合适的污染物浓度环境；②使非降解性微生物远离污染物，避免与降解性微生物竞争营养物。

细菌的趋化性必将在污染物的生物修复过程中发挥重要作用，因此，在选择修复环境污染物的菌株时，细菌的降解能力以及趋化能力都应该同时考虑，可应用细菌的趋化性来强化其降解能力，或调控细菌的趋化性来设计有效的生物修复系统。

（三）菌毛

菌毛（pili 或 fimbria）是生于细菌细胞表面，比鞭毛更细，且较短而直硬的丝状结构。菌毛也称纤毛或伞毛。菌毛大多出现在革兰氏阴性菌或少数革兰氏阳性菌细胞的表面。菌毛直径 3～7nm，长度为 0.5～6μm，有些菌毛长可达 20μm。菌毛由菌毛蛋白（pilin）组成，与鞭毛相似，也起源于细胞膜内侧基粒上。菌毛不具运动功能。因机械因素而失去菌毛的细菌很快又能形成新的菌毛，因此认为菌毛可能经常脱落并不断更新。细菌的菌毛见图 3-48。

根据菌毛的功能，可将其分成两大类：普通菌毛（common pili）和性菌毛（sex pili）或称接合菌毛（conjugal pili）。普通菌毛可增加细菌吸附于其他细胞或物体的能力，如肠道菌的 I 型菌毛，能牢固地吸附在真菌、动植物及多种其他细胞上。菌毛的这种吸附特性可能对细菌在自然环境中生活有某种意义；性菌毛是在性质粒（F 因子）控制下形成的菌毛，故又称 F-菌毛（F-pili）。性菌毛比普通菌毛粗而长，数量少，一个细胞仅具 1～4 根。性菌毛是细菌传递游离基因的器官，即充当细菌接合时遗传物质的通道。目前，人们提到的纤毛（fimbria）大多是指普通菌毛，而菌毛是指性菌毛。细菌的性菌毛见图 3-49。

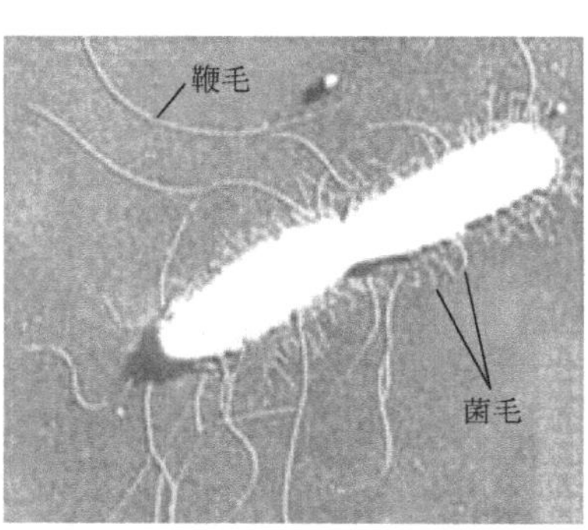

图 3-48　细菌的菌毛

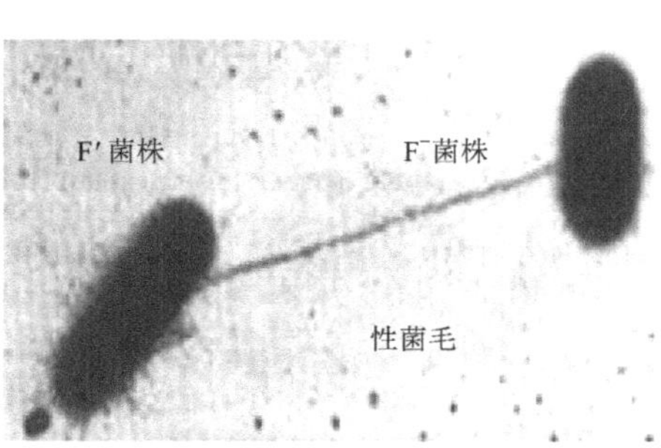

图 3-49　细菌的性菌毛

（四）芽孢

1. 芽孢的概念

某些细菌生活到一定阶段，在营养细胞内形成一个圆形、圆柱形或椭圆形的结构称为芽孢（spore）。因芽孢皆在细菌细胞内形成，故又称为内生孢子（endospore）。含有芽孢的细菌称为芽孢囊（sporangium）。生芽孢的细菌多为杆菌，球菌和螺旋菌仅少数种能生芽孢。

芽孢没有繁殖意义。因为一个细胞内一般只形成一个芽孢，而一个芽孢也只产生一个营养细胞。芽孢仅仅是芽孢细菌生活史中的一环，是细菌的休眠体。

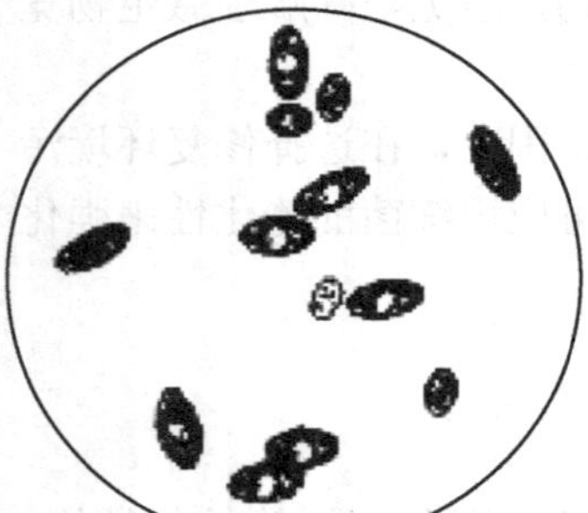

图 3-50　丁酸梭状芽孢杆菌

2. 芽孢在细胞中的位置及形状

芽孢在细胞的位置及芽孢的形状和大小因种而异，因此，芽孢在细菌分类鉴定上有一定意义。有些细菌的芽孢位于细胞中央，其直径大于细胞直径，芽孢囊呈梭状，如丁酸梭状芽孢杆菌（*Clostridium butyricum*），见图 3-50。若芽孢位于细胞顶端，其直径大于细胞直径时，则芽孢囊呈鼓槌状，如破伤风芽孢梭菌（*Clostridium tetani*），见图 3-51。若芽孢直径小于细胞直径，则细胞不变形，如枯草芽孢杆菌（*Bacillus subtilis*），见图 3-52。各种芽孢的形态和位置见图 3-53。

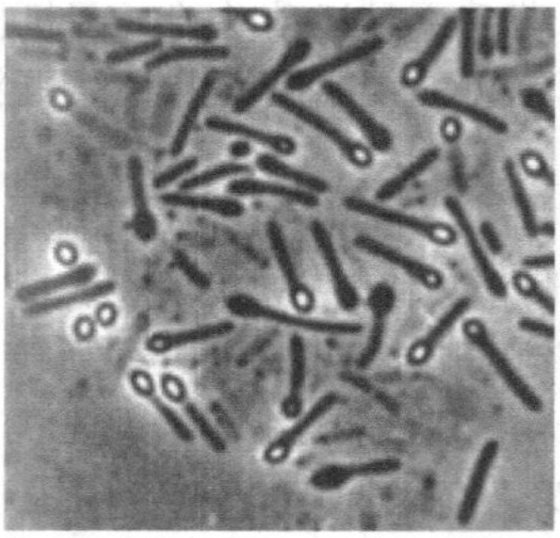

图 3-51　破伤风芽孢梭菌

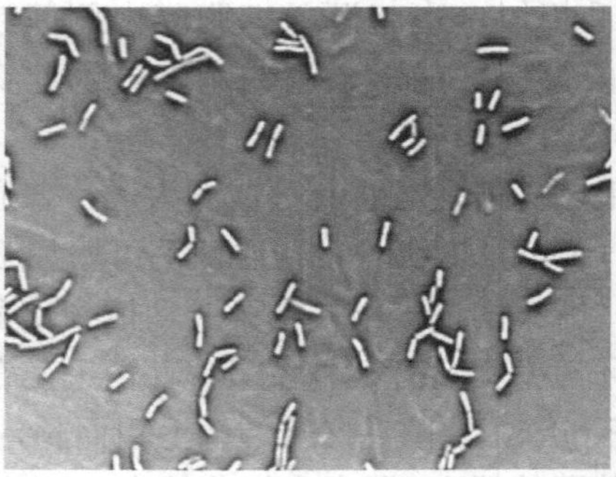

图 3-52　枯草芽孢杆菌

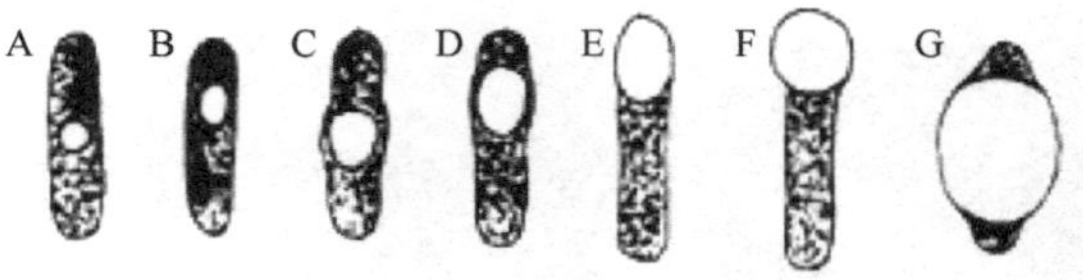

图 3-53　芽孢的形态与位置

A. 芽孢球形，位于菌体中心，菌体不膨大；B. 芽孢卵圆形，偏离中心，菌体不膨大；C. 芽孢卵圆形，近中心，菌体膨大；D. 芽孢卵圆形，偏离中心，菌体稍膨大；E. 芽孢卵圆形，位于菌体一端，菌体不膨大；F. 芽孢球形，位于菌体一端，菌体膨大；G. 芽孢球形，位于菌体中心，菌体极为膨大

3. 芽孢的结构

成熟的芽孢具有多层结构（图 3-54）。由外向内依次为芽孢外壁、芽孢衣、皮层与核心。芽孢外壁的主要成分为脂蛋白，此层透性较差；芽孢衣非常致密，主要含疏水性角蛋白，通

透性也较差，酶、化学物质和多价阳离子难以透入；皮层很厚，约占芽孢总体积的一半，主要成分为芽孢肽聚糖及2, 6-吡啶二羧酸一钙（DPA-Ca），这些成分使芽孢具有极强的抗热性；核心由芽孢壁、芽孢膜、芽孢质和芽孢核区 4 部分构成，含水量极低。

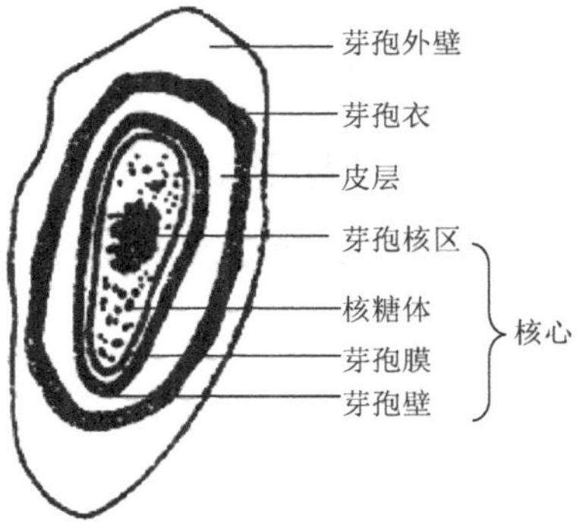

图 3-54 芽孢的结构

4. 芽孢的特点

芽孢游离水含量远低于营养细胞，使核酸和蛋白质不易变性。芽孢只含有少量酶，并处于不活跃状态。但芽孢内具抗热性的酶。

芽孢含有 2, 6-吡啶二羧酸（2, 6-dipicolinic acid，DPA）。吡啶二羧酸在芽孢中以钙盐的形式存在，占细菌芽孢干重的 5%～15%。在细菌营养细胞及其他生物细胞中均未发现有 DPA 的存在。在芽孢形成过程中，伴随着 DPA 的形成，芽孢开始具有抗热性。芽孢萌发时，DPA 又释放至培养基中，芽孢同时也丧失其抗热性。显然，DPA 与芽孢的抗热性密切相关。

形成芽孢需要一定的外界条件，且所需条件因种而异。不过，芽孢一旦形成，便对恶劣环境产生很强的抵抗力。芽孢尤其能耐高温，如枯草杆菌的芽孢在沸水中可存活 1h；破伤风杆菌的芽孢可存活 3h；肉毒梭状杆菌的芽孢则可忍受 6h 左右。芽孢对辐射、干燥和大多数化学杀菌剂也具有极大的抗性。有的芽孢在一定条件下可保存几十年。

5. 研究芽孢的意义

研究芽孢的意义：①芽孢的存在，可提高污染控制微生物菌种的筛选效率；②有利于污染控制微生物菌种的保藏；③芽孢的有无、形态、大小和着生位置等是细菌分类鉴定的重要依据。

第二节 真核微生物的细胞结构

真核微生物细胞除细胞壁、细胞膜、细胞质外，还有真正的细胞核及细胞器，见图 3-55。

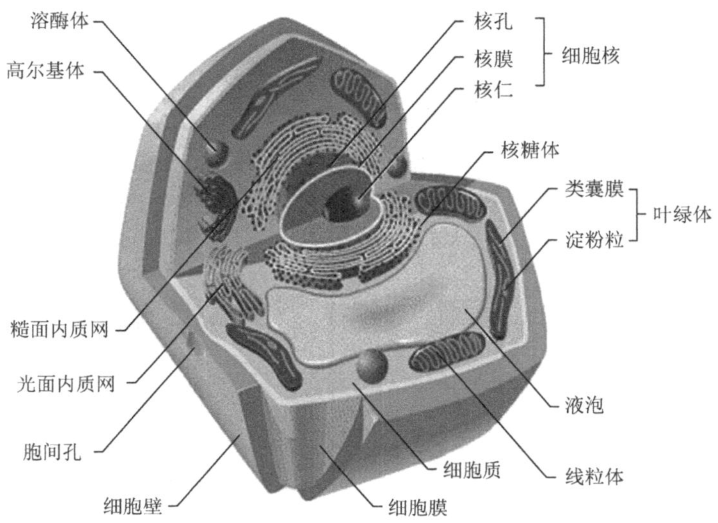

图 3-55 真核细胞结构

一、真核微生物的细胞壁

（一）真菌细胞壁

真菌细胞壁的功能与原核生物相似，但其组成和结构与原核生物不同。真菌细胞壁见图3-56。

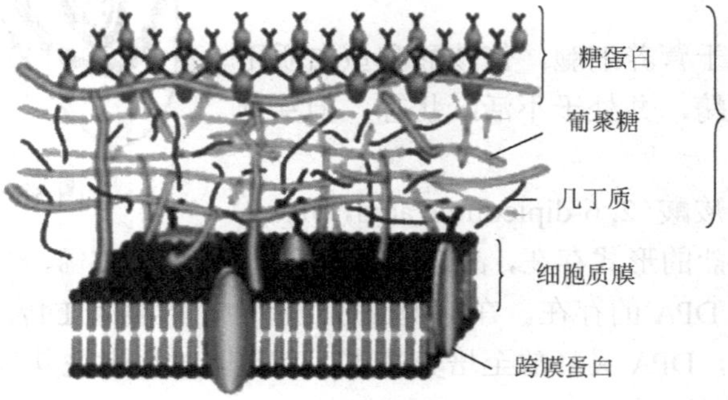

图3-56 真菌细胞壁结构模式图

真菌细胞壁具有“钢筋混凝土”结构。“钢筋”为纤维状网状结构，赋予细胞壁坚韧的机械性能。混凝土结构属于一些无定形的基质，是混填在纤维网状结构的网内或网外的物质，充实细胞壁的结构，如甘露聚糖和蛋白质等。

真菌细胞壁主要由聚糖、蛋白质（少量）等组成。聚糖是细胞壁主要成分。真菌种类不同，聚糖成分也不同。即使同一种真菌，在其不同生长阶段，细胞壁的成分也存在差异。

1. 酵母菌细胞壁

酵母菌细胞壁的厚度为25～70nm，质量为细胞干重的25%。酵母菌细胞壁呈“三明治”结构（图3-57）。分外层、中间层和内层。外层主要成分为甘露聚糖，其约占细胞壁干重的30%。内层主要成分是葡聚糖，占细胞壁干重的30%～40%。外层和内层之间夹有一层蛋白质层，其量约占细胞壁干重的10%。蛋白质主要是一些酶类。甘露聚糖和葡聚糖都是复杂的分枝状大分子聚合物。

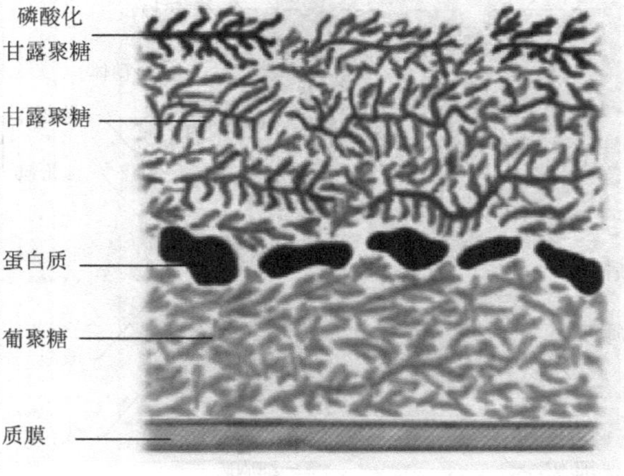

图3-57 酵母菌细胞壁结构

葡聚糖是赋予酵母菌细胞机械强度的重要物质基础。葡聚糖分为两类：一类是由 D-葡萄糖通过 β-1, 3-糖苷键连接而成的大分子聚合物，有 β-1, 6-糖苷键连接的分支；另一类是高度分支的通过 β-1, 6-糖苷键连接的葡聚糖，分支处以 β-1, 3-糖苷键连接。

酵母菌细胞壁含有少量的几丁质（chitin）。几丁质是许多 *N*-乙酰氨基葡萄糖以 β-1, 4-糖苷键连接起来的直链多聚体（图 3-58）。几丁质的含量因种而异。裂殖酵母一般不含几丁质，酿酒酵母含 1%～2%，有的假菌丝酵母含量超过了 2%。几丁质多存在于酵母菌细胞壁的芽痕周围。大多数酵母菌只在出芽时才开始合成几丁质。

稀酸可除去甘露聚糖及蛋白质，但细胞仍维持正常形态。

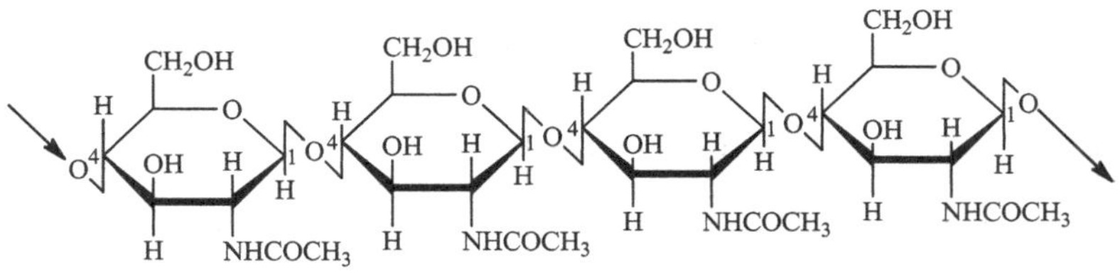

图 3-58　几丁质分子结构

2. 霉菌细胞壁

除少数低等水生霉菌细胞壁含纤维素外，大部分霉菌细胞壁主要由几丁质组成。

几丁质和纤维素分别构成高等和低等霉菌细胞壁的网状结构——微纤丝。微纤丝使细胞壁具有坚韧的机械性能。

组成真菌细胞壁的另一类成分为无定形物质，主要包括蛋白质、甘露聚糖和葡聚糖，它们填充于上述纤维状物质构成的网内或网外，充实细胞壁的结构。

（二）藻类的细胞壁

多数藻类细胞壁的结构骨架都是由纤维素组成的。纤维素的微纤丝在细胞中成层排列。藻类细胞壁以木聚糖和甘露聚糖作为骨架。

藻类细胞壁的间质多糖大多是杂多糖。此外，也可能含有少量的蛋白质和脂类。有些藻类细胞壁中可沉积有硅和碳酸钙。硅化作用在硅藻中很普遍，硅占细胞干重的 50% 以上。

二、真核微生物的细胞膜

（一）真核微生物的细胞膜结构

与原核生物相似，真核微生物细胞膜也是由双层磷脂分子和蛋白质组成的，且膜不是静止的，而是运动的。真核微生物细胞膜上也有外周蛋白和整合蛋白。但真核微生物细胞膜与原核微生物细胞膜也存在差异。具体有以下几个方面：①真核微生物（如酿酒酵母菌，见图 3-59）细胞膜中含有甾醇，而原核生物细胞膜中很少或没有甾醇。真核微生物的细胞膜中不含藿烷类化合物（hopanoid）。②真核微生物细胞膜分化形成复杂的内膜结构与系统，执行相应的功能；原核微生物细胞膜内膜系统不完善，很多功能都由细胞膜完成，具有代谢中心的地位。③真核微生物的氧化磷酸化与光合磷酸化分别在线粒体和叶绿体中完成。

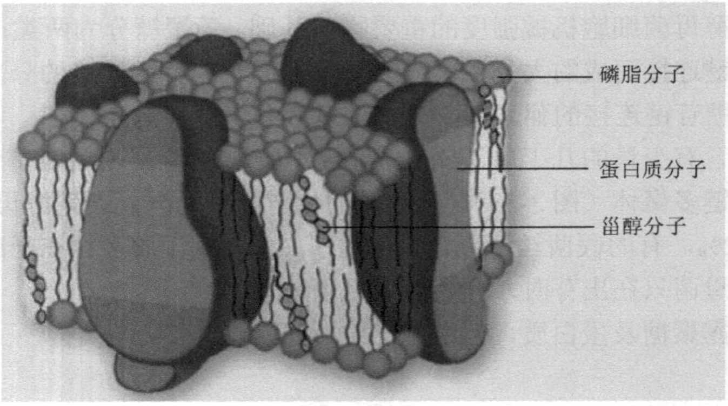

图 3-59　酿酒酵母菌细胞膜

（二）真核微生物细胞的内膜系统（细胞器）

真核细胞已发展出许多由膜包围着的细胞器，如线粒体、内质网、高尔基体等。

1. 线粒体

线粒体（mitochondria）是真核生物细胞中的一种重要细胞器，是真核生物进行氧化磷酸化的场所，其功能是将蕴藏在有机物中的化学潜能转化成生命活动所需能量（ATP），故线粒体是一切真核生物细胞的“动力车间”。

环境工程中的真核微生物将污染物氧化分解释放的能量，通过磷酸化，转化为自身所需要的能量（ATP），这个过程是在线粒体中进行的。

线粒体由内外两层膜包裹，外形呈囊状（图 3-60）。外膜与内膜之间形成膜间隙。线粒体构造十分复杂。

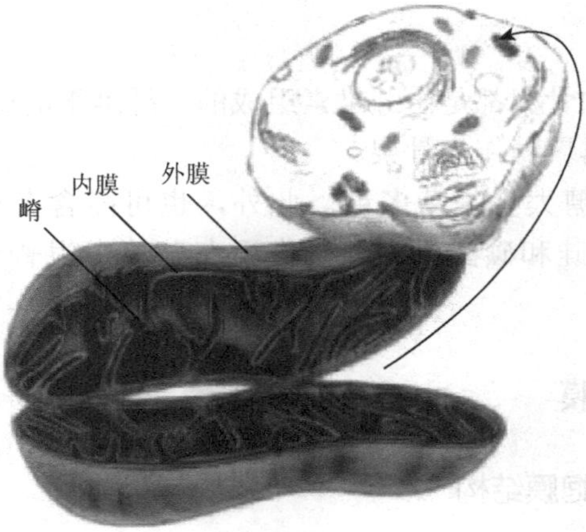

图 3-60　线粒体

外膜（out membrane）即线粒体双层膜的外层，外膜具有孔蛋白（porin）构成的亲水通道，允许分子质量 5kDa 以下的分子通过；内膜（inner membrane）即线粒体双层膜的内层。内膜向线粒体基质折入形成嵴（cristae），嵴上覆有基粒（elementary particle）。线粒体内部结构见图 3-61。

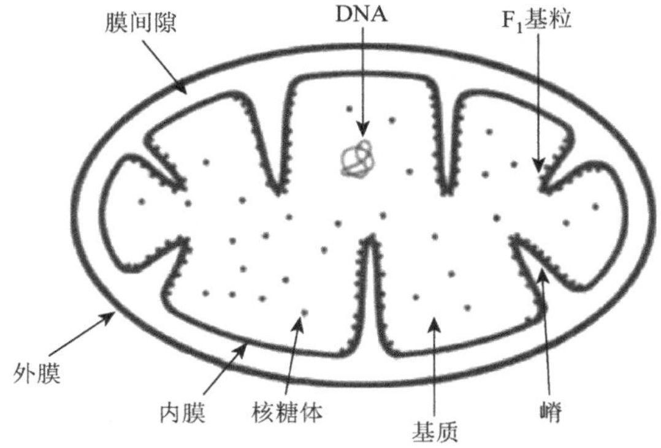

图 3-61　线粒体内部结构模式图

基粒即 ATP 合成酶复合体（图 3-62）。ATP 合成酶复合体由头部（F_1 偶联因子）和基部（F_0 偶联因子）构成。F_0 嵌入线粒体内膜。

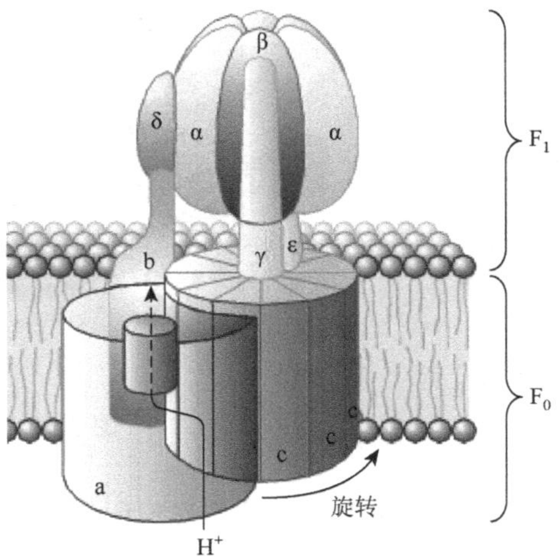

图 3-62　ATP 合成酶复合体的结构

线粒体内膜通透性很低，仅允许不带电荷的小分子物质通过，大分子和离子通过内膜时需要特殊的转运系统。膜间隙（intermembrane space）是内外膜之间的腔隙，故膜间隙又称膜间腔。腔隙延伸至嵴的轴心部，宽 6～8nm。由于外膜具有大量亲水孔道与细胞质相通，因此膜间隙的 pH 与细胞质的 pH 相似。内膜与嵴包围的空间内充满线粒体基质（matrix）。真核微生物氧化磷酸化等相关酶类及电子传递链位于内膜。因此内膜在真核微生物能量代谢中发挥重要作用。线粒体是真核微生物有氧呼吸、氧化磷酸化、产生能量的重要场所。因此，线粒体有“能量工厂”之称。

在污染控制工程中，原核微生物（如细菌及放线菌等）将污染物氧化分解释放的能量，通过磷酸化，转化为自身所需要的能量（ATP），这个过程（有氧呼吸与氧化磷酸化）是在细胞膜上进行的；而真核微生物（如酵母、霉菌等）将污染物氧化分解释放的能量，通过磷酸化，转化为自身所需要的能量（ATP），这个过程（有氧呼吸与氧化磷酸化）是在线粒体中进行的。这是原核微生物与真核微生物的一个重要区别。

在废水处理过程中，废水得到净化的同时，会伴随着大量污泥的产生。如何使污泥减量是当前研究的一个重要课题。通过对线粒体结构的认识，以及微生物的氧化磷酸化机制的研究，可实现污泥的减量化。相关内容将在第六章讨论。

2. 内质网

内质网（endoplasmic reticulum，ER）（图 3-63）是由质膜构成的管状或扁平囊状结构。根据其表面结构分为糙面内质网和光面内质网。糙面内质网膜外附着有核糖体，具有合成和运送胞外分泌蛋白的功能；光面内质网不含核糖体，与脂类和钙代谢等密切相关，主要存在于某些动物细胞中。

3. 高尔基体

高尔基体（图 3-64）是 Golgi 于 1889 年用银染法在猫头鹰的神经细胞内观察到的，因此定名为高尔基体。

图 3-63 内质网

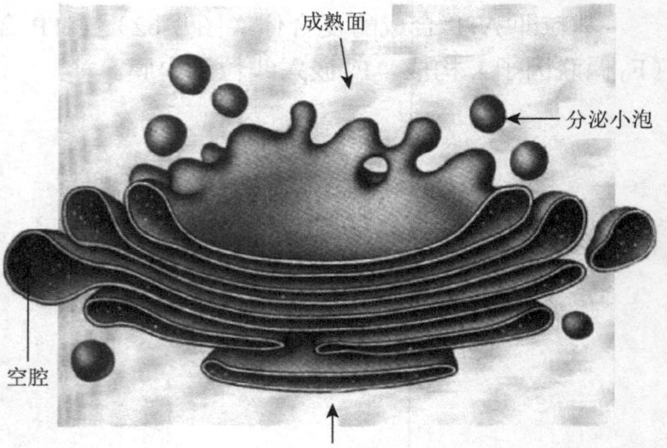

图 3-64 高尔基体结构

通常高尔基体是由 4～8 个扁平囊和大小不等的囊泡所组成的膜聚合体，其上无核糖体。高尔基体一般分布于内质网与细胞膜之间，呈弓形或半球形。凸出的一面（对着内质网）称为形成面（forming face）或顺面（*cis* face）；凹进的一面（对着质膜）称为成熟面（mature face）或反面（*trans* face）。

高尔基体的功能是将糙面内质网合成的蛋白质进行浓缩，并与自身合成的糖类、脂类结合，形成糖蛋白、脂蛋白分泌泡，通过外排作用分泌到细胞外，故高尔基体是协调细胞生化功能和沟通细胞内外环境的重要细胞器。

4. 膜边体

膜边体（lomasome）（图 3-65）又称须边体或质膜外泡。膜边体是由单层膜形成的细胞器，为许多真菌所特有，通常位于真菌菌丝细胞四周的质膜与细胞壁之间。其形状多为管状、囊状、球状、卵圆状或多层折叠膜状。膜边体可由高尔基体或内质网的特定部位形成。各膜边体可相互结合。膜边体的功能可能与分泌水解酶和合成细胞壁有关。

5. 几丁质酶体

几丁质酶体（chitosome）（又称壳体）是一种活跃于真菌菌丝体顶端细胞中的微小泡囊。几丁质酶体内含几丁质合成酶，其主要功能为将其中所含的几丁质合成酶不断运送到菌丝尖端细胞壁表面，使该处不断合成几丁质微纤维，从而使菌丝不断延伸。

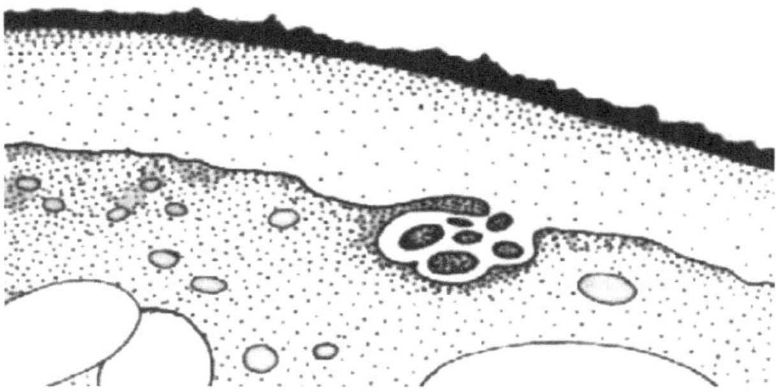

图 3-65　膜边体

6. 氢化酶体

氢化酶体（hydrogenosome）为一种由单层膜包裹的星状细胞器，内含氢化酶、氧化还原酶、铁氧环蛋白和丙酮酸。通常存在于鞭毛基体附近，为其运动提供能量。

7. 液泡

液泡是存在于真菌和藻类细胞等真核微生物细胞内的细胞器。液泡为单层膜结构，呈椭圆形或球形，其形态和大小随细胞年龄及生理状态而变化，一般在老龄细胞中的液泡大而明显。

真菌液泡中主要含有贮藏物（糖原、脂肪、多磷酸盐等）、碱性氨基酸（精氨酸、鸟氨酸和谷氨酰胺等）以及酶类（如蛋白酶、磷酸酯酶、纤维素酶和核酸酶等）。液泡是营养物质和水解酶类的贮藏库。液泡具有调节细胞渗透压的作用。

三、真核微生物的细胞核

真核微生物细胞的细胞核由一层核膜包围，故称真核。尽管细胞核的形状多种多样，但是其基本结构大致相同，即均由核膜、染色质（或染色体）、核仁和核基质构成。真核微生物的细胞核见图 3-66。

大多数生物体细胞中都是一个细胞核；但少数动物如草履虫等原生动物可有多个细胞核。

1. 核被膜

核被膜（nuclear envelope）包裹在核表面，由基本平行的内膜与外膜构成。外膜面向胞质，其表面附有核糖体颗粒，与内质网相连；内膜面向核质，表面无核糖体颗粒，有核纤层

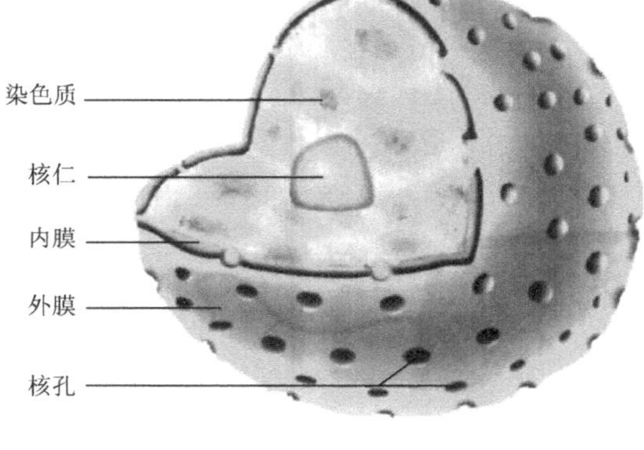

图 3-66　真核细胞的细胞核结构模式图

结合位点。两层膜之间为宽 10～50nm 的核周腔。核被膜使细胞核成为细胞中一个相对独立的体系，使核内形成一相对稳定的环境。同时，核被膜又是选择性渗透膜，起着控制核和细胞质之间物质交换的作用。

核纤层存在于核膜下面，由纤维蛋白组成。核被膜上有核孔（nuclear pore）穿通。核孔由核孔复合体构成，核孔复合体是核膜上有选择性的双向亲水通道，构造复杂。一般认为，水分子和核苷等小分子物质可直接通过核被膜；而 RNA 与蛋白质等大分子则经核孔出入细胞核。核被膜与核孔见图 3-67。

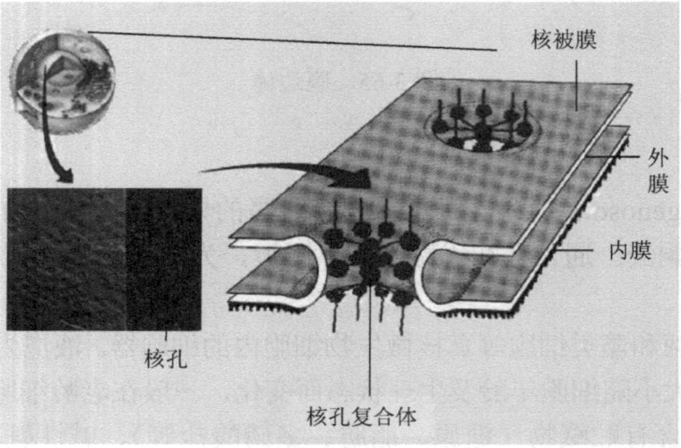

图 3-67　核被膜与核孔

2. 染色质与染色体

染色质是指间期细胞内由 DNA、组蛋白和非组蛋白及少量 RNA 组成的线形复合结构，是间期细胞遗传物质存在的形式。染色质（或染色体）的基本结构单位是核小体。核小体是一种串珠状结构。核小体由核心颗粒和连接线 DNA 两部分组成。每个核小体单位包括约 200bp 的 DNA、一个组蛋白核心和一个 H1；由 H2A、H2B、H3、H4 各两分子形成八聚体，构成核心颗粒；DNA 分子以左手螺旋缠绕在核心颗粒表面，每圈 80bp，共 1.75 圈，约 146bp，两端被 H1 锁合；相邻核心颗粒之间为一段 60bp 的连接线 DNA。核小体与螺线管的结构见图 3-68。

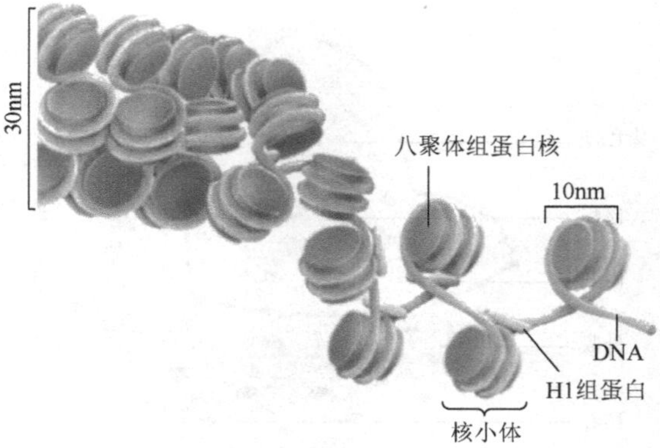

图 3-68　核小体与螺线管的结构

染色体是指细胞在分裂过程中由染色质缩聚而成的棒状结构。由 DNA 形成染色体的过程见图 3-69。

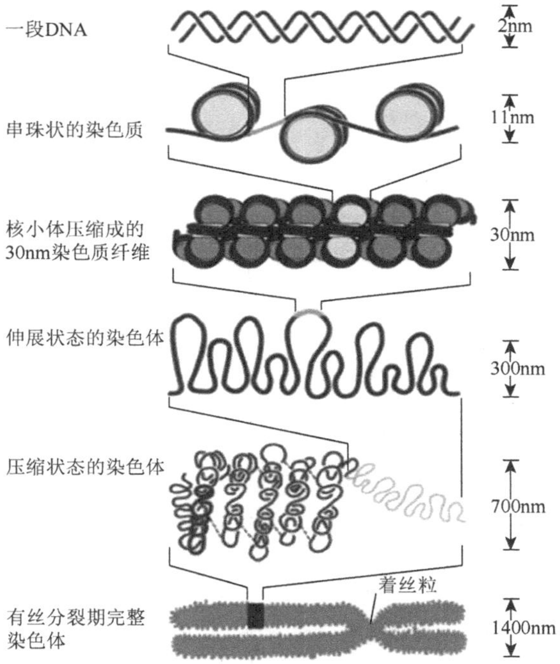

图 3-69　染色体的形成

3. 核仁

核仁是细胞核中一个折光率较低的区域。其化学成分主要是蛋白质（占 80%）、RNA（占 10%）和少量的 DNA、脂类等。大多数细胞可有 1～4 个核仁。其主要功能是进行 rRNA 的合成与加工、核糖体亚单位的装配等。因此，核仁是核糖体 RNA 合成的中心。

4. 核基质

核基质是细胞核中除染色质与核仁以外的成分，包括核液与核骨架两部分。核液含有水、离子、酶类及无机成分等；核骨架（nuclear skeleton）是由多种蛋白质相互作用形成的三维纤维网架，并与核被膜核纤层相连，对核的结构具有支持作用。

真核微生物除上述基本结构外，还有特殊结构，如鞭毛。真核微生物的鞭毛为“9＋2”型结构（图 3-70），即中心有一对包在中央鞘中的相互平行的中央微管，其外被 9 个微管二联体围绕一圈，整个微管由细胞膜包裹。相邻的微管二联体间有微管连丝蛋白相连。在每条微管二联体上还有伸向中央微管的放射辐条。每条微管二联体由 A、B 两条中空的亚纤维构成，其中 A 亚纤维是一个完全微管，即每圈由 13 个球形微管蛋白亚基（13 条原纤丝）环绕而成，而 B 纤维则由 10 个亚基（10 条原纤丝）围成，所缺少的 3 个亚基与 A 亚纤维共用。A 亚纤维上伸出内外 2 条动力蛋白臂，它是一种能被 Ca^{2+}和 Mg^{2+}激活的 ATP 酶，可以水解 ATP 以释放供鞭毛运动的能量。通过动力蛋白臂与相邻的微管二联体的作用，可使鞭毛做弯曲运动。真核微生物鞭毛也具有良好的趋避作用，其具体描述请参阅原核微生物的相关内容。

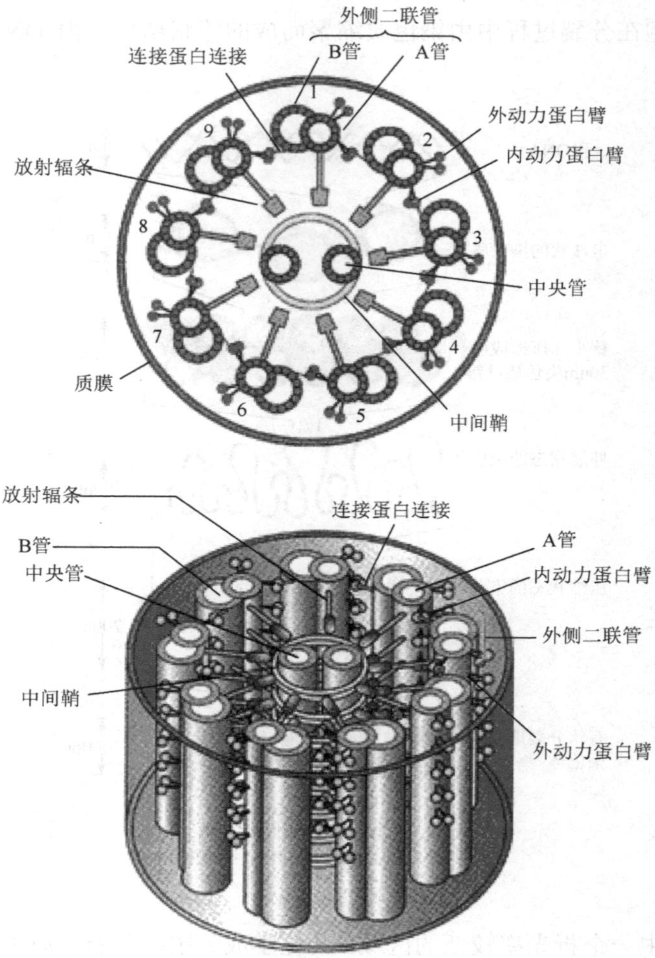

图 3-70　真核微生物鞭毛结构

思　考　题

1. 原核微生物与真核微生物有哪些区别？
2. 细胞壁的主要作用是什么？
3. G^+细菌与 G^-细菌细胞壁的结构与化学组成有何不同？
4. 请简述革兰氏染色机制。
5. 真菌细胞壁与细菌细胞壁有哪些区别？
6. 请回答细菌细胞膜的生理功能。
7. 真核微生物的线粒体与原核微生物的细胞膜在功能上有何相似之处？
8. 什么是异染颗粒？其主要成分是什么？
9. 细菌有哪些特殊结构？请分别叙述其概念、功能及与污染控制的关系。
10. 请总结原核微生物细胞与真核微生物细胞的区别。

第二篇　微生物净化原理

✧本篇内容提要：

微生物对环境的净化是通过微生物分解利用环境中的物质实现的。微生物首先将环境中的物质作为营养物加以吸收。然后，通过微生物的代谢作用将其转化，同时获得有用的物质与能量。在物质转化过程中，每一步反应都是由酶所催化的。

此外，微生物对某一环境的净化或消除其污染，往往需要众多（数量多、种类多）微生物的参与，彼此通力协作，共同完成。

据此，本篇将讨论微生物的营养、参与物质代谢的酶、微生物对物质的代谢、微生物的繁殖与群体生长、微生物生态等。

4

第四章　微生物的营养

➢ **内容提要：**

微生物为了维持正常生长和繁殖，需要不断地从外界吸收营养。进入微生物体内的营养物通过微生物的代谢将其转化为自身细胞物质并从中获取生命活动所需要的能量。

自然环境中的微生物将进入环境的物质作为营养物。而在污染环境中，微生物将污染物作为营养物质。

微生物营养偏好各异，即不同微生物需要不同的营养物。例如，有的以复杂的有机物作为营养物，有的则只能利用简单的无机物作为营养物。根据微生物的营养特性将其分为不同的营养类型。

微生物营养类型所反映的是微生物的生理特性。因此，本章引入了“微生物生理类群”的概念。污染控制工程中所讲到的微生物主要是指具有一定降解功能的生理类群。

了解微生物的营养特性，对利用微生物开展废物处理具有重要的指导意义。本章重点介绍微生物的营养与微生物营养类型。同时，讨论微生物对营养物的吸收等。当然，在讨论有关内容之前，将先介绍与污染生物控制密切相关的微生物生理类群这一重要概念。

第一节　微生物生理类群（功能菌群）

1. 微生物生理类群的概念

不论形态相同还是不同，不论是真核微生物还是原核微生物，只要执行同一种功能（如降解功能）的微生物即称为微生物生理类群或微生物生理群。微生物生理群也称为微生物功能类群或功能菌群。

2. 微生物生理群类型

微生物如同大型生物一样，不同种类的微生物需要的营养物不同。有的能利用有机物（如蛋白质、脂肪、淀粉、纤维素、木素、果胶、氨基酸、脂肪酸与葡萄糖等），有的能利用无机物（如铵盐、亚硝酸盐、硝酸盐、硫化氢及铁离子等）。通常，可按微生物所利用的物质给予其相应名称，如分解利用蛋白质的微生物称为蛋白质分解菌；分解氨基酸的微生物称为氨化细菌；分解纤维素的微生物称为纤维素分解菌等。按微生物所分解利用的物质及其性质命名的微生物均为微生物生理群。

此外，根据微生物与氧的关系划分的好氧微生物、兼性厌氧（或好氧）微生物（简称兼氧微生物）与厌氧微生物，根据微生物与 pH 的关系划分的嗜酸菌与嗜碱菌，以及根据微生物与温度的关系划分的耐高温菌及耐低温菌等都可看成是微生物生理群。但像嗜酸菌、嗜碱菌、耐高温菌和耐低温菌等通常被归为极端微生物。

污染控制工艺的设计主要依据的是微生物生理群的营养特性。例如，在缺氧好氧脱氮工艺，主要利用的是蛋白质降解菌、氨化细菌、分解铵盐的亚硝化细菌与分解亚硝酸盐的硝化细菌等。再比如，厌氧消化工艺中利用的是发酵产酸菌、产氢产乙酸菌、同型产乙酸菌与产甲烷菌等。

第二节　微生物的营养与营养类型

（一）营养与营养物

（1）营养

营养是指生物体从外部环境中摄取对生命活动必需的物质和能量，以满足正常生长和繁殖需要的一种最基本的生理功能。营养是微生物维持和延续其生命形式的生理过程。

（2）营养物

营养物是指具有营养功能的物质。营养物可分为六大类：碳源、氮源、生长因子、无机盐、水及能源。营养物是微生物进行一切生命活动的物质基础。

（3）营养物的生理功能

营养物的生理功能有：①参与细胞结构或细胞物质的组成；②构成酶活性基团或组成物质的运输系统；③通过代谢为机体完成各种生理活动提供所需要的能量。

营养物是按组成微生物细胞生物元素的种类及含量确定的。

（二）微生物细胞的生物元素与化学组成

（1）微生物细胞的生物元素

组成细胞的化学元素称为生物元素。自然界常见的 90 多种化学元素中，大约 20 种元素参与生命活动。这些元素包括 C、H、O、N、P、S、Na、K、Mg、Mn、Ca、Cl、Fe、Zn、Cu、Co、Ni、Mo、Se 和 W。其中，C、H、O、N、S、P 组成细胞的有机化合物和水；Na、K、Mg、Mn、Ca、Cl 或以离子形式游离于细胞质中，或与有机酸化合成易被解离的盐类；其余的生物元素 Fe、Zn、Cu、Co、Ni、Mo、Se 及 W 等则分别组成各种酶的辅基，这些元素在细胞中的含量甚微，故被称为微量元素。

（2）微生物细胞的化学组成

微生物细胞的化学组成见表 4-1。微生物细胞含水率为 70%～90%。不同类型的微生物的含水量不同。例如，细菌含水率为 75%～85%；酵母菌含水率为 70%～80%；霉菌含水率为 85%～90%。微生物细胞平均含水率为 80%左右，其余 20%左右为固形物质。

表 4-1　微生物细胞的化学组成

化学组成 / 微生物	水分/%	固形物质含量（各占总质量的百分比）/%				
		蛋白质	糖类	核酸	脂类	无机元素
细菌	75～85	50～80	12～28	5～20	10～20	2～30
酵母菌	70～80	32～75	27～63	2～15	6～8	3.8～7
霉菌	85～90	14～15	7～40	4～40	1	6～12

固形物质由碳、氢、氧、氮、磷、硫、钾、钙、镁及铁等化学元素组成，主要包括蛋白质、核酸、糖类、脂类和无机矿物质等。蛋白质是微生物细胞的主要结构成分及催化剂——酶的组成成分；核酸是微生物遗传变异的物质基础；糖类物质既是细胞的结构成分又是其主要碳源和能量来源；脂类也是细胞的结构成分、碳源与能源，并可作贮藏物质；无机矿物质元素是构成酶的活性基团或酶的激活剂的成分。此类元素具有调节细胞的渗透压、酸碱度和氧化还原电位等作用。各种化学成分的含量因微生物种类、培养条件、菌龄及培养基组成等不同而异。

（三）微生物所需营养物质

通过对微生物细胞化学组成的分析得知，微生物生长所需的营养物质主要包括碳素化合物、氮素化合物、水分、无机盐类和生长素等。

1. 碳源

在微生物生长过程中，能为微生物提供碳素来源的物质称为碳源。碳素物质既是微生物细胞的结构成分，又是大多数微生物的能量来源。微生物的碳源物质来源非常广泛。简单的无机物（如 CO_2 和碳酸盐）和复杂的有机含碳化合物（糖类、脂类、醇类、有机酸及芳香化合物等）均可作为微生物营养的碳源物质。

根据碳素的来源不同，可将碳源物质分为无机碳源物质和有机碳源物质。常见的有机碳源有糖类、脂类、蛋白质、氨基酸、核酸、有机酸及醇等；无机碳源有 CO_2、$NaHCO_3$ 及 $CaCO_3$ 等。工业上常用淀粉、饴糖、玉米粉、纤维素、豆油、麸皮与米糠等作为碳源；实验室中常用的碳源主要是葡萄糖、果糖、蔗糖、淀粉、甘露醇、甘油和有机酸等物质。

不同类型的微生物利用的碳源不同。有的利用无机碳（CO_2 或可溶性碳酸盐），有的利用有机碳（单糖、双糖及多糖）。在有机碳化合物中，单糖与双糖是最容易被微生物利用的碳源物质，其次是醇类、有机酸和脂类等。有些微生物还可利用烃类、石蜡、酚类及氰化物等物质。糖蜜废水与啤酒废水等含有丰富的葡萄糖、蔗糖和果糖等碳水化合物，这些物质一般都能作为碳源被微生物利用。腈纶废水中的丙烯腈就可以被某些诺卡菌作为碳源利用。不同类型的微生物利用碳源的能力不同，如假单孢菌属可利用 90 种以上的碳源，而产甲烷菌仅利用甲醇、甲胺和乙酸等几种简单的有机物。

2. 氮源

构成微生物细胞物质或代谢产物中氮素来源的营养物质均称为氮源。氮源一般不作为能源，只有少数自养微生物能利用铵盐与硝酸盐等作为氮源，同时也作为能源。

根据氮素的来源不同，可将氮源物质分为无机氮源和有机氮源。常见的有机氮源物质有蛋白质、尿素、氨基酸及核酸等。大多数寄生性微生物和一部分腐生性微生物以有机氮化合物（如蛋白质与氨基酸等）为必需的氮素营养；常见的无机氮源物质有铵态氮（NH_4^+）、亚硝态氮（NO_2^-）和硝态氮（NO_3^-）等。少数化能自养型细菌（如亚硝化细菌等）可氧化铵态氮获得能量。只有少数具有固氮能力的微生物（如自生固氮菌与根瘤菌等）能利用空气中的分子态氮。

微生物对不同氮源物质吸收利用的能力不同。有些微生物利用铵盐的能力更强。这是因为 NH_4^+ 被细胞吸收后可直接利用，而 NO_3^- 被吸收后需进一步还原成 NH_4^+ 后再被利用。因此，如$(NH_4)_2SO_4$ 等铵盐一般被称为“速效氮源”。$(NH_4)_2SO_4$ 是微生物最常用的氮源。蛋白质一般不作为微生物的良好有机氮源，但某些微生物可通过自身分泌的胞外蛋白水解酶将蛋白质降解后加以利用。因此蛋白质类有机氮源被称为“迟效氮源”。实验室常用的氮源包括蛋白胨、铵盐、牛肉膏、酵母膏和肉汤等。工业上常用黄豆饼粉、花生饼粉、蛋白胨、牛肉膏及玉米浆等作为氮源。

3. 水

水是一切生命之源。其主要生理功能体现在三个方面：①水是生物代谢过程中必不可少的溶剂。营养物质的吸收与代谢产物的分泌必须以水为介质才能完成。水还直接参与生物体内某些重要生物化学反应。②微生物通过水合作用与脱水作用控制多亚基组成结构，维持蛋白质及核酸等生物大分子稳定的天然构象。③水的比热高，是热的良好导体，能有效吸收代谢过程中产生的热并及时将热迅速散发出体外，有效控制细胞内温度的平衡。

4. 无机盐

无机盐是微生物生长必不可少的另一类营养物。根据微生物对其需求量的大小可将无机盐分为主要元素和微量元素两大类。主要元素有磷、硫、镁、钾、钙及钠等。这些元素的主要作用包括参与细胞结构物质的组成、调节细胞 pH 和氧化还原电位、参与能量转移、控制原生质胶体及细胞透性等。微生物对主要元素需要量较大，一般为 10^{-4}～10^{-3}mol/L；微量元素有锌、锰、钠、氯、钼、硒、钴、铜、钨、镍及硼等。微生物对微量元素需要量很少，一般为 10^{-8}～10^{-6}mol/L。但微量元素对生物来说非常重要。很多微量元素是酶的组成成分或酶的激活剂。常用主要元素和微量元素的用量见表 4-2。各种无机盐及所含元素的主要生理功能见表 4-3。

表 4-2　常用主要元素和微量元素的用量

成分	浓度/(g/L)	成分	浓度/(g/L)
KH_2PO_4	1.0～4	$ZnSO_4·8H_2O$	0.1～1
$MgSO_4·7H_2O$	0.25～3	$MnSO_4·H_2O$	0.01～0.1
KCl	0.5～12	$CoSO_4·5H_2O$	0.003～0.01
$CaCO_3$	5～17	$Na_2MoO_4·2H_2O$	0.01～0.1
$FeSO_4·7H_2O$	0.01～0.1		

表 4-3　常见无机盐及其主要生理功能

元素	化合物形式（常用）	生理功能
P	KH_2PO_4、K_2HPO_4	核酸、磷脂和辅酶的成分，对培养基 pH 的变化起缓冲作用
S	$(NH_4)_2SO_4$、$MgSO_4$	含硫氨基酸的成分，一些酶的活性基，如辅酶 A、生物素、硫辛酸、谷胱甘肽
K	KH_2PO_4、K_2HPO_4	某些酶的辅因子，维持细胞渗透压，某些嗜盐细菌核糖体的稳定因子
Na	NaCl	维持细胞渗透压，细胞运输系统组分，维持某些酶的稳定性
Ca	$CaCl_2$、$Ca(NO_3)_2$	调节质膜的透性，某些酶的辅因子，维持酶的稳定性，形成细菌芽孢和真菌孢子所需
Mg	$MgSO_4$	固氮酶等的辅因子，叶绿素等的成分
Fe	$FeSO_4$	细胞色素、细胞色素氧化酶和过氧化氢酶等的活性基的组成成分，某些铁细菌的能源物质，合成叶绿素、白厚毒素所需

续表

元素	化合物形式（常用）	生理功能
Mn	$MnSO_4$	超氧化物歧化酶、氨肽酶和柠檬酸合成酶的辅因子
Cu	$CuSO_4$	氧化酶、酪氨酸酶的辅助因子
Co	$CoSO_4$	维生素 B_{12} 复合物的成分，肽酶的辅因子
Zn	$ZnSO_4$	乙醇脱氢酶、乳酸脱氢酶，肽酶和脱羧酶的辅因子
Mo	$Na_2MoO_4·2H_2O$	固氮酶和同化型及异化型硝酸盐还原酶的成分
Ni	$NiCl_2$	存在于脲酶中，为氢细菌生长所必需，是产甲烷菌 F_{430} 和一氧化碳脱氢酶的组分

5. 生长因子

生长因子是一类调节微生物代谢所必需的，但某些微生物自身不能合成的有机物。狭义的生长因子一般仅指维生素；广义的生长因子除维生素外，还包括碱基、卟啉及其衍生物、甾醇、胺类及 C_4～C_6 脂肪酸等。

生长因子是微生物生长不可缺少的微量有机物。如果缺少这些生长因子，生物体内各种酶的活性将受到影响，新陈代谢无法正常进行。某些微生物不能合成这些物质，必须由外界提供。酵母膏、豆芽汁、玉米浆、肝脏浸出液或组织提取液等可作为生长因子的来源。

生长因子不是所有微生物所必需的。例如，大肠杆菌等许多微生物具有合成其所需要的全部生长因子的能力。因此，它们能在只含有碳源、氮源及矿质元素的基础培养基上生长；另一些微生物则不能或只能合成部分所需生长因子。因此，必须在培养基中额外添加其所需但不能合成的生长因子才能满足它们的生长。不同微生物对生长因子的需求差别很大。例如，克氏梭菌（*Clostridium kluyveri*）以生物素和对氨基苯甲酸作为生长因子；乳酸菌以嘌呤和嘧啶作为生长因子；某些光合细菌则以烟酸、硫胺素、对氨基苯甲酸、生物素、核黄素或维生素 B_{12} 等作为生长因子。

（四）污染生物控制中的营养调节

在污染生物控制工程中，必须满足微生物对营养的要求，为微生物提供均衡合理的营养。

1. 碳氮比（C∶N）及碳氮磷之比（C∶N∶P）

碳氮比（C∶N）是指碳源中碳元素含量与氮源中氮元素含量之比。碳氮磷之比（C∶N∶P）是指碳源中碳元素含量、氮源中氮元素含量及磷源中磷元素含量之比。

微生物与其他生物一样，在“饮食”方面也必须遵循营养均衡与合理搭配的原则。合适的营养比例，有利于微生物生长与繁殖。在微生物的营养搭配中，碳氮比（C∶N）及碳氮磷之比（C∶N∶P）是两个非常重要的营养比例参数。

废水采用好氧生物处理时，废水中的C∶N∶P一般保持100∶5∶1。其中碳源以五日生化需氧量（BOD_5）值表示，N 以 NH_3-N 计，P 以 PO_4^{3-} 中的 P 计；采用厌氧处理时，C∶N∶P通常保持200∶5∶1。

利用生物法进行废水处理，首先要分析确定不同污染物（微生物的营养物）的浓度及其比例。若废水营养比例失调，则需投加相应的营养源。如对于含碳量低的工业废水，可投加生活污水或投加米泔水及淀粉浆料等补充碳源；对于含氮量低的废水，可投加尿素及硫酸铵等补充氮源；而对于含磷量低的工业废水，则需投加磷酸钠及磷酸钾等补充磷源。

在实际应用中，城市生活污水一般都含有丰富的营养物质，碳氮磷的比例比较均衡，符合微生物的生长需求，一般情况下无须额外添加。值得注意的是，如果工业废水不缺乏营养，切勿盲目补充。

除关注 C、N 和 P 的营养需求外，还须注意添加适当的无机盐和生长因子。例如，在废水厌氧生物处理系统中，要关注 Fe、Co、Ni 及 Mn 等微量金属元素的添加。如果废水中缺乏 Fe、Ni 与 Co 等微量元素，甲烷菌的活性将会受到影响。

在石油或农药等污染的土壤生物修复过程中，往往需要适当添加氮、磷营养盐以提高修复效果。另外，某些工业废气成分难以满足微生物的营养需求，因此，利用生物法处理废气时，必须进行相应补充。

2. 营养物质浓度适宜

适宜的营养物浓度是微生物良好生长的必要条件。营养物质浓度过低，不能满足微生物正常生长的需要；营养物质浓度过高，则可能对微生物生长产生抑制。例如，糖类物质、无机盐及重金属离子等浓度过高时，不仅不能维持或促进微生物的生长，反而可能产生抑菌或杀菌作用。传统活性污泥法在处理高盐有机废水时，由于废水中的盐分浓度过大，超过了微生物生理需量极限，对微生物的代谢和生长产生抑制作用，若不采取一定措施，难以达到理想的处理效果。

（五）微生物的营养类型

微生物的营养类型通常依据碳源、能源及电子供体不同来划分。只根据碳源的不同可将其分为自养型（autotrophs）和异养型（heterotrophs）；只根据能源的不同可将其分为光能营养型（phototrophs）和化能营养型（chemotrophs）；只根据电子供体的不同可将其分为无机营养型（lithotrophs）和有机营养型（organotrophs）。

以有机物作为碳源的微生物属于异养型微生物（从外界获取现成有机物的微生物）；以 CO_2 作为碳源的微生物属于自养型微生物（自身制造有机物的微生物）。

从光线获得能量的微生物属于光能营养型（phototrophs）微生物；从物质的氧化过程中得到能量的属于化能营养型（chemotrophs）微生物。

以还原性无机物作为电子供体的微生物属于无机营养型微生物；以有机物作为电子供体的微生物属于有机营养型微生物。

微生物对碳源、能源及电子供体的需要并非孤立的，而是同时进行的。因此，按上述三个条件，可将微生物分为化能有机异养型、化能无机自养型、光能无机自养型、光能有机异养型 4 种营养类型（表 4-4）。按微生物营养要求来划分的微生物都属于微生物生理群。

表 4-4 微生物的营养类型

营养类型	电子供体	碳源	能源	举例
化能有机异养型（化能异养型）	有机物	有机物	化学能（有机物氧化）	绝大多数细菌、部分放线菌和真菌
化能无机自养型（化能自养型）	H_2、H_2S、NH_3、NO_2^-、Fe^{2+}	CO_2 或碳酸盐	化学能（无机物氧化）	氢细菌、硫杆菌、硝化杆菌等

续表

营养类型	电子供体	碳源	能源	举例
光能无机自养型（光能自养型）	H_2、H_2S、S、H_2O	CO_2	光能	蓝细菌、紫硫细菌、绿硫细菌、藻类
光能有机异养型（光能异养型）	有机物	有机物	光能	红螺细菌

1. 化能有机异养型

化能有机异养型微生物是一类以有机物为能源和碳源的微生物。大多数细菌、放线菌、真菌及原生动物等都属于这一营养类型。在污水、废气及有机垃圾等处理中化能异养型微生物发挥重要作用。污水处理系统中（活性污泥法及生物膜法等）的微生物大都是化能异养型，如纤维素分解菌、淀粉分解菌及蛋白质分解菌等。

2. 化能无机自养型

化能无机自养型微生物是一类能够从无机物氧化过程中获得能量，并以 CO_2 作为唯一碳源或主要碳源进行生长的微生物。

化能无机自养型微生物又称为化能自养菌。这类微生物以 CO_2 或碳酸盐为碳源，能量来自于一些无机物氧化时产生的化学能，电子供体是 H_2、H_2S、Fe^{2+}、NO_2^- 或 NH_3 等无机物。它们将 CO_2 还原，合成有机物，如亚硝化细菌（又称氨氧化细菌或亚硝酸细菌）所进行的反应：

$$2O_2 + 2NH_4^+ \longrightarrow 2HNO_2 + 4H + 619.6\text{kJ}$$

$$\downarrow$$

$$CO_2 + 4H \longrightarrow [CH_2O] + H_2O$$

化能无机自养型微生物常见的有硝化杆菌属（*Nitrobacter*）、亚硝化单胞菌属（*Nitrosomonas*）、硫化细菌、铁细菌、甲烷杆菌属（*Methanobacterium*）、醋酸杆菌属（*Acetobacter*）及氢细菌等（表 4-5）。

表 4-5　化能无机营养生理群

细菌类型		主要碳源	能源	电子受体	与氧的关系	有机物利用
	亚硝化细菌（氨氧化细菌）	CO_2	NH_4^+	O_2	好氧	非常有限
	硝化细菌（亚硝酸盐氧化细菌）	CO_2	NO_2^-	O_2	好氧	非常有限
硫氧化细菌	专性无机营养和自养型	CO_2	H_2S、S、$S_2O_3^{2-}$	O_2	好氧	非常有限
	兼性自养型	CO_2 或有机物	H_2S、S、$S_2O_3^{2-}$、有机物	O_2	好氧	有限
	铁细菌	CO_2 或有机物	Fe^{2+}	O_2	好氧	多数可以利用
	氢细菌	CO_2	H_2	O_2	好氧	可以利用

（1）硝化细菌

硝化细菌是自然界氮素循环的重要成员，也是化能自养菌中的主要生理群。硝化细菌包括亚硝化细菌和硝化细菌两个亚群，其同属于硝化杆菌科（Nitrobacteraceae）。在废水生物脱氮处理中，硝化细菌扮演重要角色。

硝化细菌的硝化作用由两个连续但不相同的阶段组成。在第一阶段中，氨被亚硝化细菌氧化为亚硝酸；第二阶段中，亚硝酸被硝化细菌氧化为硝酸。

（2）硫化细菌

硫化细菌指对元素硫和还原态无机硫化物进行氧化的自养细菌。硫化细菌包括光能自养硫细菌和化能自养硫细菌两类。

化能自养硫细菌通常称为硫化细菌，主要包括硫杆菌属（*Thiobacillus*）、硫化叶菌属（*Sulfolobus*）与硫小杆菌属（*Thiobacterium*）等。多数硫化细菌为专性化能自养菌，少数为兼性化能自养菌。其中研究最多的是硫杆菌属。大型合流污水沟道和污水沟道有硫细菌的存在。

（3）铁细菌（氧化亚铁硫杆菌）

在自然界中，有些细菌能够将亚铁离子氧化为高铁离子，且利用在此过程获得的能量和还原力同化 CO_2 进行生长。将这类细菌统称为铁细菌。常见的有氧化亚铁硫杆菌、硫杆菌、嘉利翁氏菌及纤发菌属等。

（4）氢细菌

将 H_2 氧化为水，并利用这一氧化过程获得能量同化 CO_2，合成细胞物质的微生物称为氢细菌。

氢细菌是一类兼性化能自养菌，包括假单胞菌属、副球菌属（*Paracoccus*）、黄杆菌属（*Flavobacterium*）、产碱杆菌属（*Alcaligenes*）及诺卡氏菌属（*Nocardia*）等。

3. 光能无机自养型

光能无机自养型微生物以光作为能源进行光合作用，CO_2 作为唯一或者主要碳源，以还原性无机物如 H_2、H_2S、S、H_2O 作为电子供体还原 CO_2 合成细胞有机物质。光能无机自养型微生物可在完全无机的环境中生长。常见的有蓝细菌、绿硫细菌、红硫细菌等。这类细菌细胞中含有叶绿素或细菌叶绿素。

$$2H_2S + CO_2 \xrightarrow[\text{绿硫细菌}]{\text{光能}} [CH_2O] + H_2O + 2S$$

光能无机自养型微生物在地球早期生态环境的演化过程中具有重要作用。富营养化的湖泊或水库中常见的“水华”常常是蓝细菌大量繁殖引起的，因此常被作为监测水体湖泊富营养化的指示生物。藻类在水体自净过程中发挥重要作用，可作为指示生物来反映水体的污染程度或自净程度。一些藻类也可以参与污水处理，典型的氧化塘处理系统就是利用菌藻互生原理进行废水处理的。

4. 光能有机异养型

光能有机异养型微生物以光作为能源，利用有机物作为碳源和电子供体，将 CO_2 还原，以合成有机化合物。例如，红螺细菌科（Rhodospirillaceae），以异丙醇为电子供体，还原 CO_2 产生糖类物质，其反应如下：

$$CO_2 + 2(CH_3)_2CHOH \xrightarrow{\text{光能}} [CH_2O] + 2CH_3COCH_3 + H_2O$$

有人将光能异养型微生物用于高浓度有机废水的厌氧处理并已取得理想结果。据报道，将粪便污水、发酵废水或食品废水等高浓度有机废水与少量水田土壤或沟泥完全混合，在合适条件下光照培养。在最初阶段，异养细菌迅速增殖，并将废水中的大分子有机物降解为小分子有机酸类物质。当有机酸达到一定浓度时，异养细菌的生长受到抑制，而光合细菌开始大量繁殖，继续将这些小分子有机酸分解。

必须明确，不同微生物营养类型之间的界限并非是绝对的，如异养型微生物并非绝对不能利用 CO_2，只是不能以 CO_2 为唯一或主要碳源进行生长。有些自养型微生物也并非绝对不能利用有机物进行生长。另外，有些微生物在不同生长条件下生长时，其营养类型也会发生改变。例如，紫色非硫细菌当无有机物存在时同化 CO_2，为自养型微生物；而当有机物存在时，它又能够利用有机物进行生长，此时表现为异养型微生物。再如，紫色非硫细菌在光照和厌氧条件下可利用光能生长，为光能营养型微生物；而在黑暗与好氧条件下，又可依靠有机物氧化产生的化学能生长。微生物随微生物营养条件的改变而发生改变的现象反映了微生物的调节与对环境的适应能力。

第三节　微生物对营养物质的吸收

营养物质进入微生物细胞是营养过程的开始。营养物质能否进入微生物细胞是营养物质能否被利用的关键。

一、营养物质吸收的影响因素

营养物质能否进入细胞受很多因素的影响，包括微生物细胞结构及环境条件等。

1. 细胞结构对营养物质吸收的影响

微生物细胞的结构对营养物吸收是有影响的。细胞因结构不同，对营养物的吸收所产生的影响也不同。微生物细胞结构主要涉及荚膜（或黏液层）、细胞壁及细胞膜等。G^+细菌的细胞壁因结构致密而使一些大分子物质难以通过；真菌和酵母菌也只允许相对分子质量较小的物质通过。荚膜和黏液层结构较疏松，对营养物的吸收阻碍较小；细胞膜因其结构和性质对营养物具有选择吸收作用。

2. 环境条件对营养物质吸收的影响

温度、pH、诱导物及被吸收的营养物本身的性质对营养物进入细胞也有影响。温度主要通过影响营养物的溶解度、细胞膜的流动性及运输系统的活性而影响微生物对营养物的吸收能力；pH 主要通过影响营养物质的电离程度影响其进入微生物细胞；环境中有诱导物存在时，有利于营养物的吸收；相反，有抑制剂存在时，会阻碍营养物的吸收。

营养物质若被微生物分解利用，在适宜的条件下，必须先进入细胞。那么，微生物是怎样将营养物摄入细胞呢？下面将讨论相关内容。

根据物质运输的特点，可将物质运输方式归纳为单纯扩散、促进扩散、主动运输与膜泡运输 4 种方式。

二、微生物对营养物质的吸收方式

（一）单纯扩散

扩散（diffusion）是指物质由高浓度向低浓度方向移动的过程（图 4-1）。单纯扩散的特点：①物质运送前后不发生结构改变。物质在运输过程中不与膜上的分子发生反应，本身的分子结构也不发生改变，纯属一种物理过程。②运送动力为浓度差。物质在扩散过程中不消耗能量，其动力来自于细胞内外参与扩散的物质的浓度差。③营养物质不能逆着浓度梯度运输。④运送终点为内外浓度相等。扩散的速率随细胞膜内外物质浓度差的降低而减小，直到细胞内外物质浓度相同时，运输速率最后降到零，即达到平衡。⑤物质在扩散过程中无须载体协助。

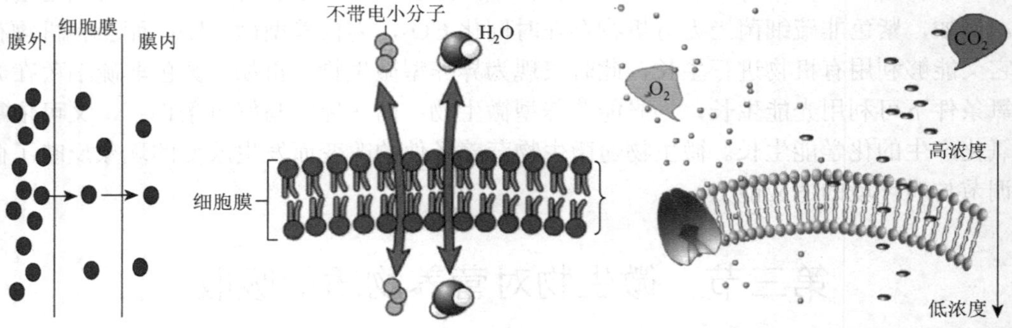

图 4-1　单纯扩散

细胞膜主要由磷脂双层和蛋白质组成，膜内外表面为极性表面，中层为疏水层。故物质跨膜扩散的能力和速率与细胞膜的化学组成有关。相对分子质量小且极性偏小的脂溶性物质容易通过扩散进出细胞。水是唯一可以通过扩散自由通过细胞膜的分子。脂肪酸、乙醇、甘油、苯、一些气体分子（O_2、CO_2）及某些氨基酸在一定程度上也可通过扩散进出细胞。扩散不是微生物吸收营养物质的主要方式。

（二）促进扩散

促进扩散（facilitated diffusion）与单纯扩散方式相似。物质扩散前后不发生结构改变，运输过程不需要能量，不能逆着浓度梯度运输，扩散速率随细胞内外该物质浓度差的减小而降低，直至膜内外的浓度差消失，最后达到平衡。

但促进扩散与单纯扩散又有区别。促进扩散的物质在扩散过程中需要载体协助。这里的载体是细胞膜上的一种载体蛋白（carrier protein）。载体蛋白具有高度立体专一性。每种载体蛋白只能运输一种物质。载体蛋白与被运输的物质之间具有很强的亲和力，且在细胞膜的内外表面这种亲和力的大小不同。在细胞膜外表面亲和力大，在细胞膜内表面亲和力小。被运输物质与载体蛋白之间亲和力大小随载体分子的构象变化而变化。载体蛋白与被转运的物质之间的亲和力大小的改变使载体蛋白与被运输的物质发生可逆性的结合与分离，从而使物质进入细胞。

载体蛋白能加速物质的运输，且在参与物质运输过程中不发生任何变化，故其具有一般酶的特性。因此，这类载体蛋白又被称为通透酶（permease）。通透酶是一种诱导酶，这种酶只有当环境中存在微生物所需要的相应物质时才会产生。

通过促进扩散进入细胞的物质主要有无机盐、氨基酸及单糖等小分子物质。通常多数微生物通过专一载体蛋白运输一种对应物质。但有的微生物由一种以上的载体蛋白完成一种物质的运输。例如，酿酒酵母对葡萄糖的运输是由三种不同载体蛋白完成的。此外，有些载体蛋白可同时完成几种物质的运输，如大肠杆菌对三种氨基酸（缬氨酸、亮氨酸与异亮氨酸）的运输是由一种载体蛋白完成的。促进扩散见图 4-2。

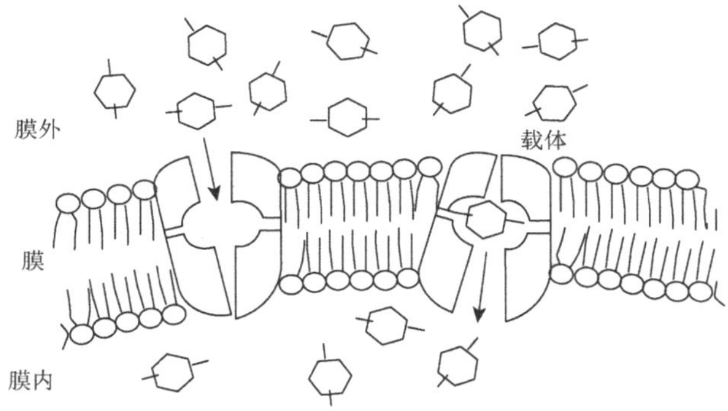

图 4-2 促进扩散

(三)主动运输

主动运输(active transport)是指逆着浓度梯度且需要能量的运输过程(图 4-3)。主动运输可使微生物从周围环境中吸收比自身细胞内浓度低的营养物质。

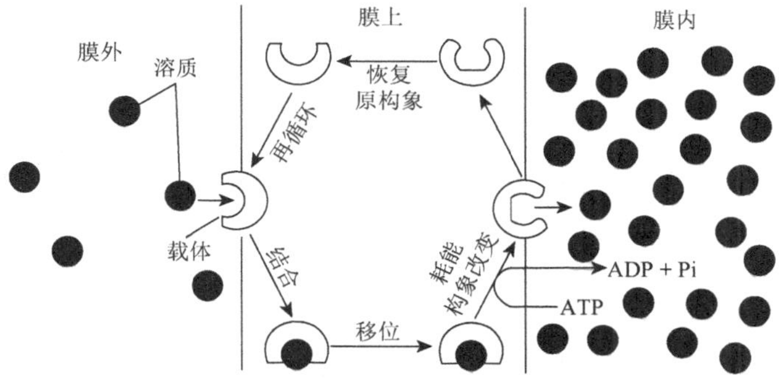

图 4-3 主动运输

通过主动运输进入微生物细胞内的物质有丙氨酸、丝氨酸、甘氨酸、谷氨酸、半乳糖、蜜二糖、阿拉伯糖、乳酸、葡萄糖醛酸、核苷酸、碱基及某些阴离子(如 HPO_4^{2-} 、 HSO_4^-)等。

主动运输与促进扩散有相似之处,也有不同之处。相似之处是主动运输与促进扩散在运输过程中都需要载体蛋白;不同之处是主动运输在运输过程中载体蛋白构象变化需要消耗能量。

主动运输有多种方式,包括初级主动运输、次级主动运输、基团转位及 Na^+, K^+-ATP 酶(Na^+, K^+-ATPase)系统。

1. *初级主动运输*

初级主动运输(primary active transport)指由电子传递体系、ATP 酶或光能引起的质子主动运输方式。微生物细胞内质子(或其他离子)在能量(呼吸能、化学能及光能)的作用下外排,从而在膜内外建立起质子浓度差(电势差),使膜处于充能状态即形成能化膜(energized membrane)。

不同微生物的初级主动运输方式不同。好氧微生物或兼氧微生物在有氧条件下,胞内物质被氧化时释放氢和电子,电子沿电子传递链(位于细胞膜上)传递过程中伴质子外排;厌氧微生物在 ATP 酶(位于细胞膜上)的作用下,使发酵过程中产生的 ATP 发生水解并伴有质子外排；光合微生物吸收光能后，光能激发产生的电子在传递过程中伴质子外排。初级主动运输如图 4-4 所示。

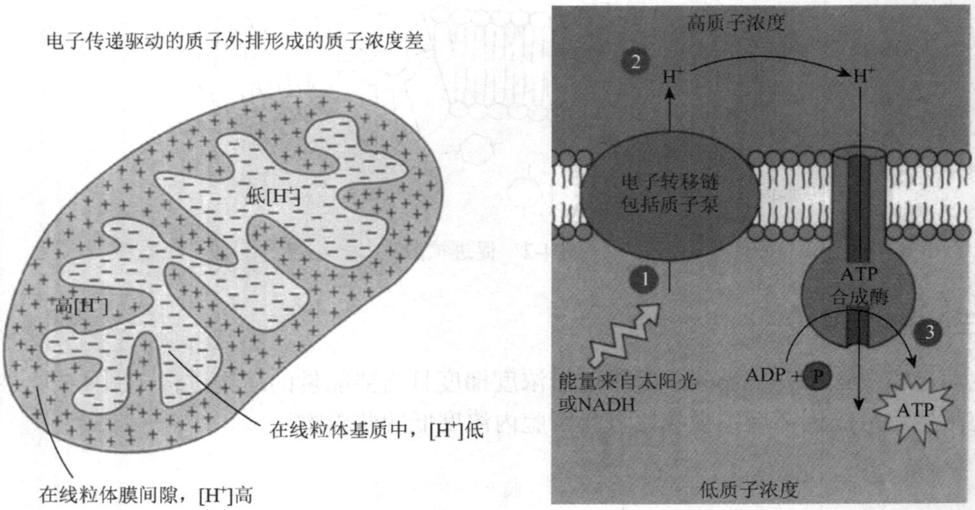

图 4-4　初级主动运输

初级主动运输不仅仅是质子的主动运输方式，更重要的是初级主动运输是次级主动运输的必要准备。

2. 次级主动运输

次级主动运输（secondary active transport）是初级主动运输建立的能化膜在质子浓度差（或电势差）消失的过程中伴随其他物质运输的运输方式。根据质子与被转运物质的方向分为单向主动运输、同向主动运输与逆向主动运输三种方式（图 4-5）。

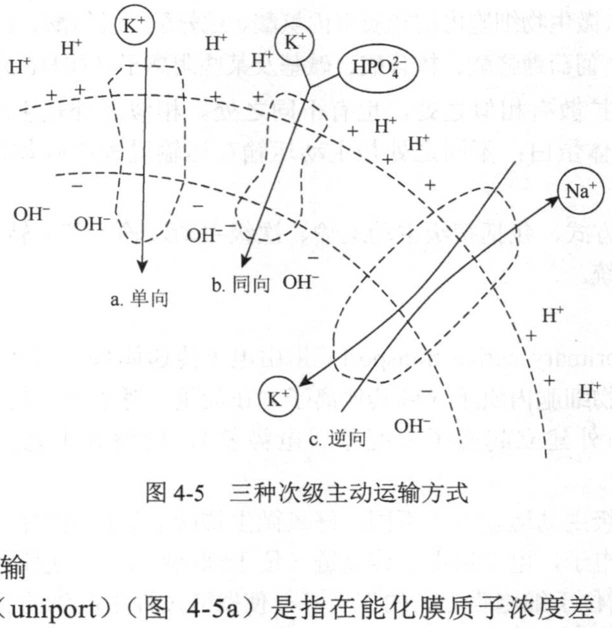

图 4-5　三种次级主动运输方式

（1）单向主动运输

单向主动运输（uniport）（图 4-5a）是指在能化膜质子浓度差（或电势差）消失过

程中，某种物质单独通过某一载体运输的运输方式。

（2）同向主动运输

同向运输（symport）（图 4-5b）是指两种不同物质通过同一载体按同一个方向运输的运输方式。在大肠杆菌中以这种方式运输的物质主要有氨基酸（甘氨酸、丙氨酸、丝氨酸、谷氨酸）、小分子糖类（半乳糖、阿拉伯糖、岩藻糖、蜜二糖）、某些阴离子（HSO_4^-、SO_4^{2-}）及乳酸等。

（3）逆向主动运输

逆向主动运输（antiport）（图 4-5c）是指两种物质通过同一载体，按相反的方向进行运输的运输方式。

3. 基团转位

基团转位是一种特殊的主动运输方式。与其他主动运输方式不同，基团转位运输过程中营养物质发生变化（如糖在运输过程中会发生磷酸化）。

基团转位主要存在于厌氧和兼氧细菌中。基团转位主要用于糖的运输，脂肪酸、核苷、碱基等也可通过这种方式运输。

在研究大肠杆菌对葡萄糖的吸收和金黄色葡萄球菌对乳糖的吸收过程中发现，这两种糖进入细胞后以磷酸糖的形式存在于细胞质中。说明这两种糖在运输过程中发生了磷酸化。进一步研究发现，其磷酸基团来源于胞内的磷酸烯醇式丙酮酸（PEP）。因此，将基团转位称为磷酸烯醇式丙酮酸-磷酸糖转移酶运输系统（PTS），简称磷酸转移酶系统（图 4-6）。

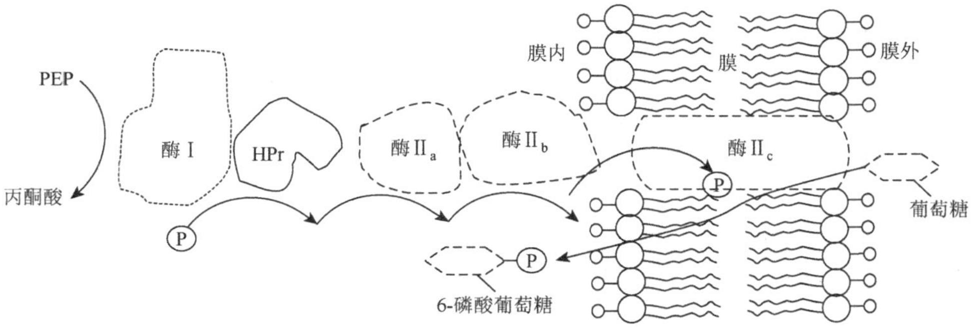

图 4-6 磷酸转移酶系统

PTS 通常由 5 种蛋白质组成，包括酶 I 、酶 II（包括 II$_a$、II$_b$ 与 II$_c$ 三个亚基）和一种低分子质量的热稳定蛋白质（HPr）。酶 I 和 HPr 是非特异性的细胞质蛋白。酶 II$_a$ 是一种可溶性的蛋白。酶 II$_b$ 是具有亲水性的蛋白。酶 II$_c$ 位于细胞膜上。在糖的运输过程中，PEP 上的磷酸基团逐步通过酶 I 、HPr 的磷酸化与去磷酸化作用，最终在酶 II 的作用下转移到糖分子上，糖分子经磷酸化而运入细胞质中。

并非所有能够在葡萄糖中生长的细菌都具有磷酸转移酶系统。该系统主要存在于兼性和严格的厌氧细菌中。通常，厌氧微生物 ATP 产生较少。磷酸转移酶系统有助于节省 ATP。因此，对于厌氧菌来说，磷酸转移酶系统具有重要意义。

4. Na^+, K^+-ATP 酶（Na^+, K^+-ATPase）系统

Na^+, K^+-ATP 酶通过水解 ATP 获得的能量将 Na^+由胞内泵到胞外，同时将 K^+由胞外泵到胞内（图 4-7）。因此，该酶有 Na^+, K^+泵之称。

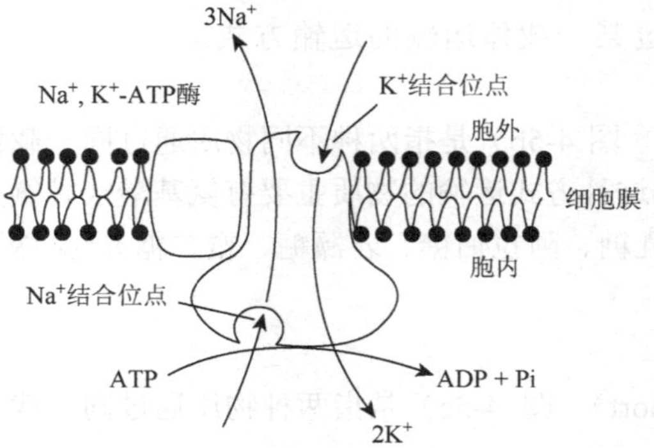

图 4-7　Na^+, K^+-ATP 酶系统

Na^+, K^+-ATP 酶是由 2 个大亚基和 2 个小亚基组成的四聚体。大亚基可被磷酸化。Na^+, K^+-ATP 酶通过磷酸化和去磷酸化过程发生构象变化，导致与 Na^+、K^+的亲和力发生变化。

在膜内侧，Na^+与酶结合，激活 ATP 酶活性，使 ATP 分解，酶被磷酸化，构象发生变化，于是与 Na^+结合的部位转向膜外侧。这种磷酸化的酶对 Na^+的亲和力低，对 K^+的亲和力高，因而在膜外侧释放 Na^+，而与 K^+结合。K^+与磷酸化酶结合后促使酶去磷酸化，酶的构象恢复原状，于是与 K^+结合的部位转向膜内侧，K^+与酶的亲和力降低，使 K^+在膜内被释放，而又与 Na^+结合。其总的结果是每一循环消耗 1 个 ATP，转运出 3 个 Na^+，转进 2 个 K^+。

（四）膜泡运输

膜泡运输主要存在于原生动物中，特别是变形虫。

膜泡运输是某些微生物通过趋向性运动向某种营养物质靠近，并将该物质吸附到膜表面。然后，在该物质附着的地方细胞膜开始内陷，膜逐步包围该物质。最后，形成一种含有这种物质的膜囊，膜囊离开细胞膜而游离于细胞质中（图 4-8）。

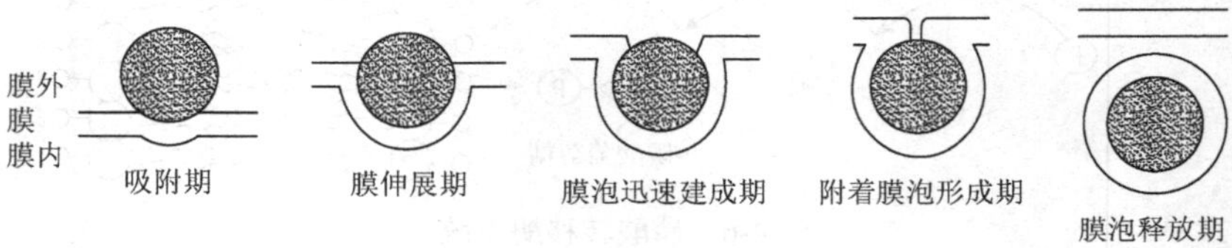

图 4-8　膜泡运输

微生物常通过多种运输方式吸收某种营养物质。例如，大肠杆菌至少有 5 种运输系统用于吸收半乳糖。微生物运输方式的多样性赋予微生物在多变环境条件下具有更大的竞争优势。

在上述所有运输方式中，单纯扩散、促进扩散、主动运输和膜泡运输是微生物营养物质的主要运输方式。4 种主要运输方式的比较见表 4-6。

表 4-6　营养物质 4 种主要运输方式的比较

比较项目	单纯扩散	促进扩散	主动运输	膜泡运输
特异载体蛋白	无	有	有	有
运送速度	慢	快	快	快
溶质运送方向	由浓至稀	由浓至稀	由稀至浓	由稀至浓

续表

比较项目	单纯扩散	促进扩散	主动运输	膜泡运输
平衡时内外浓度	内外相等	内外相等	内部浓度高得多	内部浓度高得多
运送分子	无特异性	特异性	特异性	特异性
能量消耗	不需要	不需要	需要	需要
运送前后溶质分子	不变	不变	不变	改变
载体饱和效应	无	有	有	有
与溶质类似物	无竞争性	有竞争性	有竞争性	有竞争性
运送抑制剂	无	有	有	有
运送对象举例	H_2O、CO_2、O_2、甘油、乙醇、少数氨基酸、盐类、代谢抑制剂	SO_4^{2-}、PO_4^{3-}、糖（真核生物）	氨基酸、乳糖等糖类，Na^+、Ca^{2+}等无机离子	葡萄糖、果糖、甘露糖、嘌呤、核苷、脂肪酸等

上述所讨论的运输方式，都是针对小分子物质的运输。大分子营养物质如多糖、脂肪、蛋白质及核酸等一般都不能透过微生物细胞膜，均需先在细胞外经过相应酶的水解，变为小分子物质后才能被运送到细胞内。

思　考　题

1. 请举例说明微生物生理类群的概念。
2. 微生物营养类型的划分依据是什么？请举例说明微生物四大营养类型的特点。
3. 微生物四大营养类型在污染控制中各有哪些作用？
4. 微生物对营养物质吸收有哪几种方式？请比较其异同点。
5. 举例说明碳氮比及碳氮磷之比在废水生物处理中的重要意义。

5 第五章 参与物质代谢的酶

➤ **内容提要：**

微生物的净化作用是通过代谢过程将其所吸收的物质分解实现的。酶是物质代谢的催化剂。欲深入理解微生物的净化机制，必须了解酶的相关内容。本章重点讨论了酶的催化特性、酶的分类、重要的辅酶和辅基及酶的分子结构与高效催化机制。

第四章讨论了微生物的营养、营养类型及微生物如何将营养物运入细胞。第六章将讨论微生物的代谢，即微生物对营养物质（污染控制中的污染物）的分解与利用。那么，微生物是怎样实现将营养物质分解利用的？其答案是，通过“酶”实现的。微生物对污染物代谢的每一步都离不开酶。无论是利用有机物作为营养物的异养微生物，还是利用无机物作为营养物的自养微生物，都要通过酶将物质进行分解并利用。

代谢是一个极为复杂的过程，而代谢的每一步都是由“酶”所催化的。生物的代谢过程就是一个酶促生物化学（简称“生化”）过程。因此，要理解微生物对污染物的分解、转化与利用，必须首先对酶有一定的了解。了解什么是酶、酶具有哪些特点和性质、酶是如何进行催化的等。

此外，酶是污水生物处理工程设计的基础。在污水生物处理工程基本数学模式中，微生物的增长和底物降解之间的关系，以及微生物群体的增长速度与微生物浓度的关系都是以酶促反应动力学为基础建立的。

为了帮助大家更好地理解和掌握微生物对污染物的代谢，以及酶学理论在污染生物控制中的应用，特将酶作为一章进行单独讨论。

第一节 酶的概述

1. 酶的发现

Gaylussac 于 1810 年发现酵母可将糖转化为乙醇。Pasteur 认为发酵是活细胞活动的结果。Kuhne 于 1878 年首次提出 enzyme（酶）一词。“enzyme”这个字来自希腊文，其意思是“在酵母中”。1897 年，Buchner 兄弟制备了不含酵母细胞的抽提液，成功地进行了糖发酵，证明发酵是酶催化作用的结果。为此，Buchner 获得了 1911 年的诺贝尔化学奖。1926 年，Sumner 从刀豆中提取到脲酶的结晶，证实酶是一种蛋白质，并因此获得 1949 年的诺贝尔化学奖。

1982 年，Cech 在对四膜虫的研究中发现，RNA 具有催化作用，因此提出核酶（ribozyme）的概念。1995 年，Szostak 首先报道了具有 DNA 连接酶活性的 DNA 片段，称为脱氧核酶（deoxyribozyme）。这些发现打破了酶是蛋白质的传统观念，开辟了酶学研究的新领域。现已鉴定出 4000 多种酶，已得到数百种酶的结晶，并且每年都有新酶被发现。

2. 酶的概念

酶（enzyme 简写为“E”）是生物活细胞产生的具有催化活性的生物大分子物质。故酶又称为生物催化剂（biocatalysts）。酶催化的生物化学反应称为酶促反应（enzymatic reaction）。发生反应前酶所作用的物质称为底物（substrate，简写为“S”）；发生反应后生成的物质称为产物（product，简写为“P”）。

3. 酶的化学本质

酶的化学本质是蛋白质或核糖核酸。但绝大部分酶是蛋白质，只有少数核糖核酸是核酶（ribozyme）。本书所讲到的酶主要是具有催化活性的蛋白质。

4. 酶的催化特性

酶具有一般催化剂的性质。例如，反应前后不发生变化及不改变反应的平衡点等。但酶与一般催化剂又有不同，具有自身显著的催化特性。

（1）催化效率高

酶催化的反应速度极高。一般而言，酶所催化的反应速度比非催化反应高 10^8～10^{20} 倍，比一般催化剂催化的反应高 10^6～10^{13} 倍。例如，1mol 过氧化氢酶在一秒内催化 10^5mol H_2O_2 分解，而铁离子在相同的条件下，只催化 10^{-5}mol H_2O_2 分解。

酶之所以催化效率极高是因为酶能降低分子的活化能（反应物分子到达活化状态所需的最小能量）（图 5-1）。活化能降低了，反应所需能量就会减少，故催化效率就提高了。

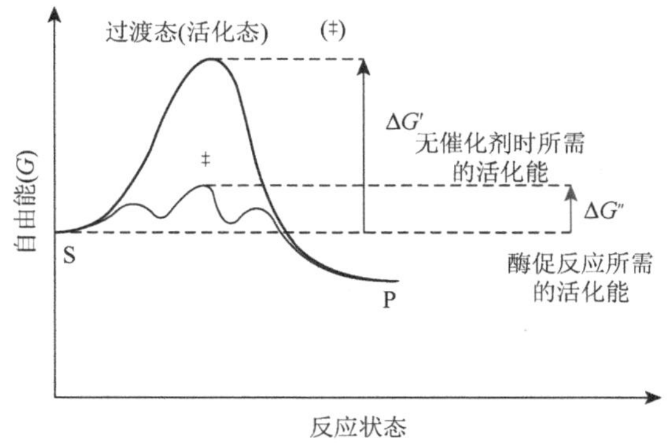

图 5-1　酶促反应活化能降低

微生物酶催化效率高是污染生物控制相比其他方法成本低的原因之一。

（2）专一性强

酶对催化的底物具有高度选择性，即一种酶只作用一种或一类化合物，催化一定的化学反应。酶的专一性分绝对专一性、相对专一性和立体异构专一性。

1）绝对专一性　　绝对专一性是指一种酶只催化一种底物转变为相应的产物。例如，脲酶只催化尿素水解成 CO_2 和 NH_3，而不能催化甲基尿素水解。

2）相对专一性　　相对专一性是指一种酶能催化一类具有相同化学键或基团的底物。

一种酶作用于一类化合物或一类化学键进行某种类型的反应，如脂肪酶能催化含酯键的脂类物质的水解反应。

3）立体异构专一性　立体异构专一性是指只对含有不对称碳原子同分异构体的一种类型起催化作用，而不能催化另一种类型，如L-乳酸脱氢酶只催化L型乳酸，而不能催化D型乳酸。

正是由于酶具有上述专一性，才保证了生物代谢过程的有序性。否则，生物代谢就会发生紊乱，生命将会受到威胁。

（3）反应条件温和

一般化学催化剂通常只在强酸、高温等条件下才具有催化作用。而酶的催化反应是在常温、常压、近中性 pH 等条件下进行的。高温、高压、强酸、强碱和紫外线等都会使酶失去活性。

（4）反应性质特殊

有的酶促反应仅仅涉及电子的转移，而有的酶促反应涉及电子和质子两者或其他基团的转移。

5. 酶的活性及其表示方法

酶活性（enzyme activity）是指酶的催化能力。酶活性用反应速度（V）来衡量，即用在单位时间（t）内产物的增加（dP）或底物的减少（dS）来表示。具体用下式表示：

$$V = \mathrm{d}P/\mathrm{d}t = -\mathrm{d}S/\mathrm{d}t$$

酶活性测定方法有吸光度测定、气体分析及电化学分析等。有关酶活性的计量单位，国际酶学委员会于 1961 年规定：在指定条件下，在 1min 内，将 1μmol 的底物转变为产物所需要的酶量为 1 个酶活国际单位（IU）。

比活性（specificity of enzyme）是指每毫克酶蛋白所具有的酶活性单位数，比活性 = 活性单位数/酶蛋白质量（mg）。

第二节　酶的分类与命名

一、酶的分类

根据酶的结构特点、存在部位及催化性质等可将酶分为不同种类。

（一）根据酶的结构特点

根据酶的结构特点可将酶分为单体酶（monomeric enzyme）、寡聚酶（oligomeric enzyme）与多酶复合体（multienzyme system）。

1. 单体酶

仅有一条具有活性部位的多肽链的酶称为单体酶。单体酶分子质量较小。单体酶均为水解酶（如蛋白酶、淀粉酶、脂肪酶等）。

2. 寡聚酶

由若干个相同或不同的蛋白质亚基构成的酶称为寡聚酶。亚基之间以非共价键结合。单个亚基均无催化活性。

3. 多酶复合体

几个功能相关的酶彼此嵌合，具有一定的空间结构，定向有序地催化一系列反应的复合体称为多酶复合体。该复合体的每个成员酶都具有催化活性。当它们形成复合体时，可一起催化某一特定的链式反应，即催化将底物转化为产物的一系列顺序反应。例如，脂肪酸合成酶即为一个含有 6 个酶及一个非酶蛋白质的多酶复合体。再如，丙酮酸脱氢酶系由 3 个酶组成，脂肪酸合成酶系由 6 个酶和 1 个 ACP 蛋白组成。

（二）根据酶的存在位置

根据酶的存在位置，可分为胞外酶和胞内酶。

1. 胞外酶

胞外酶是指在细胞内合成后被分泌到细胞外，在细胞外发挥作用的酶。胞外酶主要为水解酶，如蛋白酶、淀粉酶、纤维素酶、脂肪酶等。

2. 胞内酶

胞内酶是指在细胞内合成分泌后，于细胞内发挥作用的酶。大多数的酶属于胞内酶。

（三）根据酶所催化的反应性质

1961 年国际酶学委员会根据酶所催化的反应性质，将酶分成六大类。

1. 氧化-还原酶类

氧化还原酶类（oxidoreductases）是指催化底物进行氧化还原反应的酶类。催化氧化还原反应的酶又分为脱氢酶类（dehydrogenases）和氧化酶类（oxidases）。

（1）脱氢酶类

脱氢酶类是指直接催化底物脱氢的酶。其反应通式为

$$AH_2 + B \rightleftharpoons A + BH_2$$

例如，乳酸脱氢酶催化乳酸（lactate）脱氢生成丙酮酸的反应：

乳酸　　　　丙酮酸

（2）氧化酶类

氧化酶类是指催化底物脱氢，并氧化生成 H_2O 或 H_2O_2 的酶。其反应通式为

$$2A \cdot 2H + O_2 \rightleftharpoons 2A + 2H_2O$$

$$A \cdot 2H + O_2 \rightleftharpoons A + H_2O_2$$

例如，邻苯二酚氧化酶催化邻苯二酚生成邻苯醌的反应：

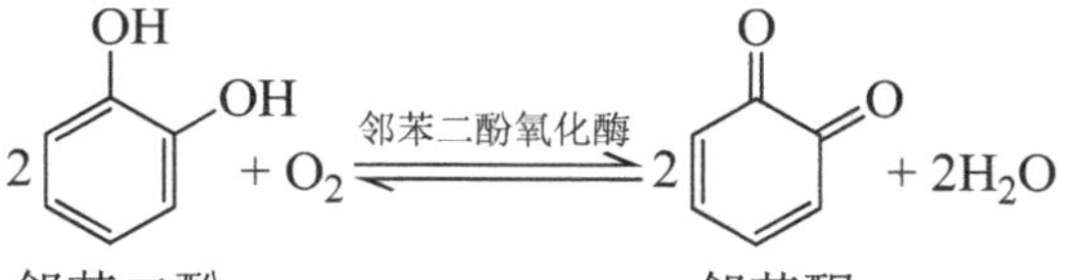

邻苯二酚　　　　邻苯醌

2. 转移酶类

转移酶类（transferases）是指催化底物之间进行某些基团的转移或交换的酶类。易被转移或交换的基团包括甲基、氨基、酮基、醛基及磷酸基等。转移酶类包括氨基转移酶、己糖激酶及磷酸化酶等。其反应通式为

$$AR + B \rightleftharpoons A + BR$$

例如，谷丙转氨酶催化 L-丙氨酸与 α-酮戊二酸的氨基转移反应：

谷氨酸　丙酮酸　α-酮戊二酸　丙氨酸

3. 水解酶类

水解酶类（hydrolases）是指催化底物发生水解反应的酶类，如纤维素酶、脂肪酶、淀粉酶、酯酶及蛋白酶等。其反应通式为

$$AB + H_2O \rightleftharpoons AOH + BH$$

例如，在酯酶的作用下，将酯类水解为脂肪酸和醇的反应：

$$\text{R-COOCH}_2\text{CH}_3 \xrightarrow{H_2O} \text{RCOOH} + \text{CH}_3\text{CH}_2\text{OH}$$

4. 裂合酶类

裂合酶类（lyases）是指催化一种化合物分解为两种化合物或两种化合物合成为一种化合物的酶类，如醛缩酶、碳酸酐酶及柠檬酸合成酶等。其反应通式为

$$AB \rightleftharpoons A + B$$

例 1：醛缩酶催化果糖-1, 6-二磷酸分解产生磷酸二羟丙酮和 3-磷酸甘油醛的反应：

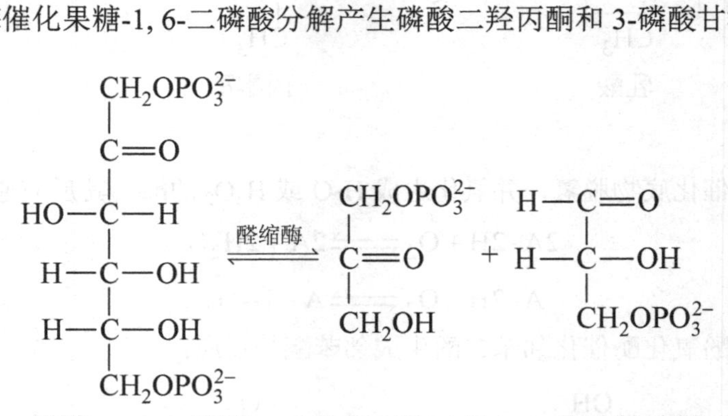

果糖-1, 6-二磷酸　磷酸二羟丙酮　3-磷酸甘油醛

例 2：L-组氨酸氨裂合酶催化 L-组氨酸氨分解产生咪唑丙烯酸和氨的反应：

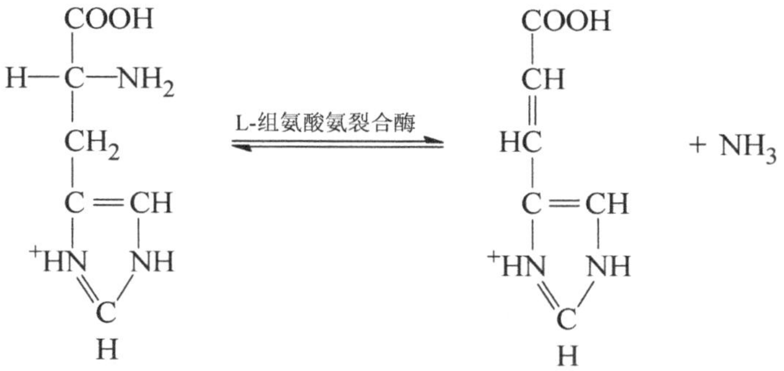

L-组氨酸氨　　　　咪唑丙烯酸

5. 异构酶类

异构酶类（isomerases）是指催化各种同分异构体间相互转变的酶类，如磷酸丙糖异构酶与磷酸己糖异构酶等。其反应通式为

$$A \rightleftharpoons A'$$

例如，6-磷酸葡萄糖异构酶催化6-磷酸葡萄糖转化为6-磷酸果糖的反应：

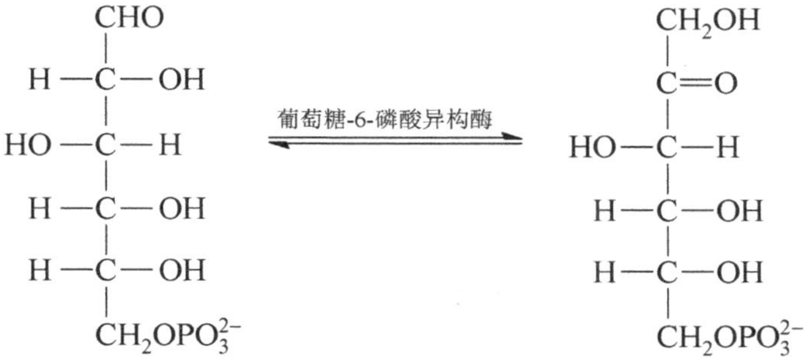

6-磷酸葡萄糖　　　　6-磷酸果糖

6. 合成酶类

合成酶类（ligases 或 synthetases）是指催化两分子底物合成一分子化合物的酶类，如谷氨酰胺合成酶及谷胱甘肽合成酶等。合成酶类催化的反应需要ATP提供能量。其反应通式为

$$A + B + ATP \rightleftharpoons AB + ADP + Pi$$

或 $A + B + ATP \rightleftharpoons AB + AMP + PPi$（无机焦磷酸）

例如，乙酰辅酶A合成酶催化乙酸与辅酶A生成乙酰辅酶A的反应：

乙酸 + CoA-SH + ATP $\longrightarrow$ 乙酰-S-CoA + AMP + PPi

（四）根据酶的组成

依据酶的组成可将其分为单纯酶和结合酶。

1. 单纯酶

仅含有蛋白质的酶称为单纯酶（simple enzyme）或单成分酶，如脲酶、蛋白酶、淀粉酶、酯酶和纤维素酶等水解酶都属于单纯酶。

2. 结合酶

（1）结合酶的概念

由蛋白质部分和非蛋白质部分共同组成的酶称为结合酶（conjugated enzyme）。结合酶又叫全酶（holoenzyme）。

在结合酶中，蛋白质部分称为酶蛋白（apoenzyme）或主酶，非蛋白质部分称为辅助因子（cofactor）。

（2）酶蛋白和辅助因子在催化反应中的作用

酶蛋白负责与底物结合，决定酶催化的专一性；而辅助因子则决定酶催化反应的性质。

对于结合酶，酶蛋白与辅助因子单独存在时均无催化活性，只有二者结合成全酶时才表现催化活性。

酶为什么要用辅助因子呢？原因是很多生物化学反应只靠酶蛋白（主酶）无法独立进行催化，必须“找个帮手”。所以，辅助因子相当于酶蛋白的助手，协助酶蛋白完成催化反应。

3. 辅助因子的分类

辅助因子按其化学成分，分为小分子有机物或金属离子。

1）小分子有机物　　作为辅助因子的小分子有机物多为 B 族维生素的衍生物或卟啉化合物。它们在酶促反应中主要参与传递电子、质子（或基团）等的运输。小分子有机物按其与酶蛋白结合的紧密程度分为辅酶与辅基。

A. 辅酶（coenzyme）。与酶蛋白结合不紧密，可用透析或超滤的方法将其除去的辅助因子称为辅酶。

B. 辅基（prosthetic group）。与酶蛋白结合牢固，不能用透析或超滤的方法被除去的辅助因子称为辅基。

某些重要辅酶（辅基）及其在催化中的作用见表 5-1。

表 5-1　某些辅酶（辅基）及其在催化中的作用

在酶促反应中的作用（转移的基团）	小分子有机化合物		
	辅酶或辅基名称	所含的维生素	结合酶名称
氢原子（质子）	NAD^+（烟酰胺腺嘌呤二核苷酸，辅酶Ⅰ）	烟酰胺（维生素 PP）之一	脱氢酶
	$NADP^+$（烟酰胺腺嘌呤二核苷酸磷酸，辅酶Ⅱ）	烟酰胺（维生素 PP）之一	脱氢酶
	FMN（黄素单核苷酸）	维生素 B_2（核黄素）	脱氢酶
	FAD（黄素腺嘌呤二核苷酸）	维生素 B_2（核黄素）	脱氢酶
传递质子和电子	泛醌（辅酶 Q）		氧化还原酶及脱氢酶
醛基	TPP（焦磷酸硫胺素）	维生素 B_1（硫胺素）	脱羧酶
酰基	辅酶 A（CoA）	泛酸	合成酶
传递氢和转移乙酰基	硫辛酸	硫辛酸	丙酮酸脱氢酶复合体
烷基（异构化）	钴胺素辅酶类	维生素 B_{12}	变位酶
二氧化碳	生物素	生物素 B_7	羧化酶
氨基	磷酸吡哆醛	吡哆醛（维生素 B_6 之一）	转氨酶
甲基、甲烯基、甲炔基、甲酰基等一碳单位	四氢叶酸	叶酸	合成酶

2）金属离子　　根据金属离子与酶蛋白结合的牢固程度，可将以金属离子作为辅助因子的结合酶分为金属酶和金属激活酶。

A. 金属酶（metalloenzyme）。金属离子与酶结合紧密，提取过程中不易丢失金属离子的结合酶称为金属酶。

金属酶中的金属离子（如 Fe^{2+}/Fe^{3+}、Cu^{+}/Cu^{2+}、Zn^{2+}、Mn^{2+}及 Co^{2+}等）在酶促反应中具有传递电子、原子或功能团的作用。

B. 金属激活酶（metal-activated enzyme）。与金属离子结合不甚紧密的结合酶称为金属激活酶或简称激酶。酶与金属离子（如 Na^{+}、K^{+}、Mg^{2+}与 Ca^{2+}等）结合后被激活。金属离子对酶有一定的选择性，某种金属只对某一种或几种酶有激活作用。激酶是一种磷酸化酶类，在 ATP 存在时催化如葡萄糖及甘油等磷酸化。某些金属酶和金属激活酶见表 5-2。

表 5-2 某些金属酶和金属激活酶

金属酶	金属离子	金属激活酶	金属离子
过氧化氢酶	Fe^{2+}	丙酮酸激酶	K^{+}、Mg^{2+}
过氧化物酶	Fe^{2+}	丙酮酸羧化酶	Mn^{2+}、Zn^{2+}
谷胱甘肽过氧化物酶	Se^{2+}	蛋白激酶	Mg^{2+}、Mn^{2+}
固氮酶	Mo^{2+}	己糖激酶	Mg^{2+}
核糖核苷酸还原酶	Mn^{2+}	磷脂酶 C	Ca^{2+}
羧基肽酶	Zn^{2+}	细胞色素氧化酶	Cu^{2+}
碳酸酐酶	Zn^{2+}	脲酶	Ni^{2+}
碱性磷酸酶	Mg^{2+}	柠檬酸合酶	K^{+}

4. 重要的辅酶和辅基

在结合酶中，辅酶或辅基位于酶的活性中心（有关酶的活性中心请见本章相关内容），起传递原子、电子或基团的作用。

（1）辅酶 I 和辅酶 II

辅酶 I（NAD^{+}或 Co I）是烟酰胺腺嘌呤二核苷酸的简称。辅酶 II（$NADP^{+}$或 Co II）是烟酰胺腺嘌呤二核苷酸磷酸的简称。辅酶 I 和辅酶 II 都是脱氢酶的辅酶，在脱氢酶催化的氧化还原反应中起传递氢和电子的作用。辅酶 I 和辅酶 II 的化学结构式见图 5-2。

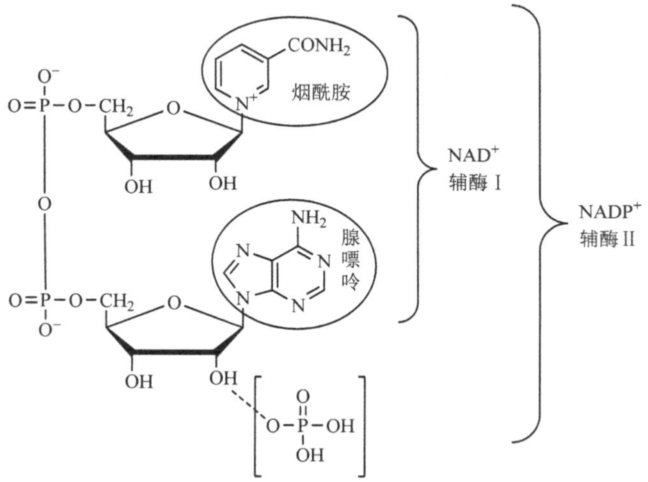

图 5-2 辅酶 I（Co I）和辅酶 II（Co II）的化学结构式

NAD^+和 $NADP^+$传递氢的功能团是烟酰胺基的吡啶环。在氧化还原反应中，烟酰胺基的吡啶环接受两个电子和一个 H^+，还有一个 H^+被留在细胞液中。因此，还原态的辅酶Ⅰ常写成 $NADH + H^+$方式，还原态的辅酶Ⅱ常写成 $NADPH + H^+$方式。辅酶Ⅰ和辅酶Ⅱ的氧化还原反应见图 5-3。

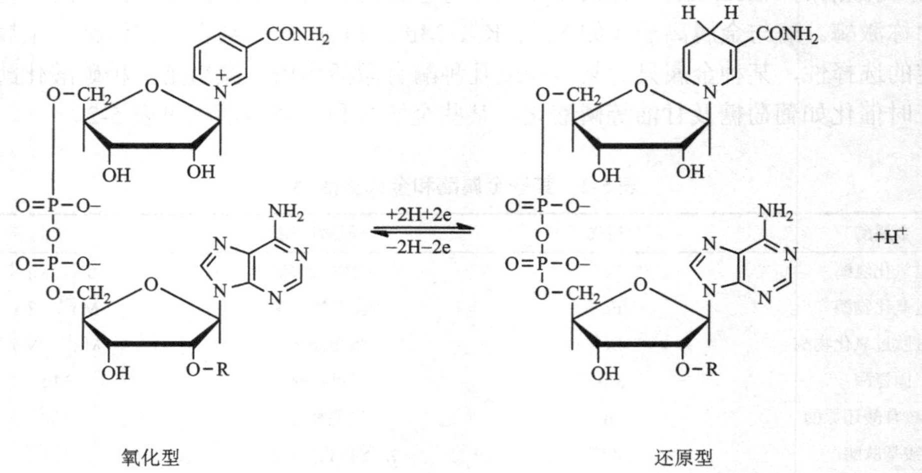

图 5-3 辅酶Ⅰ和辅酶Ⅱ的氧化还原反应

式中“R”代表磷酸基团

（2）黄素单核苷酸（FMN）和黄素腺嘌呤二核苷酸（FAD）

黄素单核苷酸和黄素腺嘌呤二核苷酸（图 5-4）是黄素酶或称黄素蛋白（flavoprotein，FP）的辅酶。氧化型 FMN 和氧化型 FAD 均呈黄色，并有黄绿色荧光，且 FMN 和 FAD 与酶蛋白结合所形成的黄素酶均呈黄色，故而得名。核黄素（维生素 B_2）是这两种辅酶分子的重要组成部分。

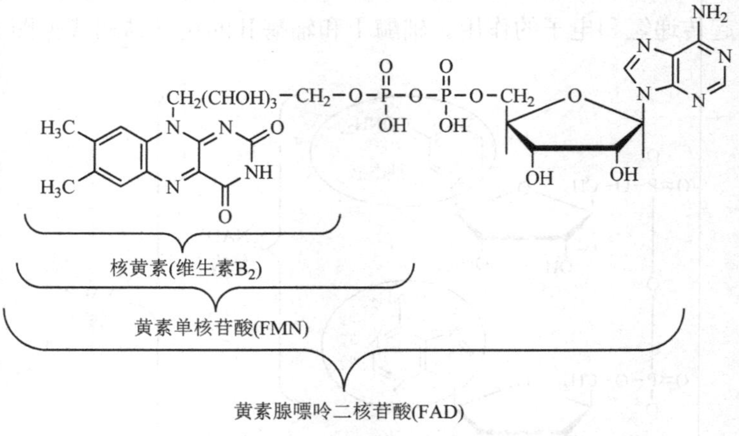

图 5-4 黄素单核苷酸（FMN）和黄素腺嘌呤二核苷酸（FAD）

黄素酶属于氧化还原酶。FMN 和 FAD 中的异咯嗪可进行可逆的加氢与脱氢反应，故 FMN 和 FAD 均为递氢体。FMN 和 FAD 传递氢的功能团是异咯嗪上的第 1 位和第 10 位的氮原子

（图 5-5）（以 R 代表 FMN 或 FAD 分子中除异咯嗪的其余部分）。

FMN 和 FAD 每次均可接受两个氢原子，分别生成 $FMNH_2$ 和 $FADH_2$。严格地说，FMN 和 FAD 是递氢和递电子体。因为 FMN 和 FAD 接受的是 2 个氢原子，相当于 2 个氢离子（H^+）和 2 个电子。

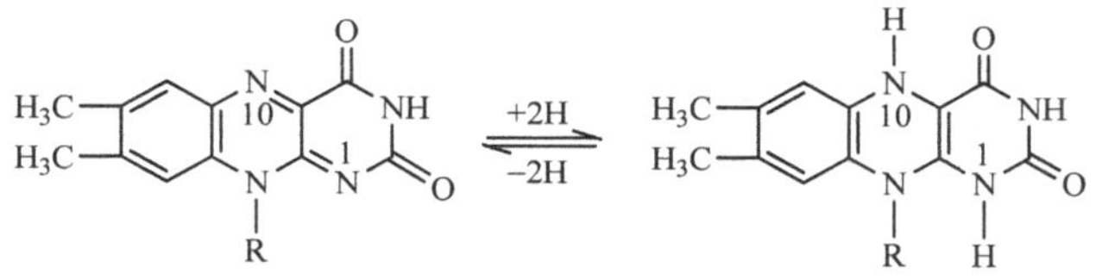

图 5-5　FMN 和 FAD 异咯嗪功能团发生的氧化还原反应

FMN 和 FAD 发生的氧化还原反应也可用如下简式表示：

$$\mathrm{FMN} \underset{-2H}{\overset{+2H}{\rightleftharpoons}} \mathrm{FMN \cdot 2H(FMNH_2)}$$

$$\mathrm{FAD} \underset{-2H}{\overset{+2H}{\rightleftharpoons}} \mathrm{FAD \cdot 2H(FADH_2)}$$

黄素单核苷酸（FMN）的递氢反应见图 5-6。从图 5-6 中可见，FMN 的递氢和递电子是通过异咯嗪功能团的第 1 位和第 10 位的氮原子进行的。黄素腺嘌呤二核苷酸（FAD）的递氢和递电子反应与黄素单核苷酸（FMN）相同。

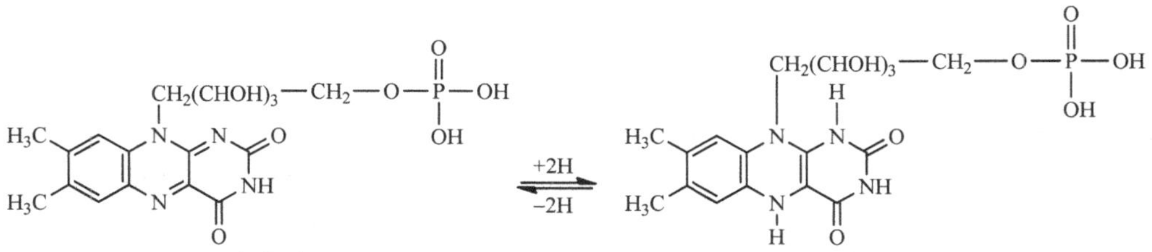

图 5-6　黄素单核苷酸（FMN）的递氢反应

（3）辅酶 A

辅酶 A（CoA）是酰基转移酶的辅酶。辅酶 A 酰基转移酶催化酰基转移反应。辅酶 A 的化学结构见图 5-7。辅酶 A 由泛酸（维生素 B_3）、3-磷酸腺嘌呤核苷酸和巯基乙胺组成。

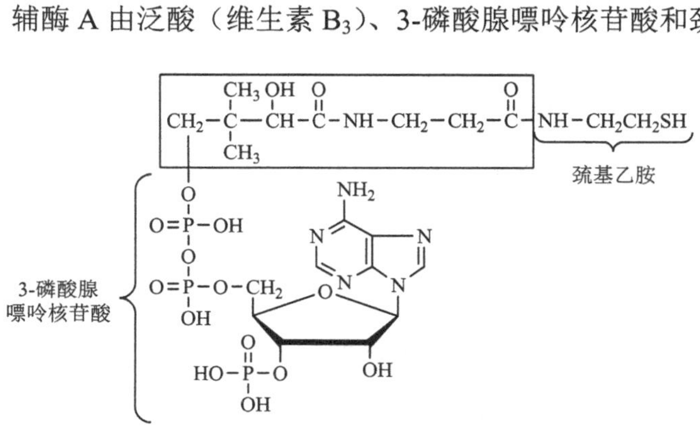

图 5-7　辅酶 A 的化学结构

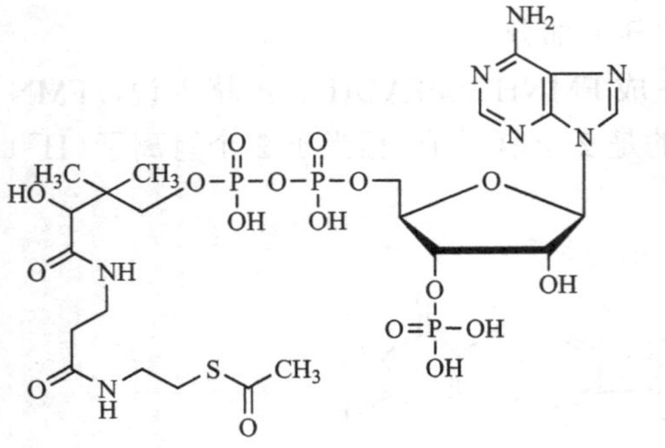

图 5-8　乙酰辅酶 A

辅酶 A 中的巯基（—SH）是发生酰基化的功能基团。辅酶 A 作为酰基载体可用于转移多种酰基，但更多的是对乙酰基的转移。辅酶 A 转移乙酰基时被乙酰化，生成乙酰辅酶 A，即乙酰辅酶 A 是辅酶 A 的乙酰化形式。乙酰辅酶 A 的形成：乙酸的羧基与辅酶 A 的巯基缩合，脱掉一分子的水，然后乙酰基（CH_3CO—）与辅酶 A 失去 H^+的—S 基团以硫酯键相连，形成乙酰辅酶 A。乙酰辅酶 A 中的硫酯键是高能键。辅酶 A 乙酰化后形成的乙酰辅酶 A 见图 5-8。

乙酰辅酶 A 是糖酵解后产生的丙酮酸氧化脱羧（见第六章葡萄糖的 EMP 途径与 TCA 循环的连接）及脂肪酸的 β 氧化的产物。乙酰辅酶 A 在许多代谢过程中起关键作用。

（4）硫辛酸

硫辛酸的结构式见图 5-9。硫辛酸通过氧化还原反应传递氢和电子（图 5-10）。硫辛酸还可转移脂酰基。

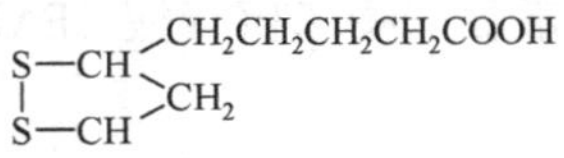

图 5-9　硫辛酸

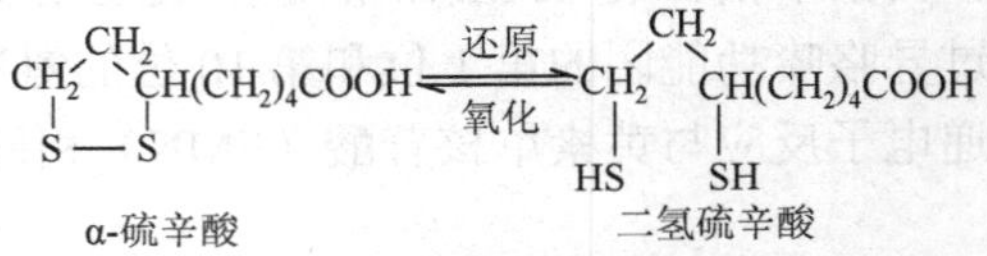

图 5-10　硫辛酸的氧化型和还原型

硫辛酸作为酰基载体，在三羧酸循环（见第六章）两个氧化脱羧关键反应［由丙酮酸脱氢酶（pyruvate dehydrogenase）和 α-酮戊二酸脱氢酶（α-ketoglutarate dehydrogenase）催化］中起作用。以硫辛酸转移丙酮酸分子中的乙酰基为例。硫辛酸与丙酮酸分子中的乙酰基形成一个硫酯键，然后将乙酰基转移到辅酶 A 分子的硫原子上，使辅酶 A 形成乙酰辅酶 A。

（5）硫胺素和焦磷酸硫胺素

焦磷酸硫胺素（TPP）是酮酸脱氢酶的辅酶，催化酮酸的脱羧反应，其前体是硫胺素（维生素 B_1）。硫胺素经焦磷酸化转变为焦磷酸硫胺素。硫胺素和焦磷酸硫胺素的化学结构见图 5-11 和图 5-12。

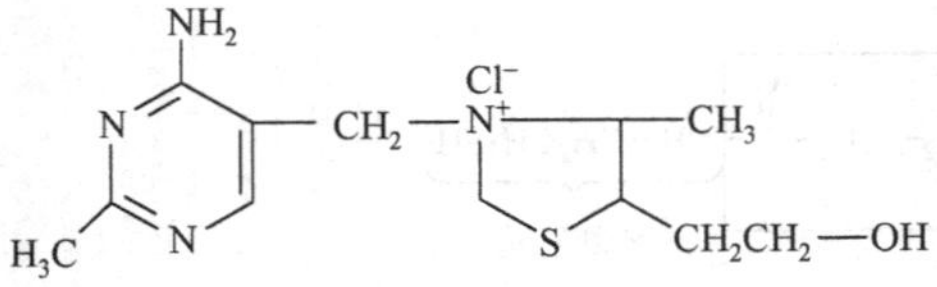

图 5-11　硫胺素

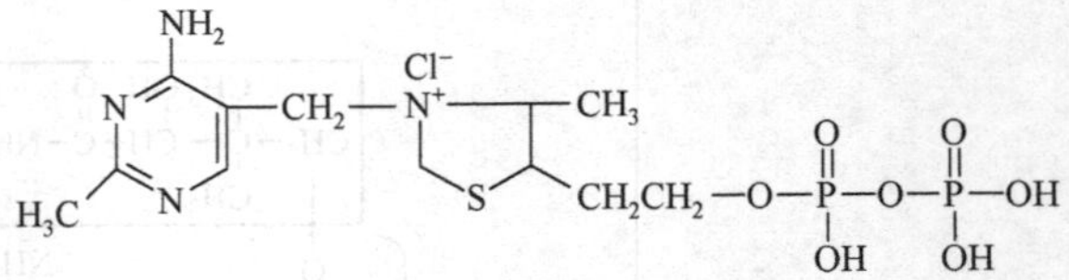

图 5-12　焦磷酸硫胺素

（6）磷酸吡哆素

磷酸吡哆素主要包括磷酸吡哆醛和磷酸吡哆胺。其化学结构见图 5-13。

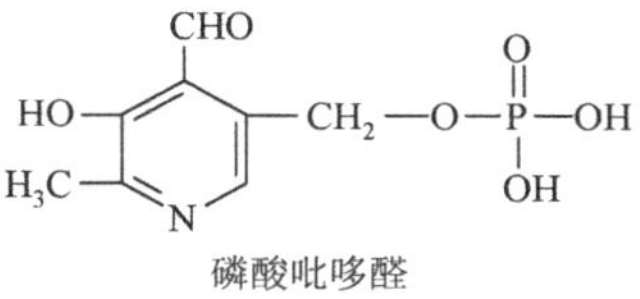

图 5-13　磷酸吡哆素

磷酸吡哆素是转氨酶的辅酶。转氨酶通过磷酸吡多醛和磷酸吡多胺的相互转换，起转移氨基的作用。

（7）生物素

生物素（维生素 B_7）是羧化酶的辅酶。生物素的功能是作为 CO_2 的传递体，在生物合成中起传递和固定 CO_2 的作用。生物素的化学结构及生物素与 CO_2 结合羧化为羧基生物素（图 5-14）。

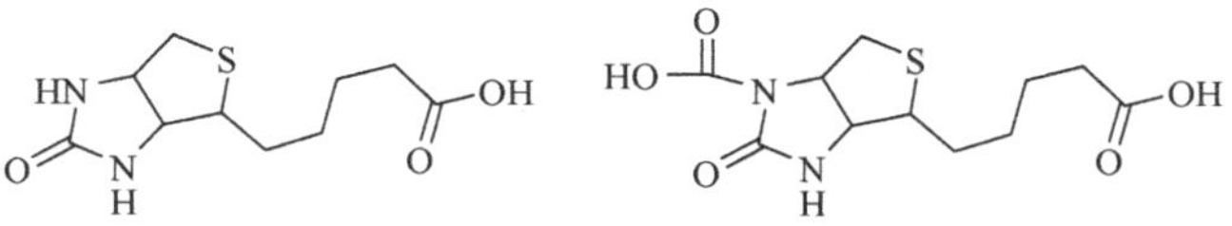

图 5-14　生物素与羧基生物素

（8）维生素 B_{12} 辅酶（辅酶 B_{12}）

维生素 B_{12} 辅酶简称为辅酶 B_{12}。辅酶 B_{12} 是一些变位酶和转甲基酶的辅酶，催化底物分子内基团（主要为甲基）的变位反应。

维生素 B_{12} 又称为钴胺素。其化学结构见图 5-15。维生素 B_{12} 的简式见图 5-16。维生素 B_{12} 分子中与 Co^+ 相连的 CN 基被 5′-脱氧腺苷取代后便形成维生素 B_{12} 辅酶（5′-脱氧腺苷-B_{12}），见图 5-17。

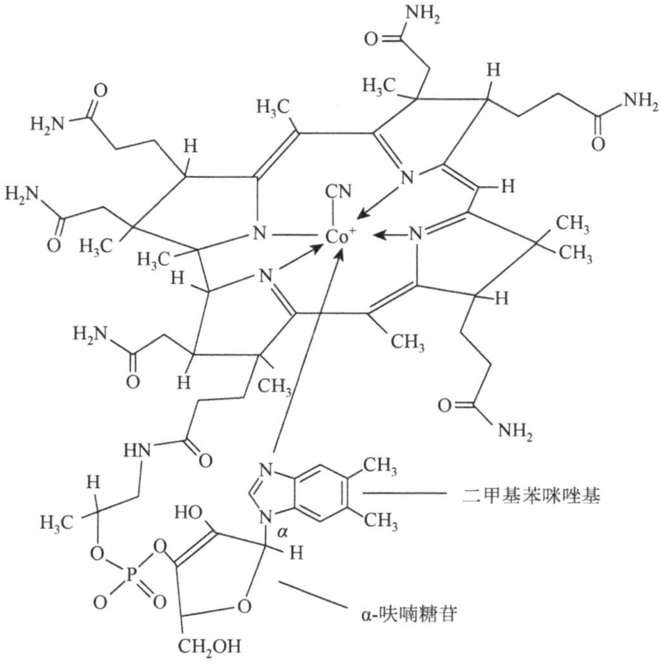

图 5-15　维生素 B_{12}（钴胺素）

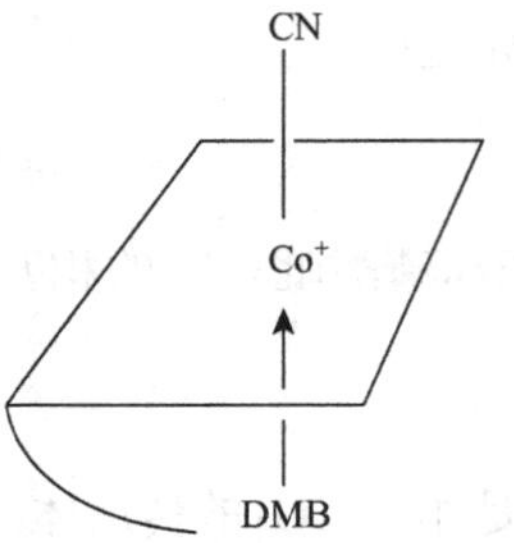

图 5-16　维生素 B_{12} 的简式

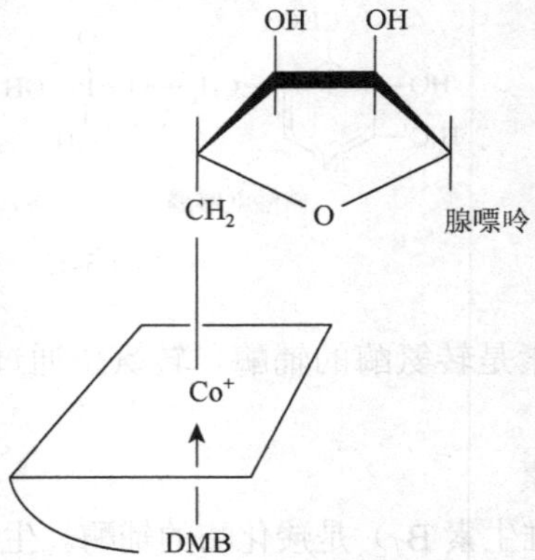

图 5-17　维生素 B_{12} 辅酶（5′-脱氧腺苷-B_{12}）

（9）叶酸和四氢叶酸（FH_4 或 THFA）

四氢叶酸是合成酶的辅酶，其前体是叶酸（又称为蝶酰谷氨酸或维生素 B_{11}）。叶酸的结构见图 5-18。

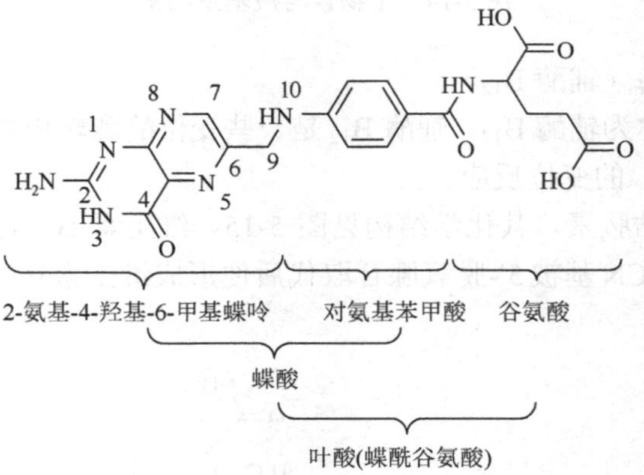

图 5-18　叶酸的结构

四氢叶酸（图 5-19）的主要作用是作为一碳基团，如—CH_3，—CH_2—，—CHO 等的载体，参与多种生物合成过程。

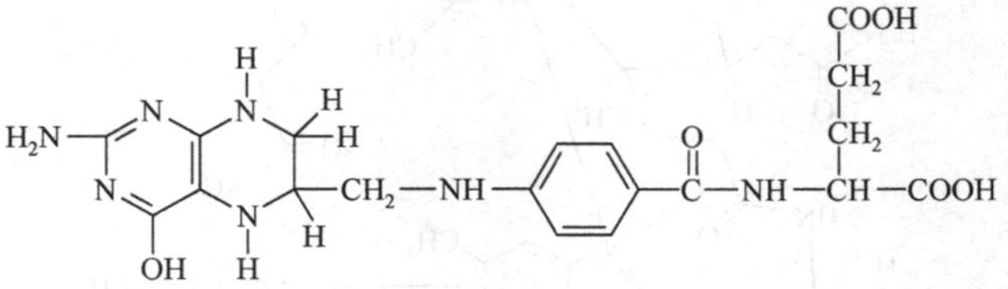

图 5-19　四氢叶酸的结构

二、酶的命名

酶的命名有习惯命名法和国际系统命名法。

1. 习惯命名法

习惯命名法有两个命名原则。一是根据酶所催化的底物命名；二是根据酶催化的反应性质命名。

（1）根据酶催化的底物命名

若催化的底物是淀粉则该酶被命名为淀粉酶；若催化的底物为蛋白质则该酶被命名为蛋白酶。

（2）根据酶催化的反应性质命名

例如，水解酶催化的是底物的水解反应；转氨酶催化的即氨基的转移反应。

结合上述两个原则来命名，如催化琥珀酸脱氢的酶命名为琥珀酸脱氢酶。

2. 国际系统命名法

国际系统命名法是国际酶学委员会于1961年提出的命名法。其命名原则是酶的名称必须包括底物名称、底物构型及催化反应性质，最后加一个酶字。

例如，习惯命名法命名的谷丙转氨酶，其系统名称是丙氨酸：α-酮戊二酸氨基转移酶。

第三节　酶的分子结构与高效催化机制

一、酶的分子结构

功能取决于结构。酶的高效催化与选择催化等特性与其结构的特殊性密切相关。

（一）酶的活性中心

1. 活性中心的概念

在酶分子中，与底物直接结合，并催化底物发生反应的部位称为酶的活性中心（active center）或活性部位（active site），见图5-20。活性中心是酶蛋白中特异性氨基酸残基比较集中的区域，即与酶活力直接相关的区域。

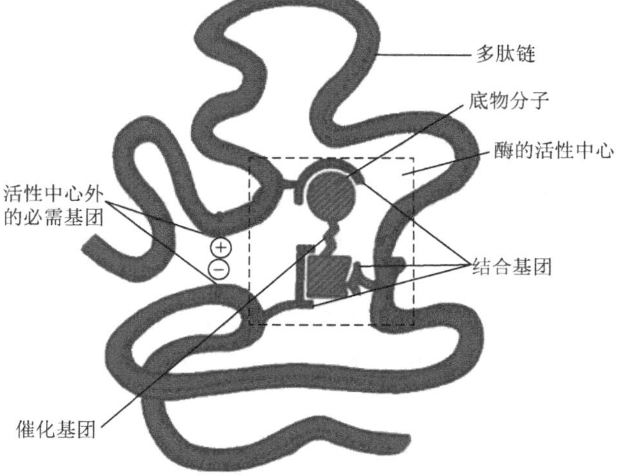

图5-20　酶的活性中心示意图

一般认为，组成活性中心的是酶分子中在三维结构上比较靠近的少数几个氨基酸残基或这些残基上的某些基团。它们在一级结构上可能相距甚远，甚至位于不同肽链上，但肽链经过盘绕和折叠后使之在空间上相互靠近（如图 5-21 的胰凝乳蛋白酶的活性中心）。对于需要辅酶的酶来说，辅酶分子或辅酶分子的某一部分也是活性中心的组成部分。

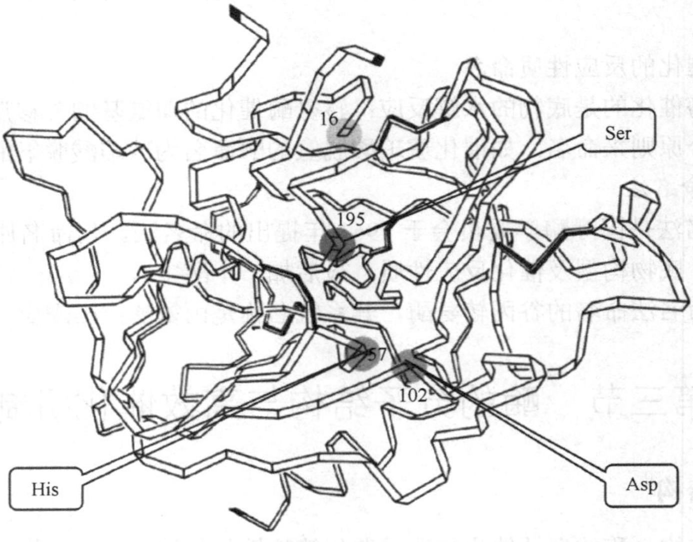

图 5-21　胰凝乳蛋白酶的活性中心

活性中心的重要基团是 His57、Asp102、Ser195

2. 活性中心的组成

活性中心主要由两个功能部位组成：一个是结合部位；另一个是催化部位。

（1）结合部位

酶分子中与底物结合的部位或区域称为结合部位（binding site）（图 5-22）。从图 5-22 中可以看出，酶的活性中心与底物在构象上是吻合的。酶结合部位的形成见图 5-23。由图 5-23 可知，在酶分子中，与活性中心相关的肽链经过折叠后，使肽链上原来相距较远的氨基酸在空间上相互靠近，形成了具有一定结构和功能的部位，即活性中心结合部位。酶的结合部位决定酶的专一性。

（2）催化部位

酶分子中负责催化底物化学键断裂与新化学键形成的部位称为催化部位（catalytic site）。催化部位决定酶的催化能力及反应性质。

3. 活性中心的特点

a. 酶与底物相比，酶分子比底物分子大得多。但酶活性中心很小，通常只比底物稍大一点。活性中心通常只占整个酶分子体积的 1%～2%。

b. 酶的活性中心是一个三维结构。

c. 酶的活性中心与底物形状在结构上并无固定互补关系，而是在酶和底物结合的过程中，底物分子或酶分子的构象发生一定变化后才互补的。有时二者的构象同时发生一定变化后才互补。

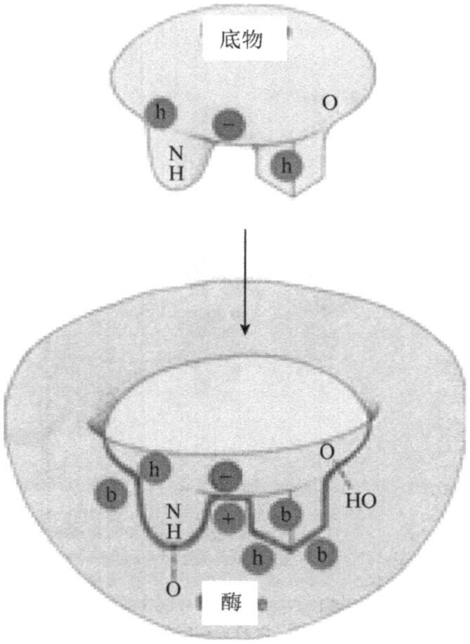

图 5-22　酶的结合部位示意图

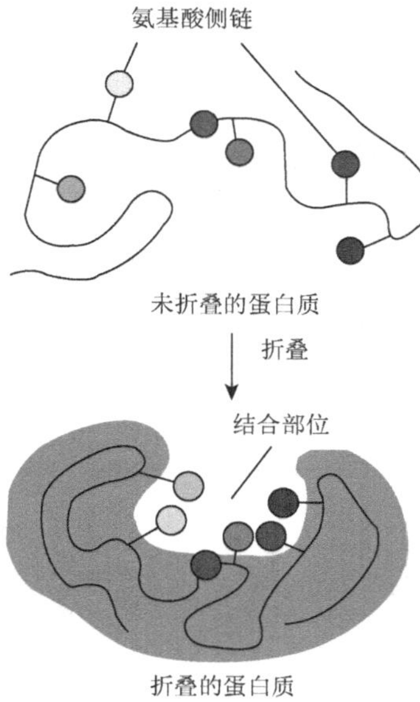

图 5-23　酶活性中心结合部位的形成示意图

d. 酶的催化作用是由氨基酸侧链上的功能基团和辅酶负责完成的。活性中心的催化部位一般只有2～3个氨基酸残基组成。

（二）必需基团

在酶分子中，与酶活性密切相关的基团称为必需基团（essential group）。必需基团包括活性中心内的必需基团和活性中心外的必需基团。

活性中心内的必需基团是构成酶活性中心的基团。活性中心外的必需基团是维持酶的特定构象所必需的基团。必需基团主要包括以下部分。

1. 亲核基团

亲核基团主要有丝氨酸的羟基、半胱氨酸的巯基和组氨酸的咪唑基等。亲核基团见图5-24。

2. 酸碱基团

酸碱基团主要有天冬氨酸和谷氨酸的羧基、赖氨酸的氨基、酪氨酸的酚羟基、组氨酸的咪唑基和半胱氨酸的巯基等。酸碱基团见图5-25。

二、酶的专一性作用机制

酶分子活性中心部位，一般都含有多个具有催化活性的手性结构。这些手性结构对底物分子构型取向起着诱导和定向作用，使反应可以按单一方向进行。

（1）“三点结合”催化理论

“三点结合”催化理论认为，酶与底物的结合处至少有三个

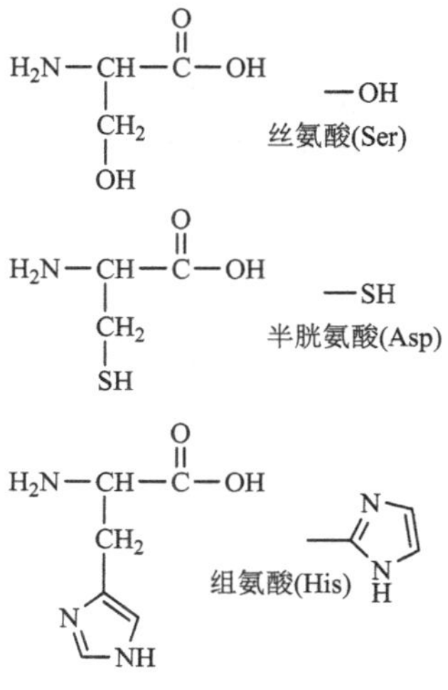

图 5-24　亲核基团

结合点，而且只有一种形式是完全结合的形式。只有这种形式，不对称催化作用才能实现。酶的三点结合见图 5-26。

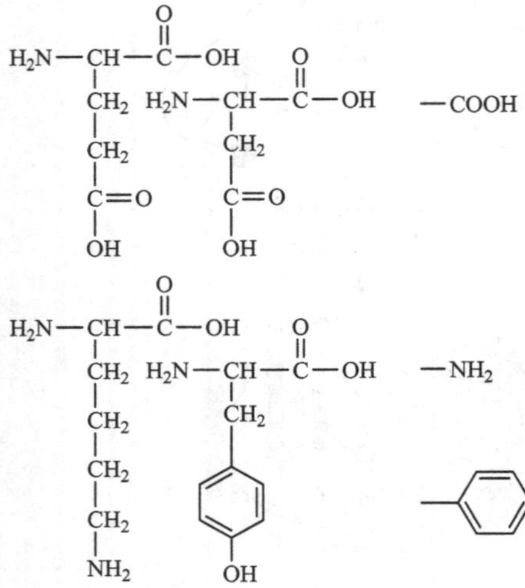

图 5-25　酸碱基团

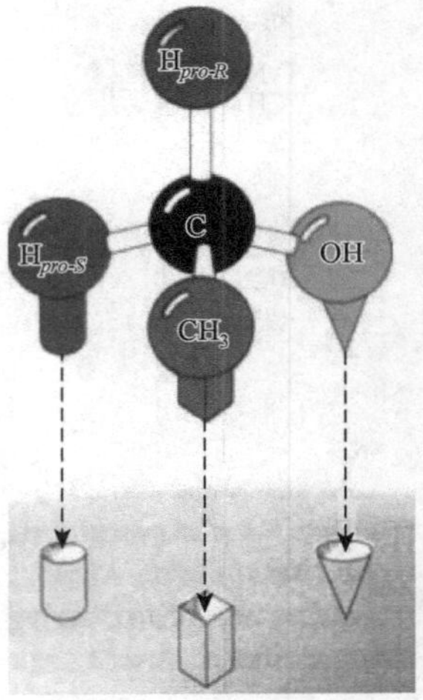

图 5-26　酶的三点结合示意图

（2）锁钥学说

锁钥学说认为，整个酶分子的天然构象呈刚性结构，且酶表面具有特定形状。酶与底物的结合如同一把钥匙对一把锁一样。锁钥学说模型见图 5-27。

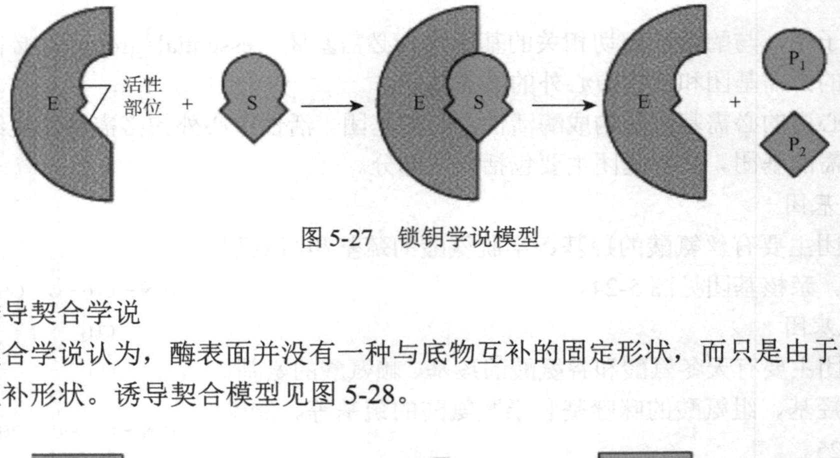

图 5-27　锁钥学说模型

（3）诱导契合学说

诱导契合学说认为，酶表面并没有一种与底物互补的固定形状，而只是由于底物的诱导才形成了互补形状。诱导契合模型见图 5-28。

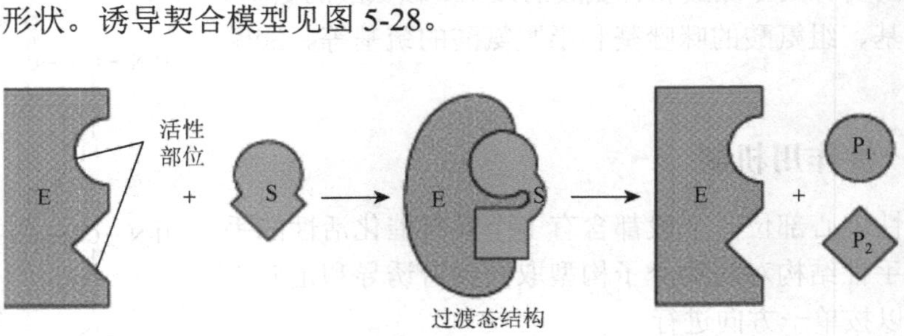

图 5-28　诱导契合模型

三、酶的高效率催化机制

（一）中间产物学说

中间产物学说是由 Henri 和 Wurtz 提出的。该学说认为，酶促反应是分步进行的。第一步是酶与底物结合形成酶-底物中间复合物（ES）。当底物分子在酶作用下发生化学变化后，中间复合物再分解成产物并释放出酶。反应用下式表示：

$$S + E \longrightarrow ES \longrightarrow P + E$$

许多实验结果证明了 ES 复合物的存在。ES 复合物形成的速率与酶和底物的性质有关。

（二）降低反应的活化能

酶促反应的方向（化学平衡方向）主要取决于反应自由能变化，而反应速度的快慢，则主要取决于反应的活化能 Ea。酶的作用是降低反应活化能（图 5-29），从而起到提高反应速度的作用。

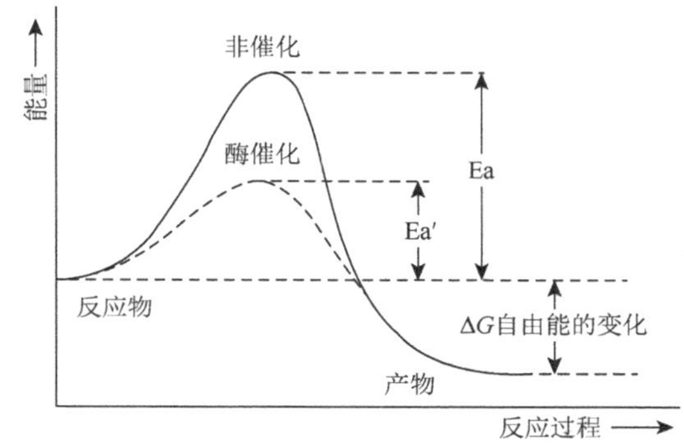

图 5-29　酶对活化能的降低

酶催化作用的本质是酶的活性中心与底物分子通过短程非共价力（如氢键、离子键和疏水键等）的作用，形成 ES 中间复合物，其结果使底物的价键状态发生形变或极化，起到激活底物分子和降低过渡态活化能的作用。

（三）邻近效应和定向效应

在酶促反应中，底物分子结合到酶的活性中心，一方面底物在酶活性中心的有效浓度大大增加，有利于提高反应速度；另一方面活性中心的立体结构和相关基团的诱导与定向作用，使底物分子中参与反应的基团相互接近，增加了酶与底物的接触机会和有效碰撞，同时被严格定向定位，使酶促反应具有高效性与专一性。

下面以咪唑与对硝基苯酚乙酸酯的反应，以及酯与羧基结合形成酐的反应为例，说明其邻近效应和定向效应。

1. 咪唑与对硝基苯酚乙酸酯的反应

（1）咪唑分子与一个对硝基苯酚乙酸酯分子间的反应

一个咪唑分子与一个对硝基苯酚乙酸酯分子（两个分子）之间可发生亲核取代反应。将咪唑与对硝基苯酚乙酸酯结合为一个分子后，在分子内，咪唑基与对硝基苯酚乙酸酯也可发生亲核取代反应。但发生在分子内的反应的反应速度与发生在分子间的反应的反应速度相差很大。

一个咪唑分子与一个对硝基苯酚乙酸酯分子之间的亲核取代反应见图 5-30。

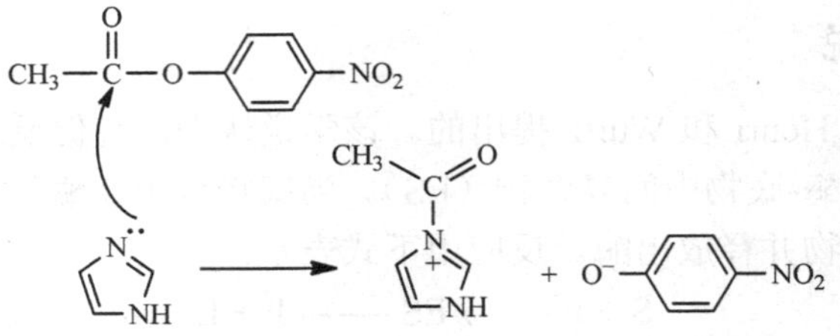

图 5-30　咪唑分子与一个对硝基苯酚乙酸酯分子间的反应

（2）咪唑基与对硝基苯酚乙酸酯分子内的反应

将咪唑与对硝基苯酚乙酸酯结合为一个分子。在分子内，咪唑基与对硝基苯酚乙酸酯的亲核取代反应见图 5-31。

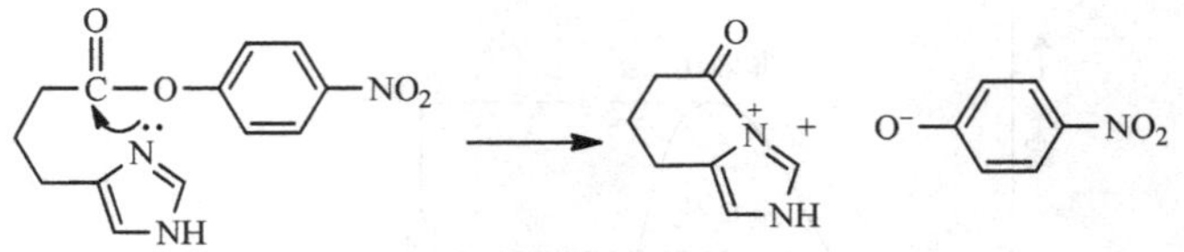

图 5-31　咪唑基与对硝基苯酚乙酸酯分子内的反应

研究表明，分子内咪唑基与对硝基苯酚乙酸酯的反应速度比相应的分子间的反应速度大 24 倍，说明咪唑基与酯基的相对位置对反应速度有很大的影响。进一步研究表明，邻近效应使底物有效浓度增加了 24 倍。酶的有效浓度的升高，使反应速度大大增加。

2. 酯与羧基结合形成酐的反应

酯与羧基结合形成酐的反应相对速度与结构有关。分子间的反应速度低（1mol/s），分子内的反应速度明显提高，达 10^5mol/s，而立体结构分子内的反应速度更高，为 10^8mol/s（图 5-32）。

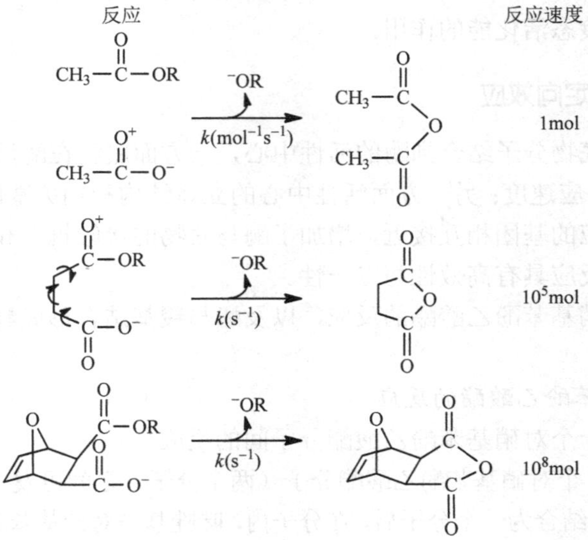

图 5-32　酯与羧基结合形成酐的反应

上述两个酶促反应中，使底物分子中参与反应的基团相互靠近，增加了酶与底物的有效接触与碰撞，使酶促反应速度大大提高。

（四）多功能催化作用

酶的活性中心一般都含有多个起催化作用的基团，这些基团在空间上都有特殊的排列和取向，可对底物价键的形变、极化及调整底物基团的位置等起到协同作用，从而使底物达到最佳反应状态（图 5-33）。

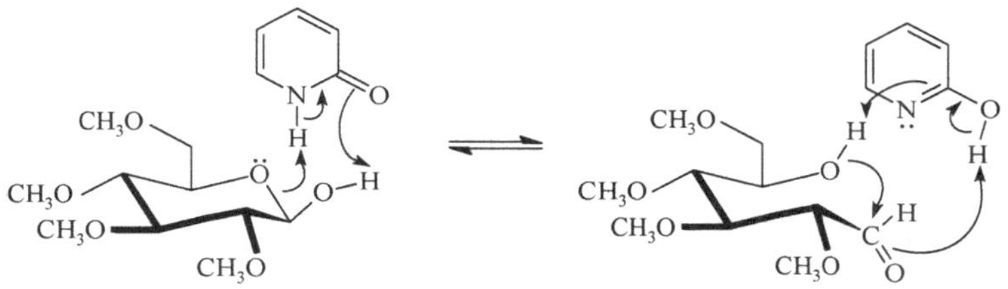

图 5-33　多功能催化作用

（五）酸碱催化

酸碱催化是指通过质子酸提供质子，或是通过质子碱接受质子的作用，以达到降低反应活化能，加速反应进行的催化方式。

参与酸碱催化的氨基酸残基及其基团有氨基、羧基、巯基、酚羟基及咪唑基等（表 5-3）。组氨酸是酸碱催化作用中最活泼的氨基酸残基。

表 5-3　参与酸碱催化的主要基团

氨基酸残基	质子供体	质子受体
谷氨酸（Glu）和天冬氨酸（Asp）	R—COOH	$R-COO^-$
赖氨酸（Lys）和精氨酸（Arg）	$R-\overset{+}{N}H_3$	$R-\ddot{N}H_2$
半胱氨酸（Cys）	R—SH	$R-S^-$
组氨酸（His）	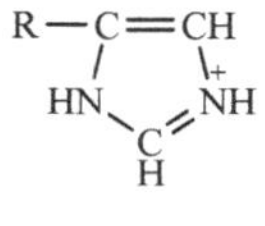	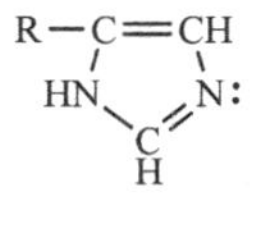
色氨酸（Trp）	R—OH	$R-O^-$
酪氨酸（Tyr）	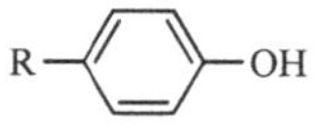	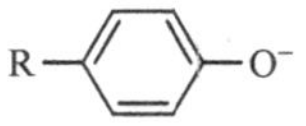

（六）共价催化

共价催化是指酶通过与底物形成反应活性比较高的共价中间复合物（图 5-34），使反应活化能降低，从而提高反应速度的催化方式。酶与底物形成过渡性的共价中间体，限制底物的活动，使反应易于进行。

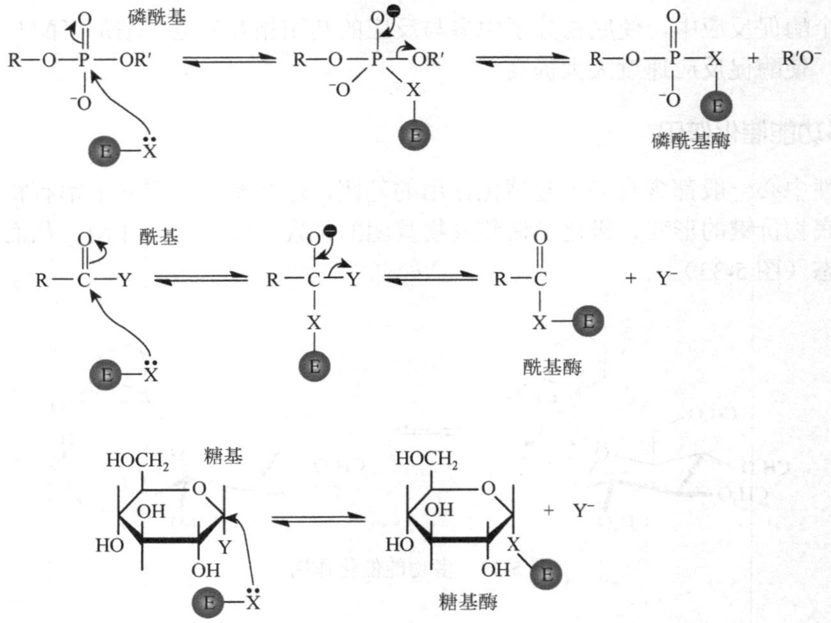

图 5-34　共价催化中共价中间复合物的形成

酶分子中参与共价催化的基团主要包括咪唑基、硫基、羧基及羟基等。某些辅酶，如焦磷酸硫胺素和磷酸吡哆醛等也可参与共价催化。

（七）疏水效应

活性中心的疏水区域对水分子的排除与排斥，有利于酶与底物的接触。

酶的活性中心多位于其分子内部的疏水“口袋”中，酶反应在酶分子内部的疏水环境中进行。疏水环境可使底物分子脱溶剂化。排除水分子的干扰，防止酶和底物分子之间形成水化膜。

第四节　酶促反应动力学

酶促反应动力学是研究酶促反应速度及其影响因素的科学。影响酶促反应速度的因素主要包括酶浓度、底物浓度、温度、pH、激活剂和抑制剂等。

通过酶促反应动力学的研究，可进一步探究酶的结构与功能的关系及酶的作用机制，确定酶高效催化的最佳条件，了解酶在代谢中的作用及污染物降解机制。

一、酶浓度对酶反应速度的影响

在一定的温度和 pH 条件下，在底物浓度足以使酶饱和的情况下，酶的浓度与酶促反应速度呈正比关系（图 5-35）。

二、温度对酶反应速度的影响

化学反应速度随温度增高而加快。但酶是蛋白质，温度过高会使蛋白质变性。在一定温度范围内，反应速度随温度升高而加快。但温度超过一定范围后，酶受热变性，反应速度反而随温度上升而减慢。酶促反应速度（v）和温度之间的关系呈一条钟罩形曲线（图 5-36）。通常将酶促反应速度最大的某一温度范围称为酶的最适温度（optimum temperature）。

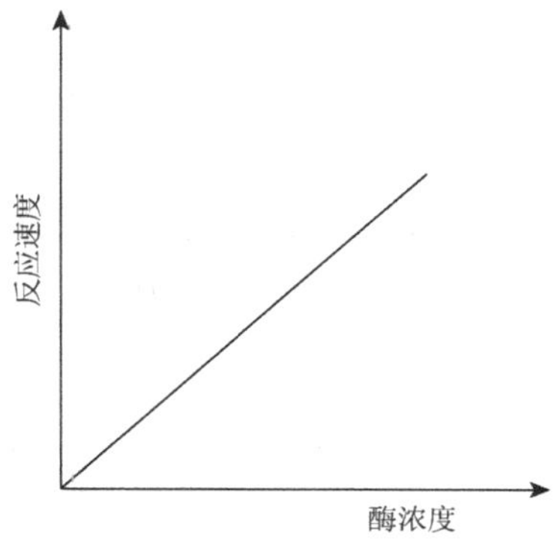

图 5-35　酶浓度对反应速度的影响

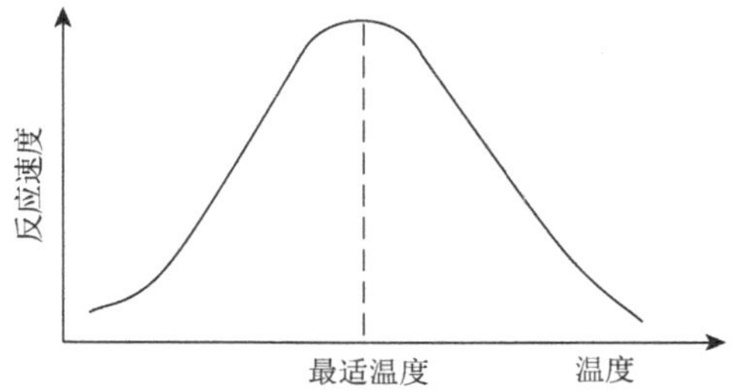

图 5-36　温度对酶反应速度的影响

一般来说，在温度较低范围，温度每升高 10℃，反应速度增加 1～2 倍，可用温度系数 Q_{10} 来表示。

温度对酶促反应速度的影响在水处理中具有重要意义。表 5-5 列出了一些温度对活性污泥和污泥消化的影响。

表 5-4　温度对活性污泥和污泥消化的影响

影响对象	温度/℃	Q_{10}
活性污泥	10～20	2.85
	15～25	2.22
	20～30	1.89
污泥消化	10～20	1.67
	15～25	1.73
	20～30	1.67
	25～35	1.48
	30～40	1.00

三、pH 对酶反应速度的影响

酶反应介质的 pH 可影响酶分子，特别是影响活性中心上必需基团的解离和催化基团中质子供体或质子受体的离子化状态。同时，pH 也会影响底物和辅酶的解离，从而影响酶与底物的结合。

只有在适宜于酶、底物和辅酶解离的 pH 条件下，才能使它们进行恰当解离，以促使有效结合，并发生有效催化。满足这种效果的 pH 称为酶的最适 pH。pH 对酶促反应速度的影响见图 5-37。

废水生物处理的 pH 一般控制在 6～9。pH 过高或过低都会改变污染物和酶分子的解离状态，影响二者之间的结合。甚至会影响酶分子的稳定性，使酶遭到不可逆的破坏。

四、底物浓度对酶反应速度的影响

酶反应速度随底物浓度的变化规律呈一条双曲线（图 5-38）。在其他条件不变的情况下，底物浓度较低时，反应速度随底物浓度的增加而急骤加快，两者呈正比关系，表现为一级反应；当底物浓度较高时，反应速度虽然随着底物浓度的升高而加快，但不再按正比例加快，反应速度开始变得缓慢，表现为混合级反应；当底物浓度增高到一定程度时，如果继续加大底物浓度，反应速度不再增加，表现为零级反应。此时说明，酶已被底物所饱和。

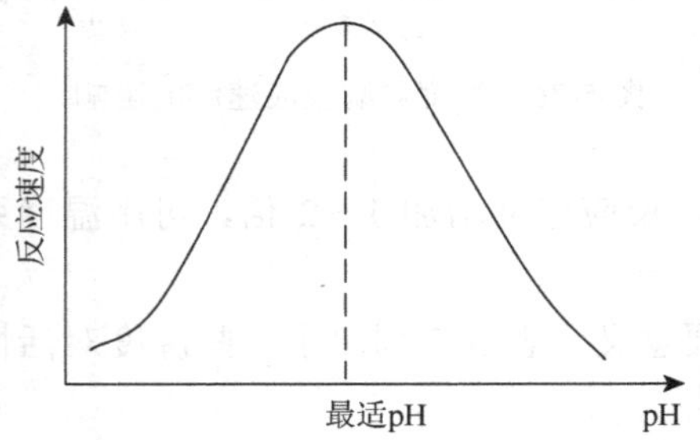

图 5-37　pH 对酶促反应速度的影响

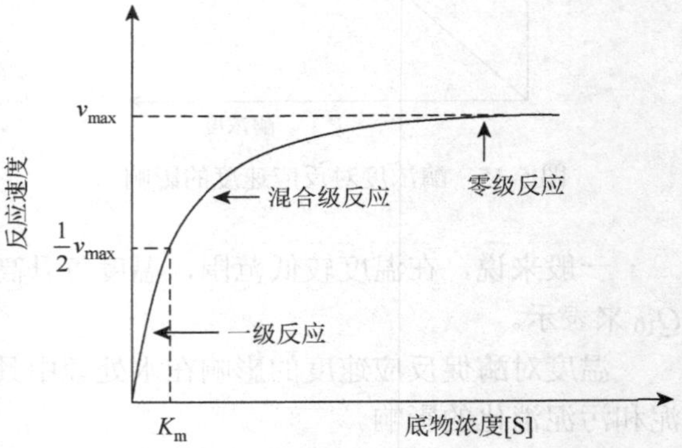

图 5-38　底物浓度对酶反应速度的影响

根据中间产物理论，酶促反应速度随底物浓度变化，说明酶（E）与底物（S）会先形成中间复合物（ES），然后生成产物（P）。在底物浓度很低时，酶的活性中心没有全部与底物结合；增加底物浓度时，ES 的形成与 P 的生成均呈正比关系增加；当底物浓度[S]增加至一定程度时，酶全部形成了 ES，此时再增加底物浓度[S]，中间复合物的浓度[ES]也不会增加，反应速度趋于恒定。

（一）米氏方程

为了进一步解释底物浓度与酶促反应速度的关系，Michaelis 和 Menten 于 1913 年完善了中间产物理论。他们认为，酶（E）与底物（S）形成中间产物（ES）的反应速度比较快，而且这步反应是一种可逆反应，保持着一种动态平衡。而中间产物（ES）生成产物（P）并释放酶（E）的反应速度比较慢，为限速反应。

Michaelis 和 Menten 将酶反应速度随底物浓度的变化规律（图 5-38）归纳出一个数学表达式——米氏方程：

$$v = \frac{v_{max}[S]}{K_m + [S]}$$

式中，v 为底物某一浓度时的反应速度；v_{max} 为最大反应速度；[S]为底物浓度；K_m 为米氏常数。

米氏方程为酶促反应动力学最基本的数学表达式。

（二）米氏常数（K_m）的意义

1. K_m的物理意义

a. 当反应速度为最大速度一半时，米氏方程可以变换如下：

$$1/2v_{max} = v_{max}[S]/(K_m + [S])$$

此时，$K_m = [S]$。

因此，K_m的物理意义即K_m值等于酶促反应达到最大速度一半时的底物浓度。

b. 通过K_m值，可判断酶与底物的亲和力。

K_m值越大，酶与底物的亲和力越小；反之，酶与底物的亲和力越大。

c. K_m值是酶的特征常数。

K_m值只与酶的结构、酶所催化的底物和酶促反应条件有关，与酶的浓度无关。酶的种类不同，K_m值不同。同一种酶与不同底物作用时，K_m值也不同。

2. K_m的实用意义

（1）用于酶的鉴定

通过测定K_m，可以鉴别不同来源或相同来源但在不同发育阶段、不同生理状态下催化相同反应的酶是否属于同一种酶。

（2）用于判断酶的最佳底物

如果一种酶可作用于多个底物，就有多个K_m值。其中，K_m最小对应的底物就是酶的天然底物。例如，蔗糖酶，既可催化蔗糖水解（$K_m = 28$mmol/L），也可催化棉子糖水解（$K_m = 350$mmol/L），两者相比，蔗糖为该酶的天然底物。

（3）用于计算一定速度下的底物浓度

如某一反应要求的反应速度达到最大反应速度的99%，则$[S] = 99K_m$。必须指出，米氏方程只适用于较为简单的酶促反应过程，而对于比较复杂的酶促反应过程，如多酶体系、多底物、多产物及多中间物等必须借助于复杂的计算过程。

3. 求得K_m值与v_{max}值的方法

求K_m值与v_{max}值的方法采用双倒数作图法（林-贝氏作图法），见图5-39。

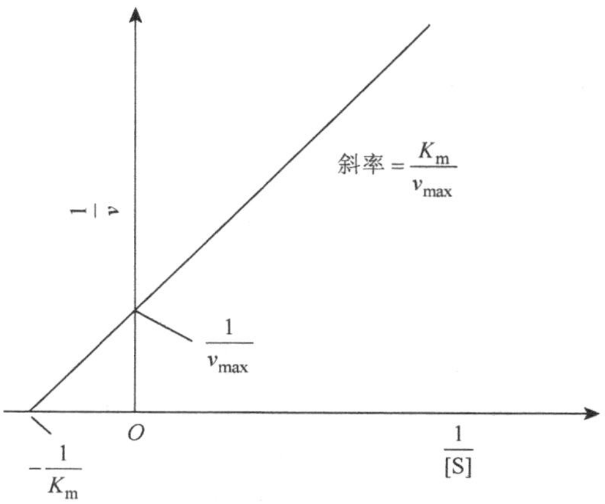

图5-39　双倒数作图法求K_m值与v_{max}值

对米氏公式两边同取倒数使之成为直线方程：

$$\frac{1}{v}=\frac{K_m}{v_{max}}\times\frac{1}{[S]}+\frac{1}{v_{max}}$$

以 1/v 为纵坐标，1/[S]为横坐标作图，可得到一直线。直线的斜率为 K_m/v_{max}，截距为 $1/v_{max}$。

（三）米氏方程对废水生物处理的意义

在利用活性污泥法进行污水生物处理时，微生物增长速率 dX/dt 与微生物本身的浓度[X]、底物浓度[S]之间的关系是废水生物处理中的重要研究课题。

Monod 于 1942 年和 1950 年先后进行了两次纯菌种培养实验。通过实验发现，微生物的增长速率与基质浓度之间存在与上述酶促反应类似的规律，进而提出了微生物比增长速率与基质浓度之间的动力学公式，即 Monod 方程式：

$$\mu=\mu_{max}\frac{[S]}{K_s+[S]}$$

式中，μ 为微生物的比增长速率，即单位时间单位生物量的增长速度$\left(\mu=\frac{dX/dt}{[X]}\right)$；$\mu_{max}$ 为微生物的最大比增长速率；K_s 为饱和常数，即当 $\mu=1/2\mu_{max}$ 时的底物浓度；[S]为底物浓度，mg/L。

求得 μ_{max} 与 K_s 同样采用双倒数作图法（林-贝氏作图法）：

$$\frac{1}{\mu}=\frac{K_s}{\mu_{max}}\times\frac{1}{[S]}+\frac{1}{\mu_{max}}$$

通过作图（图 5-40）即可求得 μ_{max} 与 K_s。

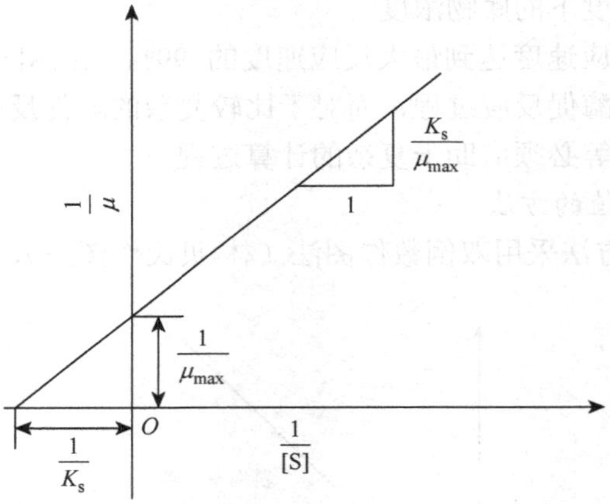

图 5-40 双倒数作图法求 μ_{max} 值与 K_s 值

Monod 对单一菌种进行实验后，又用由混合微生物群体组成的活性污泥对多种基质进行微生物增殖实验，也取得了符合 Monod 方程中微生物的增长速率与基质浓度之间关系的结果。可以假定，在微生物比增长速率（μ）与底物的比降解速率（v）之间存在下列比例关系：

$$\mu\propto v$$

则与比增长速率相对应的底物比降解速率也可以用类似公式表示，即

$$v=v_{max}\frac{[S]}{K_s+[S]}$$

式中，v 为底物比降解速率；v_{max} 为底物的最大比降解速率；[S] 为限制性底物浓度；K_s 为饱和常数。

活性污泥反应动力学是以米氏方程和 Monod 方程为基础发展起来的。目前，废水生物处理技术界广为接受并得到应用的活性污泥反应动力学是劳伦斯-麦卡蒂（Lawrence & McCarty）建立的模式。

活性污泥反应动力学模式建立所作的主要假设有：①曝气池中呈完全混合状态；②活性污泥系统运行条件稳定；③活性污泥在二次沉淀池内微生物不产生代谢活动，且微生物浓度保持不变；④处理系统中无有毒物质和抑制物质等。下面仅介绍劳伦斯-麦卡蒂模式的两个基本方程。

方程 1：

曝气池中基质去除速率与微生物浓度的关系方程：

$$\frac{d\rho_s}{dt}=\frac{-K_{max}\rho_s\cdot\rho_x}{K_s+\rho_s}$$

式中，$d\rho_s/dt$ 为基质去除率，mg $BOD_5/(L\cdot h)$；K_{max} 为单位污泥基质最大去除速率，mg $BOD_5/(mg\ VSS\cdot h)$；ρ_s 为反应器内基质浓度，mg BOD_5/L；K_s 为饱和常数，其值等于 $1/2K_{max}$ 时的基质浓度，mg BOD_5/L；ρ_x 为微生物的浓度，mg VSS/L。

当 $\rho > K_s$ 时，上式可简化为

$$\frac{d\rho_s}{dt}=-K\rho_x$$

当 $\rho < K_s$ 时，可简化为

$$\frac{d\rho_s}{dt}=-\frac{K}{K_s}\rho_x\rho_s$$

当曝气池出水要求高时，常处于 $\rho < K_s$ 状态。

方程 2：

微生物的增长和基质去除的关系方程：

$$\frac{d\rho_x}{dt}=y\frac{d\rho_s}{dt}-K_d\rho_x$$

式中，$d\rho_x/dt$ 为微生物的增长率，mg VSS/(L·h)；$d\rho_s/dt$ 为基质去除率，mg $BOD_5/(L\cdot h)$；ρ_x 为微生物的浓度，mg VSS/L；y 为合成系数，mg VSS/mg BOD_5；K_d 为内源代谢系数，h^{-1}。

上式表明，曝气池中的微生物的变化是由合成和内源代谢两方面综合形成的。运行方式和水质不同时，y 和 K_d 值是不同的。活性污泥法典型动力系数见表 5-5。

表 5-5 活性污泥法典型动力系数

系数	单位	范围	平均数值
K	d^{-1}	2～10	5.0
K_s	mg/L BOD_5	25～100	60
	mg/L COD	15～70	40
y	mg VSS/mg BOD_5	0.4～0.8	0.6
	mg VSS/mg COD	0.25～0.4	0.4
K_d	d^{-1}	0.04～0.075	0.06

五、激活剂与抑制剂对酶反应速度的影响

（一）激活剂对酶反应速度的影响

凡能提高酶的活性的物质均称作酶的激活剂。从化学本质看，激活剂包括无机离子和小分子有机物，如 Mg^{2+}是多种激酶和合成酶的激活剂，Cl^{-}是淀粉酶的激活剂等。

酶促反应不可缺少的激活剂称必需激活剂，如 Mg^{2+}；有些激活剂不存在时，酶仍有一定活性，这类激活剂称非必需激活剂，如 Cl^{-}。

（二）抑制剂对酶反应速度的影响

凡能使酶的活性降低或丧失而不引起酶蛋白变性的物质称酶的抑制剂。通常将抑制作用分为不可逆性抑制和可逆性抑制两类。

1. 不可逆性抑制

与酶分子中的必需基团以共价键的方式结合，从而使酶失活，其抑制作用不能用透析、超滤等方法解除，这种抑制称为不可逆抑制（irreversible inhibition）作用。具有这种抑制作用的抑制剂称为不可逆抑制剂。

例如，有机磷农药能特异性地与胆碱酯酶活性中心丝氨酸的羟基结合，使酶失活（图 5-41）。

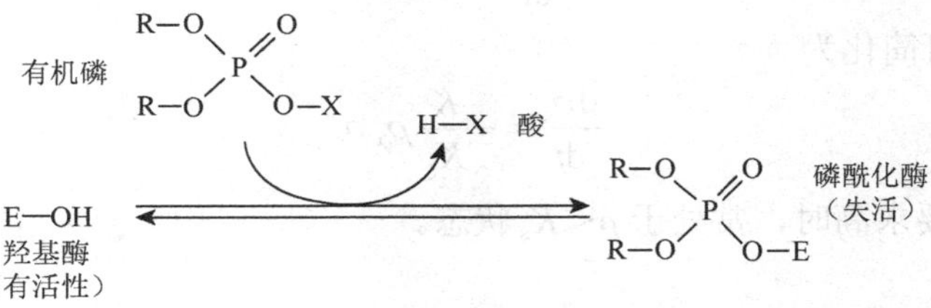

图 5-41　有机磷农药对羟基酶的抑制

2. 可逆性抑制（reversible inhibition）

抑制剂与酶以非共价键结合，用透析等物理方法除去抑制剂后，酶的活性能恢复，即抑制剂与酶的结合是可逆的。这类抑制剂大致可分为以下两类。

（1）竞争性抑制（competitive inhibition）

竞争性抑制剂（I）与底物（S）结构相似，因此两者互相竞争与酶的活性中心结合，当 I 与酶结合后，就不能与 S 结合，从而引起酶催化作用的抑制，这种抑制称竞争性抑制。竞争性抑制机制见图 5-42。

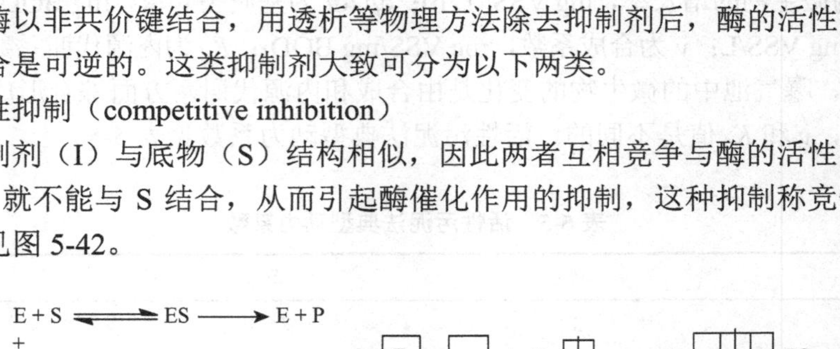

图 5-42　竞争性抑制机制

竞争性抑制作用有以下特点：①抑制剂结构与底物相似；②抑制剂结合的部位是酶的活

性中心；③抑制作用的大小取决于抑制剂与底物的相对浓度。在抑制剂浓度不变时，通过增加底物浓度可以减弱甚至解除竞争性抑制作用；④v_{max}不变，K_m增大。例如，丙二酸与琥珀酸脱氢酶的底物琥珀酸结构类似，因此丙二酸是琥珀酸脱氢酶的竞争性抑制剂。

（2）非竞争性抑制（non-competitive inhibition）

非竞争性抑制剂（Ⅰ）与底物（S）的结构无类似之处，非竞争性抑制剂常与酶活性中心外的部位结合，使酶催化作用受到抑制。这种抑制称作非竞争性抑制。非竞争性抑制作用的特点是：①抑制剂结合于酶活性中心以外的部位；②抑制作用的强弱取决于抑制剂的浓度；③非竞争性抑制不能通过增加底物浓度而减弱或消除；④v_{max}下降，K_m不变。

非竞争性抑制作用机制见图 5-43。

图 5-43　非竞争性抑制作用机制

竞争性抑制作用与非竞争性抑制作用机制的比较见图 5-44。

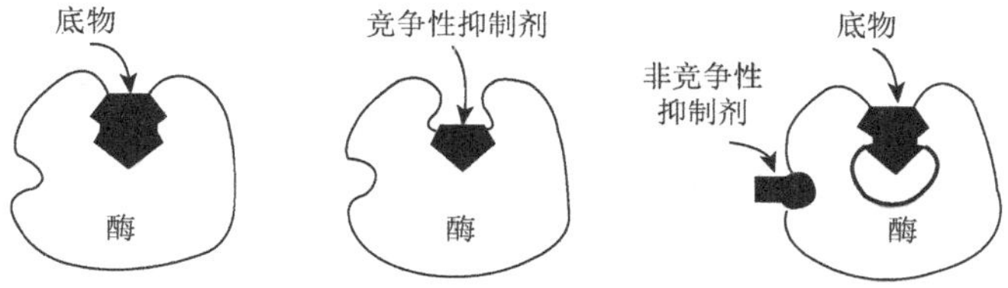

图 5-44　竞争性抑制作用与非竞争性抑制作用机制比较

思　考　题

1. 什么叫作酶？酶具有哪些催化特性？
2. 请根据酶的分类方法总结酶的种类。
3. 什么叫辅酶？什么叫辅基？
4. 辅酶Ⅰ（NAD^+或 CoⅠ）和辅酶Ⅱ（$NADP^+$或 CoⅡ）有何区别？各是如何发挥作用的？
5. 黄素单核苷酸（FMN）和黄素腺嘌呤二核苷酸（FAD）有何区别？各是如何发挥作用的？
6. 辅酶 A 有何作用？它是如何发挥作用的？
7. 请解释活性中心的概念与组成。
8. 什么是必需基团？
9. 请解释酶的专一性和酶的高效率催化机制。
10. 请解释底物浓度与酶反应速度之间的关系。
11. K_m的物理意义是什么？
12. 米氏方程对废水生物处理有何意义？

6

第六章 微生物对物质的代谢

➢ **内容提要：**

本章讨论了微生物的分解代谢与合成代谢。重点讨论了异养微生物对有机物的发酵、有氧氧化和无氧氧化、自养微生物对无机物的氧化及氧化磷酸化机制。这些生物氧化类型都是污染控制工程设计的重要理论基础。通过本章学习，能够了解污染生物控制工程活性污泥和生物膜形成的机制及污泥减量化机制。

在污染生物控制工程中，为何有的构筑物必须曝气？而有的构筑物必须密闭？要回答这些问题，首先要了解微生物的代谢。

在自然环境中，一切物质的转化都离不开微生物的代谢。正是通过微生物的代谢，才使环境在一定条件下达到自净。微生物的代谢及自净机制是污染生物控制设计的重要基础。那么，什么是微生物的代谢呢？微生物是如何进行代谢的？

第一节 代 谢 概 述

一、代谢的概念

代谢（metabolism）即新陈代谢的简称。代谢是指生物细胞内发生的各种化学反应的总称。代谢的实质是生物体的不断自我更新。新陈代谢是生命体最重要的生命形式，新陈代谢一旦停止，也就意味着生命结束。

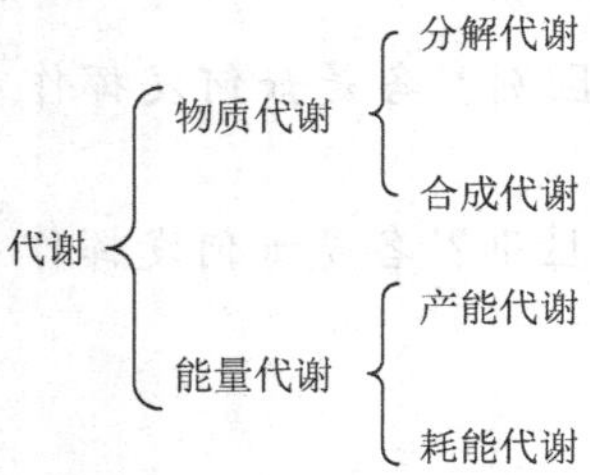

图 6-1　代谢包含的内容

代谢包括物质代谢和能量代谢。物质代谢包括分解代谢（catabolism）与合成代谢（anabolism）；能量代谢包括产能代谢和耗能代谢。代谢包含的内容见图 6-1。

二、物质代谢

进入细胞的各种物质，如蛋白质、糖及脂肪等在酶的催化作用下发生化学变化的过程称为物质代谢。物质代谢分为分解代谢和合成代谢。

（一）分解代谢

分解代谢（又称异化作用或生物氧化或产能代谢或呼吸作用）是指生物将大分子物质变成小分子物质的过程。在分解代谢过程中，伴随有能量（ATP）和还原力[H]产生的过程。

实际上，分解代谢是物质在生物体内经过一系列氧化反应，逐步分解并逐步释放能量的过程。因此，分解代谢也称为生物氧化或产能代谢。生物氧化是细胞内一切氧化产能反应的总称。生物氧化又称为呼吸作用。

分解代谢伴随能量（ATP）产生的同时，还有还原力[H]的产生。所谓还原力[H]，是指氧化还原电位比较低，而其还原能力比较强的物质，如 NADH、NAD(P)H 及 $FADH_2$ 等。

1. 生物氧化的特点

生物对物质的氧化是在酶的催化下进行的，反应条件温和，其方式是逐步氧化，逐步释放能量，为多步梯级式反应。生物氧化所产生的能量大都储存于 ATP（ATP 的结构见图 6-2）中，少部分以热的形式散失。生物氧化与燃烧有很大区别（表 6-1）。

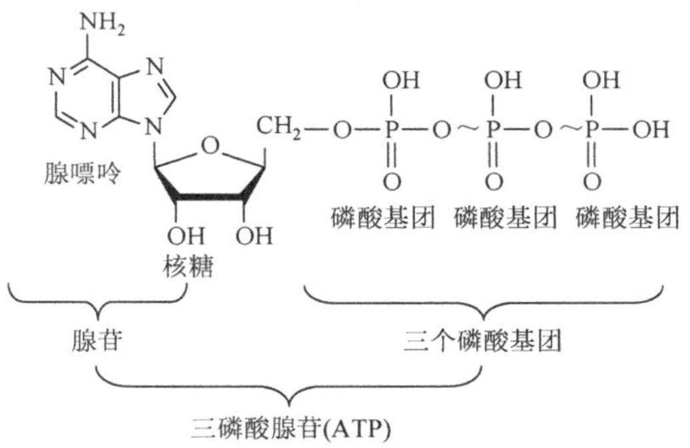

图 6-2　ATP 结构式

表 6-1　生物氧化与燃烧的区别

比较项目	燃烧	生物氧化
步骤	一步式快速反应	多步式梯级反应
条件	剧烈	温和
催化剂	无	酶
产能形式	热、光	大部分为 ATP
能量利用率	低	高

ATP 是英文 adenosine triphosphate（三磷酸腺苷）的缩写。ATP 结构式中“—”表示普通磷酸键；“～”代表高能磷酸键（能量大于 29.32kJ/mol 的磷酸键称为高能磷酸键）。ATP 有两个高能磷酸键，一个普通磷酸键。ATP 水解时，高能磷酸键断裂，生成 ADP（二磷酸腺苷）和 Pi（游离磷酸基团），同时释放能量。一个磷酸键断裂产生的能量达 30.54kJ/mol。因此，ATP 是生物体内的一种高能磷酸化合物。

在生物细胞中，通过 ATP 与 ADP 的相互转化实现储能与放能（图 6-3），从而保证细胞各项生命活动对能量的需要。

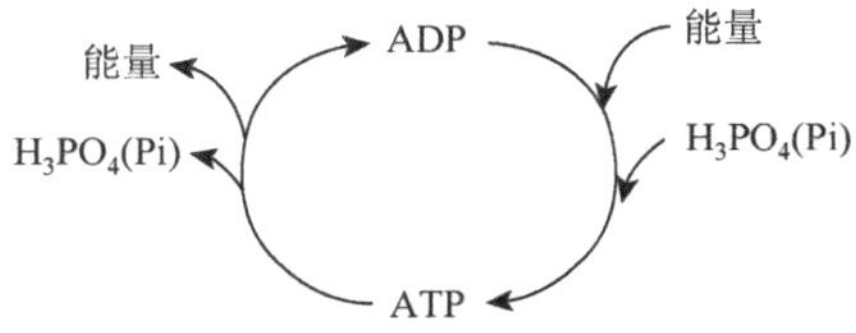

图 6-3　ATP 的储能与放能

2. 生物氧化形式与过程

生物氧化有三种形式，包括底物脱氢、脱电子和直接加氧。

底物脱氢与脱电子的生物氧化过程是：底物先脱氢（或电子），然后由氢（或电子）传递体（或载体）将氢（或电子）传递，最后由受氢体接受氢（或电子），即脱氢（脱电子）-递氢（递电子）-受氢（受电子）。

3. 生物氧化的生理意义

生物氧化的重要生理意义在于：产能（ATP）、产还原力［H］及产小分子中间代谢物。

异养微生物通过生物氧化分解有机物进行产能代谢；自养微生物通过生物氧化分解无机物进行产能代谢。

（二）合成代谢

合成代谢（又称同化作用或需能代谢）是指生物将小分子物质变成大分子细胞物质的过程。合成代谢又称同化作用。

合成代谢与分解代谢相反，合成代谢是一个需能（消耗 ATP）过程。因此，合成代谢又称需能代谢。合成代谢过程属于还原过程。在此过程中，消耗还原力［H］。

分解代谢与合成代谢的关系可简单表示为

$$\text{大分子有机物} \underset{\text{合成代谢}}{\overset{\text{分解代谢}}{\rightleftharpoons}} \text{简单小分子} + \text{ATP} + [\text{H}]$$

三、能量代谢

微生物细胞中能量的产生、消耗及转移的过程称为能量代谢。微生物进行的一切生理活动都要消耗能量。不但生长时需要，不生长而只是维持生命状态也需要能量。例如，鞭毛的运动、原生质的流动、细胞或细胞核分裂过程中染色体的分离、细胞渗透压的维持、物质的跨膜运输等都需要能量。那么，微生物体内的能量从何而来？

微生物需要的能量来自有机物、无机物和可见光（主要是阳光）。不同微生物的能量来源不同。化能异养微生物的能量来自于有机物，即化能异养微生物分解有机物获取能量；化能自养微生物的能量来自于无机物，即化能自养微生物分解无机物获取能量；光合微生物的能量来自于阳光。微生物的能量来源见图 6-4。

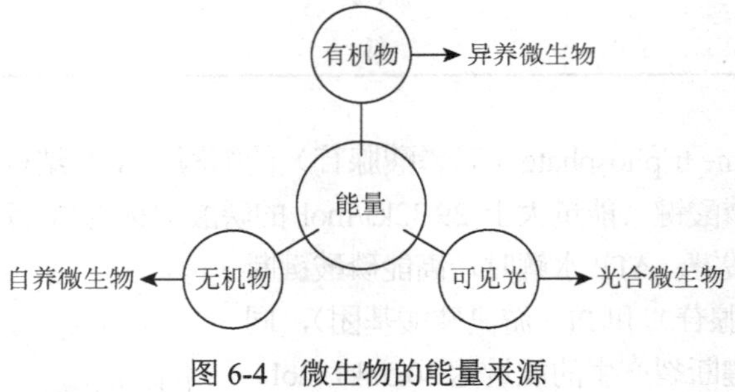

图 6-4　微生物的能量来源

需要说明的是，在大多情况下，所涉及的异养微生物都是化能异养微生物，故除特别强调外，本书中讲到的异养微生物即化能异养微生物。

微生物将物质分解产生的能量一部分用于运动及营养物质的运输等生理活动，一部分用于生物大分子和细胞组分的合成。

所有生物都将获得的能量储存于 ATP 中。只有需要时，才通过 ATP 的分解，放出能量。见图 6-3。

ATP 是一切生物的代谢偶联剂。ATP 将分解代谢与合成代谢紧紧地偶联在一起。能量代谢是新陈代谢的核心。

四、物质代谢与能量代谢的关系

生物代谢非常复杂，物质的分解与合成都伴随着能量的代谢（图 6-5）。物质的分解释放能量，物质的合成需要能量。能量是物质分解与合成的桥梁和纽带。正是通过能量，将营养物质的分解与生物大分子及细胞组分的合成紧紧地联系在了一起。

生物体的新陈代谢
- 合成代谢（同化作用）
  - 生物小分子合成为生物大分子（物质代谢）
  - 需要能量（能量代谢）
- 分解代谢（异化作用）
  - 释放能量（能量代谢）
  - 生物大分子分解为生物小分子（物质代谢）

图 6-5　物质代谢（分解代谢与合成代谢）与能量代谢（产能与需能）的关系

分解代谢与合成代谢是一个矛盾统一的过程。两个过程虽方向相反，但紧密关联。二者相互依存，偶联进行。没有分解代谢就没有合成代谢。但对于同一种物质来说，其分解代谢与合成代谢的途径并不是可逆反应。合成代谢是通过中间代谢及其产物进行的（图 6-6）。

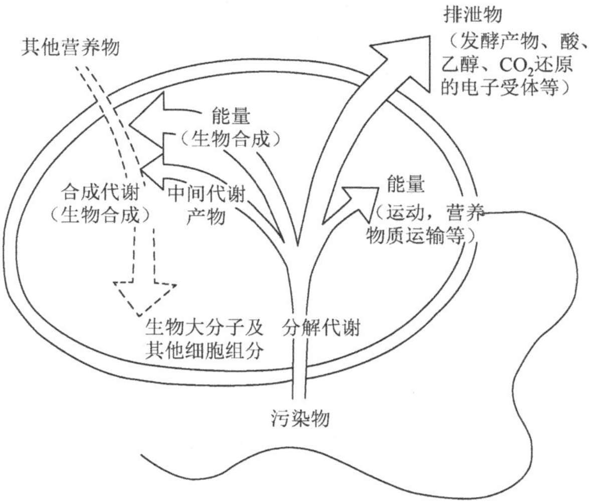

图 6-6　物质的“分解与利用”

第二节　异养微生物对有机物的氧化分解与产能代谢——生物氧化

异养微生物对有机物的氧化分解分为胞外水解与胞内代谢。胞外水解是指大分子有机物在微生物分泌的胞外酶的作用下分解为单体等小分子物质的过程。例如，淀粉在淀粉酶的作用下水解为葡萄糖；纤维素在纤维素酶的作用下水解为纤维二糖或葡萄糖；半纤维素在半纤维素酶的作用下水解为木糖或阿拉伯糖和半乳糖或甘露糖等单糖；果胶在果胶酶的作用下水解为半乳糖醛酸；脂肪在脂肪酶的作用下水解为脂肪酸和甘油；蛋白质在蛋白酶的作用下水解为肽或氨基酸；几丁质在几丁质酶的作用下水解为氨基葡萄糖和乙酸。厌氧消化（沼气发酵）工程“水解阶段”的“水解”指的即是大分子有机污染物的胞外分解。

胞内代谢是指单体等小分子物质进入微生物细胞，在一系列胞内酶的催化下完成氧化分解的过程。根据电子受体的不同，可将微生物对有机物的氧化分解分为发酵与呼吸。发酵不需要外源电子受体，其电子受体是底物分解时产生的中间产物；呼吸所需要的电子受体是外源电子受体。以分子氧（O_2）作为外源电子受体的呼吸称为有氧呼吸；以非分子氧含氧化合物（如NO_3^-、NO_2^-、CO_2、SO_4^{2-}等）作为外源电子受体的呼吸称为无氧呼吸或厌氧呼吸。异养微生物对有机物的生物氧化基本过程见图 6-7。异养微生物发酵、有氧呼吸与无氧呼吸的比较见表 6-2。

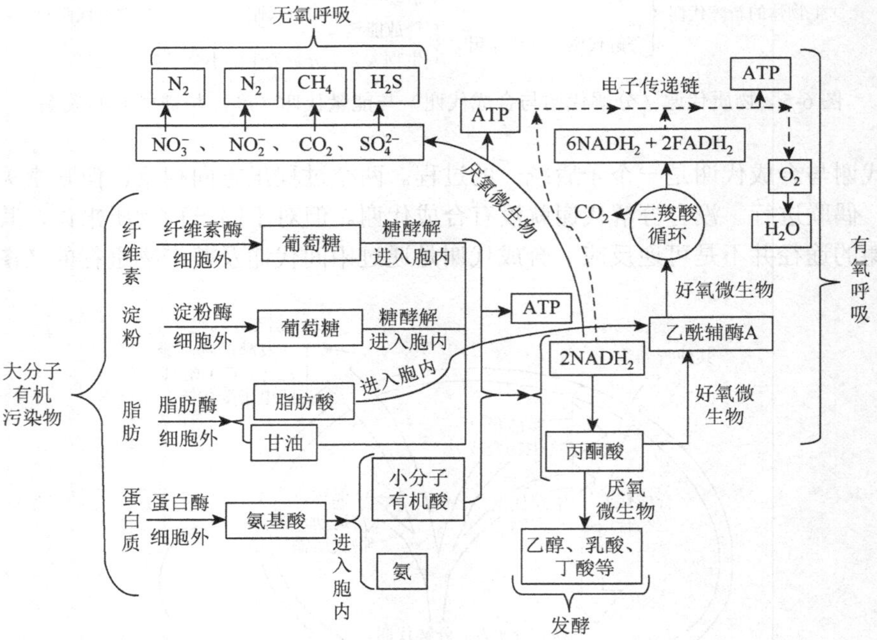

图 6-7　异养微生物对有机物的生物氧化基本过程

表 6-2　异养微生物发酵、有氧呼吸与无氧呼吸的比较

比较内容	生物氧化方式		
	发酵	呼吸	
		有氧呼吸	无氧呼吸
氧气	无氧	有氧	无氧
呼吸链	无或不经呼吸链	完整的呼吸链	部分呼吸链
最终电子受体	内源中间产物（氧化性有机物），如醛、酸等	氧（O_2）	外源无机物（氧化性），NO_3^-、NO_2^-、SO_4^{2-}、S、CO_3^{2-}、CO_2、CO、Fe^{3+}；外源有机物，如延胡索酸、甘氨酸等
产能机制	底物水平磷酸化	氧化磷酸化	氧化磷酸化
产能效率	低	高	中
终产物	有机物（氧化性比底物强，比最终电子受体弱），如醇、酸	CO_2、H_2O	无机物（N_2、H_2S、Fe^{2+}、Fe、CH_4）、琥珀酸、乙酸等

微生物几乎能分解所有有机物。其中，最具代表性的为葡萄糖。葡萄糖生物氧化的某些途径是很多有机物氧化分解的共同途径。因此，掌握有关葡萄糖的生物氧化，将有助于了解其他有机物的氧化分解。下面讨论有关葡萄糖的生物氧化。

根据微生物对葡萄糖氧化分解时所利用的电子受体不同，可将其可分为发酵与呼吸两种生物氧化类型。又根据电子受体的不同，可将呼吸进一步分为有氧呼吸与无氧呼吸两种方式。

一、发酵

发酵（fermentation）是指在无氧条件下，在没有外源电子受体时，微生物将葡萄糖氧化时释放的氢（或电子）直接交给底物氧化不彻底的某种中间代谢产物，产生还原性代谢产物，同时产生能量的过程。

污染控制工程中的“水解酸化”工艺中的“酸化”阶段及“厌氧消化”中的“发酵产酸”等都是根据发酵原理进行设计的。

在发酵过程中，葡萄糖只是部分被氧化。因此，只释放出一小部分能量。葡萄糖发酵过程的氧化是与中间产物的还原偶联在一起的。被还原的物质是发酵过程中产生的中间产物，即不需要外界提供电子受体。发酵的特点：①通过底物水平磷酸化产 ATP；②从底物上脱下的氢和电子交给发酵过程中产生的中间产物；③有机物氧化不彻底，大部分能量存在于发酵产物中；④产能率低；⑤产多种发酵产物。现将发酵特点总结于图 6-8 中。

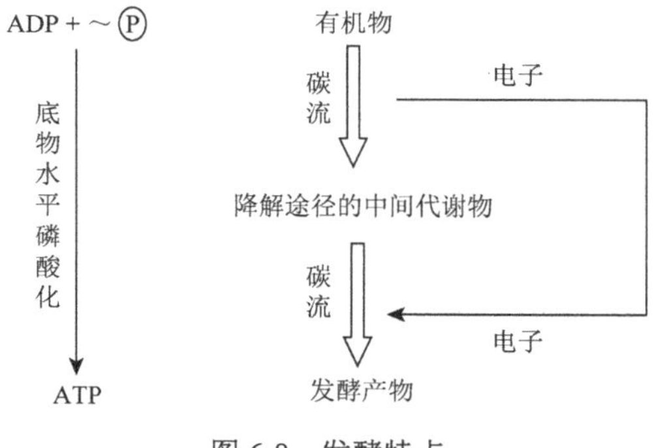

图 6-8　发酵特点

葡萄糖发酵类型很多。但无论哪种发酵，葡萄糖都要经历糖酵解阶段，即葡萄糖发酵必须先经过酵解。糖酵解是发酵的基础。

（一）糖酵解

糖酵解（glycolysis）是指生物体内葡萄糖被降解成丙酮酸的过程。糖酵解在细胞质中完成。

1. 糖酵解途径

微生物的糖酵解途径主要有 EMP 途径、HMP 途径及 ED 途径等。

（1）EMP 途径

EMP 途径（Embden-Meyerhof-Parnas pathway）又称二磷酸己糖途径。EMP 途径是几乎

所有细胞生物，包括人、其他动物及绝大多数微生物共有的一条基本代谢途径。对于专性厌氧微生物来说，EMP 途径是一条唯一产能途径。

1）EMP 途径反应过程　EMP 途径共 10 步反应[见图 6-9 中的“（1）～（10）”]。

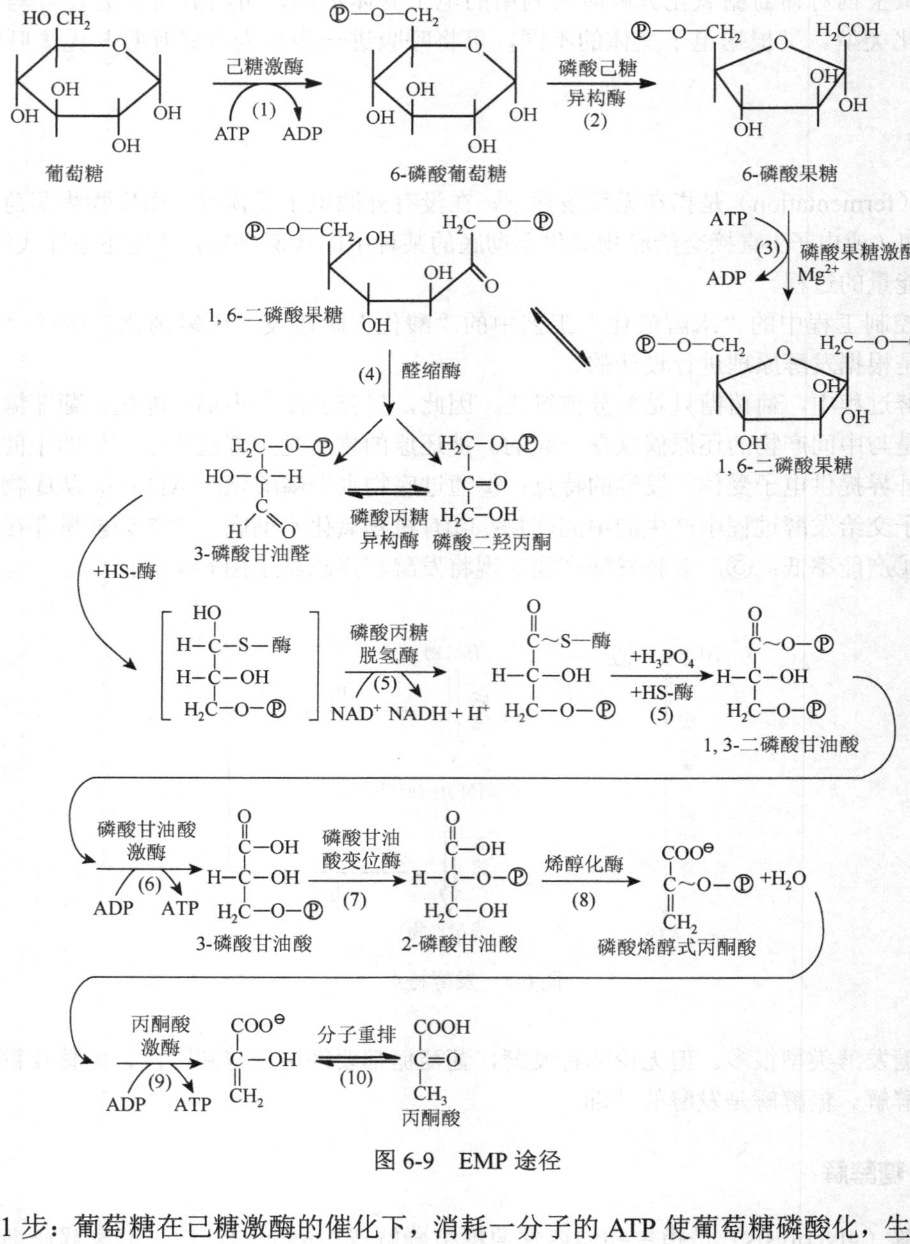

图 6-9　EMP 途径

第 1 步：葡萄糖在己糖激酶的催化下，消耗一分子的 ATP 使葡萄糖磷酸化，生成 6-磷酸葡萄糖。

第 2 步：6-磷酸葡萄糖在磷酸己糖异构酶的催化下，转化为 6-磷酸果糖。

第 3 步：6-磷酸果糖在磷酸果糖激酶的催化下，消耗一分子 ATP，使 6-磷酸果糖磷酸化，生成 1, 6-二磷酸果糖，Mg^{2+}是激活剂。

第 4 步：磷酸丙糖的形成。1, 6-二磷酸果糖在醛缩酶的作用下，转化为磷酸二羟丙酮和 3-磷酸甘油醛，即一分子六碳糖分解为两分子的三碳糖。

醛缩酶催化的反应是可逆反应。磷酸二羟丙酮和3-磷酸甘油醛在磷酸丙糖异构酶的作用下发生互变。

第5步：3-磷酸甘油醛脱氢，产生还原力（$NADH·H^+$）和1, 3-二磷酸甘油酸。在3-磷酸甘油醛脱氢酶的催化下，3-磷酸甘油醛发生脱氢反应，脱下的氢交给NAD^+，使NAD^+还原为$NADH·H^+$。脱氢伴随有能量的产生，并形成酶与3-磷酸甘油酸中间复合物。中间复合物与一分子的无机磷缩合，形成1, 3-二磷酸甘油酸。3-磷酸甘油醛脱氢氧化时释放的能量储存在1, 3-二磷酸甘油酸的一个高能磷酸键“～”中。

第6步：1, 3-二磷酸甘油酸不稳定，必须将能量释放出去。1, 3-二磷酸甘油酸在甘油激酶的作用下，将带有高能键的磷酸基团转移到ADP上，生成ATP。同时，1, 3-二磷酸甘油酸转化为3-磷酸甘油酸。1分子己糖产生2分子丙糖。故共产生2个ATP。此处的ATP是通过底物水平磷酸化产生的。

底物水平磷酸化（substrate level phosphorylation）是指底物在氧化过程中生成含有高能键的化合物，高能化合物不稳定，将能量转移给ADP形成ATP的过程。

第7步：2-磷酸甘油酸的形成。3-磷酸甘油酸在变位酶的催化下，生成2-磷酸甘油酸。

第8步：磷酸烯醇式丙酮酸的形成。3-磷酸甘油酸在烯醇化酶催化下脱掉一分子水，同时，分子内部能量重新分配，产生高能磷酸烯醇式丙酮酸。

第9步：烯醇式丙酮酸和ATP的形成。磷酸烯醇式丙酮酸在丙酮酸激酶作用下，将高能磷酸基团转移给ADP，形成ATP和烯醇式丙酮酸。这是本途径第二次产生ATP。此处共产生2个ATP。此处的ATP也是通过底物水平磷酸化产生的。

第10步：丙酮酸的形成。不稳定的烯醇丙酮酸经过分子重排，形成丙酮酸。此过程不消耗能量。

2）EMP途径的生理意义　①提供合成代谢必需的ATP和还原力$NADH·H^+$；②是连接其他代谢途径（如三羟酸循环、戊糖磷酸途径、ED途径等）的桥梁；③EMP途径的某些代谢中间产物可作为合成代谢的原料；④EMP途径与乙醇、乳酸、甘油、丙酮及丁醇等发酵有关。

3）EMP途径产生的能量及产物　经过EMP途径，葡萄糖酵解为丙酮酸的过程伴随有脱氢和受氢等氧化还原反应。但该途径没有氧的参与。整个过程为糖的无氧分解，即无氧氧化。EMP途径的特征性酶是1, 6-二磷酸果糖醛缩酶。

通过EMP途径，1分子葡萄糖产生2分子丙酮酸、2分子$NADH·H^+$和2分子ATP。2分子ATP的计算：第6步、第9步反应各产2个ATP，共产4个ATP，这个阶段称为产能阶段；而第1步反应和第3步反应分别消耗1个ATP，共消耗2个，这个阶段称为耗能阶段。产能阶段产生的4个ATP减去耗能阶段消耗的2个ATP，净产2个ATP。EMP途径总过程及产物见图6-10。

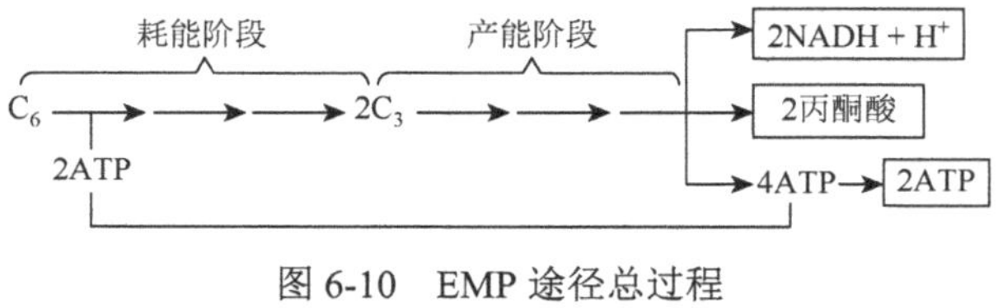

图6-10　EMP途径总过程

总反应式为

$$C_6H_{12}O_6 + 2NAD^+ + 2ADP + 2Pi \longrightarrow 2CH_3COCOOH + 2NADH + 2H^+ + 2ATP$$

丙酮酸是 EMP 途径的关键产物。微生物进行的乙醇、乳酸、甘油、丙酮、丁醇和丁二醇等不同类型的发酵都是从丙酮酸开始的。

（2）HMP 途径

HMP 途径（hexose monophosphate pathway）又称为己糖磷酸途径或戊糖磷酸途径或 Warburg-Dickens 途径或磷酸葡萄糖酸途径。

1）HMP 途径反应过程　HMP 途径包括两个阶段：一个氧化阶段；一个非氧化阶段。在氧化阶段，3 分子 6-磷酸葡萄糖经氧化脱羧生成 6 分子 $NADPH+H^+$、3 分子 CO_2 和 3 分子 5-磷酸核酮糖；在非氧化阶段，5-磷酸核酮糖在转酮酶和转醛酶催化下使部分碳链进行相互转换，经三碳、四碳、七碳和磷酸酯等，最终生成 2 分子 6-磷酸果糖和 1 分子 3-磷酸甘油醛。3-磷酸甘油醛进一步转化为丙酮。HMP 途径反应过程见图 6-11。

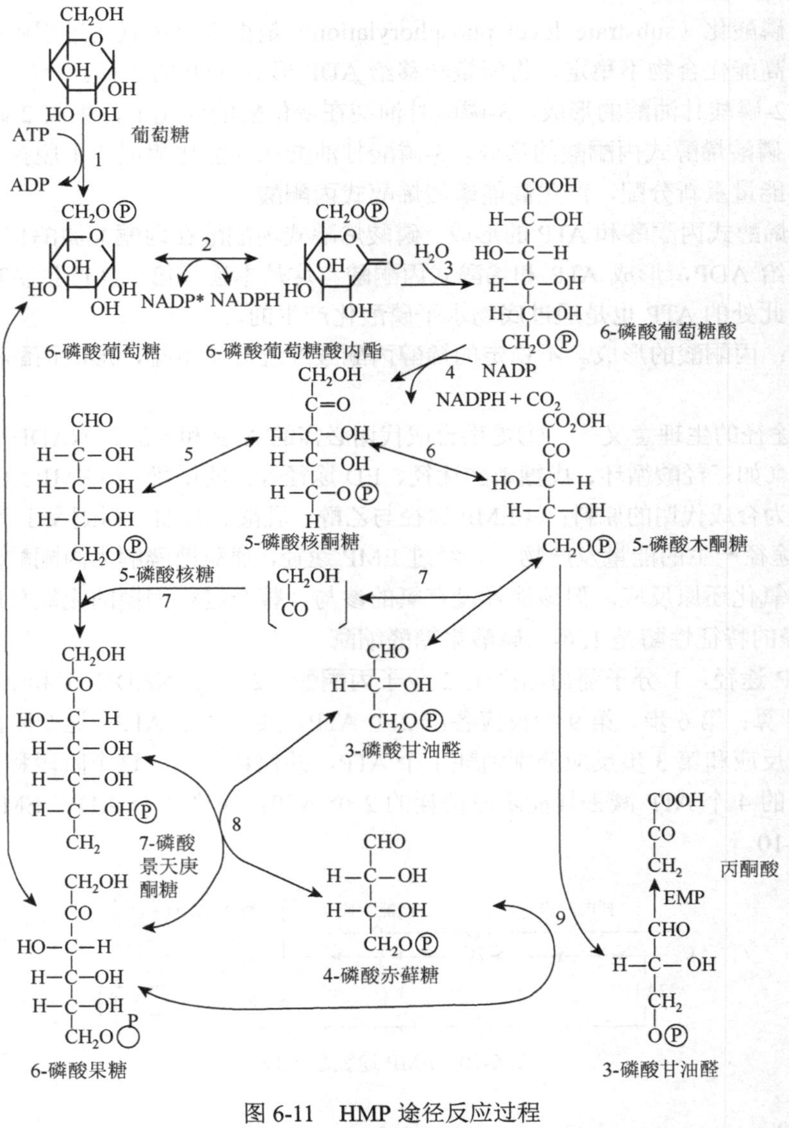

图 6-11　HMP 途径反应过程

1. 葡萄糖磷酸激酶；2. 6-磷酸葡萄糖脱氢酶；3. 6-磷酸葡萄糖酸内酯酶；4. 6-磷酸葡萄糖酸脱氧酶；5. 磷酸核酮糖异构酶；6. 5-磷酸核酮糖差向异构酶；7. 转酮醇酶；8. 转醛醇酶；9. 转酮酶

HMP 途径是一种循环式途径。该途径开始时，需要有 6 分子葡萄糖以 6-磷酸葡萄糖的形式参与。循环一次用去 1 分子葡萄糖，产生 12 NADPH + H^+形式的还原力。其总反应式为

$$6\ \text{6-磷酸葡萄糖} + 12NADP^+ + 6H_2O \longrightarrow 5\ \text{6-磷酸葡萄糖} + 12NADPH + 12H^+ + 6CO_2 + Pi$$

HMP 途径总过程及产物见图 6-12。

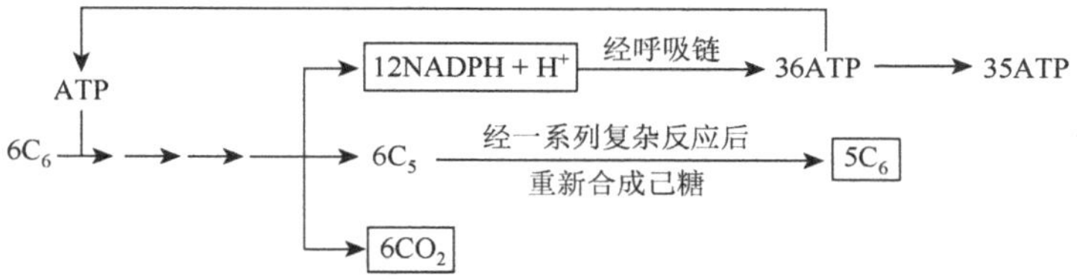

图 6-12　HMP 途径总过程及产物

2）HMP 途径的生理意义　　该途径可提供生物合成所需的大量还原力（NADPH + H^+）和各种不同长度的碳架原料，如 5-磷酸核糖、4-磷酸赤藓糖等。5-磷酸核糖用于核苷酸、核酸及 NAD（P）$^+$、FAD（FMN）、CoA 等辅酶的合成。4-磷酸赤藓糖用于苯丙氨酸、酪氨酸、色氨酸和组氨酸等芳香族氨基酸的合成。

HMP 途径还与光能和化能自养微生物的合成代谢密切关联。HMP 途径中的 5-磷酸核酮糖可转化为固定 CO_2 时的 CO_2 受体——1, 5-二磷酸核酮糖，这对于光能自养菌、化能自养菌具有重要意义。

虽然在 HMP 途径中产生的 NADPH 可经呼吸链氧化产能（1mol 葡萄糖经 HMP 途径最终可得到 35mol ATP），但一般认为，HMP 途径不是代谢中的主要方式。因此，不能把 HMP 途径看作是产生 ATP 的有效机制。大多数好氧和兼性厌氧微生物中都有 HMP 途径，而且在同一微生物体内往往同时存在 EMP 和 HMP 途径，单独具有 EMP 和 HMP 途径的微生物很少见。

（3）ED 途径

ED 途径（Entner-Doudoroff pathway）又称 2-酮-3-脱氧-6-磷酸葡萄糖酸（KDPG）裂解途径。ED 途径是 Entner 和 Doudoroff 于 1952 年在嗜糖假单胞菌（*Pseudomonas saccharophila*）中发现的。ED 途径是存在于某些缺乏完整 EMP 途径的微生物中的一种代替途径。ED 途径在其他生物中还未被发现。

1）ED 途径反应过程（图 6-13）　　ED 途径中的关键反应是 2-酮-3-脱氧-6-磷酸葡萄糖酸的裂解。葡萄糖只经过 4 步反应即可快速获得丙酮酸。而 EMP 途径获得丙酮酸须经 10 步反应。因此，ED 途径比 EMP 途径快得多。ED 途径总反应式为

$$C_6H_{12}O_6 + ADP + Pi + NADP^+ + NAD^+ \longrightarrow 2CH_3COCOOH + ATP + NADPH + H^+ + NADH + H^+$$

ED 途径总过程及产物见图 6-14。

2）ED 途径特点

a. 反应步骤少，简单、快速。

b. 产能效率低。1 分子葡萄糖经 ED 途径分解只产生 1 分子的 ATP。

c. 2-酮-3-脱氧-6-磷酸葡萄糖酸（KDPG）是 ED 途径关键中间产物。2-酮-3-脱氧-6-磷酸

葡萄糖酸裂解成丙酮酸和3-磷酸甘油醛是ED途径的特征性关键反应。2-酮-3-脱氧磷酸葡萄糖酸醛缩酶是ED途径的特征性酶。

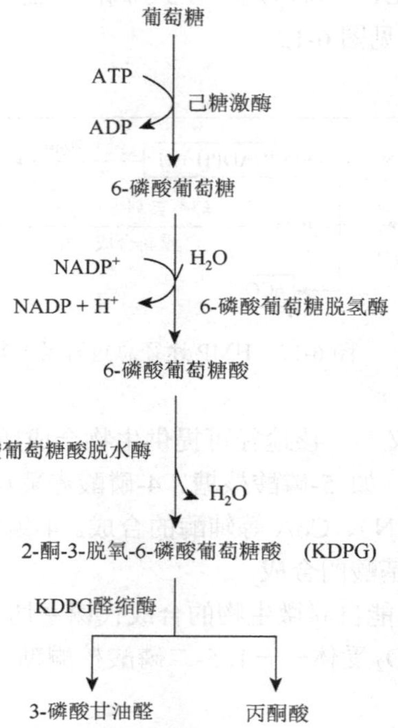

图 6-13　ED途径反应过程

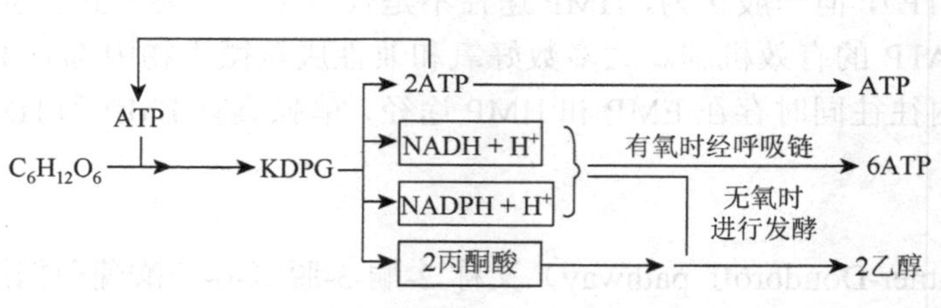

图 6-14　ED途径总过程及产物

d. 由于ED途径产能较EMP途径少，所以只有缺乏完整EMP途径的少数细菌才有这条替代途径。故利用ED途径的微生物不多见。ED途径主要存在于嗜糖假单胞菌、铜绿假单胞菌、荧光假单胞菌和林氏假单胞菌等一些假单胞菌，以及运动发酵单胞菌和厌氧发酵单胞菌等一些发酵单胞菌中。

3）ED途径的生理意义　　通过ED途径可产生一定能量与还原力NADPH。ED途径可与EMP途径、HMP途径和TCA循环等各种代谢途径相连接，因此可以相互协调，以满足微生物对能量、还原力和不同中间代谢物的需要。例如，通过与HMP途径连接可获得必要的戊糖和$NADPH_2$等。此外，在ED途径中所产生的丙酮酸对运动发酵单胞菌（*Zymomonas mobilis*）这类微好氧菌来说，可脱羧成乙醛，乙醛进一步被$NADH_2$还原为乙醇。这种经ED途径发酵产生乙醇的过程与传统的由酵母菌通过EMP途径生产乙醇不同，因此称作细菌乙醇发酵。

2. 糖酵解途径（EMP 途径、HMP 途径及 ED 途径）的特点

（1）丙酮酸是 EMP 途径、HMP 途径及 ED 途径的共同产物

葡萄糖经 EMP 途径、HMP 途径及 ED 途径的最终产物都是丙酮酸。丙酮酸在无氧条件继续被微生物分解转化可得到不同发酵产物，如乙醇、乳酸、甘油、丙酮、丁醇和丁二醇等。但不同微生物因其细胞内的酶系不同，得到的发酵产物也不完全相同。

（2）EMP 途经、HMP 途径及 ED 途径各自特点

EMP 途经、HMP 途径及 ED 途径各自特点见表 6-3。

表 6-3　EMP 途径、HMP 途径和 ED 途径各自特点

项目	途径		
	EMP	HMP	ED
特征酶	1, 6-二磷酸果糖醛缩酶（FDA）	转酮酶（TK） 转醛酶（TA）	2-酮-3-脱氧-6-磷酸葡萄糖酸醛缩酶（KDPGA）
首先脱羧部位	C3，C4	C1	C1，C4
还原辅酶	NADH	NADPH	NADH 与 NADPH

3. 糖酵解途径（EMP 途径、HMP 途径及 ED 途径）在不同微生物中的分布

EMP 途径、HMP 途径及 ED 途径在不同微生物中的分布见表 6-4。

表 6-4　葡萄糖降解为丙酮酸的 EMP 途径、HMP 途径和 ED 途径在不同微生物中的分布

菌名	EMP/%	HMP/%	ED/%
Saccharomyce scerevisiae（酿酒酵母）	88	12	—
Candida utilis（产朊假丝酵母）	66～81	19～34	—
Streptomyces griseus（灰色链霉菌）	97	3	—
Penicillium chrysogenum（产黄青霉）	77	23	—
Escherichia coli（大肠杆菌）	72	28	—
Pseudomonas aeruginosa（铜绿假单胞菌）	—	29	71
Ps. saccharophila（嗜糖假单胞菌）	—	—	100
Bacillus subtilis（枯草杆菌）	74	26	—
Gluconobacter oxydans（氧化葡糖杆菌）	—	100	—
Alcaligenes eutrophus（真养产碱菌）	—	—	100
Zymomonas mobilis（运动发酵单胞菌）	—	—	100
Sarcina lutea（藤黄八叠球菌）	70	30	—

（二）发酵的类型

微生物种类很多，其发酵类型也很多。无论何种微生物利用葡萄糖进行发酵时，均先将葡萄糖降解为丙酮酸。

从丙酮酸开始，微生物将表现其各自不同的发酵“个性”，即不同种类的微生物“对待”丙酮酸的方式不同，其主要表现在所产发酵产物不同。与 EMP 途径、HMP 途径及 ED 途径有关的几类发酵见图 6-15。

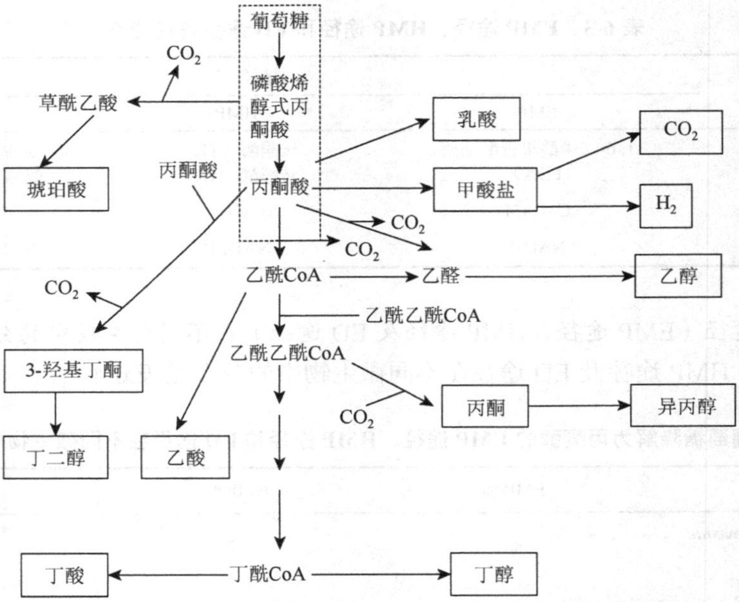

图 6-15　与 EMP 途径、HMP 途径及 ED 途径有关的发酵

下面讨论与 EMP 途径、HMP 途径及 ED 途径有关的几种重要发酵类型。

1. 具有 EMP 途径的微生物发酵（从丙酮酸开始）

具有 EMP 途径的微生物将葡萄糖分解为丙酮酸后，将丙酮酸继续分解。但不同种类的微生物对丙酮酸的降解所涉及的酶系不同，因此最终发酵产物也不同。葡萄糖经 EMP 的 6 种发酵（酵母的同型乙醇发酵、同型乳酸发酵、丙酸发酵、异型乙醇发酵、丁二醇发酵及丁酸发酵）见图 6-16。

（1）酵母同型乙醇发酵

酵母菌（*Saccharomyces cerevisiae*）等将葡萄糖分解为丙酮酸后，将丙酮酸脱羧。一分子的丙酮酸脱羧产生一分子的乙醛和一分子 CO_2。乙醛接受葡萄糖到丙酮酸（EMP 途径）过程中由 3-磷酸甘油醛脱下来的氢（$NADH+H^+$），被还原为乙醇（终产物）。终产物只有乙醇的发酵称为酵母同型乙醇发酵。其发酵过程如下：

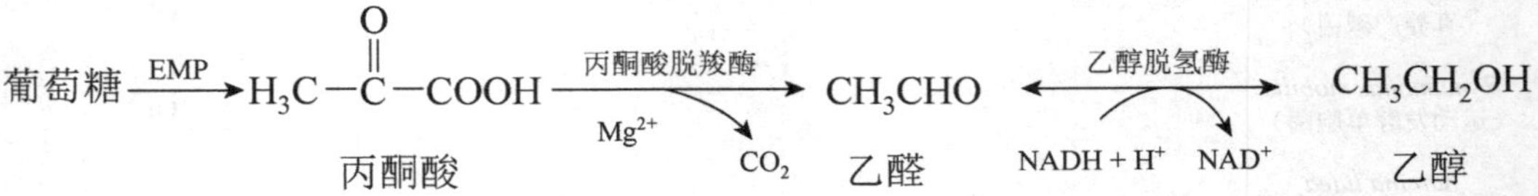

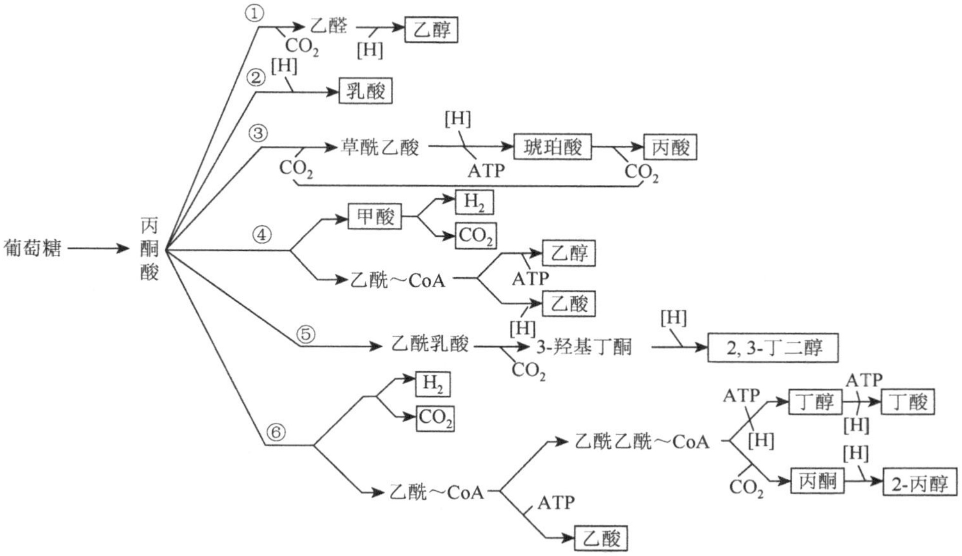

图 6-16　具有 EMP 途径微生物的 6 种发酵及其产物（方框内为最终发酵产物）

①酵母同型乙醇发酵；②同型乳酸发酵；③丙酸发酵；④细菌异型乙醇发酵；⑤混合酸发酵和丁二醇发酵；⑥丁酸发酵

乙醇发酵总的反应：

$$C_6H_{12}O_6 + 2ADP + 2Pi \longrightarrow 2C_2H_5OH + 2CO_2 + 2ATP$$

（2）同型乳酸发酵

德氏乳杆菌（*Lactobacillus delbruckii*）等将葡萄糖分解为丙酮酸后，丙酮酸接受由葡萄糖到丙酮酸（EMP 途径）中 3-磷酸甘油醛脱下来的氢（$NADH + H^+$），丙酮酸被还原为乳酸。发酵终产物只有乳酸的发酵称为同型乳酸发酵。其反应如下：

$$CH_3COCOOH + NADH + H^+ \xrightarrow{\text{乳酸脱氢酶}} CH_3CHOHCOOH + NAD^+$$

同型乳酸发酵总的反应如下：

$$C_6H_{12}O_6 + 2ADP + 2Pi \longrightarrow 2CH_3CHOHCOOH + 2ATP$$

酵母同型乙醇发酵和同型乳酸发酵的全过程见图 6-17。

（3）丙酸发酵

葡萄糖分解为丙酮酸后，再将丙酮酸转化为丙酸的发酵称为丙酸发酵。由葡萄糖经 EMP 途径生成两分子丙酮酸。其中一分子丙酮酸经羧化生成乙酸和二氧化碳，另一分子丙酮酸经羧化生成草酰乙酸后，再转化成琥珀酸。琥珀酸与丙酰 CoA 作用生成琥珀酸酰 CoA，同时产生丙酸。

丙酸是谢氏丙酸杆菌（*Propionibacterium shermanii*）等的发酵产物。除丙酸外，还有乙酸和二氧化碳。由丙酮酸到丙酸的发酵过程见图 6-18。

（4）混合酸发酵与丁二醇发酵

大肠杆菌、产气肠杆菌（*Enterobacter aerogenes*）、沙门氏菌和志贺氏菌属中的一些细菌，能够利用葡萄糖进行混合酸发酵。而肠杆菌、赛氏杆菌、欧文氏菌属中的一些细菌在发酵过程中，分解葡萄糖产生少量的酸，形成大量的 2, 3-丁二醇，并产生大量气体。混合酸发酵与丁二醇发酵的产物见表 6-5。

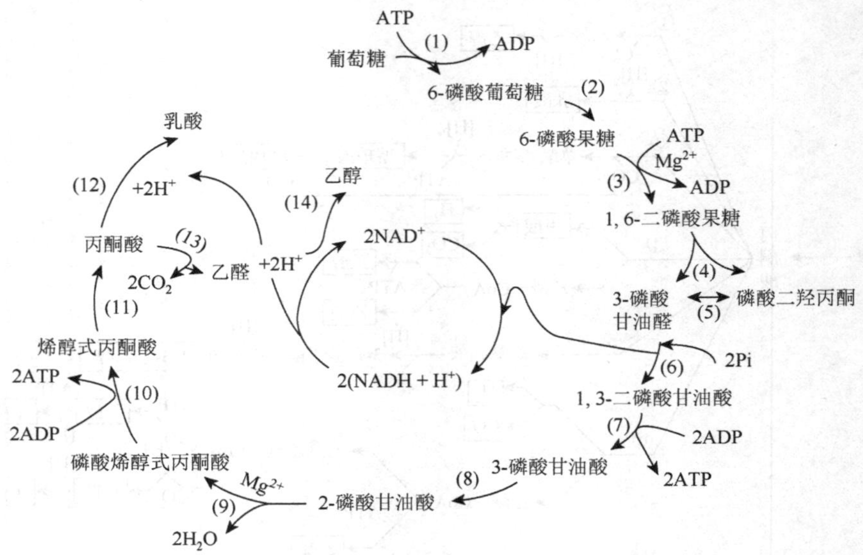

图 6-17　酵母同型乙醇发酵和同型乳酸发酵的全过程（葡萄糖到丙酮酸，丙酮酸再到乙醇或乳酸）

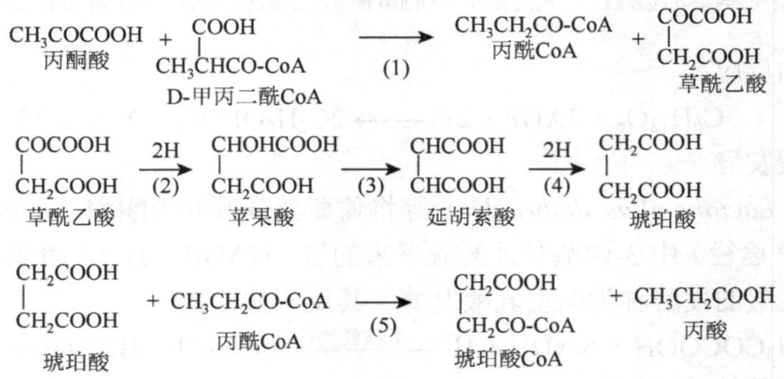

图 6-18　丙酮酸到丙酸的发酵过程

表 6-5　混合酸发酵与丁二醇发酵产物

产物	大肠杆菌的混合酸发酵/(mol/100mol 葡萄糖)	产气肠杆菌的丁二醇发酵/(mol/100mol 葡萄糖)
甲酸	2.4	17.0
乙酸	36.5	0.5
琥珀酸	10.7	—
乙醇	49.8	69.5
2, 3-丁二醇	0.3	66.4
CO_2	88.0	172.0
H_2	75.0	35.4
乳酸	79.5	29

（5）丁酸发酵

丁酸发酵是由专性厌氧梭菌，如丁酸梭菌（*Clostridium butyricum*）、丁酸弧菌属、真杆菌属及梭杆菌属中的一些细菌所进行的一类发酵。因产物中都有丁酸，故称为丁酸发酵。其发酵过程见图 6-19。

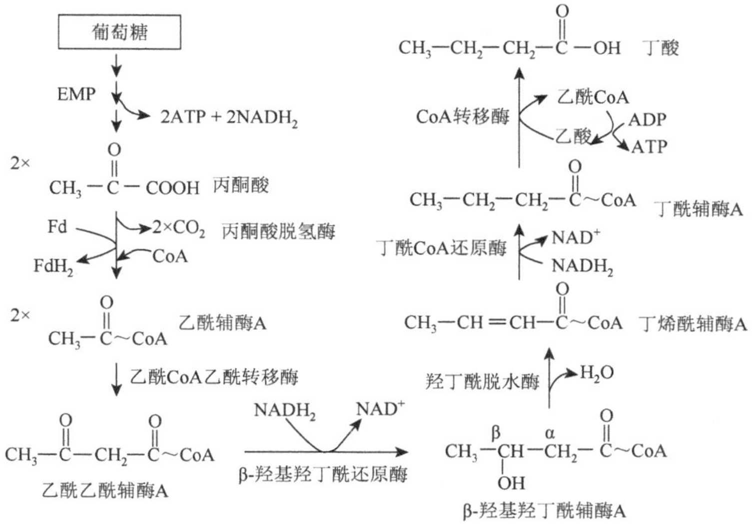

图 6-19　丁酸发酵

2. 通过 HMP 途径的发酵——异型乳酸发酵

所谓异型乳酸发酵（heterolactic fermentation）是指发酵产物中除乳酸外还有其他成分（乙醇、乙酸和 CO_2 等）的发酵。异型乳酸发酵是某些乳酸菌利用 HMP 途径分解葡萄糖为 5-磷酸核酮糖，再经差向异构酶作用变成 5-磷酸木酮糖。在磷酸酮醇酶作用下，5-磷酸木酮糖裂解生成 3-磷酸甘油醛和乙酰磷酸。磷酸酮醇酶是异型乳酸发酵的关键酶。

由葡萄糖进行的异型乳酸发酵，其产能水平较低，是同型乳酸发酵的 1/2。

利用相同基质进行异型乳酸发酵的微生物，其产物又因微生物种类不同而稍有不同。例如，两歧双歧杆菌发酵葡萄糖产生乳酸和乙酸（2 葡萄糖 ⟶ 2 乳酸 + 3 乙酸），而肠膜明串珠菌发酵葡萄糖发酵则产生乳酸、乙醇、CO_2 和 H_2O。异型乳酸发酵见图 6-20。

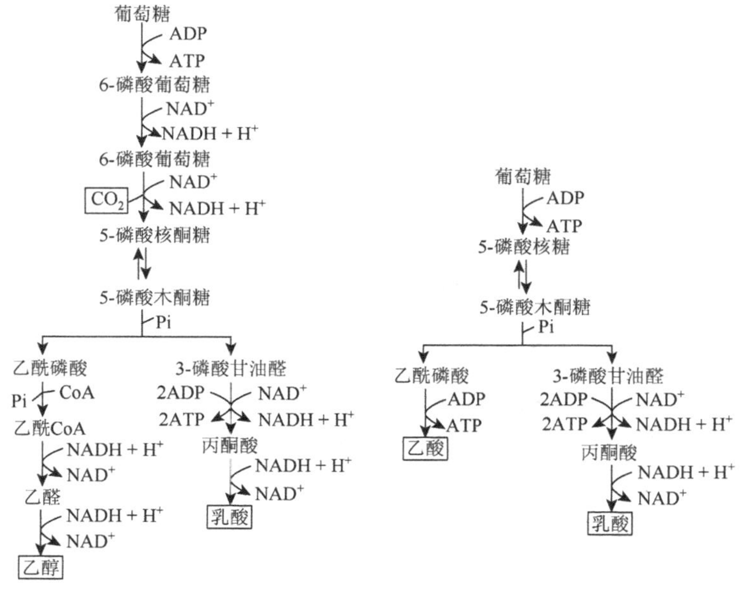

图 6-20　异型乳酸发酵途径

由 3-磷酸甘油醛至丙酮酸的过程仍沿 EMP 途径进行

异型乳酸发酵中从5-磷酸木酮糖到乳酸的反应见图6-21。

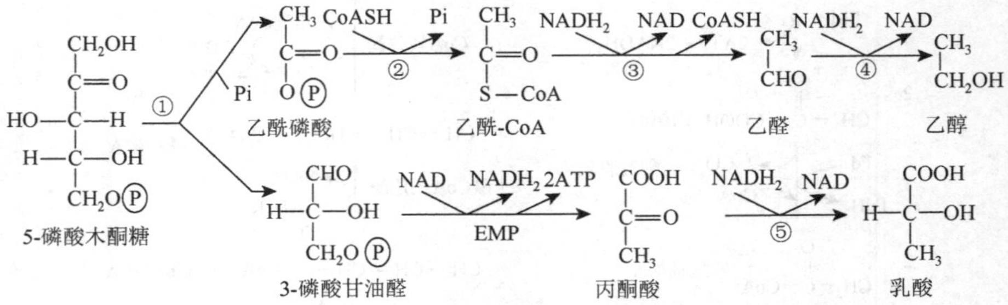

图6-21　异型乳酸发酵中从5-磷酸木酮糖到乳酸的反应

①磷酸转酮酶；②乙酰磷酸转移酶；③乙醛脱氢酶；④乙醇脱氢酶；⑤乳酸脱氢酶

有关异型乳酸发酵与同型乳酸发酵的主要区别见表6-6。

表6-6　异型乳酸发酵与同型乳酸发酵的主要区别

类型	途径	产物	产能/1葡萄糖	菌种代表
同型	EMP	2乳酸	2ATP	德氏乳杆菌（*Lactobacillus delbriickii*） 粪链球菌（*Streptococcus faecalis*）
异型	HMP	1乳酸 1乙醇 1CO_2	1ATP	肠膜明串珠菌（*Leuconostoc mesenteroides*）
		1乳酸 1乙酸* 1CO_2	2ATP	短乳杆菌（*Lactobacillus brevis*）

* 由乙酰磷酸与ADP反应后直接产生乙酸和ATP

3. 通过ED途径的发酵

通过ED途径的发酵主要是细菌乙醇发酵。其反应式：

$$葡萄糖 + ADP + Pi \longrightarrow 2\ 乙醇 + 2CO_2 + ATP$$

与酵母同型乙醇发酵一样，葡萄糖通过ED途径只产生2分子乙醇，而无其他产物产生，将只产乙醇而无其他产物的发酵称为细菌“同型乙醇发酵”（homoalcholic fermentation）。

顺便讲一下，通过HMP途径，1分子葡萄糖发酵会产生1分子乙醇和1分子乳酸，这种在发酵产物中不是只有乙醇而是还有其他成分（如乳酸）的发酵称为“异型乙醇发酵”（heteroalcoholic fermentation）。

发酵原理在污染控制工程中有重要应用。例如，高浓度有机废水及有机固体垃圾的厌氧消化工艺（图6-22）是利用微生物的发酵原理建立的。大分子有机物在细胞外被胞外酶水解后进入细胞内，先经发酵型微生物的作用，初步降解为小分子的醇类或酸类，然后再在产氢产乙酸发酵型微生物等的作用下，进一步发酵，产生乙酸、氢气和二氧化碳等。

二、呼吸

呼吸（respiration）是指微生物通过氧化作用放出电子，电子经呼吸链传给外源电子受体，从而生成水或其他还原型产物并产生能量的过程。

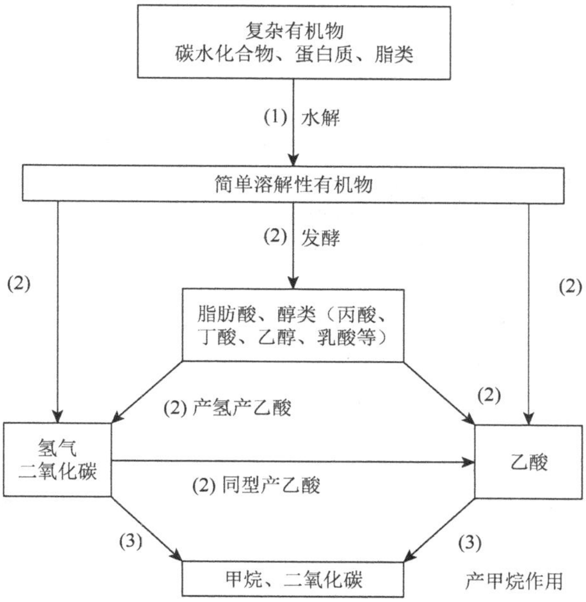

图 6-22　厌氧消化

图中标有“（1）”的反应是大分子有机物的胞外水解；标有“（2）”的反应均为发酵反应；标有“（3）”的为产甲烷反应

呼吸分为两种类型：一种是有氧呼吸（aerobic respiration）；另一种是无氧呼吸（anaerobic respiration）。

有氧呼吸是指以分子氧（O_2）作为最终电子受体的呼吸；无氧呼吸是指以分子氧以外的含氧化合物（如 CO_2、NO_3^-、SO_4^{2-} 等）作为最终电子受体的呼吸。无氧呼吸又称厌氧呼吸。

好氧微生物以分子氧（O_2）作为最终电子受体进行有氧呼吸；厌氧微生物通过将除分子氧以外的含氧化合物（如 CO_2、NO_3^-、SO_4^{2-} 等）作为最终电子受体进行厌氧呼吸。兼性好氧微生物或称兼性厌氧微生物（简称兼氧微生物）既能进行好氧呼吸，又能进行厌氧呼吸。

呼吸是微生物的重要生物氧化方式和产能方式。呼吸与发酵的根本区别在于，在呼吸过程中，氢和电子载体不是直接将氢和电子传递给底物降解不彻底的中间产物，而是通过呼吸链交给最终电子受体。在氢和电子传递过程中，能量逐步释放，同时将能量储存于 ATP 中。

（一）有氧呼吸

有氧呼吸是一种递氢和递电子与受氢和受电子都必须在有氧（O_2）条件下完成的生物氧化过程。有氧呼吸是一种高效产能方式。

葡萄糖的有氧氧化是指在有氧条件下葡萄糖被彻底氧化为 CO_2 和 H_2O，并获得大量能量的过程。葡萄糖有氧氧化总的反应为

$$C_6H_{12}O_6 + 6O_2 \longrightarrow 6CO_2 + 6H_2O + 38ATP$$

1. 有氧呼吸过程

在有氧条件下，好氧微生物与兼氧微生物可将葡萄糖彻底氧化。整个过程分为 4 个阶段（图 6-23）。第一个阶段为葡萄糖到丙酮酸的 EMP 阶段；第二个阶段为丙酮酸到乙酰 CoA 阶段；第三个阶段为三羧酸循环阶段；第四个阶段为氧化磷酸化阶段。

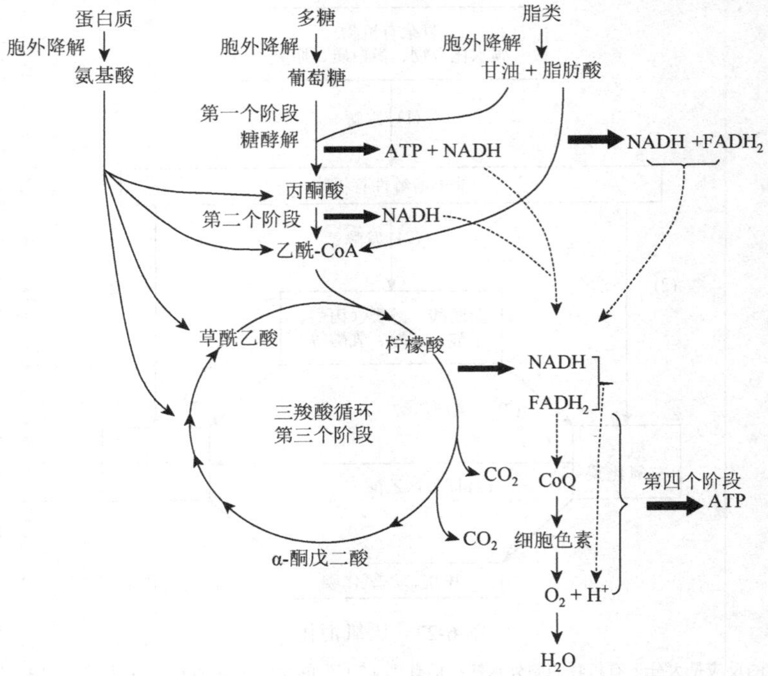

图 6-23 葡萄糖有氧氧化的 4 个阶段

在葡萄糖有氧氧化的过程中，葡萄糖先经糖酵解（EMP 途径）形成丙酮酸（第一个阶段）。然后，丙酮酸经过脱氢、脱羧变成乙酰辅酶 A（乙酰 CoA）（第二个阶段）。接着，乙酰 CoA 进入三羧酸循环，并在三羧酸循环过程（第三个阶段）中发生脱氢和脱羧反应，生成 NADH、$FADH_2$ 及 CO_2。最后，在三个阶段中产生的 NADH 与 $FADH_2$ 都沿呼吸链将氢和电子转移给分子氧，生成 H_2O，并在此过程中释放大量能量，产生 ATP。此过程即氧化磷酸化过程（第四个阶段）。下面分别讨论这 4 个阶段。

（1）EMP 途径（第一个阶段）

葡萄糖降解为丙酮酸。葡萄糖的有氧氧化与发酵一样，也必须先经过糖酵解（EMP 途径）变成丙酮酸，即 EMP 途径是葡萄糖的有氧氧化与发酵的共同途径。

葡萄糖的有氧氧化经过的 EMP 途径与葡萄糖发酵经过的 EMP 途径完全相同。故关于 EMP 途径不再赘述。

对于葡萄糖的有氧氧化，这里直接从丙酮酸开始，对第二个阶段、第三个阶段和第四个阶段相关内容进行讨论。

（2）丙酮酸转化为乙酰辅酶 A（第二个阶段）

$$\underset{\text{丙酮酸}}{CH_3-C(=O)-COOH} + HSCoA + NAD^+ \xrightarrow[\text{5种辅酶}]{\text{丙酮酸脱氢酶系}} \underset{\text{乙酰辅酶A}}{CH_3-C(=O)\sim SCoA} + CO_2 + NADH, H^+$$

（3）三羧酸循环（第三个阶段）

1）三羧酸循环途径　三羧酸循环（tricarboxylic acid cycle）因从带有三个羧基的柠檬

酸开始，故名“三羧酸循环”或“柠檬酸循环”。三羧酸（tricarboxylic acid cycle）缩写为“TCA”，故三羧酸循环又简称为TCA循环。又因为该循环是由H. A. Krebs（1953年获诺贝尔生理学或医学奖）首先提出的，所以又叫作Krebs循环。三羧酸循环的酶促反应过程（共10步反应）如下。

第一步反应：在柠檬酸合成酶的作用下，乙酰CoA与草酰乙酸缩合，生成一分子柠檬酸。反应如下：

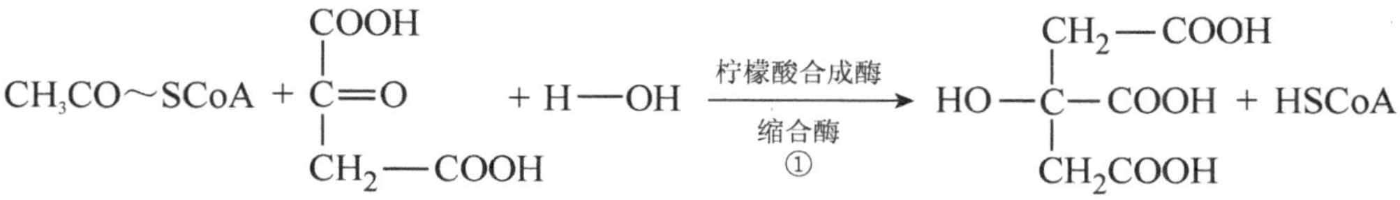

草酰乙酸　　　　柠檬酸

第二步与第三步反应：在顺乌头酸水合酶的催化下，柠檬酸→→异柠檬酸。反应如下：

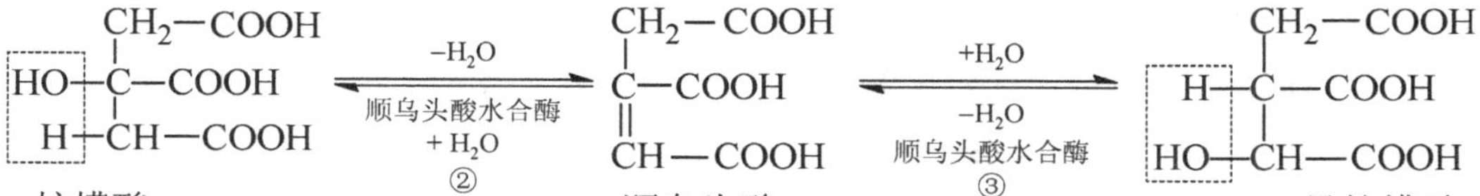

柠檬酸　　　　顺乌头酸　　　　异柠檬酸

催化上述两步反应的酶都是顺乌头酸水合酶，该酶催化的反应为可逆反应。

第四步与第五步反应：在异柠檬酸脱氢酶的催化下，异柠檬酸氧化脱羧，生成α-酮戊二酸。反应如下：

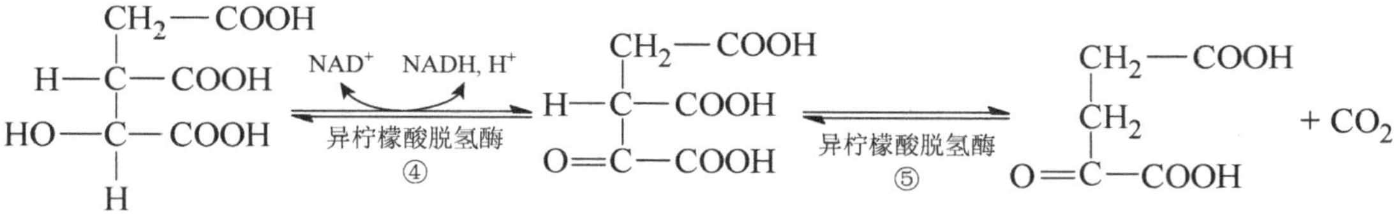

异柠檬酸　　　　草酰琥珀酸　　　　α-酮戊二酸

以上反应分两步完成。先脱氢，后脱羧。但均由异柠檬酸脱氢酶催化。脱羧时需Mn^{2+}或Mg^{2+}激活剂。此反应是三羧酸循环过程中的一分界点，即由原来的三羧基酸转化为二羧基酸。

第六步反应：在α-酮戊二酸脱氢复合酶系的作用下，α-酮戊二酸脱氢脱羧，形成琥珀酰CoA（也叫丁二酰CoA）。琥珀酰CoA是一种高能化合物。其氧化脱羧方式与丙酮酸（也是一种α-酮酸）的氧化脱羧方式相似。反应如下：

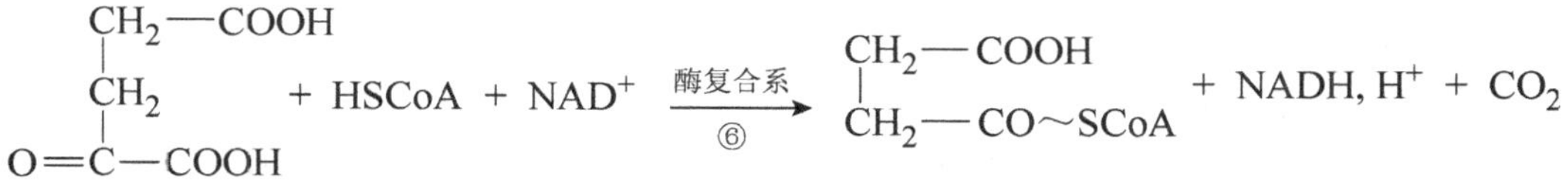

α-酮戊二酸　　　　琥珀酰辅酶A

以上反应为不可逆反应。

第七步反应：琥珀酰CoA高能化合物在琥珀酸硫激酶的催化下，生成琥珀酸（丁二酸）。同时，琥珀酰CoA将能量传给GDP生成GTP。GTP又使ADP磷酸化生成ATP。反应如下：

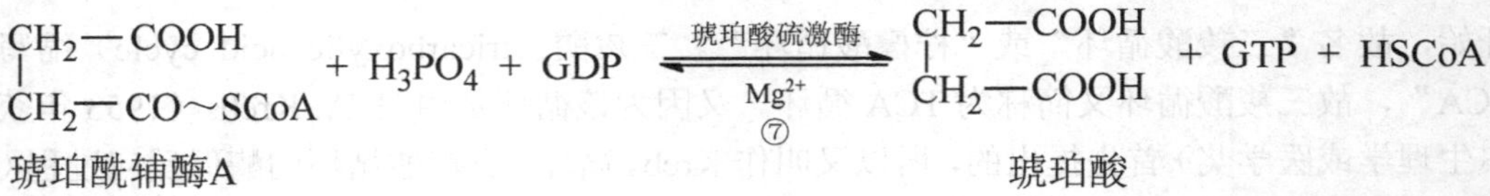

$$GTP + ADP \rightleftharpoons GDP + ATP$$

琥珀酸硫激酶是根据其催化的逆反应命名的。在以上反应中，ATP 是通过底物水平磷酸化产生的。

第八步反应：琥珀酸在琥珀酸脱氢酶的作用下脱氢（氧化），生成延胡索酸（反丁烯二酸）。反应如下：

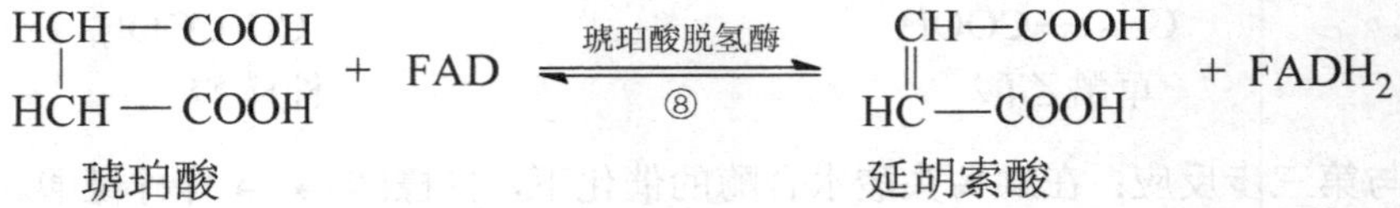

琥珀酸脱氢酶催化的反应为可逆反应。正（逆）反应的产（底）物具立体专一性。

第九步反应：延胡索酸在延胡索酸酶的催化下，加水生成苹果酸。反应如下：

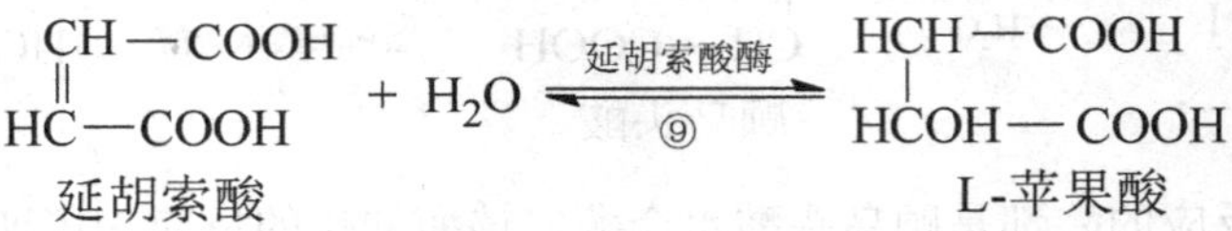

在以上反应中，H_2O 中—H、—OH 可任意加在 2、3 碳位上。

第十步反应：苹果酸在苹果酸脱氢酶的作用下脱氢氧化，生成草酰乙酸。反应如下：

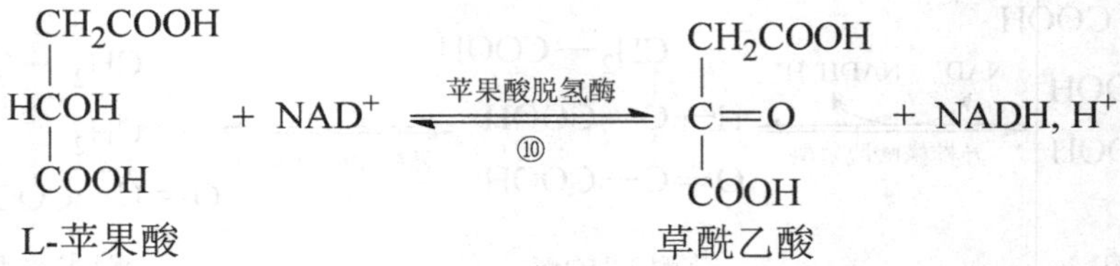

在第十步反应中，得到了一个新的草酰乙酸。三羧酸循环过程见图 6-24。

经过以上十步反应，完成一轮循环，只消耗了一个乙酰基，即沿着三羧酸循环，绕周一圈，乙酰基被降解了，草酰乙酸又出现了。

TCA 循环是有机物好氧分解的重要途径。在真核微生物中，因大多与 TCA 循环相关的酶类在线粒体基质中，故真核微生物的 TCA 循环反应在线粒体内进行。在原核微生物（如细菌）中，大多与 TCA 循环相关的酶类在细胞质中，因此，原核微生物的 TCA 循环反应在细胞质内进行。

2）三羧酸循环的作用

A. 脱氢氧化并产生还原力[H]。在 TCA 循环过程中，一分子乙酰辅酶 A 产生 2 分子 NADH、1 分子 NAD(P)H 和 1 分子 $FADH_2$。一个葡萄糖分子产生两个丙酮酸分子。每个丙酮酸分子生成一个乙酰辅酶 A 分子。两个丙酮酸分子生成两个乙酰辅酶 A 分子，即一分子葡萄糖经 TCA 循环共产生 4 分子 NADH、2 分子 NAD(P)H 和 2 分子 $FADH_2$。1 分子 NAD(P)H 相当于 1 分子 NADH。一个葡萄糖分子经过 TCA 循环产生相当于 6 分子 NADH 和 2 分子 $FADH_2$。

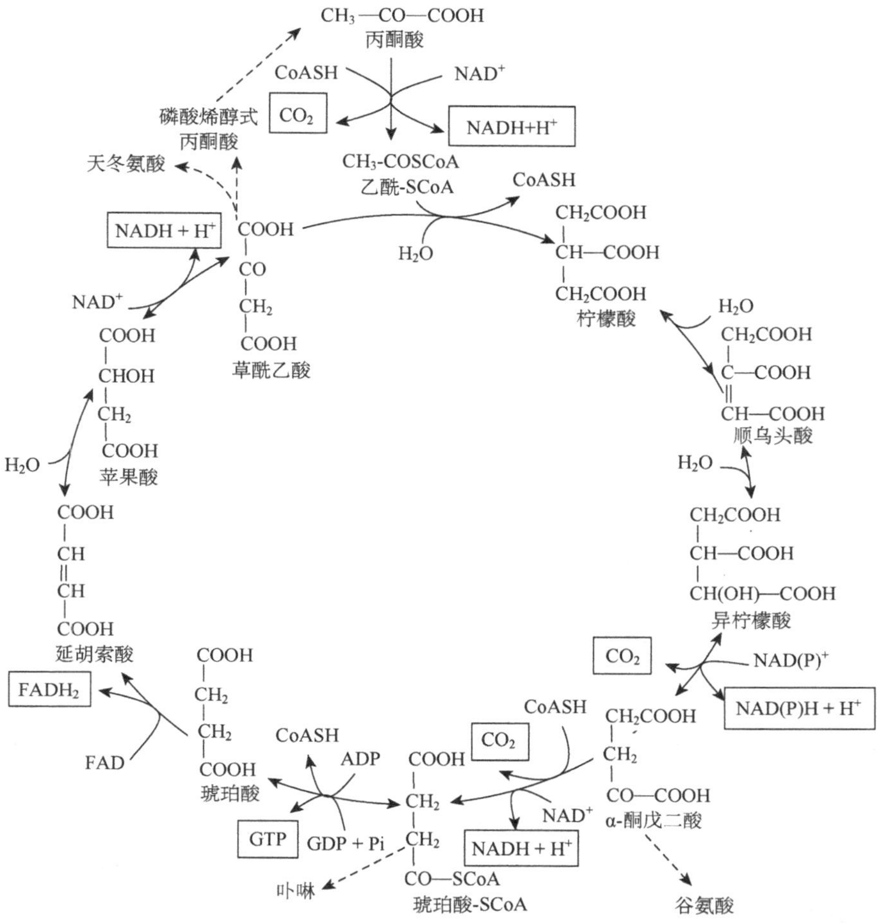

图 6-24　三羧酸循环（TCA 循环）

图中带有箭头的虚线连接的是可作为合成箭头所指物质所用原料的中间产物；带方框者为产物

一个葡萄糖分子经过第一阶段(EMP 途径)产生 2 个丙酮酸，在此过程中产生 2 个 NADH。2 个丙酮酸分子经过第二阶段（丙酮酸到乙酰辅酶 A）产生 2 个 NADH。

一个葡萄糖分子经过第一阶段、第二阶段和第三阶段共产生 10 个 NADH 和 2 个 $FADH_2$。

B. 碳被氧化为 CO_2（图 6-25）。三羧酸循环的第一个反应是乙酰 CoA 分子中的二碳乙酰基与四碳分子草酰乙酸缩合形成六碳的中间产物柠檬酸。当一个六碳酸（异柠檬酸）和一个五碳酸（α-酮戊二酸）经过氧化脱羧释放出 2 分子 CO_2 后，形成的四碳酸（琥珀酰 CoA）经过四步反应后又重新转化为草酰乙酸。草酰乙酸与新进入 TCA 循环的乙酰 CoA 缩合，继续参与下一轮反应。

由于草酰乙酸能够再生，故可将草酸乙酸看作载体。草酸乙酸在“携带”乙酰 CoA 的过程中使乙酰 CoA 中的二碳单位乙酰基被氧化为 CO_2，即草酸乙酸每完成一轮反应后又回到起始点，只是由葡萄糖转化来的二碳分子“不见了”，被氧化成了 CO_2。

丙酮酸转化为乙酰 CoA 的过程中经过脱氢伴随脱羧，产生一分子 CO_2。由此，一分子丙酮酸经过第二阶段和第三阶段，其碳骨架解体，3 个碳元素被氧化为 3 个 CO_2 分子。

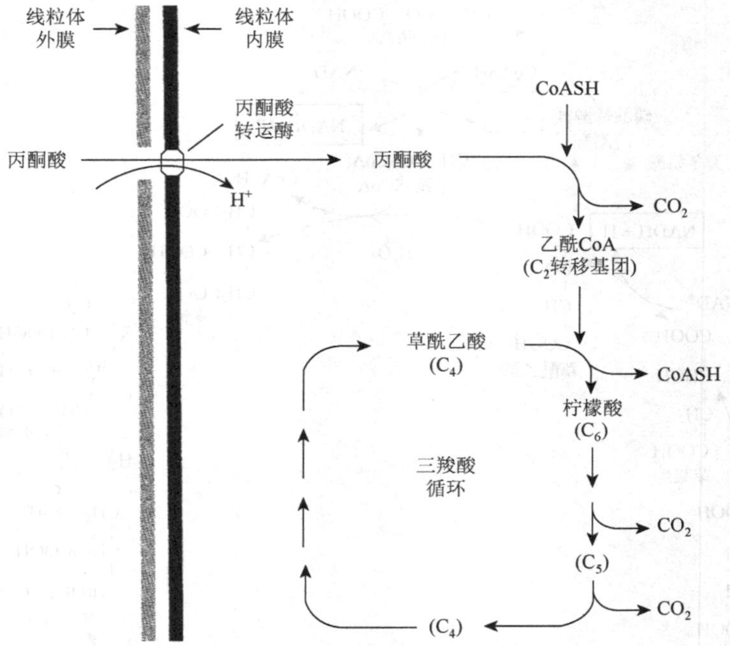

图 6-25　三羧酸循环中 CO_2 的产生

一个 6 碳葡萄糖分子经过第一阶段（EMP 途径）产生 2 个丙酮酸。每个丙酮酸分子经过第二阶段（丙酮酸到乙酰 CoA）和第三阶段（TCA 循环），产生 3 个 CO_2 分子。2 个丙酮酸产生 6 个 CO_2 分子。至此，葡萄糖分子中的碳得到氧化，全部变为 CO_2。

糖、脂肪和蛋白质等有机物代谢过程中产生的乙酰 CoA，通过三羧酸循环彻底氧化成 CO_2。

大家知道，葡萄糖彻底氧化除产生 CO_2 外还有 H_2O 的产生。但在上面讨论的葡萄糖降解过程中，我们只看到有 CO_2 的产生，而并未见到 H_2O 的生成。那么，H_2O 是怎样产生的？在什么地方产生？有关问题将在下文“（4）氧化磷酸化”中讨论。

3）三羧酸循环的生理意义　　三羧酸循环在微生物代谢中具有重要的枢纽地位。糖、蛋白质和脂肪等有机物都可通过三羧酸循环相互转化。因此，三羧酸循环是糖、蛋白质和脂肪等有机物代谢的桥梁。在有氧条件下，几乎所有有机物都可通过三羧酸循环进行降解。同时，三羧酸循环又可为合成代谢提供大量的碳骨架“原料”。故三羧酸循环是分解代谢与合成代谢的纽带。三羧酸循环在微生物代谢中的枢纽地位见图 6-26。

（4）氧化磷酸化（第四个阶段）

1）氧化磷酸化的概念

A. 氧化。有氧呼吸与发酵不同，在葡萄糖整个氧化过程中产生的 NADH 和 $FADH_2$ 不是将氢和电子直接交给中间代谢产物，而是沿着呼吸链逐渐传递给 O_2，最终氢（H^+）与被电子激活的氧结合，产生 H_2O，即电子沿着呼吸链传递到分子氧（O_2）形成水的过程或作用称为氧化。

B. 磷酸化。电子沿着呼吸链传到分子氧的过程是一个产能过程，所产生的能量用于 ADP 与无机磷（Pi）的缩合，形成 ATP，将能量加以储存，即伴随电子传递产生的能量用于形成 ATP 的过程或作用称为磷酸化。

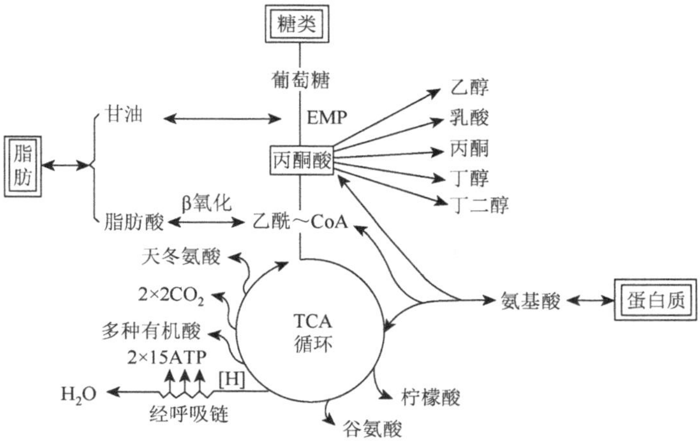

图 6-26 三羧酸循环在微生物代谢中的枢纽地位

C. 氧化磷酸化。还原型底物伴随着氧化发生的磷酸化即氧化磷酸化（oxidative phosphorylation），即从底物上脱下的氢和电子沿呼吸链传递给分子氧的过程中伴随有 ATP 的生成即为氧化磷酸化。氧化磷酸化是氧化与磷酸化两种作用的偶联（图 6-27 与图 6-28）。

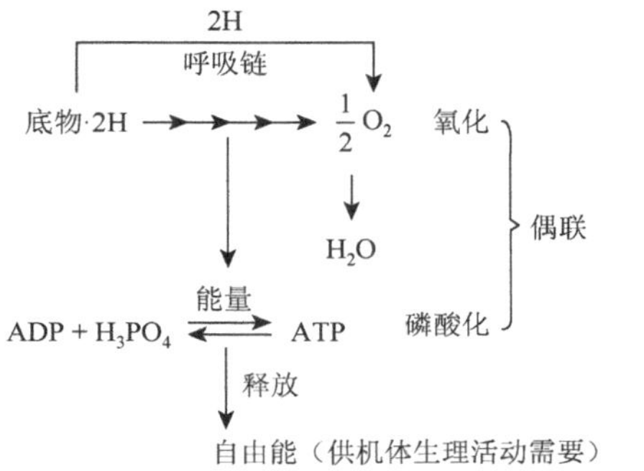

图 6-27 氧化与磷酸化的偶联（氧化磷酸化）

氧化磷酸化的实质是需氧生物细胞内的物质分解后所形成的还原型辅酶（包括 NADH 和 $FADH_2$）通过电子传递链被重新氧化。同时，通过磷酸化形成 ATP 将氧化过程中释放的能量加以储存备用。

2）电子传递链

A. 电子传递链（呼吸链）概念。电子传递链（electron transfer chain，ETC）又称呼吸链（respiratory chain）。电子传递链是指由一组电子载体按其氧化还原电位由低到高的排列顺序组成的一条链式传递体系。真核生物的呼吸链电子载体位于线粒体内膜上，而原核微生物的呼吸链电子载体位于细胞膜上。

电子传递的本质是物质的氧化。为了更好地表达生物氧化的内涵，本书采用“呼吸链”这个概念。

B. 呼吸链的构成。真核微生物在线粒体上的呼吸链见图 6-29。

呼吸链中参与电子传递的传递体较多。构成呼吸链的传递体包括 NADH-CoQ 氧化还原酶或简称 NADH-CoQ 还原酶（复合物 I ）、琥珀酸-CoQ 氧化还原酶或简称琥珀酸-CoQ 还原酶（复合物II）、CoQ-细胞色素 c 氧化还原酶或简称 CoQ-细胞色素 c 还原酶（复合物III）及细胞色素 c 氧化酶（复合物IV）、泛醌（CoQ）和细胞色素 c（Cyt c）。

除泛醌（CoQ）和细胞色素 c 外，上述 4 种复合物分别通过各自的辅基实现对电子的传递。它们的辅基主要有黄素类（FMN 与 FAD）、铁硫中心、铁叶啉和铜离子等。呼吸链复合物及其辅基见表 6-7。

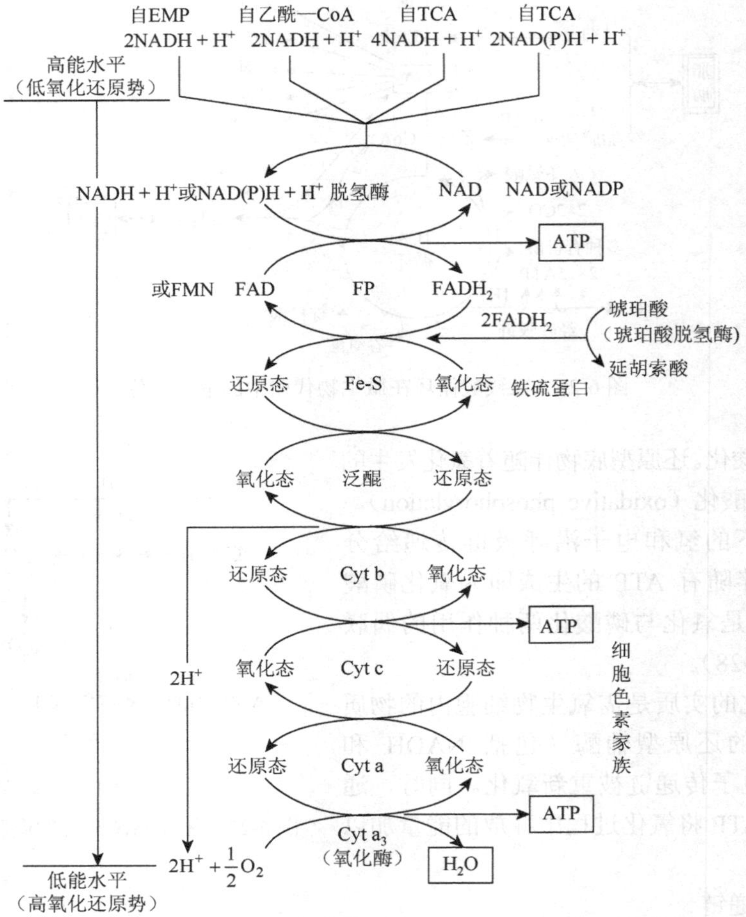

图 6-28 电子沿呼吸链传递到分子氧（氧化）与氧化过程中 ATP 的形成（磷酸化）

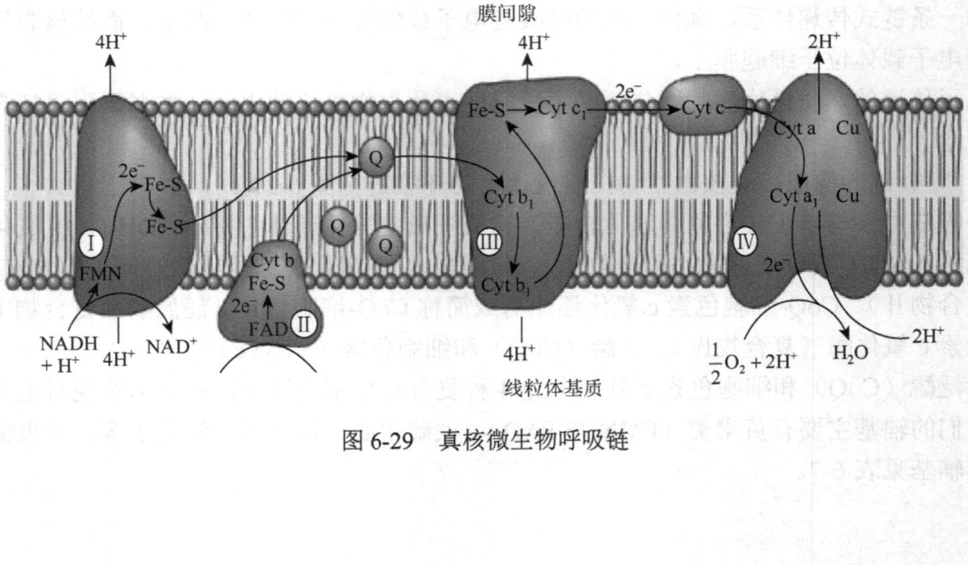

图 6-29 真核微生物呼吸链

表 6-7　呼吸链复合物及其辅基

复合体	酶名称	多肽链数	辅基
复合体Ⅰ	NADH-CoQ 还原酶	39	FMN，Fe-S
复合体Ⅱ	琥珀酸-CoQ 还原酶	4	FAD，Fe-S
复合体Ⅲ	CoQ-细胞色素 c 还原酶	10	铁卟啉，Fe-S
复合体Ⅳ	细胞色素 c 氧化酶	13	铁卟啉，Cu

注：泛醌和 Cyt c 不包含在表中 4 种复合物中

下面分别介绍呼吸链传递体的组成及其作用。

a. NADH-CoQ（泛醌）还原酶（complex Ⅰ，复合物Ⅰ）。NADH-CoQ 还原酶是一种复合酶，催化氧化与还原反应。该酶所催化的氧化还原反应表现在：使 NADH 氧化脱氢，并将脱下来的氢用于使 CoQ 还原。因此，NADH-CoQ 还原酶既是一种脱氢（氧化）酶，又是一种还原酶。之所以将其简称为 NADH-CoQ 还原酶，其目的是更明确表达电子沿呼吸链向 O_2 端传递的方向。其余三种复合物的简称与此含义相同。

NADH-CoQ 还原酶是由黄素蛋白和铁硫蛋白构成的复合物。黄素蛋白的辅基是 FMN；铁硫蛋白的辅基是铁硫中心（Fe-S）。

FMN 的作用是接受脱氢酶脱下来的电子和质子，形成还原型 $FMNH_2$。还原型 $FMNH_2$ 通过铁硫中心（Fe-S）进一步将电子转移给 CoQ。NADH-CoQ 还原酶及其参与的催化反应见图 6-30。

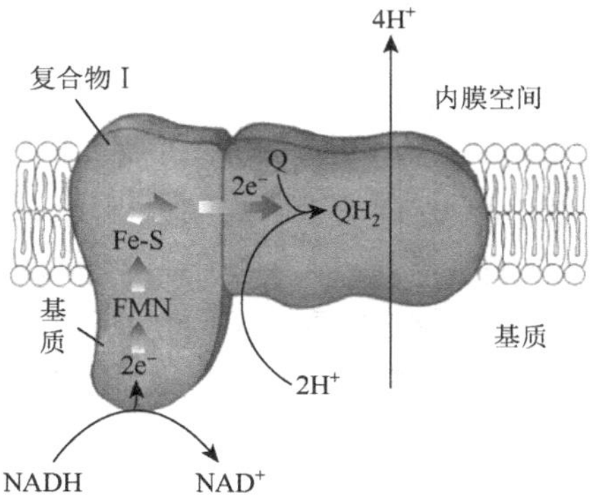

图 6-30　NADH-CoQ 还原酶及其参与的催化反应

FMN 及其参与的反应：FMN 是黄素单核苷酸。FMN 按图 6-31 的方式参与氧化还原反应。有关 FMN 的相关内容在第五章已有介绍，请参阅。FMN 参与的氧化还原反应：

$$NADH + H^+ + FMN \longrightarrow FMNH_2 + NAD^+$$

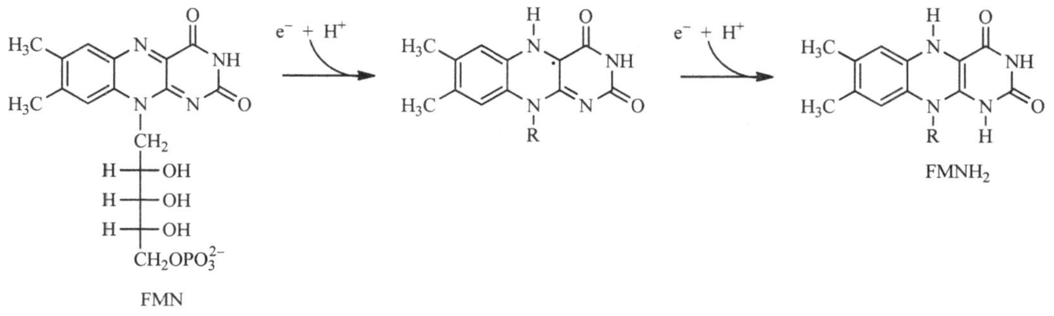

图 6-31　FMN 参与的氧化还原反应

铁硫中心（Fe-S）的结构与作用：铁硫中心又称铁硫聚簇或简称铁硫簇。铁硫中心的 Fe 和 S 常以等物质的量比例（FeS，Fe_2S_2，Fe_4S_4）存在，见图 6-32。

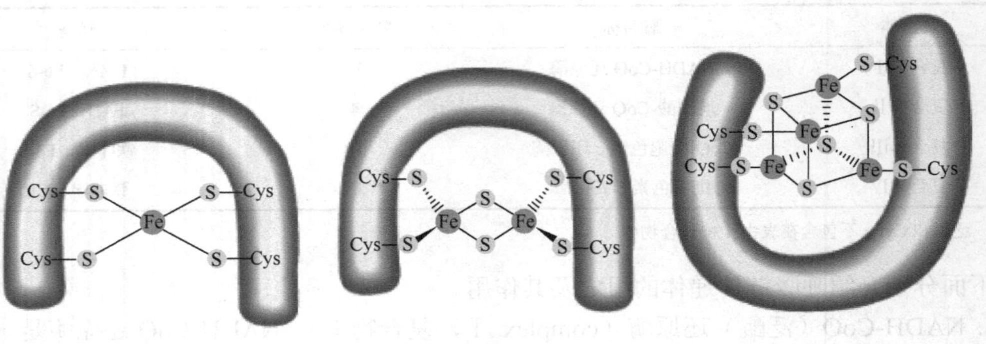

图 6-32　铁硫中心

Fe 通过蛋白质分子中的 4 个半胱氨酸（Cys）残基的巯基与蛋白质相连，故而被称为铁硫蛋白（非铁卟啉蛋白）。铁硫中心通过 Fe^{3+}与 Fe^{2+}的变化，将从 $FMNH_2$ 上脱下的电子传给 CoQ，每次传递一个电子。复合物 I 在传递电子的同时伴随有 H 质子的转移。

b. 琥珀酸-CoQ（泛醌）还原酶（complex Ⅱ，复合物Ⅱ）。琥珀酸-CoQ 还原酶是一种复合酶，包括琥珀酸脱氢酶和铁硫蛋白等。琥珀酸脱氢酶的辅基是 FAD；铁硫蛋白的辅基是 Fe-S 中心。

琥珀酸-CoQ 还原酶也是一种氧化还原酶。其中的琥珀酸脱氢酶催化琥珀酸氧化为延胡索酸，同时其辅基 FAD 被还原为 $FADH_2$。$FADH_2$ 中的两个电子经 Fe-S 中心传递给 CoQ。在传递电子的同时伴随有 H^+的转移。琥珀酸-CoQ 还原酶催化的反应见图 6-33。

c. 泛醌（辅酶 Q，CoQ）。泛醌（ubiquinone）又称辅酶 Q（CoQ）。泛醌的化学结构见图 6-34。

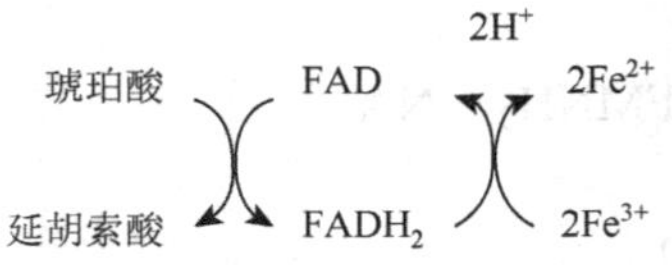

图 6-33　琥珀酸-CoQ 还原酶催化的反应

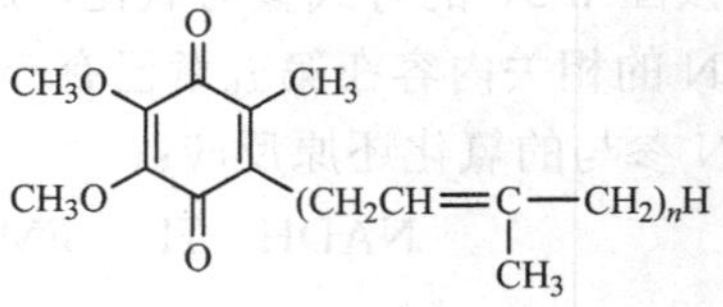

$n=6\sim10$

图 6-34　泛醌（CoQ）的化学结构

泛醌是呼吸链中唯一一种非蛋白质成员。其功能基团是苯醌。泛醌在电子传递过程中通过其氧化型（醌型）与还原型（氢醌型）相互转变完成对氢和电子的传递（图 6-35）。

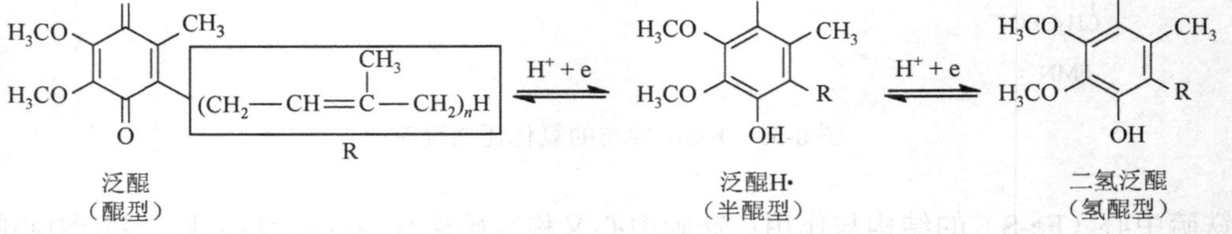

图 6-35　泛醌（CoQ）参与的递氢和递电子反应

NADH 和 $FADH_2$ 上的 H^+和电子都必须经过泛醌才能最终传递到氧分子。因此，泛醌在呼吸链中处于核心地位。泛醌参与的递氢和递电子反应见图 6-35。为了书写方便并便于统一，更多情况下使用泛醌的简写形式“CoQ”。

d. CoQ-细胞色素 c 还原酶（complex III，复合物III）。细胞色素是一类以铁卟啉（血红素）作为辅基的电子传递蛋白。细胞色素通过铁卟啉中铁原子的还原态（Fe^{2+}）和氧化态（Fe^{3+}）之间的可逆变化进行电子传递。

根据铁卟啉结构的不同，可将细胞色素分为 a、b、c 和 d 四类。在呼吸链中，细胞色素主要有细胞色素 a（Cyt a）、细胞色素 a_3（Cyt a_3）、细胞色素 b（Cyt b）、细胞色素 c（Cyt c）和细胞色素 c_1（Cyt c_1）等。

CoQ-细胞色素 c 还原酶是呼吸链上的第三个酶蛋白复合物，即复合物III（complex III）。CoQ-细胞色素 c 还原酶含有两种细胞色素（Cyt b 与 Cyt c_1），故其又称为细胞色素 bc_1 复合物。该复合物除含有 Cyt b 与 Cyt c_1 外，还含有铁硫蛋白（2Fe-2S）。CoQ-细胞色素 c 还原酶也是一种氧化还原酶，其作用是将电子从 $CoQH_2$ 转移到细胞色素 c（Cyt c）。

e. 细胞色素 c（Cyt c）。细胞色素 c 是呼吸链中一个独立的蛋白质电子载体。细胞色素 c 位于线粒体内膜外表面，属于膜周蛋白。细胞色素 c 易溶于水。细胞色素 c 与细胞色素 c_1 含有相同的辅基，但两者的蛋白组成有所不同。在电子传递过程中，Cyt-c 通过 Fe^{2+}和 Fe^{3+}的互变发挥电子传递作用。

细胞色素 c 是呼吸链上介于细胞色素 c 还原酶（复合物III）和细胞色素 c 氧化酶（复合物IV）之间的成员。细胞色素 c 交互地与复合物III的 Cyt c_1 及细胞色素氧化酶接触，将来自于 Cyt c_1 的电子传递给细胞色素 c 氧化酶（复合物IV）。细胞色素 c 的化学结构见图 6-36。

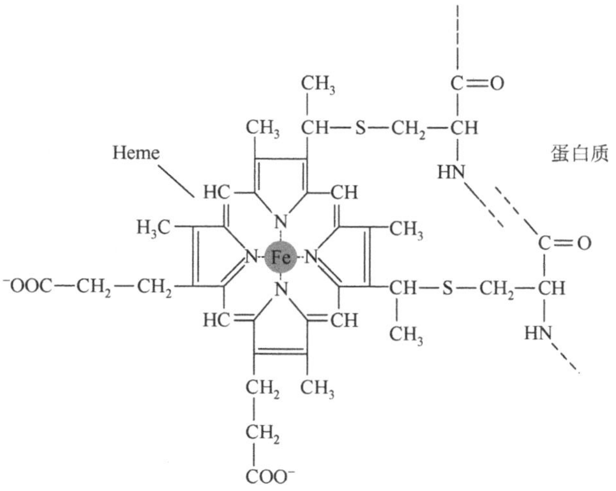

图 6-36 细胞色素 c 的化学结构

f. 细胞色素 c 氧化酶（复合物IV）。细胞色素 c 氧化酶（cytochrome c oxidase）是一种氧化还原酶。细胞色素 c 氧化酶是存在于原核微生物细胞膜或真核微生物线粒体膜上的一种大型跨膜酶蛋白复合物。

由于细胞色素 c 氧化酶是呼吸呼吸链的第四个酶蛋白复合物，因此又称为复合物IV（complex IV）。复合物IV由 Cyt a 和 Cyt a_3 组成。该复合物除含有铁卟啉外，还含有 2 个铜原子

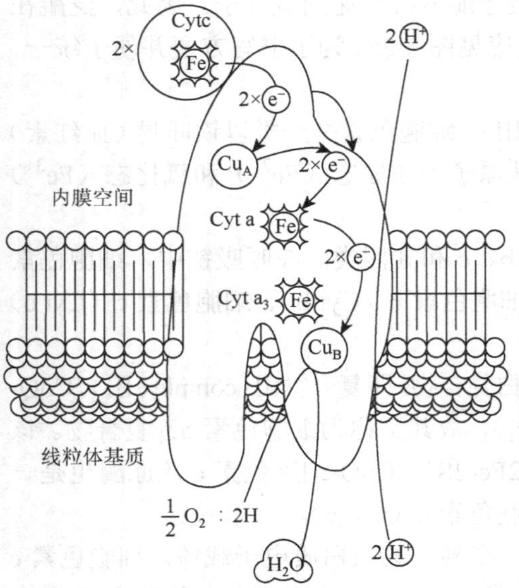

图 6-37　细胞色素 c 氧化酶催化的反应

(Cu_A，Cu_B)。复合物Ⅳ共 4 个氧化还原活性中心：铁卟啉 a、铁卟啉 a_3、Cu_A 与 Cu_B。通过 Fe^{3+}与 Fe^{2+}及 Cu^{2+}与 Cu^{+}的价键互变进行电子传递(图 6-37)。

细胞色素 c 氧化酶可以接受来自 4 个细胞色素 c 的 4 个电子，并将其传递给分子氧（O_2），最终生成 2 分子水（$2H_2O$）。因此，细胞色素 c 氧化酶也被称作末端氧化酶。

C. 呼吸链的种类（图 6-38）。按进入呼吸链还原型物质将呼吸链分为两种。若进入呼吸链的还原型物质是 NADH，该呼吸链称为 NADH 呼吸链；若进入呼吸链的还原型物质是 $FADH_2$，该呼吸链称为 $FADH_2$ 呼吸链。

a. NADH 呼吸链。在生物氧化过程中，催化底物（如 3-磷酸甘油醛、丙酮酸及苹果酸等）脱氢的脱氢酶大都以 NAD^+作为辅酶。当发生脱氢反应时，NAD^+ 接受带有两个电子的氢负离子形成 NADH + H^+。NADH 携带的电子经呼吸链传递，最终传给 O_2。这种以 NADH 开头的呼吸链即为 NADH 呼吸链。其组成为：NADH→复合物Ⅰ→CoQ→复合物Ⅲ→Cyt c→复合物Ⅳ→O_2。

b. $FADH_2$ 呼吸链。在生物氧化过程中，有少数脱氢酶（如琥珀酸脱氢酶）以 FAD 作为辅基。这类以 FAD 作为辅基的脱氢酶催化底物脱氢时，FAD 接受两个氢原子被还原为 $FADH_2$。$FADH_2$ 携带的电子经呼吸链传递，最终传给 O_2。这种以 $FADH_2$ 开头的呼吸链即为 FAD 呼吸链。其组成为：琥珀酸→复合物Ⅱ→CoQ→复合物Ⅲ→Cyt c→复合物Ⅳ→O_2。

NADH 呼吸链与 FAD 呼吸链从长度上相比，前者比后者长，产生的能量也较多。

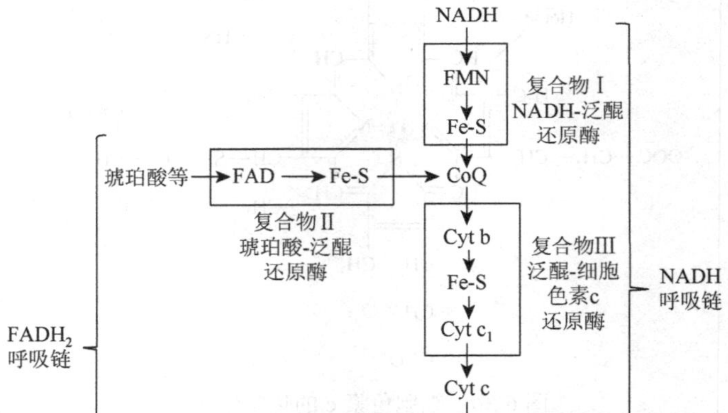

图 6-38　呼吸链的种类与构成

D. 呼吸链电子传递顺序。呼吸链的电子载体在膜结构上有着严格的组织和定位关系，使之在膜上呈有序排列。这种有序排列是由电子载体的氧化还原电势的高低决定的。构成呼吸链的电子载体的氧化还原电势见图 6-39。

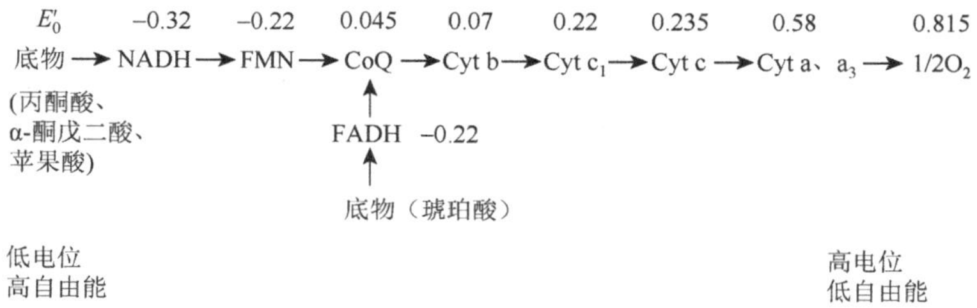

图 6-39　电子载体（FMN、FAD、CoQ、Cyt b、Cyt c_1、Cyt c、Cyt a、a_3）的氧化还原电势

正是由于这些载体氧化还原电势之间的差异，才保证了电子严格按照一定的顺序和方向流动。电子传递时，必须依次进行，不能跨越第二个载体直接流向第三个载体。

电子载体的 E_0' 越低，越易失去电子，处于呼吸链的前面；反之，E_0' 越高，越易得到电子，处于呼吸链的后面。

当电子从 E_0' 值低的还原型物质传到 E_0' 值高的氧化型物质时，伴随着能量的释放。同时，自由能降低。呼吸链中电子流动方向与 ATP 的生成见图 6-40。

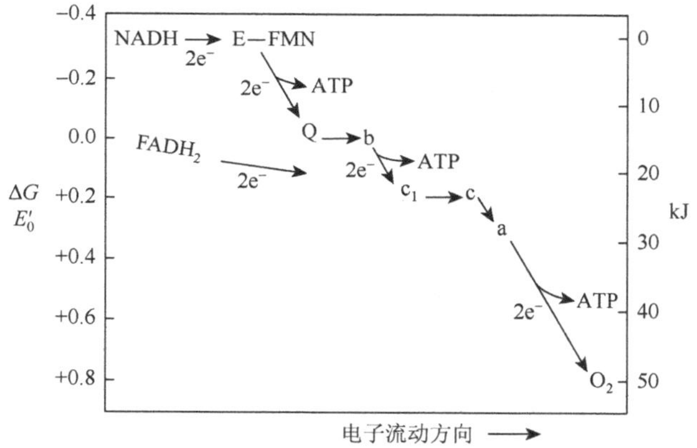

图 6-40　呼吸链中电子流动方向与 ATP 的生成

呼吸链电子传递顺序的确定经历了半个多世纪的探索。已从线粒体膜中分离出传递体复合物，并测得每个电子传递体的氧化还原电位 E_0，且对已经分离出来的电子传递体进行了体外重组。

E. 原核微生物呼吸链及其特点。与真核微生物线粒体的呼吸链相比，原核微生物的呼吸链具有如下特点：①电子供体多样。除大多数有机物外，一些无机元素氢、硫及无机离子等都可作电子供体。②电子受体多样。除分子氧外，延胡索酸、硝酸根、亚硝酸根及硫酸根等都可作最终电子受体。③细胞色素种类多样。④电子传递系统不完整。⑤呼吸链组分和含量可变。细菌呼吸链的组分和数量随氧气的供应、生长阶段、基本营养的供给、呼吸抑制剂的存在与否及碳氮比等变化而改变。⑥末端氧化酶多样化。⑦呼吸链有分支。呼吸链有直链和支链的区别。⑧电子传递方式多样化。细菌呼吸链中的电子可经 CoQ 再传递到细胞色素，也有不经过 CoQ 直接把电子传给细胞色素的。⑨细菌呼吸链定位于细胞膜上。⑩氧化磷酸化效率一般比真核生物低，细菌的氧化磷酸化效率通常<1。

原核生物的呼吸链与真核生物的呼吸链的比较见表 6-8。原核微生物（大肠杆菌）的呼吸链见图 6-41。

表 6-8 真核生物与原核生物呼吸链的比较

比较项目	真核生物	原核生物
所在部位	线粒体膜	细胞膜
组分可取代性	弱	强
组分的类型	少而稳定	多而变化
受环境影响	小	大
有无分支链	一般无	较普遍
P/O 比	较高（3）	较低（<3）

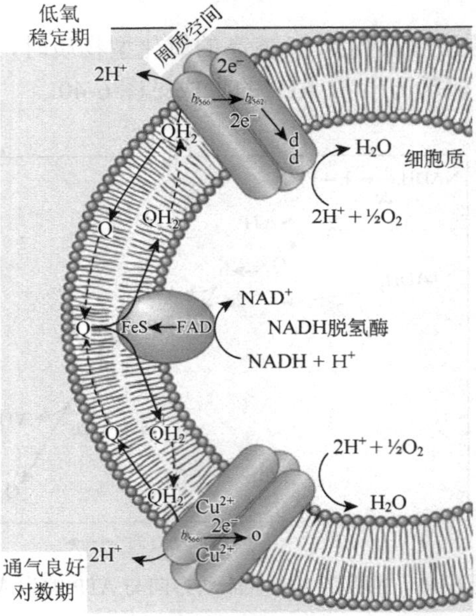

图 6-41 大肠杆菌的呼吸链

由图 6-41 可知，当大肠杆菌处于稳定期且氧气不足时，利用图中的上部电子传递链；通气良好，细菌处在对数期迅速生长时，利用图中的下部电子传递链。

F. ATP 在呼吸链的生成部位与数量。实验证明，在呼吸链中，电子由 NADH 到氧的传递过程中，ATP 是在三个不连续的部位生成的：第一个部位是在 NADH 和辅酶 Q 之间；第二个部位是在辅酶 Q 和细胞色素 c 之间；第三个部位是在细胞色素 a_3 和氧之间。

合成 1mol ATP 时，需要提供的能量至少为 $\Delta G_0' = -30.5$kJ/mol，相当于氧化还原电位差 $\Delta E_0' = 0.2$V。故在 NADH 氧化呼吸链中有三处可生成 ATP；而在琥珀酸氧化呼吸链中，只有两处可生成 ATP，见图 6-42。

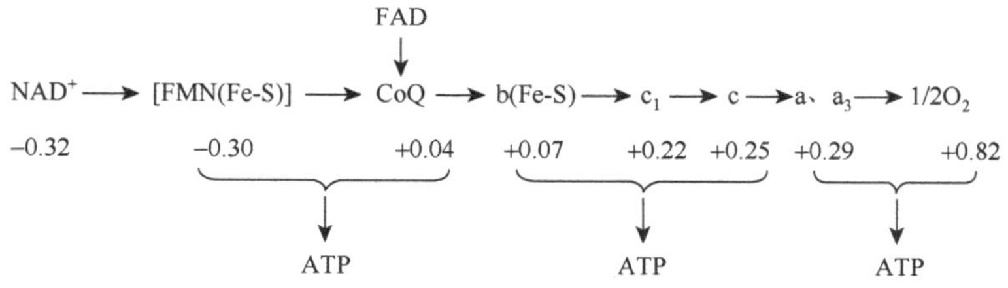

图 6-42 ATP 的生成部位与数量

G. 呼吸链的 P/O 比。所谓 P/O 比是指每消耗一个氧原子（或每对电子通过呼吸链传递至氧）所产生的 ATP 分子数。研究结果表明，NADH 经呼吸链完全氧化时测得的 P/O 比值为 3；而 $FADH_2$ 完全氧化时测得的 P/O 比值为 2（亦有认为 NADH 的 P/O 比值为 2.5，$FADH_2$ 的 P/O 比值为 1.5）。

P/O 比的高低表示呼吸链氧化磷酸化效率的高低。例如，以苹果酸为底物时，苹果酸脱氢酶的辅酶是 NAD^+，苹果酸脱氢后形成 NADH，其释放的电子沿 NADH 呼吸链传递，完全氧化时产生 3ATP，即其 P/O = 3；而以琥珀酸为底物时，由于琥珀酸脱氢酶的辅基是 FAD，琥珀酸脱氢后形成的 $FADH_2$，其释放的电子沿 $FADH_2$ 呼吸链传递，完全氧化时产生 2ATP，即其 P/O = 2。

根据本章相关讨论可知，ATP 的形成有两种方式：一种是底物水平磷酸化；另一种是氧化磷酸化。

底物水平磷酸化（substrate level phosphorylation）指底物在脱氢氧化过程中，底物本身先生成含有高能键的化合物，然后这些高能化合物直接偶联 ADP 生成 ATP。这种发生在底物上生成含有高能键的化合物并直接偶联产生 ATP 的方式称为底物水平磷酸化（图 6-43）。底物水平磷酸化是发酵型微生物获取能量的主要方式。

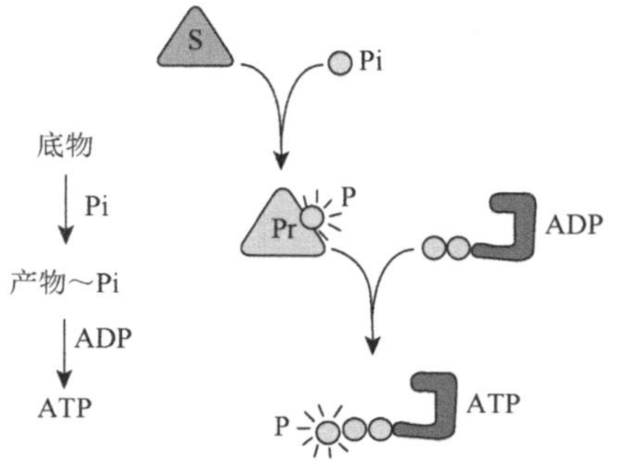

图 6-43 底物水平磷酸化示意图

氧化磷酸化是指电子沿着呼吸链传递到 O_2 的氧化过程中伴随有 ATP 的生成。氧化磷酸化是需氧生物细胞内的物质分解后所形成的还原型辅酶（包括 NADH 和 $FADH_2$）通过电子传递链被重新氧化，在此过程中发生磷酸化形成 ATP。好氧微生物主要以氧化磷酸化的方式获取能量，只有极少量能量是通过底物水平磷酸化获取的。

2. 葡萄糖有氧氧化所产能量

每氧化 1 分子 NADH 可生成 3 分子 ATP；每氧化 1 分子 $FADH_2$ 可生成 2 分子 ATP。

一分子葡萄糖在有氧条件共产生 10 个 NADH 和 2 个 $FADH_2$。氧化 10 个 NADH 可产生 30 个 ATP；氧化 2 个 $FADH_2$ 产生 4 个 ATP。二者加和共产生 34 个 ATP。

在葡萄糖转变为丙酮酸时借底物水平磷酸化生成 2 分子的 ATP。在三羧酸循环中，琥珀酰辅酶 A 氧化为延胡索酸时发生底物水平磷酸化，由此产生 1 分子 GTP，随后 GTP 可转化成 ATP。每个葡萄糖分子分解为 2 个丙酮酸，2 个丙酮酸又转化为 2 个乙酰 CoA。故三羧酸循环通过底物水平磷酸化共产生 2 个 ATP。由此，葡萄糖在有氧条件下通过底物水平磷酸化共产生 4 个 ATP。

葡萄糖在整个有氧氧化的过程中，通过呼吸链的氧化磷酸化产生 34 个 ATP，通过底物水平磷酸化产生 4 个 ATP，共产 38 个 ATP。

1mol 葡萄糖完全氧化产生的总能量大约是 2780kJ，每摩尔 ATP 产生 31.8kJ 的能量。那么，1mol 葡萄糖完全氧化成 CO_2 和 H_2O 时，有 1208kJ 的能量转变储存于 ATP 中。因此，葡萄糖完全氧化能量的利用效率大约是 42%（38×31.8/2870），其余能量以热的形式散失。

3. 氧化与磷酸化偶联机制

ATP 在呼吸链上究竟是怎样形成的？目前公认的是化学渗透学说。该学说由英国生物化学家 P. Mitchell 于 1961 年提出。该学说通过大量实验，很好地解释了电子传递的氧化与磷酸化 ATP 形成的关系。P. Mitchell 因此获得了 1978 年的诺贝尔化学奖。

（1）化学渗透学说

化学渗透学说认为，真核微生物的呼吸链存在于线粒体内膜，原核微生物的呼吸链存在于细胞膜上。将氧化与磷酸化进行偶联生成 ATP 的因素是 H^+的跨膜梯度。

真核微生物在电子传递氧化过程中产生的能量不断地将 H^+从线粒体内侧泵到膜外的膜间隙（图 6-44）。原核微生物在电子传递氧化过程中产生的能量不断地将 H^+从膜内泵到膜外的壁膜间隙（周质空间）。因此，膜外 H^+浓度不断升高，而膜内 H^+浓度不断降低。

然而，由于膜的选择透性，H^+不能自由透过膜返回膜内。其结果是，在膜的两侧便形成一个膜外浓度高而膜内浓度低的质子（H^+）跨膜梯度（$\Delta\mu H^+$，或称质子动势或 pH 梯度）（图 6-45）。质子浓度梯度中积存了能量。当 H^+外排到一定程度，H^+浓度梯度中积存的能量很高时，就会出现不稳定状态。为了保持稳定并取得平衡，H^+梯度中的能量要释放。能量释放的方式是被排到膜外的 H^+必须回到膜内。如何解决 H^+返回到膜内这一难题呢？

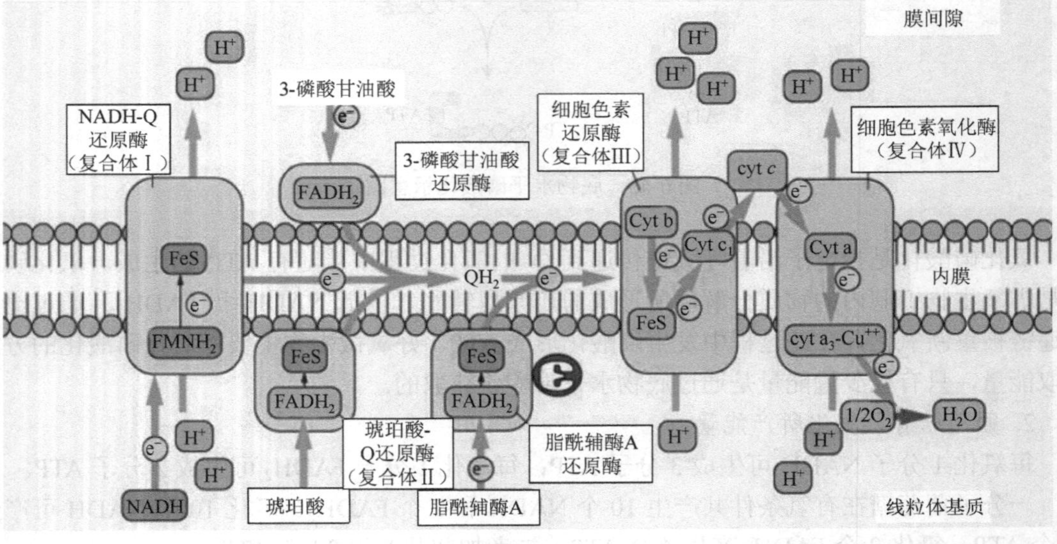

图 6-44　线粒体电子传递链上伴随电子传递进行的 H^+外排

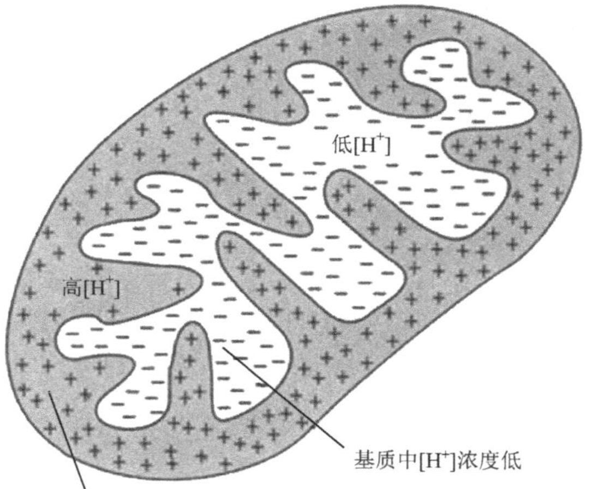

图 6-45　质子跨膜梯度的形成

生物是非常有智慧的，真核微生物的线粒体膜和原核微生物的细胞膜上都分别专门为质子建立了一个特异性通道，膜外 H^+只有通过该通道才能顺着 H^+浓度梯度返回膜内。该通道即 ATP 合成酶（图 6-46），又被称为特异性质子通道。ATP 合成酶即具有质子通道的作用，又具有酶催化的作用，催化 ATP 的合成。膜外 H^+由高浓度向膜内低浓度方向转移通过 ATP 合成酶时，释放的自由能在 ATP 合成酶的催化下，使 ADP 和 PO_4^{3-} 结合生成 ATP（图 6-46～图 6-48）。因此，在氧化磷酸化形成 ATP 过程中起偶联作用的是 H^+跨膜梯度。

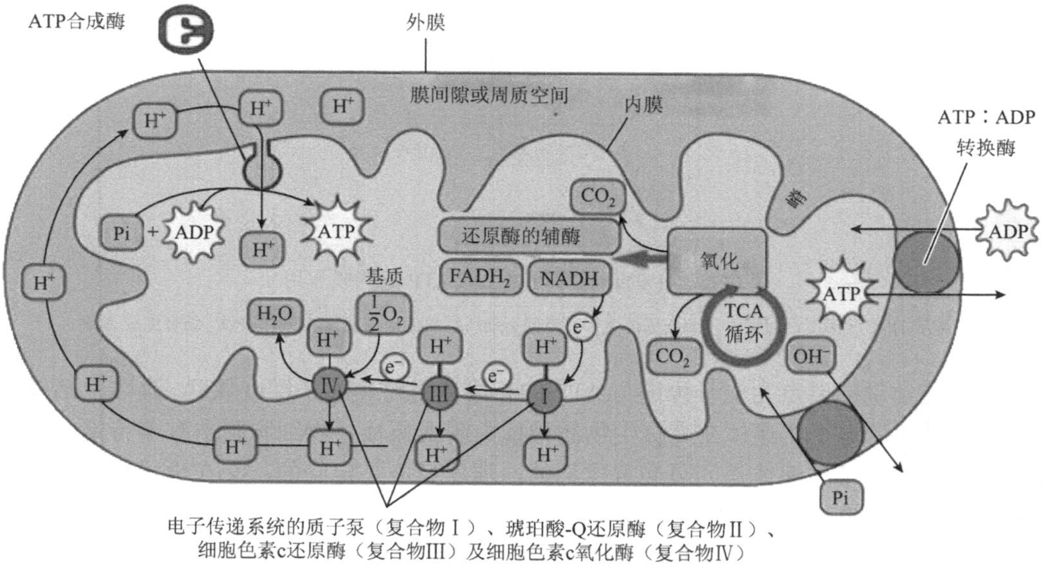

图 6-46　膜外 H^+通过 ATP 合成酶（灯泡状结构）返回膜内时释放自由能偶联 ATP 的形成

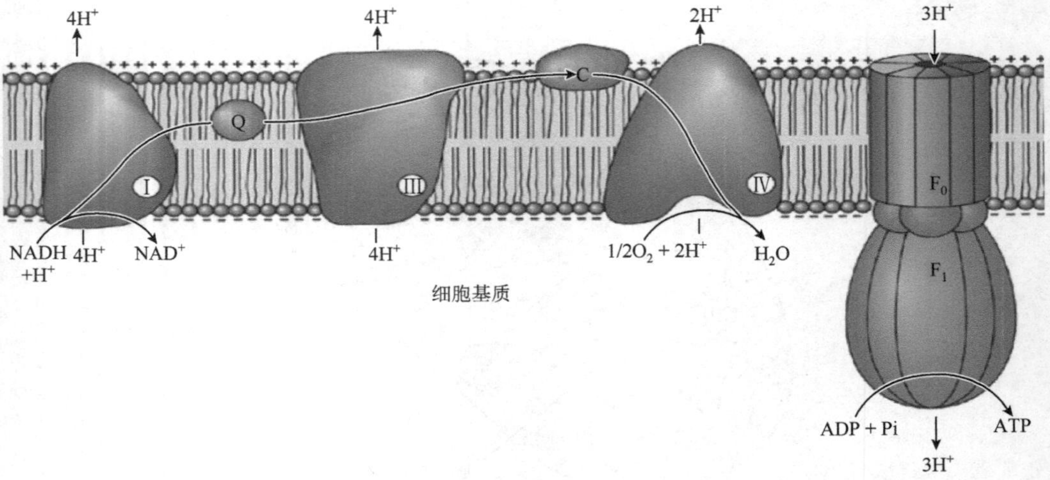

图 6-47　氧化与磷酸化偶联机制（灯泡状结构为 ATP 合成酶）

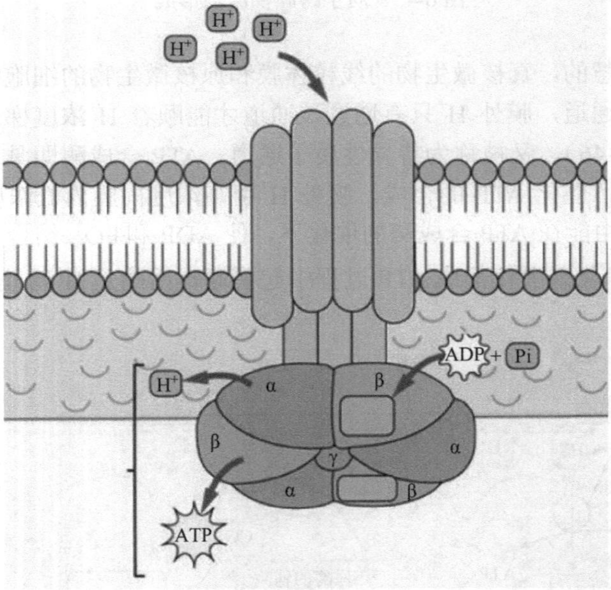

图 6-48　H^+的跨膜梯度对生成 ATP 的偶联作用

H^+顺着 H^+浓度梯度返回膜内。H^+向低浓度梯度方向运动所释放的自由能使 ADP 和 PO_4^{3-} 结合生成 ATP

化学渗透学说的要点为电子传递与 ATP 的合成通过跨膜质子梯度偶联。具体包括以下内容：①呼吸链中的电子传递体在真核生物线粒体内膜或原核生物细胞膜中有着特定的不对称分布，递氢体和电子传递体是间隔交替排列的，催化反应是定向的；②在电子传递过程中，复合物Ⅰ、Ⅲ和Ⅳ的传氢体起质子泵的作用，将 H^+从真核生物线粒体内膜或原核生物细胞膜基质侧定向地泵至膜外侧空间，将电子传给后面的电子传递体；③真核生物线粒体内膜或原核生物细胞膜对质子具有不可自由透过的性质，泵到外侧的 H^+不能自由返回，结果形成膜内外电化学势梯度（由质子浓度差产生的电位梯度）；④当存在足够高的跨膜质子电化学梯度时，强大的质子流通过 ATP 酶进入真核生物线粒体基质或原核生物细胞质时，所释放的自由能推动 ATP 合成。

（2）ATP 合成酶及其结构

ATP 合成酶（又称 F_0F_1-ATP 酶）由亲水性头部（F_1）和疏水性基部（F_0）组成。

头部呈颗粒状，突出于线粒体内膜或原核微生物质膜的基质侧；F_0 镶嵌于膜内。F_1 由 α、β、γ、δ、ε 5 种亚基（其数量关系为 $α_3$、$β_3$、γ、δ 和 ε）组成；F_0 由 a、b、c 三种亚基（其数量关系为 a、b_2、$c_{9\sim12}$。）组成。其中，c 亚基是与呼吸链连接的部位。多个 c 亚基构成一个环状结构。ATP 合成酶的结构见图 3-62。

（3）ATP 合成酶作用机制

ATP 合成酶如何利用质子推动力催化 ADP + Pi 合成 ATP？美国科学家 Boyer 为了解释 ATP 合成酶的作用机制，提出结合变化学说（binding change hypothesis）。该学说认为，ATP 合成酶 β 亚基有 3 种不同构象。第一种构象（L）有利于 ADP 和 Pi 结合；第二种构象（T）可使结合的 ADP 和 Pi 合成 ATP；第三种构象（O）使合成的 ATP 容易被释放出来。

在 ATP 合成过程中，3 个 β 亚基依次进行上述 3 种构象的交替变化，所需能量由跨膜 H^+梯度提供。

质子通过 F_0 时，引起 c 亚基构成的环旋转，从而带动 γ 亚基旋转。由于 γ 亚基的端部是高度不对称的，因此，γ 亚基的旋转引起 β 亚基 3 个催化位点构象发生周期性改变（L、T、O），不断将 ADP 和 Pi 缩合，形成 ATP，释放 ATP，见图 6-48。

英国科学家 Walker 通过 X 线衍射获得高分辨率的牛心线粒体 ATP 合成酶晶体的三维结构，证明在 ATP 合成酶合成 ATP 的催化循环中 3 个 β 亚基的确有不同构象，从而有力地支持了 Boyer 的假说。Boyer 和 Walker 共同获得 1997 年的诺贝尔化学奖。

ATP 合成酶利用质子推动力催化 ADP + Pi 合成 ATP 的机制见图 6-49。

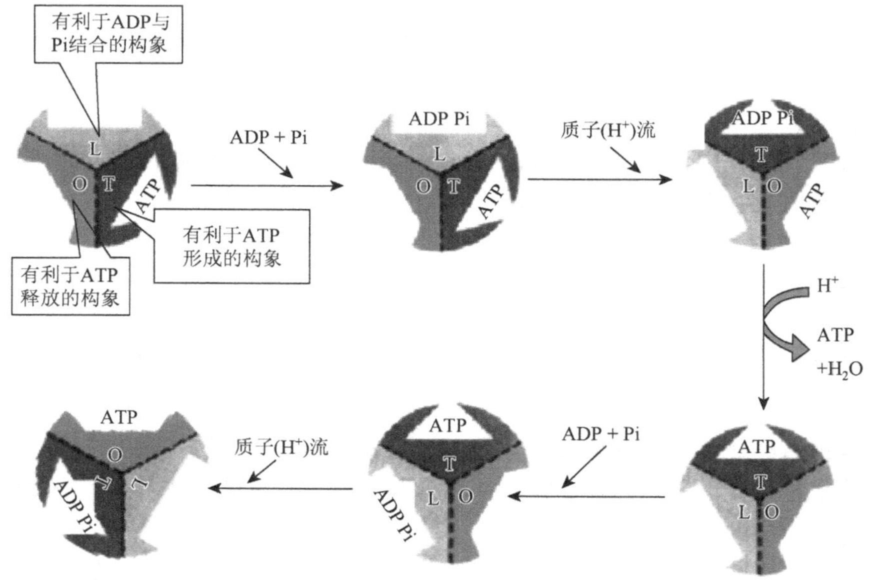

图 6-49　ATP 合成酶作用机制

按化学渗透学说来看，生物的“通用能源”ATP 是由跨膜的质子梯度差 $\Delta\mu H^+$ 而产生的。因此，我们可以把质子梯度差理解成一个高水位的水源，ATP 合成酶犹如一台水轮发电机，ATP 则是由该发电机产生的电流。现把质子梯度差与 ATP 的相互关系及其在生命活动中的作用综合于图 6-50 中。

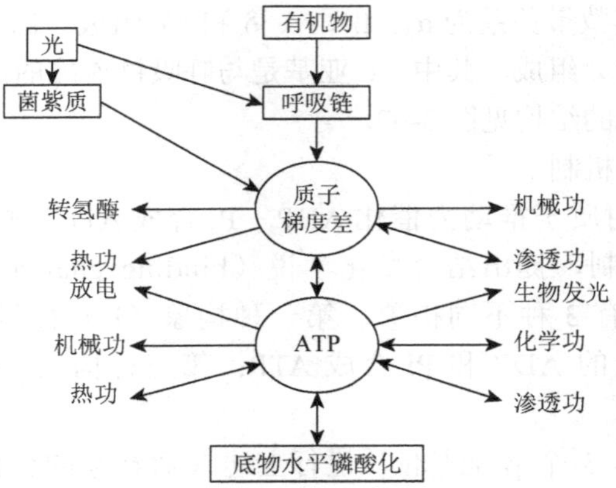

图 6-50 质子梯度差与 ATP 的形成及其功用

4. 有氧呼吸小结

（1）产能较高

有氧呼吸是以分子氧作为最终电子受体的生物氧化。有氧呼吸产生大量能量。

（2）有机物氧化彻底

在有氧条件下，微生物可将有机物彻底氧化为 CO_2 和 H_2O。

1）CO_2 的生成　　糖类、脂类及蛋白质类等有机物先转变为含羧基的中间产物。然后，在酶的催化作用下，脱去羧基（脱羧反应），生成 CO_2。

2）H_2O 的生成　　在酶的催化作用下，基质脱氢，氢由相应氢载体（NAD^+、$NADP^+$、FAD、FMN）所接受，氢载体再通过由一系列递氢体与递电子体组成的呼吸链（电子传递链）将氢和电子传给分子 O_2，生成 H_2O。

在水污染控制工程中，有机物经过微生物的有氧氧化可彻底降解，但同时可产生大量剩余污泥。这与有氧呼吸大量产能有关（所产能量用于微生物新细胞的合成）。

5. 氧化磷酸化解偶联与污泥减量

活性污泥工艺是当今应用最为广泛的废水处理技术。然而，该技术在使水质得到提高的同时产生大量剩余污泥。截至 2017 年，我国城市污水处理厂剩余污泥产量高达 8.6×10^9t。剩余污泥的管理和处理处置费用占污水处理厂总费用的 50%～60%。因此，污泥处理问题已成为污水处理厂发展的瓶颈，迫切需要寻找有效解决途径。

污水处理的目标是将有机物彻底矿化为水和二氧化碳。理想的处理工艺是在完成矿化有机物的同时产生最少量的剩余污泥。因此从源头上实施污泥减量化技术是解决剩余污泥问题的有效方式之一。

目前，国内外常见的污泥减量化技术主要有溶胞-隐性增长、生物强化捕食以及代谢解偶联等。代谢解偶联污泥减量技术因操作简便、易于控制而备受关注。

研究表明，在活性污泥系统中加入代谢解偶联剂，可使有机物的氧化与磷酸化解偶联，从而减少污泥的产生

（1）解偶联（uncouple）与污泥减量化机制

解偶联剂（uncoupler）能够增强线粒体膜或细胞膜对 H^+的通透性，促进 H^+被动扩散穿过细胞膜，消除膜两侧的质子梯度，从而影响 ATP 的合成，即氧化和磷酸化之间存在的偶联关系可以通过投加解偶联剂使其脱偶联。

值得强调的是，解偶联剂不影响电子沿呼吸链传递，只影响 ATP 的生成，使产能过程和贮能过程相脱离，使能量以热能形式散失。

ATP 的减少，用于合成代谢的能量不足，导致合成反应无法进行，新细胞形成减少，致使微生物产率降低，最终使污泥减量。

下面以 2, 4-二硝基苯酚（2, 4-dinitrophenol，DNP）为例说明其解偶联作用与污泥减量化机制。2, 4-二硝基苯酚的分子结构及其可逆变化见图 6-51。可逆反应的正反应为 2, 4-二硝基苯酚由解离态变为非解离态。

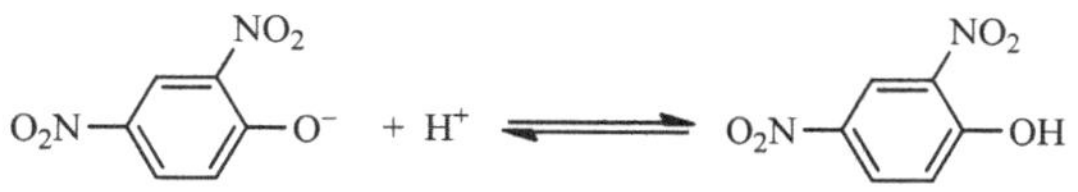

图 6-51　2, 4-二硝基苯酚的分子结构及其可逆变化

在 pH 中性条件下，2, 4-二硝基苯酚以解离状态存在（脂不溶性状态），不能透过真核微生物的线粒体膜或原核微生物的细胞膜；而在酸性条件下，2, 4-二硝基苯酚接受质子成为非解离状态。非解离状态的 2, 4-二硝基苯酚为脂溶性，易于透过线粒体膜或原核微生物的细胞膜，即 2, 4-二硝基苯酚可以扮演 H^+载体的作用。H^+可通过与非解离状态的 2, 4-二硝基苯酚结合跨膜进入膜的内侧，即 2, 4-二硝基苯酚可为膜增加对 H^+从膜外进入膜内的透过性提供帮助。

2, 4-二硝基苯酚穿过膜时将一个质子带入膜内 H^+浓度低的一侧，这样就破坏了跨膜 H^+浓度梯度的形成。H^+跨膜梯度的破坏使磷酸化反应难以进行，直接影响 ATP 的形成。微生物细胞合成所需 ATP 减少，污泥即可减量。2, 4-二硝基苯酚解偶联与污泥减量化机制见图 6-52。

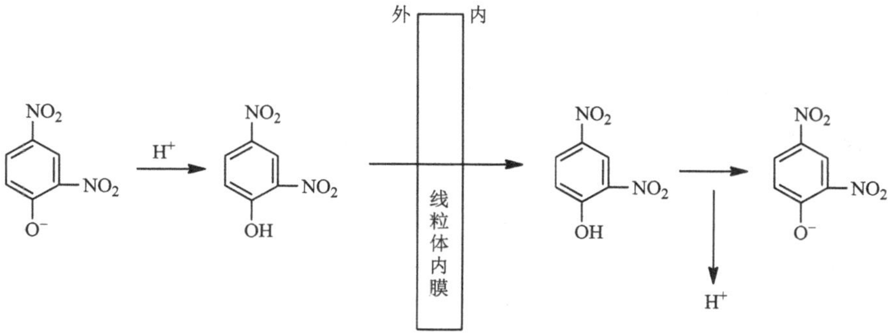

图 6-52　2, 4-二硝基苯酚解偶联与污泥减量化机制

（2）解偶联剂种类

用于污泥减量的解偶联剂很多，主要包括硝基酚类，如 2, 4-二硝基苯酚、对硝基苯酚（*p*-NP）、间硝基苯酚（*m*-NP）、邻硝基苯酚（*o*-NP）等；氯酚类，如邻氯苯酚（*o*-CP）、对氯苯酚（*p*-CP）、间氯苯酚（*m*-CP）、三氯苯酚（TCP）、2, 4-二氯苯酚（2, 4-DCP）、2, 6-二氯苯酚（2, 6-DCP）、五氯苯酚（PCP）、3, 3′, 4′, 5-四氯水杨酰苯胺（TCS）等；季铵盐类，如苄基季铵盐；季磷盐类，如四羟四甲基硫酸磷（THPS）与氯化四羟甲基磷（THPC）；氨基酚，如邻氨基酚（AP）、2, 4-二氯苯氧乙酸（2, 4-D）和氨基酸等。

（二）无氧呼吸

1. 无氧呼吸的概念

无氧呼吸（anaerobic respiration）又称厌氧呼吸。无氧呼吸是一类呼吸链末端电子受体不是 O_2，而是无机氧化物（NO_3^-、NO_2^-、SO_4^{2-}、CO_3^{2-} 及 CO_2 等）或有机氧化物（延胡索酸、甘氨酸等小分子有机物）的生物氧化。无氧呼吸是微生物在无氧条件下进行的一种呼吸方式。

2. 无氧呼吸的特点

无氧呼吸的特点有：①无氧呼吸的呼吸链比有氧呼吸的呼吸链短。从底物上脱下的氢经部分呼吸链传递。②氢受体不是分子氧（O_2），而是无机氧化物（少数为含氧有机物）。③产能效率低。因电子受体的氧化还原电势比 O_2 低，相对有氧呼吸而言，产生的 ATP 数量较少。④无氧呼吸与发酵相比，产能效率更高，且在缺 O_2 条件下，可通过电子传递与磷酸化相偶联的方式合成 ATP，获得能量。

3. 无氧呼吸类型

作为微生物无氧呼吸的最终电子受体种类很多，故无氧呼吸类型也很多。根据最终电子受体的不同，可将无氧呼吸分成硝酸盐呼吸（nitrate respiration）、硫酸盐呼吸（sulfate respiration）、硫呼吸（sulphur respiration）、铁呼吸（iron respiration）、碳酸盐呼吸（carbonate respiration）以及延胡索酸呼吸（fumarate respiration）等。

（1）硝酸盐呼吸（反硝化作用）

在厌氧条件下，以 NO_3^- 作为呼吸链最终电子受体的呼吸称为硝酸盐呼吸或反硝化作用（denitrification）。进行硝酸盐呼吸的微生物又称为反硝化细菌。

硝酸盐呼吸又分为同化硝酸盐呼吸（assimilative nitrate respiration）和异化硝酸盐呼吸（dissimilative nitrate respiration）。同化硝酸盐呼吸是指将硝酸盐还原为铵盐，然后再同化为有机氮（$NO_3^- \rightarrow NO_2^- \rightarrow NH_2OH \rightarrow NH_3 \rightarrow$有机氮）的呼吸方式；异化硝酸盐呼吸是指将硝酸盐还原为氮气（$NO_3^- \rightarrow NO_2^- \rightarrow NO \rightarrow N_2O \rightarrow N_2\uparrow$）的呼吸方式。通常所谓的反硝化作用即异化硝酸盐呼吸，即在厌氧条件下，反硝化细菌将硝酸盐还原为分子态氮的过程。

污水脱氮工艺利用的是异化硝酸盐呼吸。进行污水脱氮处理时，微生物先将有机氮降解为 NO_3，然后再将 NO_3 转化为 N_2，N_2 从水中逸出，含氮污水得到净化。

能进行硝酸盐呼吸的微生物是一类兼性厌氧微生物。反硝化细菌都有完整的呼吸系统。但只有在无氧条件下，才能诱导出反硝化作用所需要的还原酶。反硝化作用由 4 种酶催化，分 4 步完成（图 6-53）。

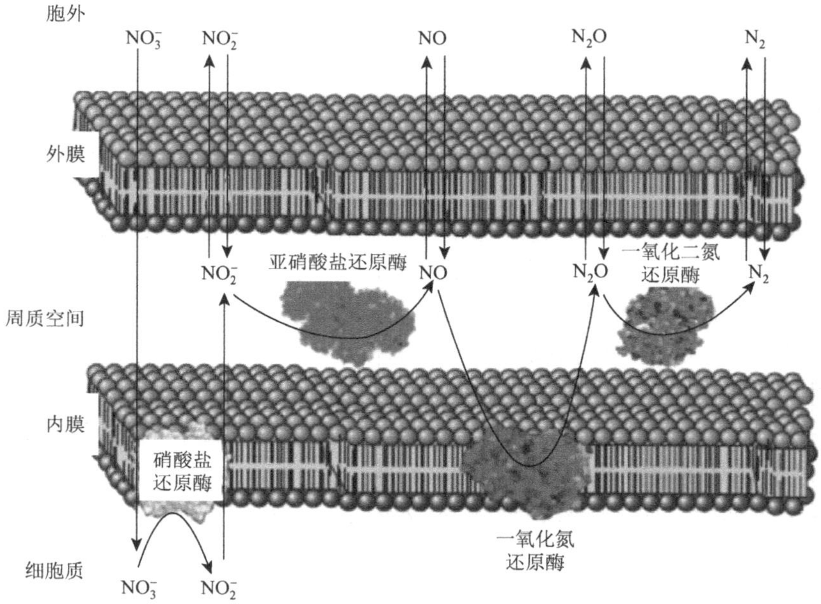

图 6-53　反硝化机制

第一步：在硝酸盐还原酶的作用下，将硝酸盐（NO_3^-）还原为亚硝酸盐（NO_2^-）。硝酸盐还原酶的活性受氧的抑制。

第二步：在亚硝酸盐还原酶的作用下，将亚硝酸盐（NO_2^-）还原为一氧化氮（NO）。亚硝酸盐还原酶是反硝化细菌独有的酶，存在于细胞的周质空间。亚硝酸盐还原酶活性易受氧的抑制，但易受硝酸盐的诱导产生。

第三步：在一氧化氮还原酶的作用下，将一氧化氮（NO）还原为一氧化二氮（N_2O）。一氧化氮还原酶位于细胞膜上。一氧化氮还原酶活性受氧的抑制，但易被各种氮氧化物诱导产生。

第四步：在一氧化二氮还原酶的作用下，一氧化二氮（N_2O）还原为 N_2。一氧化二氮还原酶存在于细胞的周质空间，该酶活性易受低 pH 的抑制，且与上述三种酶相比，该酶对氧更为敏感。因此，在低 pH、氧浓度偏高的环境中，反硝化作用的终产物是一氧化二氮（N_2O），不是氮气（N_2）。

能进行硝酸盐呼吸的细菌种类很多，如地衣芽孢杆菌（*Bacillus licheniformis*）、脱氮副球菌（*Paracoccus denitrificans*）、铜绿假单胞菌（*Pseudomonas aeruginosa*）、斯氏假单胞菌（*Ps. stutzeri*）及脱氮硫杆菌（*Thiobacillus denitrificans*）等。

（2）硫酸盐呼吸

在厌氧条件下，以硫酸盐（SO_4^{2-}、SO_3^{2-}、$S_2O_3^{2-}$）作为呼吸链最终电子受体的呼吸称为硫酸盐呼吸（sulfate respiration）（硫酸盐还原）。硫酸盐呼吸是一种异化硫酸盐还原作用。参与硫酸盐呼吸的细菌称为硫酸盐还原菌或反硫化细菌。硫酸盐还原的最终产物是 H_2S，自然界中的大多数 H_2S 都是通过这一反应产生的。硫酸盐还原易造成环境污染。

与硝酸盐还原细菌不同，硫酸盐还原细菌都是专性厌氧细菌。常见的硫酸盐还原细菌有脱硫脱硫弧菌（*Desulfovibrio desulfuricans*）、巨大脱硫弧菌（*D. gigas*）、致黑脱硫肠状菌（*Desulfotomaculum nigrificans*）以及瘤胃脱硫肠状菌等。

（3）碳酸盐呼吸

碳酸盐呼吸（carbonate respiration）是一类以 CO_2 或重碳酸盐（HCO_3^-）作为呼吸链最终

电子受体的呼吸。根据还原产物的不同，可将其分为两类：一类为产甲烷菌产生甲烷的碳酸盐呼吸；另一类为产乙酸细菌产生乙酸的碳酸盐呼吸。

产甲烷菌和产乙酸细菌都能利用 H_2 作电子供体，以 CO_2 作为受体。但产甲烷菌的产物为 CH_4，而产乙酸细菌的产物为乙酸。参与碳酸盐呼吸的细菌都是专性厌氧菌。

（4）硫呼吸

以元素硫作为呼吸链最终电子受体的呼吸称为硫呼吸（sulphur respiration）。硫呼吸是近年来才发现的一种无氧呼吸类型。能进行硫呼吸的微生物都是兼性或专性厌氧菌。目前研究比较多的是氧化乙酸脱硫单胞菌（*Desulfuromonas acetoxidans*），该菌进行硫呼吸时，无机硫为呼吸链的最终氢受体，硫被还原成 H_2S（$S \rightarrow H_2S$）。

（5）延胡索酸呼吸

在厌氧条件下，以延胡索酸作为呼吸链最终电子受体的呼吸称为延胡索酸呼吸（fumarate respiration）。琥珀酸是延胡索酸的还原产物。

许多兼性厌氧细菌，如大肠杆菌属（*Escherichia*）、变形杆菌属（*Proteus*）、沙门氏菌属（*Salmonella*）和克氏杆菌属（*Klebsiella*）等肠杆菌，以及厌氧细菌如拟杆菌属（*Bacteroides*）、丙酸杆菌属（*Propionibacterium*）和产琥珀酸弧菌（*Vibrio succinogenes*）等都能进行延胡索酸呼吸。

（6）铁呼吸

以 Fe^{3+} 作为无氧呼吸链氢和电子最终受体的呼吸称为铁呼吸。某些专性厌氧菌和兼性厌氧菌（包括化能异养细菌、化能自养细菌和某些真菌）可将高价铁还原为低价铁（$Fe^{3+} \rightarrow Fe^{2+}$、Fe）。

细菌通常能利用多种末端电子受体进行厌氧呼吸。在细菌进化过程中，不同细菌适应不同环境，使其具有不同的厌氧呼吸方式。但细菌以哪种物质作为末端电子受体并不是绝对的，只要细菌能够通过呼吸链把电子传给某种物质且偶联 ATP 的生成，以该物质为末端电子受体的厌氧呼吸就实现了，细菌就获得了生机。

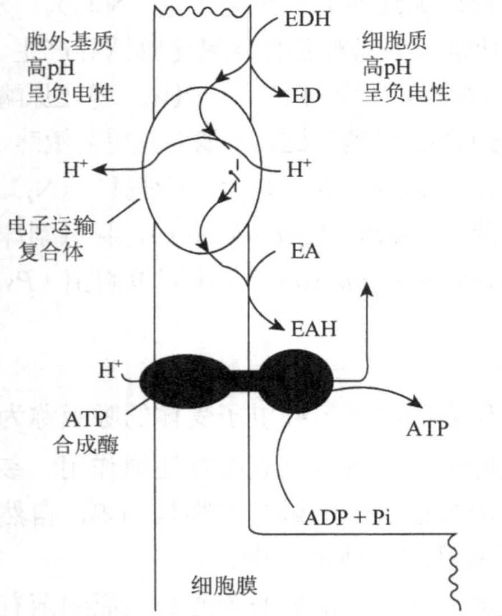

图 6-54　细菌无氧呼吸的氧化磷酸化

EDH 为还原型电子供体，ED 为氧化型电子供体；EA 为氧化型电子受体，EAH 为还原型电子受体

细菌以何种物质作为末端电子受体进行呼吸与其所处的环境密切相关。随着环境条件的变化，细菌的呼吸方式也在改变，以适应变化的环境。细菌呼吸具有多样性和灵活性。细菌呼吸对环境的快速适应是通过环境诱导细菌的基因表达来实现的。

4. 无氧呼吸的氧化磷酸化

微生物（主要是细菌）无氧呼吸的氧化磷酸化基本过程与有氧呼吸相似。但其最终电子受体不同。无氧呼吸的氧化磷酸化基本过程如下：①电子供体在特异性酶的作用下被氧化，脱下的电子沿呼吸链按电势由低到高传递，最后交给电子受体；②在电子传递过程中，偶联 H^+由细菌胞质向胞外运输，形成跨膜的 H^+浓度电势梯度，把化学能转化为电势能；③H^+顺着浓度电势梯度，通过菌体膜上的 ATP 合成酶分子上的特殊通道流回细菌胞质，这个过程释放出的自由能偶联 ATP 的合成。细菌无氧呼吸的氧化磷酸化过程见图 6-54。

5. 细菌厌氧呼吸研究新进展

除了以上呼吸类型外，近年来研究发现一些新的厌氧呼吸类型。这些新发现的细菌呼吸主要有腐殖质呼吸（humic respiration）、脱卤呼吸（dehalo respiration）及无机金属复合物呼吸等。

这些研究成果大都发表在国际权威杂志 *Science* 和 *Nature* 上，提出并建立了一些新概念，为环境污染治理与修复提供了新思路与新方向。

（1）新发现的细菌厌氧呼吸类型

1）腐殖质呼吸　Lovley 最先提出了腐殖质呼吸的概念。他以 *Geobacter metallireducens* 和 *Shewanella alga* 为研究对象，发现这两株菌都能以腐殖质和蒽醌-2, 6-磺酸钠（anthraquinone-2, 6-disulfonate，AQDS）作为唯一电子受体，氧化多种有机物并支持菌体的生长。

大量证据表明，在腐殖质呼吸中，起到电子受体作用的主要是一些醌类物质（quinone moieties）。因此，腐殖质呼吸又叫作醌呼吸（quinone respiration）。目前，在有机物含量丰富的沉积物、污染的土壤以及污水处理厂活性污泥等环境中，均发现多种具有腐殖质呼吸能力的细菌，主要包括 Fe（III）还原菌（如 *Geobacter* spp.）、硝酸还原菌（如 *Shewanella putrefaciens*）、硫还原菌（如 *Desulfurom-onas* spp.）、发酵细菌（如 *Propionibacterium freudenreichii*）、嗜热产甲烷菌（*Methanococcus thermolithotrophicus*）等。

腐殖质和 AQDS 除了可以作为末端电子受体，还能以氧化还原中间体的形式在菌体与 Fe（III）氧化物之间运输电子，促进 Fe（III）还原。现在普遍认为，腐殖质和 AQDS 作为氧化还原中间体能完成对多种末端电子受体的电子转运。Newman 的研究表明，*Shewanella putrefaciens* 的腐殖质呼吸和 AQDS 呼吸具有共同的生化基础，而且一个非蛋白类似醌的小分子复合物作为电子穿梭体参与由菌体细胞到腐殖质呼吸或 AQDS 之间的电子转运。

2）脱卤呼吸　多种直链和芳香族氯化物对动植物有很强的毒性。脱卤呼吸即在电子供体被氧化的同时，偶联直链或芳香族氯化物还原脱氯，电子在呼吸链上传递生成跨膜的 H^+浓度梯度，进而转化为 ATP 的过程。脱氯反应 $R\text{-}Cl + 2[H] \longrightarrow R\text{-}H + H^+ + Cl^-$在热力学上是容易发生的。R-Cl/R-H 的标准氧化还原电势为 +250～+600。在厌氧条件下，这些氯化物作为电子受体是非常合适的。

Desulfomonile tiedjei 是第一个被发现具有脱卤呼吸能力的细菌。该菌以 H_2 和甲酸钠为电子供体，以 3-氯苯甲酸为电子受体，通过生成 ATP 生长。之后，被分离到多种具有脱卤呼吸能力的细菌。*Desulfomonile tiedjei* 和 *Desulfitobacterium* 的细菌，以及 *Dehalococcoides* CBDB1 和菌株 2CP-1 均能还原卤化芳烃。*Dehalococcoides* TCA1 能够还原 1, 1, 1-三氯乙烷，*Dehalococcoides* CBDB1 可还原卤化二氧杂芑。

通过呼吸链抑制剂、解偶联剂和氧化脉冲研究表明，氢酶（H_2 ase）、细胞色素（Cyt b）、萘醌以及脱卤还原酶（reductive dehalogenases）在电子传递中发挥作用。脱卤还原酶都有一个钴和一个铁硫中心作为辅基，钴通过化合价的变化催化脱卤过程。有关脱卤呼吸链的组成与构建有待进一步研究。

3）无机有毒金属和非金属元素还原　目前已发现，细菌能利用多种有毒金属和非金属元素作为末端电子受体进行呼吸产能。多种异化金属还原菌能够还原放射性污染环境表面沉积物中的放射性金属，如铀、锝、钴等。*Shewanella alga* BrY 能够还原 EDTA 钴复合物中的 Co^{3+}成 Co^{2+}。菌株 GS-15 和 *Alteromonas putrefaciens* 能够还原 U^{6+}。*Desulfovibrio desulfuricans* 能还原沉积的 Tc^{7+}。研究发现，这是去除污水中可溶性锝的有效机制。此菌株还能把 Pd^{2+}还原成 Pd。*S. putrefaciens* MR-1 能以锰氧化物作为唯一电子受体生长。

非金属元素 As^{5+}和 Se^{6+}也能作为唯一电子受体进行厌氧呼吸。多个 As^{5+}和（或）Se^{6+}还原菌被分离。砷还原菌 *Chrysiogenes arsenatis* 利用乙酸盐作为电子供体，其砷还原酶已被纯化，而且发现与 *Escherichia coli* 和 *Staphy lococcus aureus* 的砷还原酶在生理功能上存在很大差异。对硒还原纯培养菌株的研究表明，即使在硝酸过量情况下，硒还原能与砷还原和硝酸还原同时进行，这对于消除有硝酸盐存在的废水中的硒和砷等污染物具重要意义。

4）TNT 呼吸　　在厌氧条件下，假单胞菌 *Pseudomonas* sp. JLR11 能以 2, 4, 6-三硝基甲苯（TNT）作为唯一末端电子受体和唯一氮源生长。在利用 TNT 生长的细胞中，观察到 TNT 依赖的质子转移（胞外 pH 下降）偶联 TNT 还原为氨基硝基甲苯。其膜提取物能氧化 H_2 还原 TNT 偶联 ATP 的合成，此磷酸化作用能被短杆菌肽（gramicidin）解偶联。*Pseudomonas* sp. JLR11 的 TNT 呼吸在处理被 TNT 污染的水体和土壤中具有潜在的利用价值。

（2）新发现的细菌厌氧呼吸的意义

1）理论意义　　生物的呼吸是生命必不可少的代谢活动。生物体生命活动中绝大部分能量都来自呼吸作用。

到目前为止，有关呼吸链电子传递及 ATP 的生成机制还未全部阐明，有待进一步研究。新发现的这些细菌呼吸形式将为此类问题的解决提供新的思路。另外，其相关研究将有助于深入理解原核生物呼吸的本质及呼吸的灵活性和多样性等。

2）环保意义　　细菌通常可通过多种呼吸以适应不同的生活环境。细菌的这些呼吸可以偶联多种物质（作为电子供体）被氧化，促进多种元素生物地球化学循环，在保持元素在自然界生态平衡中发挥巨大作用。在这些过程中，元素的循环可以在电子受体和电子供体中同时表现出来。例如，脱卤呼吸细菌能够把共价状态的氯转变为离子形式，同时偶联多种物质的氧化；有机磺酸盐呼吸能够把有机化合物中的硫转化成 S 或 H_2S。

随着工业的高速发展和人口的急剧增长，人类赖以生存的环境受到越来越严重的污染。一些有毒物质，如 TNT、多氯联苯（PCB）、各种染料、多环芳烃以及多种有毒重金属及其复合物等污染物大量排放入环境，使自然界的水体和土壤遭受严重污染。在这些遭受污染的环境中生存的细菌，有的可以利用这些有毒物质作为末端电子受体进行呼吸，同时使这些污染物还原、转化与降解，在厌氧地层的生物修复中起到重要作用。

在弄清楚细菌这些厌氧呼吸的基础上，可开展以细菌厌氧呼吸为基础的有毒污染物的废水和废气处理及放射性重金属的负扩散原位沉积处理。例如，腐殖质或醌呼吸细菌，能够利用腐殖质或醌作为氧化还原中间体，加速多种污染物的生物还原转化，如偶氮染料、硝基芳香化合物、多氯化物等。这些污染物通常是化学和石油工业废水的组成成分。利用腐殖质或醌呼吸这一理论，建立一种新的污染物处理技术，加入极少量的腐殖质或醌物质，可达到加速污染物降解的目的。

有关微生物呼吸方式的研究，除利用其开展污染治理外，还可根据微生物的呼吸特点，对可能造成环境污染的细菌采取措施控制其呼吸，从源头上控制污染。例如，环境中细菌的有机磺酸盐呼吸，具有这种呼吸的细菌能把有机磺酸盐还原为具有毒性和腐蚀性的 H_2S。因此，可通过抑制细菌的有机磺酸盐呼吸以减少 H_2S 的产生。Lie 报道，硫酸盐类似物钼酸盐和钨酸盐能有效抑制硫酸盐还原菌的有机磺酸盐呼吸，故利用这类抑制剂可控制 H_2S 的产生。

近年来，发现了多种细菌厌氧方式。从细菌呼吸的本质来看，细菌以何种物质作为末端电子受体进行呼吸并不是绝对的，只要环境中的这种物质可以从呼吸链中接受电子，形成跨膜的质子浓度电势梯度，就可能为细菌生长繁殖合成所需要的直接能量——ATP，即可以该物质命名称之为一种呼吸形式。基于这样的认识，编者认为细菌能够进行多种方式的呼吸，目前认识到的可能是很小的一部分。这些呼吸方式并不是细菌所依赖的。因为在已发现的新型呼吸中，某些末端电子受体并不是天然物质，而是人工合成的化合物，如 TNT、多氯联苯（PCB）等。在未来的研究中，可能会有更多的细菌呼吸方式被发现，使人们对细菌呼吸的本质有更深入的理解。

第三节　自养微生物的生物氧化与产能代谢

自养微生物与异养微生物不同。自养微生物从氧化无机物中获得能量，同时，将 CO_2 固定，进一步合成细胞物质。化能自养微生物在氧化无机物过程中通过氧化磷酸化产生 ATP；光能自养微生物通过光合磷酸化产生 ATP。

异养微生物和自养微生物在能量来源上尽管存在很大差异，但其生物氧化本质是相同的，即都包括脱氢、递氢和受氢三个阶段。其间，经过与磷酸化反应相偶联，产生生命活动所需要的通用能源——ATP。但从具体类型来看，自养微生物中的生物氧化与产能类型较多，且途径复杂。有些化能自养菌的生物氧化与产能过程至今了解的还很少。

不论是化能无机营养型还是光能无机营养型的微生物，在它们生命活动中最重要的反应就是把 CO_2 先还原成[CH_2O]水平的简单有机物，然后再进一步合成复杂的细胞成分。该过程是一个大量耗能（ATP）和耗还原力[H]的过程（图 6-55）。

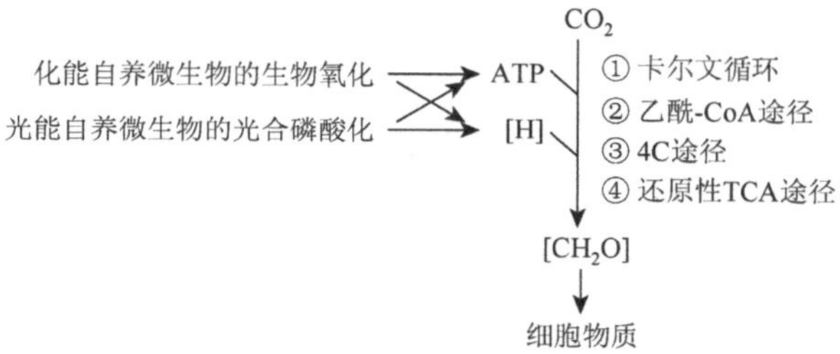

图 6-55　自养微生物同化 CO_2 的方式与过程

化能无机营养型微生物所需要的 ATP 是通过氧化还原态的无机物获得的，而还原力[H]则是通过消耗 ATP 逆呼吸链传递产生的。光能自养型微生物的 ATP 和[H]都是通过循环光合磷酸化、非循环光合磷酸化或通过紫膜的光合磷酸化获得的。

一、化能自养微生物的生物氧化与产能代谢

绝大多数化能自养菌是好氧菌。化能自养菌还原 CO_2 所需要的 ATP 和还原力[H]是通过氧化无机物（NH_4^+、NO_2^-、H_2S、S、H_2 和 Fe^{2+}等）产生的，且 ATP 是通过呼吸链氧化与磷酸化偶联产生的，只是化能自养微生物的 P/O 比异养微生物的 P/O 低。此外，当少数硫杆菌如排硫硫杆菌（*Thiobacillus thioparus*）、脱氮硫杆菌（*T. denitrificans*）和氧化亚

铁硫杆菌（*T. ferrooxidans*）等生长在含无机硫化物环境中时，还能部分地进行底物水平磷酸化产能。

必须指出的是，化能自养微生物不仅在还原 CO_2 时需要消耗 ATP，而且当其产生还原力[H]时，也要消耗许多 ATP（图 6-56）。这是因为，只有借输入 ATP 才能通过逆呼吸链的方式把无机氢（$H^+ + e$）变成可用于还原 CO_2 的还原力[H]。对此可以用抽水机把低水位的水重新回灌到高水位蓄水库的例子来加以理解。

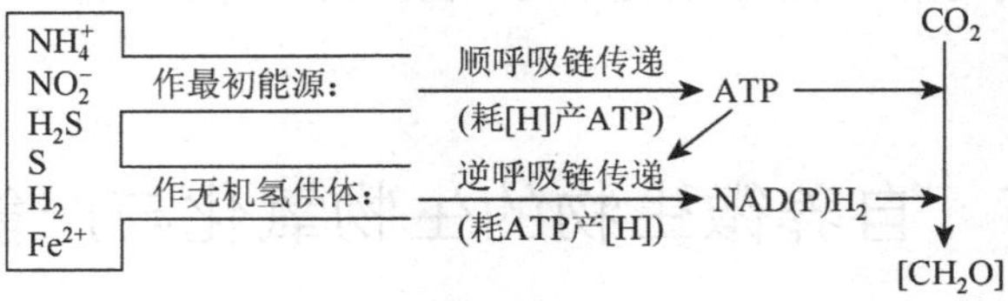

图 6-56　化能自养微生物还原 CO_2 时 ATP 和还原力[H]的来源

在所有还原态的无机物中，除 H_2 的氧化还原电位比 $NAD^+/NADH$ 氧化还原对低外，其余都明显高于 $NAD^+/NADH$ 氧化还原对。因此，在各种无机底物氧化时，都必须以其相应的位置进入呼吸链（图 6-57），这就是化能自养菌呼吸链的氧化磷酸化效率（P/O）相对偏低的原因。

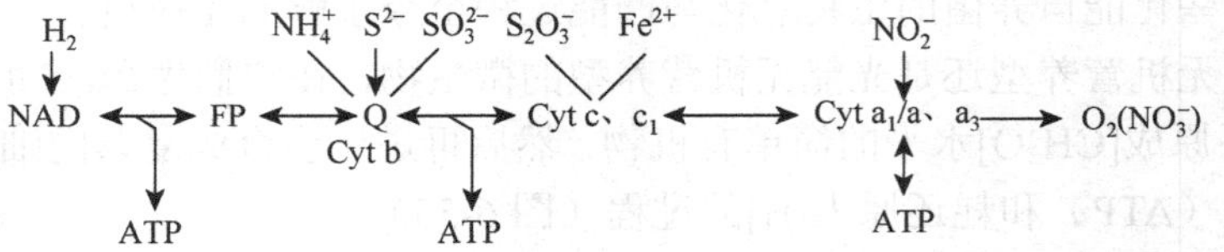

图 6-57　无机底物脱氢后电子进入呼吸链的部位

电子正向传递产生 ATP，而逆向传递则消耗 ATP 产生还原力[H]

化能自养菌产能效率低，故其生长速率也低。与异养微生物相比，化能自养菌的能量代谢有以下特点：①无机底物的氧化与呼吸链直接发生联系。由脱氢酶或氧化还原酶催化的无机底物脱氢脱电子后，直接进入呼吸链传递。这与异养微生物葡萄糖氧化要经过 EMP 和 TCA 等途径的复杂代谢过程不同。②呼吸链的组分更为多样化。③氢或电子可从任一组分进入呼吸链。④与异养微生物相比，其产能效率（P/O）低。

化能自养微生物种类很多，现以研究得比较清楚的硝化细菌和硫杆菌为例，讨论化能自养微生物的代谢。

（一）硝化细菌的生物氧化与产能代谢

硝化细菌是自然界氮素循环的重要成员。硝化细菌代谢机制的研究在污染控制工程中具有重要意义。

利用硝化细菌的代谢特点，可开发硝化工艺，以控制氮类污染物对环境带来的危害。特别是将硝化原理与反硝化原理结合，用于污水生物脱氮处理，可取得更理想的处理效果。掌握硝化细菌的代谢原理，不仅有助于科学合理地设计生物脱氮工艺，而且有助于对生物脱氮工艺进行有效调控与管理。

硝化细菌分为亚硝化细菌（或称亚硝酸细菌或氨氧化细菌）和硝化细菌（或称硝酸细菌）两个亚群，同属于硝化杆菌科（Nitrobacteraceae）。

硝化细菌将氨转化为硝酸的过程称为硝化作用。硝化作用包括亚硝化作用和硝化作用。亚硝化作用和硝化作用是两个连续而又不相同的阶段。在亚硝化阶段，氨被亚硝化细菌氧化为亚硝酸盐；而在硝化阶段，亚硝酸被硝化细菌氧化为硝酸盐。

硝化细菌都是专性好氧 G^+细菌，以分子氧作为最终电子受体。硝化细菌无芽孢，多数以二分裂繁殖，生长缓慢，平均代时 10h 以上，大多为专性无机营养型。硝化细菌细胞都具有复杂的膜内褶结构，以利于增加其细胞的代谢能力。

1. 亚硝化细菌（氨氧化细菌）的生物氧化与产能代谢（亚硝化作用）

（1）氨氧化为羟胺

1）氨氧化为羟胺的反应　　亚硝化细菌将氨氧化为亚硝酸的过程称为亚硝化作用。氨氧化为亚硝酸的过程分为两步反应。第一步反应为在氨单加氧酶的作用下，氨被氧化为羟胺；第二步反应为在羟胺氧化酶的作用下，羟胺被氧化为亚硝酸。第一步反应在亚硝化细菌的细胞膜上完成，第二步反应在亚硝化细菌的周质空间完成。

氨被氧化为羟胺的反应如下：

$$NH_3 + O_2 + 2H^+ + 2e^- \xrightarrow[\text{(在细胞膜上)}]{\text{氨单加氧酶}} NH_2OH + H_2O$$

2）氨单加氧酶（AMO）　　氨单加氧酶是膜内酶，含铜，对硫脲等金属螯合剂敏感。AMO 能利用包括脂肪烃族、芳香族和卤代族化合物在内的多种基质。除氨以外，*Nitrobacter europaea* 在 AMO 作用下，还可将甲烷氧化成甲醇、将乙烯转化成环氧丙烷、将环己烷转化为环己醇、将苯转化为苯酚、将 CO 转化为 CO_2、将酚转化为醌。这些基质既可与氨竞争活性部位，也可与氨竞争还原剂，因而对氨的生物氧化有抑制作用。AMO 对紫外线敏感。此外，AMO 还可催化脱氢和脱氯反应。

（2）羟胺被氧化为亚硝酸

1）羟胺被氧化为亚硝酸的反应　　尽管氨不易被生物氧化，但其一旦被转化成羟胺，便很容易被进一步氧化。羟胺氧化所需要的氧是由水提供的。羟胺被氧化为亚硝酸的反应如下：

$$NH_2OH + H_2O \xrightarrow[\text{(在周质上)}]{\text{羟胺氧化还原酶}} HNO_2 + 4H^+ + 4e^-$$

2）羟胺氧化还原酶（HAO）　　催化羟胺转化为亚硝酸反应的酶是羟胺氧化还原酶（HAO）。*Nitrobacter europaea* 的 HAO 已被分离纯化。在制备原生质体时，HAO 即可从细胞中游离出来，表明这种酶位于周质空间中。

HAO 以寡聚形式存在，其结构比较复杂。每个亚单位由 8 个共价结合的血红素组成。其中 7 个为 C 型血红素，第 8 个为 P_{460} 血红素（与肽链相连）。P_{460} 氧化还原电位较高，是羟胺氧化还原酶的特有成分。P_{460} 和一个 C 型血红素被认为是 HAO 的活性中心。在羟胺氧化电子传递过程中，与 HAO 关系比较紧密的是细胞色素 c_{554} 以及细胞色素 c_{552}。

（3）氨生物氧化过程中的电子传递

氨在单加氧酶（羟化酶）催化下生成羟胺。这一反应伴随有氧的消耗。在无氧条件下，氨不能氧化成羟胺。

羟胺在羟胺-细胞色素 c 还原酶和末端细胞色素氧化酶催化作用下，生成亚硝酸。从氨到亚硝酸的全部氧化仅消耗 $3/2O_2$，大约只产生一个 ATP。其余大部分能量用于驱使电子逆转，以产生还原力NADH。NADH用于CO_2的固定和还原。因此，亚硝化细菌的摩尔生长量极低。

亚硝化细菌的氨氧化和电子传递见图6-58。亚硝化细菌氧化氨为亚硝酸盐的可能途径见图6-59。

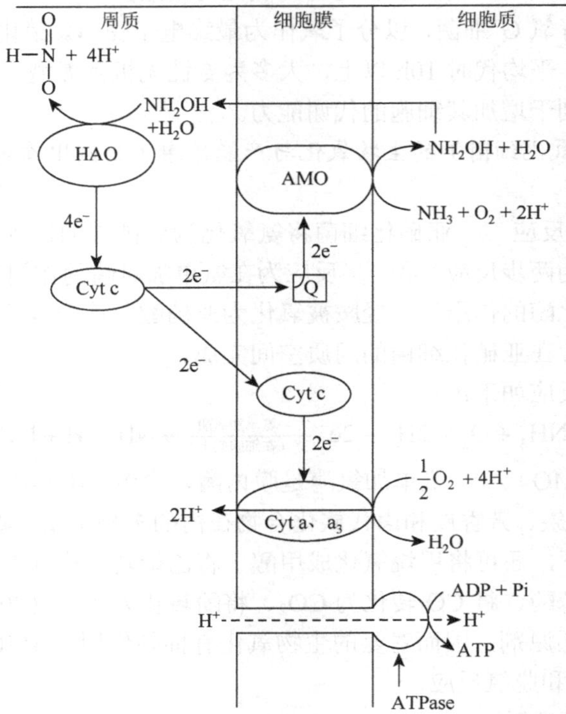

图6-58 亚硝化细菌的氨氧化和电子传递

周质空间中的细胞色素c与膜中的细胞色素c不同

图中"AMO"为氨单加氧酶；"HAO"为羟胺氧化还原酶；"Q"为泛醌

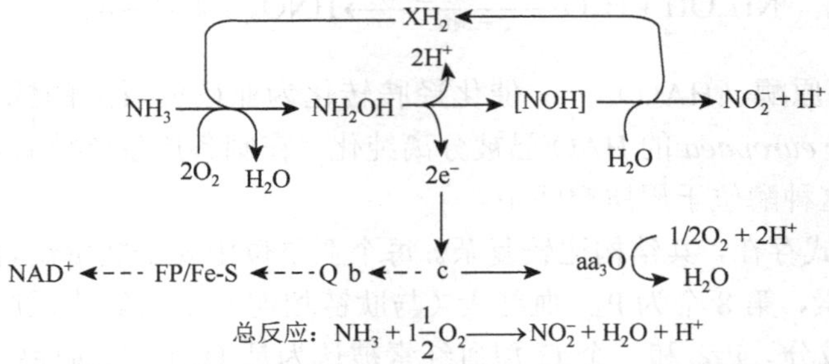

图6-59 亚硝化细菌氧化氨为亚硝酸盐的可能途径（虚线表示电子逆向转移形成NADH的途径）

2. 硝化细菌（亚硝酸氧化菌）的生物氧化与产能代谢（硝化作用）

硝化细菌以亚硝酸作为能源，将亚硝酸氧化成硝酸。其主要过程是：首先，水与NO_2^-结合形成一个水化亚硝酸分子（$H_2O\cdot NO_2^-$）。接着，$H_2O\cdot NO_2^-$脱下来的电子（或氢）经细胞色素电子传递系统，传递到O_2，最后生成水。电子在氧化传递过程中，偶联磷酸化作用。每一分子的亚硝酸氧化为硝酸可产生一分子的ATP。硝化细菌将亚硝酸氧化成硝酸的过程见图6-60与图6-61。

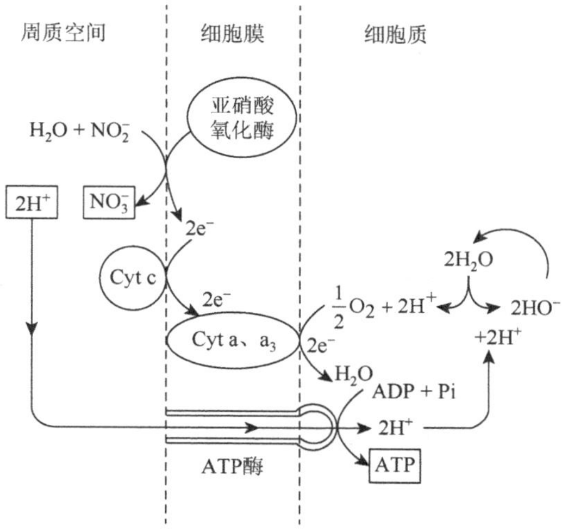

图 6-60　硝化细菌将亚硝酸氧化成硝酸时的质子和电子流向及 ATP 的合成

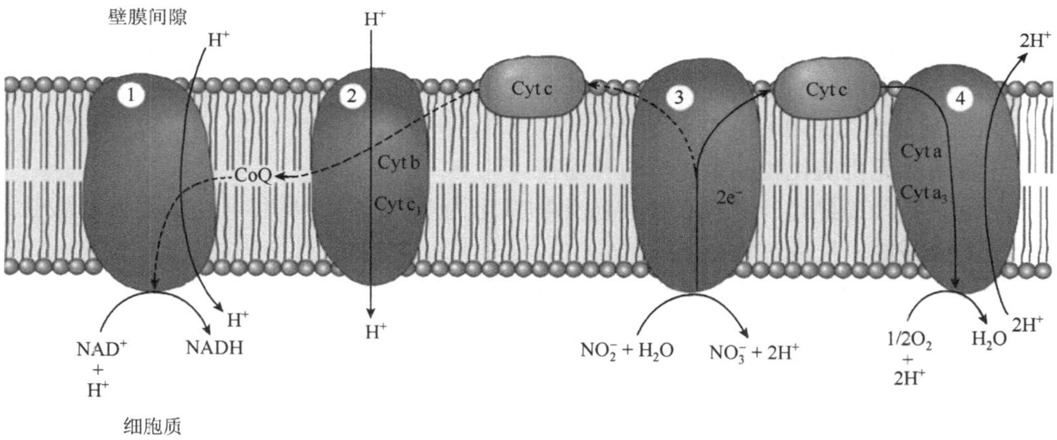

图 6-61　硝化细菌呼吸链中的电子传递

图中标有“1”“2”“3”“4”的电子传递体分别是 NADH-泛醌氧化还原酶、泛醌-细胞色素 c 氧化还原酶、亚硝酸盐氧化酶及细胞色素 a、a_3 氧化酶

硝化细菌在电子传递过程中产生质子浓度梯度（质子动势）。一部分质子动势用于 ATP 的合成[图 6-62 电子传递链中箭头右向（正向）转移分支]；另一部分质子动势被用来将电子从亚硝酸逆着还原电势梯度流向 NAD^+[电子传递链中箭头左向（逆向）转移分支]，将 NAD^+ 还原，形成还原力[$NADH + H^+$]。然后，在转氢酶的作用下，$NADH + H^+$将 $NADP^+$还原，形成 $NADPH + H^+$。

同位素 ^{18}O 实验证明，在 NO_2^- 氧化为 NO_3^- 的过程中，氧来自水分子而非空气。当 $NO_2^- + H_2O \rightarrow H_2O \cdot NO_2^- \rightarrow NO_3^- + 2H^+ + 2e$ 时，由于 NO_2^- 的氧化还原电位很高，故 H^+和 e 只能从与其相当的 Cyt a_1 部位进入呼吸链。$2H^+ + 2e$ 顺着呼吸链传递至 O_2，仅能产生 1 个 ATP。而对 CO_2 还原所需要的大量还原力[$NADPH + H^+$]则是通过 $H^+ + e$ 逆呼吸链传递并消耗大量 ATP 后形成的（图 6-62）。

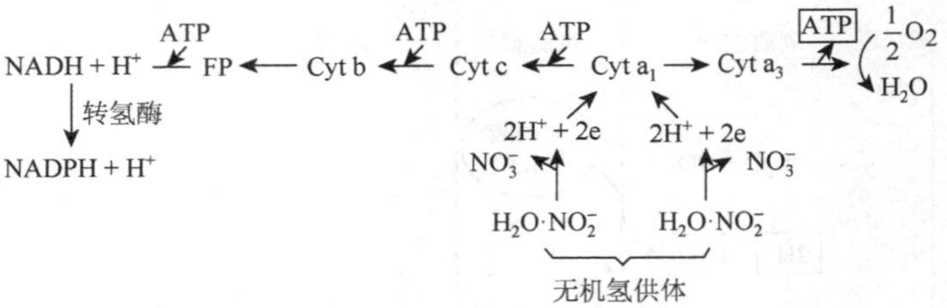

图 6-62 硝化细菌的呼吸链

电子沿呼吸链向着 O_2 的方向（正向）传递产 ATP；电子沿呼吸链向着背离 O_2 的方向（逆向）传递消耗 ATP，产生还原力[NADPH + H^+]

由此不难理解，硝化细菌为什么能量效率低、生长速度慢、细胞产率低。同时，也帮助我们理解了污水 A/O 生物脱氮工艺中，为何将好氧硝化池的水力停留时间（HRT）设计的比较长（通常＞6h）。

（二）硫化细菌的生物氧化与产能代谢

对元素硫和还原态无机硫化物进行氧化的细菌有化能自养硫细菌和光能自养硫细菌。

化能自养硫细菌即硫化细菌，主要包括硫杆菌属（*Thiobacillus*）、硫化叶菌属（*Sulfolobus*）及硫小杆菌属（*Thiobacterium*）等。多数硫化细菌为专性化能自养菌，少数为兼性化能自养菌。其中，研究得最多的是硫杆菌属。硫杆菌属分布广，与人类关系密切。

1. 硫化细菌氧化无机硫化物的途径

硫化细菌对无机硫化物的氧化有两种途径。

一种途径是，先经过一系列反应将硫化物氧化为多硫酸盐中间体（主要是四硫酸盐），最后转变为硫酸盐。反应过程如下：

$$4S^{2-} \rightarrow 2S_2O_3^{2-} \rightarrow S_4O_6^{2-} \rightarrow SO_3^{2-} + S_3O_6^{2-} \rightarrow 4SO_3^{2-} \rightarrow 4SO_4^{2-}$$

参与以上途径的主要是氧化硫杆菌（*Thiobacillus thiooxidans*）。

另一种途径是，无机硫化物氧化过程中没有多硫酸盐中间体的形成，氧化的第一个产物是亚硫酸盐，亚硫酸盐再进一步被氧化为硫酸盐。反应过程如下：

$$S \rightarrow SO_3^{2-} \rightarrow SO_4^{2-}$$

参与上述途径的主要是排硫杆菌（*Thiobacillus thioparus*）。

硫杆菌能够利用一种或多种还原态或部分还原态硫化物（包括硫化物、元素硫、硫代硫酸盐、多硫酸盐及亚硫酸盐）作为能源以同化 CO_2。

2. 硫化细菌的产能方式

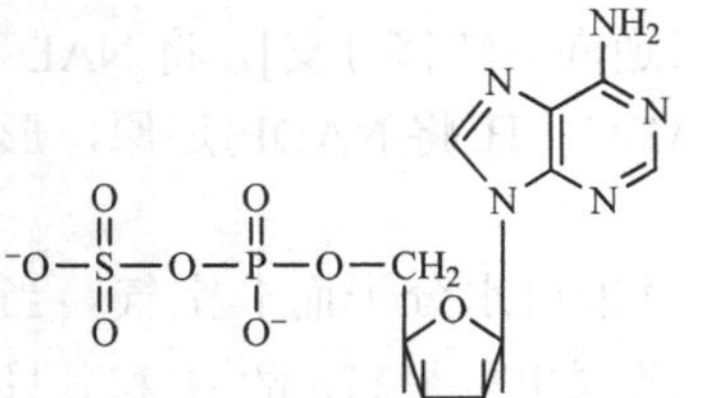

图 6-63 腺苷酰硫酸（APS）结构

a. 亚硫酸盐能直接氧化硫酸盐，并为电子传递和氧化磷酸化提供电子。反应如下：

$$SO_3^{2-} \xrightarrow{\text{亚硫酸盐氧化酶}} SO_4^{2-} + 2e^-$$

b. 亚硫酸盐氧化并转变成腺苷酰硫酸(APS)(图 6-63)。其反应如下：

$2SO_3^{2-} + 2AMP \rightarrow 2ASP + 4e^-$（APS 还原酶） 1）

$2ASP + Pi \rightarrow 2SO_4^{2-} + 2ADP$（ADP 硫酸化酶） 2）

$2ADP \rightarrow ATP + AMP$（腺苷酸激酶） 3）

反应 1)中释放的 4 个电子通过呼吸链传递给分子氧，并通过磷酸化作用产生 4 分子 ATP；

在反应 2）中，在 ADP 硫酸化酶催化下，使 APS 磷酸化产生 ADP 和 SO_4^{2-}。在反应 3）中，2 个 ADP 在腺苷酸激酶的作用下，通过底物水平磷酸化作用，生成 1 分子 ATP。因此，2 分子 SO_3^{2-} 通过 APS 途径被氧化，其中由底物水平产生 1 分子 ATP，由氧化磷酸化产生 4 分子 ATP，共得 5 分子 ATP。

硫化物被氧化成硫酸盐和产生 ATP 的过程见图 6-64。

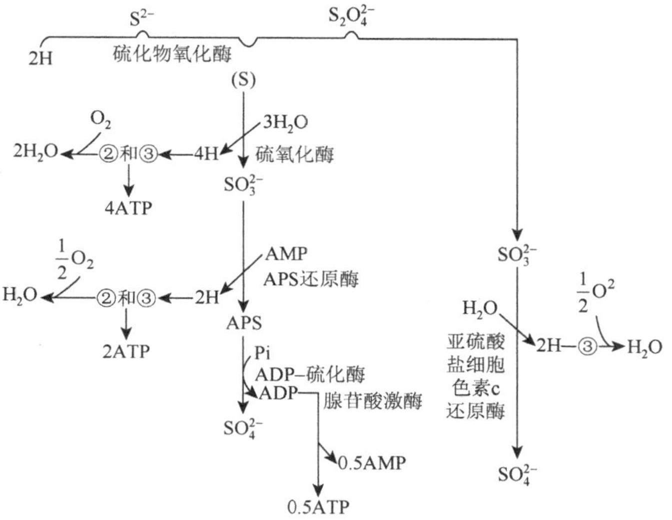

图 6-64　硫化物被氧化成硫酸盐和产生 ATP 的过程

②和③分别代表呼吸链上产生 ATP 的部位

硫杆菌呼吸链的组成基本上与原核微生物中异养细菌相似，即包括 $NADH_2$ 脱氢酶、琥珀酸脱氢酶、黄素蛋白（FP）、泛醌（CoQ）、细胞色素 b（有的含 2 种）、细胞色素氧化酶 a、a_3 等。在大多数硫杆菌中，从硫化物或硫代硫酸盐底物上脱下的电子经细胞色素 c 进入呼吸链，但在 *T. denitrificans* 中例外地从黄素蛋白或细胞色素 b 水平上进入。硫化物被氧化成硫酸盐和产生 ATP 的过程见图 6-64。

因此，对大多数硫杆菌来说，每对来自于 $S_2O_3^{2-}$ 的电子经呼吸链传递只能产生 1 个 ATP。与硝化细菌等其他自养菌一样，硫杆菌还原 CO_2 所需要的还原力[H]也是通过消耗 ATP 的逆呼吸链传递而产生的。

（三）铁细菌的生物氧化与产能代谢

在自然界中，有些细菌，如氧化亚铁硫杆菌、硫杆菌属、嘉利翁氏菌属、纤发菌属和球衣菌属中的许多细菌，能将亚铁离子氧化为高铁离子，并利用这个过程中产生的能量和还原力[H]同化 CO_2 进行自养生长，这些细菌统称为铁细菌。

将亚铁氧化为高铁是细菌的一种产能反应，但所产能量较少。有关铁细菌对亚铁的氧化与产能代谢研究较为详细的是嗜酸氧化亚铁硫杆菌。

在氧化亚铁硫杆菌的呼吸链中发现了一种含铜蛋白质。这种铜蛋白与几种细胞色素 c 和一种细胞色素 a_1 氧化酶构成呼吸链。虽然电子传递过程中的具体放能部位和放出有效能的多少还有待研究，但已知在电子传递到氧的过程中细胞质内有质子消耗，从而驱动 ATP 的合成。

氧化亚铁硫杆菌细胞内的 pH 大约为 6，但周围环境的 pH 接近 2，细胞膜两侧的 pH 差异蕴含了可用于合成 ATP 的天然质子动力势。质子通过转运质子的 ATP 合成酶进入细胞。在这个过程中，驱动 ADP 的磷酸化合成 ATP。

从 Fe^{2+}到 Fe^{3+}的氧化反应是一个消耗质子的反应（$Fe^{2+} + 1/2O_2 + 2H^+ \longrightarrow Fe^{3+} + H_2O$）。研究表明，$1/2O_2 + 2H^+ \longrightarrow H_2O$ 的反应发生在细胞膜的内侧，而 $Fe^{2+} \rightarrow Fe^{3+}$的反应发生在细胞膜的近外侧。从 Fe^{2+}传出的电子在周质空间被铁硫菌蓝蛋白（褐铜蛋白）接收。铁硫菌蓝蛋白对酸比较稳定，在 pH = 2 时，其活力最高。

铁硫菌蓝蛋白的电子传给一种电势比较高的膜结合细胞色素 c（Cyt c）。然后，由 Cyt c 将电子传递给终端氧化酶——细胞色素 a_1（Cyt a_1）。最后，细胞色素 a_1 将电子交给 $1/2O_2$，氧原子被激活。被激活的氧原子与来自细胞质的两个质子结合形成水。

经 ATP 合成酶进入细胞质的质子弥补了质子的消耗（生成 H_2O）。只要 Fe^{2+}是可利用的，氧化亚铁硫杆菌质膜内外存在的自然质子动力势就能持续驱动 ATP 的合成。

氧化亚铁硫杆菌在氧化亚铁过程中的电子传递、H^+消耗及 ATP 的形成见图 6-65。

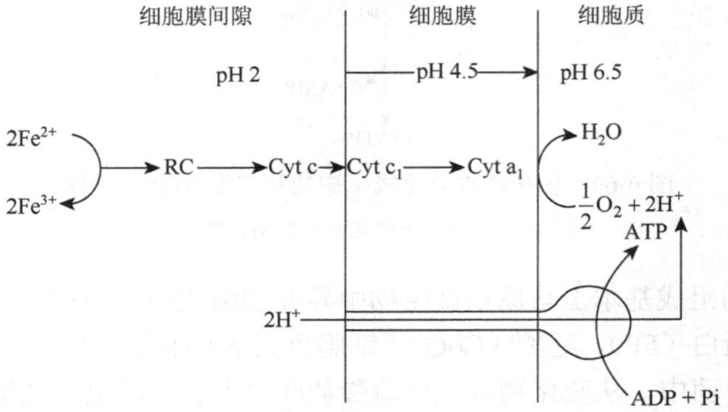

图 6-65　氧化亚铁硫杆菌在氧化亚铁过程中的电子传递、H^+消耗及 ATP 的形成（RC：褐铜蛋白）

（四）氢细菌生物氧化与产能代谢

氢细菌是一类兼性化能自养菌，大都为 G^-。氢细菌能利用分子氢氧化产生的能量同化 CO_2，也能利用其他有机物生长。

氢细菌细胞膜上有泛醌、维生素 K_2 及细胞色素等呼吸链组分。在氢细菌中，电子直接从氢传递给电子传递系统，电子沿呼吸链传递过程中产生 ATP。多数氢细菌中有两种与氢氧化有关的酶：一种是颗粒状氢酶；另一种是可溶性氢酶。

颗粒状氢酶结合在细胞膜上，直接与呼吸链偶联，不经过依赖于 NAD^+脱氢酶作中间体，催化氢的氧化。颗粒状氢酶在催化氢的氧化时放出电子，电子在传递过程中驱动质子的跨膜运输，形成跨膜质子梯度，为 ATP 的合成提供动力。颗粒状氢酶催化的反应：

$$H_2 \longrightarrow 2H^+ + 2e^-$$

可溶性氢酶存在于细胞质中，催化氢的还原，能直接还原 NAD^+，还能还原 Cyt b、Cyt c 等。其主要功能是为菌体生长提供固定 CO_2 的还原力。

氢细菌中氢酶的作用方式见图 6-66。

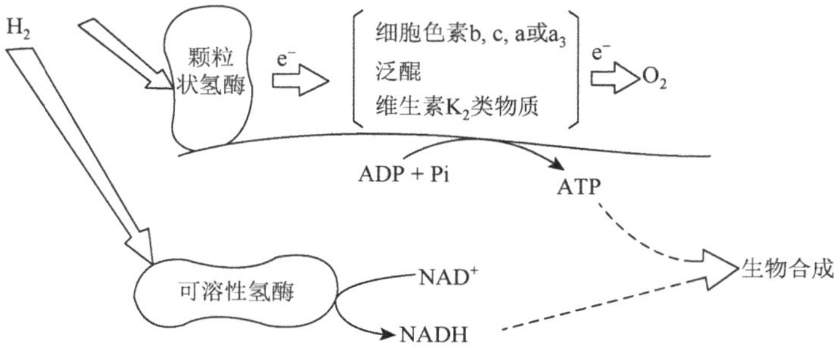

图 6-66 氢细菌中氢酶的作用方式

当环境中有 O_2 无 H_2 时，氢细菌可利用糖或有机酸或氨基酸生长。有的还可利用嘌呤和嘧啶。但当有 H_2 时，H_2 能阻抑菌体对有机物的利用，这种现象称为氢效应。这是因为：①分子氢阻遏 ED 途径中相关酶的诱导合成；②当有 O_2 和 H_2 时，可溶性氢酶催化生成 $NAD(P)H_2$ 大量合成，造成 $NAD(P)^+$ 的不足，从而影响了果糖 ED 途径的脱氢作用。

二、光能自养微生物的产能代谢

在自然界中，具有光合作用的生物分为产氧光能营养生物和不产氧光能营养生物。其主要类群如下：

- 光能营养型生物
  - 产氧
    - 真核生物：藻类及其他绿色植物
    - 原核生物：蓝细菌
  - 不产氧（仅原核生物有）：光合细菌

（一）光合细菌的产能代谢

光合细菌都是原核微生物，均被归于红螺菌目（Rhodospirillales）。在光合细菌的细胞（单细胞）内因所含的菌绿素和类胡萝卜素的量及其比例不同，使其菌体呈现红、橙、绿、蓝绿、紫红、紫或褐等颜色。

光合细菌是一群典型的水生细菌，广泛地分布于深层（缺氧的）淡水或海水中。红螺菌目的科与主要属如下。

- 红螺菌目 (Rhodospirillales)
  - 红螺菌亚目 (Rhodospirillineae)
    - 着色菌科 (Chromatiaceae): 着色菌属(*Chromatium*) 等10属
    - 红螺菌科 (Rhodospirillaceae): 红假单胞菌属 (*Rhodopseudomonas*), 红螺菌属(*Rhodospirillum*) 等3属
  - 绿菌亚目 (Chlorobineae)
    - 绿菌科 (Chlorobiaceae): 绿菌属(*Chlorobium*)等5属
    - 绿弯菌科 (Chloroflexaceae): 绿弯菌属(*Chloroflexus*)

光合细菌与真核光能生物不同，不能利用 H_2O 作为还原 CO_2 的氢供体，只能利用还原态的 H_2S、H_2 或有机物作为氢供体，故光合作用中不产生 O_2，即光合细菌进行的是一种不产氧的光合作用（anoxygenic photosynthesis）。具体方式为循环光合磷酸化（cyclic photophosphorylation）。

循环光合磷酸化是光合细菌利用光能产生 ATP 但不产氧的代谢方式。循环光合磷酸化是一种在光的驱动下，通过循环方式进行电子传递并伴随磷酸化，故称循环光合磷酸化。

循环光合磷酸化的特点是：①在光能的驱动下，电子从菌绿素分子上被逐出后，通过类似呼吸链的循环，又回到菌绿素，在其过程中产生 ATP；②产 ATP 与产还原力[H]独立进行；③还原力来自 H_2S 等无机氢供体；④不产生氧气。

循环光合磷酸化的过程是：菌绿素分子在光照下被光量子所激发并逐出电子，这时菌绿素分子带正电荷。被逐出的电子经铁氧还蛋白、泛醌、细胞色素 b（Cyt b）和细胞色素 f（Cyt f）组成的准呼吸链传递后，重新返回带正电荷的菌绿素分子。这是一个完整的循环过程。在此过程中，在 Cyt b 与 Cyt f 之间有 ATP 的合成。循环光合磷酸化过程及其与卡尔文循环间的联系见图 6-67。有关卡尔文循环将在本章合成代谢内容中介绍。

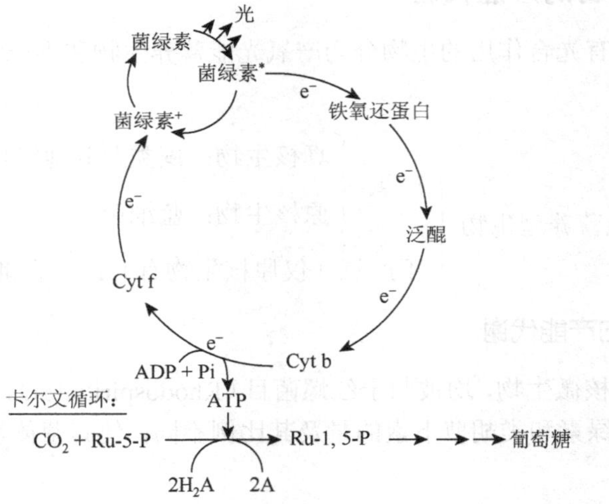

图 6-67　光合细菌的不产氧光合作用——循环光合磷酸化

Ru-5-P 为核酮糖-5-磷酸；Ru-1, 5-P 为核酮糖-1, 5-二磷酸；H_2A 为硫化氢等无机氢供体；菌绿素*表示激发态的菌绿素

（二）藻类和蓝细菌的产能代谢

藻类和蓝细菌的产能代谢方式为非循环光合磷酸（noncyclic photophosphorylation）。其特点是：①电子的传递途径为非循环式；②在有氧条件下进行；③有两个光合系统（色素系统Ⅰ和色素系统Ⅱ），色素系统Ⅰ含叶绿素 a，可利用红光，色素系统Ⅱ含叶绿素 b，可利用蓝光；④反应中同时有 ATP、还原力[H]和 O_2 的产生；⑤还原力 $NADPH_2$ 中的[H]来自 H_2O 分子（光解后形成的 H^+和 e^-）。

非循环光合磷酸化的过程是：H_2O 通过光解作用产生 $1/2O_2 + 2H^+ + 2e^-$。其中的电子经过两个电子传递系统（Ⅰ和Ⅱ）接连传递，最终将电子传递给 $NADP^+$，使 $NADP^+$转化为 $NADPH + H^+$，为还原 CO_2 提供还原力。在电子传递过程中，有两处发生磷酸化反应产生 ATP，

ATP 也用于 CO_2 的还原。在两个传递系统中，系统Ⅱ有 O_2 和 ATP 产生，系统Ⅰ则有 $NADPH_2$ 和 ATP 的产生。整个过程见图 6-68。

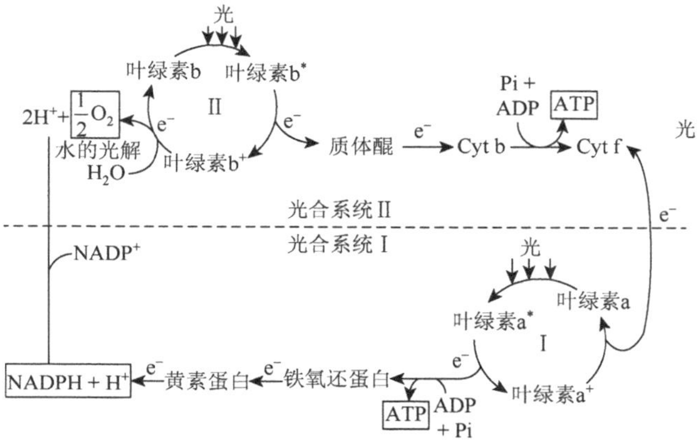

图 6-68　藻类和蓝细菌的产氧光合作用——非光合磷酸化（叶绿素 b*表示激发态叶绿素 b）

（三）嗜盐菌紫膜光合作用

嗜盐菌紫膜光合作用是嗜盐菌所具有的一种无叶绿素或菌绿素参与的独特的光合作用。嗜盐菌是一类在高盐（3.5～5.0mol/L NaCl）环境中生长的古细菌（archaebacteria）。嗜盐菌广泛分布于盐湖、晒盐场或盐腌海产品上。常见的咸鱼上的紫红斑块就是嗜盐菌的细胞群。其主要代表有盐生盐杆菌（*Halobacterium halobium*）和红皮盐杆菌（*H. cutirubrum*）等。

嗜盐菌因其细胞内含类胡萝卜素而使细胞呈红色、橘黄色或黄色。嗜盐菌细胞膜制备物可分成红色与紫色两部分。红色部分主要含细胞色素和黄素蛋白等呼吸链载体；紫色部分非常特殊，在膜上呈斑片状（直径约 0.5μm）独立分布，其总面积约占细胞膜面积的一半，这就是能进行独特光合作用的紫膜。紫膜上有一种蛋白质成分的物质，该物质被称作细菌视紫红质（bacteriorhodopsin）。视紫红质占紫膜的 75%。

目前认为，细菌视紫红质与叶绿素相似，在光量子的驱动下，具有质子泵的作用，可将产生的 H^+ 推出细胞膜外，使紫膜内外形成质子梯度。根据化学渗透学说，质子梯度动势在驱使 H^+ 通过 ATP 合成酶进入膜内时，合成细胞通用能源 ATP（图 6-69）。

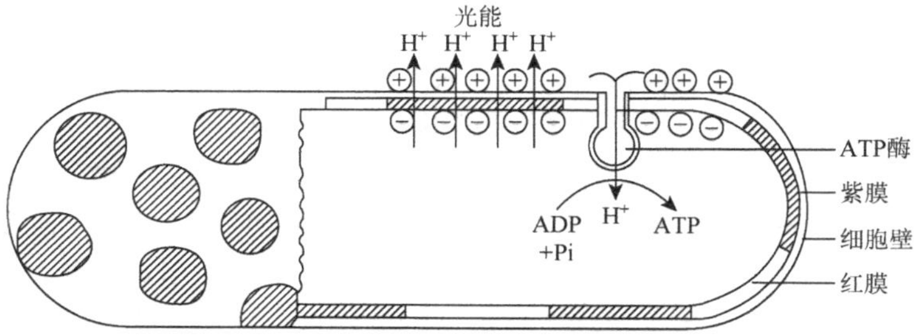

图 6-69　嗜盐菌紫膜及其光合磷酸化

嗜盐菌只有在环境中 O_2 浓度很低和有光照条件下才能合成紫膜。而这样的条件通过正常氧化磷酸化无法满足其能量需要，故而转由紫膜光合磷酸化提供。

通过紫膜的光能转化建立起来的质子梯度（ΔP）除可驱动 ATP 合成外，还可为嗜盐菌在高盐环境下建立跨膜 Na^+电化学梯度（$\Delta\mu Na^+$），并由此完成一系列生理生化功能（图 6-70）。

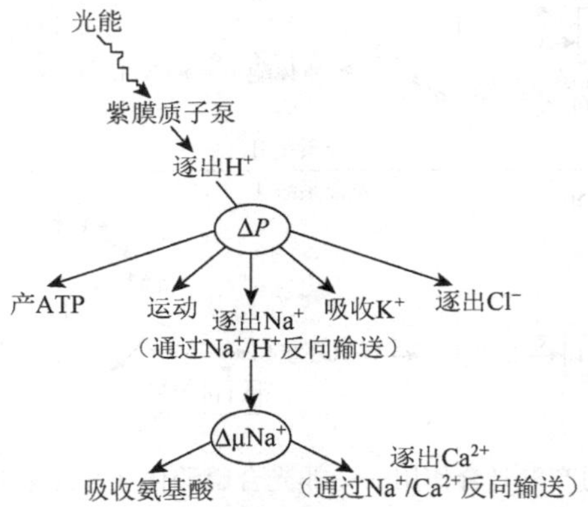

图 6-70　嗜盐菌光驱动的紫膜质子泵及其生理功能

嗜盐菌紫膜光合磷酸化功能的发现，使光合细菌在叶绿素和菌绿素作用下所进行光合磷酸化之外又增添了一种新的光合磷酸化类型。紫膜的光合磷酸化是迄今所知道的最简单的光合磷酸化作用。

嗜盐菌紫膜光合磷酸化机制的揭示，不仅给生物学理论带来突破，而且会对人类生产技术（如太阳能的利用和海水淡化等）的进步带来巨大推动力。

第四节　微生物的合成代谢

微生物利用分解代谢产生的能量、中间产物以及从外界吸收的小分子物质，合成细胞复杂大分子物质的过程称为合成代谢。

一、微生物合成代谢所需原料

微生物合成细胞大分子物质的原料包括小分子物质、能量（ATP）及还原力 NAD(P)H + H^+等。

小分子前体碳架物质指直接被机体用来合成细胞物质（如蛋白质类、脂类、多糖等）单体（氨基酸、核苷酸及单糖等）的小分子含碳物质。小分子碳架物质大多是通过糖酵解途径及 TCA 循环产生的中间产物。主要有乙酰 CoA、磷酸二羟丙酮、3-磷酸甘油醛、磷酸烯醇式丙酮酸（PEP）、丙酮酸、4-磷酸赤藓糖、α-酮戊二酸、琥珀酸、草酰乙酸、5-磷酸核糖、6-磷酸果糖及 6-磷酸葡萄糖等。小分子前体碳架物质的来源与作用见图 6-71。

在微生物生长过程中，这些碳架物质被用于细胞物质合成时，会造成 TCA 循环相应中间体的不足，影响 TCA 正常循环。微生物可通过特定回补途径合成这些物质，以补充 TCA 中间体被利用所造成的不足。

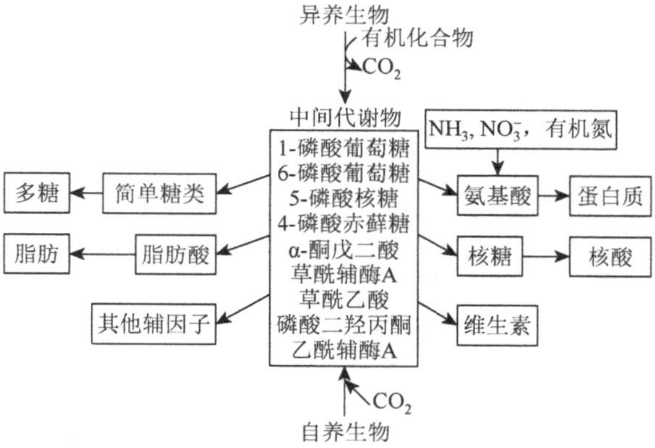

图 6-71　小分子前体碳架物质的来源与作用

在厌氧条件下，厌氧和兼氧微生物细胞内不存在完整的 TCA 循环，但这些微生物仍能良好生长。在好氧条件下由 TCA 循环提供的小分子碳架在厌氧条件下由不完整 TCA 途径提供。

在自养微生物中，小分子前体碳架物质主要通过卡尔文循环合成。

微生物合成代谢所需能量来自发酵、呼吸和光合磷酸化过程形成的 ATP 或其他高能化合物（以 ATP 为主）。微生物合成氨基酸、核苷酸等单体及由这些单体聚合成大分子物质时均需要能量。

还原力主要指的是还原型烟酰胺腺嘌呤核苷酸类物质，即 $NADPH + H^+$或 $NADH + H^+$。在化能异养微生物中，还原力 $NADPH + H^+$或 $NADH + H^+$通过发酵或呼吸过程形成。

化能自养型细菌主要通过两种途径产生还原力。一是由氢酶催化 H_2 形成 $NAD(P)H + H^+$，大多数氢细菌中都存在可溶性氢酶和颗粒性氢酶，分别催化形成 $NAD(P)H + H^+$和 ATP；二是电子逆转，在消耗 ATP 的前提下，电子通过在电子传递链上的逆转过程（由高电位向低电位流动）产生 $NAD(P)H + H^+$。

这些小分子碳架物质和能量除直接自外界环境中吸取外，均可从分解代谢中获得。所以，细胞中的分解代谢是合成代谢的基础，二者密切相关。

有些光合细菌能利用 H_2 作供氢体形成 $NAD(P)H + H^+$，但需消耗 ATP。

二、自养微生物的合成代谢——CO_2 的固定

自养微生物在生物氧化过程中取得的能量主要用于 CO_2 的固定。自养微生物固定 CO_2 的途径有卡尔文循环、还原乙酰辅酶 A 途径及还原三羧酸（TCA）循环途径。卡尔文循环是光能自养生物和化能自养微生物（如硝化细菌、硫细菌等）固定 CO_2 的主要途径。

（一）卡尔文循环

卡尔文循环（Calvin cycle）又称核酮糖二磷酸途径、还原性戊糖途径、三碳循环。

卡尔文循环是 20 世纪 50 年代由美国生物化学家梅尔文・卡尔文等利用 $^{14}CO_2$ 示踪法研究生物光合作用时发现的，因此得名。卡尔文循环首次揭示了自然界最基本的生命过程，对生命起源的研究具有重要意义。卡尔文因此获得了 1961 年的诺贝尔化学奖。卡尔文循环过程分为 CO_2 固定、固定 CO_2 的还原及 CO_2 受体再生三个阶段。

1. CO_2固定（羧化反应）

在1, 5-二磷酸核酮糖羧化酶（RuBisCO）的作用下，1, 5-二磷酸核酮糖将CO_2固定生成3-磷酸甘油酸。反应如下：

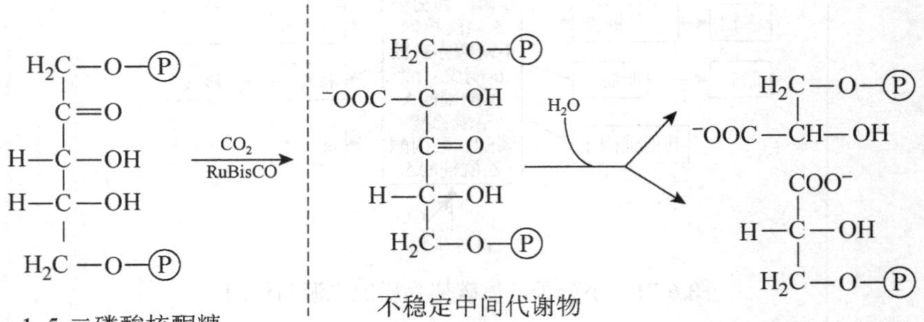

2. 固定CO_2的还原

固定 CO_2 的还原是 3-磷酸甘油酸上的羟基被还原成醛基的反应。这种转化是经过逆向EMP途径进行的。反应如下：

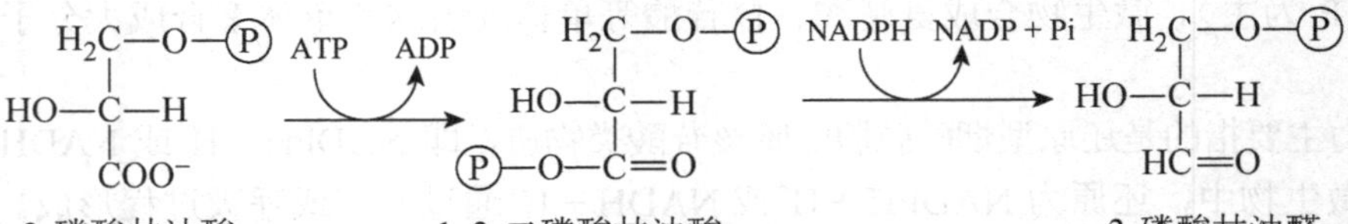

3. CO_2受体再生

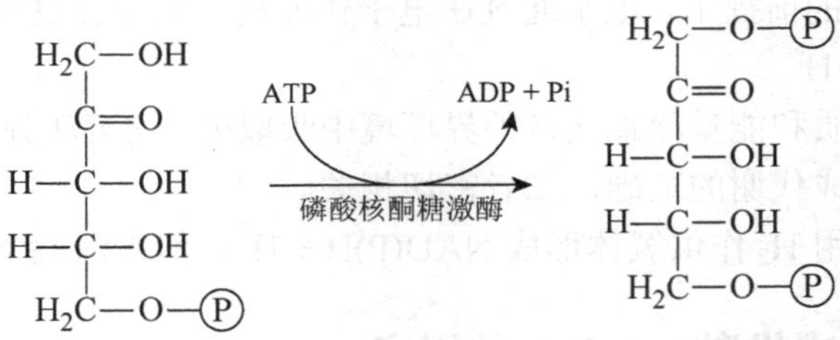

上式中的5-磷酸核酮糖来自于3-磷酸甘油醛和6-磷酸果糖（也来自2个3-磷酸甘油醛）。3-磷酸甘油醛在卡尔文循环中发挥极为关键的作用。在卡尔文一轮循环中，新生葡萄糖的6个碳中只有一个来自CO_2，其余5个碳来自受体1, 5-二磷酸核酮糖。因此，由CO_2合成一个葡萄糖必须消耗6个CO_2（图6-72）。

卡尔文循环总式为

$$6CO_2 + 12\,NAD(P)H_2 + 18ATP \longrightarrow C_6H_{12}O_6 + 12NAD(P) + 18ADP + Pi$$

卡尔文循环是自养微生物单糖的主要来源，也是其他糖类和糖衍生物合成的起点，还是其他有机物合成的基础。卡尔文循环的初产物3-磷酸甘油醛除合成葡萄糖外，还可合成细胞物质（图6-73）。

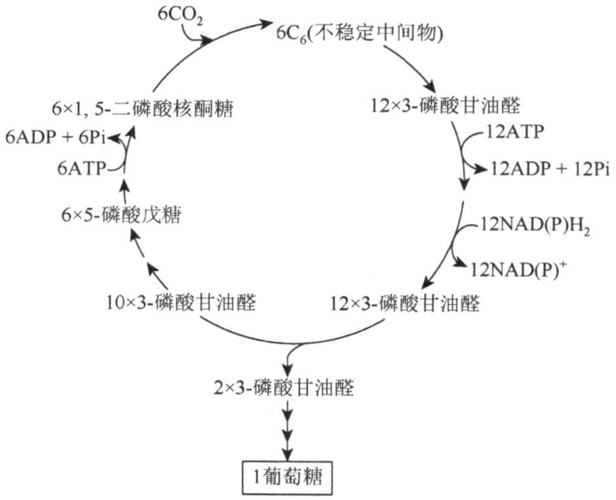

图 6-72　卡尔文循环

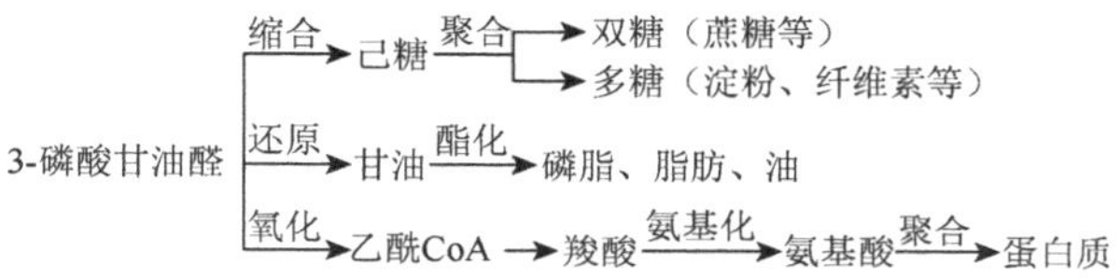

图 6-73　卡尔文循环的合成作用

污水脱氮工艺（A/O）硝化池中的亚硝化细菌和硝化细菌都是自养菌。它们分别按各自的生物氧化和产能方式进行分解代谢（亚硝化细菌将氨氧化为亚硝酸盐；硝化细菌将亚硝酸盐氧化为硝酸盐），并在各自分解代谢过程中产生 ATP 和 NAD(P)H + H^+还原力。亚硝化细菌和硝化细菌均利用本身所产生的 ATP 和 NAD(P)H + H^+将 CO_2 固定。先生成 3-磷酸甘油醛，进而将其再合成多糖、脂类及蛋白质等大分子细胞成分，进而形成新细胞。这就是硝化池在适宜条件下能够持续进行硝化的原因。

（二）还原（厌氧）乙酰辅酶 A CO_2 固定途径

还原乙酰辅酶 A 途径（anaerobic acetyl-CoA pathway）又称活乙酸途径（activated aceticacid pathway）。还原乙酰辅酶 A 途径是近年来在一些能利用氢的严格厌氧菌包括产甲烷菌、硫酸盐还原菌和同型产乙酸菌中发现的新的自养 CO_2 还原固定途径。这些厌氧微生物细胞中不存在卡尔文循环，而由还原乙酰辅酶 A 途径来担任 CO_2 还原固定功能。热自养甲烷杆菌（*Methanobacterium thermoautotrophicum*）还原乙酰辅酶 A 途径见图 6-74。

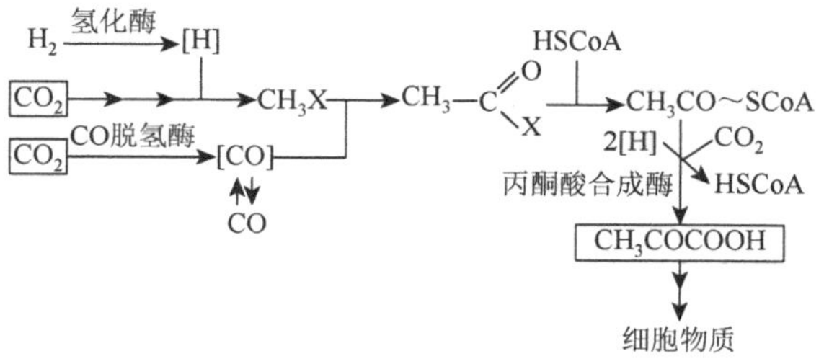

图 6-74　厌氧乙酰 CoA 途径

从图 6-74 中可以看出，在还原乙酰辅酶 A 途径中，1 分子 CO_2 先被还原成甲基水平（CH_3X），另一分子 CO_2 则在 CO 脱氢酶的作用下还原成 CO。CH_3X 通过羧化，生成乙酰-X，进而形成乙酰辅酶 A（CH_3CO-SCoA）。CH_3CO-SCoA 在丙酮酸合成酶的催化下，接受第 3 个 CO_2 分子而羧化成丙酮酸。然后，丙酮酸通过相关代谢途径合成细胞所需要的各种有机物。

产甲烷菌和同型产乙酸菌都是参与有机废水及有机固体垃圾厌氧消化处理中的重要微生物。

（三）还原性三羧酸（TCA）循环固定 CO_2 途径

通过还原性 TCA 循环（reductive tricarboxylic acid cycle）固定 CO_2 的途径是在少数光合细菌如绿硫细菌（*Chlorobium thiosulfatophilum*）中发现的。

还原性三羧酸循环的第一步反应是将乙酰辅酶 A（乙酰 CoA）与一分子 CO_2 结合，还原羧化为丙酮酸。丙酮酸在丙酮酸羧化酶的催化下生成磷酸烯醇式丙酮酸。磷酸烯醇式丙酮酸与另一分子 CO_2 结合，被羧化为草酰乙酸。草酰乙酸经一系列反应转化为琥珀酰 CoA。琥珀酰 CoA 与另一分子 CO_2 结合，再被还原羧化为 α-酮戊二酸。α-酮戊二酸转化为柠檬酸后，裂解为乙酸和草酰乙酸。乙酸经乙酰 CoA 合成酶催化生成乙酰 CoA，从而完成循环反应（图 6-75）。

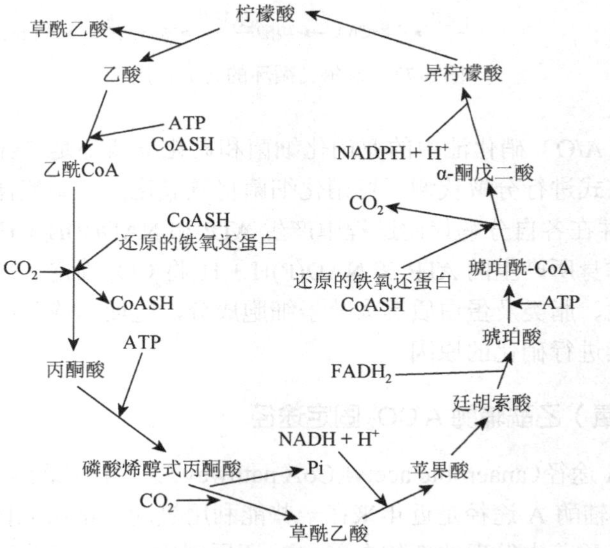

图 6-75　还原性三羧酸（TCA）循环固定 CO_2 途径

每循环一次，可固定 4 分子 CO_2，合成 1 分子草酰乙酸，消耗 3 分子 ATP、2 分子 NAD(P)H 和 1 分子 $FADH_2$。

需要指出的是，以上三类自养微生物 CO_2 固定方式中，CO_2 的还原（厌氧）固定与 CO_2 的好氧固定相比，前者更为经济有效。例如，3mol CO_2 经还原（厌氧）乙酰辅酶 A 途径，合成 1mol 3-磷酸甘油醛只需消耗 3mol ATP，而通过还原性 TCA 循环途径则需要 5mol ATP，而通过卡尔文循环则需要 9mol ATP。

亚硝化细菌和硝化细菌等都是通过卡尔文循环完成 CO_2 固定的。该过程消耗能量较多，两种细菌生长都较缓慢。因此，废水生物脱氮（A/O）硝化阶段必须设置相应较长的水利停留时间。

三、异养微生物的合成代谢

异氧微生物利用分解代谢产生的部分中间代谢产物、ATP 和还原力[H]等合成细胞各种组分，如糖类、脂类、蛋白质、核酸及其他复杂有机物等。

有关糖类、蛋白质、核酸、脂类和维生素等大分子物质的合成过程复杂，内容较多，因篇幅所限，在此不做讨论。

这里只讨论微生物的分解代谢与合成代谢是如何协调进行的。通过此内容，可从代谢的角度，了解微生物在将污染物分解的同时又是怎样将其利用的，进而理解污染生物控制工程中正是由于微生物对污染物的降解与利用，微生物数量不断增加，从而保证处理系统连续运行的内涵以及活性污泥和生物膜的产生机制。

分解代谢与合成代谢关系极为密切。分解代谢在一定程度上保证了合成代谢的进行，而合成代谢反过来又为分解代谢创造了条件。通过分解代谢与合成代谢的相互作用，促进微生物个体的生长、繁殖与微生物群体的发展。分解代谢与合成代谢的相互关系可用图 6-76 说明。

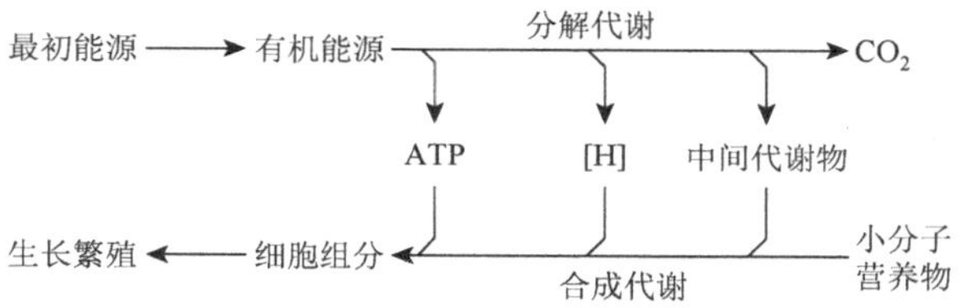

图 6-76　分解代谢和合成代谢的相互关系

由图 6-76 可知，能量（ATP）、还原力[H]及中间代谢物（一些重要中间产物见表 6-9）是连接分解代谢与合成代谢的纽带。生物的物质代谢与能量代谢是伴随进行的。如果只进行能量代谢，有机物分解的结果只产生 ATP、H_2O 和 CO_2，没有中间代谢物可供累积，合成代谢是不可能正常进行的。然而，要进行正常合成代谢，须抽走大量中间代谢物，结果也势必影响分解代谢的正常进行（如 TCA 循环可能会发生中断）。

为解决上述矛盾，微生物在其长期进化过程中，发展了以下两类具有独特作用的代谢途径。

表 6-9　连接分解代谢与合成代谢的中间代谢物

中间代谢物	来源	参与合成
1-磷酸葡萄糖	葡萄糖，半乳糖，多糖	核苷糖类
6-磷酸葡萄糖	EMP 途径	戊糖，多糖贮藏物
5-磷酸核糖	HMP 途径	核苷酸，脱氧核糖核苷酸
4-磷酸赤藓糖	HMP 途径	芳香族氨基酸
磷酸烯醇式丙酮酸	EMP 途径	磷酸转移酶系（糖的运送），芳香族氨基酸，葡糖异生作用，糖回补反应（CO_2 固定），胞壁酸合成
丙酮酸	EMP 途径，磷酸酮醇酶（戊糖发酵）	丙氨酸，缬氨酸，亮氨酸，糖回补反应（CO_2 固定）
3-磷酸甘油酸	EMP 途径	丝氨酸，甘氨酸，半胱氨酸
α-酮戊二酸	三羧酸循环	谷氨酸，脯氨酸，精氨酸，赖氨酸

续表

中间代谢物	来源	参与合成
草酰乙酸	三羧酸循环，糖回补反应	天冬氨酸，赖氨酸，甲硫氨酸，苏氨酸，异亮氨酸
琥珀酰 CoA	三羧酸循环	氨基酸（Ile，Met，Val），卟啉甘油（脂肪）
二羟丙酮磷酸	EMP 途径	甘油（脂肪）
乙酰辅酶 A	丙酮酸脱羧，脂肪酸氧化嘧啶分解	脂肪酸，类异戊二烯，甾醇，赖氨酸（二碳），亮氨酸（二碳）

（一）兼用代谢途径

兼用代谢途径（amphibolic pathway）指在分解代谢和合成代谢中具有双重功能的途径。从表 6-9 中可知，EMP、HMP 和 TCA 循环是重要的兼用代谢途径。例如，TCA 循环不仅包含乙酰 CoA 的氧化，而且还包含琥珀酰 CoA、草酰乙酸和 α-酮戊二酸等的产生。这些物质是合成氨基酸和卟啉等化合物的重要中间代谢物。

必须指出的是，在兼用代谢途径中，合成途径并非分解途径的逆转，即同一个可逆反应的正反应和逆反应并不总是由同一种酶催化的。此外，在真核微生物中，合成代谢和分解代谢一般在细胞的不同区域中进行。合成代谢一般在细胞质中进行，而分解代谢则多在线粒体中进行。这既可保证分解代谢与合成代谢可同时进行，又可保证彼此互不干扰。原核生物因其细胞结构分化程度低，故代谢反应主要在细胞质中进行，其中很多反应有细胞膜的参与。

（二）代谢物回补途径

在正常情况下，微生物因生长与繁殖的需要，必须从分解代谢途径中取得大量中间代谢物以合成细胞基本物质（糖类、氨基酸、嘌呤、嘧啶、脂肪酸和维生素等）。但这势必会影响分解代谢的正常运转。例如，在 TCA 循环中，如果因合成谷氨酸而抽去了 α-酮戊二酸，就会使循环中断。中间代谢物的回补途径（anaplerosis pathway）就是为解决这一矛盾而发展起来的。

所谓回补途径，又称补偿途径或添补途径（replenishment pathway），即指能补充兼用代谢途径中因合成代谢而消耗的中间代谢物的方式。通过回补途径，可保证当分解途径中的关键中间代谢物被用作合成原料时分解代谢仍能正常进行。

不同微生物的回补途径不同。与 EMP 和 TCA 循环有关的回补途径约有 10 条。这些途径都可回补 EMP 途径中的磷酸烯醇式丙酮酸（phosphoenolpyruvate，PEP）和 TCA 循环中的草酰乙酸（oxaloacetate，OA）这两种关键中间代谢物。其中最重要的途径有：

回补途径
- 合成OA
  - 用C_3作碳源
    - $PEP \xrightarrow{CO_2} OA$
    - $Py^{*} \xrightarrow{CO_2} OA$
  - 用C_2作碳源：$2HAc^{**} \rightarrow\rightarrow\rightarrow OA$
- 合成PEP
  - 用C_3作碳源：$Py \rightarrow PEP$
  - 用C_2作碳源：$2HAc \rightarrow\rightarrow\rightarrow OA \rightarrow PEP$

1. 合成草酰乙酸的回补途径

草酰乙酸是保证 TCA 循环正常运转的一个关键中间代谢物。缺少草酰乙酸时，乙酰 CoA

就无法进入该循环，从而不能产能或不能形成其他中间代谢物。合成草酰乙酸的回补途径有以下两类。

（1）用葡萄糖或 3 碳化合物作碳源合成草酰乙酸

当微生物在利用葡萄糖或其他三碳化合物如丙酮酸、乳酸或甘油等碳源生长时，可以下列两条途径来补充草酰乙酸。

由磷酸烯醇式丙酮酸（PEP）羧化酶（PEP carboxylase）催化磷酸烯醇式丙酮酸转化为草酰乙酸。其反应如下：

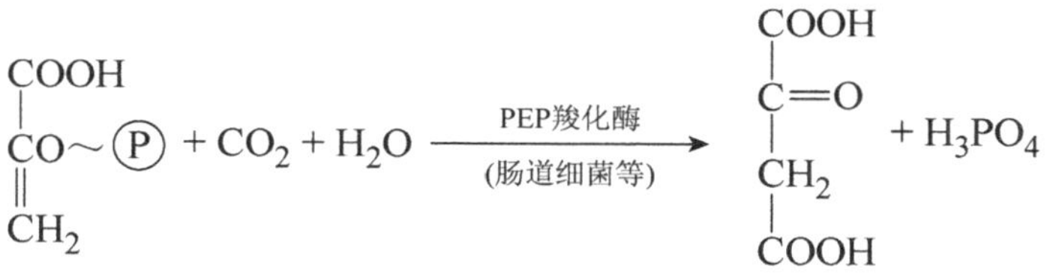

①

由丙酮酸（Py）羧化酶（Py carboxylase）催化丙酮酸转化为草酰乙酸。其反应如下：

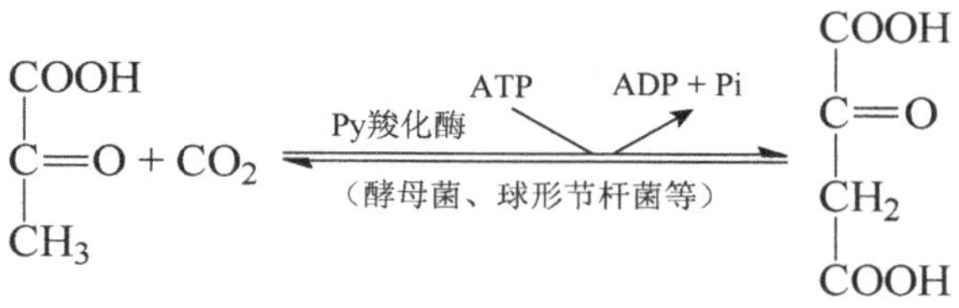

②

（2）用乙酸等二碳化合物作碳源合成草酰乙酸

以乙酸、乙醇、烃类或脂肪酸等二碳化合物作为唯一碳源的微生物（如许多细菌、真菌、藻类和原生动物等）产生草酰乙酸的回补途径是由乙醛酸循环（glyoxylate cycle）或称 Krebs-Kornberg 循环来完成的。

利用乙酸为唯一碳源或能源的微生物体内都存在乙醛酸循环。乙醛酸循环回补途径主要是通过两种独特酶来实现的：一种是异柠檬酸裂合酶（isocitrate lyase）；另一种是苹果酸合酶。异柠檬酸裂合酶催化异柠檬酸裂解成琥珀酸和乙醛酸。反应如下：

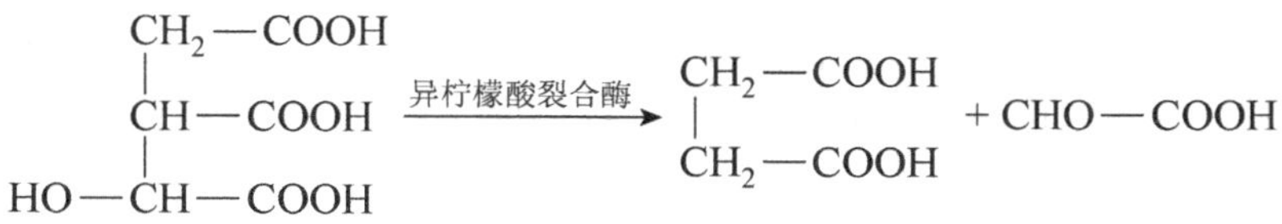

③

苹果酸合酶催化 2 个二碳化合物乙酰 CoA 和乙醛酸缩合为苹果酸。反应如下：

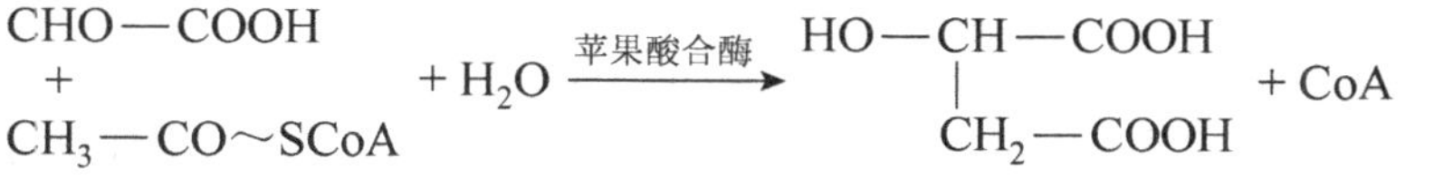

④

通过异柠檬酸裂合酶和苹果酸合酶的合作，将一分子异柠檬酸和一分子乙酰 CoA 转化成两分子四碳二羧酸，然后再进一步借苹果酸脱氢酶和丙酮酸羧化酶转化成丙酮酸或借磷酸烯醇丙酮酸激酶转化成磷酸烯醇式丙酮酸，从而可通过葡糖异生作用合成葡萄糖。

乙醛酸循环常与 TCA 循环同时存在，相互补充，借以充分发挥 TCA 循环的产能作用和乙醛酸循环的中间代谢物回补功能（图 6-77）。

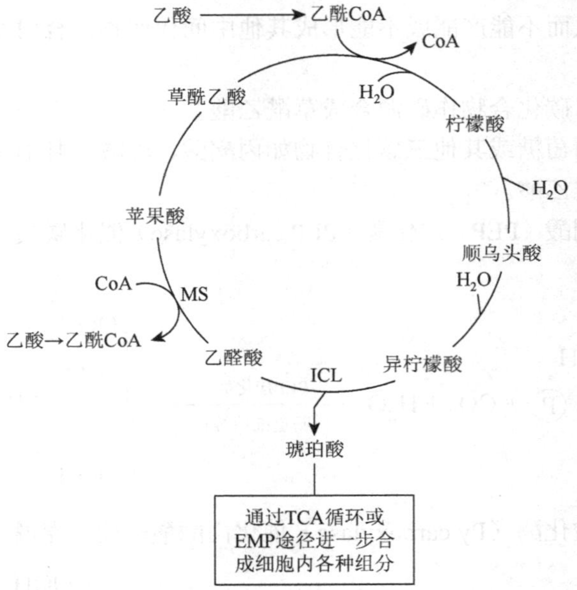

图 6-77　乙醛酸循环（MS 为苹果酸合酶；ICL 为异柠檬酸裂合酶）

从图 6-77 中可知，乙醛酸循环每周转一次可把 2 个二碳化合物（乙酸）合成一分子琥珀酸，即

$$2CH_3COOH + \frac{1}{2}O_2 \xrightarrow{ADP+Pi \quad ATP} \begin{array}{l} CH_2COOH \\ | \\ CH_2COOH \end{array} + H_2O$$

2. 合成磷酸烯醇式丙酮酸的回补途径

磷酸烯醇式丙酮酸（PEP）是 EMP 途径中的重要中间代谢物。当 PEP 的来源充足时，微生物就可通过合适的反应合成有关成分，也可通过葡糖异生作用合成己糖（如葡萄糖和果糖等）。

（1）用葡萄糖或三碳化合物作碳源合成 PEP

丙酮酸由磷酸烯醇式丙酮酸合酶（PEP synthase）催化合成磷酸烯醇式丙酮酸。反应如下：

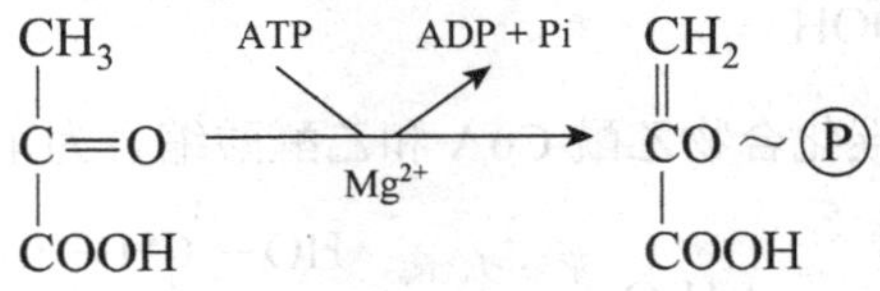

⑤

丙酮酸通过丙酮酸磷酸双激酶（pyruvate phosphate dikinase）产生磷酸烯醇式丙酮酸。反应如下：

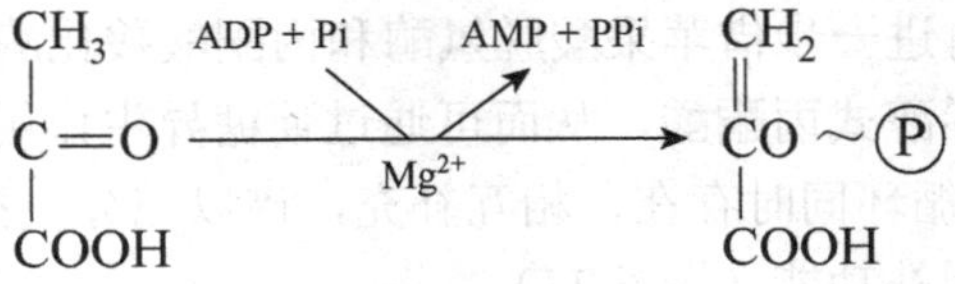

⑥

（2）用乙酸等二碳化合物作碳源合成 PEP

某些微生物以乙酸等二碳化合物作唯一碳源生长时，通过乙醛酸循环合成草酰乙酸。然后，通过以下两种途径进一步产生磷酸烯醇式丙酮酸。

草酰乙酸由 PEP 羧激酶（PEP carboxykinase）催化产生磷酸烯醇式丙酮酸。反应如下：

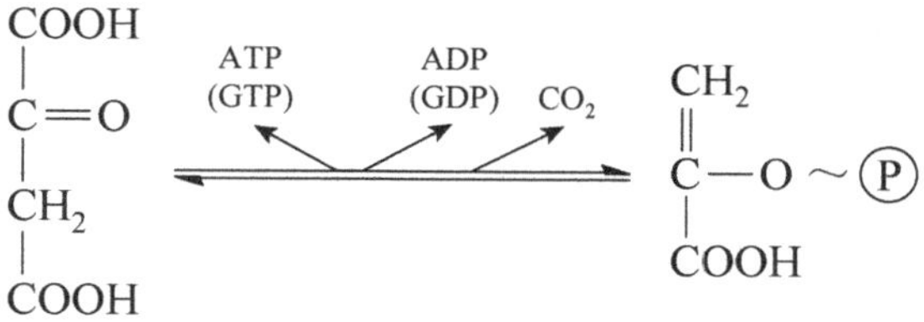

⑦

草酰乙酸由 PEP 羧转磷酸酶（PEP carboxytransphosphorylase）催化产生磷酸烯醇式丙酮酸。反应如下：

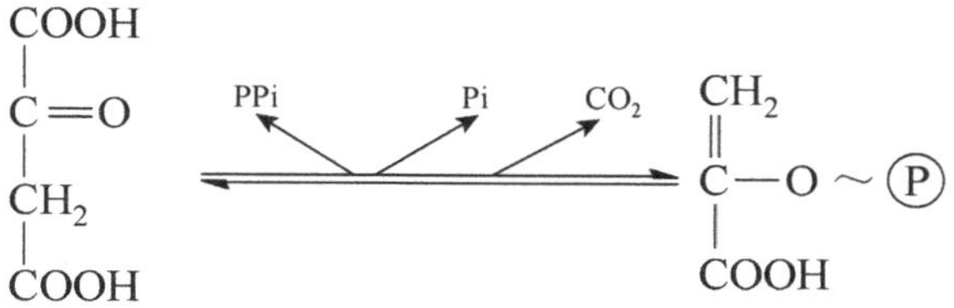

⑧

有关中间代谢物回补途径见图 6-78。

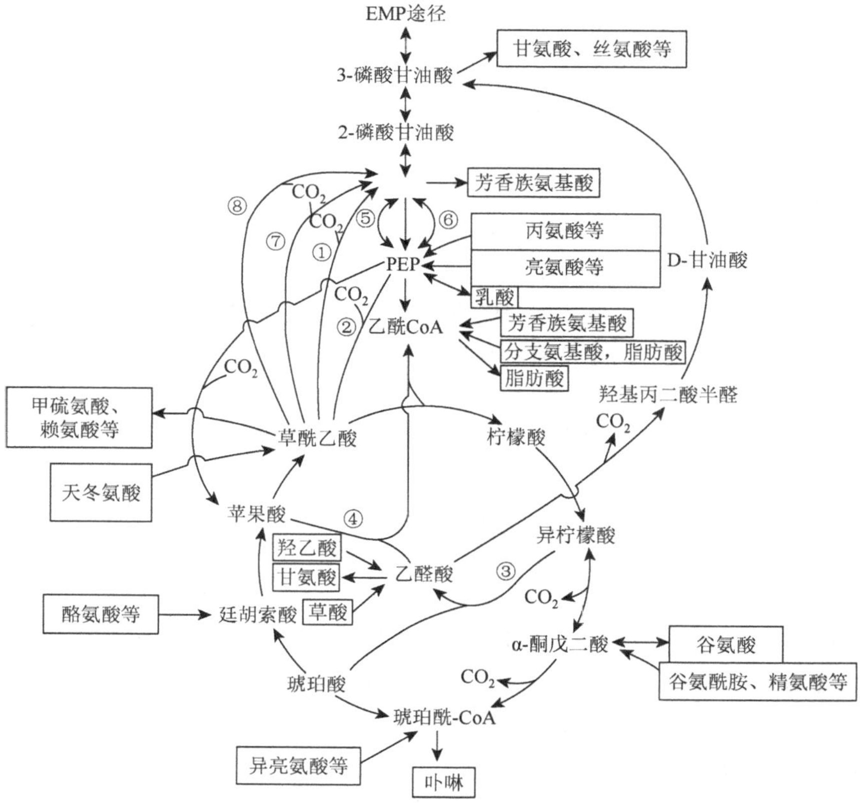

图 6-78　以三羧酸循环为中心的各种中间代谢产物回补途径

图中数字的含义见正文中的反应式

微生物的合成代谢与污染控制密切相关。污染生物处理系统中活性污泥或生物膜的形成都是微生物分解代谢与合成代谢的综合结果。在正常条件下，活性污泥系统或生物膜系统中微生物不断进行新陈代谢，将废水中的有机污染物氧化分解为各种代谢产物。同时，利用分解代谢产生的能量、还原力，以及丙酮酸、乙酰辅酶A、草酰乙酸和三磷酸甘油醛等中间代谢物作为微生物合成的起始原料，合成自身复杂的细胞组成物质。当合成作用大于分解作用时，细胞表现为增长繁殖，系统内的活性污泥量或生物膜不断增加。

思 考 题

1. 何谓新陈代谢？请画图并说明分解代谢和合成代谢的区别与联系。
2. 什么叫生物氧化？生物氧化与非生物性氧化（燃烧）有何异同？
3. 在微生物生物氧化过程中，递氢和受氢有几种类型？各自的名称是什么？
4. 在化能异养微生物的生物氧化中，有几种主要产能途径？试比较各途径的主要特点。
5. 试述 EMP 途径在微生物生命活动中的重要性。
6. 试述 HMP 途径在微生物生命活动中的重要性。
7. 什么叫作酵解？发酵与酵解概念的区别是什么？
8. 发酵和无氧呼吸为什么也称为生物氧化？
9. 试述 TCA 循环在微生物生命活动中的重要性。
10. 什么是呼吸链（电子传递链）？
11. 组成呼吸链的主要组分有哪几个？它们各有什么作用？
12. 细菌的呼吸链与真核生物的呼吸链有何不同？
13. 什么是氧化磷酸化作用？什么是 P/O？
14. 什么是化学渗透学说？
15. 依据氧化磷酸化和化学渗透学说如何实现污泥减量化？
16. 什么叫无氧呼吸（厌氧呼吸）？
17. 请结合实例说明微生物的无氧呼吸在污染控制中的意义。
18. 试列表比较呼吸、无氧呼吸和发酵的异同点。
19. 试从狭义和广义两方面来说明发酵的概念。
20. 试图示由 EMP 途径中的重要中间代谢物——丙酮酸出发的发酵类型及其各自的发酵产物。
21. 试列表比较同型乳酸发酵和异型乳酸发酵。
22. 试图示异型乳酸发酵的代谢途径。
23. 细菌的乙醇发酵途径如何？它与酵母菌的乙醇发酵有何不同？
24. 请结合实例说明微生物发酵在污染控制中的意义。
25. 在化能自养细菌中，硝酸细菌是如何获得其生命活动所需的 ATP 和还原力[H]的？
26. 试图示并简单说明自养微生物固定 CO_2 的卡尔文循环。
27. 什么是 CO_2 固定的还原性 TCA 循环？
28. 什么是 CO_2 固定的厌氧乙酰 CoA 途径？
29. 什么是兼用代谢途径？该途径有哪些特点？

30. 什么是代谢回补途径？试简述磷酸烯醇式丙酮酸与草酰乙酸这两种关键中间代谢物的回补途径。

31. 什么叫乙醛酸循环？试述它在微生物生命活动中的重要功能。

32. 请解释 ATP 在污染控制中的意义。

33. 请解释微生物的合成代谢在污染控制中的意义。

7

第七章　微生物的繁殖与群体生长

> ➢ **内容提要：**
>
> 微生物无论在自然环境中还是在污染控制中都是通过其群体发挥净化作用的。微生物群体变化规律对污染生物控制工程有重要指导意义。本章先讨论微生物繁殖，然后讨论纯培养及其变化规律，最后讨论混合群体的变化规律。

微生物群体生长是微生物的个体生长与个体繁殖两个过程持续交替进行的结果，即微生物的群体生长既包括微生物的“个体生长”，又包括“个体繁殖”（群体生长 = 个体生长 + 个体繁殖）。

个体生长是指生命个体的质量和体积不断增大的过程。微生物吸收营养物质，进行新陈代谢，当同化作用大于异化作用时，表现为生长。个体生长简称生长。

个体繁殖是指生命个体生长到一定阶段产生新的生命个体，即引起生命个体数量增加的生物学过程。个体繁殖简称繁殖。

群体生长是指微生物群体中个体数目的增加。在适宜条件下，群体中的微生物细胞吸收营养物质并进行新陈代谢。当同化作用的速度超过了异化作用的速度时，个体原生质总量（体积与质量）就不断增加。当其增加到一定程度后，则发生繁殖，引起个体数目的增加。这种发生在群体中个体数目增加的现象即为微生物的群体生长。

第一节　微生物的繁殖

一、原核微生物的繁殖

（一）细菌的繁殖

细菌主要以裂殖（一分为二）的方式进行繁殖。细菌分裂大致经过 DNA 复制（拟核分裂）、细胞壁和细胞质内陷与分裂、横隔壁的形成与子细胞分离等过程（图 7-1）。在适宜条件下，大多数细菌繁殖速度极快，20～30min 分裂一次（图 7-2）。

裂殖属无性繁殖。裂殖是细菌主要的繁殖方式。杆菌和螺旋菌在分裂前先延长菌体，然后垂直于长轴分裂，即横隔分裂。如果分裂发生在与菌体长轴相垂直的菌体中部，分裂后形成的两个子细胞大小基本相等，称为同型分裂。大多数细菌繁殖属此类型，也有少数细菌分裂发生在偏端，分裂后形成的两个子细胞大小不等，称为异型分裂。这种分裂偶尔出现于陈旧的营养基质中。

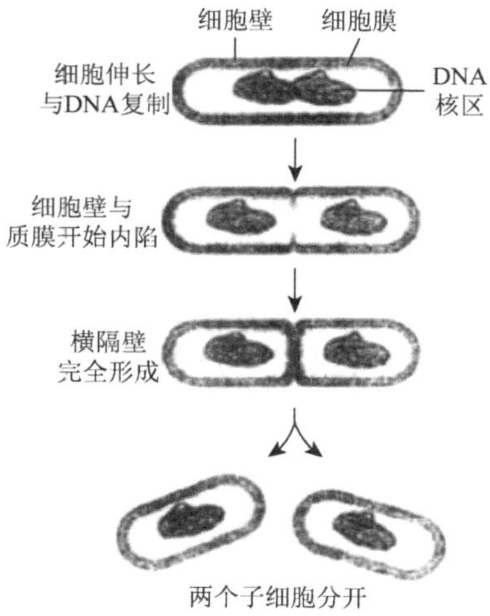

图 7-1 细菌的裂殖

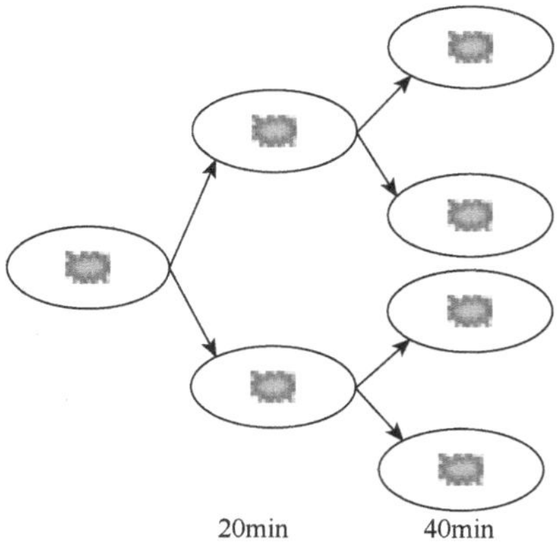

图 7-2 细菌的分裂速度

（二）放线菌的繁殖

1. 放线菌的生活史

放线菌的生活史是从孢子萌发开始的。放线菌孢子在适宜的条件下萌发，长出 1～3 个芽管，芽管伸长，长出分枝形成营养菌丝，营养菌丝伸向空中生长形成气生菌丝，气生菌丝生长到一定阶段形成孢子丝，孢子丝再释放孢子。放线菌的生活史见图 7-3。

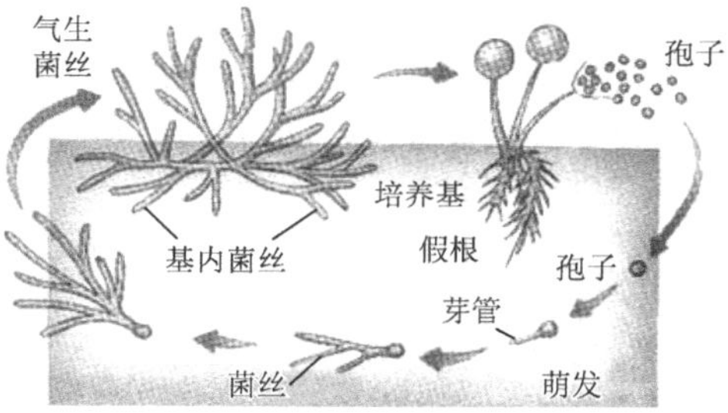

图 7-3 放线菌的生活史

2. 放线菌的繁殖

放线菌主要通过形成凝聚孢子、无性孢子的方式进行繁殖，也可借菌体断裂繁殖。

（1）形成凝聚孢子

孢子丝孢壁内的原生质围绕核物质，从顶端向基部逐渐凝聚成一串体积相等或大小相似的小段，然后小段收缩，并在每段外面产生新的孢子壁而成为圆形或椭圆形的孢子。孢子成熟后，孢子丝壁破裂释放出孢子。多数放线菌以形成凝聚孢子的方式繁殖（图 7-4）。

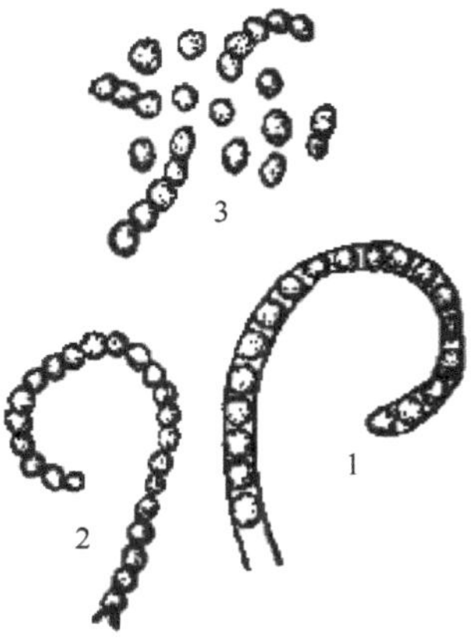

图 7-4 凝聚孢子

1. 孢子丝的原生质分段并逐渐趋向圆形；2. 孢子形成，原来的外壁消失；3. 成熟的孢子

（2）形成分生孢子

营养菌丝上作单轴分枝，基上再生出直而短（长 5～10μm）的特殊分枝，分枝还可再分枝杈，每个枝杈顶端形成一个球形、椭圆形或长圆形孢子，即分生孢子（conidium）（图 7-5）。小单孢菌属等以此方式进行繁殖。

（3）形成横隔孢子

孢子丝长到一定阶段，孢子丝中产生横隔膜，然后在横隔膜处断裂形成孢子。这种孢子称为横隔孢子（图 7-6），也称节孢子或粉孢子。

横隔孢子一般呈圆柱形或杆状，体积基本相等，大小相似，为（0.7～0.8）μm×（1～2.5）μm。诺卡氏菌属等以横隔孢子的方式进行分裂。

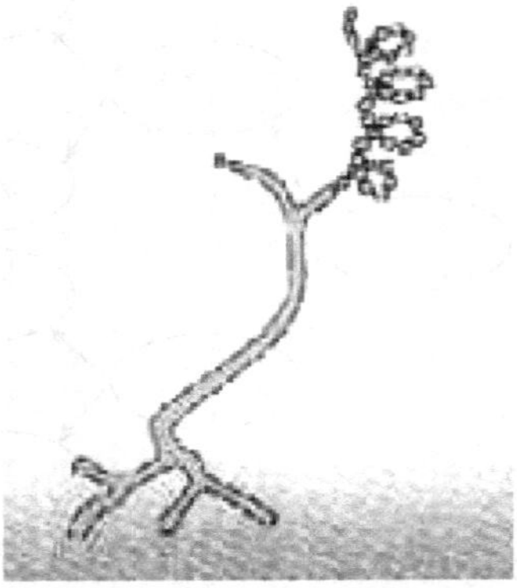

图 7-5　分生孢子

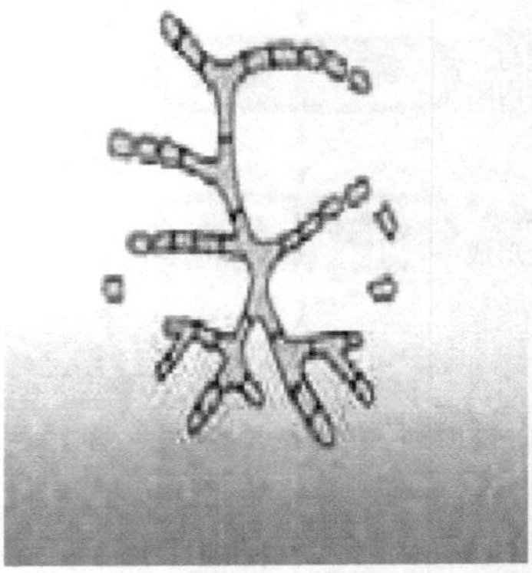

图 7-6　横隔孢子（节孢子、粉孢子）

（4）形成孢囊孢子

少数放线菌在菌丝上由孢子丝盘绕或由孢子丝顶端膨大形成孢子囊（sporangium），在孢子囊内形成的孢子称为孢囊孢子（sporangiospore）。孢子囊成熟后破裂，释放出大量的孢囊孢子。孢囊孢子的形成过程见图 7-7。孢子囊可在气生菌丝上形成，也可在营养菌丝上形成。孢囊孢子见图 7-8。游动放线菌属和链孢菌属通过形成孢囊孢子的方式繁殖。

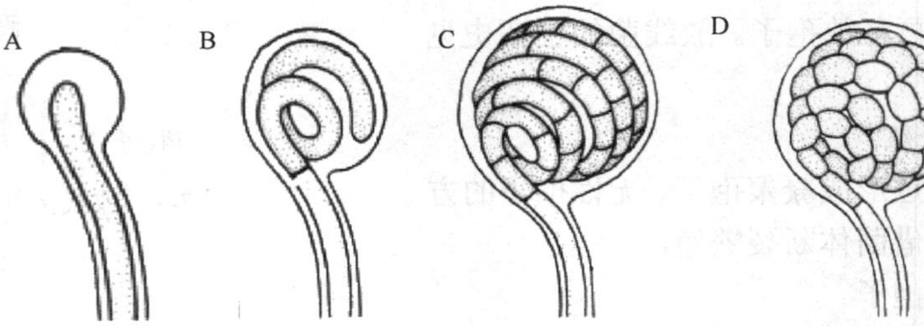

图 7-7　孢囊孢子的形成过程

A. 孢子囊形成初期；B、C. 孢子囊继续长大；D. 孢子囊成熟

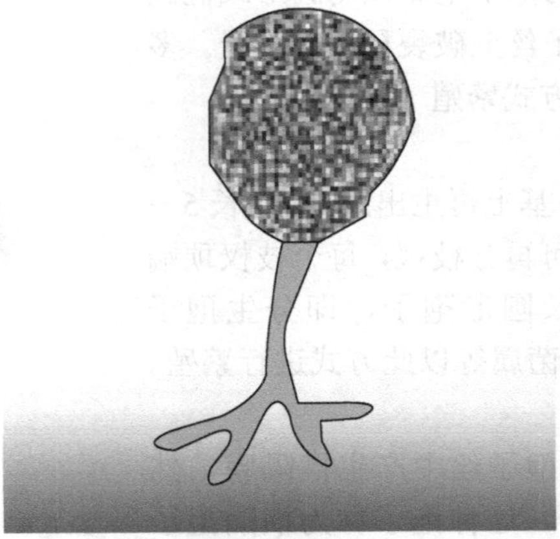

图 7-8　孢囊孢子

（5）菌丝断裂

液体培养时，很少形成孢子，而是通过菌丝体断裂形成新的菌体。

二、真核微生物的繁殖

（一）酵母菌的繁殖

酵母菌的繁殖方式有无性繁殖和有性繁殖两种，但以无性繁殖为主。酵母菌的繁殖方式见图 7-9。

芽殖是酵母菌最常见的无性繁殖方式，芽殖是以出芽方式进行繁殖。酵母菌的出芽繁殖过程见图 7-10。

酵母菌的出芽方式因种而异。有的一端出芽，有的两端出芽，有的三边出芽，还有的多边出芽等（图 7-11）。

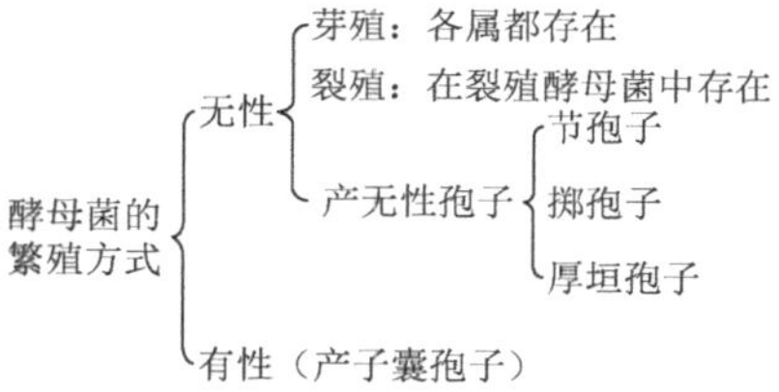

图 7-9　酵母菌的繁殖方式

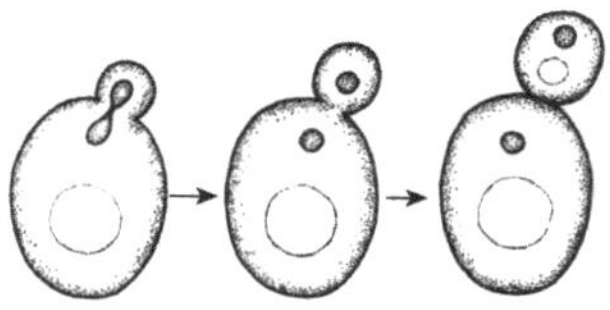

图 7-10　酵母菌的出芽繁殖过程

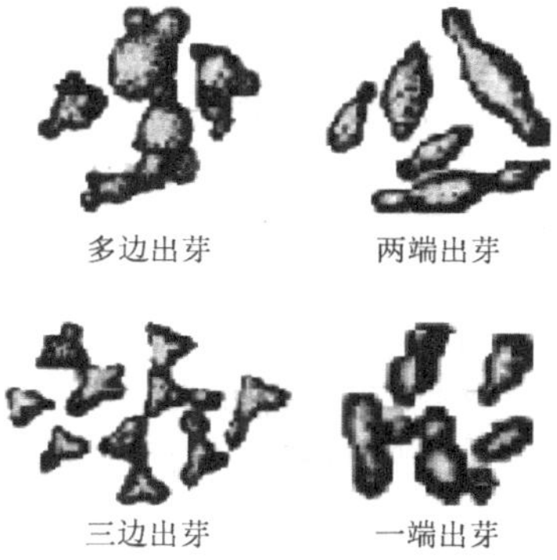

图 7-11　酵母菌的出芽方式

有的酵母菌出芽后，芽体不与母细胞立即分离，而是继续出芽，细胞成串排列犹如菌丝体。这种菌丝称为假菌丝。具假菌丝的酵母称为假丝酵母。酵母菌假菌丝的形成过程见图 7-12。热带假丝酵母（图 7-13）及解脂假丝酵母等均以此方式繁殖。

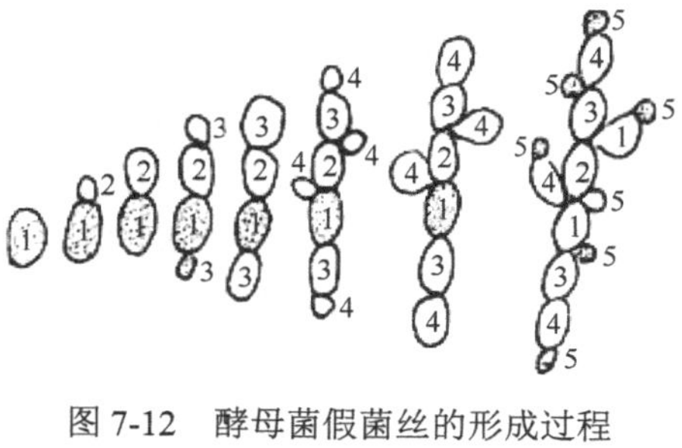

图 7-12　酵母菌假菌丝的形成过程

图中 1～5 代表出芽顺序

图 7-13　热带假丝酵母

A. 细胞；B. 假菌丝

少数酵母菌还可通过裂殖方式进行繁殖。酵母菌的裂殖是细胞的一种横向分裂。裂殖是一种无性繁殖方式。

少数酵母菌通过产无性孢子如掷孢子（ballistospore）的方式进行无性繁殖。掷孢子是在卵圆形营养细胞上生出的小梗上形成的。其外形呈肾状。

（二）霉菌的繁殖

霉菌主要通过形成无性孢子和（或）有性孢子进行繁殖。一般霉菌菌丝生长到一定阶段，先进行无性繁殖，后进行有性繁殖。霉菌的繁殖方式见图 7-14。

- 繁殖方式
  - 菌丝片段
  - 孢子
    - 无性孢子
      - 内生：孢囊孢子
      - 外生：分生孢子、节孢子
      - 间生：厚垣孢子
    - 有性孢子
      - 卵孢子
      - 接合孢子
      - 子囊孢子
      - 担孢子

图 7-14　霉菌的繁殖方式

1. 无性繁殖

（1）形成孢囊孢子

在霉菌孢子囊内形成的孢子称为孢囊孢子。霉菌的孢子囊及孢囊孢子见图 7-15。

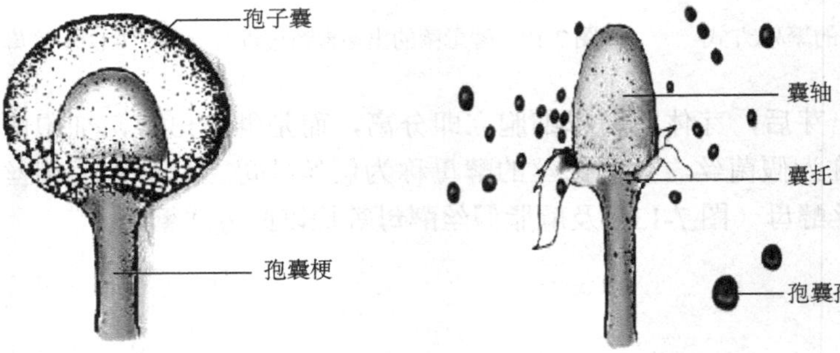

图 7-15　霉菌的孢子囊及孢囊孢子

孢囊孢子的形成过程是：霉菌发育到一定阶段，菌丝顶端细胞膨大成“囊状”结构。囊中有许多核，每个核外由细胞质包围。这些包围了核的细胞质割成许多小块，每块发育成一个孢囊孢子。原来膨大的细胞壁就成了孢子囊壁。孢子囊下方的菌丝叫孢囊梗，孢子囊与孢囊梗之间的隔膜凸起，使孢囊梗深入到孢子囊内部，通常将伸入孢子囊内部膨大的部分叫囊轴。孢囊孢子成熟后，孢子囊破裂，孢子散出。根霉属和毛霉属以形成孢囊孢子的方式繁殖。

（2）形成分生孢子

分生孢子是由菌丝或其分枝的顶端细胞（图 7-16 中分生孢子梗顶端细胞）特化而成孢子。分生孢子单个或簇生。分生孢子的形状、大小、结构及着生方式随种而异。曲霉菌的分生孢子见图 7-16。青霉分生孢子见图 7-17。

（3）形成节孢子

节孢子由菌丝断裂形成。菌丝生长到一定阶段，出现许多横隔膜，菌体自横隔膜处断裂，形成一串串短柱状、筒状或两端钝圆的孢子，即节孢子（图 7-18）。节孢子也称粉孢子。

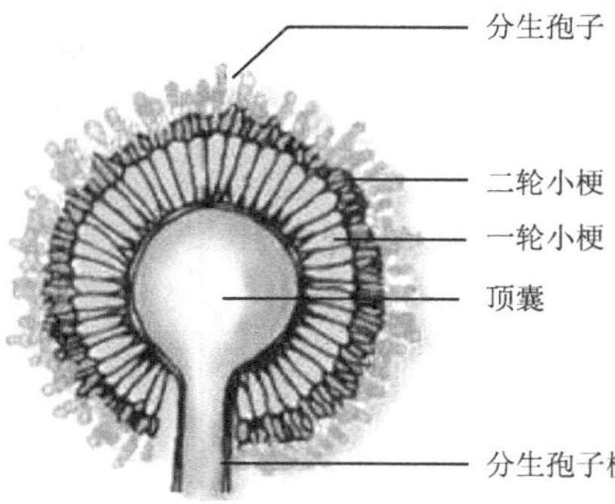

图 7-16　曲霉分生孢子

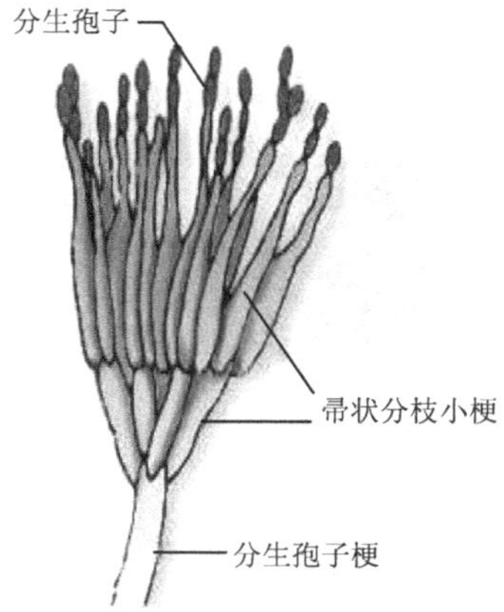

图 7-17　青霉分生孢子

图 7-18　节孢子

（4）厚垣孢子

厚垣孢子（chlamydospore）即细胞壁很厚的孢子（图 7-19）。厚垣孢子的形成过程：首先在菌丝顶端或中间，一部分原生质浓缩、变圆，并在四周生出厚壁或原来的细胞壁加厚，即形成圆形、纺锤形或长方形的孢子。毛霉中的总状毛霉常形成厚垣孢子。厚垣孢子也是真菌的休眠体，可抵抗热与干燥等不良环境的影响。条件适宜时，厚垣孢子萌发，长出新菌丝。

孢囊孢子、分生孢子、节孢子和厚垣孢子都属于无性孢子。但在一定条件下，霉菌还可通过形成有性孢子繁殖。有性孢子有卵孢子、接合孢子和子囊孢子等。

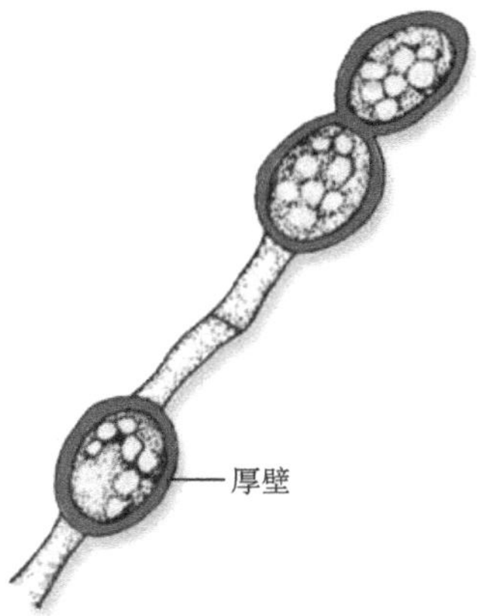

图 7-19　厚垣孢子

2. 霉菌的有性繁殖

（1）卵孢子

卵孢子（oospore）由大小不同的配子囊结合后发育而成。小配子囊称雄器，大配子囊称藏卵器。卵孢子及其形成见图 7-20。

（2）接合孢子

接合孢子（zygospore）（图 7-21）由菌丝生出的结构大小相似、形态相同或略有不同的两个配子囊接合后发育而成。

（3）子囊孢子

子囊是两性细胞接触以后形成的囊状结构。在子囊内形成的孢子称为子囊孢子（ascospore）（图 7-22）。子囊的形成有两种方式：①两个营养细胞直接交配而成，其外面无菌丝包裹；②从一个特殊的、来自产囊体菌丝（称为产囊丝）的结构上产生子囊。

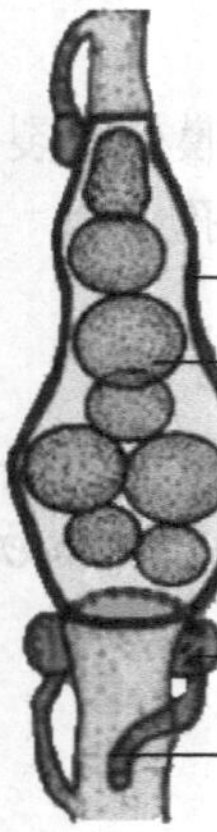

图 7-20　卵孢子

图 7-21　接合孢子

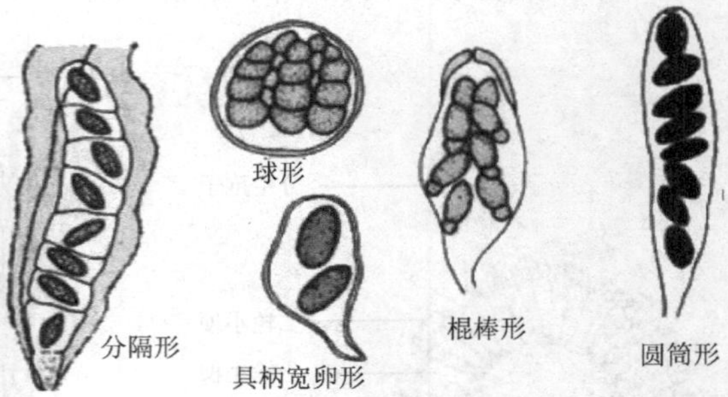

图 7-22　子囊孢子

（三）原生动物的生殖

原生动物的生殖有无性繁殖（asexual reproduction）及有性繁殖（sexual reproduction）两种方式（图 7-23）。所有原生动物都进行无性生殖，而且某些种类只有无性繁殖，如钟虫。

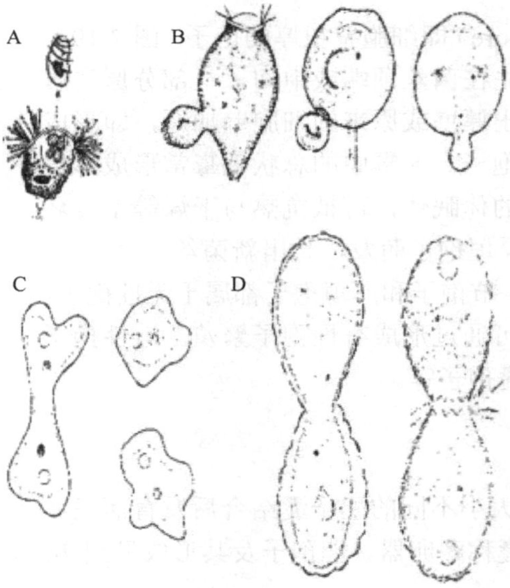

图 7-23　原生动物的繁殖

A. 出芽生殖；B. 接合生殖；C. 横二分裂；D. 纵二分裂

1. 无性生殖

（1）二分裂

二分裂（binary fission）是原生动物最普遍的一种无性繁殖方式。细胞分裂时，细胞核先一分为二，染色体均等地分配到两个子核中，随后细胞质分别包围两个细胞核，形成两个大小、形状相等的子细胞。二分裂可以是纵裂，如眼虫；也可以是横裂，如草履虫；或者是斜裂，如角藻（*Ceratium* spp.）。

（2）出芽生殖

出芽生殖（budding reproduction）实际也是一种二分裂，只是形成的两个子细胞大小不等，大的子细胞称为母体，小的子细胞称为芽体。

（3）多分裂

多分裂（multiple fission）是指细胞分裂时，细胞核先分裂多次，形成许多核之后细胞质再分裂，最后形成许多单核子细胞，多分裂也称为裂殖（schizogony）。

（4）质裂

质裂（plasmotomy）是一些多核原生动物进行的一种无性繁殖，即核先不分裂，而是由细胞质在分裂时直接包围部分细胞核形成几个多核的子细胞，子细胞再恢复成多核的新虫体。

2. 有性生殖

（1）配子生殖

大多数原生动物的有性生殖为配子生殖（gamogenesis），即经过两个配子的融合（syngamy）或受精（fertilization）形成一个新个体的生殖方式。如果融合的两个配子在大小、形状上相似，仅生理机能上不同，则称为同形配子（isogamete）。同形配子的生殖称为同配生殖（isogamy）。如果融合的两个配子在大小、形状及机能上均不相同，则称为异形配子（heterogamete）。

（2）接合生殖

原生动物进行有性生殖时，两个细胞互相靠拢形成接合部位，并发生原生质融合而生成接合子，由接合子发育成新个体，这样的生殖方式称为接合生殖（conjugation）。

（3）包囊的形成

在不良环境条件下，原生动物形成一种囊状结构，即包囊。几乎任何一种不利环境因素都能促使包囊的形成。包囊具有抵抗干旱、高温及冰冻等不良环境的能力。包囊在干燥环境中能存活几个月至几年。

（四）藻类的繁殖

藻类的繁殖有三种方式：营养繁殖、无性生殖和有性生殖。单细胞藻类和丝状藻类的营养繁殖不同。单细胞藻类的营养繁殖是通过细胞分裂进行的；而丝状藻类的营养繁殖则是母体营养体上的一部分分离出来后再长成一个新个体。无性繁殖是通过产生不同类型的孢子进行的。产生孢子的母细胞叫孢子囊。孢囊孢子为单细胞，一个孢子发育成一个新个体。有性繁殖的生殖细胞叫配子。通常情况下，配子必须两两结合成为合子，由合子直接萌发成新个体。合子还可产生孢子，再由孢子长成新个体。

第二节　微生物的群体生长及其特征

生长是生命个体量变的过程。繁殖则是产生新生命个体质变的过程。在高等生物中，生长过程与繁殖过程相对来说都比较缓慢，而且两个过程是明显分开的。但在低等生物，特别是在单细胞微生物中，由于微生物个体微小，分裂速度极快，生长与繁殖这两个过程很难划分。因此，与大型生物不同，微生物的“生长”，一般均指微生物的群体生长。

微生物的群体分为纯培养群体和混合培养群体（混合群体）。纯培养群体又称纯培养物。纯培养群体是指由一个微生物细胞（或微生物个体或同一种微生物）经过繁殖得到的微生物子细胞群体；而混合培养群体则指由多种微生物经过繁殖得到的微生物子细胞群体。纯培养群体单一，没有干扰，通常情况下，只有纯培养群体才能提供可重复的结果。因此，有关微生物群体生长规律等相关研究，都是先通过纯培养群体进行的。

在污染控制工程中，微生物是以混合群体形式参与污染物的处理，即微生物是通过“集体”力量发挥作用的。因此，研究微生物的群体生长，了解微生物群体变化规律与特点，为微生物群体创造适宜的条件，才能充分发挥其“集体”的力量，并使其保持旺盛的“斗志”。

微生物的群体特征是指微生物经过繁殖，产生大量后代，形成子细胞群后所表现的特征。微生物的群体特征依据其生长环境或界面的不同而不同。纯培养群体在固体培养基（平板）上或其他固体营养界面（如马铃薯被切开后的表面）形成菌落（colony），而在液体培养基中可游离生长或悬浮生长，也可在液面生长，还可在液体底部生长。

培养基是指由不同营养物质组合配制而成、供给微生物生长繁殖的营养基质。营养物质包括碳水化合物、含氮物质、无机盐、微量元素、维生素和水等。固体培养基是指在液体培养基中加入2%左右的琼脂，使其在室温条件下呈固体状态的培养基。

菌落是指单个微生物细胞在固体培养基表面或内部生长繁殖到一定程度，即可形成肉眼可见并有一定形态结构的子细胞群体（一个同种微生物细胞的集合）。有关纯培养相关技术请见本章第三节。

一、纯培养群体特征

纯培养群体只含有一种微生物。

（一）原核微生物纯培养群体特征

1. 细菌的群体特征

（1）细菌在固体培养基表面的群体特征

1）菌落　单个细菌个体微小，肉眼无法看到。但当细菌在固体培养基上经过生长繁殖，产生的大量后代细胞聚集在一起，可形成一个肉眼可见的集合，即菌落（图7-24）。

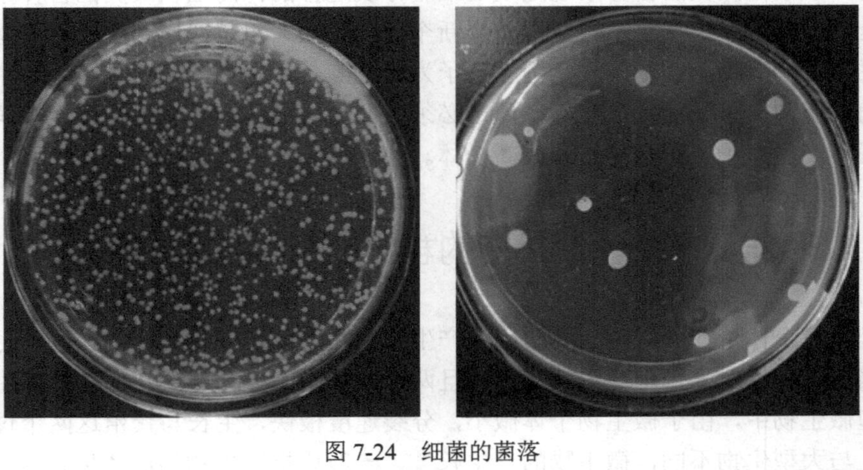

图7-24　细菌的菌落

各种细菌在一定条件下形成的菌落具有一定的特征，菌落是鉴定菌种的重要依据。菌落特征包括其大小、形状（圆形、假根状、不规则状等）、隆起情况（扩展、台状、低凸、凸面、乳头状等）、边缘情况（整齐、波状、裂叶状、锯齿状等）、表面状态（光滑、皱褶、颗粒状、龟裂状、同心环状等）、表面光泽（闪光、金属光泽、无光泽等）、质地（油脂状、膜状、黏、脆等）、颜色及透明程度等（图 7-25）。

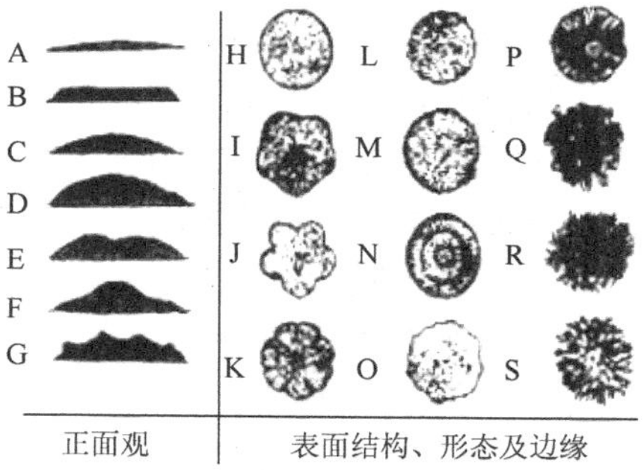

图 7-25　细菌菌落特征

正面观：A. 扁平；B. 隆起；C. 低凸起；D. 高凸起；E. 脐状；F. 草帽状；G. 乳头状。
表面结构、形态及边缘：H. 圆形，边缘完整；I. 不规则，边缘波浪；J. 不规则，颗粒状，边缘叶状；K. 规则，放射状，边缘呈叶状；L. 规则，边缘呈扇边状；M. 规则，边缘呈齿状；N. 规则，有同心环，边缘完整；O. 不规则，似毛毯状；P. 规则，似菌丝状；Q. 不规则，卷发状，边缘波状；R. 不规则，呈丝状；S. 不规则，根状

菌落特征取决于组成菌落的细胞结构和生长行为。例如，有荚膜的细菌的菌落表面光滑黏稠，为光滑型；无荚膜的菌株的菌落表面干燥皱褶，为粗糙型；蕈状芽孢杆菌等的细胞呈链状排列，菌落表面粗糙、卷曲，菌落边缘有毛状突起。有的菌落有颜色，有的无色。

菌落形态大小具有邻近效应，即菌落靠得很近时，由于营养物有限，加之有害代谢物的分泌与积累，生长受到抑制。因此，利用平板分离菌种时，相互靠得很近的菌落较小，分散的菌落较大。

即使在同一个菌落中，各个细胞所处的空间位置不同，营养物的摄取、空气供应及代谢产物的积累等方面也不相同。例如，在好气菌的菌落中，越接近菌落表面的个体越易获得氧气，越向深层者越难；越往培养基的内部营养越丰富，越接近培养基内部的菌体越易获得营养。可见，即使在同一菌落中，菌体细胞间仍存在差异。

2）菌苔　　微生物在固体培养基（平板及斜面）表面密集生长形成的片状结构称为菌苔（lawn）（图 7-26）。斜面菌苔可用来保存菌种。

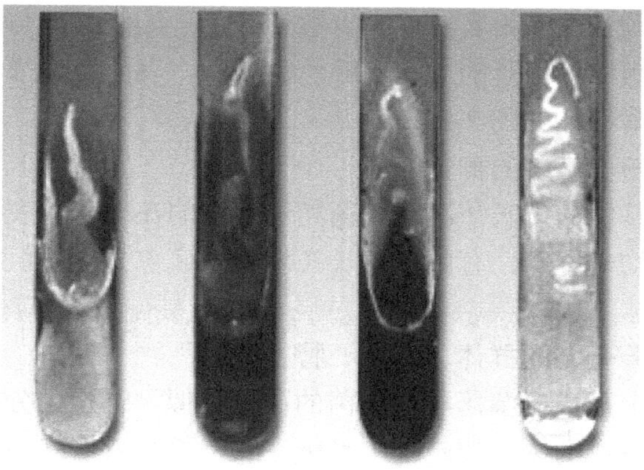

图 7-26　斜面上的菌苔

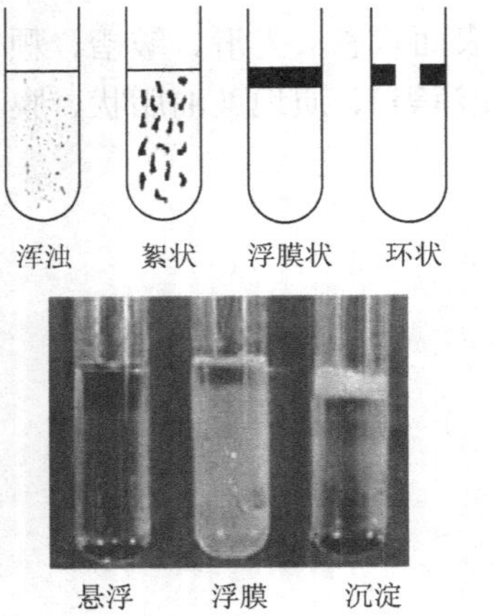

图 7-27　细菌的液体培养特征

（2）细菌在液体培养基中的群体特征

不同种类的细菌在液体培养基中大量增殖形成群体时呈现不同情况。有的形成均匀一致的浑浊液；有的形成浮膜（一层薄膜）浮于液体表面；有的形成沉淀（图 7-27）。细菌在液体培养基中的这些群体生长特征主要反映了微生物与氧气的关系。好氧微生物喜氧，浮于表面生长，故大量繁殖后可形成一层浮膜；兼性好氧（或称兼性厌氧）菌可生活在整个液体中，大量繁殖后，分散在整个液体中，故呈游离、悬浮生长；氧气对厌氧微生物来说有毒，故厌氧微生物为了躲避氧气的侵害，于液体底部生长。某些细菌在液体培养基中还会产生气泡、色素及酸或碱等。

2. 放线菌的群体（菌落）特征

放线菌的菌落由菌丝体组成。一般圆形、光平或有许多皱褶，光学显微镜下观察，菌落周围具辐射状菌丝。

放线菌的菌落分为两类：一类是由产生大量分枝的菌丝所形成的菌落。构成这种菌落的菌丝较细，生长缓慢，分枝多且相互缠绕，故形成的菌落质地致密，表面呈较紧密的绒状，坚实、干燥、多皱，菌落较小，不蔓延，营养菌丝长在培养基内，菌落与培养基结合较紧，不易被挑起或挑起时不易破碎。另一类菌落由不产生大量菌丝体的种类形成，黏着力差，结构呈粉质状，用针挑起时易碎。放线菌的菌落见图 7-28。

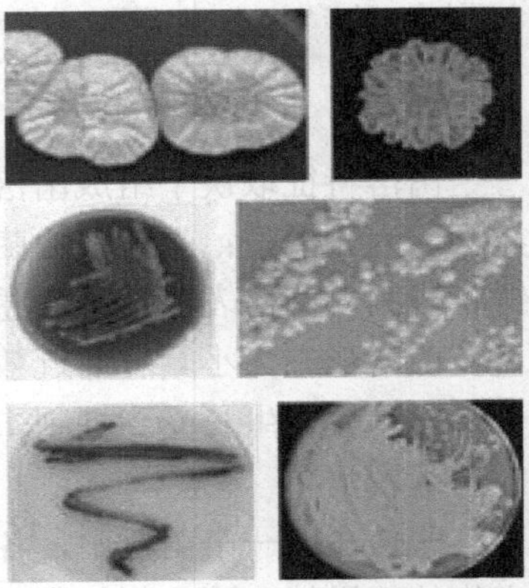

图 7-28　放线菌菌落

若将放线菌接种于液体培养基内静置培养，能在瓶壁液面处形成斑状或膜状菌落，或沉降于瓶底而不使培养基浑浊；如以振荡培养，常形成由短的菌丝体所构成的球状颗粒。

（二）真核微生物纯培养群体特征

1. 酵母菌的群体特征

（1）酵母菌在固体培养基上的群体（菌落）特征

大多数酵母菌的菌落与细菌菌落相似，但较细菌菌落大而厚，菌落表面湿润，黏稠，易被挑起。酵母菌的菌落颜色大多为乳白色，少数为红色，如红酵母与掷孢酵母等。有些种因培养时间长菌落表面会皱缩。菌落的质地、颜色、光泽、表面及边缘特征均为酵母菌菌种鉴定的依据。酵母菌的菌落特征见图 7-29。

（2）酵母菌在液体培养基中的群体特征

酵母菌在液体培养基中的生长情况与细菌相似。有的在培养基表面生长并形成浮膜；有的在整个液体培养基中均匀生长；有的则生长在培养基底部并产生沉淀。

2. 霉菌的群体特征

（1）霉菌在固体培养基上的群体（菌落）特征

霉菌在固体培养基上形成的菌落与放线菌的菌落相似，也是由分枝状菌丝组成。但霉菌因菌丝较粗而长，故所形成的菌落较疏松，呈绒毛状、絮状或蜘蛛网状，一般比放线菌菌落大几倍到几十倍，易挑起。有些霉菌，如根霉、毛霉、链孢霉生长很快，其菌丝在固体培养基表面蔓延，菌落无固定大小。有些霉菌可将水溶性色素分泌到培养基中使菌落呈红、黄、绿、青绿、青灰、白、灰、黑等多种颜色。霉菌的菌落特征见图 7-30。

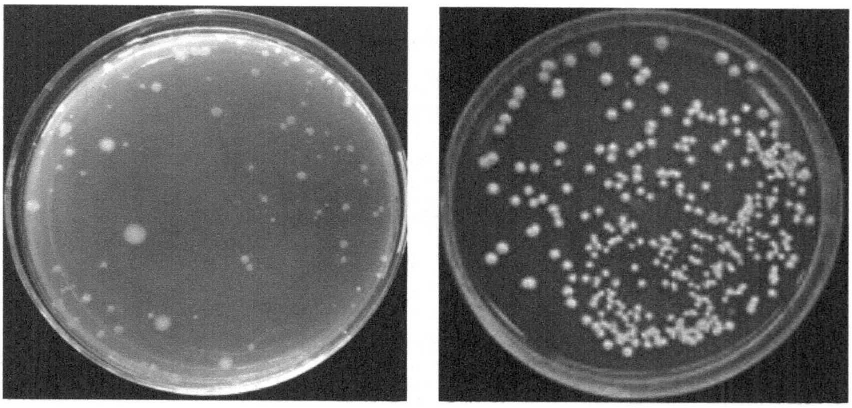

图 7-29　酵母菌的菌落特征

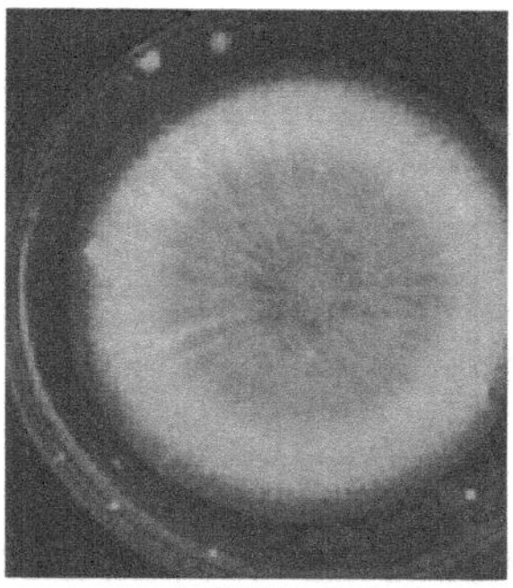

土曲霉菌落

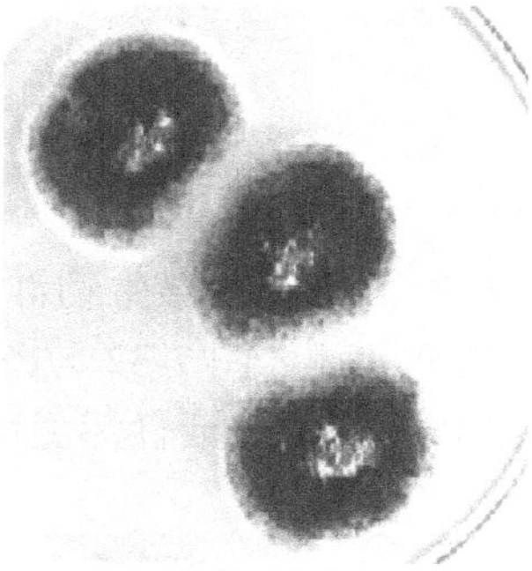

黄曲霉菌落

点青霉菌落

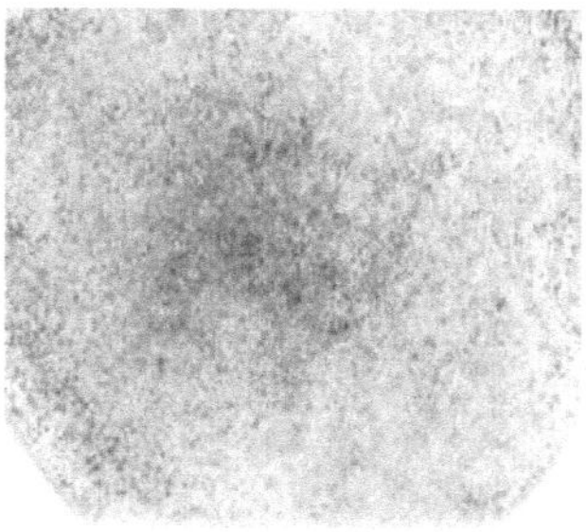

黑根霉菌落

图 7-30　霉菌菌落

（2）霉菌的液体培养特征

霉菌在液体培养基中进行静止培养时，菌丝往往在液体表面生长，液面上形成一层浮膜。霉菌在液体培养基中进行振荡培养时，霉菌菌丝可相互缠绕，形成絮片状或菌丝球（图 7-31）。

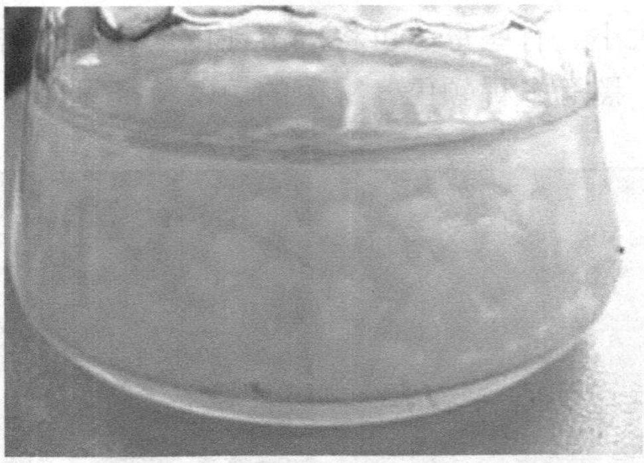

图 7-31　菌丝球

二、混合培养群体特征

在自然环境条件下或在污染控制工程中，混合群体微生物在液体环境中呈悬浮生长时可形成一种絮状物，这种絮状物被称为活性污泥。微生物混合群体在固体界面（填料或称载体）上附着生长时可形成膜状物，这种膜状物被称为生物膜。活性污泥法和生物膜法是两种非常重要的污水处理方法。

（一）活性污泥

1. 活性污泥的概念

活性污泥（active sludge）是由微生物群体及其所吸附的有机物质等组成、具有很强降解能力及良好沉降性能的絮状体（图 7-32 与图 7-33）。活性污泥是由英国的克拉克（Clark）和盖奇（Gage）于 1912 年发现的。活性污泥可分为好氧活性污泥和厌氧颗粒活性污泥。

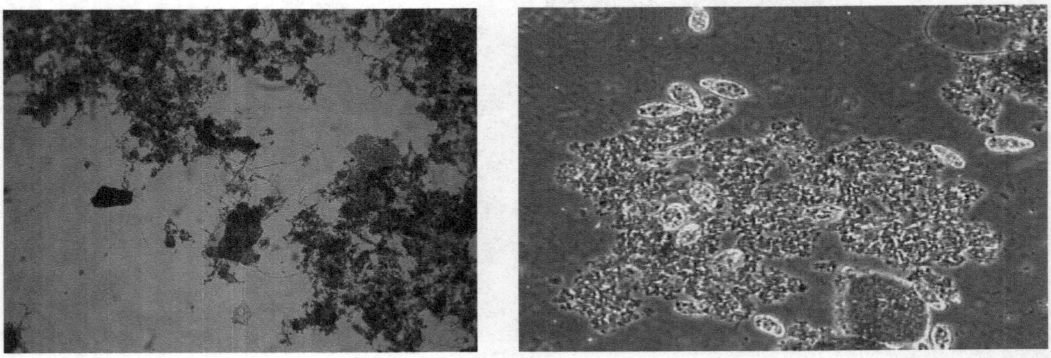

图 7-32　显微镜下的活性污泥

2. 活性污泥的组成

组成活性污泥的微生物有细菌、酵母菌、放线菌、霉菌、原生动物和后生动物等。细菌是活性污泥中最重要的微生物，其数量占活性污泥微生物总量的 95%以上。细菌是活性污泥的主力军，具有核心地位。原生动物和微型后生动物是活性污泥中的捕食者，具有重要的净化作用和指示作用，其种类、数量有一定波动，随水质情况而变。例如，活性污泥系统运转不正常，出水水质比较差时，常出现游泳型纤毛类，如草履虫等。系统运转正常，出水良好时，出现固着型纤毛类，如钟虫、累枝虫等，此时会有微型后生动物出现，如轮虫、甲壳虫和线虫等。

图 7-33　污水处理中的活性污泥

活性污泥法是污水处理中广泛应用的一种重要方法。无论生活污水还是工业废水等均可利用活性污泥法进行处理。活性污泥法之所以备受青睐，主要是活性污泥絮体所具有的“活性”。众多微生物的参与，形成了极富活力的群体，它们相互协作、彼此配合，构成了一个特有的污泥絮体形式的生态系统。正是通过这个群体的力量将有机污染物进行降解，使污水得到净化。

（二）生物膜

1. 生物膜的形成

生物膜由微生物群体组成，附着生长在一定载体表面。生物膜的形成过程见图 7-34。

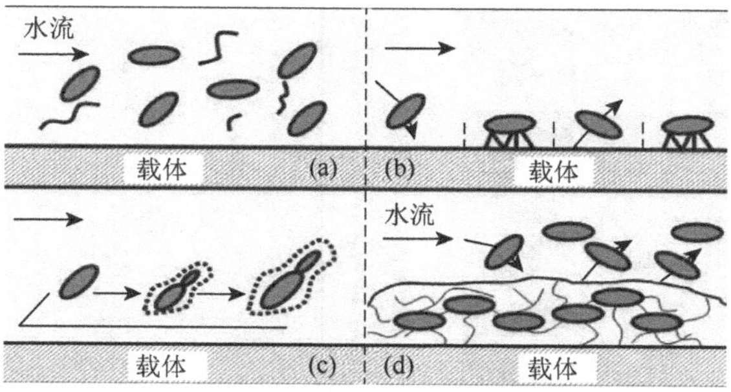

图 7-34　生物膜在载体（填料）表面的附着与生长

当有机废水或由活性污泥培养而成的接种液流过载体时，水中的有机物及微生物吸附于载体表面。其中的微生物利用有机物而生长繁殖，逐渐在载体表面形成一层黏液状的生物膜。这层生物膜具有生物化学活性，又进一步吸附、分解废水中的有机物。

2. 生物膜的群体组成与结构

生物膜的微生物群体成员包括细菌、真菌、原生动物和微型后生动物等。构成生物膜的微生物与被降解有机物形成一条完整的食物链，即有机物→细菌→原生动物、微型后生动物等。

与活性污泥一样，生物膜中数量最多、最重要的是细菌（图 7-35）。生物膜从结构上，由外而内，最外层为好氧菌，中间层为兼性好氧菌，最内层为厌氧菌。生物膜结构见图 7-36 与图 7-37。

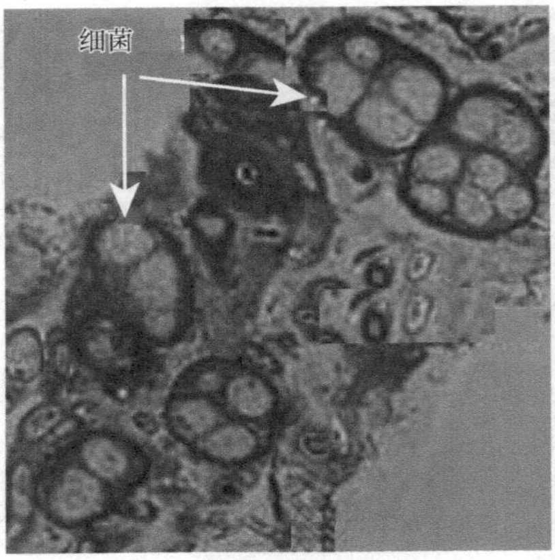

图 7-35　生物膜细菌

图 7-36　生物膜结构

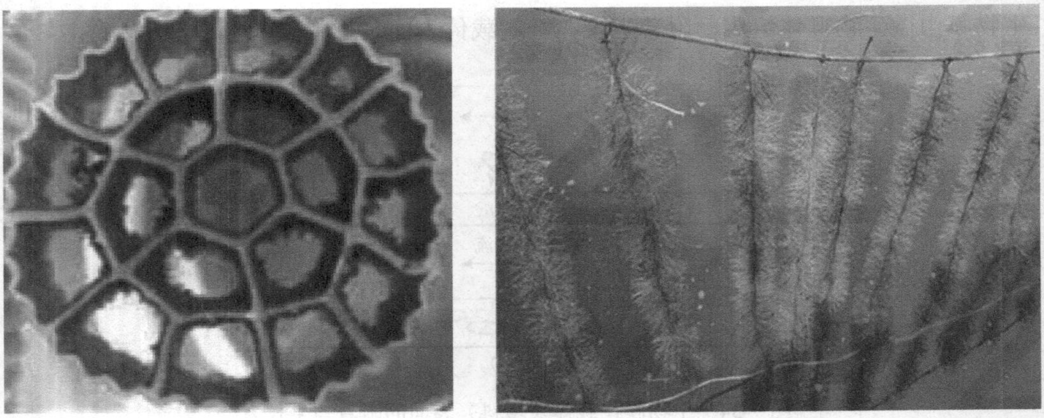

图 7-37　应用中的生物膜

生物膜法也是废水处理中广泛应用的一种重要方法。生物法可用来处理多种废水。生物膜与活性污泥一样，也是由混合微生物群体或混合培养群体（“混合培养群体”中的“培养”二字的含义是指可以将所处理的废水看成培养液）构成的，有众多微生物的参与，这些微生物相互协作、彼此配合，构成了一个特有的生物膜形式的生态系统。正是通过这个群体的力量将有机污染物降解转化，将废水净化，达标排放。

第三节 微生物群体生长规律

一、微生物群体生长研究方法

微生物在天然条件下都是混杂生长的。要了解微生物的群体生长变化规律，需要先将微生物进行分离，得到纯培养物。

（一）获得纯培养物的方法

1. 稀释平板法

稀释平板法分为涂布平板法和倾注平板法（图 7-38）。

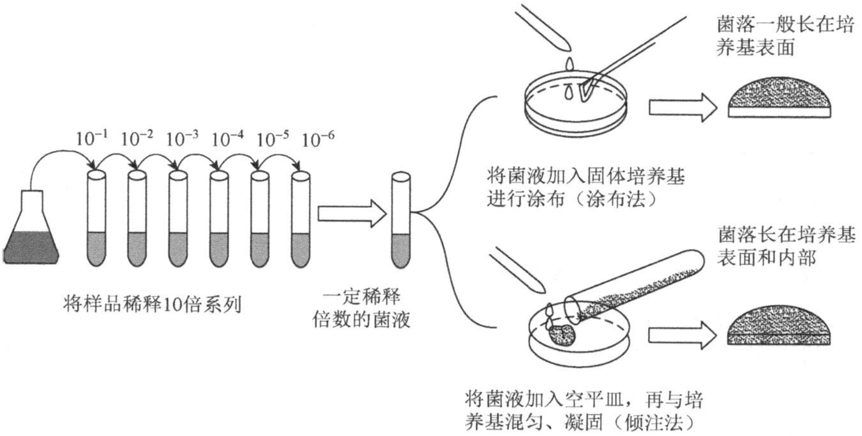

图 7-38 涂布平板法与倾注平板法

（1）涂布平板法（spread plate method）

将样品材料作一系列稀释（如 1∶10、1∶100、1∶1000、1∶10 000…）。将培养基熔化后趁热倒入灭菌平皿中，待培养基凝固后，用无菌吸管吸取 1ml 菌液接种在已凝固的培养基表面，再用无菌三角涂棒将菌液涂布均匀。每个稀释度用一个灭菌三角涂棒。倒置培养，即可得到纯培养物。

（2）倾注平板法

将样品材料作一系列稀释（如 1∶10、1∶100、1∶1000、1∶10 000…）。取 1ml 稀释液加入灭菌培养皿中，与已熔化并冷却至 45℃的琼脂培养基相混合，待琼脂培养基凝固后，保温培养一定时间，即有菌落出现。如果稀释得当，平皿中会出现分散的单个菌落。挑取此单个菌落或再重复以上操作数次，可得到纯培养物。

2. 划线法

将熔化的琼脂培养基倾入无菌培养皿中，冷凝后，用接种环取少许待分离材料，在培养基表面连续划线，如可作平行划线、扇形划线或其他形式连续划线（图 7-39），随着接种环在培养基上的移动，细菌得以分散，经保温培养即形成菌落。在划线的开始部分，细菌分散度小，形成的菌落往往连在一起。但由于连续划线，菌数逐渐减少，划到最后常可形成独立菌落。这种独立菌落可能是由单个细胞形成的，因而获得纯培养物。

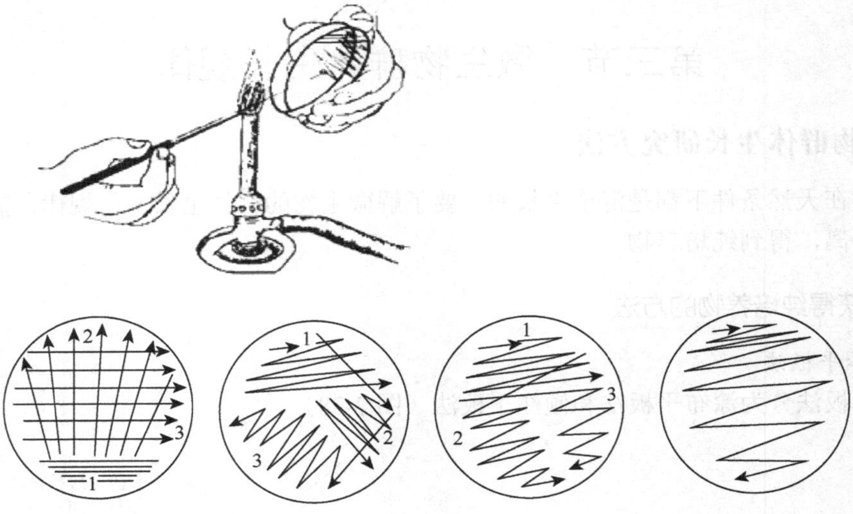

图 7-39　平板划线法

3. 选择培养分离法

不同细菌需要不同的营养物。因此，可以把培养基配制成适合于某种细菌生长而限制大多数其他细菌生长的培养基。使待分离的微生物生长更快，生长更“突出”，具有明显数量优势。直接挑取待分离的微生物菌落获得纯培养物。

也可以将待分离的样品先进行适当处理，以排除不需要的微生物。例如，想分离得到芽孢细菌，可先将样品进行高温处理，以破坏所有的或大部分的非芽孢细菌，这样分离得到芽孢培养物。

利用选择平板可进行直接分离，如高温下培养分离嗜热细菌；利用不含氮培养基分离固氮菌；利用含氰化物的培养基分离氰化物降解菌。

4. 富集培养

富集培养（图 7-40）是获得纯培养物强有力的技术手段之一。根据微生物营养与生理特性，将培养条件进行多种优化与组合，以满足从自然界筛选特定微生物的需要。根据微生物的特殊要求，从自然界分离出特定已知微生物种类，也可培养分离出生长在特定环境中的微生物。

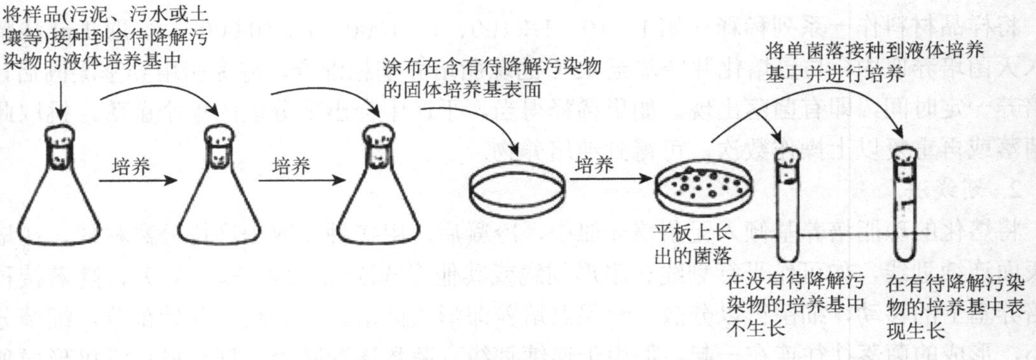

图 7-40　从样品中富集并分离污染物降解菌

（二）微生物群体生长指标的测定

微生物群体变化是通过其相关指标来描述的，主要指标有微生物个体数量、微生物群体数量、浓度、质量及生理指标等。

1. 微生物数量的测定

（1）平板计数法

平板计数法通常用来测定细菌、酵母菌等单细胞微生物的生长情况或样品中所含微生物的个体数量（细菌、孢子、酵母菌等）。具体方法是，先将样品进行稀释，然后将各稀释度转接平板，经过一定时间培养后统计平板上的菌落数（图 7-41 和图 7-42）。

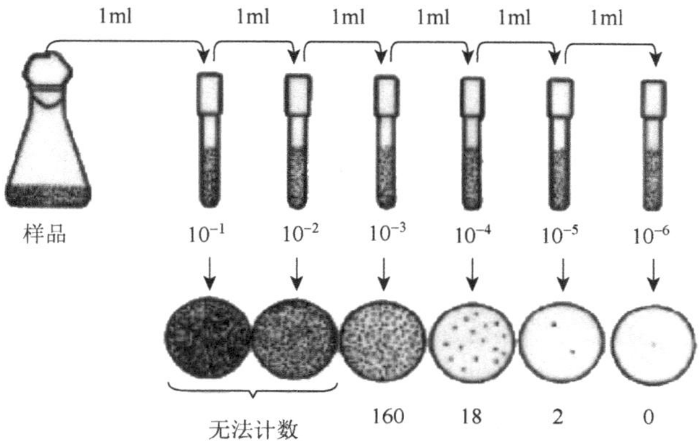

图 7-41　平板计数法

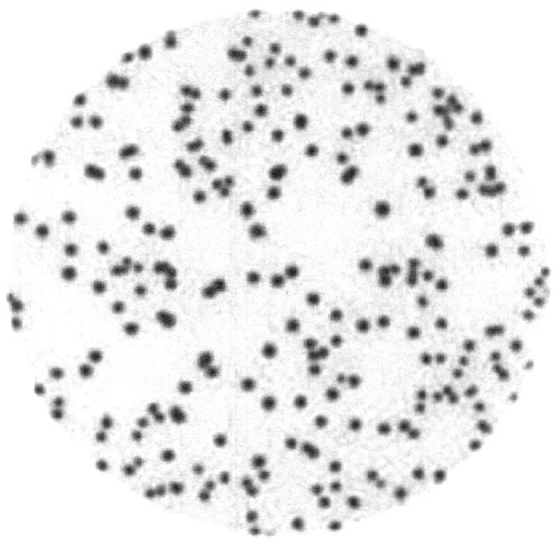

图 7-42　分离较好的平板

（2）过滤计数

当样品中菌数很低时，可以将一定体积的湖水、海水或饮用水等样品通过膜过滤器，然后将膜转到相应的培养基上进行培养，对形成的菌落进行统计。

（3）显微镜直接计数法

采用细菌计数板或血细胞计数板，在显微镜下对微生物数量进行直接计数（计算一定容积里样品中微生物的数量）（图 7-43）。

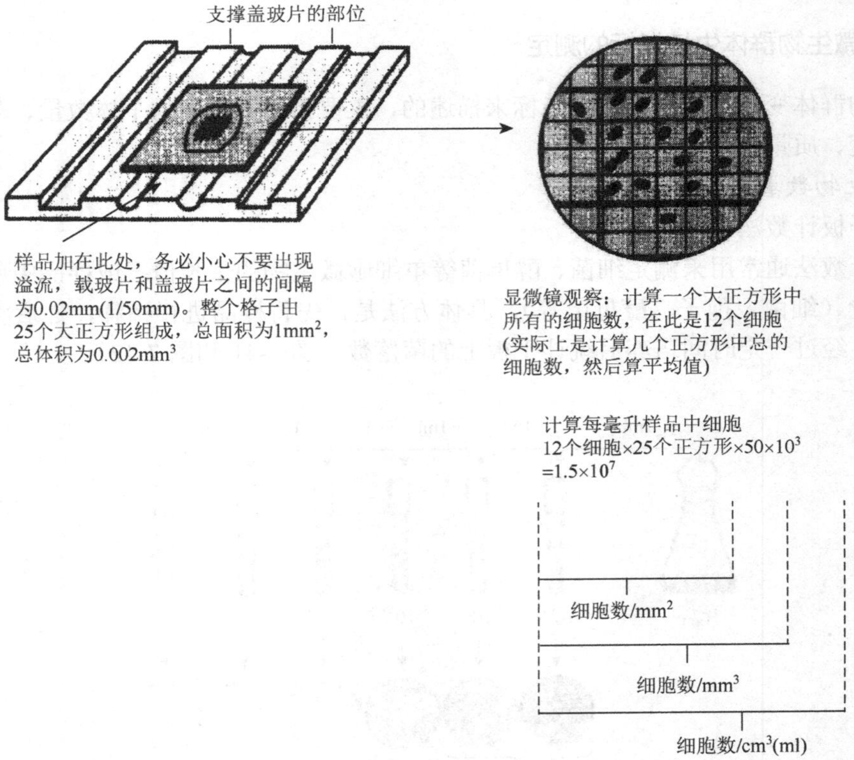

图 7-43　显微镜直接计数法

利用血细胞计数板在显微镜下直接计数是一种常用的微生物计数方法。此方法的优点是直观、快速。将经过适当稀释的菌悬液（或孢子悬液）放在血细胞计数板载玻片与盖玻片之间的计数室中，在显微镜下进行计数。由于计数室的容积是一定的（$0.1mm^3$），所以可以根据在显微镜下观察到的微生物数目来换算成单位体积内的微生物总数目。由于此方法计得的是活菌体和死菌体的总和，故又称为总菌计数法。

血细胞计数板通常是一块特制的载玻片，其上由 4 条槽构成三个平台。中间的平台又被一短横槽隔成两半，每一边的平台上各刻有一个方格网，每个方格网共分 9 个大方格，中间的大方格即为计数室，微生物的计数在计数室中进行。

计数室的刻度一般有两种规格，一种是一个大方格分成 16 个中方格，而每个中方格又分成 25 个小方格，共 400 小格；另一种是一个大方格分成 25 个中方格，而每个中方格又分成 16 个小方格，总共也是 400 小格。所以无论是哪种规格的计数板，每一个大方格中的小方格数都是相同的。

每一个大方格边长均为 1mm，则每一大方格的面积为 $1mm^2$，盖上盖玻片后，载玻片与盖玻片之间的高度为 0.1mm，所以计数室的容积为 $0.1mm^3$。其计算方法如下：

a. 16×25 的计数板计算公式

细胞数/ml =（100 小格内的细胞数/100）×400×1000×稀释倍数

b. 25×16 的计数板计算公式

细胞数/ml =（80 小格内的细胞数/80）×400×1000×稀释倍数

(4) 最大可能计数法 (the most probable number method)

对未知样品进行 10 倍稀释，然后根据估算取三个连续的稀释度平行接种多支试管，对这些平行试管的微生物生长情况进行统计，长菌的为阳性，未长菌的为阴性，然后根据数学统计计算出样品中的微生物数目。本方法主要适用于只能进行液体培养的微生物，或采用液体鉴别培养基进行直接鉴定并计数的微生物。

2. 微生物浓度的测定

微生物浓度的测定通常采用比浊法。

在一定波长下，测定菌悬液的光密度，以光密度 (optical density，OD) 表示菌量。实际测定时，应控制在菌浓度与光密度成正比的线性范围内，否则会造成误差。

3. 微生物质量的测定

用离心或过滤的方法将菌体从菌悬液中分离出来，洗净、烘干、称重，求得单位容积菌悬液中细胞的干重。这是测定细胞质量较为直接而可靠的方法，但该方法只适用于菌体浓度较高的样品，而且要求样品中不含菌体以外的其他干物质。

除以上方法外，还可通过样品中蛋白质、核酸含量的测定间接推算微生物群体的生物量。

在污水活性污泥生物处理中，常采用干重法来测定活性污泥的质量，以近似代表活性污泥中微生物的群体生物量。

4. 生理指标的测定

微生物的生理指标，如呼吸强度、耗氧量、酶活性、生物热等与微生物群体大小呈正相关关系。样品中微生物数量越多或生长越旺盛，这些指标反映得越明显。因此，可以借助特定的仪器如瓦勃氏呼吸仪、微量量热计等测定相应指标。

二、微生物群体生长曲线

(一) 纯培养群体生长曲线

这里选细菌作为代表，通过细菌群体生长规律了解其他微生物群体生长规律。研究细菌纯培养的生长规律采用分批培养方法 (batch culture)。分批培养是在一定体积的液体培养基中接种少量细菌并在一定的条件 (如温度、pH、溶解氧等) 下进行培养。在培养过程中，细菌数量呈现规律性的变化。由少到多，并达到高峰，又由多变少。

将少量纯培养细菌接种到经灭菌的液体培养基中，在适宜条件下培养，定时取样测定细菌数量。以时间为横坐标，样品中活菌数的对数为纵坐标绘制成一条曲线。该曲线反映了细菌群体数量随时间的变化情况，即群体生长情况，称该曲线为细菌群体生长曲线 (growth curve) (图 7-44)。细菌群体生长曲线可分为迟缓期、对数期、稳定期和衰亡期 4 个时期。

1. 迟缓期

迟缓期 (lag phase) 又称滞留适应期。当菌种接种到新鲜培养基后，细菌并不立即生长繁殖，而要经过一段时间的调整和适应，以合成多种酶，并完善体内的酶系统和细胞的其他成分。在这个时期，细胞的代谢活力很强，蛋白质和 RNA 含量增加，菌体体积显著增大。在迟缓期末，细菌的长度可达接种时的 6 倍。

迟缓期的特点是生长速率常数 = 0，细胞形态变大或增长，细胞合成代谢活跃易产生诱导酶，对外界不良条件敏感。迟缓期持续时间的长短随菌种特性、接种量、菌龄与移种至新鲜培养基前后所处的环境条件是否相同等因素有关，短的只有几分钟，长的可达几小时。

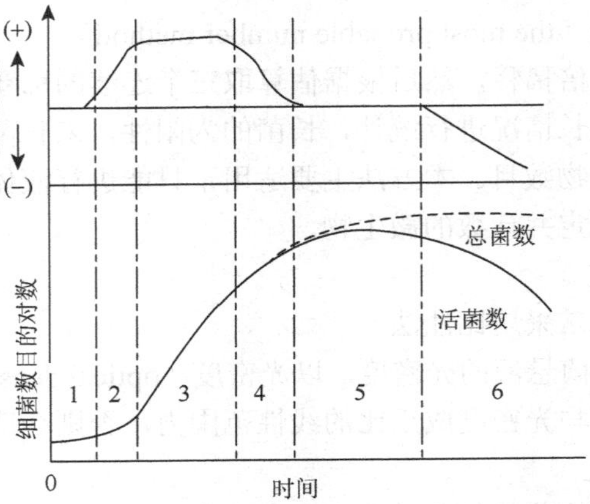

图 7-44　细菌群体生长曲线（细菌群体生长规律）

1、2 为迟缓期；3 为对数期；4、5 为稳定期；6 为衰亡期

在污染控制工程中，应设法缩短迟缓期。缩短迟缓期的措施：①增加接种量，提高群体优势，增强其适应性；②补充对数生长期的健壮菌种；③调整营养成分，以满足微生物的良好生长。

2. 对数期

迟缓期（log phase）末，细胞开始出现分裂，培养液中的菌数增加，进入对数期。在此时期，以细菌数的对数与培养时间作图则成一直线。

对数期细菌按几何级数增加，1→2→4→8→⋯，即 $2^0 \rightarrow 2^1 \rightarrow 2^2 \rightarrow 2^3 \rightarrow \cdots 2^n$。细菌每分裂一次为一个世代。细菌群体数量增加一倍所需的时间称为倍增时间（doubling time）。

每个细菌分裂繁殖一代所需的时间为代时（generation time）。代时通常以 G 表示。细菌代时的计算：

$$N_t = N_0 \times 2^n$$

$$\lg N_t = \lg N_0 + n\lg 2$$

$$n = 3.322（\lg N_t - \lg N_0）$$

$$G = \frac{t_1 - t_0}{3.322(\lg N_t - \lg N_0)}$$

式中，N_0 和 N_t 分别为时间 t_0 和 t_1 时刻的细胞数；n 为世代数；G 为代时。

对数期细菌的生长速度最快，代时最短，细胞的代谢活性较高。

3. 稳定期

细菌在生长过程中营养物质不断被消耗，同时，某些有毒性的代谢产物不断积累，致使细菌分裂的速率降低，代时延长，细菌细胞活力减退。这时，群体中细菌的繁殖速度与死亡速度近乎相等，活菌数目保持稳定。

处于稳定期（stationary phase）的细胞开始积累体内贮藏物质，如肝糖粒、淀粉粒、异染颗粒等，研究认为，此时菌胶团细菌大量分泌体外贮藏物质荚膜，所以更易形成菌胶团。大多数产芽孢细菌在此时期开始产生芽孢。

4. 衰亡期

衰亡期（death phase）的环境变得更不适于微生物生长，细胞的活力继续衰退，死亡率大于繁殖率，活菌数迅速减少。在衰亡期中细胞形状和大小很不一致，有些产生畸形细胞，细菌的生命活动主要依赖于内源呼吸（细胞自我消耗），并呈现大量死亡。

微生物群体生长曲线反映的是微生物在一定生活环境中的生长、繁殖与死亡规律。这条曲线既可作为营养和环境对微生物生长影响的研究工具，也可作为调控微生物群体生长的依据，指导微生物相关生产。

（二）混合群体生长曲线（活性污泥增长曲线）

微生物生长曲线在废水生物处理中具有指导意义。在废水生物处理中，借鉴细菌纯培养群体生长曲线，通过分批培养，研究活性污泥中微生物的群体变化规律。活性污泥增长曲线如图 7-45 所示。

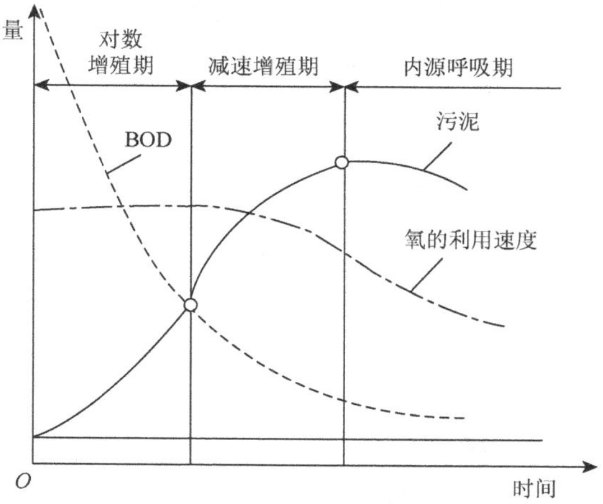

图 7-45 活性污泥增长曲线

活性污泥中微生物种类很多，因此活性污泥增长曲线不是一条微生物纯培养生长曲线，但其曲线形式与纯培养曲线相似。活性污泥增长曲线可以分为三个时期，包括对数生长（增殖）期、减速生长（增殖）期和内源呼吸期。对数生长（增殖）期相当于图 7-44 中的迟缓期和对数期，减速生长（增殖）期相当于稳定期，内源呼吸期相当于衰亡期。

需要说明的是，如果活性污泥被接种到与其原来生长条件不同的废水中（如营养成分发生改变等），或污水处理厂因故使运行中断后系统重新启动，则可能出现停滞期。在这种情况下，污泥需经一定时间的停滞后才能适应新的废水环境，或从衰老状态恢复到正常状态。停滞期是否存在或停滞期的长短，与接种活性污泥的量、废水性质、生长条件等因素有关。

1. 对数生长（增殖）期

当废水中有机物浓度较高，且培养条件适宜，则活性污泥可能处在对数生长期。在对数生长期，活性污泥微生物具有很高的能量水平。微生物以最大的速率氧化分解废水中的有机物，并快速合成新的细胞物质，微生物迅速增长。

处于对数生长期的污泥絮凝能力较差，不能形成良好的污泥絮体，污泥呈分散状态，不易沉降，镜检时可看到较多的游离细菌。

在对数生长期，活性污泥微生物的增长速率一般可用下式表示：

$$\frac{dX}{dt}=K_1X$$

式中，X 为 t 时刻挥发性活性污泥浓度（MLVSS）；K_1 为挥发性活性污泥的增长速度常数。

2. 减速生长（增殖）期

减速生长期的营养物质不再过剩。当污水中有机物浓度降低、污泥浓度较高时，污泥则有可能处于减速生长期。处于减速生长期的活性污泥具有良好的絮凝性能。科学实验表明，减速生长期有机底物的去除率与存在的有机底物浓度成正比。用下式表示：

$$-\frac{dS}{dt}=K_2S$$

式中，S 为 t 时刻的有机底物浓度；K_2 为有机底物降解常数。

3. 内源呼吸期

内源呼吸期的营养物质近乎耗尽，所以活性污泥微生物靠自我消耗内源呼吸维持生命活动，并使活性污泥量减少。由于能量水平低，絮凝体形成速率增加，吸附有机物的能力显著，但污泥活性降低。

需要指出的是，活性污泥内源呼吸过程不只出现在内源呼吸期，在前两期中都不同程度地存在，只是在内源呼吸期表现得更为明显。内源呼吸期活性污泥的增长量可表示为

$$\frac{dX}{dt}=-K_3X$$

式中，K_3 为挥发性活性污泥内源呼吸速度常数。

利用活性污泥法处理废水时，系统运行主要控制在减速生长期。对有机物浓度偏低的废水，为了保证稳定出水，可延长曝气时间，于内源呼吸阶段运行。

活性污泥中的微生物种类和数量不断地进行变化和调整。有机物浓度高时，以有机物为食料的细菌占优势，数量最多；当细菌数量增加时，出现以细菌为食料的原生动物；而后出现以细菌及原生动物为食料的后生动物。活性污泥中微生物群体内部的演替如图 7-46 所示。

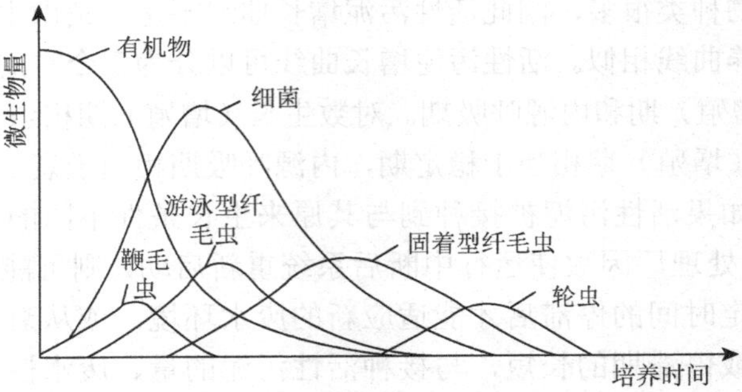

图 7-46　活性污泥中微生物群体内部的演替

活性污泥中微生物的演替在废水处理中具有重要意义。通过微生物群体的变化，可及时掌握水质情况，如鞭毛虫的出现，标志着有机物污染物浓度偏高；固着纤毛虫的出现说明有机物浓度降低；轮虫的出现说明水质良好且稳定。

在污水生物处理过程中，如果条件适宜，活性污泥中微生物群体增长过程与纯培养的增长过程相似。但保持环境条件相对恒定的情况下，微生物群体增长通常会处在生长曲线中的某个阶段。

第四节　影响微生物生长的环境因素

所有微生物的生命活动都受环境因素的影响。适宜的条件有利于微生物的生长，异常条件会影响微生物的正常生长甚至造成死亡。了解环境因素对微生物的影响，可对微生物进行有效控制，使之发挥更好的作用。影响微生物的因素很多，包括温度、pH、氧化还原电位、溶解氧等。

一、温度

温度是影响微生物生长的重要因素。不同微生物对温度的敏感程度不同，就所有微生物来说，其生长的温度范围很广，但就每一种微生物来说，都有其各自的适宜温度范围。在适宜温度范围内，又可分为最适生长温度、最低生长温度和最高生长温度。最适生长温度是微生物生长繁殖最快的温度；最低生长温度是微生物生长繁殖速度最慢的温度；最高生长温度是微生物生长繁殖的最高温度界限。若再低于最低生长温度微生物则不能生长。若高于最高生长温度，微生物则不能进行生长繁殖，甚至解体死亡。

（一）不同温度范围的微生物种类

根据微生物对温度的耐受范围，可将微生物分为低温微生物（psychrophilic microorganism）、中温微生物（mesophilic microorganism）和高温微生物（thermophilic microorganism）（表 7-1）。

表 7-1　微生物生长的温度范围

微生物类型	温度范围/℃			所处环境
	最低温度	最适温度	最高温度	
低温微生物	−5～0	10～20	25～30	南北两极、海洋、冷泉、冷库等
中温微生物	10～20	25～37	40～50	土壤、根际、人体及温血动物
高温微生物	23～30	50～60	70～90	温泉、堆肥、土表等高温环境

1. 低温微生物（嗜冷微生物）

低温微生物主要分布在低温环境中。低温微生物之所以能在低温条件下生长，一是其细胞内具有能在低温条件进行有效催化的酶；二是其细胞膜内含有大量的不饱和脂肪酸，低温条件下仍具有半流动的特点，使微生物能在低温下进行正常的代谢活动。

2. 中温微生物

中温微生物在自然界中分布最广，其最适生长温度一般为 20～40℃。污染控制工程中常见的微生物大多属于中温微生物。其适宜生长温度见表 7-2。

表 7-2　污染控制工程中各类微生物最适合及最高生长温度（℃）

微生物类型	细菌	放线菌	酵母	霉菌	藻类	原生动物
最适生长温度	25～37	25～30	28～32	20～30	28～30	30
最高生长温度	＞90	＞45	60	60	85	50

当处理温度低于 13℃时，处理效果明显下降，低于 4℃已无任何效果。

3. 高温微生物

能在 50℃以上环境中生长的微生物属于高温微生物。高温微生物主要有芽孢杆菌、甲烷菌及高温放线菌等。高温微生物在城市生活垃圾、活性污泥的高温堆肥及高浓度有机废水的处理中发挥重要作用。

高温微生物之所以能在高温条件下生长，与其细胞内的酶和蛋白质、核糖体等具抗热性有关，也与其细胞膜中含有大量的饱和脂肪酸有关。

（二）温度对微生物的影响

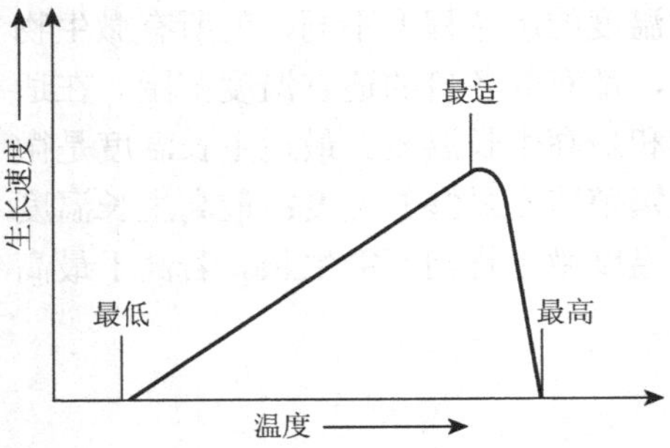

图 7-47　温度对微生物生长的影响

微生物在适宜温度条件下正常生长，超出其适宜温度范围，会对微生物产生抑制作用，特别是温度过高时，会导致微生物细胞死亡（图 7-47）。

1. 低温对微生物的影响

低温既能抑制微生物又能杀死部分微生物。低温对微生物产生抑制作用的原因，一是菌体内的水分冻结无法进行生化反应；二是有些大分子物质如酶蛋白、核糖体等松散而失活。低温对微生物致死的原因是细胞内的水分形成冰晶，使细胞脱水，原生质胶体状态遭到破坏。另外，冰晶还会对菌体造成物理损伤。

2. 高温对微生物的影响

当环境温度超过了微生物的最高生长温度时，会导致微生物死亡，而且随着温度的升高死亡加快。高温对微生物产生影响的程度与微生物的种类、菌龄、有无芽孢有关。幼龄比老龄菌更为敏感；无芽孢的细菌、霉菌、酵母菌的营养细胞 50～65℃10min 便可死亡，100℃几分钟死亡；放线菌的营养细胞 75～80℃10min 死亡，抗热性较强；通常酵母菌和霉菌的孢子 70～80℃10min 死亡；细菌芽孢在 100℃以下难以致死，超过 100℃时需要十几分钟、几十分钟，甚至几十小时才能死亡。几种芽孢杆菌的致死温度和时间见表 7-3。

表 7-3　几种芽孢杆菌的致死温度和时间

细菌种类	湿热灭菌温度/℃	致死时间/min	煮沸致死时间/min
枯草芽孢杆菌	100	6～17	>60
肉毒梭菌	120～121	10	360
蜡状芽孢杆菌	100	6	
炭疽芽孢杆菌	105	5～10	

微生物高温致死的原因与下列因素有关：①细胞内的酶遇热失活，不能进行正常的代谢；②非酶蛋白和核酸等细胞成分的破坏；③细胞膜中脂类的热溶解使膜出现小孔，细胞内含物泄漏。

二、pH

微生物的各种机能都与环境的 pH 有关，不适宜的 pH 会影响微生物的正常生命活动。

1. 不同微生物生长要求的 pH

不同微生物生长要求的 pH 不同（表 7-4）。多数细菌、藻类、原生动物生长的最适 pH 为 5.0～6.0；有些细菌可在偏酸或偏碱环境中生活，如氧化硫杆菌适宜的 pH 为 1.0～2.0，硝化细菌可生活在 pH 11.0 的环境中。

表 7-4　不同微生物生长要求的 pH

微生物种类	pH		
	最低	最适	最高
细菌	5.0	7.0～8.0	10.0
放线菌	5.0	7.5～8.0	10.0
酵母菌	3.0	5.0～6.0	8.0
霉菌	1.5	3.0～6.0	9.0
原生动物	5.0	6.5～8.0	9.0

2. pH 对微生物的影响

不适宜的 pH 对微生物的影响是多方面的，主要包括以下几个方面。

（1）导致细胞膜电荷的改变

由于细胞膜具有胶体性质，随着 pH 的改变所带正负电荷也随之变化，这种变化会影响细胞膜对某些离子性化合物的选择透性，进而影响微生物对营养物质的吸收。

（2）直接影响酶的活性

微生物的酶都有其最适 pH，pH 的改变使酶活性降低，进而导致微生物代谢发生障碍。

（3）pH 影响环境中营养物的解离状态及所带电荷的性质

细菌表面带有负电荷，中性分子易进入细胞，离子化合物难以进入。因此，pH 变化时会影响某些营养物（如氨及磷酸盐等）的可利用性。

3. 微生物活动引起的 pH 改变及调节办法

在污染生物控制工程中，微生物的代谢作用会引起环境 pH 的改变。有些微生物分解糖类物质产生有机酸，如丁酸梭菌分解葡萄糖产生丁酸，使 pH 降低；含氮有机物被微生物降解后产生氨等碱性物质，使 pH 上升；细胞选择性吸收离子性物质而引起 pH 的改变。例如，以 $NaNO_3$ 作氮源时，NO_3^- 被吸收后，pH 上升；而以 $(NH_4)_2SO_4$ 作氮源时，NH_4^+ 被吸收后，pH 会下降。

当系统的 pH 变化较大时，必须进行调节，使 pH 保持在合适的范围。污水活性污泥好氧生物处理的 pH 要保持在 6.5～8.0（这是细菌和原生动物的适宜 pH 范围，特别是有利于菌胶团的形成）。若 pH 偏低会使霉菌等丝状菌大量繁殖，引起污泥上浮。

在废水厌氧生物处理过程中，pH 应控制在 6.8～7.2（这是甲烷菌的适宜 pH）。甲烷菌对 pH 的变化十分敏感，pH 稍有变动对甲烷菌就会产生很大的影响。因此，当 pH 发生波动时应及时调整并严格控制。为了防止运行过程中 pH 发生波动，运行前要加缓冲剂如 $NaHCO_3$、Na_2CO_3、NaOH、NH_4OH 等。若连续运行，运行过程中视具体情况也要补加缓冲剂。

三、氧化还原电位

氧化还原电位（Eh）对微生物的生理活动有很大影响。一切酶促氧化还原反应都是在一定的氧化还原条件下进行的。当环境中氧的浓度很高，又无利用 O_2 的系统时，Eh = + 0.82V 为氧化还原电位的上限；而氢的浓度很高时，Eh = –0.42V 为其下限。

不同微生物要求不同的氧化还原电位。好氧微生物只能在氧化还原电位比较高的环境中生活，其适宜的 Eh 值为 + 0.3V～ + 0.4V。一般来说，微生物在氧化还原电位 0.1V 以上进行好氧呼吸，在氧化还原电位 + 0.1V 以下进行无氧发酵。这是因为，参与有氧呼吸的氧化酶系发挥其酶活性时需要较高的氧化还原电位，而进行厌氧呼吸的主要酶类是脱氢酶系，脱氢酶只需要较低的氧化还原电位。

废水活性污泥生物处理系统的 Eh 应维持在 + 0.2V～ + 0.6V，厌氧消化池以–0.1V～–0.2V 为宜。

微生物在生长过程中会改变环境的氧化还原电位。例如，在受有机物污染的环境中，微生物分解有机物时消耗大量的氧或产生 H_2S 等还原性的代谢产物时，氧化还原电位降低。为了满足微生物所要求的氧化还原电位，对于好氧微生物，通入空气或投加氧化剂以提高氧化还原电位；对于厌氧微生物，加入还原性物质以降低氧化还原电位。

四、溶解氧

溶解氧（DO）是指溶于水的氧。只有溶解氧才能被微生物吸收利用。根据微生物与溶解氧的关系可将其分成三类：专性好氧微生物、专性厌氧微生物及兼性好氧（或兼性厌氧）微生物。

1. 专性好氧微生物（简称好氧微生物）

只有在有氧分子（O_2）存在的条件下才能正常生活的微生物称为专性好氧微生物。氧是专性好氧微生物细胞氧化酶系统的最终电子受体，所以，氧对这类微生物是必需的，没有氧，便会死亡。自然界中的大多数微生物是好氧微生物。污染好氧生物处理系统中均有这类微生物的参与。

由于分子氧水溶性较差，若要提高水中的溶解氧浓度可采用振荡培养、机械搅拌、鼓风曝气、压缩空气曝气、溶气释放曝气等方法。微生物要求的溶解氧量与污水中污染物的性质及含量等有关。例如，污水好氧生物处理的进水 BOD_5 是 0.2～0.3g/L，曝气池混合液悬浮固体为 2～3g/L 时，溶解氧以维持在 3～4mg/L 为宜。

2. 专性厌氧微生物（简称厌氧微生物）

只有在无氧（O_2）条件下才能生长的微生物称为专性厌氧微生物。污泥、有机垃圾及高浓度有机废水的厌氧消化系统的产甲烷菌即严格厌氧菌，故发酵时构筑物必须绝对密封。专性厌氧微生物对氧气非常敏感，分子氧对它们具有致死作用。其原因是：①当环境中有氧时，从基质脱下的氢还原 NAD 产生 $NADH_2$，$NADH_2$ 与 O_2 直接作用生成 H_2O_2；②O_2 分子直接进入菌体后可转化成游离的 O_2^-。H_2O_2 和 O_2^- 均有强烈的毒害作用，而专性厌氧微生物恰又缺乏清除 H_2O_2 的过氧化氢酶和破坏 O_2^- 的氧化物歧化酶，因而中毒死亡。

3. 兼性好氧微生物

既能在有氧条件下生活，又能在无氧条件下生活的微生物称为兼性好氧微生物或兼性厌氧微生物，简称兼氧微生物。兼氧微生物具有氧化酶和脱氢酶系统。有氧时，氧化酶系统工作；无氧时，氧化酶系统变钝，脱氢酶系统工作。例如，酵母菌在有氧情况下，将葡萄糖彻底氧化成 CO_2 和 H_2O；在无氧情况下，发酵葡萄糖产生乙醇。

在污染生物控制工程中，兼氧微生物发挥着重要作用。例如，在废水好氧生物处理中，既有好氧微生物，又有兼氧微生物，而且兼氧微生物占大多数。又如，在厌氧消化池中，除厌氧微生物外，也有兼氧微生物，它们能将有机物分解成小分子的有机酸和醇类化合物。再比如，A/O 系统中厌氧池的反硝化细菌即属此类。反硝化细菌在有氧条件下行好氧呼吸，对有机物进行好氧分解；在厌氧条件下（DO＜0.2mg/L），反硝化细菌进行无氧呼吸，以有机物作为电子供体，将 NO_3^- 还原为 N_2。

五、重金属及有害物

在工业废水中，有时存在对微生物具有抑制和杀害作用的化学物质，称这类物质为有毒物质，其毒害作用主要表现为对细胞结构及菌体内酶的破坏。故在废水生物处理时，对这些有毒物质应严加控制。

思　考　题

1. 什么叫繁殖？什么叫个体生长？什么叫微生物群体生长？
2. 请回答细菌、放线菌、酵母菌和霉菌各自的繁殖方式。
3. 什么是纯培养群体（纯培养物）？什么是菌落？什么是菌苔？什么是混合培养群体？
4. 微生物直接计数法有哪些？间接计数法有哪些？
5. 怎样利用平板菌落计数法测水中的细菌总数？
6. 细菌纯培养的分离方法有哪些？
7. 怎样获得细菌纯培养的生长曲线？并分析生长曲线各时期的特点。
8. 什么是活性污泥？什么是生物膜？
9. 活性污泥法处理有机废水应将污泥控制在哪个时期？为什么？
10. 影响微生物生长的因素有哪些？
11. 什么是好氧微生物？什么是厌氧微生物？什么是兼氧微生物？

8

第八章 微生物生态

> ➢ **内容提要：**
>
> 在自然环境中或污染控制中，只有通过多种微生物的配合才能达到净化效果。在生态系统中，微生物与微生物之间根据各自的特点建立一定的关系，相互协作，共同完成净化任务。本章讨论了自然生态系统及其功能以及微生物在生态系统中的作用。重点阐述了生态系统中微生物之间的关系与微生物在自然界物质循环中的作用。

第一节 微生物生态概述

从广义上讲，生态是指整个自然界的生存状态。其中包括气候、水文、地质、地貌及各种生命体（动物、植物和微生物）的生存状态。从狭义上讲，生态是指生物在一定自然条件下的生存和发展状态。生态学（ecology）是研究生物与环境间相互作用规律的科学。

一、微生物生态学及其特点

（1）微生物生态学的概念

微生物生态学（microbial ecology）是微生物学的一个分支。微生物生态学是研究微生物与其周围生物和非生物环境之间相互作用规律的科学。

（2）微生物生态学的特点

微生物生态学更强调将微生物群体，特别是将具有一定功能的微生物生理群（如异养菌、产甲烷菌、硝化细菌、反硝化细菌等）作为研究对象，研究不同生理群微生物是如何互相作用，以共同维持生态系统稳定的。

二、微生物生态学产生的背景

20 世纪后半叶，工农业的迅速发展与人类生存环境恶化之间的矛盾日趋严重，作为微生物学的一个分支，微生物生态学迎来了快速发展时期。1962 年召开了第八次国际微生物学会议，美国微生物学家 Brock 把当时收集的微生物生态相关资料进行了系统整理，编著出版了 *Principles of Microbial Ecology*。

该书的问世标志着微生物生态学作为一门独立学科诞生。此后，微生物生态学成为解决环境污染治理等的重要科学。随着人们对环境问题的日益关注，微生物生态学得到了迅速发展。

三、微生物生态学的研究内容

微生物生态学研究自然环境中微生物的种类、分布、与生存环境的关系、在推动物质循环及维持生态平衡中的作用等。主要内容包括：①研究自然环境中微生物的种类、分布及其随环境条件的变化规律；②研究自然环境中微生物彼此之间、微生物与其他生物之间的相互关系以及这些关系的作用和意义；③研究微生物对自然环境中物质的分解及在推动地球物质循环中的作用。

四、微生物生态研究的目的和意义

微生物生态学作为一门独立学科，与农业、工业、医药、环境保护、能源等领域有着密切联系，已成为解决环境污染、能源短缺、资源匮乏等日益严重的社会问题的重要学科之一。

微生物生态研究的目的和意义：①通过微生物在环境中分布规律的研究，有助于开发新的微生物资源，为研究生物进化提供理论基础；②研究微生物之间及微生物与其他生物的关系，有助于开发新的微生物农药、微生物肥料和微生物制剂等，为发展生态农业以及人和动植物病虫害防治提供理论指导；③研究微生物在自然界物质循环中的作用，为探矿、冶金、提高土壤肥力、治理环境污染、开发生物能源和促进大自然生态平衡提供科学依据；④我国幅员辽阔，蕴藏着丰富的微生物物种资源，但我国人口众多，经济处于高速发展时期，由此带来的环境污染等日趋严峻。微生物生态学的研究对解决相关问题发挥重要作用。

五、微生物的生态学作用对污染控制的意义

在自然环境中，微生物与微生物及微生物与环境相互作用、相互制约，形成了一个具有一定结构和功能的生态系统。在生态系统中，各种不同功能的微生物相互配合，共同完成对进入自然环境中物质的分解与转化，有力地推动着自然环境的物质循环与能量流动，使生态系统保持一种动态平衡，并维持环境的自净。

污染控制工程正是借助于微生物在自然环境中的生态学作用，通过人工强化手段，将污染物降解，达到保护环境的目的。

第二节　自然环境中的微生物

微生物在自然环境中广泛分布。空气、水域、陆地，甚至在许多极端环境、植物，以及动物体表和口腔、肠道等都有微生物的存在。

一、土壤中的微生物

土壤是微生物的大本营，是菌种资源库，是适于微生物生活的良好环境。

1. 土壤生态条件

土壤生态条件：①土壤营养丰富，有动植物残体、有机肥料及矿物质等，是微生物的天然培养基；②土壤具有良好的保水性，可满足微生物对水分的要求；③土壤团粒结构对空气具有良好的调节作用，可保证良好的通气条件；④土壤的 pH 为 5.5～8.5，是大多数微生物的最适 pH；⑤土壤具有保温性，土壤温度波动较小；⑥土壤具有阻挡紫外线的作用，可保护微生物免遭伤害。

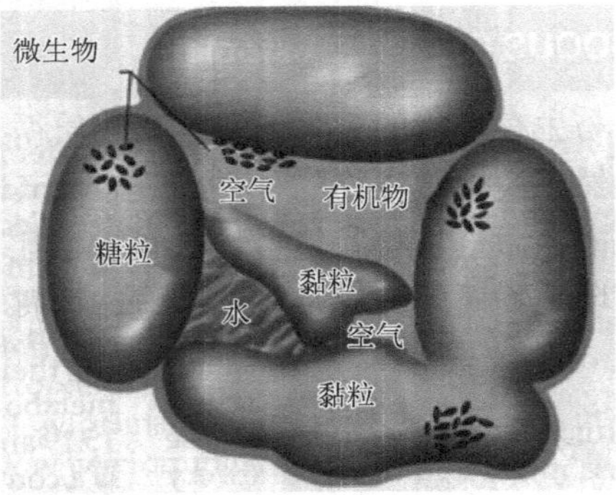

图 8-1 微生物在土壤颗粒中的分布

2. 土壤中微生物的分布

土壤中的微生物主要聚集在表土层和耕作层，其具体分布在土壤颗粒表面、有机质表面及植物根际。见图 8-1。

土壤中的微生物主要有细菌、放线菌、真菌、藻类和原生动物等类群。其中细菌最多，占土壤微生物总量的 70%～90%；放线菌数量次于细菌，占 5%～30%；真菌数量次于细菌和放线菌，但生物量最高；藻类主要有单细胞硅藻或丝状绿藻等，约占 1%；原生动物主要包括纤毛虫、鞭毛虫等，其数量较少，但对土壤有机质的分解起着重要的作用。土壤微生物是其他自然环境（如空气和水）中微生物的主要来源。

土壤微生物通过其代谢活动可改变土壤的理化性质，促进物质转化。因此，土壤微生物是构成土壤肥力的重要因素。

3. 土壤微生物区系

微生物所处的微小环境称为微环境。每个微环境只适合某种或某类微生物生长繁殖，而不适合其他微生物生长繁殖，从而形成特定微生物类群。这种特定环境中的微生物类群被称为微生物区系。对土壤中微生物区系可采用特殊方法进行培养，以了解特定土壤中微生物区系的构成、数量及分布等特点。例如，可利用选择培养基分别测定土壤中特定生理类群（如氨化细菌、硝化细菌、反硝化细菌、硫化细菌、纤维素分解菌等）的数量与分布。

土壤微生物区系的种类、数量和分布受营养物、含水量、氧的浓度、温度、pH 等因素的影响。土壤类型不同，微生物区系差别很大。土壤微生物区系受季节影响也很大。随着气候的变化，微生物种类发生变化。此外，微生物的数量也与土层深度有关。随着土层的加深，微生物的数量逐步减少。

土壤微生物区系根据所需养料和作用的不同，又分为土著微生物区系与发酵微生物区系。

土著区系微生物是以土壤腐殖质为主要有机养料，其生长较缓慢，但数量稳定，作用持久。土著区系微生物大多为 G^-无芽孢杆菌和放线菌等。

发酵区系微生物以新鲜动植物分泌物、排泄物和残体为主要有机养料。发酵区系微生物主要包括假单胞菌属和芽孢杆菌属的细菌，以及青霉属、曲霉属和毛霉属的真菌等。

二、水体中的微生物

水体是海洋、湖泊、河流、沼泽、冰川、极地水、温泉、水库及地下水等的总称。在各种水体中都有微生物的存在，水体是微生物栖息、活动的第二天然场所。

由于不同水体的光照度、酸碱度、渗透压、温度、溶解氧和其中的有机物、无机物及有毒物质种类、含量等均有较大差异，因而使各种水体中的微生物种类和数量有明显不同。下面主要介绍淡水和海水中的微生物。

1. 淡水中的微生物

淡水中的微生物主要来自土壤、空气、动植物尸体及排泄物、工业废水、生活污水等。特别是土壤中的微生物，可随雨水进入江河、湖泊。因此，土壤中所有细菌、放线菌和真菌在淡水中几乎都能找到。但多数进入淡水中的土壤微生物由于不适应而逐渐死亡，仅有部分微生物能保留下来，成为水体微生物。淡水中的微生物数量和种类一般比土壤中少得多。

微生物在淡水中的分布常受许多环境因素的影响，最重要的是营养物质，其次是温度、溶解氧等。水体中有机物含量越高，则微生物数量就越大；中温水体比低温水体内微生物数量多。

水体中微生物还具有垂直分布的特点。表层水中好氧菌偏多，而深层水中厌氧菌较多。上层水（从水面到水面以下 10m 处）氧含量高，溶解性有机物质含量也较高，上层水中细菌常多达 10^8 个/L，主要有好氧性的假单胞菌属、柄杆菌属、噬纤维菌属和浮游球衣菌属（*Sphaerotilus*）及多种藻类。中层水（水深 10～30m）溶氧量较低，营养物质相对较少，主要分布着不产氧的光合细菌，如着色菌属（*Chromatium*）、绿硫菌属（*Chlorobium*）以及其他一些浮游性细菌。底层水体（30m 以下及底泥）缺氧，但有机质较丰富，生活着如脱硫弧菌属（*Desulfovibrio*）、甲烷杆菌属（*Methanobacterium*）和甲烷球菌属（*Methanococcus*）等厌氧菌，以及一些鞘细菌、底栖原生动物和微型后生动物等。

在远离人们居住区的湖泊、池塘和水库中，有机物含量少，微生物数量也少（10～10^3 个/mL），且以自养微生物为主；而处于城镇等人口密集区的湖泊、河流中有机物含量很高，微生物数量也很高，达 10^7～10^8 个/mL，大多为腐生型细菌和原生动物。

2. 海水中的微生物

在近海岸的海水和海底淤泥表层海水及淤泥中，菌数较多；在远离海岸的海水中，菌数较少。一般在位于河口的海水及海湾的海水中，细菌数量约为 10^5 个/mL，而远洋海水中，只有 10～250 个/mL。

海水含有相当高的盐分，一般为 3.2%～4%。海洋微生物多为嗜盐菌，并能耐受高渗透压。深海（1000m 以下）中的微生物还能耐受低温（2～3℃）、低营养和很高的静水压。

许多海洋细菌能发光，这类细菌被称为发光细菌。这些发光细菌对某些化学物质与毒物较敏感，故可用于环境污染物的监测。

三、空气中的微生物

空气中缺少营养物质等适合微生物生长繁殖的条件，因此，空气并非微生物生活的良好场所。但微生物身小体轻，能随空气的流动到处传播，故空气中飘浮着许多微生物。土壤、水体、各种腐烂的有机物以及人和动植物体表上的微生物，都可随着气流的运动被携带到空气中去。

微生物在空气中的分布是不均匀的（表 8-1）。尘埃多的空气中，微生物数量也多。室外空气微生物数量与环境卫生状况、环境绿化程度等有关。一般在畜舍、公共场所、医院、宿舍、城市街道等的空气中，微生物数量较多；而在海洋、高山、森林地带、终年积雪的山脉或高纬度地带的空气中，微生物数量则甚少。空气的温度和湿度也影响微生物的种类和数量。夏季气候湿热，微生物繁殖旺盛，空气中的微生物比冬季多；而雨雪季节的空气中微生物的数量大为减少。

表 8-1 不同地点空气中的微生物数量

地点	微生物的数量/(个/m^3 空气)
北极（北纬 80°）	0
海洋上空	1～2

续表

地点	微生物的数量/(个/m^3空气)
市区公园	200
城市街道	5 000
宿舍	20 000
畜舍	1 000 000～2 000 000

室内空气中的微生物数量和种类与人员密度及活动情况、空气流通程度及卫生状况有密切关系。一般室内空气中的微生物数量比室外高很多。空气是传播疾病的媒介，空气中微生物的数量直接关系到人的身体健康。

空气中的微生物主要有各种芽孢杆菌、球菌、产色素细菌，以及对干燥和射线有抵抗力的真菌孢子等，也可能有病原菌，如白喉棒杆菌、结核分枝杆菌、溶血性链球菌及病毒（流感病毒、麻疹病毒）等。在医院或患者的居室附近，空气中常有较多的病原菌。空气中的微生物与发酵工业的污染、工农业产品的霉腐变质及动植物病害的传播等都有很大的关系。

第三节　微生物在生态系统中的作用

一、生态系统

（一）与生态系统相关的几个概念

1. 个体

个体是指某一生物的单个个体，执行着生长-发育-繁殖-死亡的过程。个体是种群的组成单位。

2. 种群

在自然界中，任何种类的微生物个体无法单一存在，必须与同种或与其他种类的微生物发生联系，形成相互依赖、相互制约的群体才能生存。

（1）种群的概念

种群（population）是指在一定时间和空间内同种生物个体的集合。在自然界中，许多同种生物个体以种群形式生活在同一生境中。种群是物种的存在单位、繁殖单位和进化单位。种群是群落组成单位。

（2）种群指标

1）种群丰度（abundance）　种群丰度是指在一定空间内，同种生物个体占微生物总数量的比例。不同生态系统中优势种群不同。例如，氨氮废水处理系统中，硝化细菌丰度较高；而硫化物废水处理系统中硫细菌丰度较高。种群丰度是反映生态系统功能的一个指标。

2）种群密度（density）　种群密度是指单位体积（或单位面积）所含生物个体的数量。一般来说，在一个稳定的生态系统中，各物种成员都保持其最适种群密度。当超过其最适密度时，或对营养和空间的争夺与占有所导致的营养缺乏及空间的变小，或微生物自身代谢物引起的环境污染，都会使该种群的发展受到限制。

3. 群落

（1）群落的概念

群落（community）是生物群落（biological community）的简称。生物群落是指生活在同一特定空间或区域的所有生物种群的集合。组成群落的生物具有复杂的种间关系。群落是生态系统的组成单位。

（2）微生物群落及其结构

1）微生物群落的概念　　微生物群落是指在一定区域或一定生境内，各种微生物种群相互作用形成的一种结构和功能单位。在微生物群落中，不同种群微生物分别具有各自的生理特性，它们通过彼此“了解”与调适，而相互适应、相互配合、相互协作，共同完成一定任务。

2）微生物群落的结构　　微生物群落结构包括了垂直结构（在垂直方向的分布）、水平结构（在平面方向的分布）和时间结构（随时间周期性的变化）。微生物保持合理的空间结构与时间结构是生态系统生存和发展的基础。

在一定生境中，随着环境条件的改变，一种微生物种群会被另一种微生物种群所取代，即群落会发生演替，最终形成比较稳定的群落结构。

（二）生态系统的概念

生态系统（ecosystem）是指在一定空间内，生物与环境构成的具有一定结构的功能单位。生态系统的范围可大可小。一片森林、一块农田、一片草原、一条河流、一个湖泊、一个池塘（图 8-2）、一个污水生物反应器、一个污泥颗粒、一片生物膜甚至一滴污水等都可以看作一个生态系统。

在生态系统中，不断地进行物质循环、能量流动和信息传递，系统保持着一种相对稳定的动态平衡。

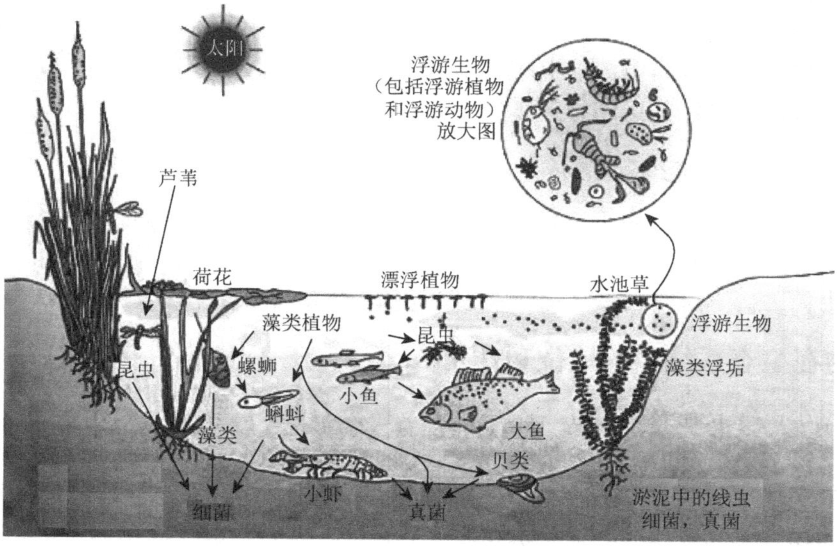

图 8-2　湖泊或池塘生态系统

（三）生态系统的组成

生态系统由非生物成分和生物成分组成（图 8-3）。非生物成分包括无机物、有机物及光、热等；生物成分包括生产者、消费者和分解者。

- 生态系统的组成
  - 非生物成分
    - 无机物质(氧气、二氧化碳、无机盐等)
    - 有机物质(腐殖质等)
    - 气候因素(阳光、温度、水等)
  - 生物成分（功能类群）
    - 生产者
      - 绿色植物
      - 光合细菌
      - 化能自养生物
    - 消费者
      - 初级消费者(草食动物)
      - 次级消费者(小型肉食动物)
      - 三级消费者(大型肉食动物)
    - 分解者
      - 腐生性微生物
      - 腐食性动物

图 8-3　生态系统的组成

（1）生产者

生产者（producer）包括绿色植物、自养微生物（化能自养细菌与光合细菌）。植物与光合细菌利用太阳能进行光合作用合成有机物；化能自养细菌利用某些物质分解氧化时释放的能量合成有机物，如硝化细菌将氨氧化为硝酸盐时获得能量（化学能），然后利用此能量合成有机物。

（2）分解者

分解者（decomposer）又称“还原者”。分解者将生态系统中的各种无生命的复杂有机质（尸体、粪便等）分解成水、二氧化碳、无机盐等被生产者重新利用的物质。分解者是一类异养生物，如细菌（主要是腐生细菌）和真菌。

（3）消费者

消费者（consumer）指以动植物为食的异养生物。消费者的范围很广，包括几乎所有动物和部分微生物（如原生动物、微型后生动物及寄生性细菌等）。它们通过捕食和寄生关系在生态系统中传递能量。其中，以生产者为食的消费者被称为初级消费者；以初级消费者为食的被称为次级消费者；其后还有三级消费者与四级消费者。

（四）生态系统的功能

生态系统的主要功能是物质循环和能量流动（图 8-4）。处于平衡的生态系统物质循环和能量流动会处在一个动态平衡状态，各营养级生物（生产者、消费者、分解者）数量将稳定在一定水平上。

二、微生物在生态系统中的地位和作用

微生物虽小，但其在整个自然生态系统中发挥极为重要的作用。

（1）微生物是有机物的主要分解者

微生物在生态系统中最突出的作用是对有机物的分解。微生物几乎能够分解所有有机物，特别是动物和植物残体等复杂有机物质，并最终将其转化成最简单的无机物，再供初级生产者利用。

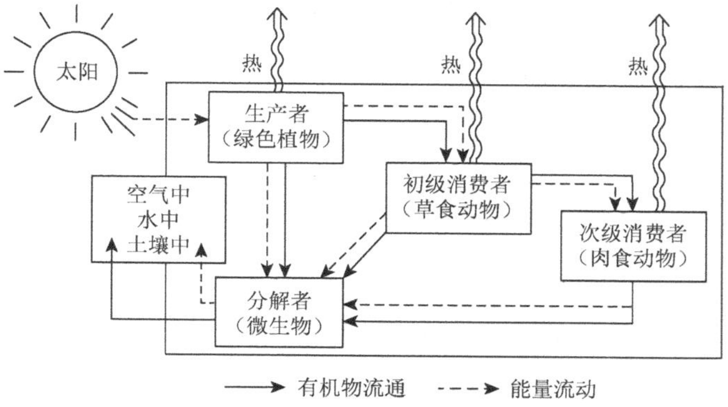

图 8-4 生态系统的功能

（2）微生物是地球物质循环中的推动者

微生物参与所有物质的循环。正是由于微生物的作用，地球化学循环才周而复始地进行，生态系统才保持稳定。毫不夸张地说，地球上如果没有微生物，整个生物界将不复存在。

（3）微生物是生态系统中的初级生产者

在生态系统中，除高等绿色植物和大型藻类外，光能自养微生物和化能自养微生物是生态系统的初级生产者。微生物可直接利用太阳能及无机物的化学能作为能量来源合成有机物。

（4）微生物是物质和能量的贮存者

微生物同动物、植物一样也是由物质组成和由能量维持的生命有机体。在自然环境中，微生物的生物量很大，是物质和能量的重要贮存者。

在以上作用中，最重要的是微生物对物质的分解作用与对地球化学循环的推动作用。

三、生态平衡

生态系统是开放系统，当能量和物质的输入大于输出时，生物量增加；反之，生物量减少。在正常条件下，系统内各种群的数量比均保持相对恒定。但当受到外界干扰时，生态系统能自行调节恢复到原来的稳定状态，即生态平衡。生态平衡属于一种动态平衡。

第四节 生态系统中微生物之间的关系

在自然界生态系统中，微生物极少单独存在，它们总是群聚在一起，彼此之间形成多种多样的关系。

一、中性同生

中性同生（neutralism）（又称中性共栖）是指两种微生物生活在同一环境时，由于各自要求的环境条件不同，故相互之间不产生影响，或不产生明显影响。

微生物的中性同生现象在自然界环境中很普遍。例如，淡水中生长的某些藻类与某些水生细菌共处于同一水域，但相互影响很小；在贫营养环境中，微生物群体密度很小，故不同种群微生物之间相互影响也很小；一种处于休眠状态的微生物对其他微生物不产生影响；在不利于微生物生长的环境中（如在结冰环境中，微生物被冻结），微生物彼此互不影响；代谢差异极大的微生物相互影响较小。

二、偏利共生

偏利共生（commensalism）是指两种微生物生活在同一环境时，只是单方受益，而另一方既不受益，也不受害的关系。

偏利共生常见的现象是一种微生物产生的代谢产物作为另一种微生物的营养，后者受益，前者既不受益，也不受害。例如，湿土表面或水面上生长的藻类和蓝细菌能分泌多糖、多肽或有机酸等，供给细菌生长。另外，一种微生物生长导致的环境改变给其他微生物的生长提供有利条件，也属于偏利共生。

又例如，好氧微生物的生长导致环境的氧化还原电位降低，使之适合厌氧微生物的生长。因此，当好氧微生物和厌氧微生物共存于同一环境时，可造成有利于厌氧微生物生长的无氧环境。在 A/O 脱氮工艺中，缺氧段利用好氧微生物和厌氧微生物的互生关系，先由好氧微生物在微好氧条件下将有机污染物分解，消耗氧气，为厌氧微生物创造条件。然后，再由厌氧微生物继续将污染物分解。同时，好氧微生物也为反硝化细菌创造了脱氮有利条件。

再例如，纤发菌能降低锰的浓度，可解除锰对其他微生物的抑制，前者为后者创造了有利条件，使后者受益。但前者既未从后者得到好处，也未受害。

三、互惠共生

互惠共生（mutualism）是指两种微生物在生理上各自分工，但在组织上已融为一体化结构的关系。互惠共生的两种微生物之间的结合具有专一性，其中任何一种微生物都不能被其他微生物所代替。

互惠共生在自然界很普遍。地衣（lichen）是互惠共生的典型代表，见图 8-5。

图 8-5　地衣

地衣是真菌和藻类形成的稳定的联合体，即共生植物（symbiotic plant）。形成地衣的真菌绝大多数属于子囊菌，少数为担子菌，个别为藻状菌；形成地衣的藻类大多为蓝藻和绿藻。其中，最常见的是念珠藻属（*Nostoc*）、共球藻属（*Trebouxia*）及堇青藻属（*Trentepohlia*）。通常情况下，地衣中菌类所占比例较大。在地衣中，藻类分布在内部或均匀分布在疏松的髓层中形成光合生物层，而真菌菌丝缠绕并包围藻类。

在互惠共生关系中，藻类进行光合作用为整个生物体制造有机养分，而真菌则吸收水分和无机盐，为藻类提供光合作用的原料。同时，真菌围裹藻类，以保持一定的形态。二者互为对方提供有利条件，彼此受益，共同抵抗不良环境。因此，地衣能在极其不利的条件下，甚至在裸露的岩石上生长。

某些因素也会破坏地衣中两种微生物的互惠共生关系。例如，大气中的 SO_2 在一定条件下对叶绿素产生影响，从而抑制藻类的生长。其结果导致真菌生长过度，致使地衣中两种微生物之间的互惠共生关系消失，终使地衣从这一生境中消失。地衣对 SO_2 非常敏感，故可利用地衣这一现象监测大气中 SO_2 的污染状况。根瘤菌与豆科植物形成的根瘤共生体也是一种典型的共生关系。

四、互生

互生（metabiosis）是指两种微生物共同生活时，双方互为对方提供好处的合作方式。两种微生物既可以单独生活又可以共同生活，即两种生物可分可合，但合比分好。

固氮菌和纤维素分解菌是互生关系的一个例证。固氮菌能够固定空气中的氮气（N_2），但不能利用纤维素作为碳源和能源；而纤维素分解菌能将纤维素分解产生有机酸，但有机酸对纤维素分解菌本身产生毒害作用。当两者共同生活时，固氮菌固氮，为纤维素分解菌提供氮源；纤维素分解菌分解纤维素产生有机酸，可为固氮菌提供碳源和能源。同时，固氮菌对有机酸的利用，为纤维素分解菌解除了有机酸的毒害。固氮菌与纤维素分解菌的互生关系可用下式表示：

$$\text{固氮菌} \underset{\text{碳源}}{\overset{\text{固氮}}{\rightleftarrows}} \text{纤维素分解菌}$$

在厌氧消化（甲烷发酵）过程中，产甲烷菌与产乙酸菌之间的关系为互生关系。产乙酸菌分解有机物产乙酸，为产甲烷菌提供营养；产甲烷菌将乙酸分解利用，产生甲烷，同时解除乙酸对产乙酸菌的抑制。二者的关系可用下式表示：

$$\text{产乙酸菌} \overset{\text{乙酸}}{\rightleftarrows} \text{产甲烷菌}$$

在厌氧消化过程中，微生物之间还存在一种互营关系，其相关内容将在第十章中详细讨论。

在含有酚、H_2S、氨等污染物的炼油废水处理系统中，食酚细菌与硫细菌的关系也属于互生关系。食酚细菌将酚分解为硫细菌提供碳源，硫细菌氧化 H_2S 为 SO_4^{2-}，为食酚细菌提供硫元素。酚对硫细菌有毒害作用，H_2S 对食酚细菌有害。因此，二者不仅能够互相提供营养，而且彼此相互解毒，建立了良好的互生关系。

在废水生物脱氮工艺中，亚硝化细菌氧化氨生成亚硝酸盐，为硝化细菌制造了养料；硝化细菌氧化亚硝酸盐为硝酸盐，消除了亚硝酸盐因积累给亚硝化细菌本身带来的危害，双方均获利。

微生物的互生关系对污染控制工程的设计与建立具有指导意义。例如，生物氧化塘废水处理系统即根据藻类与细菌之间的互生关系建立的。

细菌利用藻类产生的 O_2 分解废水中的有机物，同时产生 CO_2 等无机物；藻类利用细菌产生的 CO_2、N、P 等无机物通过光合作用制造有机物，同时放出 O_2。藻菌互生原理在氧化塘废水处理中的应用见图 8-6。

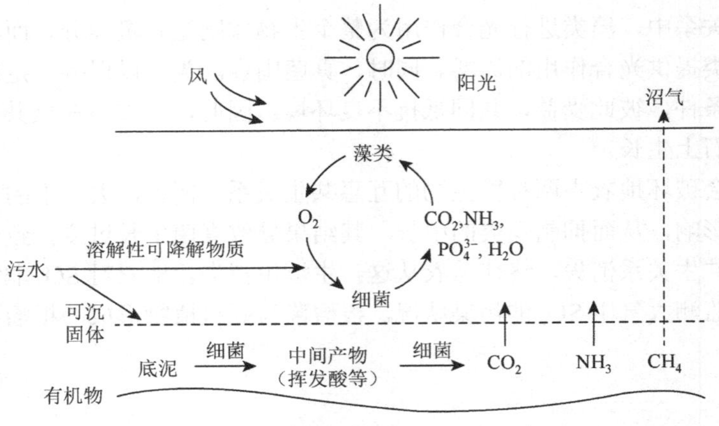

图 8-6 藻菌互生原理在氧化塘废水处理中的应用

在辉铜矿生物冶金过程中，利用氧化亚铁硫杆菌和拜氏固氮菌（*Azotobacter beijerinckii*）的互生关系，使铜的浸出率大为提高。

五、竞争

竞争（competition）是指不同微生物种群在同一环境中对环境因子（如养分、溶解氧等）有相同需求时，一方不惜牺牲另一方的利益，而最大限度地占有所需资源的现象。

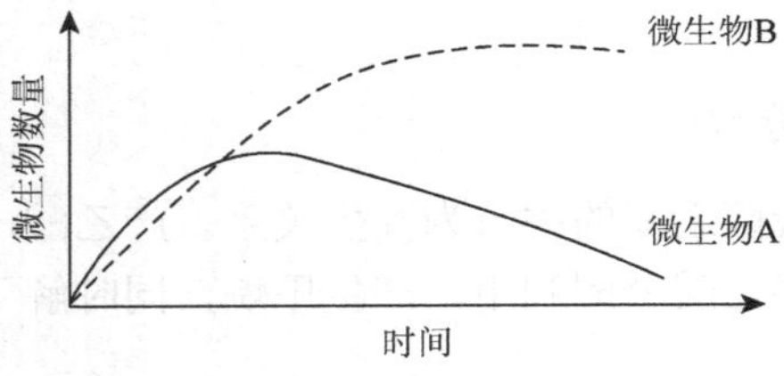

图 8-7 微生物之间的竞争关系

竞争的结果是强者生存，弱者淘汰。强者成为优势种群。竞争是微生物种群之间存在的一种普遍现象。对于两种微生物之间的竞争关系可用坐标简单表示（图 8-7）。

图 8-7 中参与竞争的是 A 种群微生物和 B 种群微生物。初始阶段，A 种群略占优势。但经过一定时间，B 种群的数量明显超过 A 种群的数量，显示出明显的优势（数量优势）。

生物为了生存，不可避免地产生竞争。与其他生物相比，微生物由于世代时间比较短，代谢强度大，因此生存竞争往往表现得更为激烈。

在某一环境内，在一定条件下，优势种群总是“设法”以最有效的方式适应当时的环境，但环境条件一旦改变，就可能被另一微生物种群所代替并发育成新的优势种，即微生物种群随环境条件的改变而改变，不同条件下出现不同微生物种群，微生物种群随时发生演替。下面以活性污泥中菌胶团细菌与丝状菌的关系说明生态系统中微生物的竞争关系。

菌胶团细菌与丝状菌是活性污泥中两类比较重要的微生物。通常，菌胶团细菌占主导优势时，污泥具有紧密的结构与良好的沉降性能，泥与水可实现有效分离，出水水质良好。而丝状菌对于维持污泥絮体结构的稳定以及保证活性污泥系统对污水的高效净化发挥重要作用。

在正常情况下，菌胶团细菌与丝状菌保持一种良好的互作关系。二者在数量上彼此保持一种平衡状态，使活性污泥具有一定的结构和功能。然而，当环境条件发生改变，有利于丝状细菌生长繁殖时，丝状菌则过度生长，不能与菌胶团细菌“友好配合”，原有平衡被破坏，即会出现污泥膨胀。污泥发生膨胀时，污泥结构松散，沉降性能下降，出水浑浊，水质下降，甚至恶化。

造成污泥膨胀的原因很多。其中，当好氧活性污泥系统中溶解氧（DO）浓度降低时，活性污泥中的微生物将对有限的DO展开竞争。由于丝状菌的比表面积比菌胶团的比表面积大，竞争力强，获得的溶解氧量大，生长繁殖速度快，成为活性污泥中的优势种群，由于丝状细菌在数量上过剩，最终致使污泥膨胀。

六、寄生

一种生物生活在另一种生物的体内或体表，前者从后者取得营养并进行生长繁殖，同时使后者受害甚至死亡的现象称为寄生（parasitism）。前者为受益方；后者为受害方。前者称为寄生物（parasite）；后者称为宿主或寄主（host）。

根据寄生物在寄主中的寄生部位，可将寄生分为细胞内寄生和细胞外寄生。有些寄生物一旦离开寄主就不能生活，这种寄生称为专性寄生；有些寄生物在脱离寄主以后可营腐生生活，这种寄生称为兼性寄生。

在微生物中，寄生是一种常见现象，如噬菌体只有寄生于微生物体内才能生存。此外，细菌与真菌、真菌与真菌之间也存在着寄生关系。例如，土壤中存在一些溶真菌的细菌，它们入侵真菌体内进行生长繁殖，造成真菌菌丝溶解，最终将寄主真菌杀死。

真菌可寄生于真菌体内，如木霉（*Trichoderma* spp.）寄生于丝核菌（*Rhizoctonia* sp.）的菌丝内；盘菌（*Peziza* spp.）菌丝寄生于毛霉的菌丝上（图 8-8）。真菌寄生于有害微生物体内的现象可用生物防治，通过开发相关微生物制剂，达到以菌治菌的效果，可避免施用农药造成的环境污染。

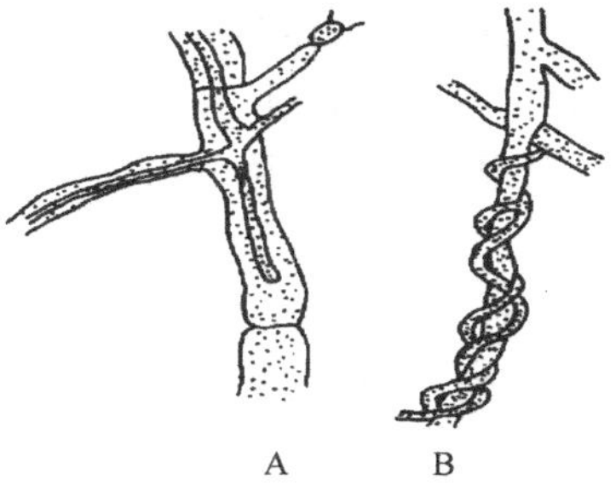

图 8-8　真菌寄生于真菌

A. 木霉寄生于马铃薯丝核菌的菌丝内；B. 盘菌寄生于毛霉菌丝上

细菌之间的寄生现象较为少见，但也存在。细菌间寄生的一个典型例子是食菌蛭弧菌（*Bdellovibrio bacteriovorus*）能寄生在大肠杆菌等许多G^-菌体内。

蛭弧菌既可利用有机质生长，也可营寄生生活。当有寄主细胞存在时，蛭弧菌便进入寄主细胞进行繁殖，经过一定时间，导致寄主细胞裂解。蛭弧菌侵染寄主细胞到裂解的过程见图 8-9。

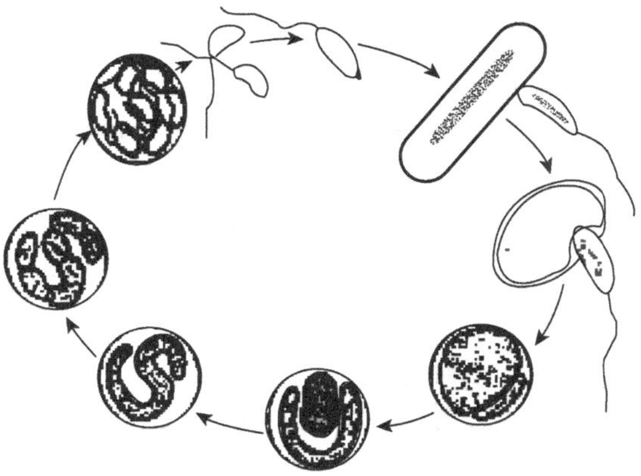

图 8-9　蛭弧菌侵染寄主细胞到裂解的过程

蛭弧菌对一些致病菌如沙门氏菌、志贺氏菌、变形杆菌、霍乱弧菌及钩端螺旋体等均有很强的裂解能力，因此，可利用蛭弧菌消除水体的病原体，改善水环境。蛭弧菌对大豆疫病假单胞菌、水稻白叶枯病黄单胞菌等植物病原菌也有很强的破坏作用。故可利用蛭弧菌进行作物生物防治。

某些微生物本身是寄生物，但它们自己也可以受到其他微生物的感染。例如，寄生在寄主中的蛭弧菌可以受到相应噬菌体的感染。

有意思的是，有许多寄生物不需要直接接触寄主细胞就可以裂解宿主。例如，噬纤维菌及某些真菌利用产生的胞外酶裂解藻类或蓝细菌；假单胞菌的胞外酶可裂解棘变形虫；许多细菌通过产生的几丁质酶裂解真菌。

人们广泛利用寄生关系消灭有害微生物，防治动植物病害，这已成为农业生物防治的一项重要技术。例如，用食菌蛭弧菌防治大豆假单胞菌引起的大豆叶斑病；应用绿脓杆菌噬菌体清除绿脓杆菌以治疗作物创面感染。

七、拮抗

一种微生物在生命活动中，通过产生某些代谢产物或改变环境条件，抑制其他微生物的生长繁殖或毒害杀死其他微生物的现象称为拮抗（antagonism）。产生拮抗的两种微生物之间的关系称为拮抗关系。

根据拮抗作用的选择性，可将微生物间的拮抗关系分为非特异性拮抗关系和特异性拮抗关系。

1. 特异性拮抗

某种微生物在其生命活动过程中产生某种或某类特殊代谢产物，这种代谢产物能够选择性地抑制或杀死其他微生物，这种选择性的拮抗即特异性拮抗。具有特异性拮抗的两种微生物之间的关系即为特异性拮抗关系。前者称为抗生菌；后者称为敏感菌。拮抗性物质称为抗生素，如青霉素与病原菌之间的关系即为特异性拮抗关系。

2. 非特异性拮抗

在制造泡菜、青贮饲料过程中，乳酸杆菌能产生大量乳酸导致环境的 pH 下降，从而抑制了其他微生物，特别是腐败菌的生长。这种抑制作用没有专一性，对不耐酸的细菌均有抑制作用。乳酸菌与不耐酸细菌之间的关系即非特异性拮抗关系。

非特异性拮抗一般是因某微生物活动引起环境条件的改变，从而抑制其他微生物的生长。例如，好氧异养菌在分解有机污染物的过程中消耗大量 O_2，结果使某些真菌（好氧）的生长受到不利影响；酵母菌进行乙醇发酵产生乙醇，乙醇的积累会抑制其他杂菌的生长。这些拮抗作用都无选择性或专一性，即均为非特异性拮抗。

在废水活性污泥处理系统中，原生动物对细菌的吞食，可作为一个非特异性拮抗关系的例子。细菌种类很多，原生动物对细菌没有选择性，可吞食多种细菌。

了解微生物拮抗关系对污染控制工程有良好的指导意义。例如，在厌氧消化（甲烷发酵）工艺中，若被处理的污染物中含氮有机物浓度偏高时，氨化菌群大量繁殖，氨化速度加快，致使反应器中氨氮浓度快速上升，结果使产甲烷菌受到抑制，甚至导致反应器完全丧失产甲烷功能。因此，有机固体垃圾及高浓度有机废水在进行厌氧消化时，甲烷发酵原料的碳氮比必须合适，否则，可能会导致不良后果。

八、捕食

捕食（predation）又称猎食。捕食一般指一种相对较大型生物直接捕捉或吞食另一种小型生物以满足其营养需要的行为，如节毛虫吞食草履虫，袋状草履虫吞食藻类和细菌等。

在污水处理中，捕食对污水净化处理具有重要意义。例如，在活性污泥处理工艺的二沉池中，当无纤毛类原生动物存在时，上清液中游离细菌可达$10^9 \sim 10^{10}$个/mL，而当有纤毛类原生动物存在时，上清液中仅含细菌$10^5 \sim 10^7$个/mL。经过微生物降解后的污水在二沉池通过泥水分离即可排放。但在最终的出水中，细菌等微生物的数量必须满足水质指标要求。这是因为，细菌等在出水中已不再是降解角色，而是变成污染因子了。通过原生动物的捕食作用，将细菌等微生物吞食，使水质得到净化，进而达标排放。

第五节　微生物在自然界物质循环中的作用

自然界物质生物循环包括元素的生物固定（物质吸收至生物体内，用于组成各种细胞物质）和生物释放（物质被生物分解，产生并释放各种分解产物，其中，有机物质最终转化为无机物质）两个矛盾对立而又相互转化的过程。自然界的物质总是处于由无机物转化成有机物，再由有机物转化成无机物的往复循环之中。

在自然界中，微生物的种群、数量和作用都远远超过其他生物。微生物是自然界物质生物循环的主要推动者。微生物参与了碳、氢、氧、氮、硫、磷、铁、锰、钾与钙等所有元素的地球化学循环。

实际上，各种元素的生物地球化学循环都不是独立的，而是相互伴随、相互影响并交织进行的，构成各种复杂的网状关系。

碳、氢、氧、氮、硫、磷、铁、锰、钾及钙等都是组成生物体的必需化学元素。生物只有不断地从环境中获取这些元素才能生长、发育和繁殖。但地球上这些元素特别是能被有效利用部分的贮量是有限的，而生命的延续和发展却是无限的。这些元素的供求矛盾只有在物质的不断循环中才能得以解决。微生物在推动元素地球生物化学循环中发挥着重要作用。微生物所推动的地球物质循环，使有限的营养元素的循环使用成为可能。

一、微生物在碳素循环中的作用

碳素是构成生物体最基本、最重要的元素之一，没有碳素就没有生命。碳素是有机物质的骨架，在物质生物循环中具有核心地位。在自然界中，化学元素的生物固定是从碳素开始的。绿色植物和无机光合自养型微生物（包括藻类和少数细菌）利用光能或化学能将二氧化碳和水还原为碳水化合物（含碳、氢、氧三种元素），不仅实现了无机态碳至有机态碳的转化，也实现了能量的转化和贮存。碳水化合物可在细胞内进一步转化并结合氮、磷、硫等其他元素，合成生物体的各种有机组分，并逐步积累能量。与此同时，植物和有机营养型微生物也进行着分解作用，使有机物质重新转化为二氧化碳、水和各种无机物质，并释放其贮存的能量。由于这些生物的合成作用大大超过分解作用，其生命活动的净结果是在自然界中积累生物物质，即生物将各种化学元素进行了固定。自然界的碳素循环见图 8-10。

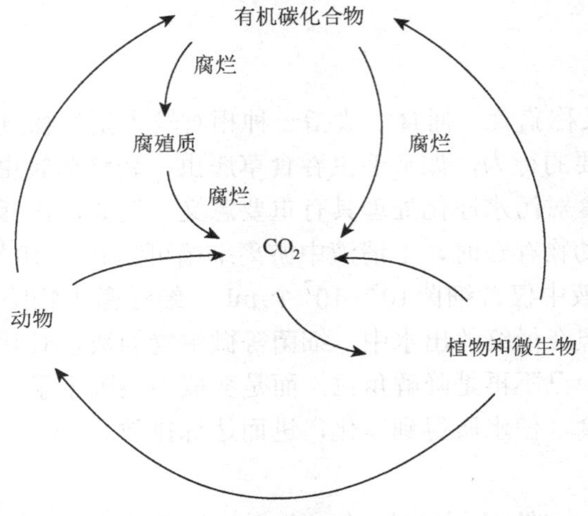

图 8-10 自然界的碳素循环

碳素循环包括 CO_2 的固定和 CO_2 的再生。植物和光合细菌通过光合作用将自然界中的 CO_2 固定（图 8-10 中的碳固定），合成有机碳化合物。微生物通过呼吸和发酵作用将有机碳分解，获取能量，同时产生 CO_2。

微生物既参与了 CO_2 的固定又参与了 CO_2 的再生，即微生物参与了整个碳素循环。当然，在固定 CO_2 合成有机物的作用方面，微生物的贡献远不及绿色植物。但在有机物的分解、CO_2 再生过程中，微生物特别是异养微生物则起主要作用。

据统计，地球上约 90%的 CO_2 是靠微生物分解产生的。微生物种类不同，所需生存条件各异，对有机碳化合物的分解转化方式也各不相同。在有氧条件下，好氧微生物将有机碳彻底分解为 CO_2 和 H_2O；在无氧条件下，通过厌氧和兼性厌氧微生物的发酵作用产生有机酸、醇、CH_4、H_2 和 CO_2 等。微生物在碳素循环中的作用见图 8-11。

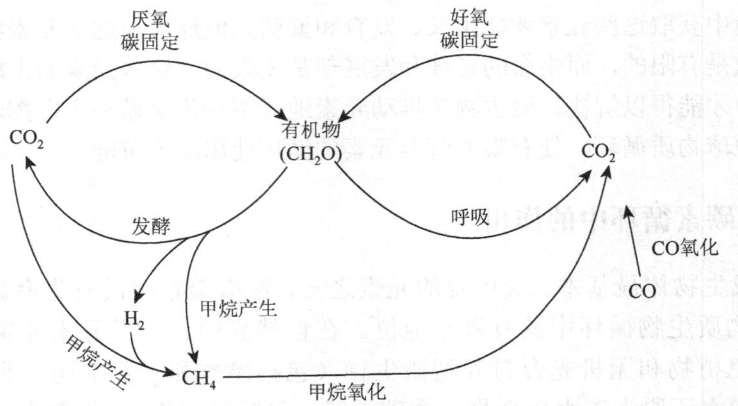

图 8-11 微生物在碳素循环中的作用

下面简单介绍微生物将几种有代表性的含碳有机物转化为 CO_2 的途径。

（一）微生物将淀粉转化为 CO_2 的途径

淀粉广泛存在植物种子（稻、麦、玉米）、果实及贮藏茎之中。淀粉厂、酒厂、印染厂、抗生素发酵等工业废水及生活污水中均含有淀粉。

淀粉有直链淀粉和支链淀粉两类。直链淀粉是葡萄糖分子间以 α-1, 4-糖苷键连接而成的链状化合物（图 8-12）；支链淀粉是葡萄糖分子除以 α-1, 4-糖苷键结合外，还以 α-1, 6-糖苷键结合而形成有分支的链状结构（图 8-13）。

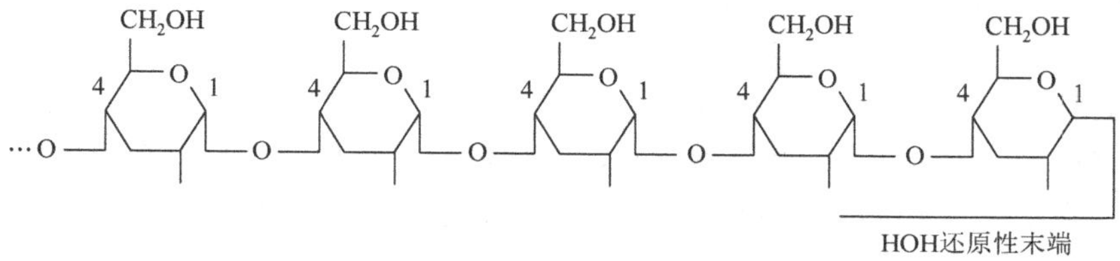

图 8-12 直链淀粉中的 α-1, 4-糖苷键

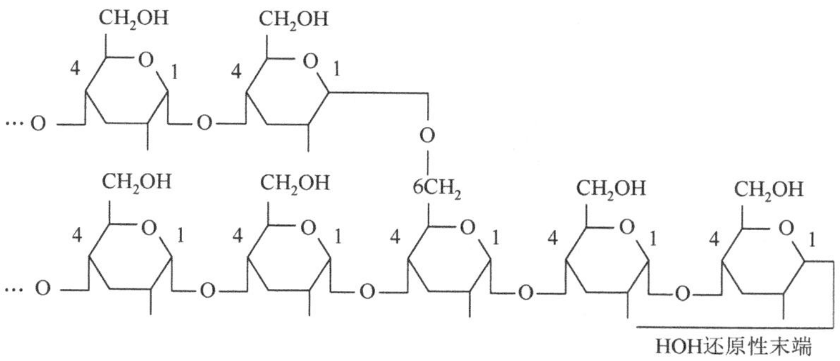

图 8-13 支链淀粉中的 α-1, 4-糖苷键和 α-1, 6-糖苷键

淀粉是许多异养微生物的重要碳源和能源。淀粉在微生物产生的淀粉酶的作用下在胞外水解为葡萄糖，然后葡萄糖进入胞内被微生物继续分解。

在好氧条件下，好氧微生物将葡萄糖酵解成丙酮酸，丙酮酸经三羧酸循环氧化为 CO_2，脱下的电子和氢沿电子传递链传给 O_2，氢与氧结合形成 H_2O。

在厌氧条件下，厌氧微生物将葡萄糖酵解成丙酮酸，经过发酵，产生乙醇、丙酮、乙酸、丁酸和 CO_2 等。微生物降解淀粉的途径如图 8-14 所示。

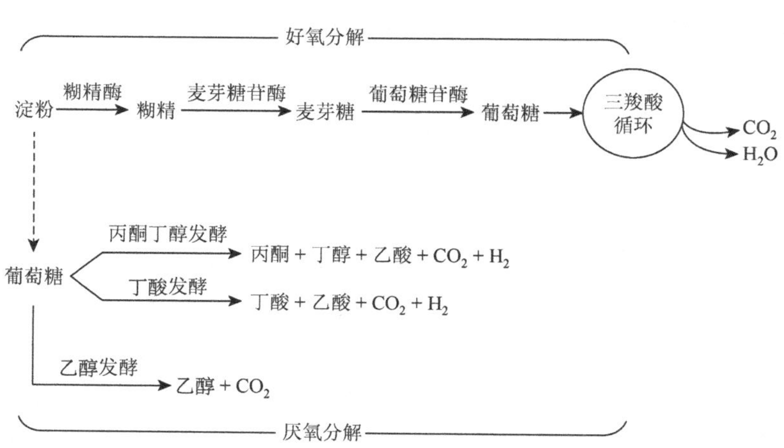

图 8-14 微生物降解淀粉产生 CO_2 的途径

（二）微生物将纤维素转化为CO_2的途径

纤维素是植物细胞壁的主要成分。纤维素是自然界中含量最丰富的有机物。在以树木、农作物为原料的工业废水中，如棉纺印染废水、造纸废水、人造纤维废水及城市垃圾等均含有大量纤维素。

纤维素是由1400～10 000个葡萄糖通过β-1, 4-糖苷键连接而成的高分子链状聚合物，分子式为$(C_6H_{10}O_5)_{1400\sim10\,000}$。纤维素不溶于水，在环境中比较稳定，只有在产生纤维素酶的微生物作用下才被分解为简单的葡萄糖。葡萄糖再经微生物分解转化为CO_2。

纤维素被微生物转化为CO_2的途径见图8-15。

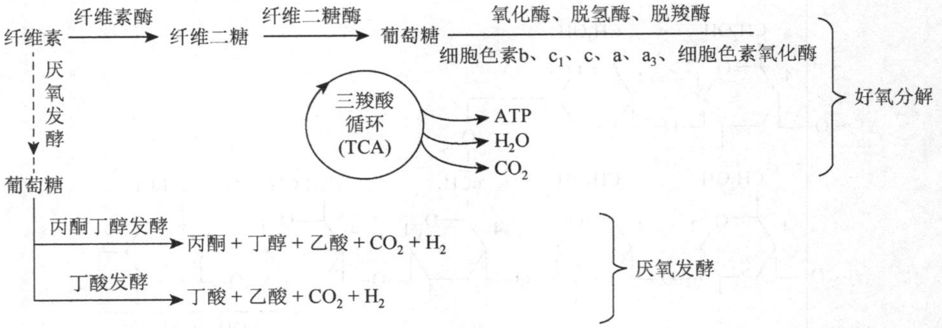

图8-15　微生物将纤维素分解为CO_2的途径

（三）微生物将半纤维素转化为CO_2的途径

半纤维素也是植物细胞壁的组成成分，其在植物组织中的含量仅次于纤维素。半纤维素在一年生作物中常占植物残体质量的25%～40%，木材中半纤维素占25%～35%。细菌和真菌的细胞壁中也含半纤维素。因此，每年有大量半纤维素进入土壤和水体中。造纸废水和人造纤维废水也含半纤维素。

半纤维素的组成中含聚戊糖（木糖和阿拉伯糖）、聚己糖（半乳糖、甘露糖）及聚糖醛酸（葡萄糖醛酸和半乳糖醛酸）。半纤维素被分解为CO_2的过程见图8-16。

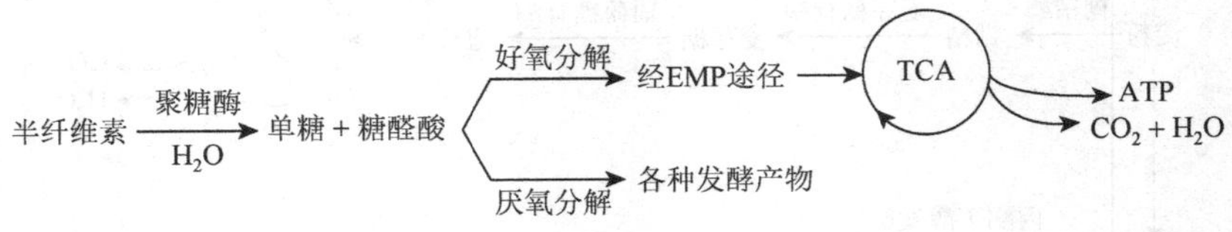

图8-16　微生物将半纤维素分解为CO_2的途径

微生物分解半纤维素的速度比分解纤维素快。通常，能分解纤维素的微生物大多数能分解半纤维素。一些芽孢杆菌可分解甘露聚糖、半乳甘露聚糖和木聚糖；有些假单胞菌能分解木聚糖；某些链孢霉能利用甘露糖、木聚糖；而阿拉伯木聚糖和阿拉伯胶则可由木霉、镰刀霉、曲霉、青霉、交链孢霉等微生物降解。

（四）微生物将果胶质转化为CO_2的途径

果胶质也是植物细胞壁的组成成分，其主要存在于植物细胞壁和细胞间质中。果胶质是由D-半乳糖醛酸以α-1, 4-糖苷键构成的直链高分子化合物，其羧基与甲基酯化形成甲基脂。天然果胶质不溶于水，称原果胶。造纸、制麻废水多含有果胶质。

果胶质可按下列反应分步进行分解：

$$\text{原果胶} + H_2O \xrightarrow{\text{原果胶酶}} \text{可溶性果胶} + \text{聚戊糖}$$

$$\text{可溶性果胶} + H_2O \xrightarrow{\text{果胶甲酯酶}} \text{果胶酸} + \text{甲醇}$$

$$\text{果胶酸} + H_2O \xrightarrow{\text{聚半乳糖酶}} \text{半乳糖醛酸}$$

果胶酸、聚戊糖、半乳糖醛酸、甲醇等在好氧条件下被分解为二氧化碳和水；而在厌氧条件下可通过发酵产生丁酸、乙酸、醇类、二氧化碳和氢气等。

分解果胶质的微生物主要是一些细菌和真菌。细菌中有枯草芽孢杆菌（*Bacillus subtilis*）、多黏芽孢杆菌（*B. polymyxa*）、软腐欧氏杆菌（*Erwinia carotovora*）及一些假单胞菌；真菌中的青霉、曲霉、木霉、灰绿葡萄孢霉、轮枝孢霉、根霉、毛霉等的某些种。

真菌中的根霉、曲霉，以及细菌中的芽孢杆菌属、假单胞菌属、节杆菌属、无色杆菌属和农田杆菌属（*Agrobacterium*）的一些种与溶淀粉梭菌（*Clostridium amylolyticum*）、淀粉梭菌（*C. amylobacter*）、软化梭菌（*C. maccrans*）等具有较强的分解淀粉的能力。

（五）微生物将脂肪转化为CO_2的途径（好氧分解）

脂肪也是微生物的主要碳源和能源。毛纺和毛涤厂废水、油脂厂废水、制革废水以及生活污水等含有大量的油脂。

脂肪是由甘油和脂肪酸形成的酯类物质。脂肪在微生物产生的脂肪酶的作用下，在胞外被水解为甘油和脂肪酸，其反应如下：

$$\text{脂肪} \xrightarrow{\text{脂肪酶}} \text{甘油} + \text{脂肪酸}$$

1. 甘油的转化

甘油经磷酸化和脱氢反应，转变成磷酸二羟丙酮。然后，磷酸二羟丙酮经过糖酵解途径转化为丙酮酸。丙酮酸经三羧酸循环，最后完全氧化成CO_2和H_2O。

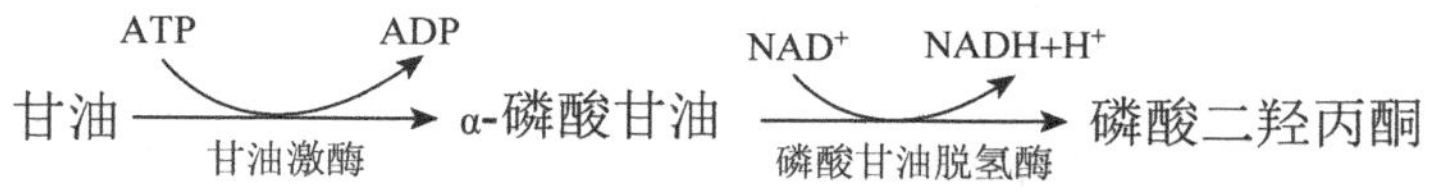

2. 脂肪酸的转化

微生物分解脂肪酸主要是通过β-氧化途径。β-氧化是由于脂肪酸氧化时键的断裂发生在β碳原子上，因此而得名。经过β-氧化，形成乙酰辅酶A。

β-氧化过程包括脱氢、水合、再脱氢和硫解4个步骤。β-氧化每循环一次，便形成$FADH_2$、NADH、乙酰辅酶A和比原先少两个碳原子的脂酰辅酶A 4种产物。剩下的比原先少两个碳原子的脂酰辅酶A继续重复β-氧化过程，最终完全形成乙酰辅酶A。所形成的乙酰CoA进入三羧酸循环，最终彻底氧化成CO_2和H_2O，同时释放大量能量。脂肪酸的转化途径见图8-17。

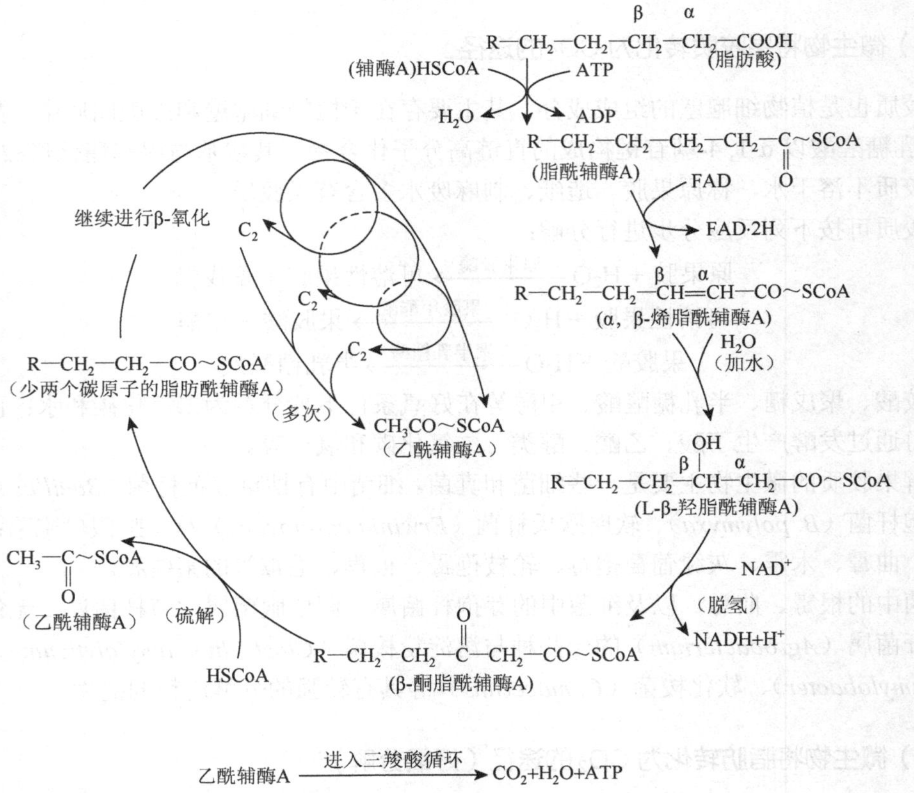

图 8-17　脂肪酸的转化途径

（六）烃类物质转化为 CO_2 的途径

烃类物质主要包括烷烃、烯烃、环烷烃及芳香烃等。烃类污染物主要来源于石油加工业。

1. 烷烃的转化

烷烃包括正烷烃、支链烷烃和环烷烃。通常认为，在好氧微生物的作用下，支链烷烃首先经加氧酶催化氧化成醇，醇在脱氢酶的作用下被氧化为相应的醛，醛再通过水化酶和脱氢酶的作用转化为脂肪酸。脂肪酸通过 β-氧化降解成乙酰辅酶 A，乙酰辅酶 A 进入三羧酸循环，最终彻底氧化成 CO_2 和 H_2O，同时释放大量能量。烷烃的降解途径见图 8-18。

2. 烯烃的转化

相对于烷烃和芳香烃，大多数烯烃更容易被微生物降解。在好氧条件下，微生物对烯烃的代谢主要是产生具有双键的加氧化合物，最终形成饱和或不饱和脂肪酸，然后再经 β-氧化进入 TCA 循环而被完全降解，形成 CO_2 和 H_2O，同时释放大量能量。烯烃转化为 CO_2 的途径见图 8-19。

3. 芳香烃的转化

芳香烃化合物常存在于石化化工、炼焦等废水中。芳香烃包括酚类（如间甲酚、对苯酚及邻苯酚等）、苯类（如苯、甲苯、异丙苯、异丙甲苯等）、萘、菲、蒽及 3, 4-苯并芘等。芳香烃类对人体危害较大，特别是苯和 3, 4-苯并芘等具有致癌作用，因此，芳香烃类对环境造成的污染备受关注。

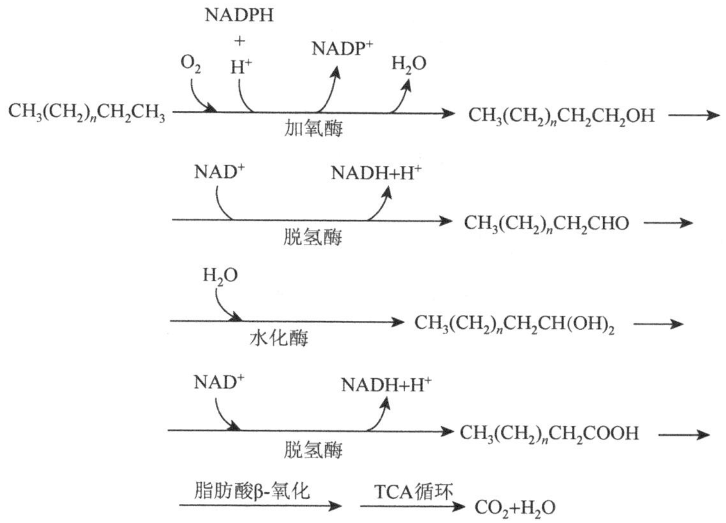

图 8-18　微生物对烷烃的氧化降解过程

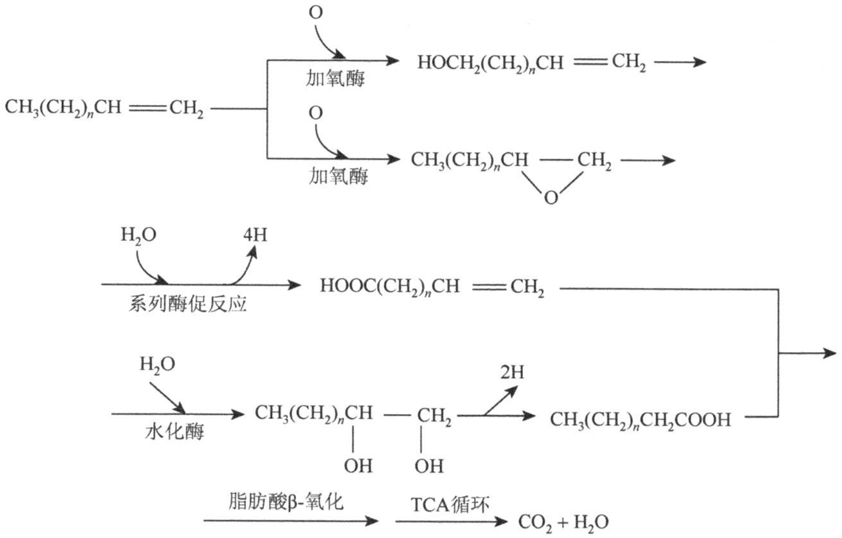

图 8-19　微生物对烯烃的氧化降解过程

1）苯的转化　　在好氧条件下，苯被微生物所产生的加氧酶催化分解，生成儿茶酚（邻苯二酚），儿茶酚再被氧化生成黏康酸，糠醛酸再经水解等反应生成 β-酮己二酸后，通过 β-氧化产生乙酰辅酶 A 和琥珀酸，乙酰辅酶 A 和琥珀酸进入 TCA 循环，最后氧化成 CO_2 和 H_2O。苯的转化途径见图 8-20。

2）甲苯的转化　　微生物对甲苯的降解主要沿着生成苯甲醇、苯甲醛及苯甲酸过程后转化为儿茶酚，儿茶酚沿着苯转化途径继续转化，最后氧化成 CO_2 和 H_2O。

3）多环芳烃的转化　　微生物首先通过产生的加氧酶进行定位氧化反应。不同种类的微生物所进行的加氧催化氧化反应不同。真菌在单加氧酶的催化下，将氧原子加到苯环上，形成环氧化物，然后加入 H_2O 产生反式二醇和酚；细菌产生双加氧酶，将两个氧原子加到苯环上，形成过氧化物，然后氧化成顺式二醇，脱氢产生酚。

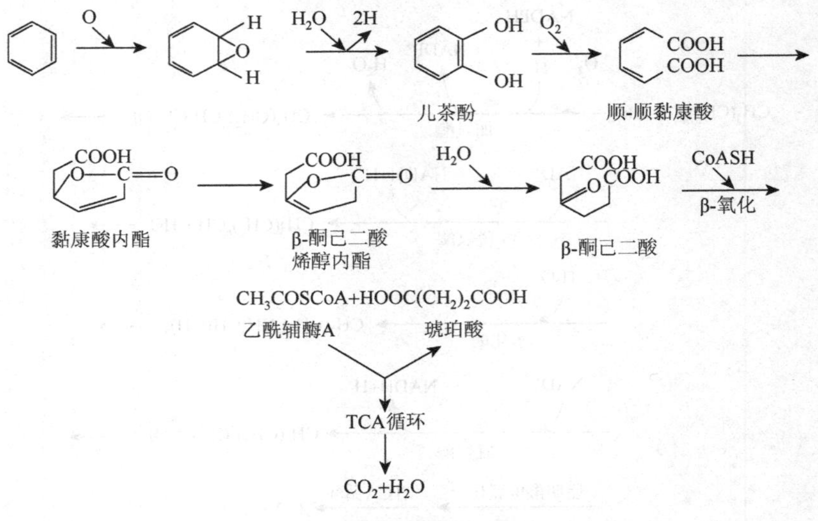

图 8-20　苯的微生物降解途径

微生物代谢途径不同，其中间产物不同，但大多为邻苯二酚（儿茶酚）。所形成的邻苯二酚沿着甲苯转化途径继续转化，最后氧化成 CO_2 和 H_2O。萘、菲和蒽的降解过程见图 8-21～图 8-23。

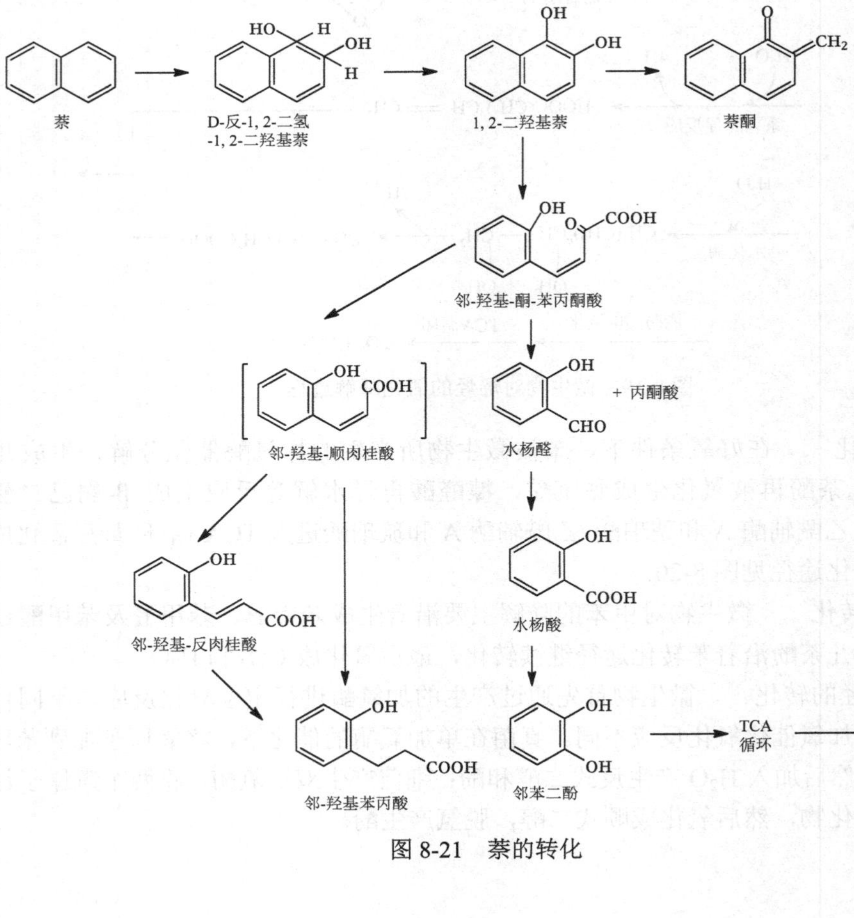

图 8-21　萘的转化

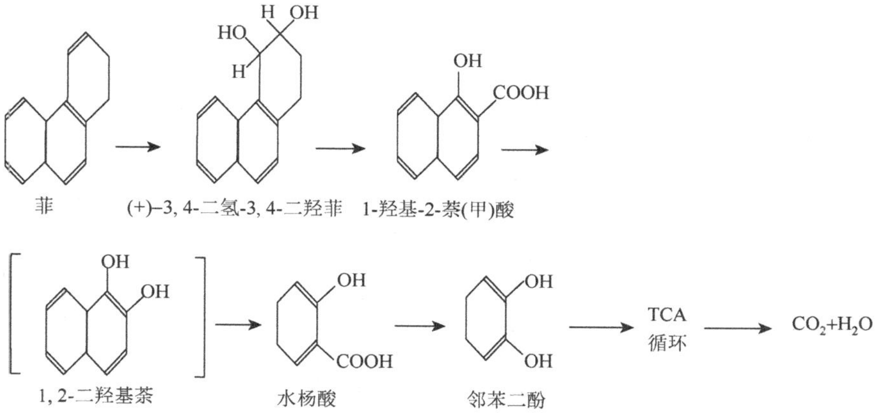

图 8-22　菲的转化

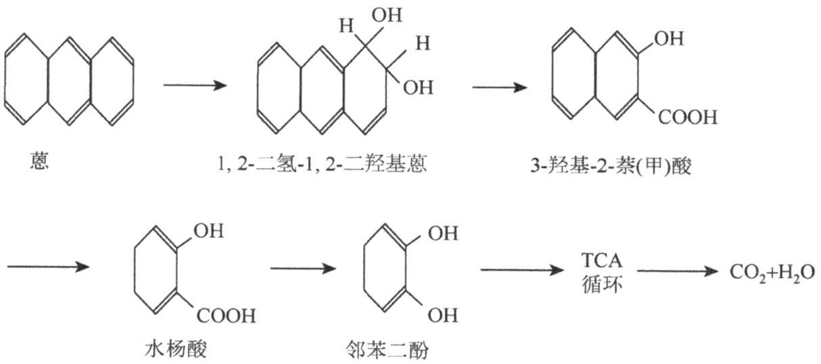

图 8-23　蒽的转化

由以上萘、菲和蒽的转化途径可以看出，各种芳烃类化合物分解的最初步骤可能各不相同，但它们往往产生共同的中间产物——双酚类化合物。双酚类化合物进一步代谢产生琥珀酸和乙酰辅酶 A 等，最后进入三羧酸循环后，最终被彻底氧化成 CO_2 和 H_2O，同时释放大量能量。

芳香族化合物种类很多，现将其基本降解途径总结于图 8-24 中。图 8-24 中的中间产物进入三羧酸循环后，最终被彻底氧化成 CO_2 和 H_2O，同时释放大量能量。

二、微生物在氮素循环中的作用

氮素在自然界中以 N_2、铵态氮、硝酸盐氮和有机氮等多种形态存在，且不同形态的氮总处在不断转化与循环之中。微生物是氮素循环的推动者。

氮素循环涉及许多反应，包括固氮、氨的同化、氨化、硝化及反硝化等。大气中的 N_2 通过微生物的固氮作用转化为铵态氮；铵态氮通过植物和微生物的同化作用转化为有机氮；有机氮经微生物的氨化作用释放出氨；氨氮在有氧条件经微生物的硝化作用氧化为硝酸盐；硝酸盐在无氧条件下经微生物的反硝化作用，最终变成 N_2。N_2 返回至大气中。如此构成氮素生物地球化学循环。微生物在氮素循环中的作用见图 8-25。

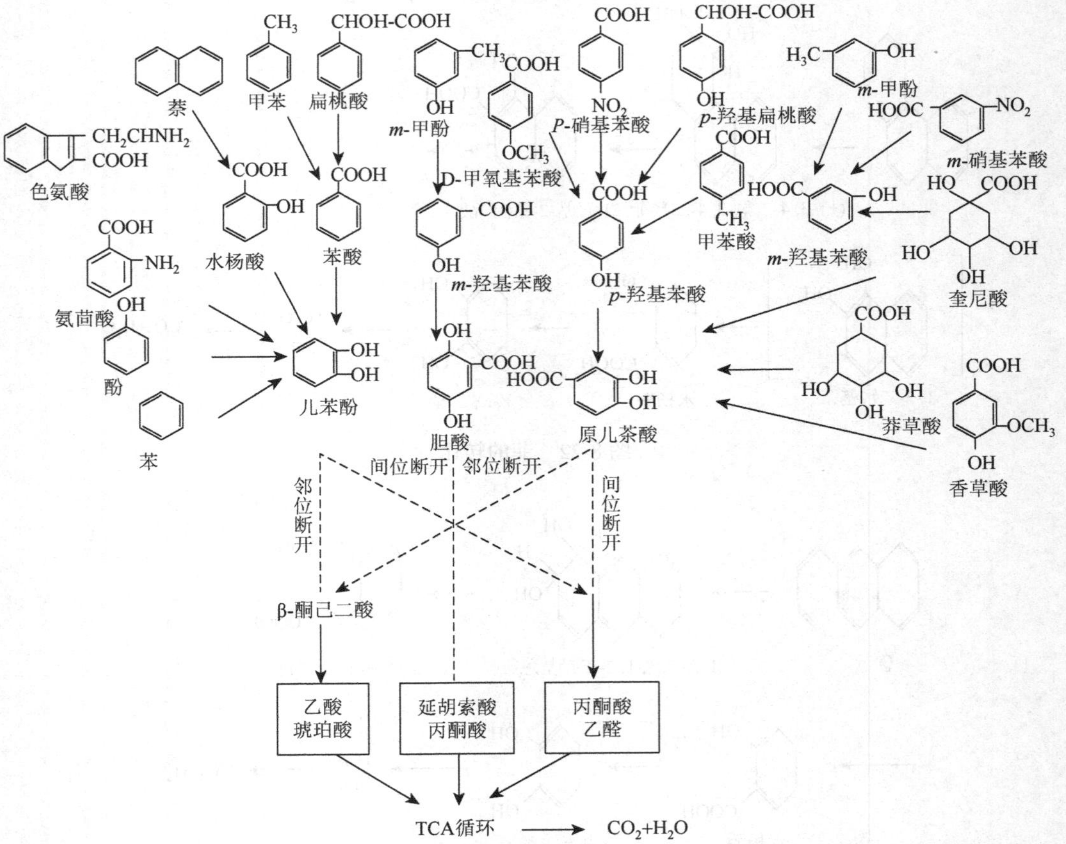

图 8-24　芳香族化合物的转化

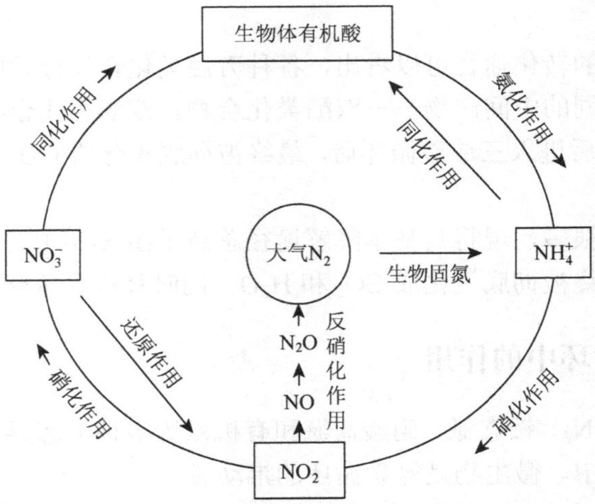

图 8-25　微生物在氮素循环中的作用

（一）固氮作用

分子态氮被还原成氨或其他含氮化合物的过程称为固氮作用（nitrogen fixation）。自然界中氮的固定有两种方式：一是非生物固氮；二是生物固氮（通过微生物固氮）。非生物固氮形成的氨化物很少。大气中 90%以上的分子态氮是由微生物固定的。

能够固氮的微生物均为原核生物，主要包括固氮菌属（*Azotobacter*）、与豆科植物共生的根瘤菌属（*Rhizobium*）、与非豆科植物共生的放线菌弗兰克氏菌属（*Frankia*）和各种蓝细菌等。

生物固氮主要通过固氮微生物体内的固氮酶（nitrogenase）催化完成。生物固氮总反应如下：

$$N_2 + 6e + 6H^+ + nATP \longrightarrow 2\,NH_3^+ + nADP + nPi$$

不同固氮微生物的固氮酶性质基本相同。固氮酶含有组分Ⅰ和组分Ⅱ两个蛋白质组分，一般称为钼铁蛋白和铁蛋白，只有二者组合在一起才成为具有固氮作用的固氮酶。钼铁蛋白和铁蛋白对氧都很敏感，会被氧钝化。在不同固氮微生物体内，存在着各自不同的防氧保护系统。好氧菌细胞内的固氮酶处于氧分压很低的微环境中，因而免遭损害；兼性厌氧菌固氮作用只发生在厌氧条件下；蓝细菌在不产氧的异形胞中进行固氮。

（二）氨化作用

所谓氨化作用（ammonification）是指含氮有机物经微生物分解产生氨的过程。氨化作用又称为有机氮的矿化作用（mineralization of organic nitrogen）。具有氨化作用的微生物称为氨化菌。

含氮有机物种类很多，主要包括蛋白质、核酸、尿素、尿酸和几丁质（壳多糖）等。含氮有机物一般来源于动植物、微生物残体及动物和微生物的排泄物。很多微生物对含氮有机物都具有很强的氨化能力，如细菌中的芽孢杆菌、梭菌、色杆菌、变形杆菌、假单胞菌、放线菌等，以及真菌中的曲霉、青霉、根霉和毛霉等。

1. 蛋白质和氨基酸的氨化

蛋白质和氨基酸主要来自于屠宰、罐头食品加工、乳品加工、制革等行业废水及生活污水。

蛋白质在微生物产生的蛋白酶作用下，在其细胞外被水解成氨基酸。氨基酸进入微生物细胞后在脱氨基酶的作用下释放出氨。

氨基酸的脱氨有氧化脱氨、还原脱氨、水解脱氨和直接脱氨等方式。不同微生物对氨基酸的脱氨方式不同。好氧微生物和兼氧微生物进行氧化脱氨；专性厌氧微生物和兼氧微生物进行还原脱氨。

（1）氧化脱氨

在有氧条件下，氨基酸氧化脱氨生成酮酸，其反应如下：

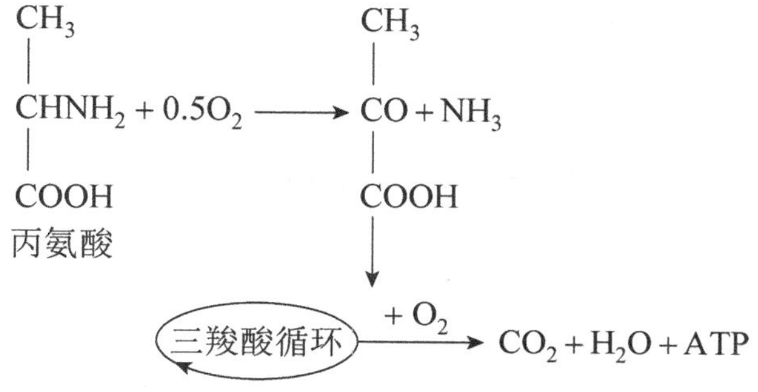

（2）还原脱氨

在无氧条件下，氨基酸还原脱氨生成饱和脂肪酸。其反应如下：

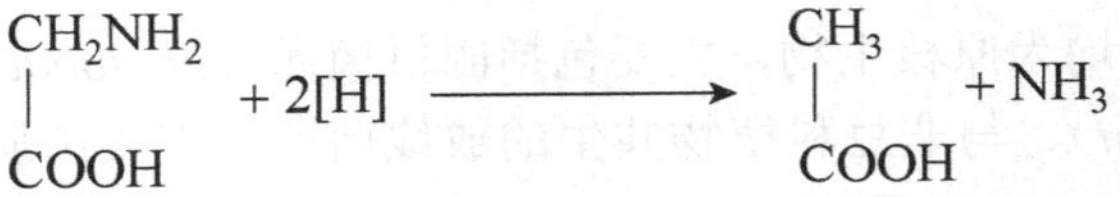

甘氨酸　　　　乙酸

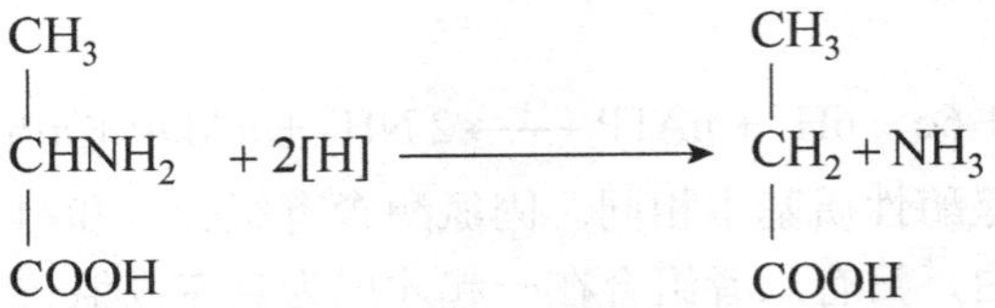

丙氨酸　　　　丙酸

（3）水解脱氨

氨基酸水解脱氨后产生羟酸，其反应如下：

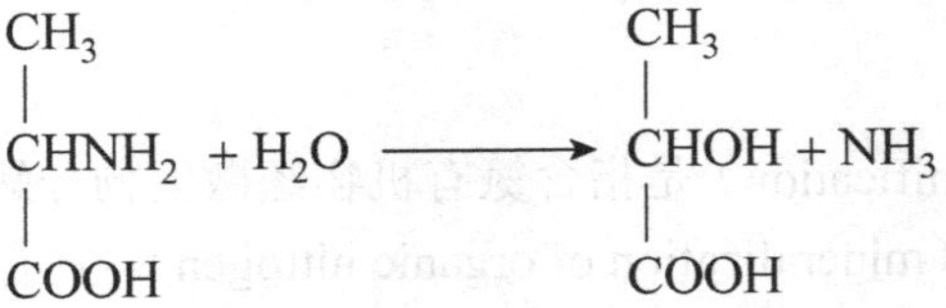

丙氨酸　　　　乳酸

（4）直接脱氨（减饱和脱氨）

氨基酸在脱氨的同时，其 α、β 碳原子之间脱氢，形成双键，结果生成不饱和脂肪酸。例如，天冬氨酸减饱和脱氨生成延胡索酸，其反应如下：

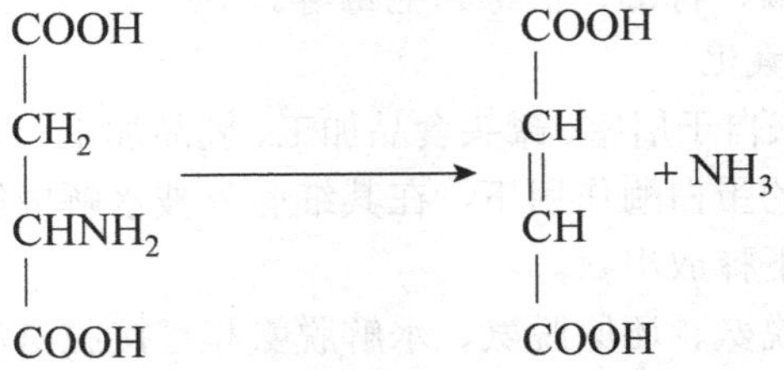

天冬氨酸　　　　延胡索酸

各种氨基酸脱氨基后的共同产物是氨，同时，产生有机酸、醇、碳氢化合物和二氧化碳等。如果是含硫氨基酸，则在脱氨的同时进行脱硫，形成硫化氢或硫醇等恶臭产物。

2. 尿素的氨化

生活污水和印染废水中都含有尿素。尿素常被作为微生物的氮源。尿素在微生物产生的脲酶的作用下，水解成碳酸铵。碳酸铵在碱性环境中很不稳定，进而分解为氨和 CO_2。

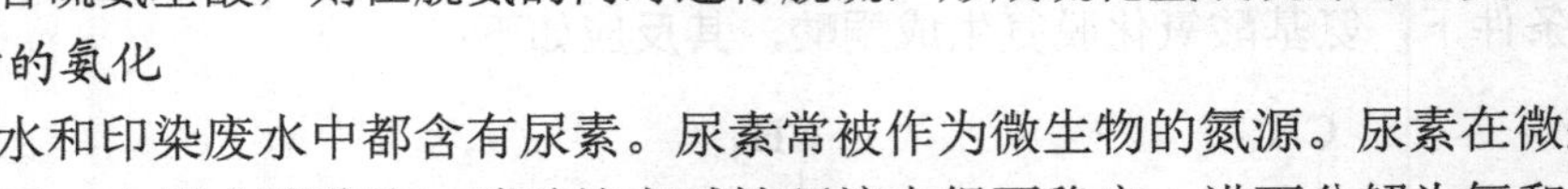

3. 核酸的氨化作用

核酸被微生物分解时，先由胞外核糖核酸酶或胞外脱氧核糖核酸酶将其降解为单核苷酸。单核苷酸进入微生物细胞后脱磷酸形成核苷，然后进一步分解，形成尿素及氨等产物。

4. 几丁质的氨化作用

分解几丁质的微生物能分泌几丁质酶，将长链几丁质水解为短链寡糖胺或几丁二糖。然后，经几丁二糖酶的作用产生*N*-乙酰葡萄糖胺。*N*-乙酰葡萄糖胺脱酰基产生葡萄糖胺及乙酸。葡萄糖胺最后脱氨基产生葡萄糖和氨。

（三）硝化作用

微生物将氨氧化成硝酸盐的过程称为硝化作用。硝化作用分两个阶段，第一个阶段是氨被氧化为亚硝酸盐。该反应由亚硝化细菌完成。亚硝化细菌主要包括亚硝化单胞菌属、亚硝化叶菌属等。氨氧化为亚硝酸盐的反应如下：

$$NH_4^+ + O_2 + 2H^+ \longrightarrow NH_2OH + H_2O \longrightarrow NO_2 + 5H^+ \qquad \Delta G = -66\text{kcal}$$

第二阶段是亚硝酸盐被氧化为硝酸盐。该反应由硝化细菌完成。硝化细菌主要包括硝化杆菌、硝化刺菌和硝化球菌等。亚硝酸盐氧化为硝酸盐的反应如下：

$$NO_2 + 0.5O_2 \longrightarrow NO_3 \qquad \Delta G = -18\text{kcal}$$

亚硝化细菌和硝化细菌在环境中是同时存在的。因此，亚硝酸盐一般不会积累。参与硝化作用的细菌对酸碱度非常敏感，其最适 pH 为 6.6～8.0。环境 pH 为 6.0 时硝化速率减慢，pH 为 4.0 时硝化反应受到抑制。硝化作用详见第六章相关内容。

（四）氮的同化作用

将铵盐和硝酸盐转化成氨基酸、蛋白质、核酸等含氮有机物的过程称为氮的同化作用。

（五）反硝化作用

反硝化作用请见第六章“硝酸盐呼吸”。

氮素循环中的氨化作用、硝化作用及反硝化作用是 A/O 工艺设计的理论基础(参见第十一章)。

三、微生物在硫素循环中的作用

硫是某些必需氨基酸、维生素和辅酶的组成成分，因此，硫是生命体所必需的营养元素。在微生物作用下，自然界的硫形成一个以有机硫和无机硫构成的硫素循环（sulphur cycle）。硫素循环包括脱硫作用、硫化作用（硫的氧化作用）、同化作用及反硫化作用。微生物参与了硫素循环的整个过程（图 8-26）。

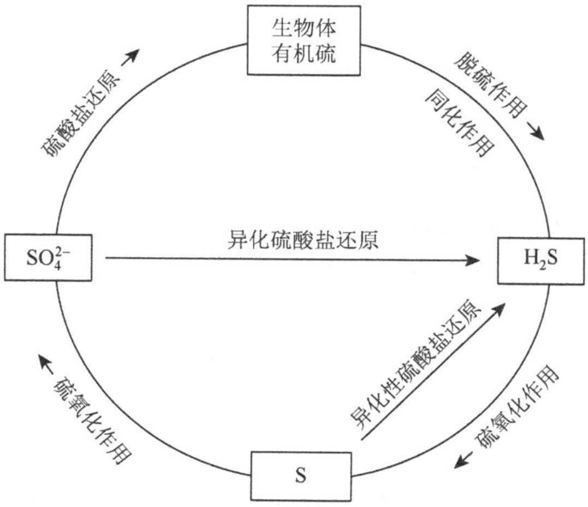

图 8-26 微生物在硫素循环中的作用

（一）脱硫作用

脱硫作用（desulfuration）指含硫有机物（如含硫蛋白质）被微生物分解产生 H_2S 的过程。参与此过程的微生物主要是异养微生物。分解含硫有机物的微生物很多，如腐生细菌、放线菌和真菌等。通常具有氨化作用的微生物都具有脱硫作用。由于含硫有机物中大多含氮，故脱硫氢基作用与脱氨基作用往往同时进行。微生物对含硫有机物的转化见图 8-27。

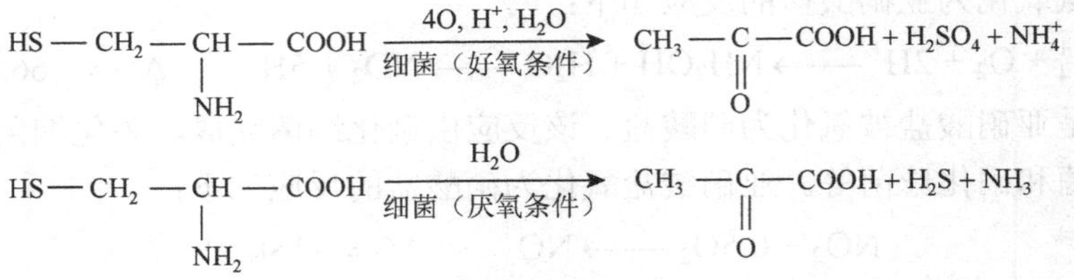

图 8-27　微生物对含硫有机物的转化

（二）硫化作用

硫化作用（sulfurication）是指还原态无机硫化物如 H_2S、S 或 FeS_2 等，在微生物作用下进行氧化生成硫酸及其盐类的过程。硫化作用又称为硫氧化作用。进行硫化作用的微生物主要是硫细菌，包括无色硫细菌和有色硫细菌两大类。

1. 无色硫细菌

无色硫细菌包括化能自养菌和化能异养菌。

（1）硫杆菌

硫杆菌属（*Thiobacillus*）是比较重要的化能自养型硫化细菌。硫杆菌是一类化能自养细菌，革兰氏阴性，无芽孢，其最适生长温度为 28～30℃。在硫杆菌中，除脱氮硫杆菌（*T. denitrificans*）是一种兼性厌氧菌外，其余都是需氧微生物。

硫杆菌能将硫化氢、黄铁矿、元素硫或硫代硫酸盐氧化为硫酸或硫酸盐，从氧化过程中获取能量，其参与的反应如下：

$$2H_2S + O_2 \longrightarrow 2H_2O + 2S + \text{能量}$$

$$2FeS_2 + 7O_2 + 2H_2O \longrightarrow 2FeSO_4 + 2H_2SO_4 + \text{能量}$$

$$2S + 3O_2 + 2H_2O \longrightarrow 2H_2SO_4 + \text{能量}$$

有的硫杆菌能忍耐低 pH 环境，常见的有氧化硫硫杆菌（*T. thiooxidans*）、氧化亚铁硫杆菌（*T. ferrooxidans*）及排硫硫杆菌（*T. thioparus*）等。硫杆菌可导致矿山产生酸性废水。

（2）丝状硫黄细菌

丝状硫黄细菌主要存在于富含 H_2S 的环境中。丝状硫黄细菌能将 H_2S 氧化为元素硫（硫粒），且元素硫会在其细胞内不断积累。当环境中缺乏 H_2S 时，丝状硫黄细菌能氧化其细胞内的硫粒以获取能量。

丝状硫黄细菌主要包括贝氏硫菌属（*Beggiatoa*）、发硫菌属（*Thiothrix*）、辫硫菌属（*Thioploca*），均为丝状菌。

2. 有色硫细菌

有色硫细菌主要指从光中获得能量，依靠体内含有的特殊光合色素，进行光合作用同化 CO_2 的硫细菌。有色硫细菌能在厌氧光照条件下进行光合作用，且不产氧气。近年来，有色硫细菌被广泛用于高浓度有机废水的处理。有色硫细菌主要分为两大类。

（1）光能自养型

光能自养型有色硫细菌在进行光合作用时，以元素硫和硫化物作为电子供体，同化 CO_2，其主要反应为

$$CO_2 + 2H_2S \xrightarrow{光} [CH_2O] + 2S + H_2O$$

$$2CO_2 + H_2S + 2H_2O \xrightarrow{光} 2[CH_2O] + H_2SO_4$$

光能自养型有色硫细菌的主要代表有着色菌属（*Chromatium*）和绿硫菌属（*Chlorobium*）。此类细菌俗称为紫硫菌和绿硫菌。

着色菌菌体呈椭圆形、豆形或杆状，革兰氏阴性，因其含有菌绿素 a 和类胡萝卜素等光合色素而使菌体呈现由橙黄色过渡至紫红色的多种颜色。

绿硫菌细胞呈杆状、椭圆形或弧形，革兰氏阴性，因其含有叶绿素 c 或 d 以及类胡萝卜素，菌体呈现由黄绿色过渡至棕褐色的多种颜色。

着色菌通常将氧化 H_2S 产生的元素硫贮存于体内，而绿硫菌则多将其排至细胞外。

（2）光能异养型

常见的光能异养型有色硫细菌大多属于红螺菌科（Rhodospirillaceae），如球形红杆菌（*Rhodobacter spheroides*）及沼泽红杆菌（*R. palustris*）等。光能异养型有色硫细菌能进行光照厌氧或黑暗微好氧呼吸，主要以简单的脂肪酸及醇等作为碳源或电子供体，也可以硫化物或硫代硫酸盐（但不能以元素硫）作为电子供体。例如，红螺细菌以异丙醇为电子供体，还原 CO_2 产生糖类物质，其反应如下：

$$CO_2 + 2(CH_3)_2CHOH \xrightarrow{光能} [CH_2O] + 2CH_3COCH_3 + H_2O$$

根据光能异养型有色硫细菌的特性，该类微生物可用于含脂肪酸及醇类等分子偏小有机物的废水的处理。

（三）无机硫的同化作用

将硫酸盐转变成还原态的硫化物，然后再固定到蛋白质等成分中，并组成自身细胞物质的过程称无机硫的同化作用。

大多数的微生物都能像植物一样利用硫酸盐作为唯一硫源，将其转变为含硫氢基的蛋白质等有机物。只有少数微生物能同化 H_2S，大多数情况下元素硫和 H_2S 等都须先转变为硫酸盐，再固定为有机硫化合物。

（四）反硫化作用

在混凝土排水管和铸铁排水管中，如果有硫酸盐存在，管的底部则常因缺氧而被还原为硫化氢。硫化氢上升到污水表层（或逸出空气层），与污水表面溶解氧相遇，被硫化细菌或硫细菌将硫化氢氧化为硫酸，再与管顶部的凝结水结合，会使混凝土管和铸铁管受到腐蚀。为了减少对管道的腐蚀，除要求管道有适当的坡度，使污水流动畅通外，还要加强管道的维护工作。

在厌氧条件下，微生物将硫酸盐还原为 H_2S 的过程称为反硫化作用。参与反硫化作用的微生物称为硫酸盐还原菌。硫酸盐还原菌主要包括脱硫弧菌属（*Desulfovibrio*）、脱硫肠状菌属（*Desulfotomaculum*）、脱硫单胞菌属（*Desulfomonas*）。此外，芽孢杆菌、假单胞菌、酵母菌的一些种也能进行硫酸盐还原。脱硫弧菌（*D. desulfuricans*）是硫酸盐还原菌的典型代表，其参与的反应为

$$C_6H_{12}O_6 + 3H_2SO_4 \longrightarrow 6CO_2 + 6H_2O + 3H_2S + 能量$$

地下铁管常处于厌气环境，由于反硫化作用而产生的 H_2S 与铁化学氧化产生的 Fe^{2+} 形成 FeS 和 $Fe(OH)_2$，从而使铁管表面产生锈蚀斑（图 8-28），这是造成铁锈蚀的主要原因。

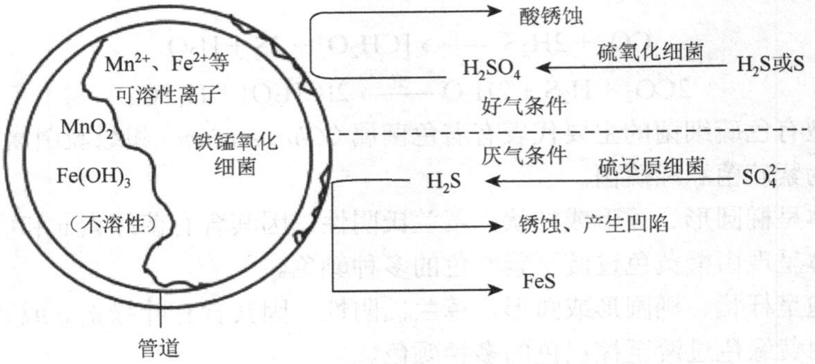

图 8-28　微生物引起的管道锈蚀

四、微生物在磷素循环中的作用

磷元素是一切生命形式中的重要元素。RNA、DNA、ATP 和细胞膜上的磷脂等都是生物体内重要的含磷化合物。

在生物圈中，磷主要以三种状态存在：①溶解状态，以溶解状态存在于水溶液中；②结合状态，在生物体内与大分子物质结合；③非溶解状态，不溶解的磷酸盐大部分存在于沉积物内。

自然界中的磷素主要通过 4 种途径进行转化，即有机磷的矿化、磷的同化、难溶无机磷溶解及磷酸盐的还原。微生物参与的磷素循环（phosphorus cycle）见图 8-29。

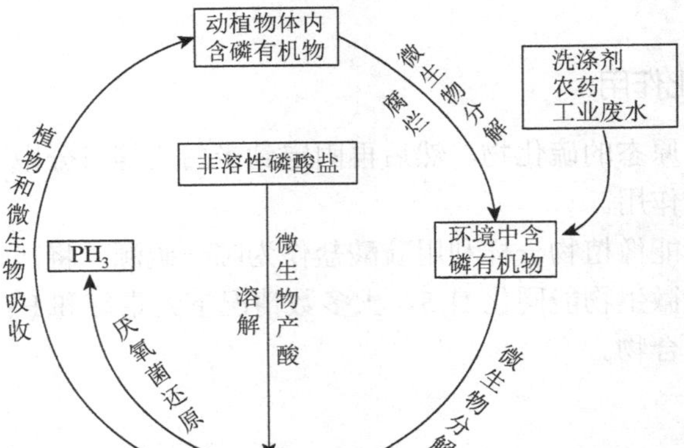

图 8-29　微生物在磷素循环中的作用

1. *有机磷的矿化*

有机磷被微生物分解产生磷酸或可溶性磷酸盐的过程称为有机磷的矿化。有机磷的矿化是伴随着有机硫和有机氮的矿化进行的。许多异养微生物在降解有机碳化物的同时也能分解有机磷化物。某些具有氨化作用的微生物，包括细菌、放线菌、真菌中的许多类群都具有有机磷化物的矿化作用。其代表性的微生物包括解磷巨大芽孢杆菌（*Bacillus megatherium* var. *phosphoticum*）、蜡状芽孢杆菌（*B. cereus*）及假单胞菌属的一些种。

2. 磷的同化

可溶性磷酸盐被植物、藻类及其他微生物吸收后转变为有机磷（如卵磷脂、核酸及 ATP 等）的过程称为磷的同化或磷的固定。

3. 难溶性无机磷的溶解

植物只能利用可溶性的磷酸盐作为磷源。土壤微生物可通过两种途径使难溶性无机磷溶解。

a. 微生物可分别通过硝化作用、硫化作用和呼吸作用产生硝酸和硫酸及 CO_2。CO_2 溶于水生成碳酸等。硝酸、硫酸和碳酸均可使难溶性的磷酸三钙、磷灰石中的磷转化成可溶性磷酸盐。反应如下：

$$Ca_3(PO_4)_2 + 2H_2SO_4 \longrightarrow Ca(H_2PO_4)_2 + 2CaSO_4$$

$$Ca_3(PO_4)_2 + 4H_2CO_3 + H_2O \longrightarrow Ca(H_2PO_4)_2 \cdot H_2O + 2Ca(HCO_3)_2$$

因此，通过微生物产酸，使环境 pH 降低，从而增加磷酸盐的可溶性。

b. 在厌氧条件下，有些微生物能使 Fe^{3+}转变为 Fe^{2+}，由不溶性的磷酸铁转变为磷酸亚铁，以提高其溶解度。另外，反硫化作用中产生的 H_2S 可与磷酸铁作用生成硫化亚铁和连二磷酸盐，也能使其溶解性增加。

4. 磷酸盐的还原

在厌氧条件下，磷酸盐被梭状芽孢杆菌、大肠杆菌等还原可形成 PH_3。其反应如下：

$$H_3PO_4 \rightarrow H_3PO_3 \rightarrow H_3PO_2 \rightarrow PH_3$$

微生物在整个自然界生态系统中发挥重要作用。它们彼此相互协同，相互依存，相互配合，将进入环境中的物质不断地分解与转化，使环境总是保持一种相对“洁净”的状态，共同维护着生态系统的相对平衡，并共同推动着自然界的物质循环。微生物之间的关系以及微生物在自然界物质循环中的作用是污染控制工程设计的重要理论依据。

思　考　题

1. 微生物在自然环境中的分布对污染控制有何意义？
2. 微生物生态系统的功能是什么？
3. 什么是种群？什么是群落？
4. 请解释微生物群落的概念及微生物群落结构的组成。
5. 什么是生态系统？
6. 简述生态系统的组成与功能。
7. 微生物在生态系统中有何作用？
8. 简述生态平衡的概念。
9. 举例说明微生物之间的相互作用关系。
10. 微生物在碳素循环中有哪些作用？
11. 微生物在氮素循环中有哪些作用？
12. 微生物在硫素循环中有哪些作用？
13. 请举例说明微生物之间的关系，以及微生物在自然界物质循环中的作用对污染控制工程设计的意义。

第三篇　微生物净化原理在污染控制中的应用

✧ **本篇内容提要：**

本篇以废水生物处理为例讨论微生物净化原理在污染控制工程中的应用。主要内容包括有机废水好氧生物处理、有机废水厌氧生物处理、含氮废水的生物脱氮与含磷废水的生物除磷。

在第二篇有关微生物的净化原理中，讨论了微生物的营养、微生物对物质代谢的酶、微生物的代谢、微生物的生长与繁殖及微生物生态。我们通过第二篇的学习了解到，微生物将进入环境的物质作为营养物加以吸收（小分子物质直接进入微生物细胞，而大分子物质经胞外酶水解为小分子后进入微生物细胞）。微生物将进入细胞的物质在酶的催化作用下经过分解代谢将其分解。同时，利用分解过程产生的能量经过合成代谢合成新细胞，即微生物将进入环境的物质转化为自身细胞，物质得到降解，环境得到净化。在此过程中，微生物群体不断生长。净化过程是由多种微生物参与并相互配合完成的。

污染生物控制工程是微生物的上述作用在污染治理中的应用。所不同的是，自然环境中微生物的净化作用是自发进行的，而在污染控制中，需借助于一定的构筑物，通过对微生物实施人工强化进行。

在绪论中已经讲过，某环境之所以变为污染环境，是因为进入该环境的物质的量过大了，超过了该环境微生物的净化能力。若要消除污染，使环境达到净化状态，不仅要利用自然环境中微生物的净化作用，而且必须对微生物施加帮助，加强微生物的力量。因此，污染生物控制工程是对天然环境中微生物净化作用的模拟与强化，即按污染性质与程度，根据天然环境中微生物的净化机制，通过人工强化手段，为其创造适宜条件，使之充分发挥作用，从而消除污染。

利用微生物净化废水的方法称为废水生物处理法。废水生物处理根据供氧情况分为好氧生物处理和厌氧生物处理等。

好氧生物处理一般用于处理低浓度有机废水。厌氧生物处理通常用于处理高浓度有机废水、有机污泥及有机垃圾等。

9

第九章　有机废水好氧生物处理

➢ **内容提要：**

本章阐述了有机废水好氧生物处理的生物学基本过程、废水中有机污染物好氧分解生化机制[包括有机污染物经过酵解、三羧酸（TCA）循环及氧化磷酸化 3 个阶段]及有机废水好氧生物处理工艺。

有机废水的好氧生物处理是对天然环境中好氧微生物在有氧条件下将有机物氧化分解为 CO_2 和 H_2O 等简单无机物这一作用的“模拟”与“强化”。微生物实现这一作用的关键是“O_2”。“O_2”是有机物氧化分解的最终电子受体。

有机废水的好氧生物处理的模拟方式在工艺上具体体现在：设计并构建开放式人工污水处理系统，即使处理系统与大气联通。而强化方式具体体现在：通过设备（如气泵）向系统中曝气，充氧，以大量补充电子受体——O_2。

第一节　有机废水好氧生物处理原理

一、参与有机废水好氧生物处理的微生物

参与有机废水好氧生物处理的微生物有细菌（包括严格好氧菌和兼氧菌）、真菌、藻类、原生动物及微型后生动物等。它们彼此之间呈食物链关系。

细菌和真菌参与废水中有机物的降解。其中，细菌是主力军，在有机物降解中起主要作用。废水有机物降解菌属于异养菌。其处于食物链的前端。在有机废水好氧生物处理过程中，藻类数量相对较少，为非优势微生物。原生动物除对有机物具有一定的降解作用外，与微型后生动物一样，还具有吞食作用。原生动物可吞食细菌、真菌及藻类，而微型后生动物则以原生动物为食。吞食作用可减少食物链前端微生物因残留所带来的污染，以进一步提高水的净化程度。

二、有机废水好氧生物处理的生物学基本过程

1. 胞外水解

小分子有机物可直接进入微生物细胞。但大分子有机污染物必须在微生物分泌的胞外酶的作用下水解为溶解性小分子物质才能进入细胞。

2. 胞内代谢

溶解性小分子污染物进入微生物细胞后，通过微生物的代谢被降解。其代谢包括有氧分解与同化合成。

（1）有氧分解

有氧分解是指参与废水中有机污染物降解的微生物（主要是细菌）将吸收到体内的有机物最终转化为 CO_2 和 H_2O 等简单无机物并获得能量（ATP）的过程。

（2）同化合成

同化合成是指微生物利用有机污染物氧化分解过程中获得的能量，将有机物氧化分解产生的一部分中间产物转化为自身细胞结构物质，形成新生命体的过程。

有氧分解即从大分子有机污染物到小分子无机氧化物（终产物）并伴有能量产生的过程。同化合成即从小分子到微生物新生命体诞生并伴随能量消耗的过程。同化合成过程需要的能量来自有氧分解过程。同化合成过程中需要的小分子也来自有氧分解过程。但需要指出的是，同化合成所需的小分子并非有氧分解过程的终产物（CO_2 和 H_2O 等简单无机氧化物），而是有机污染物氧化分解过程中产生的中间产物。

有氧分解与同化合成是两个方向完全相反的过程。但二者又是统一的过程，即二者既矛盾又统一，紧密关联，相互依存，伴随进行。有机废水的好氧生物处理正是通过微生物的这种有氧分解与同化合成的代谢方式来实现的。

经过好氧生物处理，一部分有机污染物被彻底降解，而另一部分转化为微生物细胞。

新形成的微生物生命体按食物链等关系，可促使其他微生物生长与繁殖，多种微生物彼此相互协调，共同组织形成具有一定结构和功能的生态系统——活性污泥或生物膜（有关活性污泥和生物膜分别于下文讨论）。活性污泥或生物膜中的微生物继续发挥降解作用。伴随有机污染物的降解，总有新生命的产生，如此循环往复，使废水得到连续处理。

有机废水好氧生物处理的生物学基本过程见图 9-1。

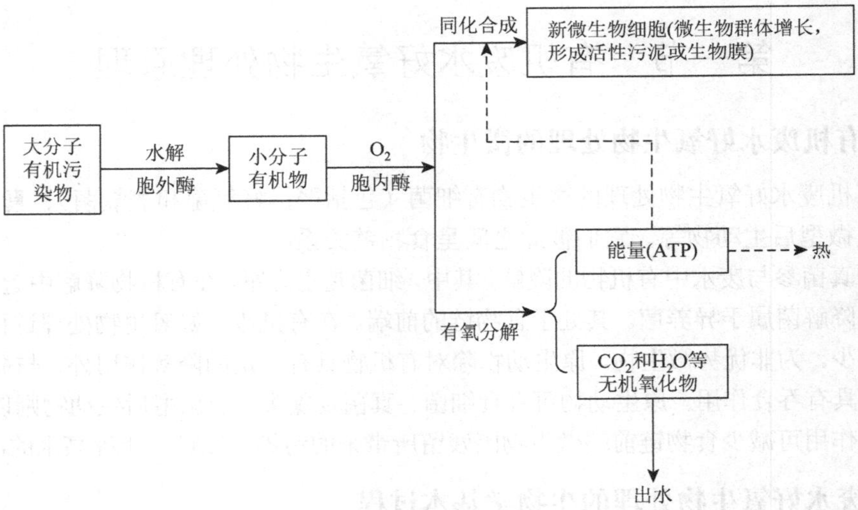

图 9-1　有机废水好氧生物处理的生物学基本过程

三、微生物对废水中有机污染物的好氧分解机制

有机废水好氧生物处理依据的是第六章讲到的异养微生物对有机物的有氧分解（有氧呼吸）。在有氧条件下，废水中有机污染物彻底降解为 CO_2 和 H_2O，同时合成新细胞物质，进

而形成新细胞（污泥或生物膜）。其分解过程包括胞外水解、酵解、三羧酸（TCA）循环及氧化磷酸化 4 个阶段（图 9-2）。

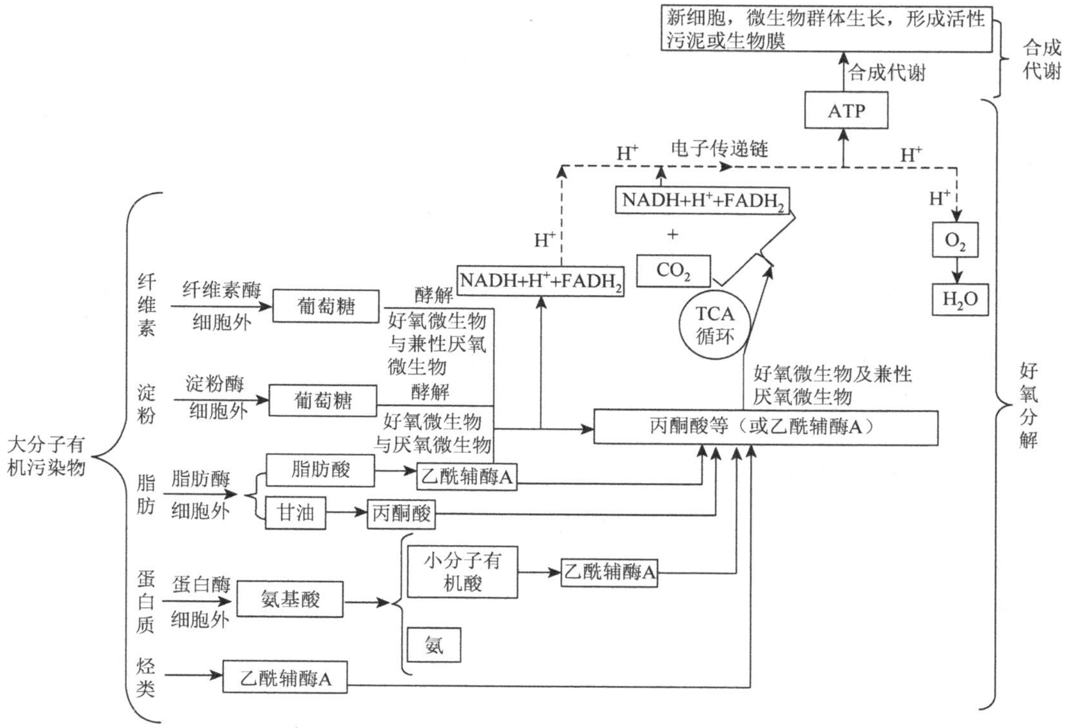

图 9-2　微生物对废水中有机污染物好氧分解机制

（一）有机污染物的分解

1. 胞外水解

废水中大分子污染物如淀粉、纤维素、脂肪和蛋白质等必须先在微生物细胞外水解，如淀粉和纤维素等必须水解为单糖或双糖，脂肪水解为脂肪酸和甘油，蛋白质水解为氨基酸后才能进入微生物细胞。

2. 酵解

通常所谓的酵解即指葡萄糖到丙酮酸的途径。为了方便讨论，在此，将凡是生成丙酮酸和乙酰辅酶 A 的生化途径均视为酵解。

小分子有机物进入微生物细胞后在胞内酶的作用下继续降解。单糖等小分子糖类经过酵解（EMP）途径降解为丙酮酸。在此过程中进行氧化脱氢，脱下的氢交给脱氢酶的辅酶 NAD^+ 生成 $NADH + H^+$。丙酮酸再经过脱羧生成乙酰辅酶 A。在丙酮酸脱羧的同时进行氧化脱氢，脱下的氢交给脱氢酶的辅酶 NAD^+生成 $NADH + H^+$。

脂肪酸经过 β-氧化生成乙酰辅酶 A（乙酰 CoA）。此过程伴随氧化脱氢反应，脱下的氢交给脱氢酶的辅酶 FAD 生成 $FADH_2$。

甘油形成磷酸-2-二羟丙酮进入酵解途径降解成丙酮酸。在此过程中也进行氧化脱氢，脱下的氢交给脱氢酶的辅酶 NAD^+生成 $NADH + H^+$。

氨基酸脱氨，形成不同的酮酸，有的通过酵解途径形成丙酮酸，有的直接进入三羧酸循环。大部分烃类一般可转化为乙酰辅酶 A 等。

至此，废水中的多糖、脂肪和蛋白质这些污染物经过水解进入微生物细胞后经过酵解都分解成了乙酰辅酶 A、$NADH + H^+$和 $FADH_2$。那么，乙酰辅酶 A 和 $NADH + H^+$与 $FADH_2$ 又分别如何继续进行氧化分解呢？

3. 三羧酸循环

乙酰辅酶 A 进入三羧酸循环后发生氧化与脱氢反应。脱下的氢交给脱氢酶的辅酶 NAD^+ 或 FAD 生成 $NADH + H^+$或 $FADH_2$。“乙酰辅酶 A”这个二碳分子中的“C”原子都被氧化为 CO_2，共产生两个 CO_2 分子。

4. 氧化磷酸化

无论在酵解过程还是在三羧酸循环过程中，产生的 $NADH + H^+$或 $FADH_2$ 上的氢和电子都要沿着电子传递链（呼吸链），向着氧分子（O_2）这个最终电子受体的方向传递（请参阅第六章相关内容），最后二者结合形成 H_2O。氢和电子传递至 O_2 的过程即氧化过程。该过程伴随能量的产生。所产生的能量通过磷酸化形成 ATP 加以储存，以备新细胞合成之用。

（二）活性污泥或生物膜的形成

异氧微生物利用分解代谢产生的部分中间代谢产物、ATP 和还原力[H]等合成细胞各种组分。其相关内容请参阅第六章“异养微生物的合成代谢”。这里需要特别强调的是 ATP 的作用。

ATP 具有能量转换作用，其既能将分解代谢产生的能量加以储存，又能将所储存的能量释放，用于合成代谢，形成新的细胞。新形成的微生物细胞参与后续污染物的降解。微生物不断生长繁殖，数量不断增加，使进入处理系统的废水不断得到净化。

在污染控制工程中，大量新生微生物个体的集合即活性污泥或生物膜。新生微生物（活性污泥或生物膜）的不断形成是处理系统连续运行的保证。实现从有机污染物到活性污泥或生物膜转换的关键是 ATP。ATP 是连接有机污染物分解与新生微生物的纽带。可以说，ATP 的形成与利用（能量转换作用）是处理系统连续不断地将污水净化的根本保证。

第二节　有机废水好氧生物处理工艺

利用好氧微生物与兼氧微生物开展的废水处理工艺即废水好氧生物处理；而利用厌氧微生物与兼氧微生物开展的废水处理工艺即废水厌氧生物处理。有机废水处理方法包括好氧活性污泥法和好氧生物膜法。

活性污泥法和生物膜法是根据微生物在废水生物处理系统中的存在状态划分的。微生物在处理系统中呈悬浮状态存在的为活性污泥法。活性污泥法是对天然水体自净作用的模拟与强化。微生物在处理系统中于载体上附着生长的为生物膜法。生物膜法是对天然条件下土壤自净作用的模拟与强化。

好氧活性污泥法是由英国的克拉克（Clark）和盖奇（Gage）于 1914 年发明的。好氧活性污泥法是有机废水处理中应用最为广泛的方法之一。

（一）活性污泥的概念、其中的微生物与结构

1. 活性污泥的概念

好氧活性污泥是由微生物与废水中的有机物等交织在一起形成的絮状体或称绒粒。

活性污泥的形成是一种自然现象。例如，向一桶污水中不断通入空气，经过一定时间后，就会出现褐色絮花状的泥粒。通过显微观察发现，污泥絮体中存在多种微生物。这就是典型的好氧活性污泥。

2. 好氧活性污泥中的微生物

活性污泥中的微生物主要是细菌，此外，还有真菌（酵母与霉菌）、原生动物和微型后生动物等。

（1）细菌

细菌是活性污泥中降解有机污染物的主力军。在活性污泥絮体中，占优势的属于分类学上的细菌包括假单胞菌属（*Pseudomonas*）、无色杆菌科（Acthromobacteraceae）、棒状杆菌科（Corynebacteriaceae）、黄杆菌属（*Flavobacterium*）、中间埃希氏菌（*E. intermedia*）、生枝动物胶菌（*Zoogloea ramigera*）、放线形诺卡氏菌（*Nocardia actinomorphya*）、蜡状芽孢杆菌（*Bacillus cereus*）、粪产气副大肠杆菌（*Pseudomonas aerogenoides*）、大肠杆菌、产碱杆菌属（*Alcaligenes*）、产气气杆菌（*Aerobacter aerogenoides*）和变形菌类等。

在活性污泥中，有两类比较重要的细菌：一类是与活性污泥核心结构——菌胶团形成有关的细菌，称为菌胶团细菌，这类细菌通常带有荚膜或黏液层；另一类是丝状细菌，丝状细菌在活性污泥中可交叉于菌胶团之间，或附着生长于活性污泥表面，少数种类可游离于污泥絮粒之间。丝状细菌具有很强的氧化分解有机物的能力，起一定的净化作用。但当其数量超过菌胶团细菌的数量时，可使污泥絮凝体的沉降性能下降，严重时会引起污泥膨胀，影响出水水质。常见的属于分类学上的丝状菌有浮游球衣菌（*Sphaerotilus natans*）、贝硫细菌属（*Beggiatoa*）、发硫细菌属（*Thiothrix*）、透明颤菌属（*Vitreoscilla*）、亮发菌属（*Leucothrix*）和线丝菌属（*Lineola*）等。

（2）真菌

活性污泥中有少量真菌。真菌虽不占优势，但在废水净化过程中发挥一定作用。在某些含碳量较高或 pH 较低的工业废水处理系统中，真菌数量相对较多。活性污泥中存在的真菌以霉菌为主，常见的属于分类学上的霉菌有毛霉属（*Mucor*）、根霉属（*Rhizopus*）、曲霉属（*Aspergillus*）、青霉属（*Penicillum*）、镰刀霉属（*Fusarium*）、漆斑菌属（*Myrothecium*）、黏帚霉属（*Gliocladium*）、瓶霉属（*Phialophora*）、芽枝霉属（*Cladosporium*）、短梗霉属（*Aureobasidium*）、木霉属（*Trichoderma*）和头孢霉属（*Cephalosporium*）等。

（3）原生动物

活性污泥中常见的属于分类学上的原生动物有鞭毛虫类、肉足虫类、纤毛虫类及吸管虫类等。原生动物既具有废水净化作用，又具有良好的指示作用。

曝气池启动初期或运行不良时，以鞭毛类和根足虫类为主，只有少量纤毛虫；净化良好时，曝气池中以纤毛虫为主，只有少量鞭毛虫和变形虫；系统恶化时出现波多虫等；活性污泥由恶化恢复到良好时主要出现的是漫游虫等；活性污泥解体时出现辐射变形虫等；较长时间过度曝气时出现变形虫等；废水浓度过低时出现游仆虫等；有毒物质进入处理系统时楯纤虫急剧减少。

（4）微型后生动物

在成熟活性污泥中会有微型后生动物如轮虫、线虫、颤蚯蚓、甲壳动物及小昆虫等出现。活性污泥中轮虫出现时，通常表明水质较好。但当轮虫数量过多时，则可能造成污泥结构的破坏，使污泥松散上浮。活性污泥中常见的线虫有双胃虫属、小杆属、干线虫属及矛线虫属等。

3. 好氧活性污泥中微生物之间的关系

好氧活性污泥中微生物之间的关系见图 9-3。从图 9-3 中可以看出，活性污泥中的细菌以有机物为食，原生动物以细菌为食物，后生动物以细菌和原生动物为食物。它们通过食物链关系构成了一个相对稳定的生态系统。

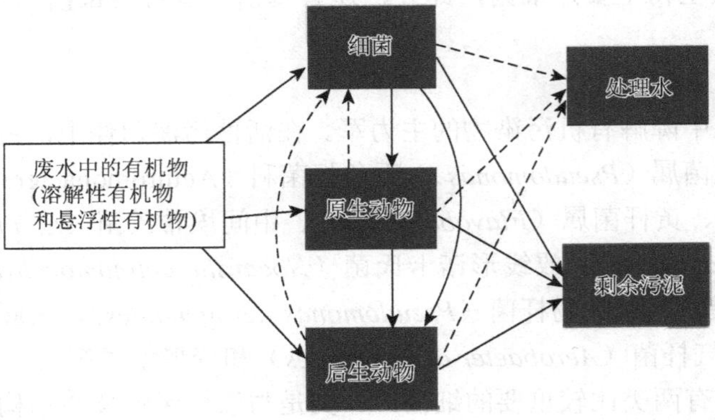

图 9-3　好氧活性污泥中微生物之间的关系

异养细菌是有机污染物主要降解菌。异养细菌分为初级异养细菌和次级异养细菌。前者主要降解原始污染物，而后者则以前者的代谢产物为食将其进一步降解。这些微生物之间存在偏利共生或互生关系。

在活性污泥微生物群落中，原生动物和微型后生动物是以细菌为食的捕食者。目前，在活性污泥中发现有 230 多种原生动物。其中，纤毛虫几乎都以细菌为食。由于原生动物及微型后生动物的数量随运行条件及水质的变化而变化。因此，可以通过原生动物及微型后生动物的种类来判断处理水质的好坏程度。

活性污泥中也存在有害微生物。所谓“有害”微生物是指那些达到一定数量时就会干扰活性污泥处理系统正常运行的微生物。

通常认为，丝状细菌和真菌对污泥沉淀有一定影响。即使丝状菌的数量在全部微生物中所占比例很小时，污泥絮体的实际密度也会下降。特别是当丝状菌大量繁殖时，污泥很难沉降，最终影响出水水质。该现象通常叫作丝状菌污泥膨胀（简称污泥膨胀）。目前已知引起污泥膨胀的丝状菌有大约 30 种。

4. 好氧活性污泥的结构

活性污泥中央是菌胶团。菌胶团是好氧活性污泥的结构与功能中心。菌胶团具有很强的吸附并分解有机物的能力。菌胶团细菌（主要是异养细菌）与其外面的微生物构成了一个稳定的生态系统。菌胶团一旦受到破坏，活性污泥对有机物的去除率就会明显下降。此外，菌胶团还为其他微生物提供了良好的生存环境。

（二）好氧活性污泥法的净化过程

好氧活性污泥净化过程包括吸附、分解同化及泥水分离三个阶段。

1. 活性污泥对有机物的吸附

在气相与固相界面上，物质因物理及化学作用而被浓缩的现象称为吸附。活性污泥对有机物的吸附即有机物在活性污泥表面的浓缩。在吸附初期，有机物被大量吸附，其去除速度较快。废水与活性污泥在开始接触的5～10min内，水中的BOD明显下降。

2. 有机物的分解与同化

有机物的分解与同化即前面所讲到的有氧分解与同化合成。被活性污泥吸附的有机物作为微生物的营养物，一部分被微生物分解为CO_2和H_2O等无机物；另一部分被同化利用，用于合成新细胞。其机制请见本章“废水中有机污染物好氧分解生化机制”。与吸附阶段相比，该阶段对有机物的去除速度相对较慢。

3. 泥水分离

活性污泥除应具备良好的吸附性能与较强的氧化分解能力外，还必须具有良好的沉降性能。只有具有良好沉降性能的活性污泥进入二沉池后才能有效沉降，与水进行很好的分离，以确保出水水质。

根据微生物群体生长规律，在其对数期，微生物繁殖速度快，活性污泥沉淀性能较差。当微生物增殖处在稳定期及接近内源呼吸期时，活性污泥的吸附与沉淀性能良好。因此，在实际生产中，利用活性污泥法进行有机废水处理时，通常利用微生物群体增长的稳定期到内源呼吸期。

（三）活性污泥法的优势

活性污泥是由被处理的废水本身培养的。污泥中的微生物是有“活性”的，能自我繁殖。活性污泥法无须额外投入，系统可保证连续运行。因此，活性污泥法与化学法相比，具有成本低廉、无二次污染等显著优势。

（四）活性污泥法工艺

1. 普通活性污泥法

普通活性污泥法又称传统活性污泥法。其工艺流程如图9-4所示。废水从曝气池的首端进入，呈推流式至曝气池末端流出。活性污泥对有机物的吸附、分解和同化都是在曝气池内完成的。

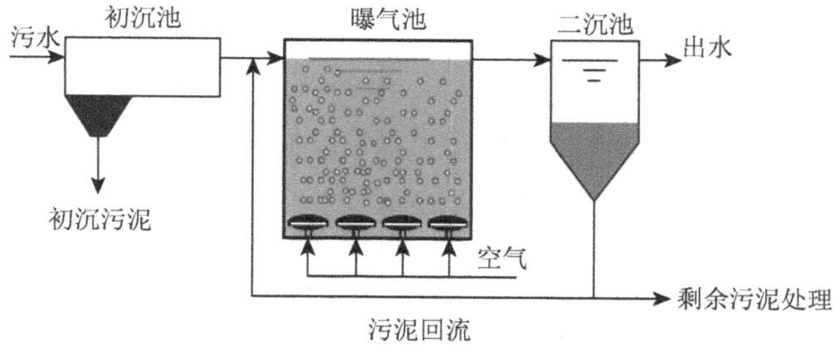

图9-4　普通活性污泥法工艺

（1）普通活性污泥法的工艺过程

废水先通过初沉池，除掉大部分悬浮固体。然后，进入带有曝气装置的曝气池。活性污泥在曝气池中将废水中的有机污染物降解，并产生新的活性污泥。

废水在曝气池中与微生物充分作用，将污染物降解后流入二沉池。在二沉池进行泥水分离，废水得到净化。沉淀下来的污泥一部分回流到曝气池（补种，即补充新菌种），一部分作为剩余污泥排放。

曝气池为长方形，沿曝气池池长方向均衡等量地曝气，有机污染物在曝气池中被活性污泥吸附并分解。该工艺处理效果较好，一般 BOD_5 去除率为 90%～95%，适用于处理水质比较稳定的废水。

（2）普通活性污泥法的特点

在曝气池进口端，有机物浓度高，微生物生长较快；而在曝气池末端，有机物浓度低，微生物生长缓慢，甚至处于内源呼吸期，即活性污泥于曝气池首端增长速率较快，而在曝气池末端增长率很慢。沿整个曝气池的长度方向，从首端至末端的不同区间，微生物生长分别处在生长曲线的不同阶段。

（3）普通活性污泥法的缺点

普通活性污泥法的缺点：①曝气池首端有机物负荷率高，耗氧速率也高，易出现缺氧状态；②耗氧速率与供氧速率难以沿曝气池长吻合一致，在池前端易出现耗氧速率高于供氧速率的现象，而池后端又会出现溶解氧过剩的现象；③一般曝气池容积较大，占地面积大，基建费用高。

2. 改进型的活性污泥法

针对普通活性污泥法存在的问题，对该工艺进行了改进。改进后的工艺有完全混合式活性污泥法、渐减曝气活性污泥法等。

（1）完全混合式活性污泥法

废水进入曝气池后迅速与废水充分混合，使曝气池中各处的水质基本相同。完全混合式活性污泥法工艺见图 9-5。

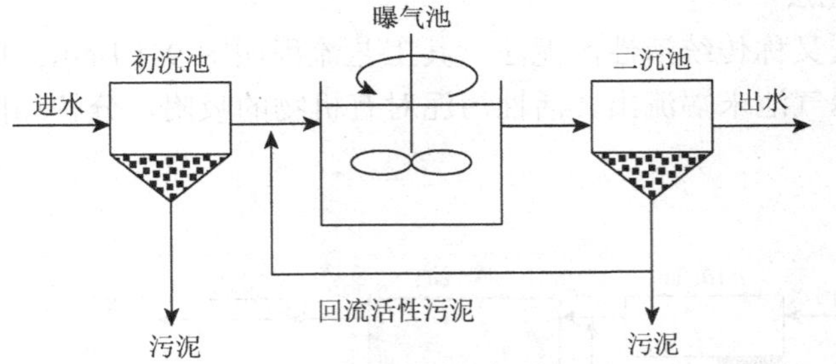

图 9-5　完全混合式活性污泥法工艺

1）完全混合式活性污泥法的工艺特点　①废水在曝气池中均匀分布，全池有机物浓度比较均匀。该工艺耐冲击负荷能力较强，适用于处理工业废水，特别是浓度较高的工业废水。②曝气池内微生物群体的组成和数量几乎一致，且活性污泥微生物处于生长曲线上的某一个时期。③曝气池内氧气浓度保持均匀一致。

2）完全混合式活性污泥法的主要缺点　由于污水在曝气池内的停留时间较短，细菌始终处于某个生长期。为了维持系统高速运行，微生物处于对数生长期内，废水中的有机污染物降解不彻底，导致出水水质较差，且存在因丝状菌过度生长而导致的污泥膨胀等问题。

（2）渐减曝气活性污泥法

渐减曝气活性污泥法是针对传统活性污泥法中有机物浓度与溶解氧问题的一种改进工艺。渐减曝气活性污泥法工艺见图 9-6。其主要特点：①曝气器布置合理。从曝气池首端到末端采用不同的供气量。前端供氧量大，后端供氧量小。其不仅能够充分合理地发挥微生物的降解作用，而且可降低能耗。②活性污泥浓度沿池长逐步降低，进入二沉池的污泥浓度较低，有效地降低了二沉淀池的负荷，有利于提高泥水分离效果。

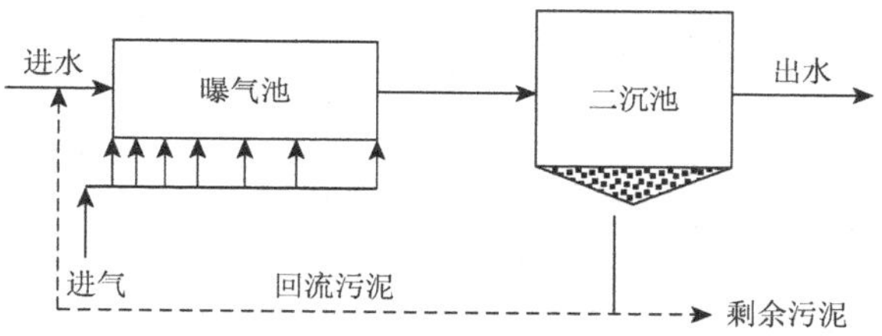

图 9-6　渐减曝气活性污泥法工艺

（3）吸附-生物降解工艺（AB 法）

AB 法是由德国亚琛大学博恩克（Bohnke）教授于 20 世纪 70 年代开发的一种新型废水好氧生物处理工艺。其工艺流程如图 9-7 所示。

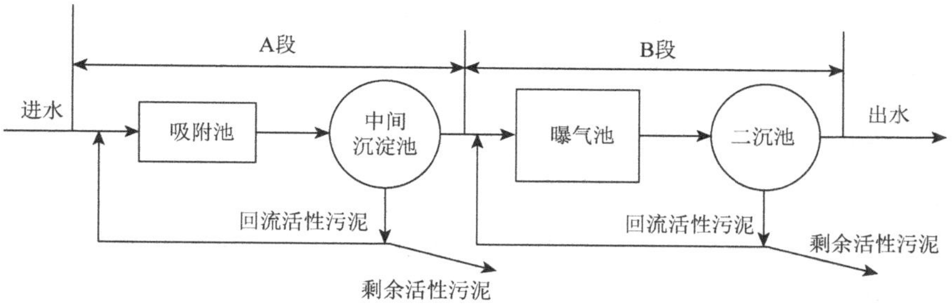

图 9-7　AB 法工艺流程

AB 法是将活性污泥法系统分为两段，即 A 段（吸附池和中间沉淀池）和 B 段（曝气池和二沉池）。A 段和 B 段串联，并分别设置独立的污泥回流系统。

1）AB 法工艺过程　　废水先进入 A 段吸附池，在吸附池利用活性污泥的吸附作用对废水中的有机污染物进行吸附。自吸附池流出的废水混合液在中间沉淀池进行泥水分离。沉淀下来的污泥一部分回流至吸附池，一部分作为剩余污泥排放。中间沉淀池的出水流至 B 段曝气池作进一步处理。在 B 段曝气池充分利用活性污泥微生物的氧化分解与同化作用，将污染物分解并合成新细胞。从曝气池流出的混合液在二沉池进行泥水分离。沉淀下来的污泥一部分回流至曝气池，另一部分作为剩余污泥排放。出水达标排放。

2）AB 法的特点　　A 段污泥负荷高，为普通活性污泥法的 10～20 倍，主要以吸附方式将有机物去除。A 段适于处理浓度较高的废水。B 段污泥负荷较低，主要以氧化分解方式将有机物去除。废水经 A 段处理后，使 B 段的可生化性提高。因而，通过该工艺可取得比较理想的处理效果。

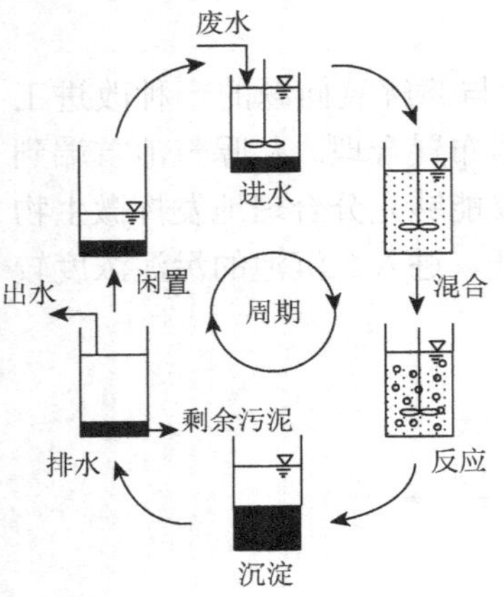

图 9-8　SBR 工艺

（4）序批式活性污泥法

序批式活性污泥法（sequencing batch reactor，SBR）又称间歇式活性污泥法。该工艺将曝气池与沉淀池合二为一，生化反应分批进行。其基本周期包括进水与混合、反应、沉淀、排水和闲置 5 个阶段。SBR 工艺见图 9-8。

阶段Ⅰ为进水期，污水在此阶段进入处理池；阶段Ⅱ为反应期，在此阶段既不进水也不排水，在好氧曝气或厌氧搅拌条件下，通过好氧、缺氧与厌氧交替过程使有机污染物得到降解；阶段Ⅲ为沉淀期，在此阶段既不进水也不排水，反应池处于静沉状态，使泥水得到充分分离；阶段Ⅳ为排水期，在该期内，将分离出的上清液排出；阶段Ⅴ为闲置期。处理系统在该期内处于待机状态。SBR 工艺的主要特点：①设备构造简单，投资少；②SBR 工艺由于采用间歇方式，极大提高了操作的灵活性；③活性污泥性能良好，抗冲击能力强；④SBR 工艺的缺氧-厌氧-好氧过程的交替，提高了难降解有机物的降解率；⑤对氮、磷及硫的脱除效果明显，特别适合处理浓度高、排放量小的工业有机废水。

（5）延时曝气活性污泥法

延时曝气活性污泥法又名完全氧化活性污泥法。其主要特点：有机物浓度与微生物浓度之比（F/M）很低，但曝气时间较长，大都在 24h 以上，污泥中的微生物长时间处于内源呼吸阶段。由于内源呼吸作用，微生物细胞进行自我消耗，故该工艺剩余污泥量较小。

但由于曝气时间长，故其具有池容大、基建费和运行费用都比较高、占地面积大等缺点，该方法仅适用于废水量较小的企业。

（五）活性污泥工艺运行条件

1. BOD 负荷率（F/M，也称有机负荷率，以 Ns 表示）

F/M 值是影响活性污泥增长及有机物降解的重要因素。F/M 值表示曝气池内单位质量的活性污泥（MLSS）在单位时间里承受的有机物（BOD_5）的量，单位为 kg/(kg·d)。

提高 F/M 值，可加快活性污泥增长速率及有机物的降解速率。但 F/M 值过高，往往难以达到排放标准要求。反之，若 F/M 值过低，则有机物降解速率过低，从而处理能力降低。因此，应将其控制在合理范围之内。在活性污泥工艺设计中，BOD 负荷率一般取 0.15～0.44kg/(kg·d)。

2. 水温

活性污泥中微生物的生理活动与环境温度关系密切。在 15～30℃温度范围内，微生物的生理活动旺盛。而当温度高于 35℃或低于 5℃时，反应速率会显著降低，甚至完全停止反应。因此，在活性污泥处理系统运行过程中，应将温度控制在适宜范围。

3. pH

活性污泥微生物的适宜 pH 为 6.5～8.5。当 pH 低于 6.5 时，有利于真菌生长繁殖；当 pH 低于 4.5 时，原生动物几乎完全消失，且大多数微生物受到抑制。此时真菌占优势，活性污泥絮体受到破坏，出现污泥膨胀，水质恶化。当 pH 高于 9.0 时，多数微生物被抑制，甚至死亡，菌胶团可能解体，活性污泥絮体将受到破坏，也会产生污泥膨胀。

微生物的代谢活动在一定程度上可赋予活性污泥混合液一定的酸碱缓冲能力。例如，微生物分解利用含氮化合物时，由于脱氮作用而产生酸，可使污泥混合液 pH 降低；由于脱羧作用而产生碱性胺，可使 pH 上升。但若 pH 发生急剧变化，即在有冲击负荷时，活性污泥的净化效果将大大降低。因此，酸、碱废水必要时需进行中和处理。

4. 溶解氧

活性污泥是由好氧微生物和兼氧微生物群体构成的絮凝体，溶解氧必须扩散到活性污泥絮凝体内部才能发挥作用。因此，为使活性污泥系统保持良好的净化功能，溶解氧必须维持在较高水平。一般要求曝气池出口处溶解氧浓度不小于 2mg/L。

溶解氧浓度过高时，氧的转移效率降低，动力费用过高。但溶解氧浓度过低时，丝状菌在系统中占优势，微生物净化功能降低，容易诱发污泥膨胀。

5. 营养平衡

微生物细胞的组成元素主要有碳、氢、氧、氮及磷等。活性污泥中的微生物在生命活动过程中，必须不断地从环境中摄取各种营养物质。

为使活性污泥保持良好的沉降性能，必须使废水中供微生物生长的基本元素——碳、氮及磷等达到一定浓度，并保持合适的比例。其中，碳素的量在污水中以 BOD 值表示。对于活性污泥微生物来说，一般以 BOD∶N∶P 来表示废水中营养物质的平衡。活性污泥中微生物对 C、N、P 的需要量可按 BOD∶N∶P＝100∶5∶1 来计算。但实际上 N、P 需要量还与剩余污泥的量有关，即与污泥龄和微生物比增殖速率有关，故可依下式计算：

$$\text{N 的需要量} = 0.122\Delta X$$

$$\text{P 的需要量} = 0.023\Delta X$$

式中，ΔX 为活性污泥增长量（以 MLSS 计），kg/d；0.122、0.023 分别为微生物体内 N、P 所占比例。

当废水中 N、P 供应不足时，应及时补充，以保持废水中的营养平衡。一般可以投加氨水、硫酸铵、硝酸铵及尿素等以补充氮素，投加过磷酸钙与磷酸等以补充磷素。

6. 有毒物质

有些化学物质可能对微生物生理功能有毒害作用，如重金属及其盐类均可使蛋白质变性或与酶的巯基结合而使酶失活。醇、醛及酚等有机化合物能使蛋白质发生变性或使蛋白质脱水而使微生物死亡。另外，某些元素在一定浓度范围是微生物的营养物，但当其浓度达一定限度时，就会对微生物产生毒害作用。因此，必须了解各种物质对微生物产生毒害作用的最低限值，即阈值。

第三节　有机废水好氧生物膜处理法

生物膜法是在对土壤自净作用研究基础上发展起来的一种废水处理技术。1865 年，德国科学家 Alexander Mueller 研究发现，带有活微生物的土壤过滤柱能够净化污水。1868 年，英国科学家 Edward Frankland 研究发现，装填有卵石、砂和土壤的过滤柱具有净化污水的作用。Edward Frankland 在污水过滤净化实验中增加了曝气装置。1893 年，英国将污水喷洒在粗滤料上进行净化试验，也取得了理想效果。从此，作为生物膜反应器的生物滤池问世，并开始在欧美地区用于污水处理。

生物膜法是利用附着生长于某些固体表面的微生物进行有机废水处理的方法。废水好氧生物膜处理法是在好氧条件下，利用由好氧微生物和兼氧微生物形成的生物膜进行有机废水处理的方法。

一、有关生物膜

1. 生物膜的概念

生物膜是由多种微生物在固体表面附着生长繁殖所形成的一种膜状集合。

2. 生物膜的结构

生物膜自外向里依次为污水、流动水层、附着水层、生物膜和载体（也称滤料或填料）。生物膜包括好氧层和厌氧层。好氧层位于厌氧层的外面；厌氧层位于好氧层的里面，紧贴载体，即厌氧层位于整个生物膜的最里面。好氧层是有机污染物降解的主要场所，其厚度一般为 2mm。生物膜结构见图 9-9。

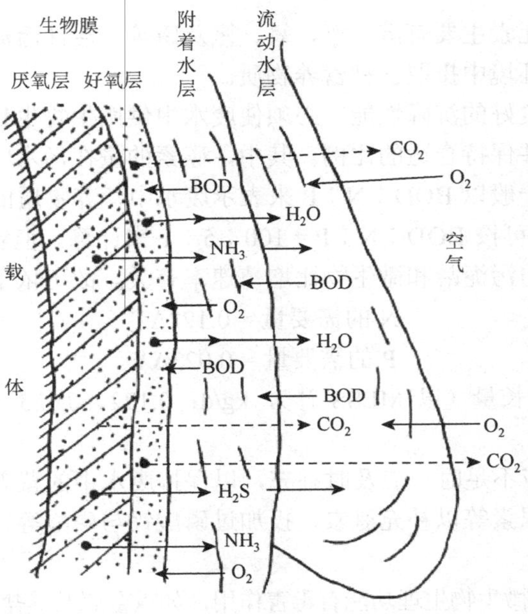

图 9-9　生物膜结构示意图

3. 生物膜的工作原理

生物膜首先吸附附着水层中的有机污染物，在有氧条件下，好氧层微生物对有机物进行氧化分解和同化合成。附着水层内的大部分有机物被氧化分解后，其浓度相比进水有机物浓度大为降低。由于浓度差的作用，废水中的有机物向附着水层转移，进而被生物膜吸附。产生的 H_2O 和无机盐代谢产物溶入附着水层，气体产物逸入空气中。经过此过程，污水得到净化。

4. 生物膜的形成

当含有污染物（营养物）和微生物的废水流过载体时，废水中的污染物及微生物被吸附于载体表面。其中，微生物利用污染物生长繁殖，经过一定时间，在载体表面形成一层膜状物，即生物膜。在与空气直接接触的载体表面，好氧微生物和兼氧微生物生长繁殖迅速，易形成好氧层（厚 1～2mm）。但在载体内部，由于供氧较差，好氧微生物难以生活，而适宜厌氧微生物生存，因此便形成了由厌氧微生物和兼氧微生物组成的厌氧层。厌氧层只有生物膜达到一定厚度后才会出现。

5. 生物膜中的微生物

生物膜中的微生物种类繁多，归纳起来主要有细菌、真菌、藻类（在有光条件下出现）、原生动物和微型后生动物等。

生物膜中的微生物种类与活性污泥中的微生物种类相近。二者所不同的是，生物膜中的微生物食物链相对较长，这也是生物膜法工艺泥量小的原因。

（1）细菌

与活性污泥法相同，参与有机废水好氧生物处理的细菌是好氧异养细菌和兼氧异养细菌。细菌也是生物膜中的主力军。生物膜中的细菌大多是革兰氏阴性菌，如无色杆菌、黄杆菌、极毛杆菌及产碱杆菌等。

（2）真菌

与活性污泥法相比，在某些情况下，生物膜中的真菌在数量上相对较多。生物膜中常见的属于分类学上的真菌有镰刀霉、青霉、毛霉、地霉以及多种酵母菌等。

（3）藻类

受阳光照射的生物膜外表面可能会出现少量藻类。属于分类学上的藻类主要有小球藻、席（蓝）藻、丝（绿）藻等。由于藻类只存在于生物膜外表面，故其对废水净化作用不大。

（4）原生动物

生物膜中有大量原生动物存在，其种类超过活性污泥中的原生动物种类。纤毛虫类在生物滤池中占有较大比例。但纤毛虫在生物滤池中的种类远不如在活性污泥中多。

构筑物类型不同、废水种类与性质不同及季节不同，原生动物的优势种会有不同。一般来说，植鞭毛虫常存在于生物膜上层。纤毛虫在生物膜各部位均能找到。其中，游泳型纤毛虫（如槽纤虫、斜管虫、尖毛虫、豆形虫和草履虫等）常出现在生物膜表层；固着型纤毛虫（如钟虫、累枝虫及独缩虫等）则常出现在生物膜的下层。

（5）微型后生动物

生物膜中经常出现的微型后生动物有轮虫类、线虫类、寡毛类和昆虫类及甲壳类等。微型后生动物在生物膜中的运动和觅食导致生物膜的移动，促进了物质交换和氧的供应。

6. 生物膜微生物之间的关系

与活性污泥法相同，生物膜中的有机污染物、细菌、原生动物以及微型后生动物等形成一条食物链。与活性污泥类似，其中的好氧细菌、兼氧细菌、厌氧菌、真菌、原生动物、微型后生动物以及藻类等组成一个良好的生态系统，彼此协调配合，共同完成对有机污染物的降解。

7. 生物膜的脱落与更新

生物膜厚度不断增大，致使其深层因缺氧而发生厌氧分解。厌氧代谢产物如硫化氢、氨气及有机酸等的积累会减弱生物膜在载体上的固着。处于这种状态的生物膜为老化生物膜。老化生物膜容易脱落。

二、生物膜法工艺

（一）生物膜法基本工艺流程

生物膜法基本工艺系统与活性污泥法类似，包括初沉池、生物膜反应器及二沉池等。其基本流程见图 9-10。

废水先进入初沉池，经过沉淀，去除大部分悬浮固体，以防生物膜反应器堵塞。废水进入

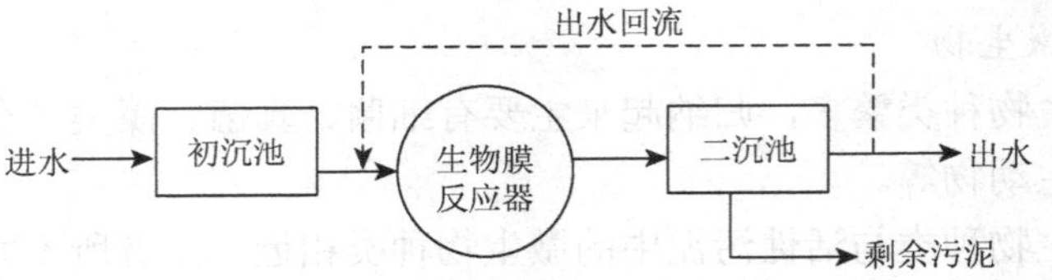

图 9-10　生物膜法基本工艺流程

生物膜反应器后在微生物的作用下降解。在生物膜法工艺过程中，一部分出水需要回流，出水回流的作用是提高生物膜反应器的水力负荷，加大水流对老化生物膜的冲刷作用，避免老化生物膜过量累积，以维持生物膜良好活性与适宜厚度。反应器中老化脱落的生物膜（相当于活性污泥）与处理后的水一起进入二沉池，在二沉池经过沉淀，以剩余污泥的形式被除去。

（二）生物膜法工艺优点

与活性污泥法相比，生物膜法具有生物密度大、抗负荷冲击能力强、能耗低、无须污泥回流、不存在污泥膨胀、运转管理方便等优点。因此，生物膜法在石油化工、印染、制革、造纸、食品、医药、农药及化纤等工业废水处理中已得到广泛应用。

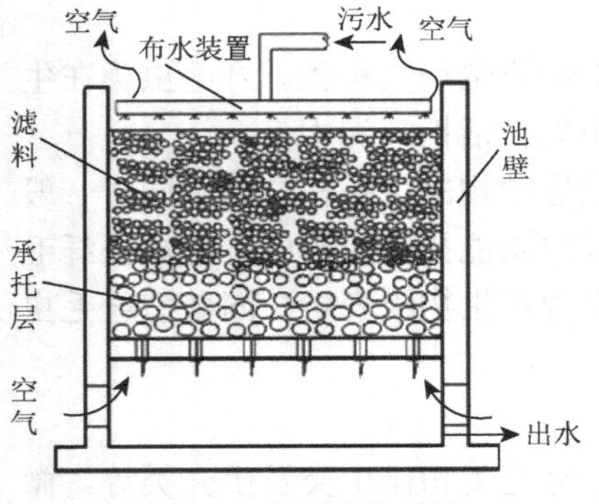

图 9-11　普通生物滤池

（三）生物膜法主要工艺类型

生物膜处理法工艺主要有生物滤池（如普通生物滤池、高负荷生物滤池、塔式生物滤池等）、生物转盘、生物接触氧化和生物流化床等。

1. 普通生物滤池

普通生物滤池（conventional biological filter）见图 9-11。

普通生物滤池也称滴滤池。普通生物滤池为第一代生物滤池。该滤池将污水从上部喷淋，经过滤料层，滤料表面的生物膜将废水净化。自然通风供氧。

普通生物滤池的优点是处理效果良好、运行稳定、易于管理、节省能源等。其缺点是污水负荷低、占地面积大、易堵塞及卫生状况差等。

2. 高负荷生物滤池

高负荷生物滤池（high rate biological filter）是第二代生物滤池。该滤池是针对普通生物滤池存在的问题开发的。与普通生物滤池相比，高负荷生物滤池大幅度地提高了滤池负荷。其 BOD 容积负荷比普通生物滤池高 6～8 倍；其水力负荷比普通生物滤池则高 10 倍。

高负荷生物滤池的优点是可均化进水水质，加速生物膜的再生，抑制滤池蝇的滋生，减少臭味的散发。

3. 塔式生物滤池

塔式生物滤池（biological tower）（图 9-12）是第三代生物滤池。塔式生物滤池一般高 8～24m，直径 1～3.5m，形似高塔，故而得名。

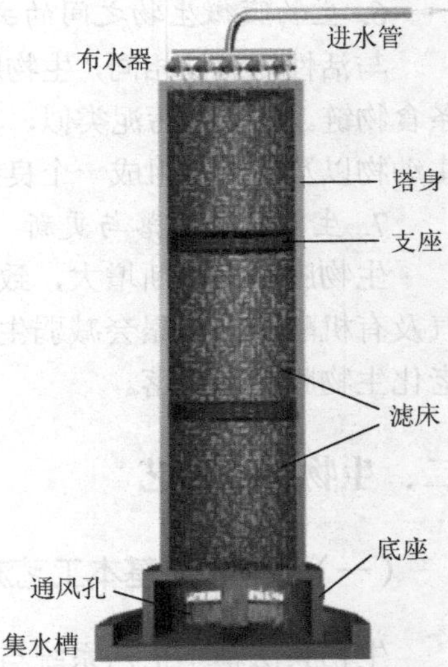

图 9-12　塔式生物滤池示意图

塔式生物滤池内部通风良好，污水从上向下滴落，污水、生物膜和空气接触充分，提高了传质效率和处理能力。该工艺具有生物相分层明显、占地面积小、有机负荷高（比普通生物滤池高2～10倍）等优点。塔式生物滤池常用于高浓度工业废水二级生物处理的第一级处理。塔式生物滤池适宜于小规模污水处理，一般不超过10 000m^3/d。

4. 生物转盘

（1）生物转盘的组成

生物转盘（biological disc）由盘片、接触反应槽、转轴及驱动装置4部分组成（图9-13）。盘片按一定间距固定在一根轴上。

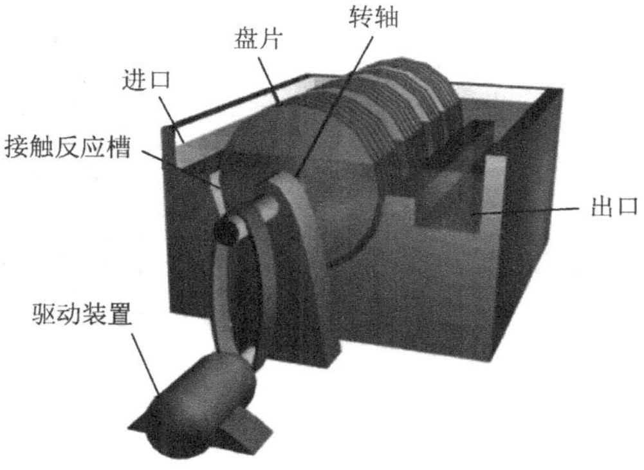

图9-13 生物转盘及其组成

（2）生物转盘的净化原理

废水处于半静止状态，而微生物生长在转动的盘面上。盘片大约一半的面积浸没在反应（污染物的氧化分解）槽内。在电机带动下，生物转盘以较低的速度在反应槽内转动。转盘交替地与空气和污水接触。经过一定时间，在盘面上即附着一层栖息着大量微生物的生物膜。当具生物膜的盘片处于浸没状态时，废水中的有机物被生物膜吸附；而当盘片转出水面时，生物膜从大气中吸收氧，使吸附在膜上的有机物被微生物氧化分解。生物转盘每转动一圈即完成一个由吸附到氧化的过程（图9-14）。

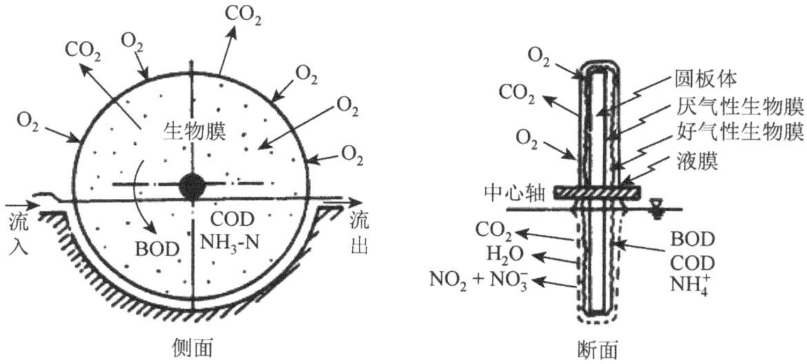

图9-14 生物转盘的净化原理

当盘片上的生物膜增长到一定厚度时，其内部形成厌氧层并开始老化。在盘片与污水水流之间产生的剪切力的作用下，老化的生物膜剥落，并随水流入二沉池，泥水分离后作为剩余污泥被排除。

（3）生物转盘的特点

微生物浓度高，F/M值为0.05～0.1；污泥龄长，有硝化细菌生长，能够实现硝化反硝化脱氮；耐冲击能力强，适应范围广；污泥量少，约为活性污泥系统的1/2；动力消耗低。

5. 生物接触氧化

生物接触氧化（biological contact oxidation）池（图9-15）由池体、填料、布水系统和曝气系统等组成（图9-16）。填料高度一般为3.0m左右，填料层上部水层高约为0.5m，填料层下部布水区的高度一般为0.5～1.5m。生物接触氧化池有方形及圆形等。

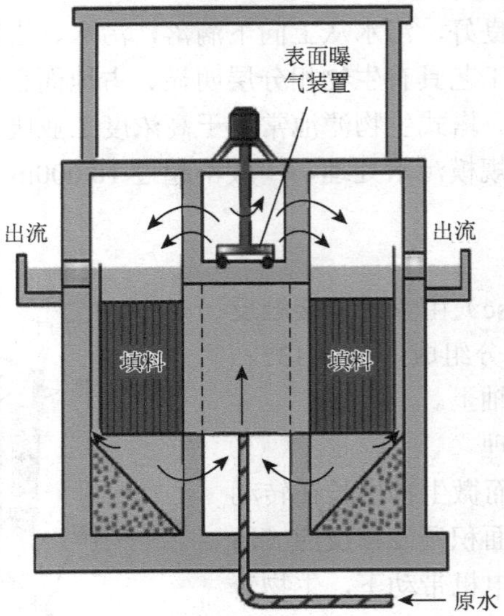

图 9-15　生物接触氧化池

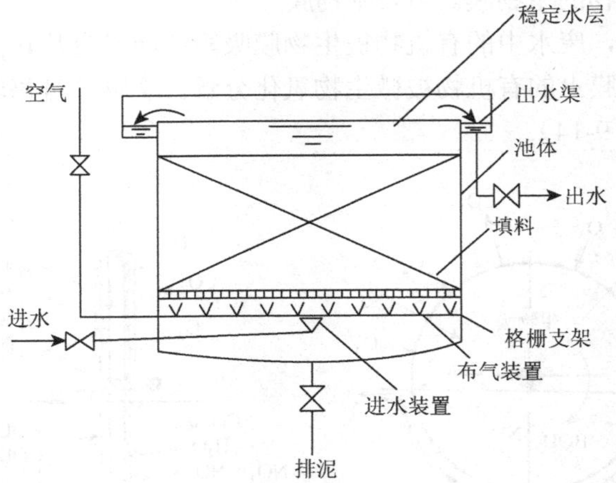

图 9-16　生物接触氧化池基本构造

生物接触氧化又称淹没式生物滤池。滤池内充满滤料。滤料淹没在水中。通过曝气向微生物供氧。废水经过滤料一段时间后，滤料上布满生物膜，有机污染物在微生物的作用下氧化分解，污水得到净化。生物接触氧化工艺见图 9-17。

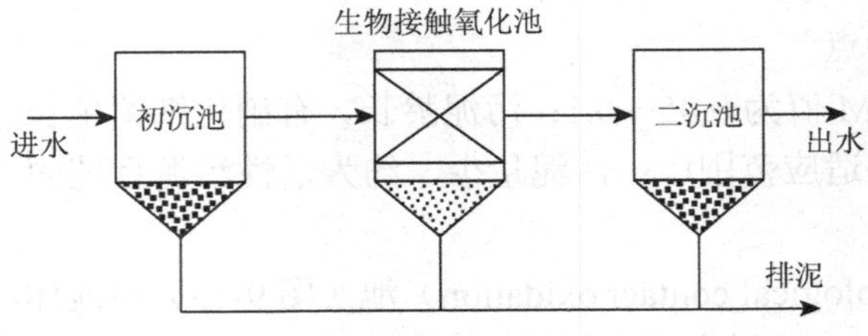

图 9-17　生物接触氧化工艺

生物接触氧化法具有耐冲击能力强，操作简单，运行方便，易于管理，无须污泥回流，无污泥膨胀，污泥少，颗粒大，易沉降等优点。该技术兼有脱氮作用，可用于废水深度处理。

6. 生物流化床

生物流化床通常以砂、活性炭及焦炭等较小颗粒作为载体。废水以一定速度自下而上流动，使载体处于悬浮流化状态。废水与载体经过一定时间接触后，形成生物膜，故名“生物流化床”。生物流化床工艺见图 9-18。

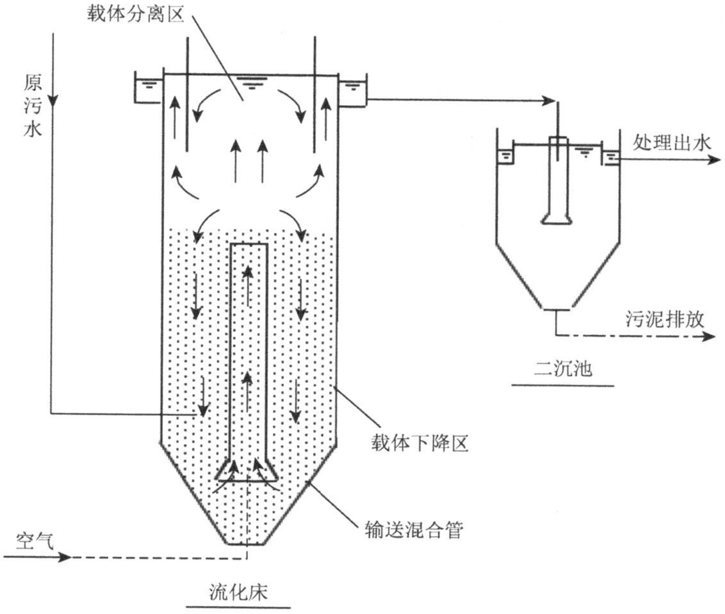

图 9-18　生物流化床工艺

载体粒径小，比表面积相对较大。其比表面积比普通生物滤池所用载体比表面积大约大 50 倍。由于载体处于流化状态，废水与生物膜频繁接触，大大强化了传质过程，同时还可有效防止堵塞发生。生物流化床具有有机负荷率高、处理效果好、占地面积小及投资少等优点。

（四）生物膜工艺运行条件与原则

（1）生物膜工艺运行条件

生物膜工艺运行条件与活性污泥培养基本相同，要求合适的营养、温度、pH 等，尤其是氮、磷等营养元素要满足 BOD∶N∶P = 100∶5∶1 的要求，同时避免毒物进入。

（2）生物膜工艺运行原则

生物膜工艺运行原则：①减缓生物膜老化进程；②控制厌氧层的厚度；③加快好氧膜的更新；④防止生物膜集中脱落。

思　考　题

1. 请简述有机废水好氧生物处理的生物学基本过程。

2. 请详细说明微生物对废水中有机污染物好氧代谢的机制。

3. ATP 在污染控制中的意义是什么?

4. 什么是活性污泥?

5. 请简述好氧活性污泥的生物相组成。

6. 请回答好氧活性污泥法的净化过程。

7. 请回答好氧活性污泥法的主要工艺及特点。

8. 什么是生物膜?

9. 请简述生物膜的结构。

10. 请简述生物膜的工作原理。

11. 请回答生物膜法的主要工艺及特点。

12. 有机废水好氧生物处理涉及第四章中微生物的哪些营养类型? 涉及第六章中哪类微生物的代谢? 具体代谢类型有什么?

13. 请给出有机废水好氧生物处理与第七章和第八章的关联内容。

10 第十章 有机废水厌氧生物处理

➢ **内容提要：**

本章阐述了厌氧消化工艺原理及厌氧消化工艺。详细讨论了厌氧消化基本过程。通过有机物厌氧氧化产甲烷关键功能菌群的互营与电子传递，深入讨论了厌氧消化机制。

从有机物到甲烷的过程是一个特殊的厌氧氧化过程。其“特殊”体现在，该厌氧氧化过程是通过功能菌群间的“互营”实现的。功能菌群间的互营是有机物厌氧氧化为甲烷的关键。

本章涉及第二篇微生物净化原理的各章内容。所涉及的微生物从营养类型上都属于异养微生物，且属于厌氧菌和兼氧菌。其种类较多，包括至少四大生理群（发酵产酸菌、产氢产乙酸菌、同型产乙酸菌及产甲烷菌）。这些微生物相互协作，在厌氧条件下将有机物转化为小分子还原产物（主要是 CH_4）。其转化过程涉及第六章中的多种发酵途径及多种厌氧呼吸。

有机废水的厌氧生物处理是指在无氧条件下，利用厌氧细菌和（或）兼氧细菌的降解作用，将有机污染物转化为 CH_4 和 CO_2 等简单无机物的过程。厌氧生物处理技术又称为厌氧消化。目前，厌氧消化技术已成为有机废水处理中一项非常重要的技术。

除厌氧消化外，水解酸化也是一种有机废水厌氧生物处理技术。但水解酸化是有机污染物的不完全降解，故其为不完整技术。实际上，水解酸化通常用于有机物废水的好氧生物处理，主要用作有机废水好氧生物处理的前处理。通过水解酸化将复杂的大分子有机物转化为相对较小的有机分子，以保证后续好氧降解更加顺利的进行。本章将重点讨论厌氧消化。

第一节 厌 氧 消 化

一、厌氧消化的概念

厌氧消化（anaerobic digestion）是指在无氧条件下，利用专氧菌和兼氧菌将有机物分解为甲烷（CH_4）及 CO_2 等产物的过程。

因厌氧消化的主要产物为甲烷，故厌氧消化又被称为甲烷发酵（methane fermentation）。甲烷最初是在池沼中发现的。因此，甲烷被称为沼气。相应地，厌氧消化又被称为沼气发酵。

实际上，沼气是一种混合气体，主要由甲烷（50%～70%）、CO_2（30%～50%）及其他微量气体（NH_3、H_2S、H_2 及 H_2S 等）组成。

二、厌氧消化技术的发展

人类对厌氧消化的研究已有 300 多年的历史。早在 1630 年，欧洲科学家海尔曼（van

Helment）发现，在无氧条件下，有机物腐烂时产生一种可燃气体，即沼气。此后，相继开展了大量相关研究，掌握了沼气发酵条件。目前，厌氧消化技术已被用于高浓度有机废水、动物粪便、工农业有机固体垃圾、城市生活垃圾以及污泥等的处理。厌氧消化技术的发展大致经历了三个阶段。

1. 第一代厌氧消化技术

1914 年在美国建立的厌氧消化池及 20 世纪 40 年代在澳大利亚出现的连续搅拌厌氧消化池为最初的厌氧消化池，即第一代消化技术。这些厌氧消化池采用污泥与废水完全混合的模式，污泥停留时间（SRT）与水力停留时间（HRT）相同，厌氧微生物浓度低，处理效果差。一般其容积负荷在 4kg COD/(m^3·d)以下。第一代厌氧消化技术主要用于污泥、粪肥及生活污水的处理。

2. 第二代厌氧消化技术

在实践中人们意识到，高效厌氧处理系统内必须保证足够的厌氧活性污泥（厌氧微生物），且污染物应与污泥保持有效接触。20 世纪 60 年代末，McCarty 和 Young 推出了第一个基于微生物固定化原理的高速厌氧反应器——厌氧滤池（anaerobic filter，AF）。AF 的成功之处在于在反应器中加入固体填料（如沙砾等），微生物因附着生长在填料上，故可免于水力冲刷而得到保留。AF 的成功研制，不仅实现了水力停留时间（HRT）与污泥停留时间（SRT）的分离，而且大大地延长了污泥停留时间，同时有效地缩短了水力停留时间。1972 年，厌氧滤池被较大规模地应用于高浓度有机废水的处理。

1974 年，荷兰瓦赫宁根农业大学的 Lettinga 教授领导的研究小组研究开发了升流式厌氧污泥床（UASB）反应器。UASB 技术的最大特点是颗粒污泥形成保证了反应器内厌氧污泥处于高浓度水平。UASB 技术的出现标志着厌氧消化技术研究进入了一个全新时代。

1980 年，Switzenbaum 和 Jewell 推出厌氧固定膜膨胀床反应器。此后，厌氧生物转盘和厌氧垂直折流式反应器等陆续问世。为了进一步提高厌氧反应器的处理效果，1984 年由加拿大学者 Guiot 等提出了升流式厌氧污泥床与升流式厌氧生物滤池相结合的新型工艺，即升流式厌氧污泥床过滤器工艺。后人将上述反应器相关技术统称为第二代厌氧消化技术。

第二代厌氧反应器的典型代表有厌氧滤池（AF）、升流式厌氧污泥床（UASB）、下行式固定膜反应器（DSFF）、厌氧附着膜膨胀床反应器（anaerobic attached film expanded bed，AAFEB）及厌氧流化床（anaerobic fluidized bed，AFB）。其中，UASB 是研究最为深入、应用最为广泛的一种厌氧反应器。

UASB 具有有机负荷高、水力停留时间短、处理周期短、无须填料、无须污泥回流装置、无搅拌装置及成本和运行费用低等特点。初次启动后可直接以污泥颗粒接种。目前，UASB 已成为应用最广泛的厌氧处理方法。

3. 第三代厌氧消化技术

虽然第二代厌氧生物反应器的研发已取得很大成功，但 UASB 在运行中存在短流、死角和堵塞等问题。为了解决这些问题，同时为了进一步加强厌氧微生物与污染物的接触，提高处理负荷及处理效率，人们在第二代厌氧消化技术基础上继续研究，开发了第三代反应器。其主要有厌氧颗粒污泥膨胀床（expanded granular sludge bed，EGSB）、内循环（inside cycling，IC）反应器、厌氧折板式反应器（anaerobic baffled reactor，ABR）、厌氧序列式反应器（anaerobic sequencing batch reactor，ASBR）、厌氧膜生物系统（anaerobic membrane biosystem，AMBS）等。其中，具有代表性的反应器是 EGSB 和 IC 反应器。

我国厌氧消化技术始于20世纪30年代，直至70年代后期开始稳步发展。随着厌氧消化技术研究的深入，高效厌氧反应器及处理工艺不断改进与完善，厌氧消化技术逐渐成熟。

三、厌氧消化技术的特点

a. 能耗低。有机污染物的好氧生物处理需要大量供氧，故其能耗高，运行费用高。有机污染物的厌氧生物处理不需要充氧，能耗低，运行费用低。

b. 剩余污泥少。好氧生物处理法每去除1kg COD将产生0.4～0.6kg生物量（相当于活性污泥），而厌氧生物处理法去除1kg COD只产生0.02～0.1kg生物量。厌氧生物处理产生的剩余污泥量只有好氧处理的5%～20%。

c. 具有一定的经济效益。有机污染物经厌氧处理产生的沼气可作为能源加以利用，以抵偿处理过程发生的部分费用。另外，消化污泥在卫生学和化学上都是比较稳定的，剩余污泥的处理和处置比较简单。此外，剩余污泥经过适当加工还可作为肥料、饲料或饵料利用。因此，有机污染物的厌氧生物处理不仅具有环境效益与社会效益，且具有一定的经济效益。

但经厌氧消化处理后的出水水质一般难以直接达标，一般需要进行好氧后续处理。此外，厌氧细菌增殖比较缓慢，故厌氧反应器初次启动过程需时较长，一般需要8～12周才能完成启动。

四、厌氧消化微生物学理论的发展

自van Helment于1630年观察到有机物腐烂时有甲烷产生这一现象后，Bechamp于1868年指出，甲烷的形成是一个微生物学过程。从此，便开始了厌氧微生物学的历史。

1881年，“Mouras自动生物净化器”问世，开启了厌氧生物处理技术的研究历史。此后，厌氧生物处理技术在厌氧微生物学理论指导下不断发展，而厌氧微生物学理论在厌氧生物处理技术发展的推动下不断升华。两者相互影响，互相促进，同步发展。

1903年，Maze做了大量研究，他在发酵实验中发现了一种产甲烷的细菌，后将其命名为马氏甲烷球菌（*Methanococus mazei*）。与此同时，Maze还发现，厌氧发酵最初产物是碳酸和氢等，而甲烷是在这些产物的基础上产生的。这就是以后发展起来的厌氧消化两阶段理论的雏形。

1936年，H. A. Barker经过研究，正式提出了两阶段理论，并将厌氧消化分为两个阶段（图10-1）。第一阶段被称为发酵阶段或产酸阶段；第二阶段被称为产甲烷阶段或产碱阶段。

两阶段理论认为，在第一阶段，复杂的有机物（如糖类、脂类和蛋白质等）在产酸菌（厌氧和兼厌氧菌）的作用下被分解为小分子有机酸，如乙酸、丙酸、丁酸等和醇类，并有H_2及CO_2等气体产生。该阶段因有大量脂肪酸产生，使发酵液的pH降低，故其被称为产酸性阶段。在第二阶段，产甲烷菌（专性厌氧菌）将第一阶段产生的小分子有机酸和醇类等继续分解，产生CH_4和CO_2等。该阶段因有机酸不断被转化为CH_4和CO_2，使发酵液的pH不断升高。因此，第二个阶段被称为产甲烷阶段或产碱阶段。

1950年，R. E. Hungate开创了厌氧培养技术，对产甲烷菌的研究产生了巨大影响。1967年，Bryant等通过厌氧培养技术发现了一种能将乙醇氧化成乙酸和氢气的细菌。这种细菌既不属于上述发酵细菌，又不属于产甲烷菌，Bryant将其称为产氢产乙酸细菌。为此，Bryant提出了厌氧消化的三阶段理论，将产氢产乙酸过程单独列为一个发酵阶段。

按三阶段理论，厌氧消化分为产酸阶段、产氢产乙酸阶段及产甲烷阶段。在产甲烷阶段，产甲烷菌将产酸阶段产生的乙酸、甲酸、甲醇及CO_2，以及产氢产乙酸阶段产生的乙酸和H_2等转化为CH_4及CO_2。

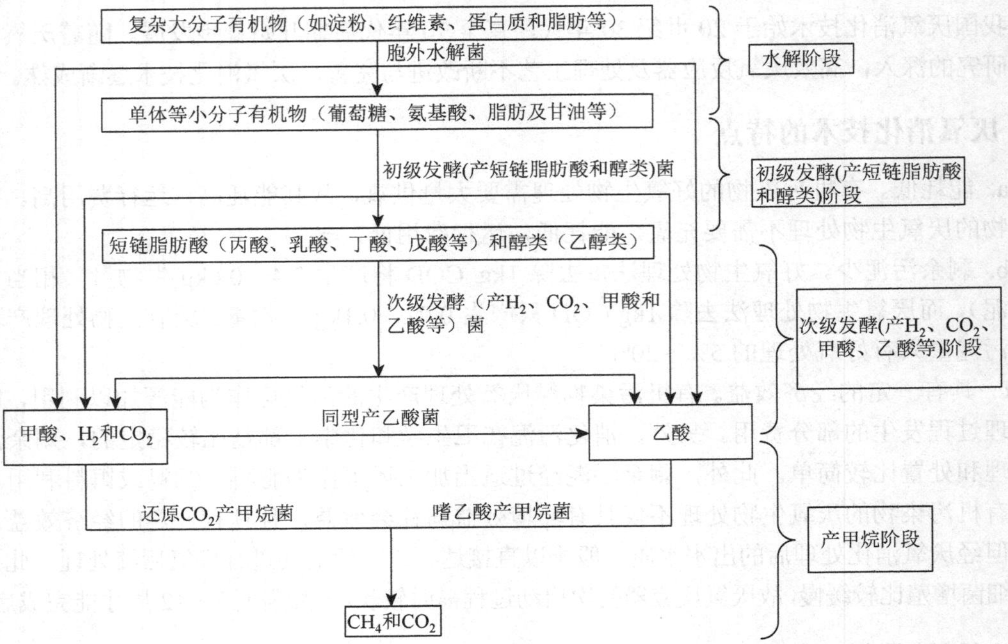

图 10-1　厌氧消化基本过程

由于研究方法的不断改进，在厌氧发酵过程中又有新的微生物被发现。目前，厌氧消化普遍被接受的是 Zeikus 于 1979 年提出的四阶段理论，即水解、产短链脂肪酸和醇类、产氢产乙酸和产甲烷 4 个阶段（图 10-2）。

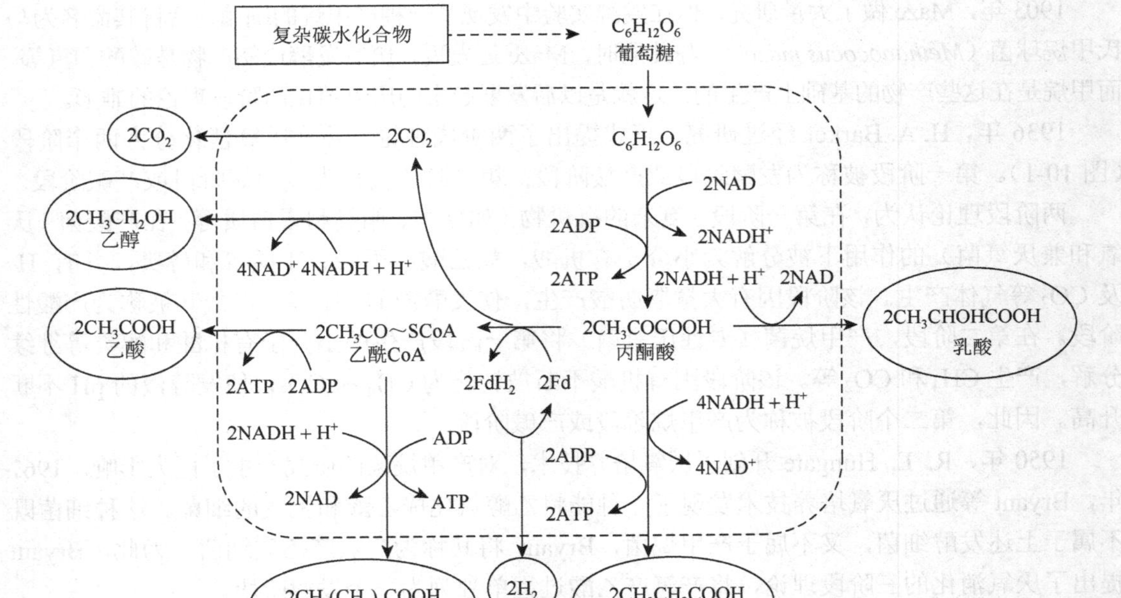

图 10-2　发酵产短链脂肪酸和醇类途径

第二节 厌氧消化工艺原理

厌氧消化是一种常见的自然现象。其通常发生在沼泽地、河底、化粪池及反刍动物的瘤胃中。这些环境的共同特点是缺乏氧气且有机物丰富。在厌氧条件下，这些环境中的微生物将有机物降解，产生沼气。厌氧消化工艺是对自然界厌氧消化作用的模拟与强化。

一、厌氧消化基本过程

厌氧消化是一个非常复杂的生物学过程。该过程包括水解、初级发酵、次级发酵和产甲烷 4 个阶段（图 10-1）。

水解阶段主要是水解菌的作用。当然，水解阶段除大分子有机物的水解产物外，可能也有极少量的 H_2、CO_2、乙酸和甲酸等小分子物质产生。初级发酵阶段主要涉及产短链脂肪酸和醇类的发酵性细菌（简称发酵产酸菌）。在初级发酵产物中，有甲酸、乙酸、三个碳原子及其以上短链脂肪酸、醇类、H_2 及 CO_2 等。但其主要产物是三个碳原子及其以上短链脂肪酸和醇类。次级发酵阶段主要包括两类细菌：一类是产氢产乙酸菌；另一类是同型产乙酸菌。次级发酵主要是 H_2、CO_2、乙酸和甲酸等小分子物质；产氢产乙酸菌不仅是次级发酵阶段的主要菌群，而且是整个厌氧消化过程的关键菌群。产甲烷阶段涉及三类（或者说 4 类）产甲烷菌。第一类是还原 CO_2 产甲烷菌（包括嗜氢还原 CO_2 产甲烷菌与嗜甲酸还原 CO_2 产甲烷菌）；第二类是嗜甲基产甲烷菌；第三类是嗜乙酸产甲烷菌；即整个厌氧消化过程共涉及七大菌群。这七大菌群并非微生物分类学上的类群，而都是具有某种功能的微生物生理类群。为了表达上的方便，以下将这些细菌生理类群简称“功能菌群”。

上述七大类功能菌群在厌氧消化过程中各自发挥不同的功能，但彼此关系紧密，相互配合，通力协作，共同完成将有机物转化为沼气的使命。

在整个厌氧消化过程中，“互营”是其关键一环。互营不仅决定有机物降解产甲烷效率，还是互营菌克服热力学壁垒维持生长的关键环节。互营关系的建立及相互作用方式一直是国内外学者研究的焦点。

下面先结合厌氧消化 4 个阶段的主要变化讨论相关功能菌群的作用。然后，结合最新研究成果讨论参与厌氧消化过程的功能菌群之间的关系。

（一）水解（hydrolysis）阶段

与好氧生物处理一样，在被处理的废物中，小分子有机污染物可直接进入微生物细胞，而大分子有机物（如淀粉、纤维素、蛋白质和脂肪等）无法直接进入微生物细胞，必须先在微生物分泌的胞外酶的作用下水解为单体等小分子化合物才能被微生物吸收利用。

淀粉在淀粉分解菌分泌的淀粉酶的作用下被水解成葡萄糖等；纤维素在纤维素分解菌分泌的纤维素酶的作用下水解成纤维二糖（或直接水解为葡萄糖），纤维二糖再在纤维二糖酶的作用下水解为葡萄糖；蛋白质在蛋白质分解菌分泌的蛋白酶的作用下水解为肽类物质，肽在肽酶的作用下水解为氨基酸；脂肪在脂肪分解菌分泌的脂肪酶的作用下水解为脂肪酸及甘油。

以纤维素水解为例，其反应如下：

$$(C_6H_{10}O_5)_n + nH_2O \longrightarrow nC_6H_{12}O_6$$

虽然都是水解反应，但参与厌氧消化水解的微生物与好氧水解微生物不同。厌氧消化水解阶段的微生物主要是厌氧菌或兼氧菌。起水解作用的细菌主要有严格厌氧的拟杆菌属（*Bacteroides*）、梭菌属（*Clostridium*）及兼氧真杆菌属（*Eubacterium*）等。

因此，厌氧消化水解阶段的主要任务是大分子有机物的胞外降解。大分子有机物在微生物细胞外被降解成单体等小分子物质后开始进入微生物细胞。此后，有机物的降解均在微生物细胞内进行。

（二）初级发酵（产短链脂肪酸和醇类）阶段

初级发酵是指在厌氧条件下，微生物将直接进入细胞的小分子有机物及经水解产生的单体类有机物作为底物，将底物在氧化过程中脱下的电子和氢交给其氧化不彻底的中间产物，同时产生能量并形成最终产物的过程（详见第六章的“发酵”）。

在初级发酵阶段，发酵产酸菌将进入细胞的单体（如葡萄糖、氨基酸、脂肪酸及甘油）等小分子物质进行发酵，转化为短链脂肪酸（如甲酸、乙酸、丙酸、乳酸及丁酸等）、醇类（甲醇和乙醇等）、H_2及CO_2。研究表明，在初级发酵阶段，大约76%的有机物形成丙酸、乳酸、丁酸及乙醇等，而大约24%的有机物形成甲酸、乙酸、H_2及CO_2。所形成的丙酸、乳酸、丁酸及乙醇等再进入下一个阶段（次级发酵阶段）继续降解。

在初级发酵阶段，有多种发酵细菌参与，且各自经过不同途径将底物分解，生成不同酸类和醇类发酵产物。例如，纤维素和淀粉等大分子碳水化合物水解为葡萄糖后，葡萄糖经过酵解途径（EMP）、戊糖磷酸途径（HMP）或ED途径降解为丙酮酸（请参见第六章“发酵”）。然后，丙酮酸在不同微生物的作用下，分别经乙醇发酵、乙酸发酵、乳酸发酵、丙酸发酵、丁酸发酵及混合酸发酵等转化为乙醇、乙酸、乳酸、丙酸和丁酸等（图10-2）。

发酵产酸阶段末端产物的组成取决于厌氧发酵条件、底物种类以及参与该过程的微生物种类。

发酵产酸类型不同，其优势菌属（分类学上的菌属）也不同。在丁酸发酵中，以梭状芽孢杆菌属（*Clostridium*）为主；在丙酸发酵中，则以丙酸杆菌属（*Propionibacterium*）为主；参与混合型发酵的菌属通常包括变形杆菌属（*Proteus*）、大肠杆菌属（*Escherichia*）、志贺氏菌属（*Shigella*）、假单胞菌属（*Pseudomonas*）和沙门氏菌属（*Salmonella*）等。

（三）次级发酵阶段

次级发酵是相对于前面的初级发酵而言的有机物的进一步发酵。参与次级发酵的微生物将初级发酵产生的短链脂肪酸等继续分解，生成更小分子产物，如甲酸、乙酸、H_2和CO_2等。甲酸、乙酸、H_2和CO_2等都是产生甲烷的直接前体。其中，甲酸、乙酸、H_2分别是不同甲烷菌的营养物，而CO_2是具CO_2还原途径的产甲烷菌的末端电子受体。由此可见，次级发酵是厌氧消化中比较具有承上启下作用的阶段。

在次级发酵阶段，有两类比较特殊的功能菌群值得讨论：一类是产氢产乙酸菌（hydrogen-producing acetogen）；另一类是同型产乙酸菌（homoacetogen）。其中，产氢产乙酸菌尤为重要。

1. 产氢产乙酸菌

产氢产乙酸菌是指将厌氧消化第二阶段产生的除甲酸和乙酸外的短链脂肪酸与小分子醇类转化为乙酸、H_2及CO_2的功能菌群。

产氢产乙酸菌只能利用除乙酸和甲酸外的短链脂肪酸与小分子醇类（主要是乙醇）。因此，产氢产乙酸细菌所能利用的底物范围较窄。

根据所降解的底物不同，可将产氢产乙酸细菌分为降解丙酸产氢产乙酸细菌、降解丁酸产氢产乙酸细菌和降解乙醇产氢产乙酸细菌等类型。其中，属于分类学上的降解丙酸产氢产乙酸菌主要有 *Syntrophobacter fumaroxidans* 和 *Pelotomaculum thermopropionicum*，降解丁酸产氢产乙酸菌主要有 *Syntrophomonas wolfei* 和 *Syntrophus aciditrophicus*。

降解丙酸产氢产乙酸反应：

$$CH_3CH_2COOH + 2H_2O \longrightarrow CH_3COOH + CO_2 + 3H_2$$

降解丁酸产氢产乙酸反应：

$$CH_3CH_2CH_2COOH + 2H_2O \longrightarrow 2CH_3COOH + 2H_2$$

产氢产乙酸菌在代谢过程中因产大量氢气而使厌氧消化系统氢分压升高。在标准状态下，产氢产乙酸菌将丙酸、丁酸和小分子醇类转化为乙酸、H_2和CO_2的反应是吸热反应，其吉布斯自由能均为正值（表 10-1）。因此，产氢产乙酸反应在热力学上不能自发进行，需要嗜氢菌的协助。通过嗜氢菌，将 H_2 消耗利用，以降低氢分压。只有当 H_2 被嗜氢菌利用，系统内氢分压足够低（＜1Pa），产氢产乙酸这一吸热反应转变为放热反应时才能顺利进行。

表 10-1　在标准状态下，产氢产乙酸吉布斯自由能变化

反应（pH = 7，T = 298.15K）	自由能变化/(kJ/mol)
$CH_3CH_2OH + H_2O \longrightarrow CH_3COO^- + 2H_2 + H^+$	+9.6
$CH_3CH_2COO^- + 3H_2O \longrightarrow CH_3COO^- + HCO_3^- + H^+ + 3H_2$	+76.1
$CH_3CH_2CH_2COO^- + 2H_2O \longrightarrow 2CH_3COO^- + 2H_2 + H^+$	+48.1
$CH_3CHOHCOO^- + 2H_2O \longrightarrow CH_3COO^- + HCO_3^- + H^+ + 2H_2$	–4.2

在厌氧消化过程中，嗜氢菌包括嗜氢产甲烷菌和同型产乙酸菌两大类。其中，比较重要的是嗜氢产甲烷菌。产氢细菌与嗜氢细菌之间的关系称为“互营”关系。互营关系的建立是通过“功能菌群间氢传递”实现的。

产氢产乙酸菌属于严格厌氧或兼氧细菌。该类细菌存在于无氧环境中，如河湖、池塘、稻田及下水道的淤泥中存在大量的产氢产乙酸细菌。产氢产乙酸菌常与产甲烷菌为伴。

产氢产乙酸菌是发酵产酸菌与产甲烷菌之间的纽带。可以说，没有产氢产乙酸菌，厌氧消化就无法进行。但产氢产乙酸菌所进行的反应不能自发进行，必须与产甲烷菌等嗜氢菌协同，方能完成将有机物转化为甲烷的过程。

有关产氢产乙酸菌及其与嗜氢产甲烷菌之间的“互营”关系、“功能菌群间氢传递”等具体内容将在下文讨论。

2. 同型产乙酸菌（嗜氢产乙酸菌）

同型产乙酸菌是指将底物转化为乙酸的细菌。乙酸是该反应的唯一产物。

同型产乙酸菌广泛分布于土壤、海底沉积物、厌氧污泥、污水、极地、动物瘤胃及人类肠道等生境中。同型产乙酸菌在地球碳循环中具有重要作用。据统计，每年由同型产乙酸菌合成的乙酸约 2×10^{12}kg。

同型产乙酸菌是厌氧菌。该类微生物既能将有机物转化为乙酸，行异养生活；又能将 H_2 和 CO_2 转化为乙酸，行自养生活。H_2 是同型产乙酸菌合成乙酸的底物之一。

同型产乙酸菌将 H_2 和 CO_2 转化为乙酸的反应：

$$2CO_2 + 4H_2 \longrightarrow CH_3COOH + 2H_2O$$

同型产乙酸菌将葡萄糖转化为乙酸的反应：

$$C_6H_{12}O_6 + 2H_2O \longrightarrow 2CH_3COOH + 4H_2 + 2CO_2$$

$$2CO_2 + 4H_2 \longrightarrow CH_3COOH + 2H_2O$$

$$C_6H_{12}O_6 \longrightarrow 3CH_3COOH$$

只有当氢分压处于较高水平时，同型产乙酸菌将 H_2 和 CO_2 转化为乙酸的反应才会发生。产氢产乙酸菌可以满足同型产乙酸菌对 H_2 的需要，而同型产乙酸菌通过嗜氢产乙酸作用降低分压可解除 H_2 分压对产氢产乙酸菌的抑制。因此，同型产乙酸菌与产氢产乙酸菌具有良好的互作关系。这种关系是基于 H_2 作为同型产乙酸菌的营养建立起来的。因此，产氢产乙酸菌和同型产乙酸菌属于互营菌。然而，当厌氧消化系统中有嗜氢产甲烷菌存在时，同型产乙酸菌将受到抑制，同型产乙酸过程则不会发生。

（四）产甲烷阶段

甲烷是由产甲烷菌产生的。产甲烷菌是目前已知的唯一能够产甲烷的生物。在系统发育学上，产甲烷菌属于古菌域广古菌门（Euryarchaeota）。已知的产甲烷菌分为 7 个目，包括甲烷杆菌目（Methanobacteriales）、甲烷球菌目（Methanococcales）、甲烷微菌目（Methanomicrobiales）、甲烷八叠球菌目（Methanosarcinales）、甲烷火球菌目（Methanopyrales）、Methanocellales 和 Methanoplasmatales。

1. 产甲烷菌的特点

产甲烷菌的特点：① 生长缓慢，如甲烷八叠球菌在乙酸培养基上生长时，其倍增时间为 1～2d。② 严格厌氧，对氧气和氧化剂非常敏感，在有空气的条件下不能生存或死亡。③ 营养要求简单，所能利用的营养物非常有限。不能利用复杂有机物，仅能利用 CO_2、H_2、甲酸、乙酸及简单的甲基化合物作为营养物。④ 其生长温度范围较宽。从接近 0℃ 到 110℃ 环境都有产甲烷菌的存在。⑤ 代谢终产物主要是甲烷和二氧化碳。

2. 产甲烷菌的营养类型

根据产甲烷菌所利用的底物，可将其分为 3 种类群，包括还原 CO_2 产甲烷菌、嗜甲基产甲烷菌（甲基营养型）和嗜乙酸产甲烷菌（乙酸营养型）。请见表 10-2。

表 10-2　产甲烷菌产甲烷类型及其反应与吉布斯自由能（$\Delta G'$）

产甲烷类型及其反应	$\Delta G'$/(kJ/mol CH_4)	产甲烷菌代表属
Ⅰ. 还原 CO_2 途径		
$4H_2 + CO_2 \longrightarrow CH_4 + 2H_2O$	−135	*Methanothermus*，*Methanocaldococcus*
$4HCOOH \longrightarrow CH_4 + 3CO_2 + 2H_2O$	−130	*Methanobacterium*，*Methanothermococcus*
$4CO + 2H_2O \longrightarrow CH_4 + 3CO_2$	−196	*Methanothermobacter*，*Methanosarcina*

续表

产甲烷类型及其反应	$\Delta G'$/(kJ/mol CH_4)	产甲烷菌代表属
II．甲基营养途径		
$4CH_3OH \longrightarrow 3CH_4 + CO_2 + 2H_2O$	–105	*Methanosarcina*，*Methanohalobium*
$CH_3OH + H_2 \longrightarrow CH_4 + H_2O$	–113	*Methanomicrococcus blatticola*，*Methanosphaera*
$4CH_3NH_2 + 2H_2O \longrightarrow 3CH_4 + CO_2 + 4NH_3$	–75	*Methanococcoides*，*Methanosarcina*
$2(CH_3)_2NH + 2H_2O \longrightarrow 3CH_4 + CO_2 + 2NH_3$	–73	*Methanococcoides*，*Methanosarcina*
$4(CH_3)N + 6H_2O \longrightarrow 9CH_4 + 3CO_2 + 4NH_3$	–74	*Methanosarcina*，*Methanohalobium*
$4CH_3NH_3Cl + 2H_2O \longrightarrow 3CH_4 + CO_2 + 4NH_4Cl$	–74	*Methanosalsum*，*Methanohalophilus*
III．乙酸途径		
$CH_3COOH \longrightarrow CH_4 + CO_2$	–33	*Methanosarcina*，*Methanosaeta*

（1）还原 CO_2 产甲烷菌

还原 CO_2 产甲烷菌包括嗜氢还原 CO_2 产甲烷菌和嗜甲酸还原 CO_2 产甲烷菌。二者所用电子供体不同。嗜氢还原 CO_2 产甲烷菌以 H_2 作为电子供体还原 CO_2 产甲烷，嗜甲酸还原 CO_2 产甲烷菌以甲酸作为电子供体还原 CO_2 产甲烷。但嗜甲酸还原 CO_2 产甲烷菌先将甲酸转化为 CO_2 和 H_2，再利用 H_2 和还原 CO_2 产甲烷。二者都以 CO_2 作为最终电子受体，即以还原 CO_2 作为共同途径产甲烷。因此，将嗜氢还原 CO_2 产甲烷菌和嗜甲酸还原 CO_2 产甲烷菌合称为还原 CO_2 产甲烷菌。嗜氢还原 CO_2 产甲烷菌又可简称为嗜氢产甲烷菌。嗜甲酸还原 CO_2 产甲烷菌可简称为嗜甲酸产甲烷菌。

（2）嗜甲基产甲烷菌

嗜甲基产甲烷菌利用 H_2 还原甲基化合物（如甲醇）、甲胺类化合物（如甲胺、二甲胺、三甲胺）和甲基硫化合物（如甲硫醇、二甲基硫）中的甲基产甲烷或通过甲基化合物自身的歧化作用产甲烷。

（3）嗜乙酸产甲烷菌

嗜乙酸产甲烷菌先将乙酸裂解为羧基和甲基。然后，将羧基氧化为 CO_2 和 H_2。H_2 作为电子供体将甲基还原为甲烷。

在以上三种营养类型中，还原 CO_2 产甲烷菌数量最多且大多产甲烷菌都能还原 CO_2 产甲烷，故还原 CO_2 产甲烷菌是厌氧消化中的主要类群。

3. 产甲烷菌的产甲烷过程

产甲烷是厌氧消化过程的最后一个环节。产甲烷是一个非常复杂的酶促代谢过程。通过产甲烷过程的研究，可为更好地利用厌氧消化解决有机污染问题提供科学理论依据。

（1）产甲烷有关重要辅酶

产甲烷过程的辅酶根据其功能分为两类：一类是一碳单位（C_1）载体；另一类是电子载体。C_1 载体主要包括甲烷呋喃（MF）、四氢甲烷蝶呤（H_4MPT）、四氢八叠甲烷蝶呤（H_4SPT）、辅酶 M（HS-CoM）；电子载体主要包括铁氧化还原蛋白（Fd）、辅酶 B（HS-CoB）、辅酶 F_{430}、细胞色素、FAD、甲烷吩嗪（MP）、辅酶 F_{420}。

MF 包含一个呋喃环和一个氨基基团。其中，氨基主要负责与 CO_2 的结合。H_4MPT 和 H_4SPT

结构类似，均为四氢叶酸的衍生物。H_4MPT 和 H_4SPT 主要参与甲酰、甲叉和甲基等一碳单位（C_1）的转移。HS-CoM（2-巯基乙磺酸/$HS\text{-}CH_2CH_2SO_3^-$）为甲基载体。HS-CoM 巯基上的氢原子被甲基基团取代实现其对甲基的转移。该反应由甲基转移酶催化完成。HS-CoB（磷酸-7-巯基庚基苏氨酸）包含一个巯基和一个磷酸基团。其中，巯基为其活性部位。辅酶 F_{430} 是一种含镍（Ni）的类卟吩化合物。Ni 为其活性中心。Ni 有 3 个价态（+1、+2 与 +3）。通过这 3 个价态的相互转变实现其对电子的转移。MP 是一种仅存在于甲烷八叠球菌目中的一种辅酶。其功能与其他细菌呼吸链中的醌类相似。辅酶 F_{420} 可扮演双重角色，既可作为电子受体（当由氢化酶、甲酸脱氢酶和一氧化碳脱氢酶催化时），又可作为电子供体（当由 $NADP^+$ 还原酶时）。

（2）产甲烷菌的产甲烷途径

1）还原 CO_2 途径　在厌氧消化环境中，绝大多数产甲烷菌可通过还原 CO_2 途径产甲烷。而在还原 CO_2 途径中，大多产甲烷菌以 H_2 作为电子供体将 CO_2 还原，产生甲烷。因此，这类产甲烷菌又被称作嗜氢产甲烷菌或氢营养型产甲烷菌（hydrogenotrophic methanogen）。这类产甲烷菌在氢酶作用下，将电子先传递给 Fd_{ox}，然后再还原 CO_2。

厌氧消化环境中也有很多产甲烷菌能够利用甲酸作为电子供体还原 CO_2 产甲烷。它们通过依赖 F_{420} 的甲酸脱氢酶和依赖 F_{420} 的还原性氢酶［氢酶是催化氢气和质子之间氧化还原可逆反应（$H_2 \rightleftharpoons 2H^+ + 2e^-$）的酶］将 4 分子甲酸转化为 4 分子 CO_2 和 4 分子 H_2。然后，再利用 H_2 将 CO_2 还原，产生甲烷。还有少数产甲烷菌利用 CO 作为电子供体还原 CO_2 产甲烷。在此过程中，先是 3 分子 CO 被氧化为 3 分子 CO_2，同时释放出电子。所释放出的电子用于 CO_2 还原，产生甲烷。下面讨论嗜氢还原 CO_2 产甲烷菌的产甲烷途径（图 10-3）。

首先，在氢酶的催化下，以 H_2 作为电子供体，将氧化型铁氧化还原蛋白（Fd_{ox}）还原为还原型铁氧化还原蛋白（Fd_{red}）。此过程需要消耗能量。反应（1）在甲酰甲烷呋喃脱氢酶的催化下，还原型铁氧化还原蛋白（Fd_{red}）作为电子供体将 CO_2 还原为甲酰基。然后，甲酰基与甲烷呋喃（MF）的氨基共价结合，形成甲酰甲烷呋喃（CHO-MF）。同时，Fd_{red} 形成氧化型铁氧化还原蛋白（Fd_{ox}）。接着，在四氢甲烷蝶呤甲酰转移酶的催化下，CHO-MF 上的甲酰基转移到 H_4MPT 上，形成 CHO-H_4MPT［反应（2）］。随后，在甲酰四氢甲烷蝶呤环化水解酶和甲酰四氢甲烷蝶呤脱氢酶催化下完成反应（3）。其中，甲酰四氢甲烷蝶呤脱氢酶根据其所利用的电子供体分为两类：一类是辅酶 F_{420} 依赖型；另一类是 H_2 依赖型。前者以辅酶 $F_{420}H_2$ 作为电子供体；后者以 H_2 作为电子供体。随后，在甲酰四氢甲烷蝶呤还原酶的催化下，以辅酶 $F_{420}H_2$ 作为电子供体催化完成反应（4）。最后，在辅酶 M 甲基转移酶的催化下，将甲基基团转移到 HS-CoM 的巯基上，形成 CH_3-S-CoM，完成反应（5）。所产生的 CH_3-S-CoM 经过反应（12）和反应（13）产生甲烷。

反应（12）和反应（13）是还原 CO_2 产甲烷菌、嗜甲基产甲烷菌和嗜乙酸产甲烷菌产甲烷过程中的共有途径。其中反应（12）是产甲烷过程的最后一步。催化反应（12）的酶是含镍的甲基辅酶 M 还原酶（Mcr）。该酶以 HS-CoB 为直接电子供体还原 CH_3-S-CoM 产生 CH_4 和 CoB-S-S-CoM。甲基辅酶 M 还原酶是产甲烷菌所特有的一种酶。CoB-S-S-CoM 可以被视为产甲烷过程的末端电子受体。CoB-S-S-CoM 被异质二硫化物还原酶（Hdr）还原，重新释放出 HS-CoB 和 HS-CoM。

2）嗜甲基产甲烷途径（简称甲基营养途径）　嗜甲基产甲烷菌将甲基化合物转化为甲烷是在辅酶 M 甲基转移酶系统（Mt）的催化下完成的。辅酶 M 甲基转移酶系统（Mt）是一个含有类咕啉蛋白和两个甲基转移酶的复合酶。两个甲基转移酶分别是甲基转移酶 1（MT1）

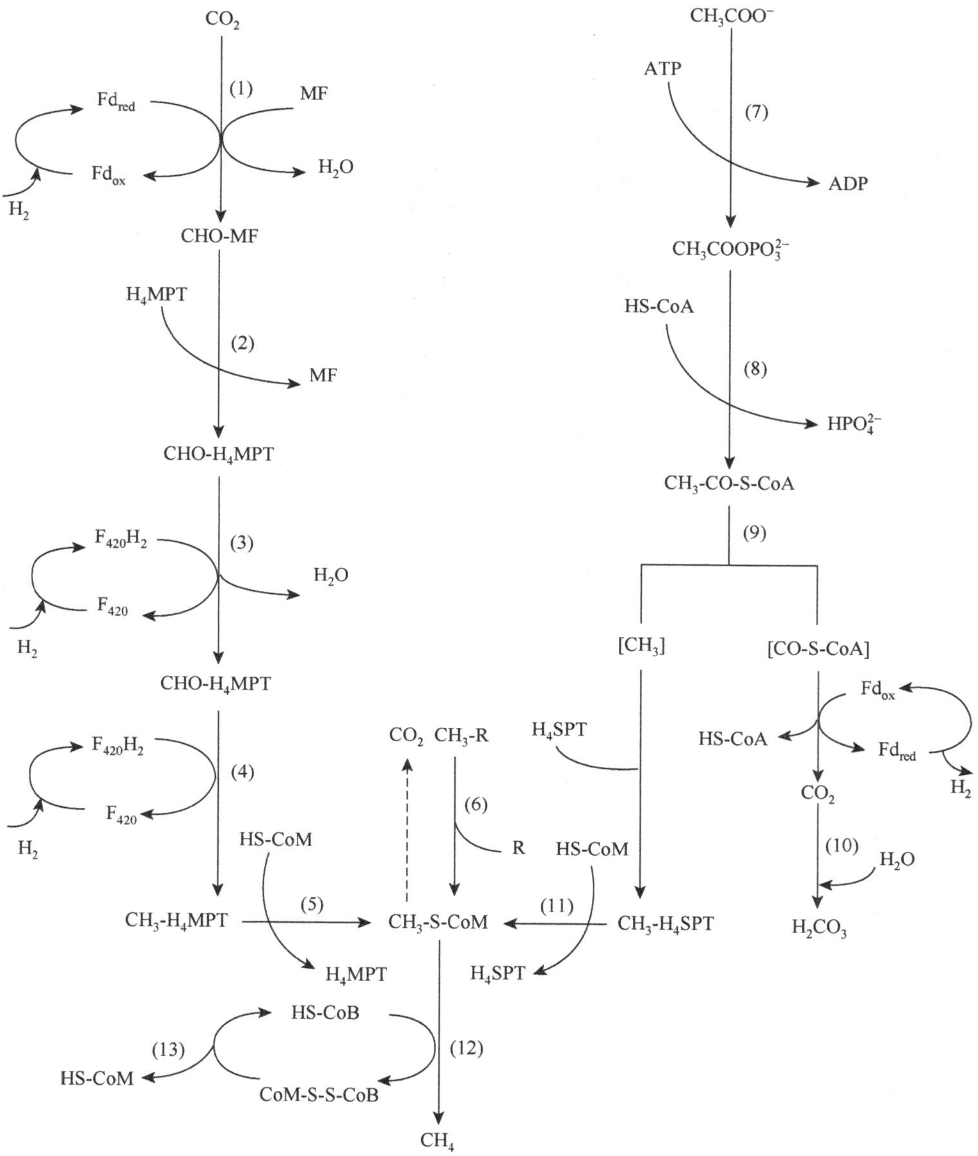

图 10-3　三类产甲烷菌的产甲烷途径

Fd. 铁氧化还原蛋白（Fd_{red}为还原型，Fd_{ox}为氧化型）；MF. 甲烷呋喃；H_4MPT. 四氢甲烷蝶呤；H_4SPT. 四氢八叠甲烷蝶呤；F_{420}. 辅酶F_{420}氧化态；$F_{420}H_2$. 辅酶F_{420}还原态；HS-CoM. 辅酶 M；HS-CoA. 辅酶 A；HS-CoB. 辅酶 B；CoM-S-S-CoB. 异质二硫化物。反应（1）～（5）是氢型甲烷菌CO_2还原途径产甲烷过程所特有的生化过程；反应（6）为甲基营养途径所特有的反应；反应（7）～（11）是乙酸途径所特有的生化过程；反应（12）和（13）是三类产甲烷菌产甲烷过程的共有途径

和甲基转移酶 2（MT2）。MT1 负责将底物上的甲基转移到 Mt 上并与类咕啉蛋白结合；MT2 负责催化类咕啉蛋白上的甲基转移给辅酶 M（HS-CoM），形成 CH_3-S-CoM［反应（6）］。CH_3-S-CoM 在有 H_2 存在的条件下利用 H_2 作为电子供体经反应（12）和（13）产生甲烷；在没有 H_2 的条件下，一部分 CH_3-S-CoM 经反应（5）至反应（1）的逆反应被氧化产生 CO_2，另一部分 CH_3-S-CoM 经反应（12）和反应（13）产生 CH_4。

自然界中利用甲基产甲烷的微生物较少，目前研究发现的只有甲烷八叠球菌目以及甲烷球菌目中的 *Methanosphaera* 产甲烷菌能够利用甲基营养途径产甲烷。

3）嗜乙酸产甲烷途径（简称乙酸途径）　在嗜乙酸产甲烷过程中，乙酸必须先转变为乙酰辅酶 A 中间产物，然后，乙酰辅酶 A 再转化为甲烷。但 *Methanosarcina* 产甲烷菌与 *Methanosaeta* 产甲烷菌将乙酸转化为乙酰辅酶 A 的机制有所不同。

Methanosarcina 产甲烷菌先在乙酸激酶的催化下，将一分子乙酸与一分子 ATP 缩合，形成乙酰磷酸［反应（7）］。然后，乙酰磷酸再在磷酸转乙酰酶的作用下与一分子辅酶 A 反应，生成 CH_3CO-S-CoA［反应（8）］；而 *Methanosaeta* 产甲烷菌则在乙酰辅酶 A 合成酶的催化下，消耗 2 分子 ATP，将乙酸转变为乙酰辅酶 A。

所形成的乙酰辅酶 A 再在一氧化碳脱氢酶/乙酰辅酶 A 合成酶复合体的催下分解为 CH_3 和甲酰辅酶 A（CO-S-CoA）［反应（9）］。一氧化碳脱氢酶/乙酰辅酶 A 合成酶复合体是嗜乙酸产甲烷途径中的关键酶。此酶用于“剪切”乙酰辅酶 A 上的 C—C 和 C—S 键，并在将甲基基团转移到 H_4SPT 上形成 CH_3-H_4SPT 的同时，利用 Fd_{ox} 作为电子受体氧化 CO 产生 CO_2，Fd_{ox} 由氧化型变为还原型（Fd_{red}）。产生的 Fd_{red} 在氢酶的催化下生成 H_2 和 Fd_{ox}。

乙酸途径中产生的 CO_2 在碳酸酐酶的作用下与 H_2O 反应，生成碳酸（H_2CO_3）[反应(10)]。通过该反应，可将细胞内多余的 CO_2 排除，以增加产甲烷的效率。随后，在四氢八叠甲烷蝶呤甲基辅酶 M 转移酶催化下完成反应（11），产生 CH_3-S-CoM。所产生的 CH_3-S-CoM 经过反应（12）和反应（13）产生甲烷。

利用乙酸产甲烷的产甲烷菌也很少，目前发现的只有 *Methanosarcina* 产甲烷菌和 *Methanosaeta* 产甲烷菌。

二、有机物厌氧氧化产甲烷关键功能菌群的互营与电子传递

厌氧消化过程是由水解菌、初级发酵菌、次级发酵菌（包括产氢产乙酸菌和同型产乙酸菌）与产甲烷菌四大类功能菌群经过 4 个阶段完成的。这 4 个阶段的功能菌群由前至后犹如一条食物链。前一阶段的功能菌群所产生的降解产物是后一阶段功能菌群的营养物。功能菌群彼此之间通过营养所建立的关系称为互营关系。

在厌氧消化过程中，各功能群彼此之间的互营对有机物厌氧产甲烷都非常重要，但其中尤为重要的是以产氢产乙酸菌为代表的产氢菌与产甲烷菌（主要是嗜氢产甲烷菌）之间的互营。这种互营是决定整个厌氧消化过程能否顺利进行的关键。

产氢产乙酸菌与嗜氢产甲烷菌之间的互营不只是其在食物链上的简单依附关系，更重要的是其具有热力学上的意义。

产氢产乙酸菌分解产短链脂肪酸产生乙酸和 H_2，为产甲烷菌提供营养物。但在标准状态下，该反应属于吸热反应，不能自发进行。只有当嗜氢产甲烷菌存在时，将 H_2 消耗，降低 H_2 分压，从而拉动化学平衡向生成甲烷的方向进行。

互营的本质是互营菌之间的电子传递。

在厌氧消化过程中，产氢产乙酸菌与产甲烷菌之间的电子传递方式有间接传递与直接传递。间接传递包括 H_2 转移（hydrogen transfer，HT）和甲酸转移（formate transfer，FT）。

（一）有机物厌氧氧化产甲烷关键功能菌群之间电子的间接传递——H_2 转移

大量研究证明，在厌氧消化过程中，产 H_2 菌（主要是产氢产乙酸菌）与嗜 H_2 菌（主要是嗜 H_2 产甲烷菌）之间的 H_2 转移十分普遍。

那么，为何要发生 H_2 的转移呢？要回答这个问题，首先必须知道 H_2 在厌氧消化过程中的作用以及 H_2 是如何形成的。

H_2 分子质量小、容易扩散，在厌氧消化过程中扮演的是电子载体这一重要角色，即利用 H_2 将有机物在厌氧条件下被氧化时脱下的电子传递给 CO_2，产生甲烷，从而使有机物得到降解，见图 10-4。

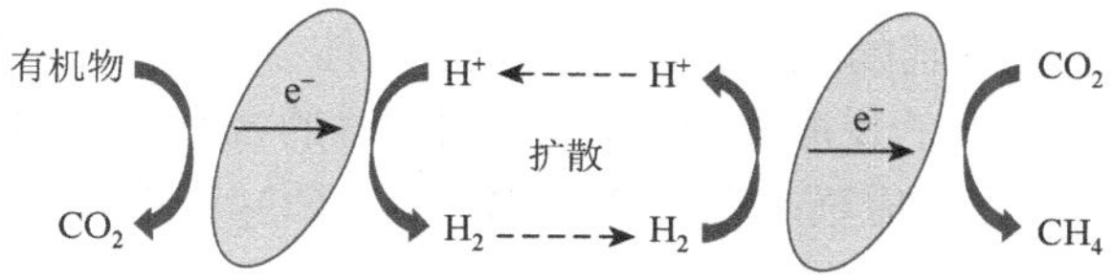

图 10-4　有机物厌氧氧化产甲烷关键功能菌群之间电子的间接传递——H_2 转移

H_2 在厌氧消化过程中是如何产生的？H_2 是通过 H^+产生的。H^+在厌氧消化过程充当电子受体，接受电子被还原形成 H_2。H^+之所以充当电子受体，是因为在厌氧消化系统中，除 CO_2 可作为电子受体外，缺乏其他电子受体（如 O_2、 NO_3^- 及 SO_4^{2-} 等）。

产氢产乙酸菌产氢时（该反应属于厌氧条件下的氧化反应），以 H^+作为电子受体，接受来自于 NADH、$FADH_2$ 及 Fd_{red} 等氧化还原载体的电子。但由于 H^+/H_2 的氧化还原电位较低（−414mV），而 NAD^+/NADH、FADH/$FADH_2$ 和 Fd_{ox}/Fd_{red} 的氧化还原电位相对较高（分别为−320mV、−220mV 和−398mV）。在标准状态下，这些氧化还原介质难以作为电子供体还原 H^+形成 H_2。以 NADH 和 Fd_{red} 为例加以说明（表 10-3）。由表 10-3 可知，H^+作为电子受体对 NADH 氧化和对 Fd_{red} 氧化时在热力学标准状态下的自由能变化均为正值，分别为 + 18 和 + 3。这说明，H^+与 NADH 及 H^+与 Fd_{red} 发生的氧化反应都属于吸热反应，因而这些反应在标准状态下无法进行。

表 10-3　H_2 和甲酸转移相关反应的自由变化

反应	$\Delta G_0'$/(kJ/mol)	$\Delta G'$/(kJ/mol)
产氢产乙酸菌：		
$NADH+H^+ \longrightarrow NAD^+ + H_2$	+18	−11
$2Fd_{red} + 2H^+ \longrightarrow 2Fd_{ox} + H_2$	+3	−26
$HCOO^- + H^+ \longrightarrow CO_2 + H_2$	−3	−32
嗜氢产甲烷菌：		
$H_2 + 2Fd_{ox} \longrightarrow 2Fd_{red}$	−3	+26
$H_2 + F_{420} \longrightarrow F_{420}H_2$	−11	+18
$4HCOO^- + 4H^+ \longrightarrow CH_4 + 3CO_2 + 2H_2O$	−119.5	–

注：$\Delta G_0'$为标准状态下吉布斯自由能变化；$\Delta G'$为当 H_2 分压为 1Pa 时吉布斯自由能变化。反应方程式中 H_2、CH_4 和 CO_2 都为气态，H_2O 为液态

由表 10-3 还可看到，当 H_2 分压为 1Pa 时，H^+作为电子受体氧化 NADH 与氧化 Fd_{red} 时的吉布斯自由能（$\Delta G'$）则分别为−11kJ/mol 和−26kJ/mol。这表明，当体系的 H_2 分压降低时，

这些反应则转变为放热反应，反应便可进行。由此可见，H_2 分压降低是推动产氢产乙酸菌产氢的关键，即只有 H_2 被消耗时，才能使 H^+与 NADH 的反应或 H^+与 Fd_{red} 的反应平衡向生成 H_2 的方向移动。嗜氢菌（主要是嗜氢产甲烷菌，其次是同型产乙酸菌等）可以满足产氢产乙酸菌这一需要。嗜氢产甲烷菌对 H_2 的消耗使 H_2 分压降低，从而推动产氢产乙酸菌产 H_2 反应的进行。

嗜氢产甲烷菌消耗的 H_2 用于还原 CO_2 产甲烷。CO_2 是这一反应的电子受体。该过程需要氧化型 Fd（Fd_{ox}）或氧化型辅酶 F_{420} 作为中间电子载体参与。由表 10-3 可见，无论以 Fd_{ox} 还是以 F_{420} 作为电子载体催化的反应在 H_2 分压为 1Pa 时的吉布斯自由能（$\Delta G'$）均为正值，分别是 + 26 和 + 18。这说明，嗜氢产甲烷菌以 H_2 还原 CO_2 产甲烷在此 H_2 分压条件下属于吸热反应，无法进行。但从表 10-3 中还可以看到，在标准状态下，以 Fd_{ox} 和 F_{420} 作为电子载体催化的反应的吉布斯自由能（$\Delta G_0'$）均为负值，分别是−3 和−11。也就是说，只有 H_2 分压较高时，嗜氢产甲烷菌以 H_2 还原 CO_2 产甲烷这一过程才能进行。

在互营产甲烷体系中，当 H_2 分压过高时，产氢产乙酸菌的产 H_2 过程受到抑制，而嗜氢产甲烷菌的耗氢过程被激活；相反，当 H_2 分压过低时，产 H_2 过程被激活，而耗 H_2 过程被抑制。产氢产乙酸菌和嗜氢产甲烷菌之间通过调节种间 H_2 的转移来实现有机质降解产甲烷过程。

产氢产乙酸菌分解短链脂肪酸产氢，使 H_2 分压不断升高，当达到能满足嗜氢产甲烷菌对 H_2 分压水平的要求时，嗜氢产甲烷菌开始利用 H_2 还原 CO_2 产甲烷。随着嗜氢产甲烷菌对 H_2 的消耗，H_2 分压不断下降，当降至其能解除对产氢产乙酸菌抑制水平时，产氢产乙酸菌便启动产氢产乙酸过程。二者密切配合，通力协作，共同维持 H_2 分压保持一种动态平衡。"产氢"与"耗氢"是一种重要的厌氧消化机制。

在厌氧条件下，微生物将有机物转化为甲烷的过程是一个氧化还原过程。电子从有机物上脱下，最终交给电子受体 CO_2。有机物被氧化，CO_2 被还原。在此过程中，H_2 是关键角色。H_2 一手接受来自非产甲烷菌氧化有机物时形成的 NADH、$FADH_2$ 及 Fd_{red} 等的电子，一手通过自身转移，又将电子交给产甲烷菌的电子受体 CO_2，产生甲烷。这样，H_2 将非产甲烷菌与产甲烷紧紧地联系在了一起。通过 H_2 这个纽带所建立的非产甲烷菌与产甲烷之间的互营推动着厌氧消化过程由有机物向甲烷方向的转化。

然而，H_2 并非唯一电子载体。经过大量研究，甲酸被认为是非厌氧消化产甲烷过程的另一种电子载体。甲酸/CO_2 的氧化还原电位（−432mV）与 H^+/H_2 的（−414mV）相近。但 H_2 或甲酸转移哪种途径占主导目前尚无定论。在不同环境或不同条件下，它们对互营产甲烷的相对贡献可能有所不同，相关情况有待深入研究。

（二）有机物厌氧氧化产甲烷过程的直接电子传递

互营产甲烷过程中存在的直接电子传递（DIET）是近年研究发现的一种新的电子传递机制（图 10-5）。最近研究表明，直接电子传递可通过互营微生物的鞭毛（图 10-6）、菌毛或分泌的细胞色素完成。Reguera 等发现，*Geobacter sulfurreducens* 产生的菌毛具有很强的导电性，能够作为纳米导线实现细菌细胞表面和铁矿物之间的电子传递，并且预测这种导电能力能够进行细胞和细胞之间的电子传递。Summers 等发现，参与乙醇互营氧化的两株 *Geobacter* 菌（*Geobacter metallireducens* 和 *G. sulfurreducens*）在实验培养条件下形成具有导电性的团聚体，并且它们之间的电子传递是通过 *G. sulfurreducens* 产生的具有导电性的细胞色素 c 完成的。Morita 等研究在升流式厌氧污泥床反应器中团聚体内的电子传递机制时发现，这些团聚体具有很强的导电性。在团聚体内的微生物组成中，*Geobacter* 占细菌总量的 25%，而乙酸型产甲烷古菌（*Methanocsaeta concillii*）占古菌总量的 90%。*Geobacter* 能够部分解释团聚体的导电性，而乙酸型产甲烷菌占主导这一现象解释了为什么这些团聚体对 H_2 和甲酸的转化能力很低。这些实验首次证明产 CH_4 团聚体具有导电性，并且表明在一些产 CH_4 生态系统直接的电子传递可能是一种重要的机制。GAC（颗粒活化态碳）的添加能够促进 CH_4 的产生，但 GAC 对产 CH_4 的促进机制尚不明确。Liu 等的结果表明，GAC 能够促进互营产 CH_4 体系的直接电子传递，并且相对于微生物之间通过菌毛接触或细胞色素 c 形成的直接电子传递，GAC 由于其强导电性能为互营产 CH_4 体系提供更好的电子传递。

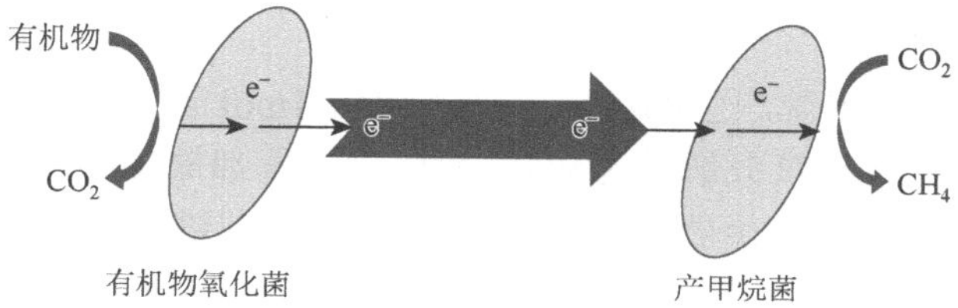

图 10-5 有机物厌氧氧化产甲烷过程的直接电子传递

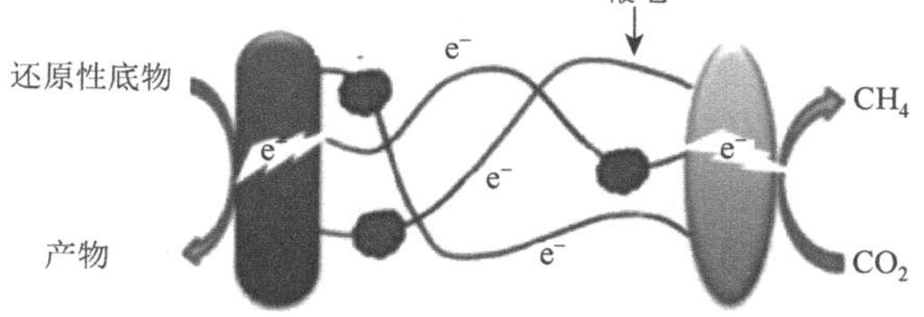

图 10-6 通过互营微生物的鞭毛的导电性物质直接电子传递

在有关脂肪酸产甲烷微生物相互作用机制的研究中，日本研究小组发现一株丙酸互营氧化细菌（*Pelotomaculum thermopropionicum*）通过鞭毛与一株氢型产甲烷古菌（*Methanothermobacter thermautotrophicus*）形成直接接触。这种鞭毛直接接触能够显著加快产 CH_4 菌的启动速度、提高产 CH_4 相关基因表达水平。这些研究结果表明，互营细菌和产甲烷古菌通过直接接触进行了信号传递，实现代谢的协同。

（三）有机物厌氧氧化产甲烷关键功能菌群互营的意义

互营是微生物之间存在的一种特殊关系。互营微生物通过紧密合作，使分解代谢产生的有限能量得到最大限度的利用。通过互营，微生物能够在无氧这样的恶劣环境中克服能量壁垒进行良好的生长与繁殖。

三、非产甲烷功能菌群与产甲烷功能菌群的关系

在厌氧消化过程中，非产甲烷菌（水解菌、初级发酵菌，次级发酵菌）与产甲烷菌相互配合，建立了良好的互作关系。正是通过这种关系，才保证了厌氧消化系统的稳定运行。

a. 非产甲烷菌为产甲烷菌提供生长和产甲烷所需基质。非产甲烷菌经过水解、初级发酵、次级发酵等将复杂的有机物转化为 H_2、CO_2、甲酸、乙酸、甲醇、甲胺类等小分子，为产甲烷菌提供生长所需碳源和能源，即前面提到的食物链关系。

b. 非产甲烷菌为产甲烷菌创造厌氧条件。在厌氧消化过程中，由于加料等操作难免挟带空气进入，这对产甲烷细菌是不利的。而非产甲烷菌中的兼氧菌通过自身的代谢活动，可将氧加以消耗，逐步形成适于产甲烷菌的厌氧环境。

c. 非产甲烷菌为产甲烷菌清除有毒物质。在工业废水中常常含有对产甲烷菌有毒害的物质，如酚类、苯甲酸、氰化物、长链脂肪酸等。发酵菌可将其作为营养物加以分解，不仅解除了对产甲烷菌的毒害作用，而且还为产甲烷菌提供了养分。

d. 非产甲烷菌与产甲烷菌共同维持环境适宜 pH。非产甲烷菌将有机物质发酵，产气（H_2 和 CO_2）、产酸（甲酸和乙酸）使环境 pH 下降。产甲烷菌利用甲酸、乙酸、H_2 和 CO_2 形成甲烷，从而避免了酸的积累。二者协同配合，共同维持环境适宜的 pH。

四、厌氧消化过程能量的产生

有机质厌氧氧化形成甲烷产生的能量很低，如将 1mol 葡萄糖转化为甲烷和二氧化碳所产生的能量只相当于其有氧分解的 15%，大部分能量都储存在甲烷中。厌氧消化产生的能量少意味着生长速率和微生物的生物量都很低。葡萄糖在好氧和厌氧条件下的产能比较：

$$C_6H_{12}O_6 + 6O_2 \longrightarrow 6CO_2 + 6H_2O\text{（}\Delta G_0' = -2870\text{kJ/mol）}$$

$$C_6H_{12}O_6 \longrightarrow 3CO_2 + 3CH_4\text{（}\Delta G_0' = -390\text{kJ/mol）}$$

在初级发酵和次级发酵的产氢产乙酸过程中产生的能量通过底物水平磷酸化形成 ATP 加以储存。同型产乙酸菌产生的能量主要通过在代谢过程中形成跨膜离子（Na^+和 H^+）浓度梯度差驱动细胞膜上的 ATP 合成酶催化 ATP 的生成。

产甲烷菌能量的产生主要依赖于钠离子或质子跨膜梯度。钠离子或质子跨膜梯度驱动位于细胞膜上的 ATP 合成酶将 ADP 转化成 ATP。图 10-3 中的反应（1）、（5）、（9）、（11）、（12）及（13）与钠离子或质子转运相偶联。三种产甲烷途径相关反应及其自由能见表 10-2。

由表 10-2 可知，还原 CO_2 途径产生的净能量最高，甲基营养途径次之，乙酸途径最低。分析表 10-2 中的数据可知，在甲基营养型产甲烷途径中，利用甲醇产甲烷过程中产生的净能量与其他甲基化合物相比相对较高，而不同含氮甲基化合物产生的能量相近。

在甲基营养途径中，由于产生 CO_2 要经历图 10-3 中的反应（5）至反应（1）这个逆反应，该过程属于耗能过程。因此，甲基营养途径产生的净能量低于还原 CO_2 途径。

对于乙酸产甲烷途径，其消耗能量的过程为反应（7），至少需要 1 个 ATP 用于活化乙酸。乙酸产甲烷途径能量产生的过程为反应（9）、（12）和（13）。其中，反应（12）和（13）产生的能量与另两个途径相近，而反应（9）产生的能量较低。因此，该途径为产生净能量最低的途径。

在有机物厌氧消化所产生的能量中，一小部分以热的形式散发，大部分用于微生物新细胞的合成。见图 10-7。

由图 10-7 可以看出，与有机污染物的好氧生物处理相同，在厌氧消化过程中，伴随着物质的分解进行着新细胞物质的合成（形成新细胞）。两个过程同时进行，其纽带即能量。正是有新的微生物的产生，才使处理系统保持连续运行。但需要指出的是，与好氧生物处理相比，厌氧生物处理产生的能量相对较少。因此，其反应相对较慢，所产污泥量也相对较少。

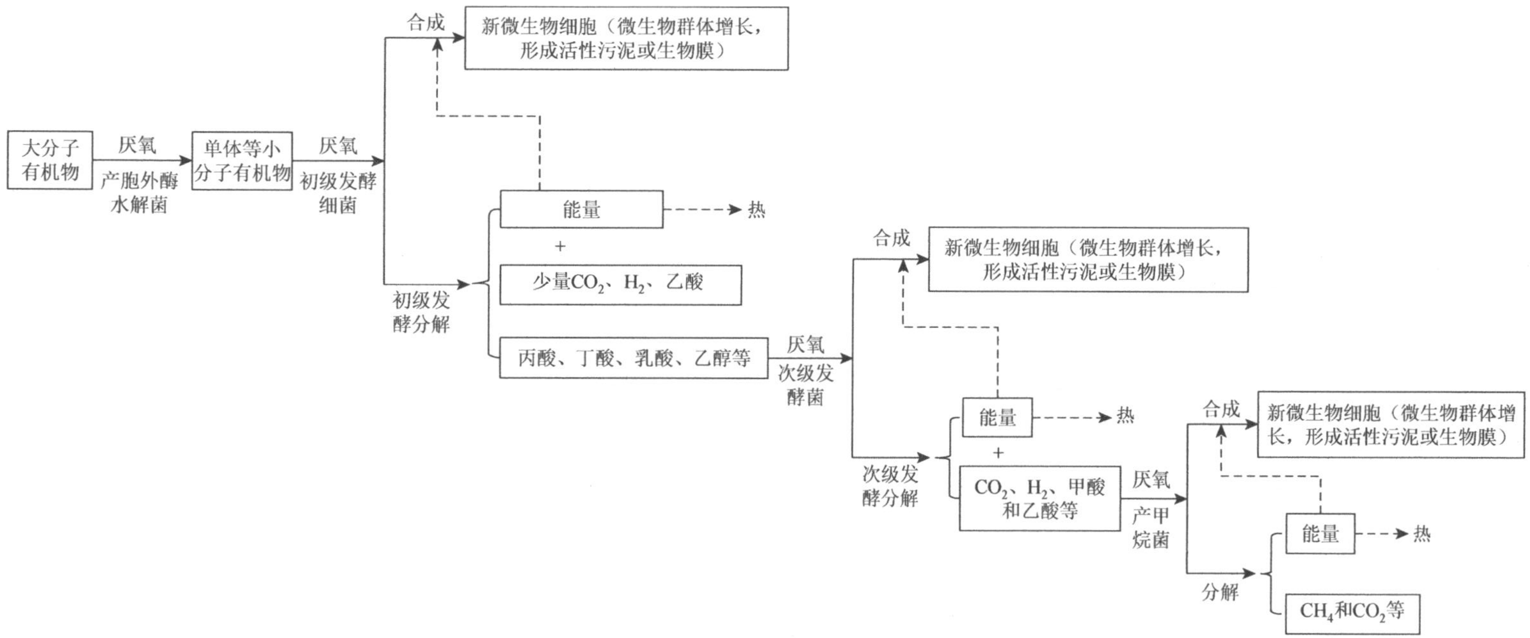

图 10-7　有机物厌氧消化产甲烷过程所产能量用于新细胞的合成

五、厌氧消化基本条件

厌氧消化由多种功能菌群参与，这些微生物需要一定的条件才能很好地生长繁殖，有效地完成对有机污染物的降解。

（1）适宜碳氮比

有机污染物被厌氧消化细菌分解时，其中一部分有机物的碳素和氮素被同化成菌体细胞，另一部分有机物则被分解产生甲烷。因此，厌氧消化原料需要适当搭配，保持合适的碳氮比例（适宜 C/N = 25∶1），这样才不会因缺碳素或缺氮素营养而影响消化细菌的正常生长与繁殖。

（2）质优足量的菌种

有机物厌氧消化离不开微生物。一定量的优质菌种接种物是厌氧消化必需的。根据长期实践经验，来自粪坑、下水道、厌氧消化池、沼泽、豆制品生产下水沟等的污泥等都可以作为良好的接种物。接种物的浓度和质量对厌氧消化尤为重要。接种量过多，为了达到较好的处理效果，必须增大反应器体积，势必会增加投资成本；接种量过少，消化速率就会减慢，产甲烷周期就会延长，容易造成酸的累积，甚至导致消化系统崩溃。

（3）严格的厌氧环境

在参与厌氧消化的微生物中，非产甲烷菌都是厌氧菌与兼氧菌，产甲烷菌都是严格厌氧菌。因此，严格的厌氧环境是有机污染物厌氧消化的重要条件之一。厌氧消化构筑物必须严格密闭，不漏水、不漏气，以保证厌氧消化细菌正常生长繁殖与工作。

（4）适宜的发酵温度

温度对厌氧消化影响很大。适宜的温度有利于消化细菌的生长与繁殖，可获得良好的处理效果。研究发现，厌氧消化细菌在 10～60℃均能正常发酵产气（适宜温度为 30～35℃）。通常按温度将厌氧消化分为三类，即 10～25℃为低温厌氧消化，25～35℃为中温厌氧消化，50～60℃为高温厌氧消化。一般采用中温厌氧消化。

（5）适宜的 pH

pH 也是影响厌氧消化效率的重要因素之一。这是因为产甲烷菌对环境 pH 改变较为敏感。当环境 pH 维持在 6.5～7.8 时，比较适宜产甲烷菌生存。普遍认为，产甲烷菌生长代谢的最佳 pH 为 6.8～7.2。事实上，当环境 pH 低于 6.8 时，产甲烷菌的活性受到抑制。有报道认为，当环境 pH 为 6.2 时，产甲烷速率下降 20%；当环境 pH 为 5.5 时，产甲烷速率下降 80%；当环境 pH 低于 5.0 时，厌氧体系几乎不再产生甲烷。相比于产甲烷菌，非产甲烷菌的活性受环境 pH 影响较小。一般认为，非产甲烷菌适宜 pH 相比产甲烷菌略有偏低。一些非产甲烷菌仍可在环境 pH 小于 5.0 的条件下生长。

厌氧消化过程不同阶段应按相应微生物对 pH 要求分别加以控制。pH 偏高或偏低都会对微生物产生抑制，从而影响消化效率。

第三节　厌氧消化工艺

厌氧消化工艺根据微生物的生长状态分为三类，包括厌氧活性污泥法、厌氧生物膜法及厌氧污泥层法。厌氧活性污泥法的微生物呈悬浮生长，厌氧生物膜法的微生物在填料上附着生长，厌氧污泥层法的微生物以形成颗粒污泥的形式发挥作用。

厌氧活性污泥法包括消化池、厌氧接触工艺、升流式厌氧污泥床反应器等；厌氧生物膜法包括厌氧生物滤池、厌氧流化床、厌氧生物转盘等。

一、厌氧活性污泥法

（一）厌氧消化池

厌氧消化池主要用于处理城市污水厂的污泥及固体含量比较高的有机废水。厌氧消化池一般为圆柱形，其顶部加有池盖，密闭，运行时需要搅拌并加温。厌氧消化池具有结构简单，但其水力停留时间长，容积负荷低，固液分离在同池进行，生物量小，处理效率偏低等特点；对无搅拌的厌氧消化反应器存在微生物与有机污染物接触不充分，温度不均匀等问题。

1. 传统厌氧消化池

传统厌氧消化池又称为低速消化池（图 10-8）。池内没有加热装置和搅拌装置，故有分层现象。分层包括浮渣层、上清液层、活性层、熟污泥层等。其中只有在活性层中才有有效厌氧微生物及厌氧反应过程。因此，在传统厌氧消化池中，只有活性层这部分容积有效。普通厌氧消化池的特点：①可直接处理悬浮固体含量较高或颗粒较大的料液。②厌氧消化反应与固液分离在同一个池内进行，缺乏持留或补充厌氧活性污泥的特殊装置，对无搅拌的消化器，料液分层现象严重，微生物不能与料液均匀接触，温度不均匀，消化效率低。③传统厌氧消化池的最大特点是消化反应速率很低，HRT 长，一般为 30～90d。

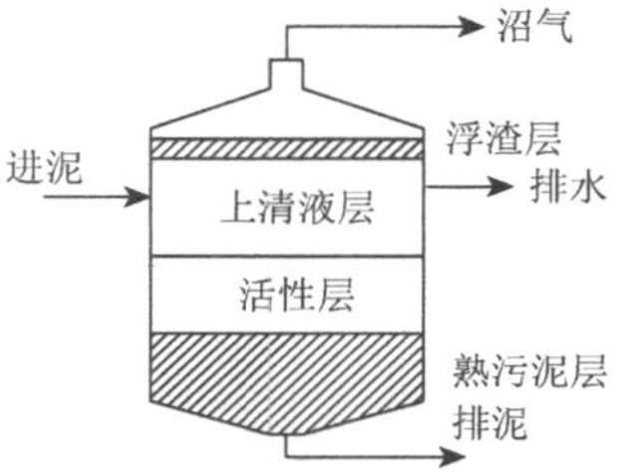

图 10-8　传统厌氧消化池

2. 高速厌氧消化池

与传统厌氧消化池不同，在高速厌氧消化池中设有加热和（或）搅拌装置（图 10-9），故缩短了有机物稳定所需的时间，也提高了沼气产量。在中温（30～35℃）条件下，与传统厌氧消化池相比，其 HRT 可缩短为 15d 左右，运行效果良好。但搅拌使消化池内的污泥得不到浓缩，上清液与熟污泥不易分离。

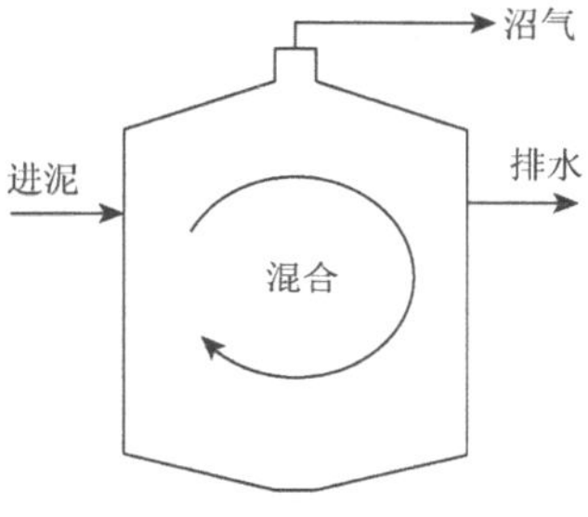

图 10-9　高速厌氧消化池

3. 两级串联厌氧消化池

两级串联厌氧消化池分为两级（图 10-10）。第一级为高速消化池；第二级则为不设搅拌和加热的传统消化池。第二级消化池的主要作用是沉淀浓缩和贮存熟污泥，并分离和排出上清液。第一级消化池的 HRT 和第二级消化池的 HRT 之比一般为 1∶2。

（二）厌氧接触法

1. 厌氧接触法（anaerobic contact process，ACP）的基本流程

废水进入消化池后在搅拌作用下呈完全混合状态。消化污泥经真空脱气装置进一步脱气，进入沉淀池的污泥经过沉淀后泥水分离。部分沉淀污泥回流至消化池，剩余污泥与处理后的水被排除（图 10-11）。通过该工艺，实现了污泥停留时间（SRT）与水力停留时间（HRT）的分离。同时，缩短了水力停留时间，并保证了处理系统的污泥浓度。

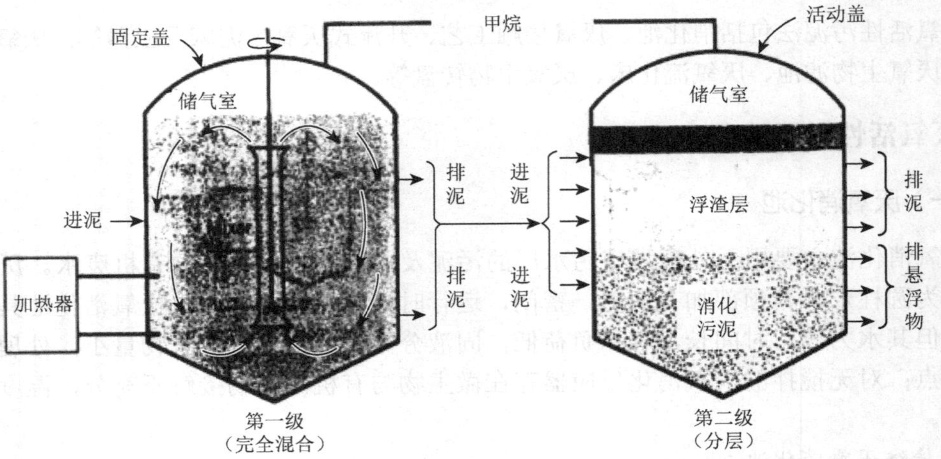

图 10-10　两级串联厌氧消化池

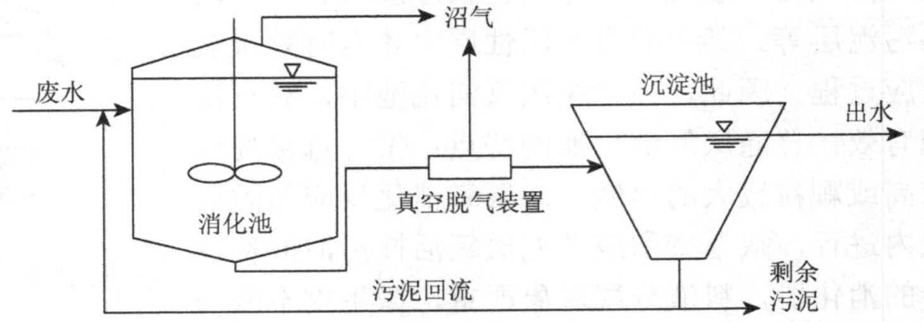

图 10-11　厌氧接触法工艺流程

2. 厌氧接触法的特点

厌氧接触法的特点：①耐冲击能力强（污泥浓度 5～10g MLVSS/L）；②与普通厌氧消化池相比，厌氧接触消化池的容积负荷有较大提高；③可直接处理悬浮固体含量较高或颗粒较大的料液；④出水水质好，但需增加沉淀池、污泥回流和脱气设备。

3. 厌氧接触法存在的问题

厌氧接触法存在的问题：①混合液难于在沉淀池中进行固液分离，污泥中脱气不彻底；②厌氧污泥上附着小的气泡，影响污泥的沉淀；③污泥在二沉池中还具有活性，还会继续产生沼气，有可能导致已下沉的污泥上浮。

4. 厌氧接触法问题的解决

厌氧接触法问题的解决：①增加真空脱气设备；②增加热交换器，使污泥降温，抑制厌氧污泥的活性。

（三）升流式厌氧污泥床

升流式厌氧污泥床（UASB）反应器是目前应用范围广、处理效率比较高的厌氧生物设备之一。

1. UASB 反应器的结构

UASB 由配水系统、污泥反应区（简称反应区）和三相分离器组成（图 10-12）。

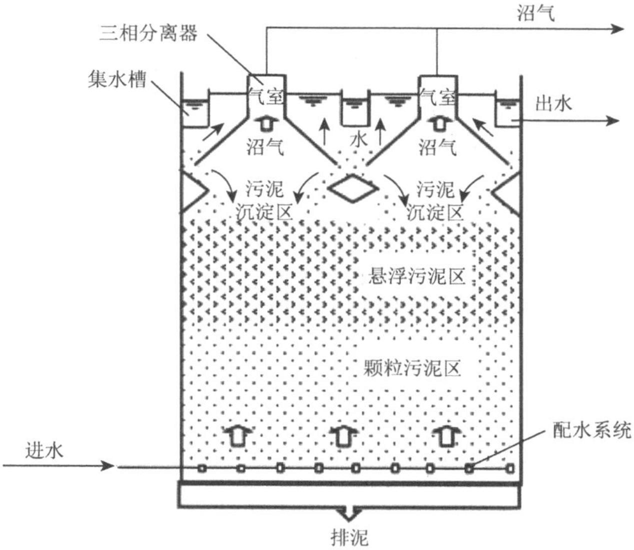

图 10-12　升流式厌氧污泥床的结构与工作原理

（1）配水系统

配水系统设在 UASB 底部。其主要作用是将污水均匀地分配到整个反应器内部。合理的配水系统可提高传质效果，可使有机污染物在污泥反应区内均匀分布，促使其与微生物充分接触，以提高反应器的处理效率。

（2）反应区

反应区（reaction region）是厌氧消化微生物生长富集的区域。该区域是 UASB 反应器的反应中心。污染物在反应区与污泥充分接触，微生物将污染物分解，产生沼气，完成厌氧氧化过程。

反应区包括颗粒污泥层区和悬浮污泥层区两部分。颗粒污泥层区位于 UASB 反应器的下部，其上为悬浮污泥层区。在正常情况下，颗粒污泥层区是反应活性最高的区域。

（3）三相分离器

三相分离器是 UASB 反应器的核心结构，其主要由沉淀区（settling region）、集气室（gas collection dome）和气封组成。三相分离器的作用是将气体（沼气）、固体（活性污泥）和液体进行分离。

2. UASB 反应器的工作原理

UASB 反应器的工作原理见图 10-12。UASB 反应器的结构分为上述三部分。但其主体可分为两个区域，即反应区与三相分离区。在 UASB 反应区底部是由大量活性污泥组成的颗粒污泥层区（或称污泥床）。该区域生物量较高，水解菌、初级发酵菌、次级发酵菌与产甲烷菌主要在此区域活动，且非常活跃。

废水从 UASB 反应器底部进入，自下向上通过反应器。废水进入反应器后与污泥充分接触，污泥中的微生物将废水中的有机物降解，产生沼气。

沼气以小气泡的形式上升且不断合并变大，使污泥发生膨胀。沉淀性能较差的污泥在颗粒污泥层区上部形成一个污泥量较小的区域，即污泥悬浮层区。

沼气携带悬浮污泥混合液不断上升，当升入三相分离器后，气、液、固被分离。沼气上升撞击到三相分离器后会向两侧运动，从空隙间进入集气室，最后由排气管排出。污泥借助于自身良好的絮凝沉淀作用，质量不断增加，在重力作用下沉降，污泥沿斜壁经回流缝返回至反应区，下降到颗粒污泥层区进行再次聚集，形成颗粒污泥。而上清液（处理后的水）则从沉淀区上部的溢流堰排走。通过排泥系统，定期排出反应器内的剩余污泥。

3. UASB 反应器的主要特征

UASB 反应器的主要特征：①颗粒污泥有良好的沉降性能及很高的生物活性，污泥的颗粒化不仅使污泥浓度大幅度提高，且泥龄大为延长，同时使水力停留时间大大缩短；②反应器具有很高的容积负荷；③集生物反应和沉淀分离于一体，结构紧凑；④无须填料，提高了容积利用率；⑤无须搅拌设备，上升水流和沼气产生的上升气流起到搅拌作用；⑥构造简单，操作运行方便，节省费用；⑦节省费用，成本相对较低。

以上主要是 UASB 反应器的优点。但其存在死区与短流、污泥流失等不足。

4. 颗粒污泥的组成、结构与功能

颗粒污泥的形成、性能与活性是决定 UASB 反应器运行状况及处理效果的关键。

（1）颗粒污泥的性状

颗粒污泥呈卵圆形与球形等。其平均直径为 1.0mm，一般为 0.1～2.0mm，有的可达 3～5mm。颗粒污泥质软，有一定的韧性和黏性。

（2）颗粒污泥的组成

颗粒污泥由微生物、有机污染物、胞外多聚物及无机盐等组成。颗粒污泥的主体是细菌，包括水解菌、初级发酵菌、次级发酵菌（包括同型产乙酸菌）及产甲烷菌等。无机盐来源于接种污泥及被处理水。胞外多聚物主要是多聚糖与蛋白质等。胞外多聚物有利于保持颗粒污泥的稳定性。

（3）颗粒污泥的生物学结构与功能

颗粒污泥中的细菌成层分布。外层占优势的细菌主要是水解菌，内层主要是产甲烷菌，发酵菌基本位于内外层之间。

实际上，颗粒污泥是一个由参与厌氧消化过程的微生物与其环境条件所构成的生态系统。在这个生态系统中，不同种类的细菌通过互营关系形成了一条完整的食物链。其中，参与种间氢和乙酸传递以及参与直接电子传递微生物直接推动有机物向生成 CH_4 和 CO_2 等方向转化。

5. 颗粒污泥的培养

（1）颗粒污泥的培养过程

颗粒污泥的培养一般分为三个阶段：适应与污泥活性提高阶段、颗粒污泥形成阶段与颗粒污泥成层阶段。三个培养阶段的区别主要在于有机负荷的变化：①适应与污泥活性提高阶段的有机负荷比较低，一般有机负荷≤1kg COD/(m^3·d)，此过程需要 1～1.5 个月。②与前一阶段相比，颗粒污泥形成阶段的有机负荷有所提高，为 1～3kg COD/(m^3·d)，颗粒逐渐成长，此阶段需要 1～1.5 个月。③颗粒污泥成层阶段的有机负荷要大于 3kg COD/(m^3·d)。随着有机负荷的提高，污泥总量逐渐增加，颗粒污泥层逐渐加厚。颗粒污泥成层需要 3～4 个月。

（2）颗粒污泥的培养条件

颗粒污泥的培养条件：①适宜的接种物，通常以污泥作接种物；②良好的厌氧条件，如反应器密闭、适宜温度与适宜 pH 等；③进水中应保证适量的矿物质，特别需注意补充钙、铁及微量元素（如 Ni、Co、Mo）等。

（四）厌氧膨胀颗粒污泥床

厌氧膨胀颗粒污泥床（anaerobic expanded granular sludge blanket，EGSB）是在 UASB 反应器基础上发展起来的第三代厌氧生物反应器。

EGSB 反应器与 UASB 反应器相似，也主要由进水系统、反应区、三相分离器等组成，如图 10-13 所示。二者所不同的是，通过改进进水布水系统、提高高径比及增加出水再循环等使 EGSB 反应器内的液体上升速度更快，泥水得到充分混合，有效地解决了死区、短流、污泥流失等问题。同时，颗粒污泥床充分膨胀，促使污水和微生物密切接触，加快了污染物的降解。

EGSB 反应器内的污泥呈膨胀流化状态，污泥均为颗粒状污泥。其活性高，沉降性能良好。EGSB 反应器具有水力负荷大、有机负荷高及处理效率高等明显优势。

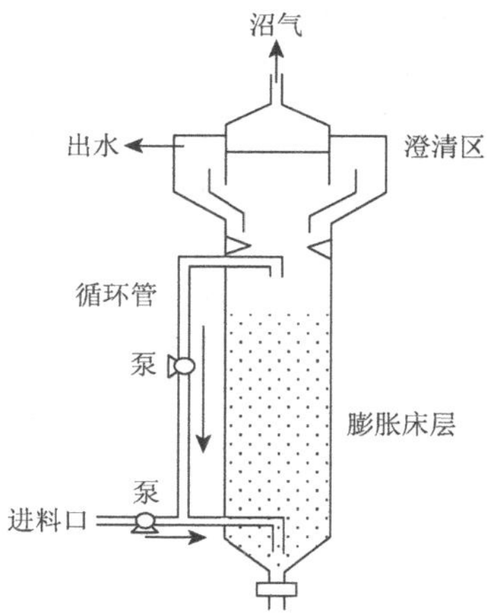

图 10-13　厌氧膨胀颗粒污泥床

进水和循环回流的泥水在膨胀床部分充分混合，使进水得到稀释和调节，并在此形成致密的厌氧污泥膨胀床。

（五）厌氧内循环（anaerobic internal circulation，IC）反应器

1. IC 反应器的结构与工作原理

IC 反应器也是在 UASB 反应器基础上改进而成的一种新型反应器。IC 反应器的结构与工作原理见图 10-14。

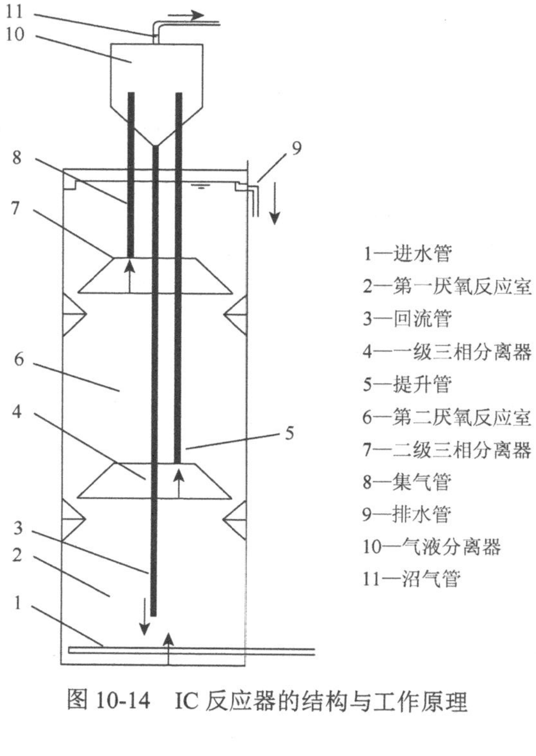

图 10-14　IC 反应器的结构与工作原理

IC 反应器由上下两个厌氧反应室构成。位于下面的厌氧反应室为第一级厌氧反应室（简称第一反应室）；位于上面的厌氧反应室为第二级厌氧反应室（简称第二反应室）。每个厌氧反应室顶部都有一个气、固、液三相分离器。因此，IC 反应器实际上由上下两个 UASB 反应器串联而成。

废水从 IC 反应器底部直接进入第一反应室。废水进入第一反应室后与该反应室中的厌氧颗粒污泥混合。废水中所含的大部分有机物在此被降解，转化为沼气。所产生的沼气通过该反应室的三相分离器分离。沼气被第一反应室的集气室收集，然后沿着提升管上升。沼气上升的同时，将第一反应室的混合液提升至设在该反应室顶部的气液分离器。被分离出的沼气从顶部由排气管排走。而被分离出的泥水混合液则沿回流管回到第一反应室底部，并与该反应室底部的颗粒污泥及进水充分混合，完成第一反应室混合液的内部循环。IC 反应器由此而得名。

通过内循环，不仅使第一反应室的生物量大为增加、污泥龄大大延长，且使其混合液的升流速度也大为加快，进而使该反应室的颗粒污泥完全达到流化状态，传质速度与生化反应速度均显著增加，从而极大地提高了第一反应室对污染物的去除效率。

经第一反应室处理过的废水自动进入第二反应室。进入第二反应室后继续被处理。废水中未被降解的有机物被第二反应室厌氧颗粒污泥微生物进一步降解，废水得到进一步净化。在第二反应室产生的沼气分离后由排气管排走。第二反应室的泥水混合液进入三相分离器的沉淀区进行固液分离。固液分离后，上清液（处理后的水）由排水管排出。沉淀下来的污泥自动返回第二反应室。至此，废水完成在 IC 反应器内的全处理过程。

2. IC 反应器的特色与优势

IC 反应器在无外部动力条件下，利用沼气的提升作用实现内循环。

1）容积负荷高　IC 反应器内污泥浓度高，微生物量大，且存在内循环，传质效果好，进水有机负荷可达普通厌氧反应器的 3 倍以上。

2）节省投资和占地面积　IC 反应器体积只有普通反应器的 1/4～1/3，大大降低了反应器的基建投资，而且 IC 反应器高径比大（一般为 4～8），故占地面积小。

3）抗冲击负荷能力强　处理低浓度废水（COD = 2000～3000mg/L）时，反应器内循环流量可达进水量的 2～3 倍；处理高浓度废水（COD = 10 000～15 000mg/L）时，内循环流量可达进水量的 10～20 倍。大量的循环水和进水充分混合，使原水中的有害物质得到充分稀释，大大降低了毒物对厌氧消化过程的影响。

4）内部自动循环，不必外加动力　普通厌氧反应器的回流是通过外部加压实现的，而 IC 反应器以自身产生的沼气作为提升动力来实现混合液内循环，节省动力消耗。

5）出水稳定　利用二级 UASB 串联分级厌氧处理，可以补偿厌氧过程中因底物浓度高产生的不利影响。有研究证明，反应器分级会降低出水挥发性有机酸（VFA）浓度，延长生物停留时间，以使反应稳定进行。

6）启动周期短　IC 反应器内污泥活性高，生物增殖快，为反应器快速启动提供有利条件。IC 反应器启动周期一般为 1～2 个月，而普通 UASB 启动周期长达 4～6 个月。

二、厌氧生物膜法

（一）厌氧生物滤池

厌氧生物滤池（anaerobic filter，AF）的构造与好氧生物滤池相似。但滤池顶需要密封，产生的沼气收集后从顶部排出。

厌氧消化微生物在滤料表面形成生物膜。废水通过滤料层向上或向下流动时，废水中的有机物被吸附后转化为甲烷和二氧化碳等。

由于微生物在填料上呈附着生长，因此，生物量大，生物停留时间长，耐冲击负荷，不需搅拌和回流污泥，设备简单，操作方便，能耗低。

根据废水在厌氧生物滤池中的流向，可将其分为升流式厌氧生物滤池、降流式厌氧生物滤池和升流式混合型厌氧生物滤池三种形式（图 10-15）。

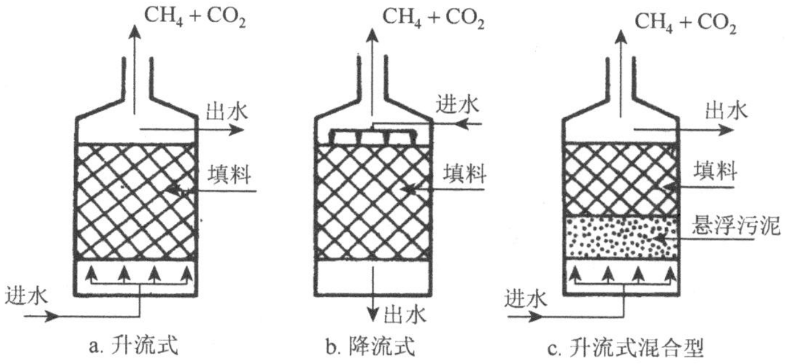

图 10-15　厌氧生物滤池

图 10-15 中的“a”为升流式厌氧生物滤池。废水从池底部进入。在向上流动的过程中，废水中的有机物被生物膜吸附并分解，最终转化为甲烷和二氧化碳等。沼气和出水均从反应器上部排出。填料表面的生物膜不断生长，部分老化的生物膜剥落，在沉淀池中沉淀后作为剩余污泥被排除。

厌氧生物滤池也可以采用降流式（见图 10-15 中的“b”）。降流式厌氧生物滤池有利于解决升流式中出现的悬浮物堵塞与可能形成的短流等问题。但其生物膜形成较慢，反应器容积负荷较低。

升流式混合型厌氧生物滤池（图 10-15 中的“c”）综合了升流式厌氧污泥床与升流式厌氧生物滤池的特点，减小了滤料层的厚度，在滤池布水系统与滤料层之间留有一定空间，使呈悬浮状态的颗粒污泥在此生长、累积，以增加总生物量，减少滤池被堵塞的可能性。

（二）厌氧流化床

厌氧流化床是一种高效厌氧生物膜反应器（图 10-16）。该反应器利用比表面积比较大的

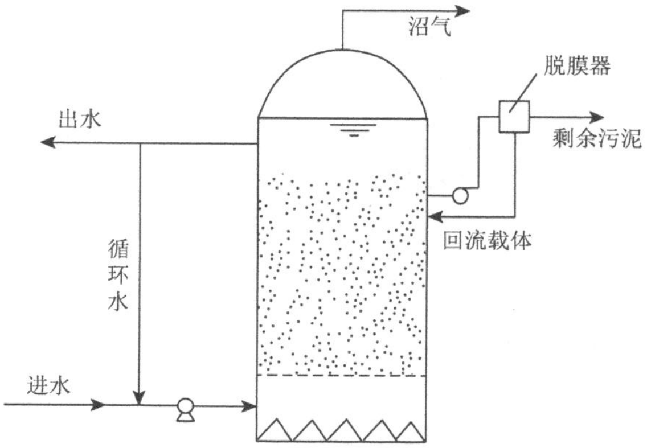

图 10-16　厌氧流化床

小固体颗粒（其大小一般为 0.5mm 左右）为载体，微生物附着在这些小颗粒上形成生物膜。由于这些颗粒粒径较小，反应器内保持较高升流速度，使载体颗粒呈流化状态。为维持较高的升流速度，流化床反应器高度与直径的比例大于其他同类反应器，同时采用较大的回流比。

厌氧流化床微生物浓度高，容积负荷及耐冲击负荷大，运行稳定。但其流化能耗大，成本相对较高。

三、两相厌氧消化

两相厌氧消化（two-phase anaerobic digestion）系统是 20 世纪 70 年代初美国高希（Ghosh）和波兰特（Pohland）开发的厌氧生物处理新工艺。该工艺于 1977 年在比利时首次应用于生产。

两相厌氧消化工艺将发酵产酸和产甲烷两个阶段分开，使其分别在两个串联的反应器中进行（图 10-17）。发酵产酸和产甲烷两个阶段的分开，可使发酵产酸菌和产甲烷菌在各自最适环境条件下生长，这有利于提高其各自的活性，有利于充分发挥各自的作用，进而提高处理效果，并有助于提高容积负荷率，减少反应器容积，增加运行稳定性等。

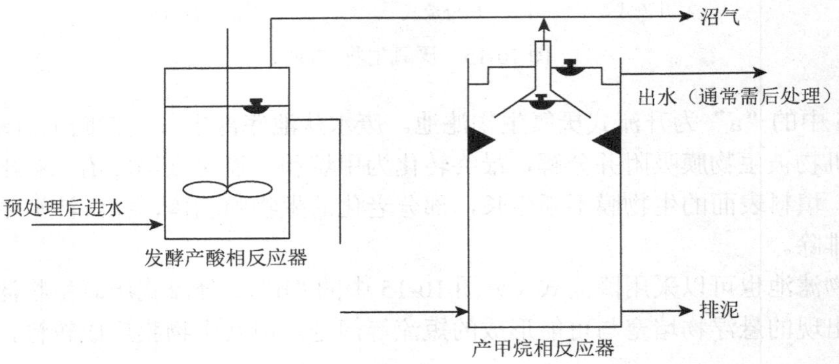

图 10-17　两相厌氧消化基本工艺

（一）两相厌氧消化原理

一般情况下，产甲烷阶段对整个厌氧消化过程具有控制和决定性作用。为了达到相应的效果，厌氧消化时必须首先满足产甲烷菌的生长要求，如必须严格厌氧、提供适于甲烷菌的温度及 pH 等。但这些条件对发酵产酸菌来说，在一定程度上，为其非最佳条件。

实际上，发酵产酸菌和产甲烷菌在生理特性、营养要求、代谢方式、生长条件、繁殖速度及对环境的敏感程度等方面存在较大差异。然而，在传统厌氧消化工艺中，发酵产酸菌和产甲烷菌却同在一个反应器中“工作”。因此，传统厌氧消化工艺存在一定问题。

两相厌氧消化工艺根据发酵产酸菌和产甲烷菌各自的特性，将发酵产酸和产甲烷两个阶段分开，使其分别在两个串联的反应器中进行。这有利于发酵产酸菌和产甲烷菌在各自最适条件下生长，有利于充分发挥其各自的优势，进而有利于提高容积负荷率，减少反应器容积，并增加运行稳定性等。

（二）两相厌氧消化工艺中相的分离

相分离是研究和应用两相厌氧生物处理工艺的第一步。一般来说，相分离采用的方法是根据发酵产酸菌和产甲烷菌这两大功能菌群的生理特性确定的。

1. 选择性抑制或促进

a. 在发酵产酸相反应器中投加对产甲烷菌选择性抑制剂（如氯仿和四氯化碳等）来抑制产甲烷细菌的生长。

b. 向发酵产酸相反应器中供给一定量的氧气，调整反应器内的氧化还原电位，利用产甲烷细菌对溶解氧和氧化还原电位比较敏感的特点来抑制其在发酵产酸相反应器中的生长。

c. 利用产甲烷细菌要求中性偏碱 pH 的特点，将产酸相反应器的 pH 调整到较低水平（如5.5～6.5），从而使产甲烷细菌受到抑制。

d. 采用有机酸选择性半透膜，使发酵产酸相反应器出水中的多种有机物只有有机酸才能进入后续产甲烷相反应器以抑制产甲烷菌，从而实现发酵产酸相和产甲烷相的分离等。

上述方法均是选择性地促进发酵产酸菌在发酵产酸相反应器中的生长，而在一定程度上抑制产甲烷菌，或是选择性地促进产甲烷细菌在产甲烷相反应器的生长，从而实现发酵产酸细菌和产甲烷细菌的分离。

2. 水力停留时间控制

发酵产酸细菌与产甲烷细菌在生长速率上存在很大差异。一般来说，发酵产酸细菌生长快，其世代时间短（一般为 10～30min）。而产甲烷细菌的生长缓慢，其世代时间长（一般在4～6d）。因此，在发酵产酸相反应器中，通常将水力停留时间控制在一个较短范围，以使世代时间较长的产甲烷细菌被“冲出”，从而保证在发酵产酸相反应器中选择性地培养出以发酵产酸细菌为主的功能菌群；而在后续的产甲烷相反应器中则控制相对较长的水力停留时间，使产甲烷细菌在其中存留并生长。同时，由于产甲烷相反应器的进水完全来自于发酵产酸相反应器含有很高比例产甲烷菌所需底物的废水，保证了产甲烷细菌在产甲烷相反应器中的生长，最终实现相的分离。

（三）两相厌氧消化工艺流程

根据所处理废水水质及可生化性，采用不同的两相厌氧处理方法及其工艺。常用方法与工艺流程如下。

1. 处理易降解的、悬浮物浓度低的有机工业废水的两相厌氧工艺流程

处理易降解的、悬浮物浓度低的有机工业废水的两相厌氧工艺流程如图 10-18 所示。图 10-18 中的发酵产酸相反应器常用的是连续搅拌反应器系统，或称全混合厌氧反应器（continuous stirred tank reactor，CSTR），使发酵原料和微生物处于完全混合状态。发酵产酸相反应器也可用

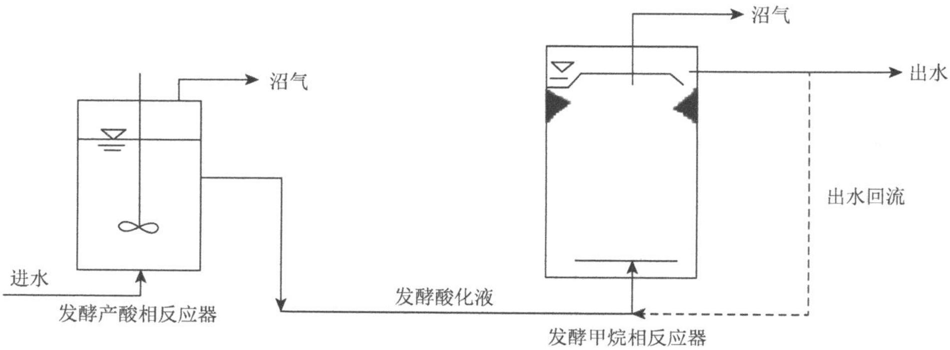

图 10-18　处理易降解、悬浮物浓度低的有机工业废水的两相厌氧工艺流程

UASB 及升流式厌氧生物滤池等厌氧反应器。产甲烷相反应器则主要是 UASB 反应器或升流式厌氧生物滤池等。

2. 处理难降解、含高浓度悬浮物的有机废水或有机污泥的两相厌氧工艺流程

处理难降解、含高浓度悬浮物的有机废水或有机污泥的两相厌氧工艺流程如图 10-19 所示，图 10-19 中的发酵产酸相和产甲烷相反应器采用完全混合式的 CSTR 反应器，产甲烷相反应器的出水是否回流则需要根据实际运行情况而定。

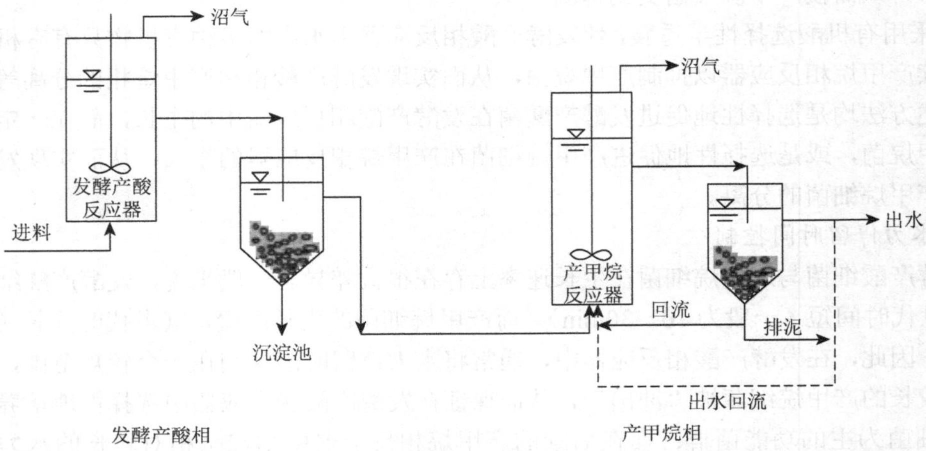

图 10-19　处理难降解、悬浮物浓度高的有机废水或有机污泥的两相厌氧工艺流程

3. 处理固体含量高的农业有机废弃物或城市有机垃圾的两相厌氧工艺流程

处理固体含量高的农业有机废弃物或城市有机垃圾的两相厌氧工艺流程如图 10-20 所示。该工艺中的发酵产酸相反应器采用 UASB、CSTR、升流式厌氧生物滤池等，产甲烷相反应器的部分出水回流到发酵产酸相反应器，以提高发酵产酸相反应器的运行效果。

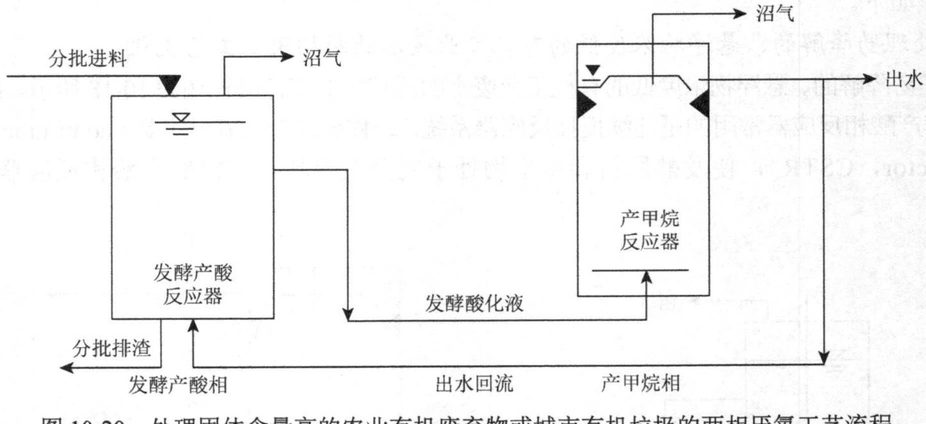

图 10-20　处理固体含量高的农业有机废弃物或城市有机垃圾的两相厌氧工艺流程

废水厌氧生物处理除上述厌氧消化外还包括水解酸化。

水解酸化是指大分子有机物在水解菌和发酵产酸菌的作用下降解为挥发性脂肪酸（甲酸、乙酸、丙酸、丁酸及乳酸等）和醇类（如甲醇和乙醇等）小分子有机物的过程。水解酸化即大分子有机物的不完全厌氧降解过程。

水解酸化可以看成是废水好氧生物处理的前处理。水解酸化与好氧生物处理合起来即废水的厌氧-好氧处理。水解酸化相当于有机物厌氧消化过程的初级发酵。水解酸化与厌氧消化有较大区别，主要体现在以下几个方面：①水解酸化工艺将厌氧反应控制在水解与初级发酵阶段。此阶段的微生物主要是水解菌和初级发酵产酸菌。在水解阶段，固体物质降解为溶解性物质，大分子物质降解为挥发性脂肪酸和醇类等小分子物质。②反应器不需要密闭，不需要三相分离器，不需要加热，便于维护。③由于反应控制在酸化阶段，无不良气味产生。④水解酸化反应速度快，池体容积小，造价低。⑤由于固体物质的降解，VSS 降低，剩余污泥量少。

废水水解酸化前要进行预处理，包括粗、细格栅过滤和沉砂等，以防止水解酸化池布水系统堵塞。沉砂池一般不用曝气沉砂池，宜选用旋流式沉砂池。

水解酸化在废水处理中具有重要的作用和意义：①通过水解酸化，可减轻好氧段微生物因有机物分子大或难降解带来的压力，可生化性提高，降低后续好氧生物处理难度；对于城市污水，可有效去除废水中的悬浮物或有机物，减轻后续好氧处理工艺的负担。②过水解酸化，可缩短好氧生物处理段的 HRT，并提高其耐进水冲击负荷能力。③水解酸化-好氧工艺所产生的剩余污泥，必要时可回流至水解酸化段，增加水解酸化段的污泥浓度，且降低整个工艺的产泥量并提高剩余污泥的稳定性。④水解酸化阶段的微生物多为兼性菌，种类多，生长快，对环境条件适应性强，环境条件宽松，易于管理和控制。

水解酸化-好氧生物工艺一般用于处理难降解工业废水，如印染废水、聚乙烯醇（PVA）生产废水、表面活性剂废水、涤纶纺丝油剂废水及城市污水等。

思　考　题

1. 什么叫厌氧消化？

2. 画图并说明厌氧消化的基本过程。

3. 厌氧消化过程中初级发酵与次级发酵有哪些区别？

4. 什么是同型产乙酸菌？同型产乙酸菌与产氢产乙酸菌有何不同？

5. 产甲烷菌有哪些特点？

6. 产甲烷菌有几种营养类型？各自有什么特点？

7. 试述还原 CO_2 产甲烷途径。

8. 有机物厌氧氧化产甲烷关键功能菌群指的是哪两类微生物？

9. 请详细解释有机物厌氧氧化产甲烷关键功能菌群之间为何要进行 H_2 转移？H_2 转移在厌氧消化中有何意义？

10. 非产甲烷功能菌群与产甲烷功能菌群存在哪些基本关系？

11. 请回答颗粒污泥的组成与生物学结构及功能。

12. 请总结厌氧消化主要工艺及其特点。

13. 厌氧消化涉及第四章中微生物的哪些营养类型？涉及第六章中哪几类微生物的代谢？具体代谢类型是什么？

14. 厌氧消化与自然界碳素循环有何关联？

11 第十一章 废水生物脱氮及除磷

➢ **内容提要：**

本章讨论了废水生物脱氮工艺原理与脱氮工艺及废水生物除磷工艺原理与除磷工艺。参与脱氮的微生物种类很多，按其功能分为分解有机物的异养菌、将铵盐转化为亚硝酸盐及将亚硝酸盐转化为硝酸盐的自养菌。在异养菌中还包括含氮（及含碳）有机物降解菌、氨化菌与进行厌氧硝酸盐呼吸的反硝化细菌等。本章依据参与脱氮过程各类微生物的生理特性及彼此之间的关系详细阐述了生物脱氮工艺原理。

对于生物除磷工艺原理，重点讨论了聚磷菌厌氧释磷与好氧过量吸磷的除磷生化机制。

由于人类的活动（排泄物、洗涤、乳制品加工、肉类加工、化肥生产、制药、制革及屠宰、牲畜养殖、采矿、金属抛光、化肥与农药的生产与使用等），大量氮磷等污染物进入江河湖泊等水体，导致藻类等过度繁殖，水体透明度下降、溶解氧降低、水质恶化、鱼类等生物死亡，生物多样性降低，生态平衡被破坏。

解决氮磷污染的方法有物理法、化学法及生物法等。生物法因操作简单，管理方便，且成本低廉而备受青睐。

第一节　废水生物脱氮

废水生物脱氮技术是20世纪70年代中期美国和南非等专家在对化学、催化和生物处理方法研究的基础上，提出的一种经济有效的处理技术。

废水生物脱氮有同化脱氮与异化脱氮。同化脱氮是指微生物的合成代谢利用水体中的氮素合成自身物质，从而将水体中的氮转化为细胞成分而使之从废水中分离。通常所说的废水生物脱氮是指异化脱氮。

一、生物脱氮处理对象

生物脱氮技术主要用于处理含氮有机废水。该类废水的特点是除含有机碳类及少量无机盐外，主要含有机氮类化合物，如蛋白质与氨基酸等。

二、生物脱氮概念

生物脱氮是指在微生物的联合作用下，废水中的有机氮经过氨化作用、硝化作用、反硝化作用，最后转化为氮气的过程。

生物脱氮与其他生物处理方法一样，具有经济、有效、易操作、无二次污染等特点。

三、废水生物脱氮技术性质

废水生物脱氮技术是对微生物在自然界氮素循环（转化）中的作用（图 11-1）的模拟与强化。

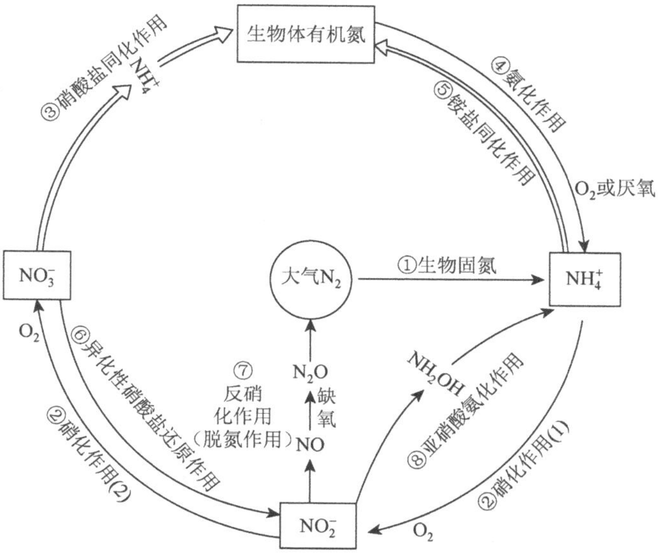

图 11-1　微生物在自然界氮素循环中的作用

单线为微生物特有反应；双线为微生物和植物共有反应

1. 模拟

依据自然界氮素循环原理，巧妙科学地利用参与氮素转化的微生物，设计并构建合理的废水脱氮工艺系统。

废水生物脱氮工艺设计原理主要依据的是参与氮素循环微生物的种类、特性及彼此之间的关系。

2. 强化

按照参与自然界氮素转化的微生物的特性，创造有利于其生长繁殖的人工环境，使脱氮工艺系统的功能变得更加强大，以满足消除污染、达标排放的要求。

通过上述脱氮工艺系统，降低废水中氮类污染物浓度，使之达标排放。

四、废水生物脱氮工艺原理

废水生物脱氮依据的是自然界氮素循环原理，如何很好地将该原理用于解决含氮废水的污染问题呢？其关键是必须了解参与氮素循环微生物的生理特性。其相关内容前面有关章节已有讨论，但为了更好地说明问题，特别是为了突出参与氮素循环微生物的生理特性，在此有必要温习参与氮素循环的微生物种类。

（一）参与氮素转化的微生物及其特性

1. 氮素转化微生物

参与氮素转化的微生物均为功能菌群。

（1）有机氮（主要是蛋白质）水解菌

蛋白质等有机氮水解菌是指在好氧或厌氧条件下，利用胞外酶将有机氮水解为氨基酸的微生物。蛋白质降解菌属于异养菌。

（2）氨化作用与氨化细菌

在好氧或厌氧条件下，微生物将氨基酸等含小分子氮有机物分解为氨氮的过程称为氨化（ammonification）作用。参与氨化过程的微生物称为氨化细菌。氨化细菌属于异养菌。氨化细菌将氨基酸转化为氨氮的反应如下。

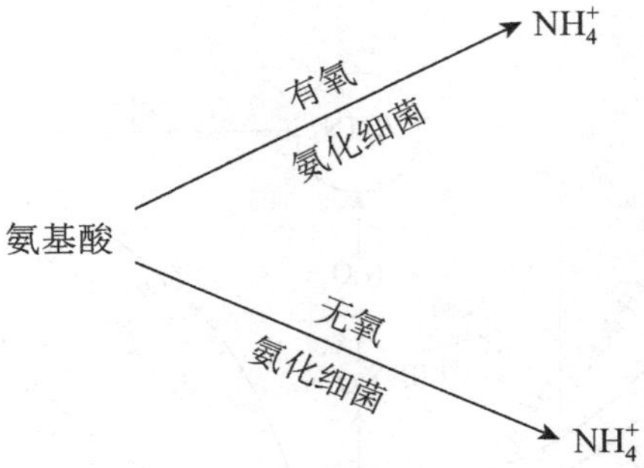

（3）硝化作用与硝化细菌

在严格好氧条件下，将氨氮转化为 NO_2 和 NO_3 的过程被称为硝化（nitrification）作用。参与此过程的细菌称为硝化细菌。硝化细菌包括氨氧化菌与亚硝酸氧化菌。氨氧化菌将氨转化为亚硝酸盐，亚硝酸氧化菌将亚硝酸盐转化为硝酸盐。

氨氧化菌参与的反应：

$$NH_4^+ + 1.5O_2 \longrightarrow NO_2^- + 2H^+ + H_2O + \text{能量}$$

e

呼吸链

亚硝酸氧化菌参与的反应：

$$HNO_2 + 0.5O_2 \longrightarrow NO_3^- + H^+ + \text{能量}$$

e

呼吸链

硝化细菌属于好氧菌。其营养类型为化能自养型。以氨氮和硝酸盐作为营养，以 CO_2 或 HCO_3^- 为碳源。硝化细菌对酸敏感。硝化细菌生长缓慢，世代时间较长。

（4）反硝化（denitrification）作用与反硝化细菌

在厌氧［无分子氧（O_2）］条件下，反硝化细菌利用有机物将 NO_3^- 还原为 N_2 的过程称为反硝化作用。反硝化细菌属于厌氧菌，其营养类型属异养型。反硝化作用的实质是反硝化细菌分解有机物时将有机物上脱下的氢和电子交给最终电子受体 NO_3^-，即反硝化细菌将有机物氧化分解时是以含氧化合物NO_3^-作为电子受体，而不是以分子氧（O_2）作为最终电子受体。反硝化是在缺氧[缺分子氧（O_2）]的条件下完成的。反硝化过程包括 4 步反应：

a. 硝酸盐（NO_3^-）还原为亚硝酸盐（NO_2^-）

$$2\,NO_3^- + 4H + 4e \longrightarrow 2\,NO_2^- + 2H_2O$$

b. 亚硝酸盐（NO_2^-）还原为一氧化氮（NO）

$$2\,NO_2^- + 4H + 2e \longrightarrow 2NO + 2H_2O$$

c. 一氧化氮（NO）还原为一氧化二氮（N_2O）

$$2NO + 2H + 2e \longrightarrow N_2O + H_2O$$

d. 一氧化二氮（N_2O）还原为氮气（N_2）

$$N_2O + 2H + 2e \longrightarrow N_2 + H_2O$$

2. 氮素转化微生物主要生理特性

根据以上讨论，现将氮素转化微生物的营养、呼吸等特性归纳如下。

（1）营养特性

从营养角度分析，反硝化细菌、氨化细菌和蛋白质降解菌所利用的营养物都是有机物，故其均为异养菌。硝化细菌（氨氧化菌与亚硝酸氧化菌）氧化无机物获得能量，因此，硝化细菌属于自养菌。参与氮素循环微生物的营养特性见表 11-1。

表 11-1　参与氮素循环微生物的营养特性

营养类型	异养菌	自养菌
微生物	反硝化细菌、氨化细菌、蛋白质降解菌	硝化细菌（氨氧化菌与亚硝酸氧化菌）

（2）呼吸特性

根据微生物氧化底物时所用电子受体的不同，可将参与氮素循环的微生物分为缺氧型、兼氧型与好氧型三种呼吸类型（表 11-2）。

表 11-2　参与氮素循环微生物的呼吸特性

呼吸类型	缺氧型	兼氧型	好氧型
微生物	反硝化细菌	氨化细菌、蛋白质降解菌	硝化细菌（氨氧化菌与亚硝酸氧化菌）

以上将参与氮素循环微生物的营养特性与呼吸特性分别讨论，只为加深对其相关理解与认识。事实上，微生物的营养与呼吸是密不可分的。现将参与氮素循环微生物的营养特性与呼吸特性归纳在一起，即其主要生理特性（表 11-3）。

表 11-3　参与氮素循环微生物的生理特性

生理类型	缺氧异养型	兼氧异养型	好氧自养型
微生物	反硝化细菌	氨化细菌、蛋白质降解菌	硝化细菌（氨氧化菌与亚硝酸氧化菌）

（二）氮素转化微生物的生理特性对废水生物脱氮工艺设计的意义

a. 反硝化细菌、氨化细菌、蛋白质降解菌都是异养型，需要有机物作为营养。原废水含有有机物，故这些微生物可直接利用原废水。

b. 反硝化细菌不需要氧气。氨化细菌、蛋白质降解菌在有氧或无氧气条件下均可发挥作用。这意味着这些微生物均可在无氧环境生活。利用这些微生物时，反应器需要密闭或无须曝气。

c. 硝化细菌是自养菌，不能直接利用废水中的有机物，即硝化细菌不能直接利用原废水。

d. 硝化细菌是严格好氧菌，必须向硝化反应器供氧。

（三）氮素转化微生物之间的关系与工艺设计

1. 蛋白质降解菌和氨化细菌与硝化细菌的关系

蛋白质降解菌和氨化细菌先将有机氮分解产生 NH_4^+，为硝化细菌提供营养。接着，硝化细菌将 NH_4^+ 氧化为 NO_2^- 和 NO_3^-。从反应顺序上：蛋白质降解菌和氨化细菌“在先”，硝化细菌“在后”。

2. 硝化细菌与反硝化细菌的关系

硝化细菌为反硝化细菌提供 NO_3^- 作为电子受体（氧化剂），反硝化细菌氧化分解有机物（获得营养和能量）时，将 NO_3^- 还原为 N_2。这就意味着 NO_3^- 产生后必须交给反硝化细菌。

依据氮素转化微生物特性及其彼此间的关系确定废水生物脱氮基本工艺（图 11-2）。图 11-2 的缺氧反硝化池（简称缺氧池）与好氧硝化池（简称好氧池）的前后顺序可视具体情况进行安排。但一般情况下，缺氧池在前，好氧池在后相对来说更经济合理。

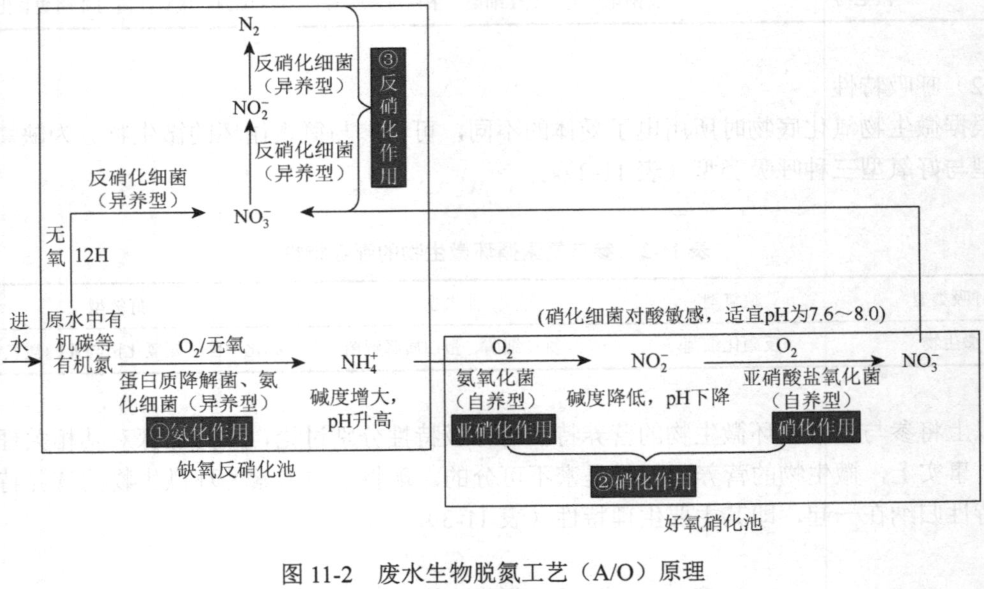

图 11-2　废水生物脱氮工艺（A/O）原理

五、废水生物脱氮工艺

生物脱氮工艺依据硝化细菌与反硝化细菌的生理差异（对环境条件要求不同），通常将好氧硝化与缺氧反硝化分开，形成硝化段与反硝化段工艺。生物脱氮工艺有活性污泥法和生物膜法，下面重点介绍几个活性污泥法脱氮工艺。

（一）三级生物脱氮工艺

1. 工艺流程

三级生物脱氮工艺属于一种传统活性污泥生物脱氮工艺。三级生物脱氮工艺如图 11-3 所示。

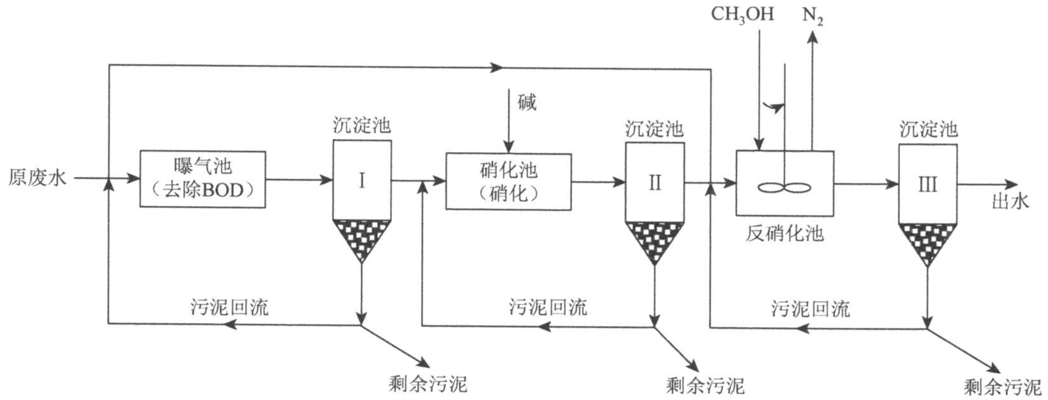

图 11-3　三级生物脱氮工艺

由图 11-3 可见，在三级生物脱氮工艺中，设有三个反应池，每个反应池后均设有一个沉淀池。第一级反应池为曝气池，第二级反应池为硝化池，第三级反应池为反硝化脱氮池。含碳有机物的氧化、含氮有机物的氨化、氨氮的硝化及硝酸盐的反硝化分别在三个反应池中进行，并分别有污泥回流。

第一级反应池的主要功能是去除废水中的 BOD 和 COD，同时使有机氮转化为氨氮。第二级反应池的作用是使氨氮转化为硝态氮。由于硝化阶段产酸，会使 pH 下降，影响硝化反应速率。因此，需通过投加碱以维持硝化细菌适宜的 pH。第三级反应池的作用是使硝态氮被还原为氮气。该反应池可投加甲醇或引入原废水以补充碳源。

2. 三级生物脱氮工艺特点

三级生物脱氮工艺的优点是氨化、硝化与反硝化分别在各自反应器中进行，反应速率较快，处理效果较好。但该工艺存在设备多、工艺复杂、占地面积大、费用高及操作不便等缺点。

（二）缺氧/好氧生物脱氮工艺

缺氧/好氧（anaerobic/oxic，A/O）生物脱氮工艺简称 A/O 工艺。A/O 工艺也是一种活性污泥法工艺。

1. A/O 工艺流程

A/O 工艺流程见图 11-4。由图 11-4 可见，A/O 工艺为缺氧池在前，好氧池在后。缺氧池与好氧池串联。在缺氧池，蛋白质降解菌将蛋白质等大分子含氮污染物水解为氨基酸等。氨化细菌将氨基酸氨化（有机链上的 N 或氨基酸中的氨基），游离出氨（NH_3、NH_4^+）。同时，其他异养菌将淀粉、纤维素、碳水化合物等大分子有机污染物水解为小分子有机物。在好氧池供氧条件下，硝化细菌将 NH_3（NH_4^+）氧化为 NO_3^-。当然，来自缺氧池的残留有机物（少量大分子有机物及经微生物分解产生的小分子有机物）进入好氧池后继续分解（好氧脱碳）。

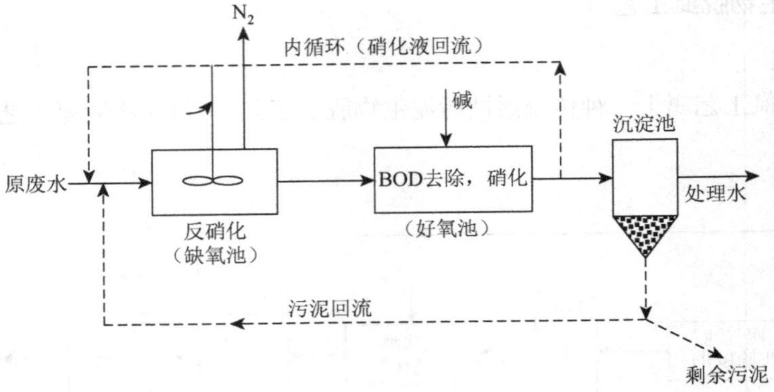

图 11-4　A/O 工艺流程

通过回流控制，硝化液返回至缺氧池。在缺氧条件下，反硝化细菌利用有机物将 NO_3^- 还原为分子态氮（N_2）。N_2 逸出，进入大气，完成废水脱氮。

2. A/O 脱氮工艺的特点

A/O 脱氮工艺的特点：①流程简单，省去了中间沉淀池，减少了基建费和占地面积等；②利用原废水中的有机物直接作为碳源，节省外加碳源成本；③好氧池置于缺氧池后，可使反硝化过程中残留的有机物得以进一步降解，以提高处理效果；④缺氧池置于好氧池前，以减轻好氧池的有机负荷，同时有利于改善污泥的沉降性能，并可控制污泥膨胀。

（三）氧化沟脱氮工艺

氧化沟脱氮工艺是活性污泥法的一种变形工艺，属于延时曝气活性污泥法。氧化沟均采用表曝设备，如转刷、转碟和表曝机等。曝气设备可同时满足充氧、混合、推动混合液循环运动以及防止活性污泥沉淀等多种要求。

氧化沟沟体一般呈环形。污水与活性污泥在沟内进行多次循环后排出系统。其工艺流程如图 11-5 所示。

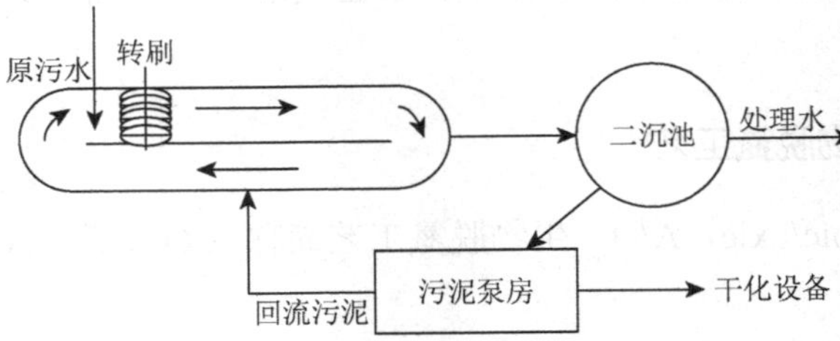

图 11-5　氧化沟脱氮工艺流程

氧化沟从整体上是完全混合的，而混合液却呈推流式向前流动。曝气区内溶解氧浓度沿沟长自上而下呈明显的梯度变化。离曝气装置越近的区域溶解氧浓度越高，离曝气装置越远的区域溶解氧浓度越低，即以曝气设备为起点，沿沟长远端方向溶解氧逐渐下降，到下游区溶解氧浓度降至很低，基本上处于缺氧状态。硝化细菌在好氧段进行硝化，反硝化细菌在缺氧段进行反硝化。

氧化沟脱氮工艺具有基建与运行费用低、操作简便、运行稳定等优点。其不仅能有效去除 BOD，而且具有良好的脱氮效果。

（四）四段 Bardenpho 脱氮工艺

四段 Bardenpho 脱氮工艺是 Barnard 于 1973 年提出的。该工艺是由两套 A/O 工艺串联而成的两级 A/O 工艺。其流程如图 11-6 所示。

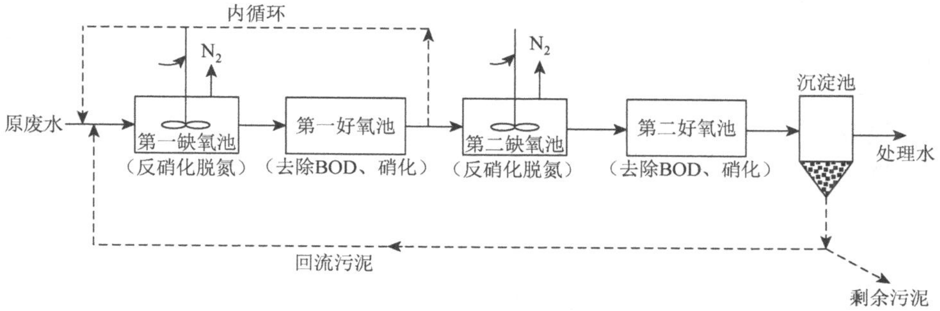

图 11-6　四段 Bardenpho 脱氮工艺流程

该工艺前面两段类似于 A/O 工艺，为了进一步提高除氮效率，将第一好氧池（硝化池）流出的硝酸盐导入第二缺氧池（反硝化池）继续进行反硝化，以彻底去除系统中的硝酸盐。反硝化细菌所用碳源为细菌衰亡后释放的二次性基质。废水经反硝化、硝化及反硝化处理后进入第二好氧池，在好氧条件下氧化去除残留的有机物。

六、影响生物脱氮的主要因素

1. 酸碱度（pH）

大量研究表明，亚硝化细菌和硝化细菌的适宜 pH 分别为 7.0～8.5 和 6.0～7.5。当 pH 低于 6.0 或高于 9.6 时，硝化反应停止。硝化细菌经过一段时间驯化后，在较低 pH（5.5）条件下可进行硝化反应。但当 pH 突然降低时，则会使硝化反应速度骤降。待 pH 恢复至适宜 pH 后，硝化反应也会随之恢复。

反硝化细菌适宜 pH 为 7.0～8.5。在此 pH 条件下，反硝化速率较高。当 pH 低于 6.0 或高于 8.5 时，反硝化速率将明显降低。此外，pH 还影响反硝化最终产物。当 pH 超过 7.3 时，终产物为氮气。当 pH 低于 7.3 时，终产物是 N_2O。

硝化过程因产酸而消耗废水中的碱度，会使废水的 pH 下降(每氧化 1g NH_4^+ 将消耗 7.14g 碱度，以 $CaCO_3$ 计)。相反，反硝化过程则会产生一定量的碱度，使 pH 上升(每反硝化 1g NO_3 将产生 3.57g 碱度，以 $CaCO_3$ 计)。因此，为使脱氮系统处于最佳状态，应及时调整 pH。

2. 温度

硝化细菌适宜温度为 5～35℃。在此温度范围，反应速度随温度升高而加快。当温度小于 5℃时，硝化菌停止活动。在去除 COD 并进行硝化反应体系中，温度小于 15℃时，硝化反应速度会迅速降低，对硝酸菌的抑制会更加强烈。反硝化细菌适宜的温度是 15～30℃。当温度低于 10℃或高于 30℃时，反硝化速率均会下降。

3. 溶解氧

在废水生物脱氮中，有三个与溶解氧关联密切的概念，即好氧、厌氧和缺氧。混合液中以溶解氧作为主要电子受体的状态为好氧状态；混合液中既不存在溶解氧，又不存在硝酸盐的状态为厌氧状态；混合液中存在硝酸盐但不存在溶解氧的状态为缺氧状态。

硝化反应只有在好氧条件下才能进行。溶解氧浓度不仅影响硝化反应速率，而且影响其代谢产物。为满足正常的硝化反应，在活性污泥中，溶解氧的浓度至少要保持在 2mg/L 水平，一般应维持在 2～3mg/L。若采用生物膜法，溶解氧则应大于 3mg/L。当溶解氧浓度低于 0.5mg/L 时，硝化作用将受到抑制。

反硝化过程需在较为严格的缺氧条件下进行，因为 O_2 会与 NH_3^- 争夺电子供体，且会抑制硝酸盐还原酶的合成及其活性。但在一般情况下，活性污泥生物絮凝体内存在缺氧区，曝气池内即使存在少量溶解氧，反硝化作用也能进行。研究表明，要获得较好的反硝化效果，对于活性污泥系统，反硝化池混合液的溶解氧浓度应控制在 0.5mg/L 以下。对于生物膜系统，溶解氧需保持在 1.5mg/L 以下。

4. 碳氮比（C/N）

在脱氮过程中，C/N 将影响活性污泥中硝化菌所占的比例。因为硝化菌为自养型微生物，不需要有机质。因此，废水中的 BOD_5/TKN（总凯氏氮）越小，即 BOD_5 的浓度越低硝化菌所占比例越大，硝化反应越容易进行。硝化反应一般要求 BOD_5/TKN＞5，而 COD/TKN＞8。表 11-4 是 Grady C.P.L.Jr 推荐的不同 C/N 对脱氮效果的影响。

表 11-4　不同 C/N 对脱氮效果的影响

脱氮效果	COD/TKN	BOD_5/NH_3-N	BOD_5/TKN
差	＜5	＜4	＜2.5
一般	5～7	4～6	2.5～3.5
好	7～9	6～8	3.5～5
优	＞9	＞8	＞5

氨氮是硝化细菌的主要营养基质，应保持一定的浓度。但氨氮浓度超过 100mg/L 时，会对硝化反应产生抑制作用。其抑制程度随着氨氮浓度的增加而增加。

反硝化细菌是异养菌，需要足够的有机碳源。但碳源种类不同也会影响反硝化速率。反硝化碳源可以分为三类：第一类是易于生物降解的溶解性有机物；第二类是可慢速降解的有机物；第三类是细胞物质，即细菌利用自身的细胞成分进行内源硝化。在这三类物质中，第一类有机物作为碳源时的反硝化反应速率最快，第三类最慢。

有研究认为，废水中 BOD_5/TKN≥4～6 时，可以认为碳源充足，不必外加碳源。

5. 污泥龄（SRT）

污泥龄（生物固体的停留时间）是废水硝化的重要控制指标。为了使硝化细菌能在连续流动的系统中生存下来，系统的 SRT 必须大于自养型硝化菌的比生长速率。污泥龄过短，会导致硝化细菌的流失或硝化速率的下降。在实际脱氮工程中，一般选用的污泥龄应大于实际 SRT。有研究表明，对于活性污泥法脱氮，污泥龄一般不低于 15d。选择适当较长一点的污泥龄，可以增加硝化细菌的硝化能力，且可削弱有毒物质的抑制作用。当然，较长的污泥龄也会降低污泥活性。

6. 内循环回流比（R）

内循环回流的作用是向反硝化池提供硝态氮，使其作为反硝化作用的电子受体，从而达到脱氮目的。回流比对脱氮效果影响较大，是一个重要影响因素。有研究表明，回流比在50%以下时，脱氮率很低；回流比在200%以下时，脱氮率随回流比升高而显著上升；回流比高于200%时，脱氮率提高较缓慢。一般情况下，对氨氮浓度较低的废水，适宜的回流比为200%～300%。

7. 氧化还原电位（ORP）

在理论上，缺氧段和厌氧段的DO均为零，故很难用DO描述其氧化性。据研究，厌氧段ORP值一般在−200～−160mV，好氧段ORP值一般在＋180mV左右，缺氧段的ORP值在−110～−50mV。因此可用ORP作为脱氮工艺运行控制参数。

8. 抑制性物质

某些有机物和一些重金属、氰化物、硫及衍生物、游离氨等有害物质在达到一定浓度时会抑制硝化反应的正常进行。有机物对硝化细菌的影响表现在两个方面：一是有机物浓度过高时，硝化过程中的异养微生物浓度会大大超过硝化菌的浓度，从而使硝化细菌不能获得足够的氧而影响硝化速率；二是某些有机物对硝化菌具有直接的毒害或抑制作用。

在含氮有机废水的生物处理过程中，伴随含氮物质的转化（有机氮水解、氨氧化、亚硝化、硝化及反硝化），还有其他有机污染物的降解。综合各种因素，现将生物脱氮反应特征总结于表11-5中。

表11-5　生物脱氮反应特征

生化反应类型	去除有机物（好氧分解）	硝化		反硝化
		亚硝化	硝化	
参与反应的微生物	好氧和兼氧（异养型细菌）	好氧（自养型细菌）	好氧（自养型细菌）	厌氧（异养型细菌）
碳源	有机物	CO_2	CO_2	有机物
电子受体	O_2	O_2	O_2	NO_3^-
溶解氧浓度	1mg/L以上	2mg/L以上	2mg/L以上	0～0.5mg/L
碱度	没有变化	氧化1mg NH_4^+态氮需要7.14mg的碱	没有变化	还原1mg NO_3^-态氮生成3.57g碱
氧的消耗	分解1mg有机物（BOD）需氧2mg的O_2	氧化1mg NH_4^+态氮需要3.43mg的O_2	氧化1mg NO_2^-态氮需要1.14mg的O_2	分解1mg有机物（COD）需要NO_3^-态氮0.35mg，以提供化合态的氧
最适pH	6～8	7～8.5	6～7.5	6～8
最适水温	15～25℃	30℃	30℃	34～37℃

第二节　废水生物除磷

磷是一种营养物质。在自然水体中，磷过量存在会引起浮游生物等过度生长，破坏生态平衡，造成水体富营养化。一般认为，当自然水体中总磷达到 0.015mg/L 时便可引起水体富营养化。因此，消除磷污染是解决自然水体富营养化的关键之一。

废水中磷的去除方法分为物化法、化学法和生物法。物化除磷法有电解、电渗析及吸附等方法。该类方法处理效果好，但运行费用高且反应条件苛刻，难以实施。化学除磷主要是通过投加化学药剂（如铝盐及铁盐等），使所投加化学药剂与可溶性磷酸盐形成不溶性磷酸盐沉淀，通过固液分离实现废水除磷。该类方法化学药剂消耗量大，成本高，运行管理不便，且存在二次污染。生物除磷主要是通过聚磷菌（phosphate accumulating organism，PAO）超量吸收废水中的磷（所吸收的磷的量超过其生理需要量，即超量吸磷）。通过 PAO 超量吸磷去除废水中磷污染物的方法称为强化生物除磷（enhanced biological phosphorus removal，EBPR）。该方法去除效果理想，环境友好，且富集磷的活性污泥经过一定处理可实现磷资源的回收，具有较好的环境效益和经济效益。强化生物除磷是当前国内外应用最广泛的方法之一。

一、强化生物除磷的发展

1955 年，Greenburg 发现活性污泥系统中磷消耗量超过细胞正常生长所需量，推断存在磷的过量吸收。1959 年，Srinarh 和 Alarcon 最先报道了污水厂污泥生物除磷的现象，未能解释该现象。1965 年，Levin 和 Shapiro 指出磷的过量吸收与微生物的代谢密切相关。研究发现，一些细胞中可形成异染颗粒，当添加抑制剂后，磷的吸收停止。1967 年，Levin 和 Shapiro 发现了活性污泥在好氧下吸磷，厌氧条件下释磷。20 世纪 70 年代，Arizona 大学一个研究组分离出了聚磷菌，为揭示生物除磷机制奠定了基础。此后，生物除磷技术得到迅速发展，相继产生了一系列废水生物除磷工艺。废水生物除磷技术已被广泛应用于工程实际中。

二、强化生物除磷的概念

强化生物除磷是指利用聚磷菌先在厌氧条件下释放磷（释磷），然后在好氧条件下过量吸磷的特点，使废水中的磷污染物最终以富磷剩余污泥的形式被排出系统，从而消除磷污染的过程。

三、聚磷菌

与其他微生物功能类群一样，聚磷菌不是微生物分类学上的名称，而指的是具有超量吸磷与聚磷功能的微生物类群（聚磷生理类群或聚磷功能类群）。

聚磷菌可将过量摄入细胞的磷酸盐转化为多聚磷酸盐（polyphosphate，poly-P）颗粒，并将其储存于体内。聚磷菌将磷酸盐吸收后转化为 poly-P 的过程称为聚磷。聚磷菌在废水生物除磷系统中又可被称为除磷菌。

事实上，聚磷菌不仅能过量吸收磷酸盐并以 poly-P 颗粒的形式加以储存，而且还能吸收乙酸等挥发性脂肪酸（violate fatty acid，VFA）并以聚-β-羟基脂肪酸酯（poly-β-hydroxyalkanoate，PHA）的形式加以储存。但聚磷菌过量吸磷且合成 poly-P 的条件与吸收 VFA 并合成 PHA 的条件是不同的。前者在好氧条件下进行，而后者则在厌氧或缺氧条件下进行。

poly-P（异染颗粒）和 PHA 都是聚磷菌的能源物质。poly-P 和 PHA 又分别是聚磷菌的磷源和碳源。

一般认为，聚磷菌包括两种：一种是好氧聚磷菌；另一种是反硝化聚磷菌（denitrifying PAO，DPAO）。其中，好氧聚磷菌只能利用氧作为最终电子受体，氧化有机物获得能量以聚磷；而反硝化聚磷菌则利用硝酸盐作为电子受体，氧化有机物获得能量，超量吸收磷酸盐并在胞内聚磷。无论哪种聚磷菌在营养类型上都属于异养菌。

多年来，人们一直致力于聚磷菌的分离与鉴定，试图确定其在微生物分类中的地位。最初研究显示，只有不动杆菌属（微生物分类学名称）的某些细菌具有聚磷作用。但随着分子生物学技术在环境领域的应用与发展，早期的结论不断被更新与修改。事实上，到目前为止，有关聚磷菌的归属仍存在一定分歧。

在强化生物除磷过程中，人们观察到，参与聚磷（除磷）的微生物之间存在“互作”关系。研究发现，在厌氧条件下，气单胞菌（微生物分类学名称）的发酵产物对不动杆菌有重要作用，且只有在气单胞菌繁殖的情况下不动杆菌才表现聚磷作用。由此推断，聚磷现象的发生是通过微生物分类学上的不同种属之间（种间）协同与合作实现的。Lötter 和 Murphy 研究发现，只有气单胞菌和假单胞菌（微生物分类学名称）协作时二者才能显示除磷功能。还有研究者观察到，某些细菌聚磷时建有“互生”关系。它们只有群居时才会发生聚磷现象，而彼此一旦分离，则不表现聚磷功能。其相关问题有待深入研究。

四、强化生物除磷（EBPR）工艺原理

废水生物除磷是通过聚磷菌的聚磷作用实现的。整个除磷过程主要通过厌氧和好氧（或缺氧）两个阶段完成。

生物除磷工艺及其原理见图 11-7。由图 11-7 可知，生物除磷基本工艺过程是先厌氧，后好氧（或缺氧），最后将聚磷菌以污泥的形式沉淀并以剩余污泥形式被排除。

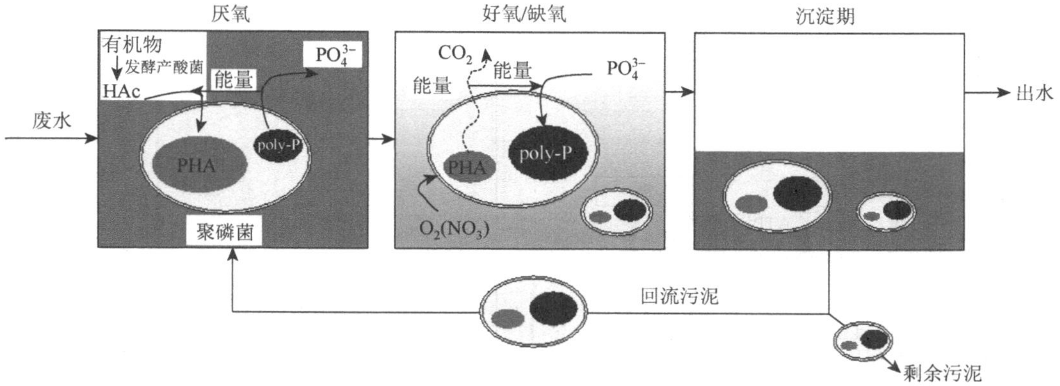

图 11-7　生物除磷工艺原理

1. 厌氧阶段（聚磷菌释磷，合成 PHA）

在厌氧条件下，聚磷菌（PAO）首先将细胞内的多聚磷酸盐（poly-P）水解为磷酸盐并将其释放到细胞外（释磷），同时获得能量。所获得的能量一部分用于自身的生长与繁殖，另一部分用于从废水中摄取乙酸（HAc）等挥发性脂肪酸（VFA），并将其合成聚-β-羟基脂肪酸酯（PHA）。PHA 以有机颗粒的形式贮存于细胞内作为能源和碳源物质。PHA 包括聚-β-羟基丁酸酯（PHB）、聚-β-羟基戊酸酯（PHV）等。乙酸等挥发性脂肪酸是发酵产酸菌分解废水中的有机物所产生的产物。

2. 好氧或缺氧阶段（聚磷菌过量摄磷）

在好氧条件下，聚磷菌分解在厌氧阶段储存的 PHA 并获得能量。在所获得的能量中，一部分用于细胞增殖，一部分用于从废水中大量摄取磷酸盐（过量摄磷）。在所摄取磷酸盐

（PO_4^{3-}）中，一小部分用于合成 ATP，其余绝大部分则被合成多聚磷酸盐（poly-P）。poly-P 以颗粒形式贮存于细胞内。

含有 poly-P 的聚磷菌在沉淀池沉降，部分富磷沉淀污泥回流到厌氧池（补充聚磷菌），其余富磷剩余污泥被排除，达到除磷目的。

生物除磷主要利用的是聚磷菌在好氧条件下能够过量摄磷这一独特功能，即聚磷菌在好氧阶段利用分解 PHA 获得的能量超量摄磷。但聚磷菌除磷必须在厌氧与好氧条件下交替进行。因为，聚磷菌好氧时超量摄磷必须由 PHA 提供能量，而 PHA 是在厌氧阶段“加工制造”的。而聚磷菌在厌氧阶段合成 PHA 需要其好氧阶段合成的 poly-P 提供能量。因此，聚磷菌除磷是好氧和厌氧两个阶段良好配合的结果。

聚磷菌在聚磷过程中所经历的两个阶段相比，好氧阶段的摄磷量远远大于厌氧阶段的释磷量。因此，通过聚磷菌的聚磷作用，可将废水中的大量磷污染物除掉。

与好氧聚磷菌不同。反硝化聚磷菌的电子受体是硝酸盐或亚硝酸盐。因此，其除磷工艺不是厌氧/好氧，而是厌氧/缺氧交替进行。与好氧聚磷菌相比，反硝化聚磷菌的产能效率和吸磷效率虽然相对较低，但反硝化聚磷菌在除磷的同时还可脱氮。除磷和脱氮同时进行可减少曝气量，降低处理成本，且污泥量较低。

五、聚磷菌的聚磷生化机制

聚磷菌聚磷生化机制的研究，对于废水生物除磷工艺的设计具有重要指导作用。聚磷菌聚磷生化机制见图 11-8。

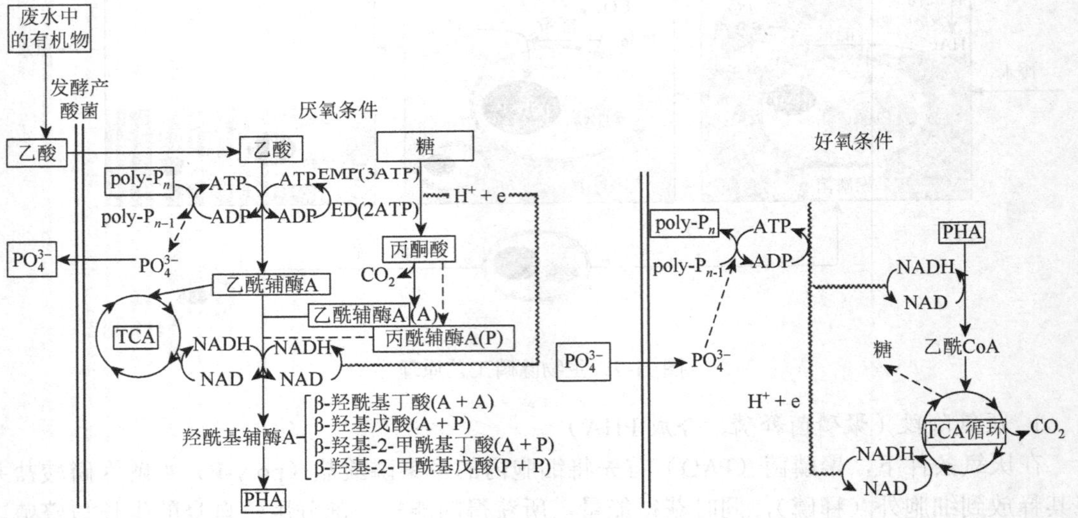

图 11-8　聚磷菌在厌氧与好氧交替条件下的除磷代谢机制

由图 11-8 可见，在厌氧条件下，聚磷菌（PAO）以主动运输方式吸收由发酵产酸细菌分解废水中的有机物生成的乙酸（HAc）等 VFA，并将 VFA 合成 PHA 加以储存，同时，释放 PO_4^{3-}。由 VFA 合成 PHA 的过程所需要的 ATP 及还原力（NADH）通过聚磷菌细胞内贮存的聚磷和糖类的降解来提供。所需要的还原力（NADH）除来自于聚磷菌体内糖的分解外，还可来自体内 TCA 循环或由乙酰辅酶 A 通过 TCA 循环补充。

在厌氧条件下，聚磷菌体内糖的代谢可经过糖酵解（EMP）途径、ED 途径或两种途径兼有。当 poly-P 浓度很低时，糖酵解产生的 ATP 可用于吸收乙酸（HAc）等 VFA 并合成 PHA。糖酵解途径产生的 $NADH_2$ 可将乙酰辅酶 A 和丙酰辅酶 A 转化为包括 β-羟基丁酸、聚-β-羟基戊酸、β-羟基-2-甲酰丁酸酯及 β-羟基-2-甲酰戊酸的 PHA。

在厌氧条件下积累了大量 PHA 的聚磷菌进入好氧状态后，以 O_2 作为电子受体氧化 PHA，利用降解 PHA 生成的 ATP 和还原力（NADH），将体外的 PO_4^{3-} 摄入体内，在 ATP 酶作用下一部分 PO_4^{3-} 合成 ATP，将过剩的 PO_4^{3-} 聚合成多聚磷酸盐（poly-P）。

1. 聚磷菌厌氧释磷并合成 PHA

在厌氧条件下，厌氧发酵产酸菌将废水中的有机物转化为乙酸。聚磷菌在厌氧条件下分解体内的多聚磷酸盐（poly-P）产生磷酸盐（PO_4^{3-}）并获得能量。所产生的磷酸盐（PO_4^{3-}）被排出体外（释磷）。所获得的能量一部分用于聚磷菌生长繁殖，另一部分用于聚磷菌从废水中摄取乙酸，并将其合成聚-β-羟基丁酸（PHB）。聚-β-羟基丁酸（PHB）以有机颗粒的形式贮存于细胞内作为能源物质等备用。

2. 聚磷菌好氧过量摄磷

在好氧条件下，聚磷菌氧化分解体内贮存的聚-β-羟基丁酸（PHB）并获得大量能量。所获得的能量用于细胞增殖和大量摄取废水中的磷酸盐（过量摄磷）。所摄取一部分磷酸盐（PO_4^{3-}）被用来合成 ATP，其余绝大部分的磷酸盐（PO_4^{3-}）则被合成多聚磷酸盐（poly-P）。poly-P 以颗粒形式贮存于细胞体内也可作为能源物质等备用。含有 poly-P 的聚磷菌在沉淀池沉降，以污泥的形式被排除。

聚磷菌在厌氧条件下利用分解 poly-P 获得的能量合成 PHB，同时释放 PO_4^{3-}；聚磷菌在好氧条件下利用分解 PHB 获得的能量过量摄磷。因此，聚磷菌除磷是好氧和厌氧两个阶段良好配合的结果。两个阶段相比，好氧条件下的摄磷量远远大于厌氧条件下的释磷量。其总的结果是，通过聚磷菌的摄磷作用，将废水中的大量磷污染物带走，以消除磷所造成的环境污染。其生物除磷原理见图 11-7。

六、废水生物除磷工艺

生物除磷工艺有 A/O 工艺、弗斯特利普（Phostrip）工艺等。有些工艺不仅能有效去除有机物和脱氮，而且还能同步除磷，如 Bardenpho 工艺、Phostrip 工艺、UCT 工艺、改良型 UCT 工艺、VIP 工艺、A^2/O（A/A/O）工艺、氧化沟工艺和 SBR（间歇式或序批式活性污泥法）工艺等。在此仅就具有代表性的 A/O 工艺、Phostrip 和 A^2/O 工艺介绍如下。

（一）除磷工艺

1. Phostrip 工艺

Phostrip 工艺是生物除磷和化学除磷相结合的除磷工艺。其工艺流程见图 11-9。

（1）Phostrip 工艺过程

a. 含磷废水与聚磷菌污泥同步进入曝气池。进入曝气池的聚磷菌自废水中过量摄磷，同时去除有机物。

b. 从曝气池流出的混合液进入沉淀池Ⅰ。混合液在沉淀池Ⅰ进行泥水分离。含磷污泥被沉淀，上清液被排放。

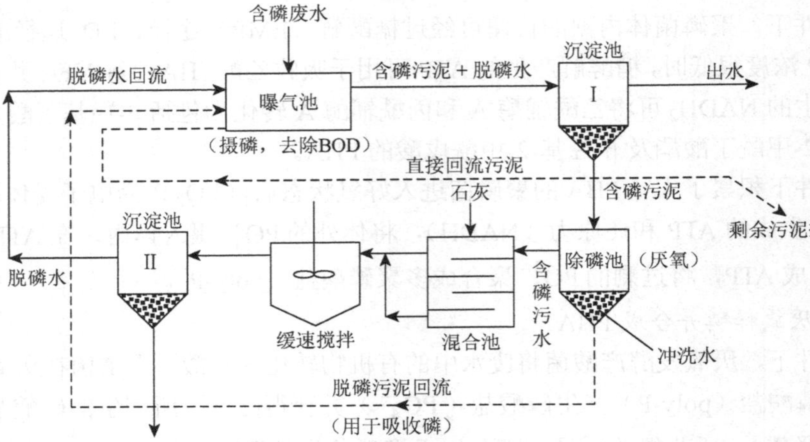

图 11-9 Phostrip 除磷工艺流程

c. 含磷污泥进入厌氧除磷池，使其在曝气池中过量摄取的磷在除磷池中充分释放。所释放的磷大都转移到除磷池上清液中。

d. 由除磷池流出的富含磷的上清液进入混合池，投加化学药剂（如石灰），通过化学沉淀将磷去除。

经过磷释放后的污泥再回流到处理系统中重新摄磷。

（2）Phostrip 工艺特点

a. 工艺灵活，处理效果好且稳定。磷的去除率约达 90%，出水的含磷量一般低于 1mg/L。

b. 回流污泥中磷含量较低，耐冲击负荷能力强；SVI 值小于 100，丝状菌难以增殖，不易发生污泥膨胀。

c. 可根据 BOD/P 调节回流污泥与混凝污泥的比例。

但该工艺复杂，需投加药剂，故其运行费用和建设费用都较高。

2. 厌氧/好氧工艺

（1）A/O 工艺流程

A/O 是英文 anaerobic/oxic 厌氧/好氧的缩写。A/O 除磷工艺流程如图 11-10 所示。废水与富有聚磷菌的污泥一起先进入厌氧池，聚磷菌在厌氧池释磷并合成 PHA。然后进入曝气池，在曝气池过量摄磷后进入沉淀池。在沉淀池泥水分离。部分富有聚磷菌的污泥返回到厌氧池，其余富磷剩余污泥被排除。同时，被处理后的水达标排放。

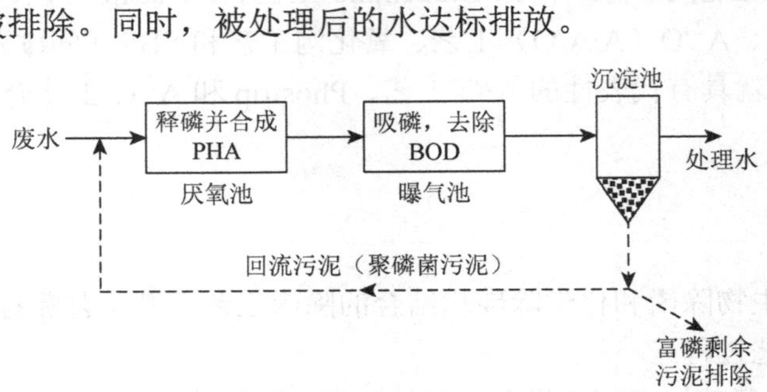

图 11-10 A/O 除磷工艺流程

（2）A/O 工艺特点

A/O 工艺特点：①废水在反应池内的停留时间较短，一般为 3～6h；②BOD 的去除率大致与一般传统活性污泥法相同，除磷效果好，其去除率约 76%；③沉淀污泥含磷约 4%，肥效较好；④污泥易沉淀，但不膨胀；⑤该工艺简单，既不投药，也无须考虑混合液回流的除磷工艺。其建设费及运行费都较低，且由于无混合液回流的影响，厌氧反应器能够保持良好的厌氧（或缺氧）状态。

但当进水 BOD 偏低或废水中含磷量过高时，即 BOD/P 较低时，除磷率难以进一步提高。此外，沉淀池存在磷的释放现象。

（二）脱氮除磷工艺

A^2/O 是英文 anaerobic/anoxic/oxic 厌氧/缺氧/好氧的缩写。A^2/O 工艺简单，应用广泛。

（1）A^2/O 工艺流程

1）厌氧反应器　原污水及从沉淀池排出的含磷回流污泥同步进入该反应器，其主要功能是释放磷，同时对部分有机物进行氨化。

2）缺氧反应器　污水经厌氧反应器进入该反应器，其首要功能是脱氮，硝态氮是通过内循环由好氧反应器送来的，循环的混合液量较大，一般为 $2Q$（Q 为原污水量）。

3）好氧反应器——曝气池　混合液由缺氧反应器进入该反应器，其功能是多重的，去除 BOD、硝化和吸收磷都是在该反应器内进行的，这三项反应都是重要的，混合液中含有 NO_3^-，污泥中含有过剩的磷，而污水中的 BOD（或 COD）则得到去除，流量为 $2Q$ 的混合液从这里回流到缺氧反应器。

4）沉淀池　其功能是泥水分离，污泥的一部分回流厌氧反应器，上清液作为处理水排放。

从图 11-11 中可见，废水与含有聚磷菌的污泥一起进入厌氧池。在厌氧池，发酵产酸细菌将废水中的大分子有机物转化为挥发性脂肪酸（VFA）等小分子产物，而聚磷菌将菌体内积贮的多聚磷酸盐分解，所释放的能量一部分供聚磷菌生长，另一部分供聚磷菌吸收 VFA 合成 PHA 贮存在菌体内。在厌氧池，同时进行着微生物对大分子有机物的水解及氨化等反应。

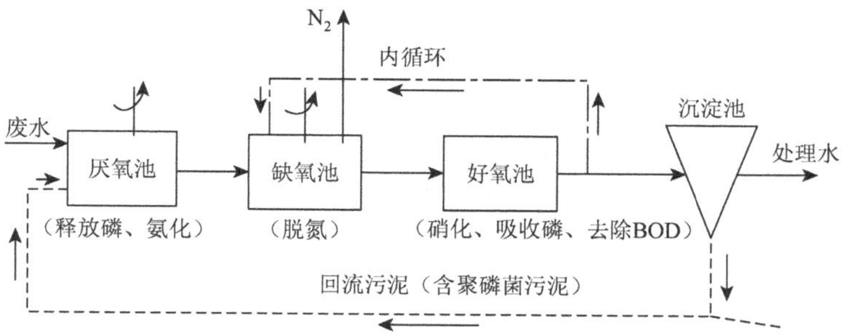

图 11-11　A^2/O 工艺流程

废水经厌氧池进入缺氧池。缺氧池的主要任务是脱氮。硝酸盐通过内循环由好氧池送来。反硝化细菌利用硝酸盐以及废水中可降解有机物进行反硝化，即同时脱氮与除碳。

混合液由缺氧池进入好氧池。好氧池至少有三种重要功能：一是吸磷；二是硝化；三是去除 BOD。聚磷菌除了利用废水中残余有机物外，主要分解体内贮积的 PHA，放出的能量除供其自身生长繁殖外，主要用于过量摄取废水中的磷酸盐，并以聚磷盐的形式在体内贮存起来。废水经厌氧与缺氧进入好氧池后，其有机物浓度大大降低，这有利于硝化细菌的生长繁殖。硝化细菌将NH_4^+转化为NO_3^-。废水中残余少量有机物在好氧或兼氧异养菌的作用下，分解为CO_2和H_2O。

废水自好氧池进入沉淀池后泥水分离。富含聚磷菌的污泥一部分回流至厌氧池，其余富磷污泥被排除，上清液为处理后的水达标排放。

（2）A^2/O工艺特点

A^2/O工艺特点：①工艺简单，但可实现同步脱氮、除磷；②在厌氧（缺氧）、好氧交替运行条件下，丝状菌难以增殖，无污泥膨胀；③污泥中含磷浓度高，肥效好；④运行中无须投药，两个A段只需轻缓搅拌，以不增加溶解氧为度，运行费用低。

（三）生物除磷影响因素

1）温度　一般认为，于正常情况下，在5～35℃，均可获得良好的除磷效果。

2）溶解氧（DO）　由于聚磷菌具有厌氧释磷与好氧吸磷的特点，故DO浓度对其有较大影响。在厌氧池，DO应控制在0.2mg/L以下；在好氧池，则需有足够的DO。

3）pH　生物除磷适宜pH为6.0～8.0，超过此范围应作适当调节。

4）BOD负荷　在废水生物除磷工艺中，厌氧段有机物的种类、含量及BOD/TP等都会影响除磷效果。小分子有机物（如小分子脂肪酸类物质）易于被聚磷菌利用且易诱导聚磷菌释磷，而大分子有机物须经发酵产酸菌转化为小分子发酵产物后才能被聚磷菌吸收并诱导放磷。BOD/TP至少应达到20。

5）污泥龄　生物除磷主要是通过排除剩余污泥而除磷，因此剩余污泥的多少对脱磷效果影响较大。一般污泥龄短产生的剩余污泥多，除磷效果好。据报道，污泥龄为30d时，除磷率为40%；污泥龄为17d时，除磷率为50%；而污泥龄为5d时，除磷率高达87%。

思　考　题

1. A/O工艺是如何将氮类污染物变成N_2，从而达到脱氮目的的？
2. 何为缺氧？A/O工艺为何既设“缺氧池”，又设“好氧池”？可否省去其中一个？
3. A/O工艺的缺氧池为何设在好氧池的前端？
4. A/O工艺好氧池反应液向缺氧池回流的目的是什么？
5. A/O工艺的好氧池为何设在缺氧池的后端？
6. A/O工艺的缺氧池可否后置？
7. 废水生物脱氮与自然界氮素循环有何关联？
8. 废水生物脱氮涉及第四章中微生物的哪些营养类型？涉及第六章中哪几类微生物的代谢？具体代谢类型是什么？
9. 请解释强化生物除磷的概念。
10. 聚磷菌有何特点？
11. 请详细解释强化生物除磷工艺原理。

主要参考文献

田淼，张丽娟，符波，等. 2017. 不同生境微生物转化 H_2/CO_2 产乙酸及其在合成气发酵中应用. 微生物学通报，44（7）：1563

王晋. 2013. 厌氧发酵产酸微生物种群生态及互营关系研究. 无锡：江南大学博士学位论文

谢丽，杜诗云，卜凡. 2018. 同型产乙酸菌研究进展及其环境生物技术应用. 同济大学学报（自然科学版），46（1）：67-108

Abubackar HN，Veiga MC，Kennes C. 2015. Carbon monoxide fermentation to ethanol by *Clostridium autoethanogenum* in a bioreactor with no accumulation of acetic acid. Bioresource Technology，186：122

Chen SC，Chen MF，Lai MC，et al. 2015. *Methanoculleus sediminis* sp. nov.，a methanogen from sediments near a submarine mud volcano. International Journal of Systematic and Evolutionary Microbiology，65（7）：2141-2147

Drzyzga O，Revelles O，Durante-rodriguez G，et al. 2015. New challenges for syngas fermentation：towards production of biopolymers. Journal of Chemical Technology&Biotechnology，90（10）：1735

Kim Y，Park SE，Lee H，et al. 2014. Enhancement of bioethanol production in syngas fermentation with *Clostridium ljungdahlii* using nanoparticles. Bioresource Technology，159（5）：446

Lü Z，Lu YH. 2012. Complete genome sequence of a thermophilic methanogen，*Methanocella conradii* HZ254，isolated from Chinese rice field soil. Journal of Bacteriology，194（9）：2398-2399

Rotaru AE，Shrestha PM，Liu F，et al. Direct interspecies electron transfer between *Geobacter metallireducens* and *Methanosarcina barkeri*. Appl Environ Microbio，80（15）：4599-4605

Sakai S，Conrad R，Imachi H. 2014. The family Methanocellaceae//Rosenberg E，DeLong EF，Lory S，et al. The Prokaryotes. Berlin：Springer：209-214

Zhang YC，Ding W，Zhang Z，et al. 2014. Comparison research on aerodynamic drags and pressure coefficients of reference car models in automotive wind tunnel. Advanced Materials Research，（989-994）：2834-2838

Zhou LG，Liu XL，Dong XZ. 2014. *Methanospirillum psychrodurum* sp. nov.，isolated from wetland soil. International Journal of Systematic and Evolutionary Microbiology，64（2）：638-641

